普通高等学校"十三五"教材

废水处理工程

第三版

戴友芝　肖利平　唐受印　等编

Wastewater Treatment Engineering

·北京·

本书系统介绍了各种水处理单元技术方法的基本原理、工艺流程、设计计算、管理及应用等。全书共分十九章，内容包括总论、筛滤与调节、混凝、沉淀与上浮、深层过滤、化学处理、吸附、离子交换、膜分离、其他相转移分离法、循环冷却水处理、废水生物处理理论基础、好氧活性污泥法、好氧生物膜法、厌氧生物处理、生物脱氮除磷、人工生态处理、污泥处理与处置、废水处理厂设计。

本书重视基本概念和基础理论的阐述，注重吸收废水处理的新理论和新技术，同时理论联系实际，用工程观点分析问题，可作为高等学校环境工程及相关专业的本科生及研究生教材，也供给水排水专业教学使用和有关工程技术人员参考。

图书在版编目（CIP）数据

废水处理工程/戴友芝等编. —3 版. —北京：化学工业出版社，2016.10（2023.2 重印）

ISBN 978-7-122-28151-7

Ⅰ.①废… Ⅱ.①戴… Ⅲ.①废水处理 Ⅳ.X703

中国版本图书馆 CIP 数据核字（2016）第 230486 号

责任编辑：刘 婧 陈 丽　　装帧设计：张 辉

责任校对：王素芹

出版发行：化学工业出版社（北京市东城区青年湖南街 13 号 邮政编码 100011）

印　　装：天津盛通数码科技有限公司

787mm×1092mm 1/16 印张 26½ 字数 695 千字 2023 年 2 月北京第 3 版第 8 次印刷

购书咨询：010-64518888　　售后服务：010-64518899

网　　址：http://www.cip.com.cn

凡购买本书，如有缺损质量问题，本社销售中心负责调换。

定　　价：78.00 元

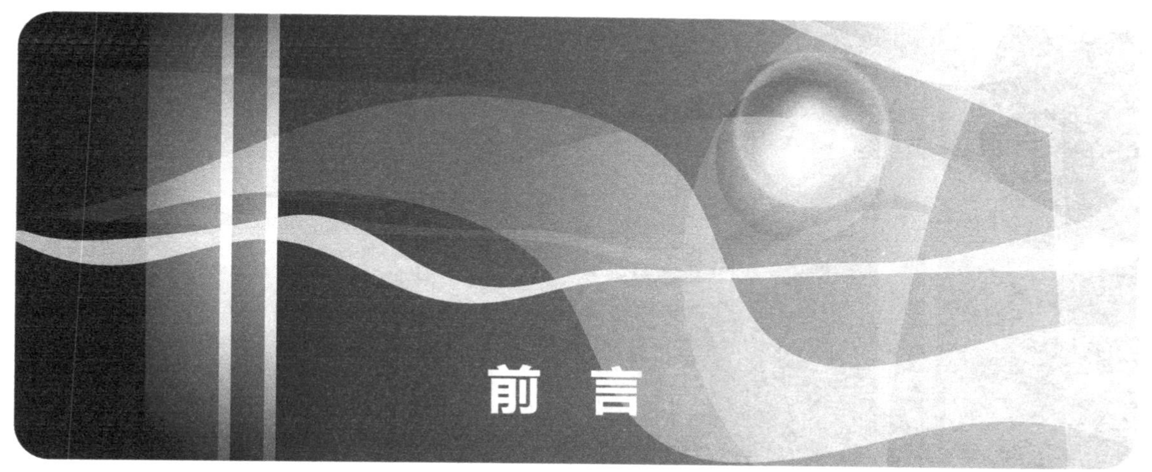

前言

《废水处理工程》（第二版）自出版至今已有12年了。12年来，水处理的理论和技术都在不断发展，为保持本书的新颖性，《废水处理工程》（第三版）在第二版的基础上进行了较大的修改和补充。全书仍保持了原书的基本框架和结构，按处理方法设章，内容包括废水处理各单元方法的基本原理、设备构造、工艺设计、操作管理及应用等，以及污泥的处理与处置、废水处理厂设计及其实例等。本次修订的重点是在各章（除第十一章以外）增加了新的技术内容和新工艺设备介绍，适当删减了部分陈旧的内容，对全书进行了全面梳理和修订，将第二版的第十八章“处理后废水的回收与再利用”内容融入第一章之中，并增加了部分习题与例题。

《废水处理工程》（第三版）全书共十九章，其中第二章～第十章、第十八章由肖利平负责编写；第十一章由唐受印负责编写；第一章、第十二章～第十七章、第十九章由戴友芝负责编写。此外，参加本书部分编写和整理工作的还有田凯勋（第五章、第七章、第八章）、汪形艳（第六章）、杨基成（第十三章、第十四章）和邓志毅（第十五章、第十八章），全书由戴友芝负责审定。感谢汪大翚教授、唐受印教授等对原书编写所做的巨大贡献，感谢龚雄虎、邓方鑫等同学在第三版修订过程中所做的协助工作。

本书可作为高等学校环境工程及相关专业本科生及研究生教材，也可供高等学校给水排水专业教学使用和有关工程技术人员参考。

由于我们的水平所限，书中不足和疏漏之处在所难免，欢迎读者批评指正。

编者

2017年2月

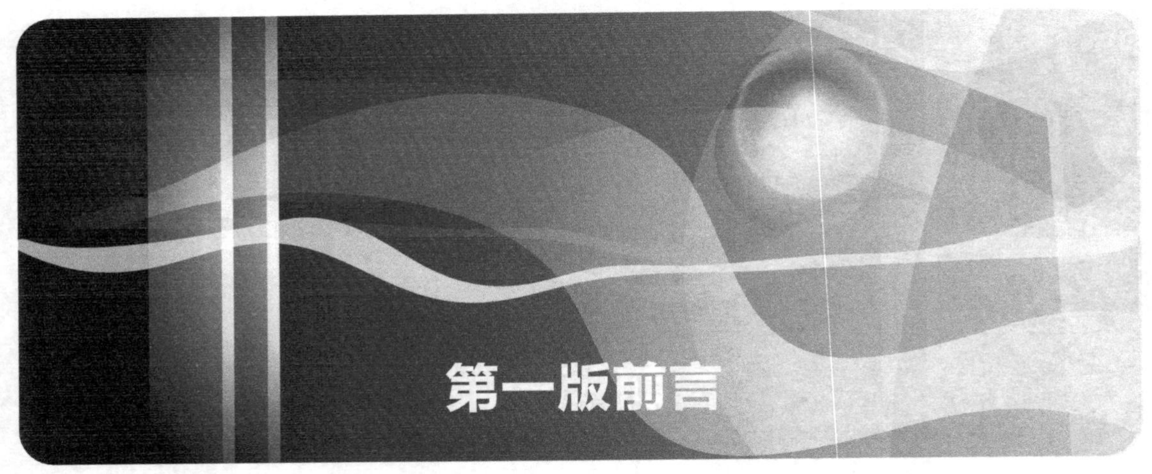

第一版前言

本书系统介绍了水质控制的各种常用的单元方法，这些方法既适合于废水处理，也适用于给水处理。编写时基本上按处理方法的原理不同而设章，各章相对独立，内容包括原理、设备、设计、操作管理、应用等。

全书重视基本概念和基本理论的阐述，注意吸收废水处理的新理论和新技术，同时力求理论联系实际，反映国内外成功的实践经验，因而本书系统性和理论性都较强，且具有相当的实用性。

本书可作为高等院校环境工程专业《废水处理工程》课程的教材，也可供给水排水专业教学使用和有关工程技术人员参考。编写时参考了全国高等工业学校环境工程专业教材编审委员会制定的《水污染控制工程课程教学基本要求》和编者所在学校的教学大纲。

参加本书编写的有浙江大学汪大翚（第一、二、三、十六、十七章），湘潭大学唐受印（第四、五、六、七、八、九、十、十一章），吉林化工学院柏承志（第十二章）和湘潭大学戴友芝（第十三、十四、十五章）。全书由汪大翚审阅。

因编写人员学术水平和实践经验所限，书中缺点和错误之处在所难免，敬请读者批评指正。

编者

1998.8

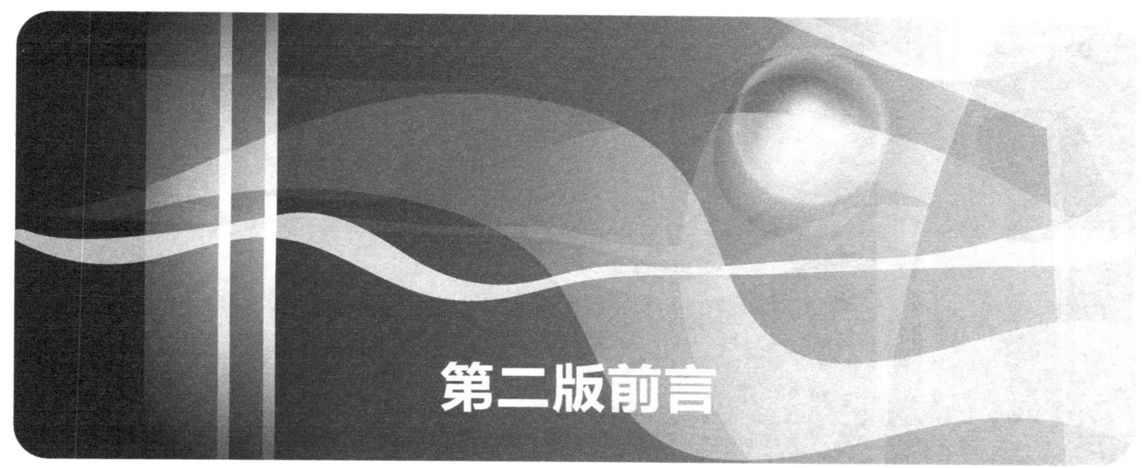

第二版前言

《废水处理工程》是1998年出版的。出版5年来，深受读者欢迎，6次重印，被化学工业出版社评为畅销图书。

本书是在原《废水处理工程》一书基础上修订而成。全书框架基本保持了原书的结构，但根据近年水处理工程在理论、技术等领域的新进展以及21世纪教材的要求，增加了生物脱氮除磷、稳定塘和土地处理系统、废水处理后的排放和再利用等三章，增补了全书各章的思考题与习题，并对原书进行了适当修改、补充和印刷错误的更正。

本书是高等院校环境工程专业本科生及研究生教材，供水污染控制工程课程（多学时）教学之用，亦可供给水排水专业教学使用和有关工程技术人员参考。编写时参考了国家教育部高等教育司制定的水污染控制工程课程（多学时）教学基本要求和编者所在学校的教学大纲。参加本书编写的有湖南工程学院唐受印（第四、五、六、七、八、九、十、十一章），湘潭大学戴友芝（第十三、十四、十五、十六、十七、十八章和全书各章思考题与习题），浙江大学汪大翚（第一、二、三、十九、二十章）和原吉林化工学院柏承志（第十二章）。全书由戴友芝负责修订和审阅。在修订过程中，得到杨润昌、曹建平、肖利平、李芬芳等人的支持和帮助，在此表示感谢。

由于我们的水平所限，书中缺点和错误在所难免，欢迎读者批评指正。

编者

2004.1

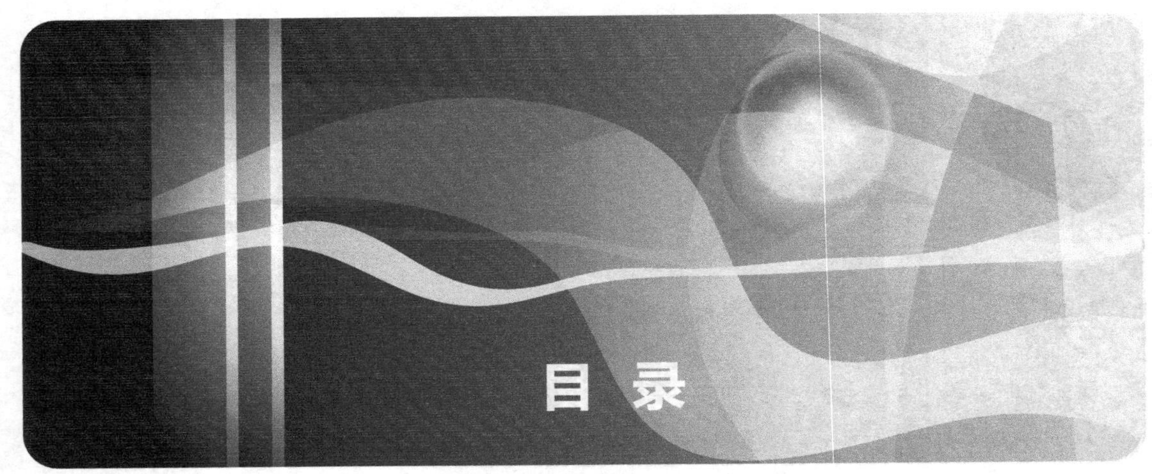

目录

第十章 其他相转移分离法

第十一章 循环冷却水处理

第十二章 废水生物处理理论基础

第十三章 好氧活性污泥法

第十四章 好氧生物膜法

主要参考文献

第一章 总论

第一节 废水性质与污染指标

水是人类生活和生产活动不可缺少的物质资源。在使用过程中由于丧失了使用价值而被废弃外排，并使受纳水体受到影响的水就称为废水。

一、废水类型与特征

根据来源不同，废水可分为工业废水和生活污水两大类，其中工业废水又可分为生产废水和冷却废水。

1. 工业废水

工业废水是在工业生产过程中所产生的废水，其中生产废水水质往往因生产工艺过程、产品种类和原材料等的不同而变化，是污染和危害较大的废水；冷却废水是产生于间接冷却过程冷却循环系统的废水，该类废水水质污染较轻。

工业废水的特点主要表现在：a. 水量、水质变化大；b. 组成复杂；c. 污染严重。工业废水常含有大量有毒有害污染物，例如重金属、强酸、强碱、有机化学毒物、生物难降解有机物、油类污染物、放射性毒物、高浓度营养性污染物、热污染等。不同工业的生产废水，其水质差异很大，有的工业废水中化学需氧量浓度仅为几百毫克每升（mg/L），而有的会高达几十万毫克每升（mg/L）；有的工业废水的氮磷含量不能满足生物处理的营养要求，而有的氮磷浓度高达几千毫克每升（mg/L）。一般而言，工业废水需经厂内处理达到要求后才能排入城市污水处理系统。

2. 生活污水

生活污水是在人们日常生活中所产生的废水，主要来自于家庭、商业、机关、学校、医院、城镇及工厂等的生活设施排水，如厕所废水、厨房洗涤水、洗衣排水、沐浴排水及其他排水等。

生活污水的水质变化较规律，其主要成分为纤维素、淀粉、糖类、脂肪和蛋白质等有机物质，以及氮、磷营养物质等。来自医疗单位的污水是一类特殊的生活污水，含多种病原体，其主要危害是引起肠道传染病。影响生活污水水质的主要因素有生活水平、生活习惯、卫生设备及气候条件等。

城市污水是排入城镇排水系统的污水的总称，是生活污水和工业废水等的混合废水。城市污水中各类污水所占的比例因城市的排水体制不同而异；城市污水的水质指标、污染物组成、形态及含量也因城市不同而异。

二、废水污染指标

废水污染指标指水样中除去水分子外所含杂质的种类和数量，是评价废水污染程度的具体尺度，同时也是进行废水处理工程设计、反映废水处理效果、开展水污染控制的基本依据。为了确切表示某种废水的性质，可以选择一些具有代表性污染特征的水质指标来衡量。一种水质指标可能包括几种污染物，而一种污染物也可以属于几种水质指标。

废水中的污染物种类主要有固体污染物、有机污染物、营养性污染物、酸碱污染物、有毒污染物、油类污染物、生物污染物、感官性污染物、热污染和放射性污染等，可以通过分析检测方法对污染物做出定性、定量的评价。废水污染指标一般可分为物理性、化学性和生物性污染指标。

(一) 物理性污染指标

1. 温度

废水温度过高而引起的危害，叫作热污染，热污染的危害主要有以下几点。

① 较高水温使水体饱和溶解氧浓度降低，相应的亏氧量随之减少，而较高水温又加速耗氧反应，可以导致水体缺氧和水质恶化。

② 较高水温会加速水体细菌、藻类生长繁殖，从而加快水体富营养化进程；如取该水体作为给水水源，将增加消毒水处理的费用。

③ 较高水温导致水体中的化学反应加快，使水体的物化性质（如离子浓度、电导率、腐蚀性）发生变化，可能对管道和容器造成腐蚀。

④ 由于水温升高，加速细菌生长繁殖。则需要增加混凝剂和氯的投加量，且使水中的有机氯化物量增加。

2. 色度

色度能引起人们感官上的极度不快，是一种感官性污染指标。纯净的天然水是清澈、透明、无色的，但是含有金属化合物或者有机化合物等有色污染物的废水呈现各种颜色。将有色废水用蒸馏水稀释后与蒸馏水在比色管中对比，一直稀释到两个水样没有色差，此时废水的稀释倍数就是色度。废水排放对色度也有严格的要求。

废水中能引起异色、浑浊、泡沫、恶臭等现象的物质，虽无严重危害，但属于感官性污染物。各类水质标准中，对色度、臭味、浊度、漂浮物等指标都做了相应的规定。

3. 嗅和味

嗅和味同色度一样也是感官性指标。天然水是无色无味的，当水体受到污染后会产生异样的气味。水的异臭来源于还原性硫和氮的化合物、挥发性有机化合物和氯气等污染物。盐分也会给水带来异味、如氯化钠带咸味、硫酸镁带苦味等。废水排放对臭味也作了相应的规定。

4. 固体污染物

固体污染物常用悬浮物和浊度两个指标来表示。悬浮物是一项重要水质指标，它的存在不但使水质浑浊，而且使管道及设备阻塞、磨损，干扰废水处理及回收设备的工作。由于大多数废水中都有悬浮物，因此去除悬浮物是废水处理的一项基本任务。

固体污染物在水中以溶解态（直径小于1nm）、胶体态（直径介于1～100nm）和悬浮态（直径大于100nm）3种状态存在。水质分析中把固体物质分为两部分：能透过滤膜（孔径为3～10μm）的叫溶解固体（DS）；不能透过的叫悬浮固体或悬浮物（SS），两者的总和称为总固体（TS）。水样经过滤后，滤液蒸干所得的固体，即为溶解性固体（DS），滤渣脱水烘干后即为悬浮固体（SS）。将悬浮固体在600℃温度下灼烧，挥发掉的量即为挥发性悬浮固体（VS），灼烧残渣则是固定性固体（FS），也称之为灰分。溶解性固体一般表示盐类的含量，悬浮固体表示水中不溶解的固态物质含量，挥发性固体反映固体中有机成分含量。悬浮固体（SS）和挥发性悬浮固体（VS）是两项重要的水质指标，也是废水处理设计的重要参数。

浊度是对水的光传导性能的一种测量，其值可表征废水中胶体和悬浮物的含量。

（二）化学性污染指标

1. 有机物

废水中的有机污染物种类非常多、组成复杂，由于分别测定各类有机物周期较长，工作量较大，有的甚至还难以定量分析。因此，在工程中一般以生化需氧量（BOD）、化学需氧量（COD）、总需氧量（TOD）和总有机碳（TOC）等指标来定量描述水中有机污染物的含量。

（1）生化需氧量（BOD）　在有氧条件下，由于微生物的活动，降解有机物所需的氧量，称为生化需氧量，单位为单位体积废水所消耗的氧量（mg/L）。

有机物的生化需氧量与温度、时间有关。在一定范围内温度越高，微生物活力越强，消耗有机物越快，需氧越多；时间越长，微生物降解有机物的数量和深度越大，需氧越多。温度一般规定为20℃，此时，一般有机物需20天左右才能基本完成氧化分解过程，其需氧量用BOD_{20}表示，它可视为完全生化需氧量L_a。在实际测定时，20天仍嫌太长，一般采用5天作为测定时间。在20℃经5天培养所消耗的溶解氧量称为5天生化需氧量，以BOD_5表示。

各种废水的水质差别很大，其BOD_{20}与BOD_5相差悬殊。但对某一种废水而言，比值相对固定，如生活污水的BOD_5约为BOD_{20}的0.7。因此把20℃、5天测定的BOD_5作为衡量废水的有机物浓度指标。

BOD_5作为有机物浓度指标，基本上反映了能被微生物氧化分解的有机物的量，较为直接、确切地说明了问题。但仍存在一些缺点：a. 当污水中含大量的难生物降解的物质时，BOD_5测定误差较大；b. 反馈信息太慢，每次测定需5天，难以迅速及时指导实际工作；c. 废水中如存在抑制微生物生长繁殖的物质或不含微生物生长所需的营养时，将影响测定结果。

（2）化学需氧量（COD）　化学需氧量指在酸性条件下，用强氧化剂将有机物氧化为CO_2、H_2O所消耗的氧量。氧化剂一般采用重铬酸钾。由于重铬酸钾氧化作用很强，所以能够较完全地氧化水中大部分有机物和无机性还原物质（但不包括硝化所需的氧量），此时化学需氧量用COD_{Cr}或COD表示。如采用高锰酸钾作为氧化剂，则写作COD_{Mn}。

与BOD相比，COD_{Cr}能够在较短的时间内较精确地测出废水中耗氧物质的含量，不受水质限制，但废水中的还原性无机物也能消耗部分氧，造成一定误差。

如果废水中各种成分相对稳定，那么COD与BOD之间应有一定的比例关系。一般说来，$COD>BOD_{20}>BOD_5>COD_{Mn}$。其中$BOD_5/COD$比值可作为衡量废水是否适宜生化法处理的一个指标：比值越大，越容易被生化处理。一般认为BOD_5/COD大于0.3的废水才适宜采用生化处理。

（3）总需氧量（TOD）　有机物主要元素包括C、H、O、N、S等。在高温下燃烧后，将分别产生CO_2、H_2O、NO_2和SO_2，所消耗的氧量称为总需氧量（TOD）。一般情况下，TOD>COD。

TOD的测定方法是：向氧含量已知的氧气流中注入定量的水样，并将其送入以铂为触媒的燃烧管中，在900℃高温下燃烧，水样中的有机物即被氧化，消耗掉氧气流中的氧气，剩余氧量可用电极测定并自动记录。氧气流原有氧量减去剩余氧量即得总需氧量TOD。TOD的测定仅需几分钟。

（4）总有机碳（TOC） 有机物都含有碳，通过测定废水中的总含碳量可以表示有机物含量。总有机碳（TOC）的测定方法是：向氧含量已知的氧气流中注入定量的水样，并将其送入以铂为触媒的燃烧管中，在900℃高温下燃烧，用红外气体分析仪测定在燃烧过程中产生的CO_2量，再折算出其中的含碳量，就是总有机碳TOC值。为排除无机碳酸盐的干扰，应先将水样酸化，再通过压缩空气吹脱水中的碳酸盐。TOC的测定时间也仅需几分钟。

（5）有毒有机物 有毒有机物大多是人工合成的有机物，难以被生化降解，并且大多是较强的“三致”物质（致癌、致畸、致突变），毒性很大。有毒有机物主要有农药（DDT、有机氯、有机磷等）、酚类化合物、聚氯联苯、稠环芳烃（如苯并芘）、芳香族氨基化合物以及表面活性剂等。以有机氯农药为例，首先其具有很强的化学稳定性，在自然环境中的半衰期为十几年到几十年；其次它们都可能通过食物链在人体内富集，危害人体健康，如DDT能蓄积于鱼脂中，浓度可比水体中高12500倍。有毒有机物由于污染严重，一般按类或种来测定其含量。

（6）油类污染物 油类污染物包括“石油类”和“动植物油”两项。油类污染物能在水面上形成油膜，隔绝大气与水面，破坏水体的复氧条件；它还能附着于土壤颗粒表面和动植物体表，影响养分的吸收和废物的排出。当水中含油0.01～0.1mg/L，对鱼类和水生生物就会产生影响；当水中含油0.3～0.5mg/L，就会产生石油气味，不适合饮用。

2. 无机物

（1）pH值 pH值主要指示水样的酸碱性。pH值小于7，水样呈酸性；pH值大于7，水样呈碱性。天然水体的pH一般近中性，当受到酸碱污染时，水体pH值发生变化，破坏自然缓冲作用，抑制微生物生长，妨碍水体自净，使水质恶化、土壤酸化或盐碱化。各种生物都有自己适应的pH值范围，超过该范围，就会影响其生存。一般要求处理后废水的pH值在6～9之间。对渔业水体而言，pH值不得低于6或高于9.2，当pH值为5.5时，一些鱼类就不能生存或生殖率下降。农业灌溉用水的pH值应为5.5～8.5。此外酸污染也对金属和混凝土材料造成腐蚀。

（2）植物营养元素 废水中所含的N和P是植物和微生物的主要营养元素。当废水排入受纳水体，使水中N和P的浓度分别超过0.2mg/L和0.02mg/L时，就会引起受纳水体的富营养化，促进各种水生生物（主要是藻类）的活性，刺激它们的异常增殖，这样会造成一系列的危害。

① 藻类占据的空间越来越大，使鱼类活动空间越来越小，衰死藻类将沉积在水底，增加水体有机物量。

② 藻类种类逐渐减少，从以硅藻和绿藻为主转为以迅速繁殖的蓝藻为主，蓝藻不是鱼类的良好饲料，并且有些还会产生毒素。

③ 藻类过度生长，将造成水中溶解氧的急剧减少，使水体处于严重缺氧状态，造成鱼类死亡，水体腐败发臭。

N的主要来源是氮肥厂、洗毛厂、制革厂、造纸厂、印染厂、食品厂和饲养厂等。P的主要来源是磷肥厂和含磷洗涤剂等。生活污水经普通生化法处理，也会转化出无机N和P。此外，BOD、温度、维生素类物质也能促进和触发营养性污染。

（3）重金属有毒物 重金属在天然水体中的含量一般均很低。重金属大多有毒，重金属毒物主要为汞、铬、镉、铅、砷（类金属）、锌、镍、铜、钴、锰、钛、钒、钼和铋等，特别是前5种危害更大。如汞进入人体后被转化为甲基汞，在脑组织内积累，破坏神经功能，无法用药物治疗，严重时能造成死亡；镉中毒时引起全身疼痛、腰关节受损、骨节变形，有时还会引起心血管病。

重金属毒物具有以下特点：a. 其毒性以离子态存在时最严重，金属离子在水中容易被带负电荷的胶体吸附，吸附金属离子的胶体可随水流迁移，但大多数会迅速沉降，因此重金属一般都富集在排污口下游一定范围内的底泥中；b. 不被微生物降解，只是在各种形态间相互转化、分散，如无机汞能在微生物作用下转化为毒性更大的甲基汞；c. 能被生物富集于体内，既危害生物，又通过食物链危害人体，如淡水鱼能将汞富集1000倍、铜富集300倍、铬富集200倍等；d. 重金属进入人体后，能够和生物高分子物质，如蛋白质和酶等发生作用而使这些生物高分子物质失去活性，也可能在人体的某些器官积累，造成慢性中毒，其危害有时需10～20年才能显露出来。

(4) 无机非金属有毒物 无机非金属有毒物主要有氰化物、氟化物、含硫化合物、亚硝酸根等。如氟进入机体后与血液中的钙结合，形成不溶性的氟化钙，导致血液中游离钙减少，可引起骨氟症等；简单氰化物最常见的是氰化氢、氰化钠和氰化钾，易溶于水，有剧毒，如摄取0.1g左右就会致人死亡；亚硝酸盐在人体内能与仲胺生成亚硝胺，具有强烈的致癌作用。

(5) 放射性 放射性指原子核衰变而释放射线的物质属性，主要包括X射线、α射线、β射线、γ射线及质子束等。废水中的放射性物质主要来自铀、镭等放射性金属生产和使用过程，如核试验、核燃料再处理、原料冶炼厂等；其浓度一般较低，主要引起慢性辐射和后期效应，如诱发癌症、对孕妇和婴儿产生损伤、引起遗传性伤害等。

(三) 生物性污染指标

生物污染指标主要指废水中的致病性微生物，主要有细菌总数、大肠菌群和病毒。未污染的天然水中细菌含量很低，当城市污水、垃圾淋溶水、医院污水等排入后将带入各种病原微生物。如生活污水中可能含有能引起肝炎、伤寒、霍乱、痢疾、脑炎的病毒和细菌以及蛔虫卵和钩虫卵等。生物污染物污染的特点是数量大、分布广、存活时间长、繁殖速度快，必须予以高度重视。

1. 细菌总数

水中细菌总数反映了水体受细菌污染的程度，可作为评价水质清洁程度和水净化效果的指标，一般细菌越多表示病原菌存在的可能性越大。水质标准中的卫生学指标有细菌总数和总大肠菌群数两项，后者反映水体受粪便污染的状况。

2. 大肠菌群

大肠菌群被视为最基本的粪便污染指示菌群，大肠菌群的值可表明水被粪便污染的程度，间接表明肠道病菌（伤寒、痢疾、霍乱等）存在的可能性。

3. 病毒

由于肝炎、小儿麻痹症等多种病毒性疾病可通过水体传染，水体中的病毒已引起人们的高度重视。这些病毒也存在于人的肠道中，通过病人粪便污染水体。

第二节 废水出路与水质标准

一、废水出路

废水经过处理后的最终出路是返回自然水体或者经过深度处理后再生利用（或回用）。

1. 废水经处理后排入水体

排入水体是废水净化后的传统出路和自然归宿，也是目前最常用的方式。为了避免废水排放对水体的污染，保护水生生态环境，废水必须经过处理达到相应的排放标准后才能排入水体。根据国家排放标准确定各污染物的最高允许的排放浓度或排放总量。污水处理厂的排放口一般设在城镇江河的下游，以避免污染城镇给水厂水源水质和影响城镇水环境质量。

2. 废水经处理后再生利用

我国水资源十分短缺，人均水资源只有世界平均水平的1/4，水已成为未来制约国民经济发展和人民生活水平提高的重要因素。处理后废水的再利用是减轻水体污染程度、改善生态环境、保障水资源的可持续利用与社会可持续发展的有效途径。

(1) 污水再生利用或回用的要求如下。

① 污水再生利用或回用应为使用者和公众所接受；应符合应用对象对水质的要求或标准。

② 对人体健康不产生不良影响；对环境质量和生态系统不应产生不良影响。

③ 对产品质量不应产生不良影响。

④ 再生利用或回用系统在技术上可行、操作简便，且应有安全使用的保障。

(2) 污水再生利用或回用的领域　污水经深度处理达到相应的水质标准后，可回用于工、农、林、牧、渔业（如工业冷却、洗涤、工艺和产品用水，农业灌溉、畜牧养殖、水产养殖等用水）等各生产领域，也可用于城市杂用水（如城市绿化、冲洗厕所、道路清扫、洗车、建筑施工、消防等），以及补充水源水（补充地表水和地下水）等。

出于卫生安全考虑，回用水主要用于非饮用水，据我国城市污水处理回用供需分析研究报告测算，工业回用和生态补充水回用是再生水利用的两个较大市场，具有很大发展前景。

二、水质标准

水质标准是描述水质状况的一系列标准，表示各类水中污染物的最高容许浓度或限量阈值的具体限制和要求。我国水质标准从水资源保护和水体污染控制两方面考虑，分别制订了水环境质量标准和污水排放标准，前者以保证水体质量和水的使用为目的，后者为控制污水处理后所达到的排放要求，这些标准是水污染控制的基本管理措施和重要依据之一。

1. 水环境质量标准

(1) 天然水体水质标准　天然水体是人类的重要资源，为了保护天然水体的质量，不因污水的排入而导致恶化甚至破坏，在水环境管理中按水体功能要求，分类进行水环境质量控制项目和限值的规定。我国目前天然水体环境质量标准主要有《地表水环境质量标准》(GB 3838—2002)、《海水水质标准》(GB 3097—1997)、《地下水质量标准》(GB/T 14848—93)，这些标准都是强制性国家标准，是污水排入水体时执行排放等级的重要依据。

《地表水环境质量标准》是最重要的水体环境质量标准。我国《地表水环境质量标准》(GB 3838—2002) 自1983年首次发布以来，分别于1988年、1999年和2002年经过了3次修订。依据地表水水域环境功能和保护目标，《地表水环境质量标准》按功能高低依次将水体划分为五类：Ⅰ类主要适用于源头水、国家自然保护区；Ⅱ类主要适用于集中式生活饮用水地表水源地一级保护区、珍稀水生生物栖息地、鱼虾类产卵场、幼鱼的索饵场等；Ⅲ类主要适用于集中式生活饮用水地表水源地二级保护区、鱼虾类越冬场、洄流通道、水产养殖区等渔业水域及游泳区；Ⅳ类主要适用于一般工业用水区及人体非直接接触的娱乐用水区；Ⅴ类主要适用于农业用水区及一般景观要求水域。按照地表水环境功能分类和保护目标，规定了水环境质量应控制的项目和限值。该标准提出的控制项目共计109项，包括地表水环境质量标准基本项目（24 项）、集中式生活饮用水地表水源地补充项目（5 项）和集中式生活饮用水地表水源地特定项目（80 项）。

（2）用水水质标准　为了保证水的使用目的或用水水质要求，我国发布了《工业锅炉水质标准》（GB 1576—2008）、《农田灌溉水质标准》（GB 5084—2005）、《渔业水质标准》（GB 11607—89）等工、农、林、牧、渔业水质标准。由于工业种类繁多，其用水水质要求随不同工艺、不同产品而不尽相同，因此工业用水水质标准体系较复杂，但总的要求是水质必须保证产品的质量，并保障生产正常运行。工业用水主要有生产技术用水、锅炉用水和冷却水，除锅炉用水外，各种工业用水标准往往由同行业自身制订。当处理后废水作为某种用途（即再利用）时，应满足相应的用水水质标准。

（3）再生利用水水质标准　为促进污水安全处理和资源化利用，我国自 2000 年开始，发布了城市污水再生利用系列水质标准，包括《城市污水再生利用　分类》（GB/T 18919—2002）、《城市污水再生利用　城市杂用水水质》（GB/T 18920—2002）、《城市污水再生利用　景观环境用水水质》（GB 18921—2002）、《城市污水再生利用　工业用水水质》（GB/T 19923—2005）、《城市污水再生利用　地下水回灌水质标准》（GB/T 19772—2005）、《城市污水再生利用　农田灌溉用水水质》（GB 20922—2007）等，这些标准是污水经处理后再生利用时的重要依据。值得一提的是，这些标准中，除《城市污水再生利用　农田灌溉用水水质》（GB 20922—2007）为强制性国家标准外，其余均为推荐性国家标准，实施时有必要结合各生产领域用水水质标准确定具体限制和要求，如《城市污水再生利用　工业用水水质》（GB/T 19923—2005）中明确指出，城市污水作为工艺和产品用水，达到控制指标后，尚应根据不同生产工艺或不同产品的具体情况，通过再生利用试验，达到相关工艺与产品的供水水质指标要求，或应参考相关行业和产品的水质标准。

2. 污水排放标准

污水排放标准是对所排放污水中污染物质规定最高允许排放浓度或限量阈值，按其适用范围可分为综合排放标准和行业排放标准，除国家发布的污水综合排放标准与水污染物行业排放标准外，各地根据水体污染程度、水体纳污能力、污染物削减的可能性与可行性等，从保护环境和经济持续发展角度出发，可制订比国家标准更为严格的地方排放标准。

（1）综合排放标准　按照污水排放去向，国家规定了水污染物最高允许排放浓度，我国现行的综合排放标准主要有《污水综合排放标准》（GB 8798—1996）、《污水排入城镇下水道水质标准》（CJ 343—2010）及《污水海洋处置工程污染控制标准》（GB 18486—2001）等。其中，《污水综合排放标准》适用范围广，不仅适用于排污单位水污染物的排放管理，也可用于建设项目的环境影响评价、建设项目环境保护设施设计、竣工验收及其投产后的排放管理。该标准将排放的污染物按其性质及控制方式分为两类：第一类污染物主要为重金属和有毒有害物质，以及能在环境和动植物体内蓄积，对人体健康产生长远不良影响的污染物，如汞、镉、铬、铅、砷、苯并芘等，此类污染物必须在车间进行处理，在车间或车间处理设施排放口处取样测定；第二类污染物是其余一般污染物，其长远影响小于第一类，如硫化物、氰化物、磷酸盐等，规定的取样地点为排污单位的排出口，其最高允许排放浓度按地面水功能要求和污水排放去向，分别执行不同的标准。

（2）行业排放标准　根据行业排放废水的特点和治理技术发展水平，国家对部分行业制定了水污染物行业排放标准，如《城镇污水处理厂污染物排放标准》（GB 18918—2002）、《制革及毛皮加工工业水污染物排放标准》（GB 30486—2013）、《电镀污染物排放标准》（GB 21900—2008）、《纺织染整工业水污染物排放标准》（GB 4287—2012）、《制浆造纸工业水污染物排放标准》（GB 3544—2008）、《海洋石油勘探开发污染物排放浓度限值》（GB 4914—

2008)、《烧碱、聚氯乙烯工业污染物排放标准》(GB 15581—2016)、《肉类加工工业水污染物排放标准》(GB 13457—92)、《合成氨工业水污染物排放标准》(GB 13458—2013)、《钢铁工业水污染物排放标准》(GB 13456—2012)及《磷肥工业水污染物排放标准》(GB 15580—2011)等，目前已发布的或征求意见的行业排放标准有近 100 个。

按照国家对污水综合排放标准与行业排放标准不交叉执行的原则，有行业排放标准的优先执行行业标准，暂无行业标准的其他污水排放均执行《污水综合排放标准》。一旦新发布了行业标准，则不再执行《污水综合排放标准》。

(3) 地方排放标准　省、直辖市等根据经济发展水平和管辖地水体污染控制需要，可以依据《中华人民共和国环境保护法》、《中华人民共和国水污染防治法》制定地方污水排放标准。地方污水排放标准可以增加污染物控制指标数，但不能减少，可以提高对污染物排放标准的要求，但不能降低标准。

3. 污染物排放总量控制

"总量控制"是相对于"浓度控制"而言的。浓度控制指以控制污染源排放口排出污染物的浓度为核心的环境管理方法体系。我国现有的污水排放标准基本上都是浓度标准，这类标准的优点是指标明确，对每个污染指标都执行一个标准，管理方便。但由于未考虑排放量的大小、接受水体的环境容量大小等，因此即使满足排放标准，如果排放总量大大超过接纳水体的环境容量，也会对水体质量造成严重影响，使水体不能达到质量标准。另外企业也可以通过稀释来达到排放要求，造成水资源浪费和水环境污染加剧。

针对这一状况，我国十分重视污染物排放的总量控制，总量控制是根据水体使用功能要求及自净能力，对污染源排放的污染物总量实行控制的管理方法，基本出发点是保证水体使用功能的水质限制要求。水环境容量可采用水质量模型法等方法计算，根据环境容量确定区域或流域排放总量削减计划，再向区域或流域内各排污单位分配各自的污染物排放总量额度。总量控制可以避免浓度标准的缺点，可以保证接纳水体的环境质量，但需要做很多基础工作，如拟订排入水体各主要污染源及各排污单位的污染物允许排污总量，弄清污染物在水体中的扩散、迁移和转化规律，以及水体对污染物的自净规律等，同时对管理技术要求也较高，需要与排污许可证制度相结合进行总量控制。

4. 污水排放标准的发展

总体而言，我国对污水排放标准的限制要求是越来越严格，可归结为以下 2 个方面。

① 针对工业发展状况，对原有行业污染物排放标准进行不断更新，加严排放限值和基准排水量指标，并增加一些新的排放限值和指标。如：2008 年颁布的《制浆造纸工业水污染物排放标准》(GB 3544—2008)相对于 GB 3544—2001 标准，COD_{Cr}、BOD_5、SS 指标的排放限值降低了 50%～70%，GB 3544—2001 标准规定"制浆造纸非木浆漂白排水量 $220m^3/t$、COD_{Cr} 450mg/L"；GB 3544—2008 标准降为"$60m^3/t$（浆）、COD_{Cr} 150mg/L"，同时增加了色度、总氮、总磷、氨氮以及二噁英等污染物控制项目，可吸附有机卤素(AOX)由旧标准的参考指标调整为控制指标，使标准控制的污染物项目更加全面，更能体现保护人体健康和生态环境的要求。此外，GB 3544—2008 标准排水量的定义范围变大，GB 3544—2001 规定"排水量包括制浆和造纸生产排水量，不包括化学制备排水、间接冷却排水、厂区生活排水及厂内锅炉、电站排水量"；GB 3544—2008 规定"排水量指生产设施或企业向企业法定边界以外排放的废水量，包括与生产有直接或间接关系的各种外排废水（如厂区生活污水、冷却废水、厂区锅炉和电站排水等）"，从而有利于促进企业回收利用冷却废水、锅炉和电站排水等较清洁的废水，提高处理后水的回用率。

② 国家根据行业水污染物治理技术发展情况，每年都要颁布一批新的行业污染物排放

标准，相对污水综合排放标准针对性更强，且收紧了排放限值和基准排水量指标，提高了准入门槛。如：《制革及毛皮加工工业水污染物排放标准》（GB 30486—2013）在没有行业排放标准之前执行的是《污水综合排放标准》（GB 8978—1996），每年产生废水 1.6×10^8t，其中 COD 约 4.04×10^5t、氨氮 1.6×10^4t，执行行业污染物排放标准后，每年 COD、氨氮排放量可分别降至 11800t、2380t，削减率分别达到 57.2%、67.4%。又如：《石油炼制工业污染物排放标准》（GB 31570—2015），从适用范围、排放限值和污染控制因子 3 个方面分别比《污水综合排放标准》更能体现节能减排的方针政策。

第三节　废水处理方法综述

一、废水处理方法

废水处理方法根据不同原则可作如下分类：一是按照对污染物实施的作用进行分类；二是按处理原理或理论基础进行分类；三是按处理程度划分。

1. 按对污染物的作用分类

（1）分离法　废水中的污染物有各种存在形式，大致有离子态、分子态、胶体和悬浮物。存在形式的多样性和污染物特性的各异性，决定了分离方法的多样性，详见表 1-1。

表 1-1　分离法分类一览表

污染物存在形式	分离方法
离子态	离子交换法、电解法、电渗析法、离子吸附法、离子浮选法
分子态	萃取法、结晶法、精馏法、吸附法、浮选法、反渗透法、蒸发法
胶　体	混凝法、气浮法、吸附法、过滤法
悬浮物	重力分离法、离心分离法、磁力分离法、筛滤法、气浮法

（2）转化法　转化法可分为化学转化和生化转化两类。具体见表 1-2。

表 1-2　转化法分类一览表

方法原理	转化方法
化学转化	中和法、氧化还原法、化学沉淀法、电化学法
生化转化	活性污泥法、生物膜法、厌氧生物处理法、生物塘等

2. 按处理原理或理论基础分类

针对不同污染物质的特征，发展了各种不同的废水处理方法，这些处理方法可按其作用原理分为物理处理法、化学处理法、物理化学处理法和生物处理法四大类。

（1）物理处理法　物理处理法指通过物理作用，分离、回收废水中不溶解的呈悬浮状态污染物质的处理方法。常用的物理处理方法有重力分离法（如沉砂、沉淀、隔油等处理单元）、离心分离法（如离心分离机和旋流分离器等设备）、筛滤截留法（如格栅、筛网、砂滤、微滤或超滤等设施）；此外，蒸发法浓缩废水中的溶解性不挥发物质也是一种物理处理法。

（2）化学处理法　化学处理法指通过化学反应去除废水中无机的或有机的（难于生物降解的）溶解或胶体状态的污染物质或将其转化为无害物质的废水处理法。在化学处理法中，常用的处理单元有混凝、中和、氧化还原和化学沉淀等。

(3) 物理化学处理法　物理化学处理法指利用物理和化学的综合作用去除废水中污染物质的处理方法，或包括物理过程和化学过程的单元方法，如浮选、吸附、离子交换、萃取、电解、电渗析和反渗透等。

(4) 生物化学处理法　生物化学处理法指通过微生物的代谢作用，使废水中呈溶解、胶体态的可生物降解的有机污染物质转化为稳定、无害物的废水处理方法。根据起作用的微生物不同，生物处理法又可分为好氧生物处理法和厌氧生物处理法。好氧生物处理法中又包括活性污泥法、生物膜法、生物氧化塘、土地处理系统等。

在废水处理过程中，有些物理法或化学法与物理化学法难以截然分开，即在物理方法中包含了化学作用，在化学方法中又包含了物理过程，因此，在本书编写过程中，按所应用的理论基础把各种单元方法划分为物理化学法和生物法两大类。凡是以物理的或化学的或兼用两者的（物理化学的）原理为理论基础的处理方法，都纳入物理化学处理法；凡是以微生物的生命活动为理论基础的处理方法，都纳入生物化学处理法。

3. 按处理程度分类

(1) 一级处理　主要去除废水中悬浮固体和漂浮物质，同时还通过中和或均衡等预处理对废水进行调节以便排入受纳水体或二级处理装置。主要包括筛滤、沉淀等物理处理方法。经过一级处理后，废水的BOD一般只去除30%左右，达不到排放标准，仍需进行二级处理。

(2) 二级处理　主要去除废水中呈胶体和溶解状态的有机污染物质，采用各种生物处理方法，BOD去除率可达90%以上，处理水可以达标排放。

(3) 三级处理　又称为深度处理，是在一级、二级处理的基础上，对难降解的有机物、氮、磷等营养性物质进一步处理，还可实现污水回收和再用的目的。采用的方法有混凝、过滤、吸附、离子交换、反渗透、超滤、消毒等。

二、废水处理工艺流程

废水中的污染物质是多种多样的，一般不可能用一种处理单元就把所有的污染物质去除干净，往往需要采用几种单元方法组合成一个工艺流程，并合理配置其主次关系和先后次序，才能经济有效地完成处理任务。采用哪几种单元方法组合，要根据废水的水质、水量、排放标准、处理成本和回收其中有用物质的可能性，经过技术和经济的比较后才能决定，必要时还需进行试验研究。

由几种单元处理方法合理组成的有机整体，称为废水处理系统或废水处理工艺流程。废水处理工艺流程根据废水来源的不同，可分为城市污水处理流程和工业废水处理流程。

由于处理单元方法很多，而每一种方法又涉及不同形式的设施或设备等，因此，可选择的处理方案很多，一定要结合实际工程具体情况，因地制宜地确定。

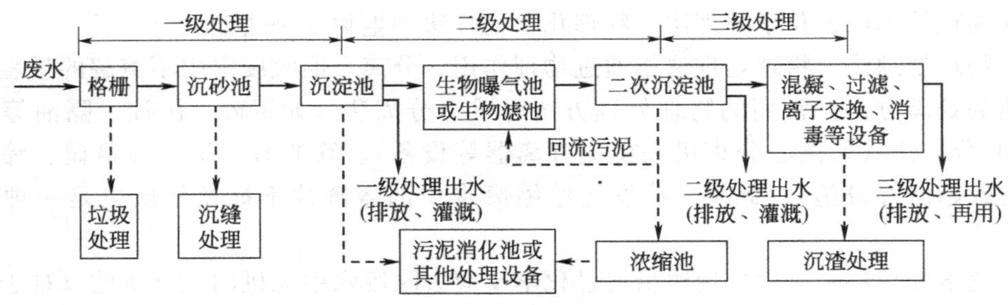

图1-1　城市污水典型处理流程

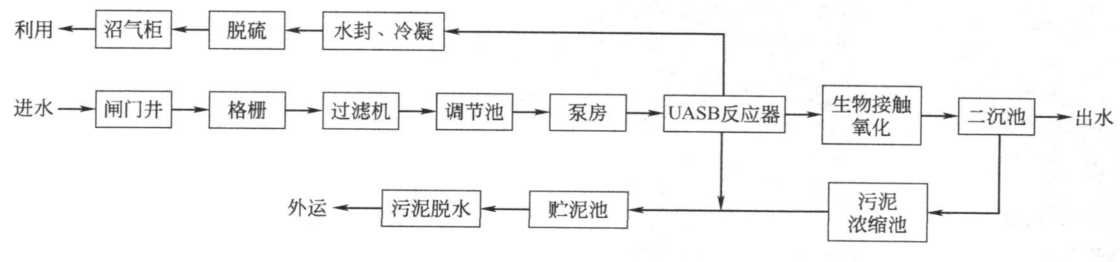

图 1-2　某啤酒厂废水处理工艺流程

1. 城市污水处理流程

城市污水的水量大，水质变化相对较小，所以一般城市污水处理的工艺流程比较典型。图 1-1 是城市污水典型处理流程。

2. 工业废水处理流程

各种工业废水的水质千差万别，其处理要求也极不一致，因此，很难形成一种如城市污水一样的典型处理流程。图 1-2 为某啤酒厂废水处理工艺流程。啤酒废水中有机物的含量较高，可生化性好，处理方法主要采用生物处理法，如 UASB 反应器和生物接触氧化法两级生物处理方法。

思考题与习题

1. 简述废水污染指标在水处理和工程设计中的作用。
2. 分析总固体、溶解性固体、悬浮固体及挥发性悬浮固体、固定性固体指标之间的相互关系，画出这些指标的关系图。
3. 什么叫生化需氧量？什么叫化学需氧量？试比较生化需氧量和化学需氧量。
4. 污水处理一般分为三级，每级的主要处理对象是什么？
5. 生化需氧量、化学需氧量、总需氧量和总有机碳等水质指标的含义是什么？分析这些指标之间的联系和区别。
6. 试论述排放标准、水环境质量标准、环境容量之间的关系。
7. 我国现行的污水排放标准有哪几种？各种标准的适用范围及相互关系是什么？
8. 污水的主要处理方法有哪些？各有什么特点？

第二章　筛滤与调节

第一节　筛　　滤

筛滤一般安置在废水处理流程的前端，进水渠道或进水泵站集水井的进口处。其目的是去除废水中粗大的悬浮物和杂物，保护后续处理设施（特别是泵），并防止管道的堵塞。

筛滤的构件包括平行的棒、条、金属网、格网或穿孔板，其中由平行的棒和条构成的称为格栅；由金属丝织物或穿孔板构成的称为筛网。

一、格栅

格栅一般倾斜安装在进水渠道或进水泵站集水井的进口处，以拦截污水中粗大的悬浮物及杂质。它本身的水流阻力并不大，水头损失只有几厘米，阻力主要产生于筛余物堵塞栅条。一般当格栅的水头损失达到10～15cm时就该清理。

格栅按形状，可分为平面格栅和曲面格栅。按活动方式可分为固定格栅和活动格栅。图2-1为常用的两种活动格栅。

按格栅栅条的间隙，可分为粗格栅（40～150mm）、中格栅（10～40mm）、细格栅

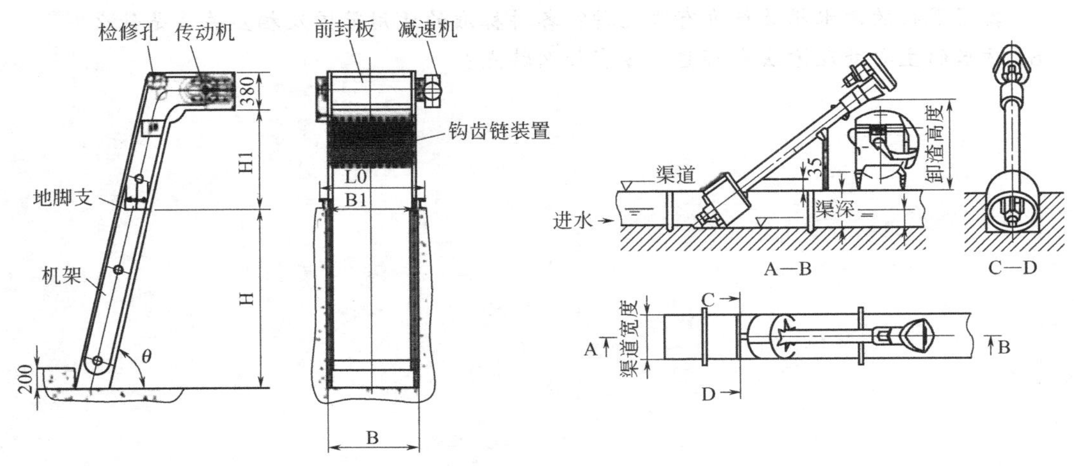

(a) SRH型回转式钩齿格栅除污机　　(b) 曲面转鼓式格栅

图2-1　活动格栅

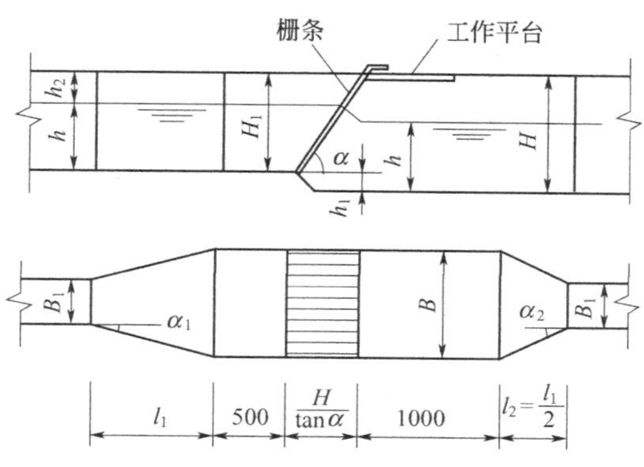

图 2-2　格栅设计计算示意（单位：mm）

（1.5～10mm）3 种，也有分为粗格栅（16～100mm）、细格栅（1.5～15mm）两种的。新设计的城市污水处理厂一般都采用粗、细两道格栅。

格栅的截留效率与格栅的设计关系密切。格栅的设计内容包括尺寸计算、水力计算、栅渣量计算以及清渣机械的选取等。图 2-2 是格栅设计计算示意。图中 α_2 为出水渠展开角，其余字母含意见表 2-1 及式（2-1）～式（2-3）。

平面格栅、回转式格栅、阶梯式格栅的栅室宽度及过栅水头损失计算式见表 2-1。

表 2-1　栅室宽度及过栅水头损失计算式

格栅形式	平面格栅	回转式格栅	阶梯式格栅
栅室宽度	$B=S(n-1)+en$ $n=\frac{Q_{max}\sqrt{\sin\alpha}}{ehv}$	按设备过流能力确定，选用的 Q_{max} 应为厂家标注过流能力的 80%左右	$B=\frac{278Q}{v(h-60)\left(\frac{e}{e+s}\right)+10}$
过栅水头损失计算式	$h_0=\xi\frac{v^2}{2g}\sin\alpha$ $h_1=kh_0$ $\xi=\beta\left(\frac{S}{e}\right)^{4/3}$	$h_1=Ckv^2$ $v=\frac{Q}{B_1h}$	当 $e=1$～6mm $v=0.8$～1.5m/s h 为 50～200mm
符号说明	B—格栅槽宽，m； S—栅条宽度，m； e—栅条净间隙宽度，m； n—栅条间隙数，个； Q_{max}—过栅最大流量，m^3/s； α—格栅设置倾角，°； h—栅前水深，m； v—过栅流速，m/s，最大设计流量时为 0.8～1.0，平均设计流量时为 0.7； h_0—理论水头损失值，m； h_1—实际水头损失值，m； k—考虑格栅堵塞的水头损失增大系数，一般取 1～3； β—栅条形状系数，一般圆形截面栅条为 1.79，矩形截面栅条为 2.42； ξ—栅条阻力系数	B_1—格栅净宽，m； h_1—实际计算水头损失，m； Q—过栅流量，m^3/h； h—栅前水深，m； v—过栅流速，m/s； C—格栅设置倾角系数，为 45°、60°、75°和 90°时，C 值分别为 1.0、1.118、1.235 和 1.354； k—格栅水流系数，与栅条间隙和形状有关 间隙/mm — k： 1 — 0.91～1.17 3 — 0.50～0.60 6 — 0.40～0.55 10 — 0.32～0.41 15 — 0.31 30 — 0.29	B—格栅槽宽，m； Q—格栅流量，m^3/h； v—过栅间隙流速，m/s； h—栅前水深，m； e—栅条净间隙宽度，mm； s—栅条宽度，mm

为避免造成栅前涌水，故将栅后槽底下降 h_1 作为补偿，见图 2-2。

栅后槽的总高度 H 由下式决定：

$$H=h+h_1+h_2 \quad (\mathrm{m}) \tag{2-1}$$

式中，h_1 为格栅的水头损失，m；h_2 为格栅前渠道超高，m，一般取 0.3m；见表2-1，城市污水一般为 0.1～0.4m。

栅槽总长度 L 计算公式：

$$L=L_1+L_2+1.0+0.5+\frac{H_1}{\tan\alpha} \quad (\mathrm{m}) \tag{2-2}$$

$$L_1=\frac{B-B_1}{2\tan\alpha_1}=1.37(B-B_1);$$

$$L_2=\frac{L_1}{2};$$

$$H_1=h+h_2;$$

式中，L_1 为进水渠道渐宽部分长度，m；L_2 为栅槽与出水渠连接渠的渐缩长度，m；H_1 为栅前槽高，m；B_1 为进水渠道宽度，m；α_1 为进水渠展开角，一般用 20°。

每日栅渣量计算：

$$W=\frac{Q_{\max}W_1\times 86400}{K_z\times 1000} \quad (\mathrm{m^3/d}) \tag{2-3}$$

式中，W_1 为栅渣量，$\mathrm{m^3/10^3m^3}$ 污水，取 0.1～0.01，粗格栅用小值，细格栅用大值，中格栅用中值；K_z 为废水流量总变化系数，对生活污水可参考表 2-2。

表 2-2 生活污水流量总变化系数

平均日流量/(L/s)	5	8	12	15	25	40	70	120	200	500	750	1600
K_z	2.3	2.2	2.1	2.0	1.92	1.80	1.70	1.59	1.50	1.40	1.30	1.20

二、筛网和微滤机

当废水中含有较细小的悬浮杂物（如纤维、纸浆、藻类等），不能被格栅截留，也难以用沉淀法去除时，可选用筛网过滤装置，如振动筛网、水力筛网、转鼓式筛网、微滤机等。孔径小于 10mm 的筛网主要用于工业废水的预处理，可截留尺寸大于 3mm 的悬浮物杂质。孔径小于 0.1mm 的细筛网则用于处理后出水的最终处理或重复利用水的处理。

图 2-3 是振动筛网构造示意。它由振动筛和固定筛组成。污水通过振动筛时，悬浮物等杂质被留在振动筛上，并通过振动卸到固定筛网上，以进一步脱水。

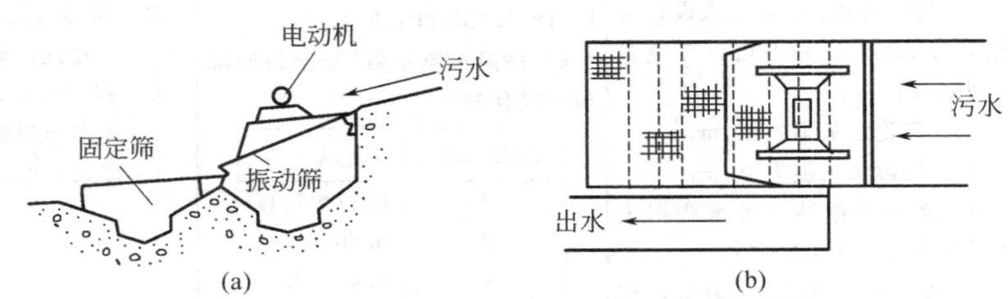

图 2-3 振动筛网构造示意

图 2-4 是水力筛网构造示意。它也是由运动筛网和固定筛网组成。运动筛网水平放置，

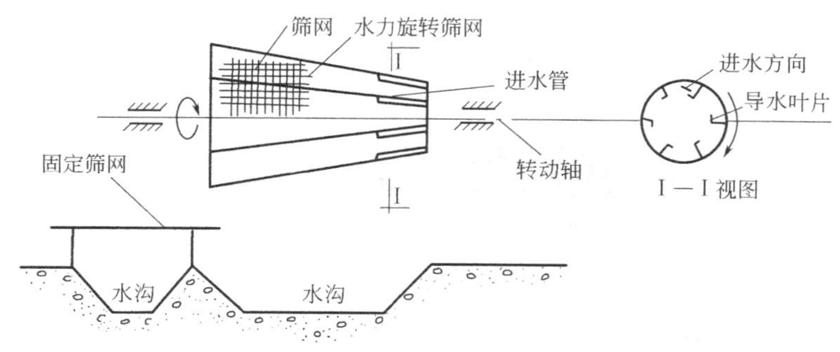

图 2-4 水力筛网构造示意

呈截顶圆锥形。进水端在运动筛网小端，废水在从小端到大端流动过程中，纤维等杂质被筛网截留，并沿倾斜面卸到固定筛以进一步脱水。水力筛网的动力来自进水水流的冲击力和重力作用。因此水力筛网的进水端要保持一定压力，一般由不透水的材料制成，而不用筛网。

图 2-5 和图 2-6 分别是转鼓式筛网和微滤机构造示意。它们都由转筒筛和吹脱装置两部分组成。污水进入转筒筛内部，在重力作用下穿过筛孔落入水沟，纤维等杂质被筛网截留，并随转筒转动到上方被蒸汽、高压空气或水流吹脱冲洗排出。

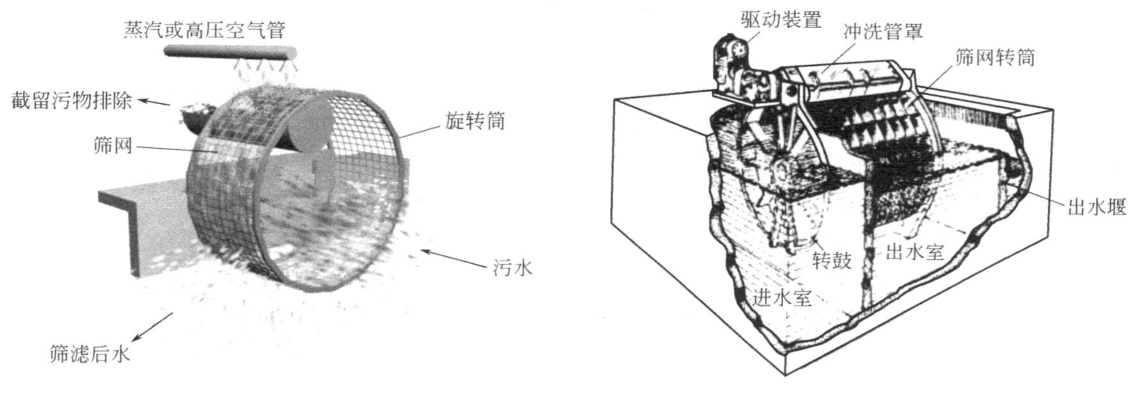

图 2-5 转鼓式筛网示意

图 2-6 微滤机构造示意

微滤机是一种截留细小悬浮物的筛网过滤器，有一个鼓状的金属框架，转鼓绕水平轴旋转，上面附有不锈钢丝（也可以是铜丝或化纤丝）编织成的支撑网和工作网。微滤机可用于自来水厂原水过滤，以去除藻类、水蚤等浮游生物；也可用于工业用水的过滤处理、工业废水中有用物质的回收（如造纸废水的白水净化和纸浆回收）等；具有占地面积小、过滤能力大、操作方便等优点。其处理能力与滤网孔径及悬浮物性质和浓度有关。国产微滤机处理能力一般为 250～40000m^3/d；孔径为 35μm 的滤网处理含藻湖水时，除藻率在 60%以上，孔径为 65μm 的滤网处理造纸白水时，纸浆回收率可达 80%以上。

三、筛余物的处置

格栅和筛网截留的物质则称为筛余物，截留效率取决于间隙或孔隙大小。其中格栅去除的是那些可能堵塞水泵机组及管道阀门的较粗大的悬浮物；而筛网和微滤机去除的是用格栅难以去除的呈悬浮状的细小纤维。格栅和筛网根据每日产生的筛余物量，可采用人工清渣或机械清渣。当栅渣量$>0.2m^3/d$时，宜采用机械清渣。微滤机一般都是机械清渣。

筛余物含水率为 75%～85%，可送至螺旋压榨机（图 2-7）进一步脱除水分。栅渣中绝大部分是有机物，当有回收利用价值时，可送至粉碎机或破碎机被磨碎后再用；没有回收价值的通常进行填埋处置，也可与污泥混合消化或堆肥。

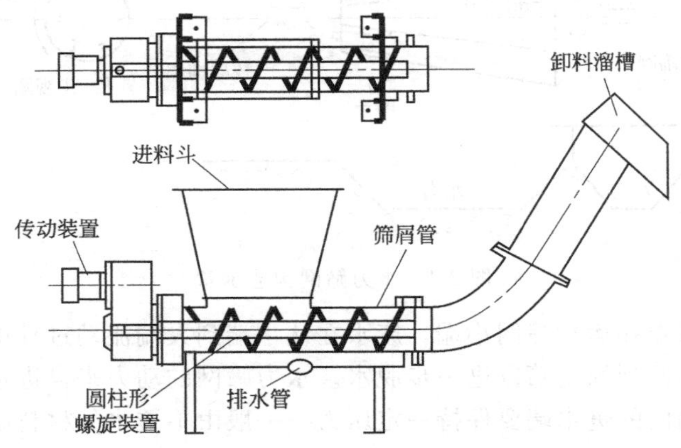

图 2-7　螺旋压榨机

第二节　调　节

废水的水量和水质并不总是恒定均匀的，往往随着时间的推移而变化。生活污水随生活作息规律而变化，工业废水的水量水质随生产过程而变化。水量和水质的变化使得处理设备不能在最佳的工艺条件下运行，严重时甚至使设备无法工作，为此需要设置调节池，对水量和水质进行调节。

工业废水处理设施中调节池的主要作用如下。

① 尽量减小进水水质水量波动。

② 改善设备工作条件，同时还能减小设备容积，降低成本。

③ 控制 pH 值，以减少中和化学品的用量。

④ 当工厂停产时，仍能对生物处理系统继续输入废水，维持生物活性。

根据调节池的功能，调节池可分为水量调节池、水质调节池、综合调节池和事故调节池。

一、水量调节池

常用的水量调节池有两种调节方式。

(1) 线内调节（图 2-8）　进水一般采用重力流，出水用泵提升，池内最高水位不高于进水管的设计水位，有效水深一般为 2～3m。调节池的容积可采用图解法计算，具体可参见相关设计手册。实际上，由于废水流量的变化往往规律性差，所以调节池容积的设计一般凭经验确定。

(2) 线外调节（图 2-9）　调节池设在旁路上，当废水流量过高时，多余废水用泵打入调节池，当流量低于设计流量时，再从调节池回流至集水井，并送去后续处理。

线外调节与线内调节相比，其调节池不受进水管高度限制，但被调节水量需要两次提升，消耗动力大。

二、水质调节池

水质调节池也称均和池或匀质池，其任务是对不同时间或不同来源的废水进行混合，使

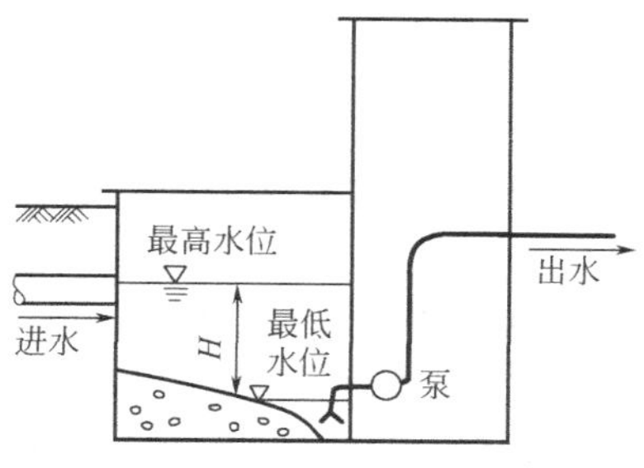

图 2-8　水量调节池（线内调节）

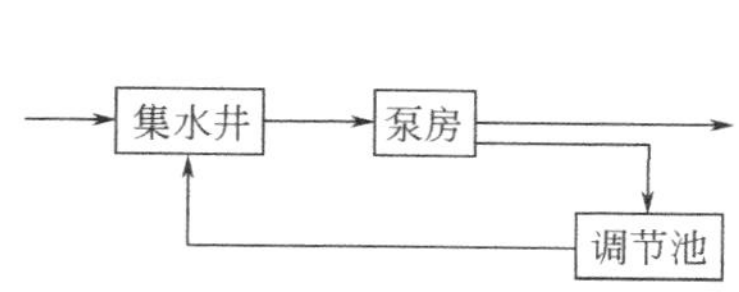

图 2-9　水量调节池（线外调节）

流出水质比较均匀，使调节池出水最大浓度与平均浓度的比值小于 1.2。

水质调节的基本方法有两种。

① 利用外加动力（如叶轮搅拌、空气搅拌、水泵循环）而进行的强制调节，它设备较简单，效果较好，但运行费用高。

② 利用差流方式使不同时间和不同浓度的废水进行自身水力混合，基本没有运行费，但设备结构较复杂。

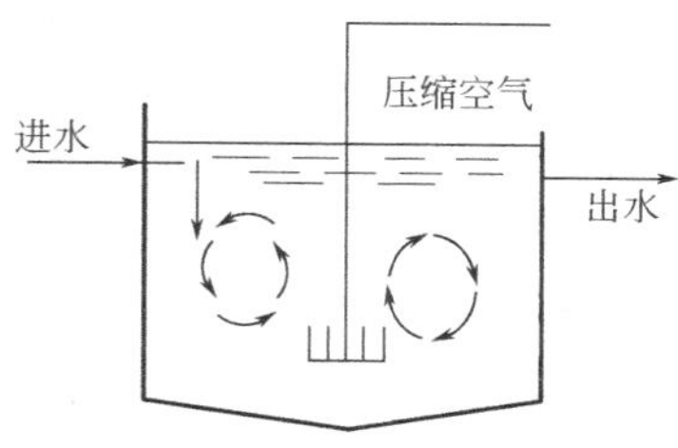

图 2-10　曝气均和池

图 2-10 为一种外加动力的水质调节池，采用压缩空气搅拌。在池底设有曝气管，在空气搅拌作用下，使不同时间进入池内的废水得以混合。这种调节池构造简单，效果较好，并可防止悬浮物沉积于池内。最适宜在废水流量不大、处理工艺中用要预曝气以及有现成压缩空气的情况下使用。如废水中存在易挥发的有害物质，则不宜使用该类调节池，此时可使用叶轮搅拌。

差流方式的调节池类型很多。图 2-11 为一种折流调节池。配水槽设在调节池上部，池内设有许多折流板，废水通过配水槽上的空口溢流至调节池的不同折流板间，从而使某一时刻的出水中包含不同时刻流入的废水，也即其水质达到了某种程度的调节。

图 2-12 为一种构造简单的差流式调节池。对角线上的出水槽所接纳的废水为来自不同时间的进水，也即浓度各不相同的水同时汇入出水槽，这样就达到了水质调节的目的。为防止调节池内废水短路，可在池内设置一些纵向挡板，以增强调节效果。

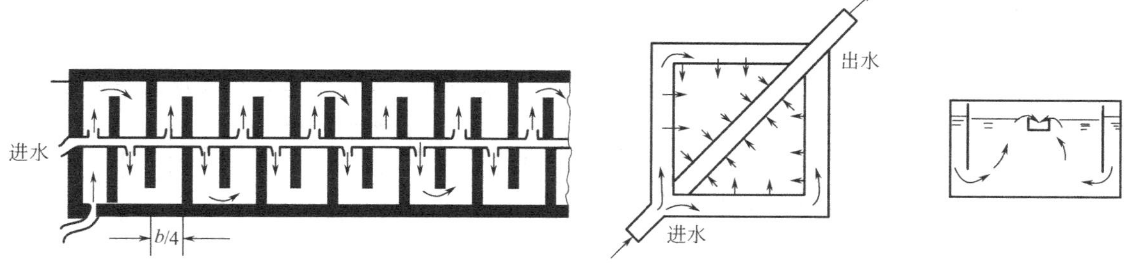

图 2-11　折流调节池

图 2-12　差流式调节池

调节池的容积可根据废水浓度和流量变化的规律以及要求的调节均和程度来确定。废水经过一定调节时间后平均浓度 c 可按下式计算：

$$c=\frac{\sum q_i c_i t_i}{\sum q_i t_i} \tag{2-4}$$

式中，q_i为t_i时间段内的废水流量；c_i为t_i时间段内的废水平均浓度。

调节池所需体积$V=\sum q_i t_i$，它决定采用的调节时间$\sum t_i$。当废水水质变化具有周期性时，采用的调节时间应等于变化周期，如一工作班排浓液，一工作班排稀液，调节时间应为两个工作班。如需控制出流废水在某一合适的浓度内，可以根据废水浓度的变化曲线用试算的方法确定所需的调节时间。

设各时间段的流量和浓度分别为q_1和c_1，q_2和c_2，…，则各相邻2时段的平均浓度分别为$(q_1c_1+q_2c_2)/(q_1+q_2)$，以此类推。如果设计要求达到的均和浓度$c'$与任意相邻2时段内的平均浓度相比，均大于各平均值，则需要的调节时间即为$2t_i$；反之，则再比较c'与任意相邻3段时间的平均值，若c'均大于各平均值，则调节时间为$3t_i$；以此类推，直到符合要求为止。

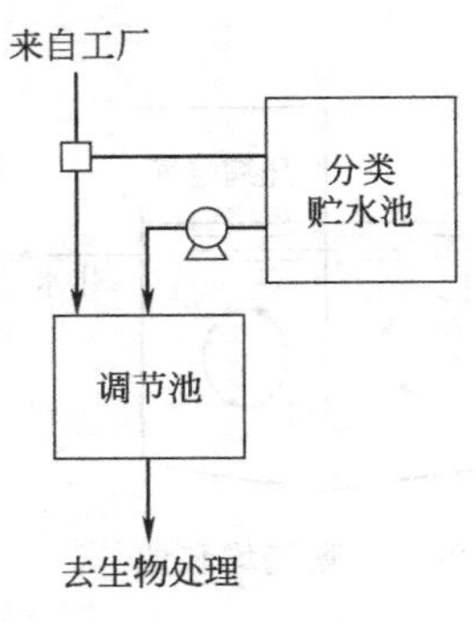

图2-13 带分流贮水池的事故调节系统

最后，还应考虑污泥和浮渣的问题，在调节池设计中应考虑设置足够的混合设备以防止悬浮物沉淀和废水浓度的变化，必要时还应设计刮渣（刮油）和排泥设施，有时还应曝气以防止产生气味。

三、综合调节池

综合调节池既能调节水量，又能调节水质，在池中需设搅拌装置。

四、事故调节池

为了防止出现恶性水质事故，或发生破坏污水处理系统运行的事故时（如偶然的废水倾倒或泄漏），导致废水的流量或强度变化太大，此时宜设事故调节池，或分流贮水池，贮留事故排水。事故池的进水阀门一般由监测器自动控制，否则无法及时发现事故。事故池平时必须保证泄空备用。带有分流贮水池的事故调节系统如图2-13所示。

思考题与习题

1. 在格栅的设计上如何防止壅水现象？
2. 某印染污水处理厂，最大设计流量为5000m^3/d，请计算该厂格栅的各部分尺寸。
3. 选择筛网过滤设备主要考虑哪些因素？
4. 废水处理工艺设施中，调节池的主要功能是什么？
5. 下列调节池哪些可作水质调节池？哪些可作水量调节池？哪些可作水质水量调节池？

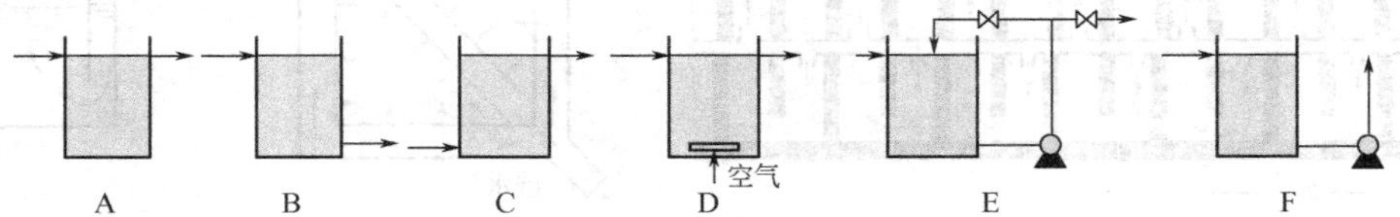

各种废水都是以水为分散介质的分散体系。根据分散相粒度不同，废水可分为三类：分散相粒度为 0.1～1nm 的称为真溶液；分散相粒度在 1～100nm 间的称为胶体溶液；分散相粒度大于 100nm 的称为悬浮液。其中粒度在 100μm 以上的悬浮物可采用沉淀、上浮或筛滤处理，而粒度在 1nm～100μm 间的部分悬浮颗粒和胶体，具有能在水中长期保持分散悬浮状态的“稳定性”，即使静置数十小时以上，也不会自然沉降或上浮。混凝就是在混凝剂的离解和水解产物作用下，使水中的胶体和细微悬浮物脱稳并聚集为具有可分离性的絮凝体的过程，包括凝聚和絮凝两个过程，统称为混凝。

第一节 混凝的基本原理

一、胶体的稳定性

胶体微粒表面都带有电荷，这是因为：a. 胶体颗粒微小，比表面积大，具有极大的表面自由能，从而使胶体颗粒具有强烈的吸附能力和水化作用，很容易吸附水中的离子而带上电荷；b. 胶体颗粒本身的水解或表面分子或基团的电离作用使其本身带电。例如：蛋白质分子的氨基或羧基电离。

天然水中的黏土类胶体以及污水中的胶体蛋白质和淀粉微粒等都带有负电荷，其结构如图 3-1 所示。其中心是胶核，由数百乃至数千个分散相固体物质分子组成。在胶核表面，选择性吸附了一层带同号电荷的离子，称为电位离子层。由于电位离子层的静电引力，在其周围吸附大量电荷相反的离子形成反离子层，两者共同构成了胶体粒子的双电层结构。其中电位离子层构成了双电层的内层，其电性和电荷量决定了双电层总电位 φ 的符号和大小。反离子层构成了双电层的外层，其中紧靠电位离子的部分被牢固吸引着，随胶核一起运动，构成了胶体粒子的固定吸附层。其他反离子由于离电位离子较远，受到的引力较小，不能随胶核一起运动，并趋于向溶液主体扩散，构成了扩散层。

吸附层与扩散层的交界面称为滑动面。滑动面以内的部分称为胶粒。由于胶粒内反离子电荷数少于表面电荷数，故胶粒总是带电的。例如氢氧化铁胶体粒子：

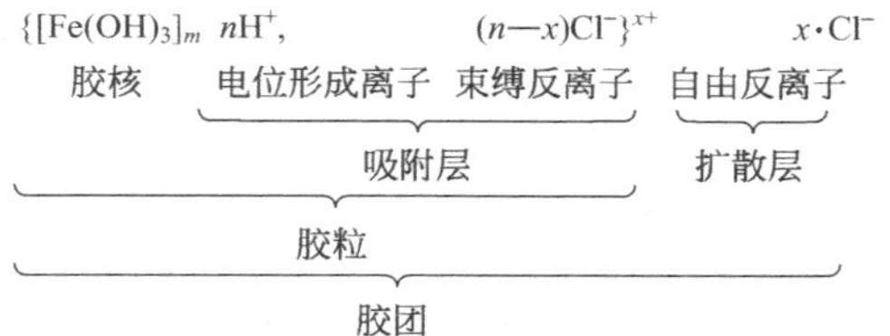

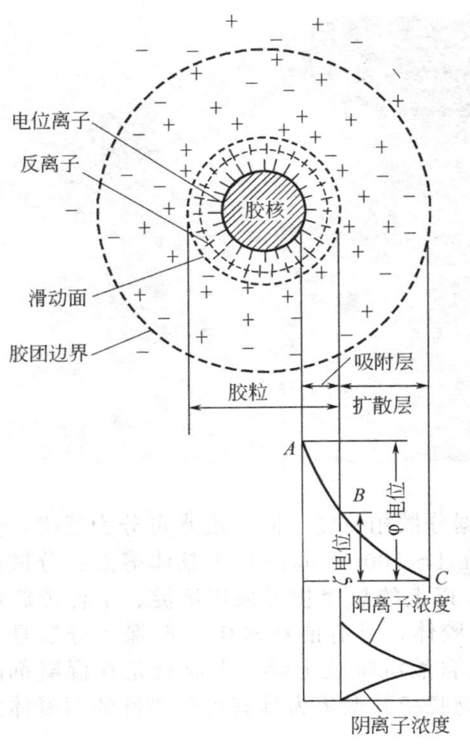

图 3-1 胶体结构及其双电层示意

胶粒与溶液主体间由于胶粒剩余电荷的存在所产生的电位称为ζ电位，而胶核与溶液主体间由于表面电荷的存在所产生的电位称为φ电位。图 3-1 描述了两种电位随距离的变化情况。φ电位对于某类胶体而言，是固定不变的；而ζ电位随着温度、pH 值及溶液中反离子浓度等外部条件而变化，可通过电泳或电渗计算得出，因此，它是表征胶体稳定性强弱和研究胶体凝聚条件的重要参数。

ζ电位可通过式（3-1）计算。

$$\zeta=\frac{4\pi\mu u}{\varepsilon E} \tag{3-1}$$

式中，μ 为液体的黏滞系数，Pa·s；u 为液体的翕动速度，cm/s；ε 为液体的介电常数，其值随水温升高而减小；E 为两电极间单位距离外加电位差，V/cm。

ζ电位与扩散层厚度和胶粒表面电荷之间的关系如下：

$$\zeta=\frac{4\pi q\delta}{\varepsilon} \tag{3-2}$$

式中，q 为胶体粒子的电动电荷密度，即胶粒表面与溶液主体间的电荷差；δ 为扩散层厚度，cm。

胶粒在水中受到几方面的影响：a. 同类胶粒带有相同电荷产生的静电斥力，而且ζ电位越高，斥力越大；b. 受水分子热运动的撞击，发生不规则的运动——“布朗运动”；c. 胶粒之间的范德华引力，与胶粒间距的 2 次方呈反比，但间距较大时，此引力可以忽略不计。

一般水中的胶粒，ζ电位都比较高，因而斥力也较大，且斥力还随间距缩小而增大，布朗运动的动能不足以将两胶粒推进到范德华引力发挥作用的距离；同时，由于胶粒带电，将极性水分子吸引到它的周围形成一层水化膜，也阻止颗粒相互接触；因此胶体微粒不能相互聚结，而是长期保持稳定的分散状态。但是静电斥力和水化膜厚度都是伴随胶粒带电产生的，ζ电位越高，胶粒越稳定；如果胶粒的ζ电位消除或减弱，静电斥力和水化膜也就随之消失或减弱，胶粒就会失去稳定性。

二、混凝机理

化学混凝的机理至今仍未完全清楚。因为它涉及的因素很多，如水中杂质的成分和浓度、水温、pH 值、碱度以及混凝剂的性质和混凝条件等。但归结起来，可以认为主要是三方面的作用。

（1）压缩双电层作用　压缩双电层指在胶体分散系中投加能产生高价反离子的活性电解质，通过增大溶液中的反离子与扩散层内原有反离子之间的静电斥力把原有反离子不同程度地挤压到吸附层中，从而使ζ电位降低、扩散层减薄的过程。

由胶体粒子的双电层结构可知，反离子的浓度在胶粒表面处最大，并沿着胶粒表面向外的距离呈递减分布，最终与溶液中离子浓度相等，见图 3-2。当向溶液中投加电解质，使溶液中反离子浓度增高，反离子间静电斥力作用增大，将原有部分扩散层反离子挤压到吸附层中，ζ电位相应降低，扩散层厚度也减小，因此胶粒间的相互排斥力也减少。另一方面，由于扩散层减薄，胶粒相互碰撞时的距离也减少，因此相互间的吸引力相应变大。从而其排斥力与吸引力的合力由以斥力为主变成以引力为主，胶粒得以迅速凝聚。

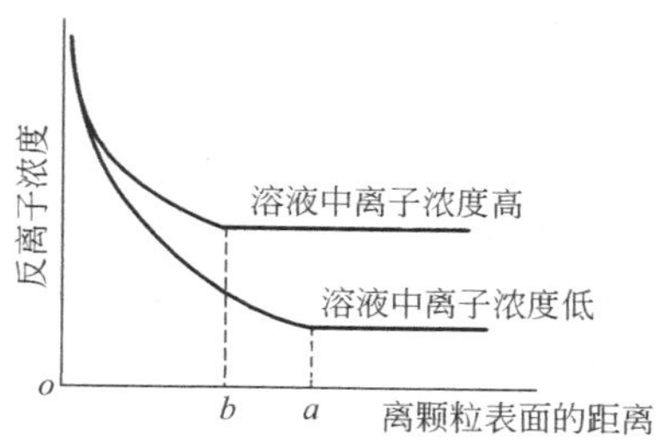

图 3-2 溶液中反离子浓度与扩散层厚度的关系

港湾处泥沙沉积现象可用该机理较好地解释。因淡水进入海水时，海水中盐类浓度较大，使淡水中胶粒的稳定性降低，易于凝聚，所以在港湾处泥砂易沉积。

不同电解质压缩双电层的作用是不同的，浓度相同的电解质，电解质离子的凝聚能力随离子价的增高而显著增大，使负电荷胶体脱稳所需不同价态正离子的浓度之比为：$[M]^{+}:[M]^{2+}:[M]^{3+}=1:[1/2]^{6}:[1/3]^{6}$，这称为 Schulze-Hardy（叔采-哈代）法则。所以在实际废水处理中，常常投加能产生高价反离子的活性电解质（如三价铁盐和铝盐混凝剂），来达到降低ζ电位和压缩双电层的目的。

根据压缩双电层理论，应是在等电状态（$\zeta=0$）下混凝效果最好，但实践表明效果最好时的ζ电位常大于0。这说明除压缩双电层作用以外，还有其他作用存在。

（2）吸附架桥作用　吸附架桥作用主要指链状高分子聚合物在静电引力、范德华力和氢键力等作用下，通过活性部位与胶粒和细微悬浮物等发生吸附桥联的过程。

当三价铝盐或铁盐及其他高分子混凝剂溶于水后，经水解、缩聚反应形成高分子聚合物，这类高分子物质具有线形结构，可被胶粒强烈吸附。聚合物在胶粒表面的吸附来源于各种物理化学作用，如范德华引力、静电引力、氢键、配位键等，取决于聚合物同胶粒表面二者化学结构的特点。因其线形长度较大，当它的一端吸附某一胶粒后，另一端又吸附另一胶粒，在相距较远的两胶粒间形成吸附架桥，使颗粒逐渐变大，形成粗大絮凝体。在吸附桥联过程中，胶粒并不一定要脱稳，也无需直接接触。这个机理可解释非离子型或带同号电荷的离子型高分子絮凝剂得到较好絮凝效果的现象，也能解释当废水浊度很低时有些混凝剂效果不好的现象。因为废水中胶粒少，当聚合物伸展部分一端吸附一个胶粒后，另一端因黏不着第二个胶粒，只能与原先的胶粒相连，就不能起架桥作用，从而达不到絮凝的效果。

在废水处理中。对高分子絮凝剂投加量及搅拌时间和强度都应严格控制。如投加量过大时，一开始微粒就被若干高分子链包围，而无空白部位去吸附其他的高分子链，结果造成胶粒表面饱和产生再稳现象；已经架桥絮凝的胶粒，如受到长时间剧烈的搅拌，架桥聚合物可能从另一胶粒表面脱开，又重新卷回原所在胶粒表面，造成再稳定状态。

（3）沉淀物网捕作用　当采用硫酸铝、石灰或氯化铁等高价金属盐类作凝聚剂时，当投加量大得足以迅速沉淀金属氢氧化物[如 $Al(OH)_3$、$Fe(OH)_3$]或金属碳酸盐（如 $CaCO_3$）时，水中的胶粒和细微悬浮物可被这些沉淀物在形成时作为晶核或吸附质所网捕。水中胶粒本身可作为这些沉淀所形成的核心时，凝聚剂最佳投加量与被除去物质的浓度成反比，即胶粒越多，金属凝聚剂投加量越少。

不同的化学药剂能使胶体以不同的方式脱稳、凝聚或絮凝。在实际的混凝过程中，往往各种作用相继出现并交叉发挥效果，只是在一定情况下以某种作用为主而已。

第二节　混凝剂与助凝剂

混凝包括凝聚与絮凝两种过程。凝聚（Coagulation）指胶体被压缩双电层而脱稳聚集为微絮粒的过程；絮凝（Flocculation）则指胶体由于高分子聚合物的吸附架桥作用聚结成大颗粒絮体的过程。凝聚是瞬时的，只包括将化学药剂扩散到全部水中的时间；而絮凝则需要一定的时间让絮体长大。但在一般情况下两者难以截然分开。习惯上，能起凝聚与絮凝作用的药剂统称为混凝剂，而将低分子电解质称为凝聚剂，将高分子药剂称为絮凝剂。当单用混凝剂不能取得良好效果时，可投加某类辅助药剂以提高混凝效果，这种辅助药剂称为助凝剂。用于水处理的混凝剂要求：混凝效果好，对人类健康无害，价廉易得，使用方便。

一、混凝剂

常用的混凝剂按化学组成有无机盐类、有机高分子类以及微生物絮凝剂。

（一）无机盐类混凝剂

目前应用最广泛的是铝盐和铁盐，可分为普通铝盐、铁盐和无机高分子聚合盐。

1. 普通铝盐

传统的铝盐混凝剂主要有硫酸铝、明矾等。常见的硫酸铝分子式为 $Al_2(SO_4)_3 \cdot 18H_2O$，$Al_2O_3$ 含量不少于 14.5%～16.5%。明矾是天然矿物，是硫酸铝和硫酸钾的复盐 $Al_2(SO_4)_3 \cdot K_2SO_4 \cdot 24H_2O$，其中 Al_2O_3 含量约 10.6%，其作用机理与硫酸铝相同。

$Al_2(SO_4)_3 \cdot 18H_2O$ 溶于水后，即离解为 Al^{3+} 和 SO_4^{2-}。Al^{3+} 很容易与极性很强的水分子发生水合作用形成水合络离子 $Al(H_2O)_6^{3+}$。由于中心离子 Al^{3+} 带有很强的正电荷，促使水合膜中的 H-O 键极化，$Al(H_2O)_6^{3+}$ 便在不同的 pH 条件下发生一系列水解反应：

$$Al(H_2O)_6^{3+} \longleftrightarrow [Al(OH)(H_2O)_5]^{2+} \longleftrightarrow$$
$$[Al(OH)_2(H_2O)_4]^{+} \longleftrightarrow [Al(OH)_3(H_2O)_3]\downarrow$$

当 $pH<4$ 时，水解受到抑制，存在形式主要是 $[Al(H_2O)_6]^{3+}$；$pH>4$ 时，水解产物中的羟基 OH^- 具有桥联性质，在由 $[Al(H_2O)_6]^{3+}$ 转向 $Al(OH)_3(H_2O)_3$ 的中间过程中，单核络合物可通过羟基架桥缩聚成多核络合物。缩聚反应的连续进行，可使络合物变成高分子聚合物。在缩聚反应的同时，聚合物水解反应仍继续进行，使在水中形成多种形态的高聚物：

$$[Al(OH)(H_2O)_5]^{2+} \longleftrightarrow [Al_2(OH)_2(H_2O)_8]^{4+} \longleftrightarrow [Al_3(OH)_4(H_2O)_{10}]^{5+} \longleftrightarrow$$
$$[Al_n(OH)_{2n-2}(H_2O)_{2n+4}]^{(n+2)+}$$

由于上述聚合和水解反应交错进行，因而其产物必然是多种形态的聚合铝络离子在一定条件下的混合平衡。当 pH＝7～8 时，水中主要是 $Al(OH)_3(H_2O)_3$ 沉淀物；当 $pH>8.5$ 时，则重新溶解为 $[Al(OH)_4]^-$、$[Al_6(OH)_{20}]^{2-}$ 等负离子。

由上述可知，从投加混凝剂开始到反应结束，是从简单到复杂的各种产物相继出现并交叉发挥作用的过程，其中包括：a. 低 pH 值下低聚合度的高电荷络离子的压缩双电层和电荷中和作用；b. 高 pH 值下高聚合度的低电荷络离子的吸附桥联作用；c. 中性条件下 $[Al(OH)_3(H_2O)_3]_n$ 沉淀的网捕作用。

因此要充分发挥混凝剂的作用，往往需要投加石灰以维持溶液的 pH 值，以促进水解聚合反应的进行。

硫酸铝使用便利，混凝效果较好，不会给处理后的水质带来不良影响。但因含不溶杂质较多，增加了配药和排渣等方面的困难。而且当水温较低时，硫酸铝水解困难，形成的絮体较松散，效果不及铁盐。

2. 普通铁盐

传统的铁盐混凝剂主要有三氯化铁、硫酸亚铁和硫酸铁等。三氯化铁（$FeCl_3 \cdot 6H_2O$）

是黑褐色的结晶体，有强烈吸水性，极易溶于水，形成的絮凝体较紧密，易沉淀。但三氯化铁腐蚀性强，易吸湿潮解，不易保管。硫酸亚铁 $FeSO_4 \cdot 7H_2O$ 是半透明绿色晶体，易溶于水，离解出的 Fe^{2+} 只能生成最简单的单核络合物，因此，使用硫酸亚铁时应将二价铁先氧化为三价铁。与铝盐相比，铁盐适用的 pH 值范围更大，形成的氢氧化物絮体大，且密度大，因而所形成的絮体沉降速度快。但是，残留在水中的 Fe^{2+}、Fe^{3+} 会使处理后的水带色，Fe^{2+} 与水中的某些有色物质作用后，会生成颜色更深的溶解物。

3. 无机高分子聚合盐

聚合氯化铝（PAC）和聚合硫酸铁（PFS）是目前国内研制和使用比较广泛的无机高分子混凝剂。

聚合氯化铝又称为碱式氯化铝或羟基氯化铝，分子式为 $[Al_2(OH)_nCl_{6-n}]_m$（式中 $n=1\sim5$，$m\leqslant10$）；聚合硫酸铁的化学式为 $[Fe_2(OH)_n(SO_4)_{\frac{3-n}{2}}]_m$。它们都是具有一定碱化度（$B$）的无机高分子聚合物，且作用机理也颇为相似。

碱化度或盐基度指产品分子中［OH］与金属原子（Fe 或 Al）的当量百分比，可用下式表示：

$$B=\frac{n}{xR_{\rm m}}\times100\% \tag{3-3}$$

式中，B 为盐基度，%；n 为单体分子中的［OH］个数；$R_{\rm m}$ 为单体分子中 Fe 或 Al 的原子个数；x 为 Fe 和 Al 的化合价。

B 反映了产品的化学组成、聚合度、分子量和分子电荷数，直接决定着凝聚值、稳定性和溶液的 pH 值等许多重要性质，因此与混凝效果密切相关。一般说来，原水的浊度越高，pH 值越低，对 B 值的要求也相应增大；在原水水质一定时，B 值越大，则混凝效果也相应提高。对聚合硫酸铁，要求 $B=10\%\sim13\%$；对聚合氯化铝，要求 $B=45\%\sim85\%$。

聚合盐的有效成分用 Fe_2O_3 和 Al_2O_3 的百分含量表示，液体产品一般在 10%～15%，固体产品为 30%～40%。

与普通铁盐、铝盐相比，聚合铁和聚合铝盐具有投加剂量少，絮体生成快、且大而重，对水质水温的适应范围广以及水解时消耗水中碱度少，腐蚀性小，净化效果较好和价格相对较低等一系列优点，已逐步成为主流混凝药剂，在废水处理中应用得越来越广泛。

除 PAC 和 PFS 以外，还有聚合硫酸铝（PAS）、聚合氯化铁（PFC）、聚合氯化铝铁（PAFC）、聚合硅酸铝（PASI）、聚合硅酸铁（PFSI）、聚合硅酸铝盐（PAFSI）等的研究和应用。

（二）有机高分子类絮凝剂

有机高分子絮凝剂分为天然和人工合成两种，一般为链状结构的大分子，各单体间以共价键结合，溶于水中将生成大量的线型高分子。

人工合成的有机高分子絮凝剂根据所带基团能否离解及离解后所带离子的电性，可分为阴离子型、阳离子型和非离子型。阴离子型主要是含有—COOM（M 为 H^+ 或金属离子）或—SO_3H 的聚合物，如部分水解聚丙烯酰胺（HPAM）和聚苯乙烯磺酸钠（PSS）等。阳离子型主要是含有—NH^{3+}、—NH^{2+} 和—N^+R_4 的聚合物，如聚二甲基氨甲基丙烯酰胺（APAM）等。非离子型是所含基团不发生离解的聚合物，如聚丙烯酰胺（PAM）和聚氧化乙烯（PEO）等。

我国当前使用较多的是人工合成的聚丙烯酰胺，其分子结构为：

$$\mathrm{-\!\!\!\left[CH_2-\underset{\displaystyle CONH_2}{\underset{|}{CH}}\right]_n}$$

聚丙烯酰胺聚合度可多达 $2\times10^4\sim9\times10^4$，相应的分子量高达 $1.5\times10^6\sim6\times10^6$。产品外观为白色粉末，易吸湿，易溶于水，可以通过水解构成阴离子型，也可以通过引入基团构成阳离子型。在一般情况下，PAM 对不同电性的胶体和细微悬浮物都是有效的。但如为离子型，且电性与胶粒电性相反，就能起降低 ζ 电位和吸附架桥双重作用，可明显提高絮凝效果。而且，离子型高分子混凝剂由于带同号电荷，产生的静电斥力会使线型分子延伸开来，增大捕捉范围，活性基团也得到充分暴露，有利于更好地发挥架桥作用。因此，离子型高分子混凝剂是今后的发展重点。

人工合成的有机高分子类絮凝剂絮凝效果优异，无腐蚀性；但是制造过程复杂，价格较贵，常作为助凝剂使用。另外，聚丙烯酰胺的单体——丙烯酰胺有毒，因此其毒性问题引起人们的注意和研究。

天然有机高分子絮凝剂主要分为淀粉类、半乳甘露聚糖类、纤维素衍生物类、微生物多糖类和动物骨胶类，与合成有机高分子絮凝剂相比，其电荷密度小，分子量较低，又容易发生降解而失去活性，因此其应用远不如人工的广泛。但由于其为天然产品，毒性可能比合成有机高分子絮凝剂要小，易于生物降解，不会引起环境问题，因此近年来颇受关注。

(三) 微生物絮凝剂

微生物絮凝剂（Microbial Flocculants，MBF）指利用生物技术，通过微生物发酵、抽取、精制而得到的一种新型水处理剂，具有高效、无毒、可生物降解和无二次污染等特性。可产生 MBF 的微生物种类有细菌、放线菌、酵母菌和霉菌等。不同种类的微生物所产生的 MBF 的成分一般各不相同，其主要成分为高分子有机物，包括糖蛋白、多糖、蛋白质、纤维素和 DNA 等，分子量多在 10^5 以上，其微观结构有纤维状和球状两种。关于 MBF 的作用机理先后提出过很多学说，如 Butterfield 的黏质学说、Grabtree 的 PHB 酯合学说、Fiedman 的菌体外纤维素纤丝学说等。目前较为普遍接受的是“桥联作用”机理，该机理认为，絮凝剂大分子借助离子键、氢键和范德华力，同时吸引多个胶体颗粒，因而在颗粒中起了“中间桥梁”的作用，形成一种网状三维结构而沉淀下来。当水中有适当浓度的钙、镁离子时，能显著改变胶体表面的 ζ 电荷，降低其表面负电荷，促进“架桥”的形成。

MBF 具有广谱絮凝活性，适用范围较广，可用于给水处理、污水的除浊和脱色、消除污泥膨胀和污泥脱水等。但由于 MBF 的生产较复杂，成本较高、产品生产的稳定性较低，目前很少有工业化的 MBF 产品。利用现代分子生物学和基因工程技术，将高效絮凝基因转移到便于发酵生产的菌中，组建工程菌，这是促进 MBF 工业化的很有前途的研究方向。

二、助凝剂

助凝剂指与混凝剂一起使用，用以调节或改善混凝条件或者絮凝体结构，以促进混凝过程的辅助药剂。助凝剂本身可以起混凝作用，也可不起混凝作用。按其功能，助凝剂可分为三种：a. pH 调整剂，如石灰、硫酸、氢氧化钠等；b. 絮体结构改良剂，如聚丙烯酰胺、活性硅酸、黏土等，可以改善絮体的结构，增加其粒径、密度和强度；c. 氧化剂，如氯气、次氯酸钠、臭氧等氧化剂，可用来破坏表面活性剂等有机物，以消除泡沫干扰，提高混凝效果。

目前已有一些新开发的复合式混凝药剂，如聚合氯化铝铁（PAFC）、聚合硅酸铝（PASI）、聚合硅酸铁（PFSI）、聚合硅酸铝盐（PAFSI）等，可兼具混凝、助凝、吸附或氧化等功能。

第三节　影响混凝的因素

影响混凝的因素很多，主要可分为废水水质、混凝剂和水力条件三个方面。

一、废水水质的影响

（1）pH 值　pH 值直接影响着污染物存在的形态和表面性质，以及混凝剂的水解平衡和产物的存在形态、存在时间，对混凝效果影响很大。各种药剂都有一个发挥作用的适宜 pH 值范围，特别是铁、铝盐混凝剂，pH 值不同，生成水解产物不同，混凝效果亦不同。例如硫酸铝的最佳 pH 值范围是 6.5～7.5，不能高于 8.5，否则容易生成 AlO_2^-，对含有负电荷胶体微粒的废水达不到混凝的效果。而硫酸亚铁只有在 pH＞8.5 和水中有足够氧时，才能迅速形成 Fe^{3+}。普通铁、铝盐由于水解时不断产生 H^+，因此，常常需要添加碱来使反应充分进行。高分子絮凝剂除离解时产生 H^+ 和 OH^- 者外，一般受 pH 值的影响很小。

（2）水温　水温会影响无机盐类的水解。水温低，水解反应慢。另外水温低，水的黏度增大，布朗运动减弱，混凝效果下降。这也是冬天混凝剂用量比夏天多的缘故。但温度也不是越高越好，当温度超过 90℃时，易使高分子絮凝剂老化或分解生成不溶性物质，反而降低混凝效果。

（3）共存杂质　水中杂质成分、性质和浓度影响到混凝剂用量、混凝的机理和碰撞效率，对混凝效果影响很大。有些杂质的存在能促进混凝过程，例如除硫、磷化合物以外的其他各种无机金属盐和黏土类杂质；有些物质则会不利于混凝的进行，如磷酸离子、亚硫酸离子、表面活性剂等。杂质颗粒的级配越单一均匀、越细越不利，大小不一的颗粒将有利于混凝。

二、混凝剂的影响

混凝剂种类、投加量和投加顺序都对混凝效果产生影响。

混凝剂的选择和投加主要取决于胶体和细微悬浮物的性质、浓度以及介质条件，应视具体情况而定。对任何废水的混凝处理，都存在最佳混凝剂和最佳投药量的问题，一般应通过试验确定。通常普通铁、铝盐为 10～30mg/L，聚合盐则大体为普通盐的 1/2～1/4；有机高分子絮凝剂通常只需 1～5mg/L，且投加量过量，很容易造成胶体的再稳。

大多情况下，将无机混凝剂与高分子混凝剂并用，可明显提高混凝效果，扩大应用范围。如果水中污染物主要呈胶体状态，且 ζ 电位较高，则应先投加无机混凝剂使其脱稳凝聚；如絮体细小，还需投加高分子絮凝剂或配合使用活性硅酸等助凝剂。

高分子絮凝剂选用的基本原则是：阴离子和非离子型主要用于去除浓度较高的细微悬浮物，但前者更适于中性和碱性水质，后者更适于中性至酸性水质；阳离子型主要用于去除胶体状有机物，pH 值为酸性至碱性均可；如果絮凝对象的 ζ 电位较高，则应优先选用电性相反的离子型絮凝剂；此外，还应考虑来源、成本和是否引入有害物质等因素。

三、水力条件的影响

整个混凝过程可以分为混合凝聚和絮凝反应两个阶段，这两个阶段在水力条件上的配合非常重要。水力条件的两个主要的控制指标是搅拌强度和搅拌时间。

搅拌强度常用速度梯度 G 来表示。速度梯度指出于搅拌在垂直水流方向上引起的速度差 du 与垂直水流距离 dy 间的比值，即 $G=\frac{du}{dy}$。速度梯度实质上反映了颗粒的碰撞机会。

速度差越大，颗粒间越易发生碰撞；间距越小，颗粒间也越易发生碰撞。

速度梯度计算公式的推导如下。

根据流体力学原理，两层水流间摩擦力 F 和接触面积 A 间有 $F=\mu\dfrac{A\mathrm{d}u}{\mathrm{d}y}$，而单位体积液体搅拌所需功率为 $P=\dfrac{F\mathrm{d}u}{A\mathrm{d}y}$，故有

$$G=\sqrt{\frac{P}{\mu}} \tag{3-4}$$

当用机械搅拌时，P 为单位体积液体所耗机械的功率，此时：

$$G=\sqrt{\frac{P}{\mu}}=\sqrt{\frac{102\eta N}{V\mu}} \tag{3-5}$$

当用水力搅拌时，P 可按水头损失计算：

$$G=\sqrt{\frac{P}{\mu}}=\sqrt{\frac{\gamma Qh}{V\mu}}=\sqrt{\frac{\gamma h}{t\mu}} \tag{3-6}$$

式中，G 为水流速度梯度，s^{-1}；P 为单位体积水流所需功率，kg・m/(s・m^3)；μ 为水的动力黏滞系数，kg・s/m^2；η 为搅拌机效率，为搅拌设备机械效率和传动系统效率的乘积，约 0.5～0.7；N 为电动机功率，kW；V 为池容积，m^3；Q 为流量，m^3/s；γ 为水的密度，kg/m^3；h 为水流过池子的水头损失，m；t 为混合或反应时间，s。

在混合阶段，要求混凝剂与废水迅速均匀的混合，为此要求 G 在 500～1000s^{-1}，搅拌时间 t 应在 10～30s。而到了反应阶段，既要创造足够的碰撞机会和良好的吸附条件让絮体有足够的成长机会，又要防止生成的小絮体被打碎，因此搅拌强度要逐渐减小，而反应时间要长，相应 G 和 t 值分别应在 20～70s^{-1} 和 15～30min；Gt 值应控制在 10^4～10^5 之间。如果化学混凝后不经沉淀处理，而是直接进行接触过滤或气浮分离，反应阶段可以忽略。

第四节 混凝工艺与设备

整个混凝工艺过程包括混凝剂的配制与投加、混合、反应、澄清几个步骤，以下分别叙述。

一、混凝剂的配制与投加

混凝剂的投配分干法和湿法。干法即把药剂直接投放到被处理的水中。其优点是占地少，缺点是对药剂的粒度要求较高，投配量较难控制，对机械设备要求较高，常用的有螺旋给料机。我国用得较多的是湿法，即先把药剂配制成一定浓度的溶液，再投入被处理水中，整个过程见图 3-3。

溶药池（体积为 V_1）是把固体药剂溶解成浓溶液。其搅拌可采用水力、机械或压缩空气等方式，视用药量大小和药剂的性质而定，一般药量小时用水力搅拌，药量大时用机械搅拌。

溶液池（体积为 V_2）应采用两个交替使用，其体积可按下式计算：

$$V_2=\frac{24\times100aQ}{1000\times1000\times wn}=\frac{aQ}{417wn}\quad(\mathrm{m^3}) \tag{3-7}$$

式中，a 为混凝剂最大用量，mg/L；Q 为处理水量，m^3/h；w 为溶液质量分数，一般用 5%～20%；n 为每昼夜配制溶液的次数，一般为 2～6 次。

溶药池体积为：

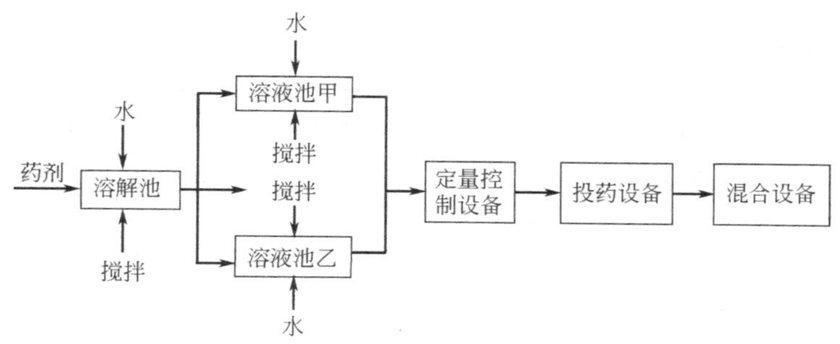

图 3-3　药剂的溶解与投加

$$V_1=(0.2\sim0.3)V_2 \quad (\mathrm{m}^3) \tag{3-8}$$

药液的投配要求是计量准确，调节灵活，设备简单。常用的设备主要有计量泵、水射器、虹吸定量投药设备和孔口计量投药设备。其中计量泵最简单可靠，目前常用的计量泵有隔膜泵和柱塞泵。计量泵与加药自控设备和水质监测一起配合，可组成自动投药系统。水射器（图 3-4）主要用于向压力管内投加药液，使用方便。虹吸定量投药设备（图 3-5）是利用空气管末端与虹吸孔出口间的水位差不变，因而投药量恒定而设计的投配设备。而孔口计量设备主要用于重力投加系统（图 3-6），溶液液位由浮子保持恒定，溶液由孔口经软管流出，可通过调节孔口大小来调节加药量，只要孔上的水头不变，投药量就恒定。

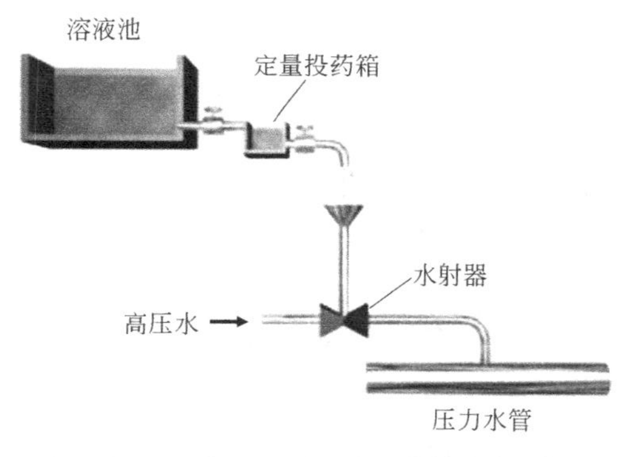

图 3-4　水射器投加

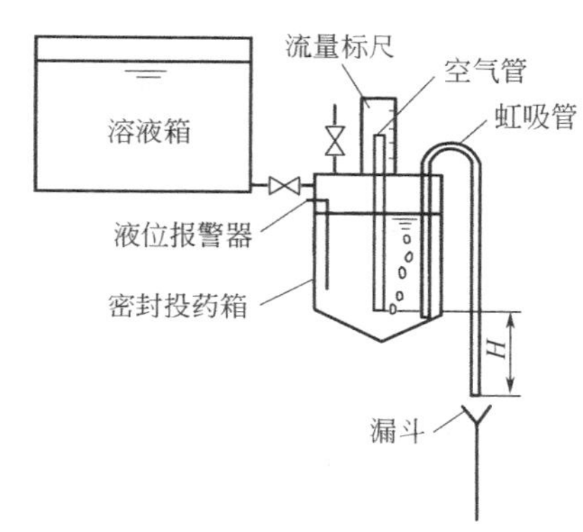

图 3-5　虹吸定量投药

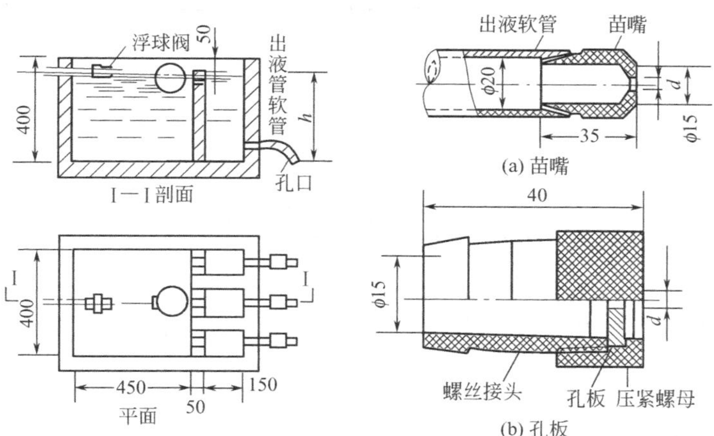

图 3-6　孔口计量投药

二、混合设备

混合的目的在于使药剂能迅速均匀地扩散到水中，发生水解反应生成胶体，并与水中悬浮微粒等接触凝聚成细小的矾花。因混凝剂在废水中发生水解反应的速度很快，因此要求搅拌强度要大，使水体产生强烈紊动，混合时水流速度应在 1.5m/s 以上；但是混合时间不宜过长，一般为 10～30s，最多不超过 2min。

常用的混合设备如图 3-7 所示，其动力来源有水力和机械搅拌两类。因此混合设备也分为两类，采用机械搅拌的有机械桨板式混合槽［图 3-7(a)］、水泵混合槽等；利用水力混合的有穿孔板式［图 3-7(b)］、混合式涡流槽［图 3-7(c)］、管道式静态混合器［图 3-7(d)］等。机械搅拌混合槽通过搅拌桨的快速搅拌完成混合，其结构见图 3-8，各部分比例尺寸见表 3-1。其中桨板式搅拌机有不同型号，能调节转速，适应不同水质条件，混合效果好，消耗的功率可按 0.75W/m^3来计算。

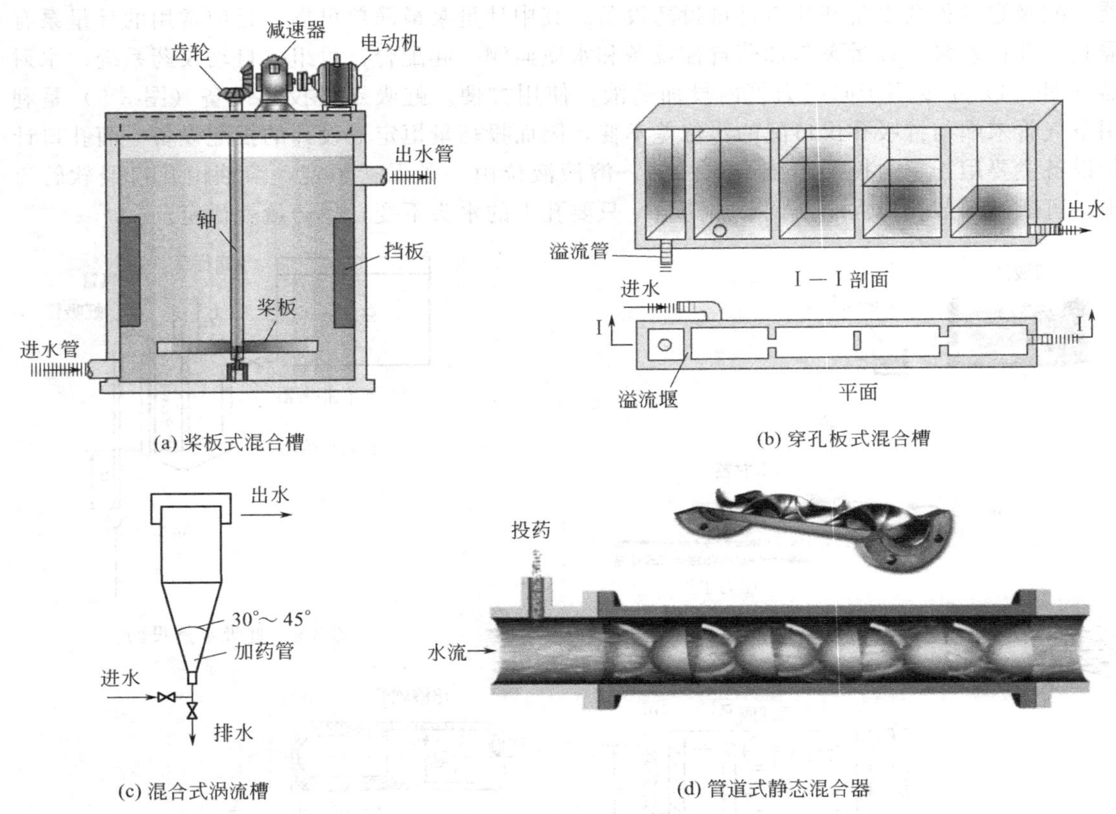

图 3-7　混合设备

表 3-1　机械搅拌混合槽比例尺寸

槽体			搅拌桨				
内径	总高 H_0	静液面高 H	直径 D	桨叶宽 B	搅拌桨与槽底距离 C	叶片倾角 θ	层数
D_0	(1.2～1.4) D_0	0.8 H_0	(1/4～1/3) D	(1/5～1/4) D	(0.5～0.7) D	45°	四叶单层

三、反应设备

混合完成后，水中已经产生细小絮体，但还未达到自然沉降的粒度。反应设备的任务就是促使小絮体逐渐絮凝成大絮体而便于沉淀。根据絮凝体的成长规律，反应设备应满足下列要求：a. 水流有适当的紊动程度（即搅拌程度），且沿着水流方向搅拌强度应越来越小。起始较大反应流速是为小絮体创造良好的相碰接触机会和吸附条件；随着反应的进行，絮凝体逐渐长大，水流速度应逐渐减小，一方面是为小絮体结成更大的絮凝体（矾花）提供碰撞接触机会，并防止其下沉；另一方面，是要避免生成的大絮体被破碎；b. 有一定的停留时间，保证反应过程充分与完全，让矾花由μm级逐渐长大到mm级别甚至更大，以利于后续沉降分离。

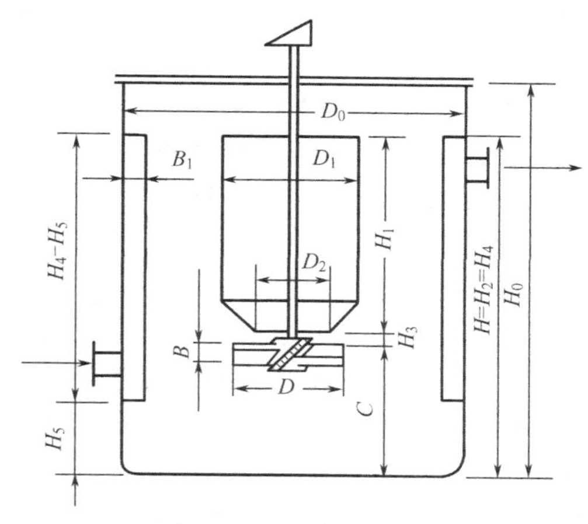

图 3-8 机械搅拌混合槽的结构尺寸

反应设备也有机械搅拌和水力搅拌两类。

机械搅拌反应池［图 3-9(a)］一般设 2～4 格，池内设 3～4 台搅拌机。搅拌机转速按叶轮半径中心点线速度计算确定，由进水格的 0.5～0.6m/s 依次减到出水格的 0.1～0.2m/s。桨板总面积宜为水流截面积的 10%～20%，不宜超过 25%；桨板长度不大于叶轮半径的 75%，宽度宜取 10～30cm。絮凝时间为 15～20min。

水力搅拌反应池在我国应用广泛，类型也较多，主要有隔板反应池、旋流反应池、涡流式反应池等。在废水处理中应用得较多的是隔板反应池［图 3-9(b)］，隔板间距一般不大于 0.5m，廊道的最小宽度不小于 0.5m；池进水端水流速度为 0.5～0.6m/s，出水端为0.15～0.2m/s，转弯处过水断面积为廊道过水断面积的 1.2～1.5 倍；絮凝反应时间为 20～30min；池底应有 0.02～0.03 坡度和直径不小于 150mm 的排泥管。

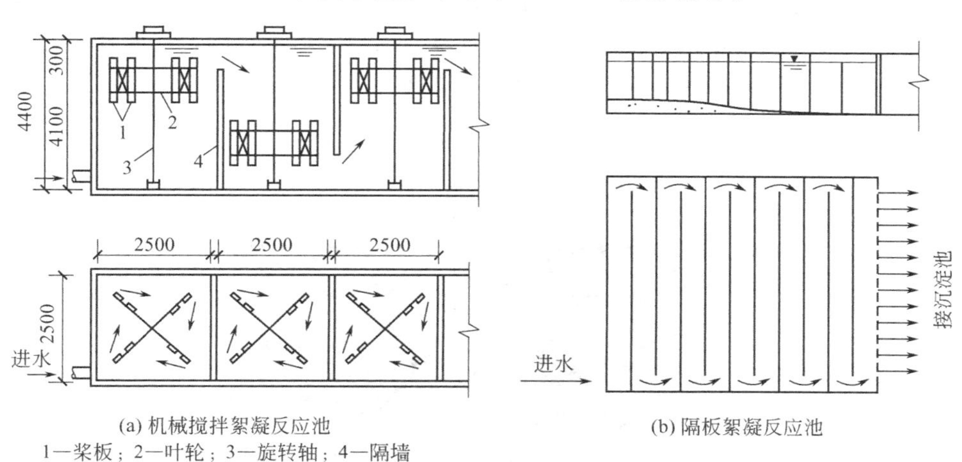

(a) 机械搅拌絮凝反应池
1—桨板；2—叶轮；3—旋转轴；4—隔墙

(b) 隔板絮凝反应池

图 3-9 絮凝反应池

四、澄清池

澄清池是能够同时实现混凝剂与原水的混合、反应和絮体沉降三种功能的设备。它利用的是接触凝聚原理，即为了强化混凝过程，在池中让已经生成的絮凝体悬浮在水中成为悬浮泥渣层（接触凝聚区），当投加混凝剂的水通过它时，废水中新生成的微絮粒被迅速吸附在悬浮泥渣上，从而能够达到良好的去除效果。所以澄清池的关键部分是接触凝聚区。保持泥渣处于悬浮、浓度均匀稳定的工作条件已成为所有澄清池共同特点。

澄清池能在一个池内完成混合、反应、沉淀分离等过程，因此它占地面积少，同时它还具有处理效果好、生产效率高、药剂用量节约等优点。它的缺点是设备结构复杂，管理比较复杂，出水水质不够稳定，尤其是当进水水质水量或水温波动时，对处理效果有明显影响。

根据泥渣与废水接触方式的不同，澄清池可分为两大类：一类是悬浮泥渣型，此类型泥渣悬浮状态是通过上升水流的能量在池内形成的，当水流从下往上通过泥渣层时，截留在水中夹带的小絮体，主要形式有悬浮澄清池、脉冲澄清池（图 3-10）等；另一类是泥渣循环型，即让泥渣在竖直方向上不断循环，通过该循环运动捕集水中的微小絮粒，并在分离区加以分离，主要形式有机械加速澄清池（图 3-11）和水力循环加速澄清池（见图 3-12）。在废水处理中应用最广泛的是机械加速澄清池。

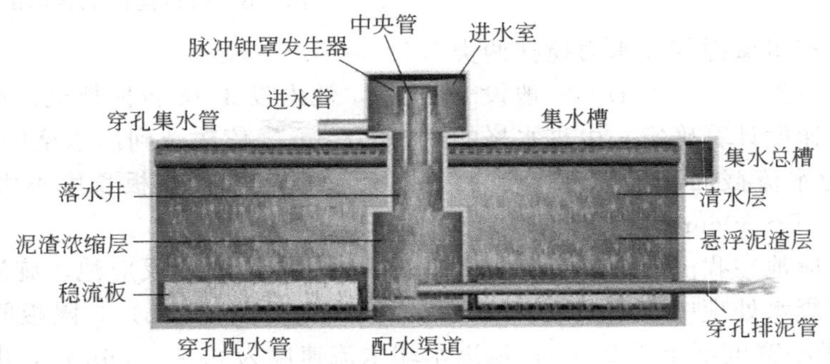

图 3-10　脉冲澄清池

机械加速澄清池多为圆形钢筋混凝土结构，小型的池子有时也采用钢板结构，主要组成部分有混合室、反应室、导流室和分离室，混合室周围被伞形罩包围，在混合室上部设有涡轮搅拌桨，由变速电机带动涡轮转动，如图 3-11 所示。

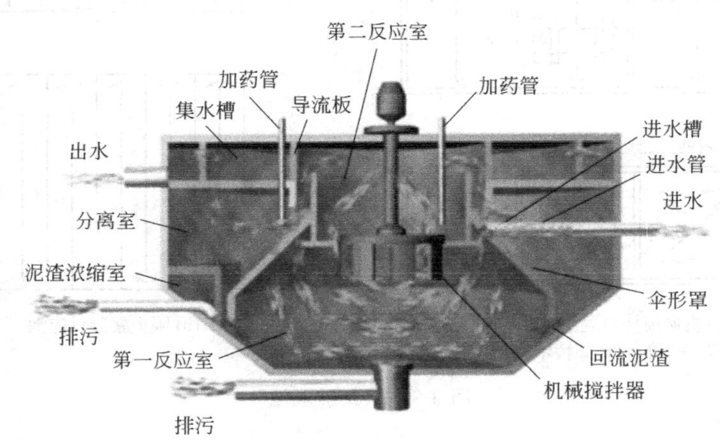

图 3-11　机械加速澄清池

工作过程为：废水从进水管进入环形配水三角槽，在此与回流污泥混合。由于涡轮的提升作用，混合后的泥水被提升到反应室，在此投加混凝剂，继续进行混凝反应，并溢流到导流室。导流室中有导流板，其作用在于消除反应室过来的废水的环形运动，使

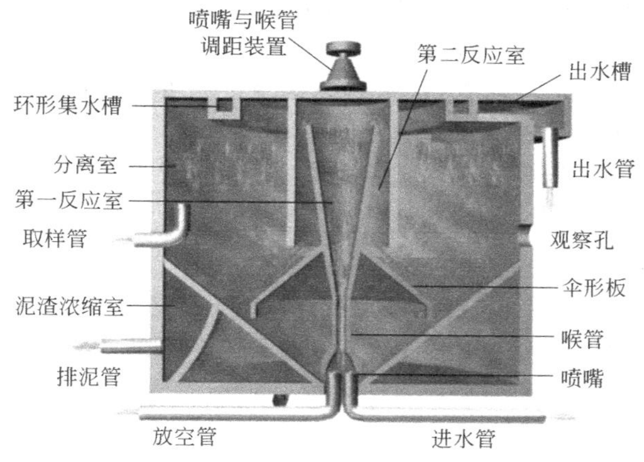

图 3-12　水力循环加速澄清池

废水平稳地沿伞形罩进入分离室。分离室中设有排气管，作用是将废水中带入的空气排出，减少对泥水分离的干扰。分离室面积较大，由于过水面积的突然增大，流速下降，泥渣便靠重力自然下沉，清液由集水槽和出水管流出池外。泥渣少部分进入泥渣浓缩室，定期由排泥管排出，大部分则在涡轮提升作用下通过回流缝回流到混合室。泥渣浓缩室可设一个或几个，根据水质和水量而定。为改善分离室的泥水分离条件，可在分离室内增设斜板或斜管来提高分离效果。另外，池底还有排泥放空管，以排除池底积聚的泥渣和作池子放空时用。

澄清池的处理效果除与池体各部分尺寸是否合理有关外，主要取决于以下 2 点。

1. 搅拌速度

为使泥渣和水中小絮体充分混合，并防止搅拌不均引起部分泥渣沉积，要求加快搅拌速度。但速度若太快，会打碎已形成絮体，影响处理效果。搅拌速度根据污泥浓度决定，污泥浓度低，搅拌速度小；污泥浓度高，就要增大搅拌速度。

2. 泥渣回流量及浓度

一般回流量越大，反应效果越好，但回流量太大，会导致流速过大，从而影响分离室的稳定，一般控制回流量为水量的 3～5 倍。泥渣浓度越高，越容易截留废水中悬浮颗粒，但泥渣浓度越高，澄清水分离越困难，以至于会使部分泥渣被带出，影响出水水质。因此，在不影响分离室工作的前提下，尽量提高泥渣浓度。泥渣浓度可通过排泥来控制。

思考题与习题

1. 化学混凝处理的对象主要是水中的什么杂质？

2. 城市污水处理是否可用化学混凝法？为什么？

3. 化学混凝作用的机理有哪几种？请具体阐述。

4. 混凝剂分为哪几种？废水处理中常见的混凝剂有几种（至少说出 4 种）？

5. 请简单阐述硫酸铝混凝剂的作用过程及机理。

6. 聚合氯化铝是目前水处理中常用的一种无机高分子混凝剂，它的化学式是什么？简写是什么？它的混凝效果与什么有密切关系，一般要求其值为多少？

7. 试述影响混凝处理的主要因素。

8. 混合与絮凝反应时对搅拌强度和搅拌时间的要求有何不同？为什么？

9. 水和混凝剂的混合方式有哪几种？

10. 如果取水泵房距离反应池有500m远，这种情况投药点应设在何处？能否将混凝剂投在水泵吸水管内，为什么？假定管道流速为0.8～1.0m/s。

11. 加速澄清池为什么能加速水的澄清过程，并对水量水质有较强的适应能力？

第四章　沉淀与上浮

沉淀与上浮是利用水中悬浮颗粒与水的密度差进行分离的基本方法。当悬浮物的密度大于水时，在重力作用下，悬浮物下沉形成沉淀物；当悬浮物的密度小于水时，则上浮至水面形成浮渣（油）。通过收集沉淀物和浮渣可使水获得净化。沉淀法可以去除水中的砂粒、悬浮物、化学沉淀物、混凝处理所形成的絮体和生物处理的污泥，也可用于沉淀污泥的浓缩。上浮法主要用于分离水中轻质悬浮物，如油、苯等，也可以让悬浮物黏附气泡，使其密度小于水，再用上浮法除去。

第一节　沉淀的基本理论

一、沉淀类型

根据悬浮颗粒的密度、浓度及絮凝性能，沉淀可分为4种基本类型。各类沉淀发生的水质条件如图4-1所示。

（1）自由沉淀　颗粒在沉淀过程中呈离散状态，互不干扰，其形状、尺寸、密度等均不改变，下沉速度恒定。当悬浮物浓度不高且无絮凝性时，常发生这类沉淀。

（2）絮凝沉淀　当悬浮物浓度不高，但有絮凝性时，在沉淀过程中，颗粒互相凝聚，其粒径和质量随深度增大，沉淀速度亦随之加快。

（3）成层沉淀　当悬浮物浓度较高时，每个颗粒下沉都受到周围其他颗粒的干扰，颗粒互相牵扯形成网状的“絮毯”整体下沉，在颗粒群与澄清水层之间存在明显的界面。沉淀速度就是界面下移的速度。

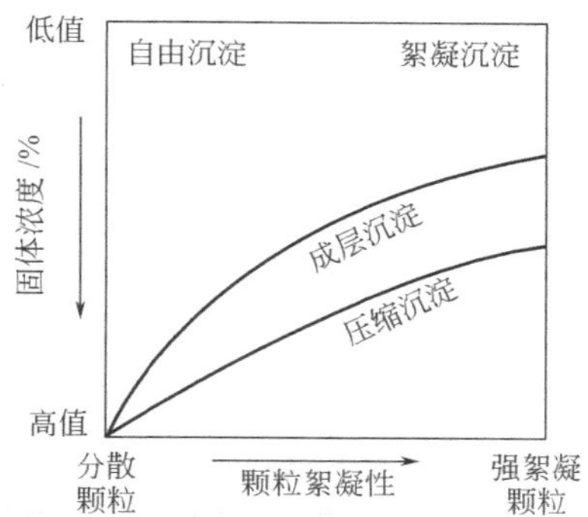

图4-1　根据悬浮物颗粒的特性和浓度区分的四种沉淀现象

（4）压缩沉淀　当悬浮物浓度很高，颗粒互相接触、互相支承时，在上层颗粒的重力作用下，下层颗粒间的水被挤出，污泥层被压缩。

按照处理目的的不同，沉淀法在污水处理工艺中有4种应用形式。

（1）沉砂池　主要去除污水中的无机砂砾、煤渣等。

（2）生物处理前的初次沉淀池　主要去除SS，包括部分呈悬浮状的有机物，减轻生物处理负荷。

(3) 生物处理后的二次沉淀池　主要用于分离生物处理工艺中产生的活性污泥、生物膜等，使水澄清。

(4) 污泥浓缩池　用来对污泥进行浓缩，降低含水率，减小污泥体积，降低后续工艺的处理费用。

以上各种应用形式的沉淀池的设计参数根据处理目的不同而异，具体可参见表 4-1。

表 4-1　沉淀池的设计参数

类型		沉淀时间	表面负荷/[m^3/(m^2·h)]	污泥量(干)/[g/(人·d)]	污泥含水率/%	固体负荷/[kg/(m^2·d)]	堰口负荷/[L/(s·m)]
沉砂池		＞30s	—	—	—	—	—
初次沉淀池		0.5～2.0h	1.5～4.5	16～36	95～97	—	≤2.9
二次沉淀池	活性污泥法后	1.5～4.0h	0.6～1.5	12～32	99.2～99.6	≤150	≤1.7
	生物膜法后	1.5～4.0h	1.0～2.0	10～26	96～98	≤150	≤1.7
乘余污泥浓缩池		12h	0.25～0.51	—	97～98	30～60	—

注：1. 工业污水沉淀池的设计数据应按实际水质试验确定，或参照采用类似工业污水的运转或试验资料。

2. 为使用方便和易于比较，二沉池和浓缩池以表面水力负荷为主要设计参数，同时应校核固体负荷、沉淀时间和沉淀池各部分主要尺寸的关系。

二、自由沉淀

1. 自由沉淀理论基础

自由沉淀的颗粒在静水中的沉降可用经典的牛顿定律和斯托克斯（Stokes）沉淀定律进行分析。颗粒首先受到两个方向相反的基本力——重力 F_g 和水的浮力 F_b 的作用，在两者合力的推动下发生加速下沉，下沉过程会受到水的阻力 F_D 作用。阻力迅速增长，瞬时与推动力达到平衡状态，颗粒开始匀速 u 下沉。此时有：

$$F_g - F_b = F_D \tag{4-1}$$

即

$$(\rho_s - \rho) g V_s = C_D \rho A_s \frac{u^2}{2} \tag{4-2}$$

式中，ρ_s，ρ 分别为颗粒和水的密度，kg/m^3；g 为重力加速度，$9.81m/s^2$；V_s 为颗粒体积，m^3；C_D 为阻力系数，无量纲；A_s 为颗粒在运动方向上的投影面积，m^2；u 为颗粒的沉淀速度，m/s。

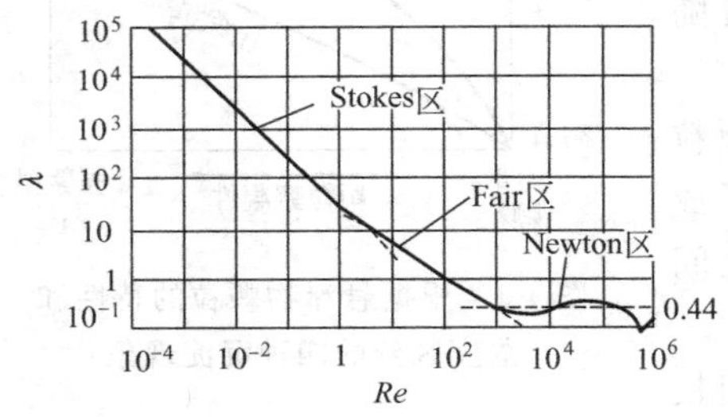

图 4-2　球形颗粒的阻力系数 C_D 与 Re 的关系曲线

(Stokes 区：$10^{-4} < Re < 1$；Fair 区：$1 < Re < 500$；Newton 区：$500 < Re < 2 \times 10^5$)

假设颗粒为球形，直径为 d，将 $A = \frac{\pi d^2}{4}$、$V = \frac{\pi d^3}{6}$ 代入式 (4-2)，得：

$$u = \sqrt{\frac{4gd}{3C_D}\left(\frac{\rho_s - \rho}{\rho}\right)} \tag{4-3}$$

对于非球形颗粒，式 (4-3) 需引入形状系数 φ 加以校正，于是有：

$$u = \sqrt{\frac{4gd}{3\varphi C_D}\left(\frac{\rho_s - \rho}{\rho}\right)} \tag{4-4}$$

阻力系数并不是常数，它取决于颗粒周围的

水流状态，它是雷诺数（$Re=\rho ud/\mu$）的函数，图 4-2 是由实验得到的球形颗粒的阻力系数 C_D与 Re 的关系曲线，分三段拟合该曲线得到不同的函数式，因此，沉淀速度公式也随之变化，如表 4-2 所列。

由表 4-2 所示的沉降速度公式可见：a. 颗粒与水的密度差（$\rho_s-\rho$）越大，沉速越快；当 $\rho_s>\rho$ 时，$u>0$，颗粒下沉；当 $\rho_s<\rho$ 时，$u<0$，颗粒上浮；当 $\rho_s=\rho$ 时，$u=0$，颗粒既不下沉又不上浮；b. 颗粒直径越大，沉速越快，在层流区沉降速度与粒径的平方呈正比关系；一般地，沉淀只能去除 $d>20\mu m$ 的颗粒，但通过混凝可以增大颗粒粒径；c. 水的黏度 μ 越小，沉速越快，二者成反比关系；因黏度与水温成反比，故提高水温有利于加速沉淀。

表 4-2　沉降速度公式与水流流态和 *Re* 之间的关系一览表

流态区	Re 范围	C_D 公式	沉淀速度公式	公式序号
层流区	$Re\leqslant 2$	$\frac{24}{Re}$	$u=\frac{g}{18\mu}(\rho_s-\rho)d^2$　（Stokes 公式）	(4-5)
过渡流区	$2<Re\leqslant 500$	$\frac{10}{\sqrt{Re}}$或$\frac{24}{Re}+\frac{3}{\sqrt{Re}}+0.34$	$u=\left[\frac{4}{225}\times\frac{g^2(\rho_s-\rho)}{18\mu\rho}\right]^{\frac{1}{3}}d$　（Allen 公式）	(4-6)
紊流区	$500<Re\leqslant 10^5$	0.44	$u=\left[\frac{3g(\rho_s-\rho)d}{\rho}\right]^{\frac{1}{2}}$　（Newton 公式）	(4-7)

由于水中所含悬浮物颗粒的大小、形状、性质是十分复杂的，因此要用上述公式来计算沉淀速度和沉淀效率是困难的。实际情况下，一般通过沉淀试验来确定沉淀设备的设计参数。

2. 试验分析

自由沉淀试验在沉淀柱中进行，见图 4-3。沉淀柱有效水深为 H，将含悬浮物浓度为 c_0 的原水混合均匀后，同时注入一组（通常 5～7 个）沉淀管。沉淀开始后，在时间 t_1 时从第一个沉淀管取样，测出其悬浮物浓度为 c_1，这时，沉速大于 $u_1=(H/t_1)$ 的所有颗粒全部沉过了取样面，因而，沉速小于 u_1 的颗粒与全部颗粒的重量之比为 $x_1=c_1/c_0$。在时间 t_2、t_3…时重复上述过程，则具有沉速小于 u_2、u_3…的颗粒与全部颗粒的重量之比 x_2、x_3…也可求得。将 x_i 对 u_i 作图，可得如图 4-4 所示的沉淀曲线。

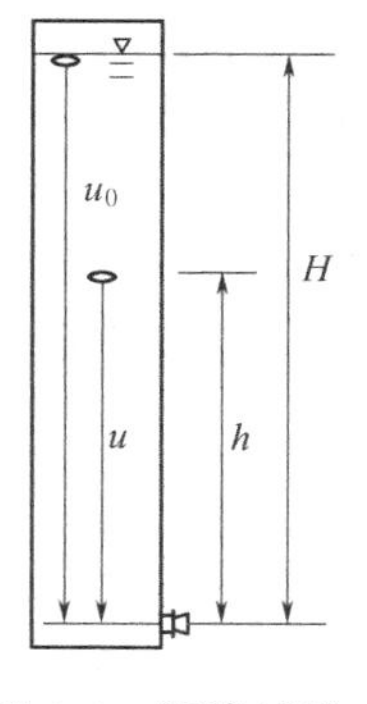

图 4-3　沉淀试验

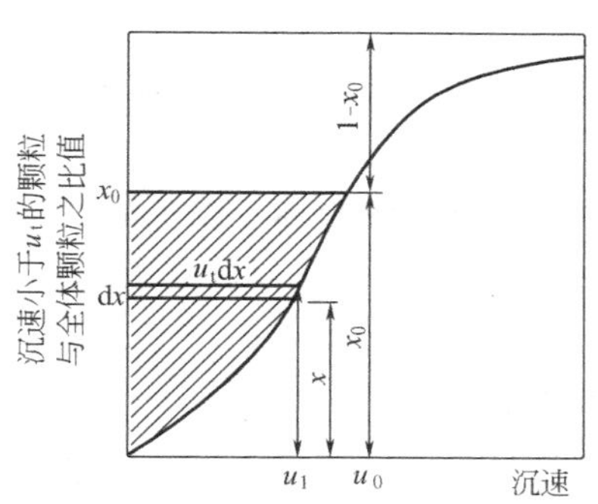

图 4-4　颗粒沉速累计频率分布曲线

对于指定的沉淀时间 t_0，可求得颗粒沉速 $u_0=H/t_0$，沉速 $u\geqslant u_0$ 的颗粒在 t_0时可全部去除，去除率为 $(1-x_0)$（设 x_0表示 $u<u_0$ 的颗粒所占比例）。对于沉速为 u（$u<u_0$）的颗粒，由于在 $t=0$ 时刻处于水面下的不同深度处，经 t_0时间沉淀，也有部分颗粒通过了取

样面而被去除，其去除率为该颗粒的沉淀距离 h 与 H 之比，即

$$\frac{h}{H}=\frac{ut_0}{u_0t_0}=\frac{u}{u_0} \tag{4-8}$$

所以经 t_0 时间沉淀，各种沉速 $u<u_0$ 颗粒的沉淀总去除率为：

$$\eta=(1-x_0)+\frac{1}{u_0}\int_0^{x_0}u\,\mathrm{d}x \tag{4-9}$$

式中第二项如图 4-4 中阴影部分所示，可用图解法确定。

【例 4-1】 某废水静置沉淀试验数据如表 4-3 所列。试验有效水深 $H=1.2\text{m}$。求各沉淀时间的沉淀效率。

表 4-3 沉淀试验数据

沉淀时间 t/min	0	15	30	45	60	90	180
$u=\frac{H}{t}$(cm/min)		8	4	2.67	2	1.33	0.67
$x_i=c_i/c_0$	1	0.96	0.81	0.62	0.46	0.23	0.06
表观去除率 $E=1-x_i$	0	0.04	0.19	0.38	0.54	0.77	0.94
η		0.344	0.576	0.747	0.816	0.909	0.976

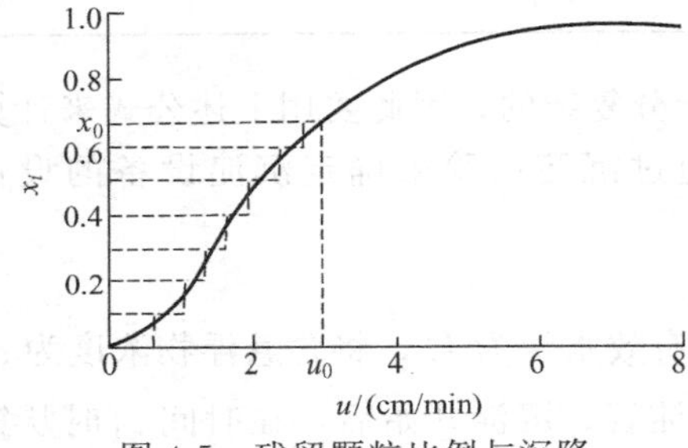

图 4-5 残留颗粒比例与沉降速度关系曲线

解 (1) 计算各沉淀时间下，水中相应颗粒的沉淀速度 u 和残留颗粒的比例 x_i，列入表 4-3。

(2) 以 x_i 为纵坐标，以 u 为横坐标作图得沉淀曲线，如图 4-5 所示。

(3) 图解计算各沉速下的总去除率。以指定沉速 $u_0=3.0\text{cm/min}$ 为例，由图 4-5 查得沉速小于 u_0 的颗粒与全部颗粒之比 $x_0=0.67$。式 (4-9) 中的积分项 $\int_0^{x_0}u\,\mathrm{d}x$ 等于图中各矩形面积之和

$$\int_0^{x_0}u\,\mathrm{d}x=\sum(u_i\Delta x)=0.1\times(0.5+1.0+1.3+1.6+2.0+2.4)+0.07\times2.7=1.07$$

总去除率为 $$\eta=(1-0.67)+1/3\times1.07=0.687$$

即沉淀时间为 40min ($=H/u_0$) 的颗粒总去除率为 68.7%，其中沉速大于 u_0 的颗粒占 33%，小于 u_0 的颗粒占 35.7%。其他指定沉速下的总去除率的计算方法同此，结果如表 4-3 所列。

(4) 以总效率 η 为纵坐标，以沉淀时间 t 或沉淀速度 u 为横坐标作图得沉淀特性曲线，如图 4-6 和图 4-7 所示。如果以表观去除率 E 对 t 作图，则得如图 4-6 虚线所示的效率-时间曲线。

三、絮凝沉淀

在絮凝沉淀过程中，悬浮物（如投加混凝剂后形成的矾花、活性污泥等）因碰撞凝聚而使尺寸变大，沉速将随深度而增加。同时，水深越深，速度较大的大颗粒追上速度较小的小颗粒发生碰撞凝聚的可能性也越大。悬浮物浓度越高，碰撞概率越大，絮凝的可能性就越大。

絮凝沉淀的效率通常也由试验确定。在直径约为 0.10m，高为 1.5～2.0m，且沿高度方向设有约 5 个取样口的沉淀筒中倒入浓度均匀的原水静置沉淀，每隔一定时间，分别从各

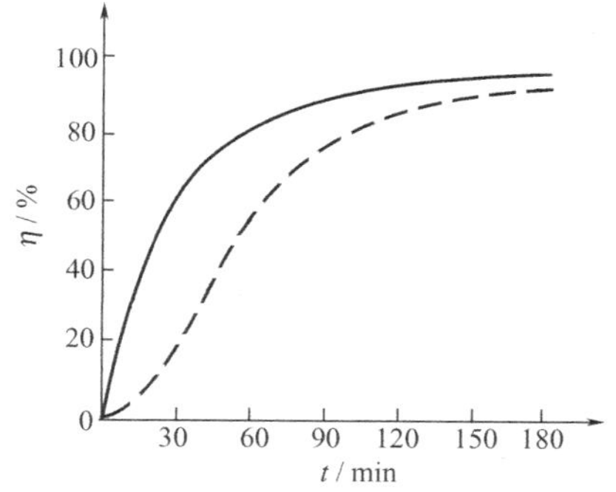

图 4-6　去除率与沉淀时间关系曲线

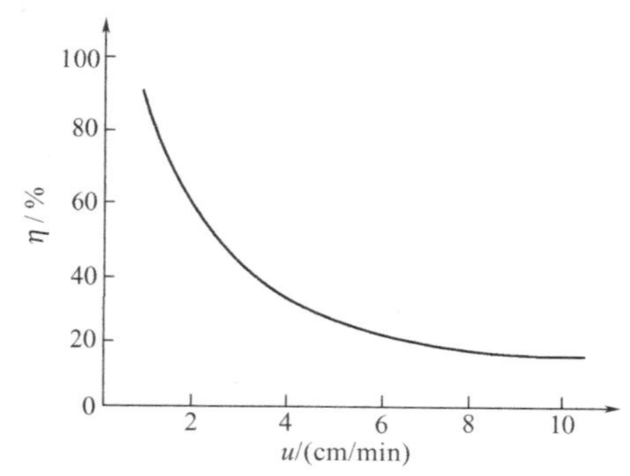

图 4-7　去除率与沉淀速度关系曲线

个取样口采样，测定水样的悬浮物浓度，计算表观去除率；作出每一沉淀时间 t 的表观去除率 E 与取样口水深 h 的关系曲线或每一取样口的 E-t 关系曲线（图 4-8）；选取一组表观去除率，如 10%、20%、30%…，对每一去除率值，从图 4-8 读出对应的 t_1、t_2、t_3…；据此在水深-时间坐标图中点绘出等去除率曲线，如图 4-9 所示。

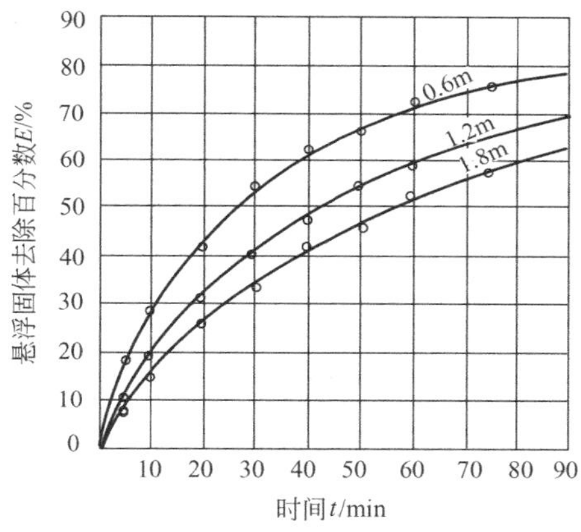

图 4-8　颗粒表观去除率与时间的关系曲线

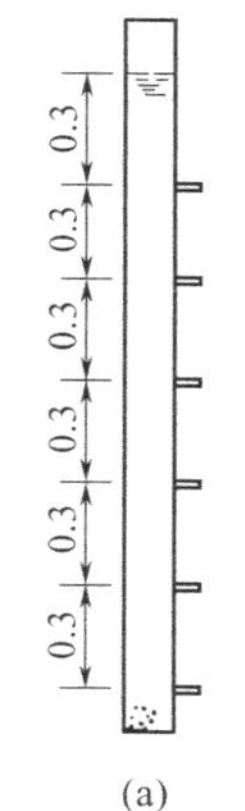

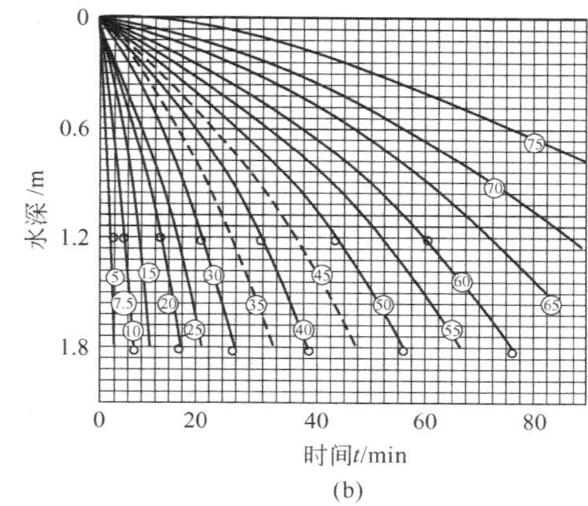

图 4-9　絮凝沉淀的等效率曲线

对指定的沉淀时间和沉淀高度，总沉淀效率 η 可用下式计算：

$$\eta=\frac{\Delta h_1}{h_5}\frac{E_1+E_2}{2}+\frac{\Delta h_2}{h_5}\frac{E_2+E_3}{2}+\frac{\Delta h_3}{h_5}\frac{E_3+E_4}{2}+\frac{\Delta h_4}{h_5}\frac{E_4+E_5}{2} \tag{4-10}$$

或

$$\eta=\frac{\overline{h_1}}{h_5}(E_1-E_2)+\frac{\overline{h_2}}{h_5}(E_2-E_3)+\frac{\overline{h_3}}{h_5}(E_3-E_4)+\frac{\overline{h_4}}{h_5}(E_4-E_5)+E_5 \tag{4-11}$$

式中，h_5是所选定的沉淀高度。

从选定的沉淀时间处作垂直线，与等去除率线相交时，相邻两等去除率线间的距离为 Δh_i，平均沉淀深度为 $\overline{h_i}$。

【例 4-2】 某有机废水含悬浮物 430mg/L，絮凝沉淀试验数据如表 4-4 所列，试求该废水在 1.8m 深的沉淀池中沉淀 1h 的总悬浮物去除率。

解 (1) 描点绘制各取样口处的 E-t 曲线（见图 4-8）。

(2) 取一组 E，从图 4-8 中读出各取样口处达此 E 值所需的沉淀时间 t，列于表 4-5。

(3) 按表 4-5 数据绘制等去除率曲线（见图 4-9）。

表 4-4　絮凝沉淀试验数据

时间/min	指定深度的 SS 浓度和 E(括号中数字)		
	0.6m	1.2m	1.8m
5	356.9(17.0)	387.0(10.0)	395.6(8.0)
10	309.6(28.0)	346.2(19.5)	365.5(15.0)
20	251.6(41.5)	298.9(30.5)	316.1(26.5)
30	197.8(54.0)	253.7 (41.0)	288.1(33.0)
40	163.4(62.0)	230.1(46.5)	251.6(41.5)
50	144.1(66.5)	195.7(54.5)	232.2(46.0)
60	116.1(73.0)	178.5(58.5)	204.3(52.5)
75	107.5(78.0)	143.2(66.7)	180.7(58.0)

表 4-5　各取样口的等效率时间

E/%	t/min		
	0.6m	1.2m	1.8m
5	1.2	2.5	3.7
10	2.5	5.0	6.5
20	6.7	11.0	14.5
30	11.7	19.0	25.0
40	18.0	30.0	39.0
50	27.0	44.0	56.5
60	38.5	61.5	77.5
70	55.0	87.5	—
75	75.0	—	—

(4) 按式 (4-11) 计算沉淀深度为 1.8m，时间为 60min 时的总去除率 η：

$$\eta=\frac{1.8-1.5}{1.8}\times\frac{55+52}{2}+\frac{1.5-1.15}{1.8}\times\frac{60+55}{2}+\frac{1.15-0.9}{1.8}\times\frac{65+60}{2}+\frac{0.9-0.69}{1.8}\times\frac{70+65}{2}+\frac{0.69-0.42}{1.8}\times\frac{75+70}{2}+\frac{0.42-0}{1.8}\times\frac{75+100}{2}=68.45\%$$

式中 52%的去除率为内插值，相当于沉淀高度为 1.8m、沉淀时间为 1h 时的表观去除率。

其他沉淀时间下的总去除率计算类此。用总去除率对时间作图可得如图 4-10 所示的沉淀曲线。根据所需的去除率，由图 4-10 可选定相应的絮凝沉淀时间。

四、成层沉淀与压缩沉淀

当悬浮物浓度较高时，颗粒互相干扰，小颗粒的沉速加快，大颗粒的沉速减慢，然后以一种集合体形式下沉，颗粒间的距离保持一定，上层清液与下沉污泥间形成明显的泥水界面，界面以一定的速度下沉。在沉淀初期沿沉淀深度从上至下依次存在清水层、受阻沉淀层、过渡层和压缩层。随沉淀时间延长泥水界面下移，压缩层增厚。至某个时刻沉淀层和过渡层消失只剩下清水层和压缩层。界面高度随沉淀时间的变化如图 4-11 所示。图中 AB 为

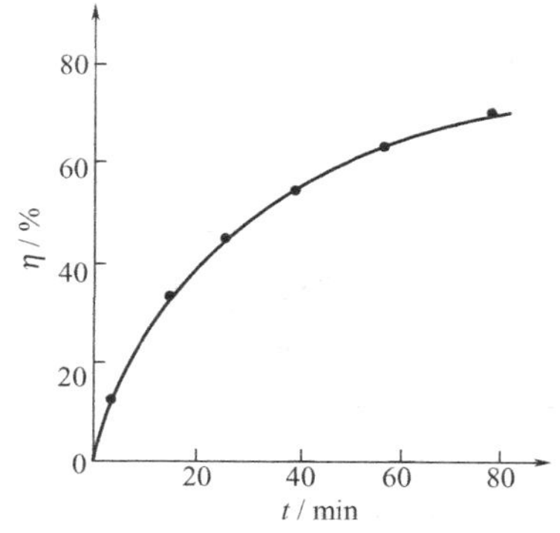

图 4-10　不同沉淀时间的总去除率

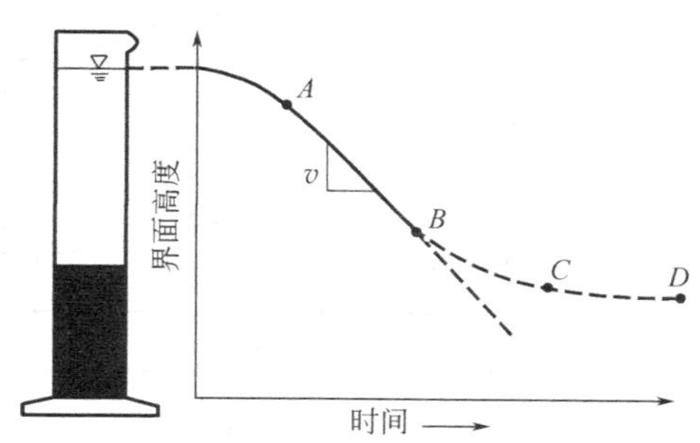

图 4-11　成层沉淀试验界面变化

等速沉淀段，CD 为等速压缩段，从 B 至 C 为沉速逐渐减小的过渡段。

目前，多用经验公式来描述成层沉淀速度与颗粒浓度和自由沉淀速度的关系，如：

Thomas 公式　$$v=u\cdot 10^{-abC} \tag{4-12a}$$

Bond 公式　$$v=u[1-2.78(kC)^{2/3}] \tag{4-12b}$$

Cole 公式　$$v=aC^{-b} \tag{4-12c}$$

Vesilind 公式　$$v=ue^{-kC} \tag{4-12d}$$

式中，v 为在悬浮物浓度为 C 时的界面沉速；u 为颗粒自由沉淀速度；k，a，b 为常数。

计算压缩过程可用 Coulson 公式。该式假定污泥层高度的减少速度与可压缩污泥层的厚度成正比，即

$$-\frac{\mathrm{d}h}{\mathrm{d}t}=\varphi(h-h_\infty) \tag{4-13a}$$

式中，h 为污泥层的厚度；h_∞ 为压缩时间 t 为∞时的最终污泥层厚度；φ 为速度常数。

对上式积分得

$$\int_{h_0}^{h}\frac{\mathrm{d}h}{h-h_\infty}=-\int_0^t\varphi\mathrm{d}t$$

$$h-h_\infty=(h_0-h_\infty)e^{-\varphi(t-t_0)} \tag{4-13b}$$

式中，h_0 为时间为 t_0 时的污泥层厚度。

成层沉淀与压缩主要用于污泥的浓缩，有关应用参见本书第十八章。

五、沉淀池的工作原理

为了说明沉淀池的工作原理，Hazen 和 Camp 提出了理想沉淀池这一概念，并作如下假定：a. 进出水均匀分布到整个过水断面上，水流速度为 v；b. 悬浮物在沉淀区等速下沉，下沉速度为 u；c. 悬浮物在沉淀过程中的水平分速等于水流速度，水流是稳定的；d. 悬浮物落到池底污泥区，即认为已被除去。符合上述假设的沉淀池称为理想沉淀池。

图 4-12(a) 是有效长、宽、深分别为 L、B 和 H 的平流式理想沉淀池示意。沉淀池内按功能分为进水区、沉淀区、缓冲区、污泥区、出水区 5 个部分。在沉淀区每个颗粒一面下沉，一面随水流水平运动，其轨迹是向下倾斜的直线。沉速$\geqslant u_0$的颗粒可全部除去；沉速$<u_0$的颗粒可以部分被去除，取决于颗粒与池底的距离。例如沉速为 u 的颗粒，在沉淀时间 t 内沉降的距离为 $h=ut$，则其被除去的比例为$\dfrac{h}{H}$或$\dfrac{u}{u_0}$，因为 $u_0t=H$，$Q=vBH$，$t=\dfrac{H}{u_0}=$

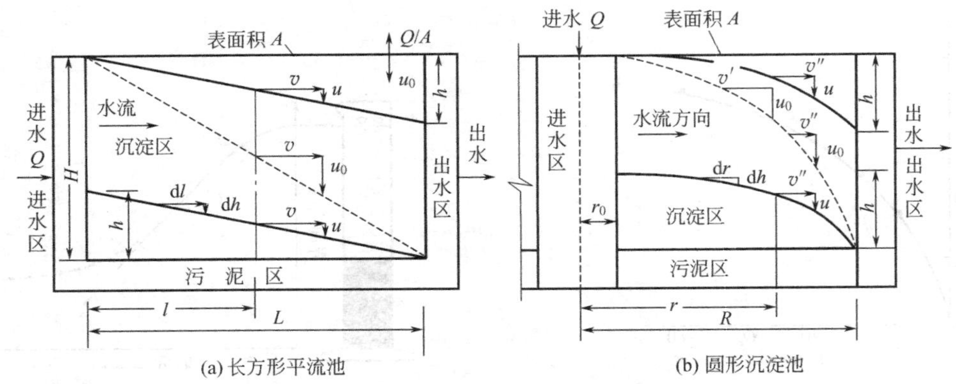

(a) 长方形平流池　　(b) 圆形沉淀池

图 4-12　理想平流池内沉淀状态

$\frac{L}{v}$，所以

$$u_0=\frac{H}{t}=\frac{Q}{LB}=\frac{Q}{A} \tag{4-14}$$

式中，t 为沉淀时间；A 为沉淀池表面积；$\frac{Q}{A}$为单位表面积单位时间所处理的水量，一般称为表面负荷或过流率。它是沉淀池设计中的一个重要参数。

由式（4-14）可见，沉淀池的截留速度 u_0 等于其表面负荷。也即沉淀效率取决于颗粒沉速或表面负荷，与池深和停留时间无关。通过静置沉淀试验，根据要求达到的沉淀总效率，求出颗粒沉速后，也就确定了沉淀池的过流率。

对于圆形辐流式沉淀池和竖流式沉淀池，式（4-14）同样适用。

图 4-12（b）是一中心进水周边出水的圆形平流沉淀池。沿径向的水流速度是一变数，在半径 r 处，$v=\frac{Q}{2\pi rH}$，颗粒运动轨迹是一曲线，其迹线方程为：

$$\frac{dh}{dr}=\frac{u}{v}=u\ \frac{2\pi rH}{Q} \tag{4-15}$$

对于降速为 u_0 的颗粒，积分上式得

$$h=\frac{\pi Hu_0}{Q}(r^2-r_0^2)=\frac{AHu_0}{Q} \tag{4-16}$$

当 $h=H$ 时，$r=R$，即有

$$u_0=\frac{Q}{A}$$

在水流作竖向运动的沉淀池中，如果某一种颗粒的沉速小于水流上升速度 v，这种颗粒将以 $v-u$ 的速度上升，最终被水流带走。只有沉淀速度 $u>v$ 时，颗粒才以 $u-v$ 的速度下沉。所以，在竖流沉淀池中的截留速度 u_0实际上等于 v。由于 $Q=vA$，故截留速度 $u_0=v=\frac{Q}{A}$，也与平流池相同。

实际运行的沉淀池与理想沉淀池是有区别的，主要是由于池进口及出口构造的局限、温差、浓度差及风力等的影响，使水流在整个横断面上分布不均匀，形成股流和紊流，使池内容积未能被充分利用，颗粒的沉淀受到干扰，使得实际沉淀池去除率要低于理想沉淀池。为达到一定的沉淀效率，所需的实际停留时间比理论沉降时间长，实际过流率比理论值低。因

此，设计采用静置沉淀试验数据时，应加以修正。通常可取：

$$q=\left(\frac{1}{1.25}\sim\frac{1}{1.75}\right)u_0 \tag{4-17}$$

$$t=(1.5\sim2.0)t_0 \tag{4-18}$$

式中，q、t 分别为沉淀池的设计过流率和设计停留时间；u_0、t_0 分别为静置沉淀试验所得的应去除的最小颗粒沉降速度和沉降时间。

第二节 沉 砂 池

沉砂是通过重力沉淀或离心力分离的方法去除废水中所挟带的泥砂、骨屑等密度较大的杂质颗粒，以防止对水泵、管道和污泥处理设备的磨损；而较轻的有机悬浮物则被水流带走。因此，沉砂池一般设在泵站和沉淀池之前，关键是控制好进入沉砂池的污水流速。

根据沉砂池内水流方向，可分平流沉砂池、竖流沉砂池和旋流沉砂池。常用的有平流式沉砂池、曝气沉砂池和水力旋流（涡流）沉砂池。

一、平流式沉砂池

1. 平流式沉砂池的构造

平流矩形沉砂池是最常用的一种沉砂池（图 4-13），其过水部分是一条加宽加深的明渠，由入流渠、沉砂区、出流渠、沉砂斗等部分组成，两端用闸板控制水流。渠底一般设两个贮砂斗，下接排砂管，或者用射流泵或螺旋泵排砂。

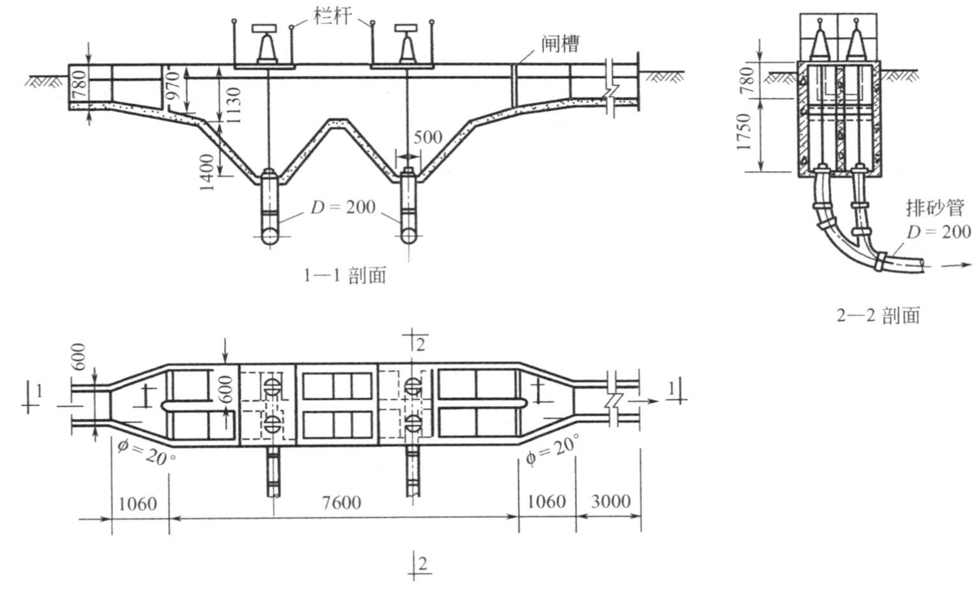

图 4-13 平流式沉砂池

2. 平流式沉砂池的设计

沉砂池应按最大流量设计，用最小流量作校核。一般沉砂池的水平流速宜为 0.15～0.3m/s，停留时间不少于 30s，有效水深不应大于 1.2m，每格宽度不宜小于 0.6m。沉砂池个数应不少于 2 个，当污水量较小时可考虑一个备用。池底设 0.01～0.02 的坡度坡向贮砂斗。贮砂斗容积按 2 日沉砂量计算，斗壁坡度不应小于 55°，下部排砂管径不小于 200mm，所沉泥砂的含水率约为60%，容重约为$1500kg/m^3$。

当无实际水样砂粒沉降试验资料时，平流式沉砂池的设计计算如下：

(1) 池长L（沉砂池两闸板之间的长度为水流部分长度）

$$L=vt \quad (m) \tag{4-19}$$

(2) 水流断面面积ω：

$$\omega=\frac{Q_{max}}{v}(m^2) \tag{4-20}$$

(3) 池总宽度B：

$$B=\frac{\omega}{h_2} \quad (m) \tag{4-21}$$

(4) 沉砂斗所需容积V_1：

$$V_1=\frac{86400Q_{max}XT}{1000K_z} \quad (m^3) \tag{4-22}$$

(5) 沉砂池总高度H：

$$H=h_1+h_2+h_3 \quad (m) \tag{4-23}$$

(6) 核算最小流速v_{min}

$$v_{min}=\frac{Q_{min}}{n_1\omega_{min}} \quad (m/s) \tag{4-24}$$

式中，L为沉砂池有效长度，m；v为最大设计流量时的流速，m/s；t为最大设计流量时停留时间，s；ω、ω_{min}分别为最大、最小流量时的水流断面面积，m^2；Q_{max}、Q_{min}分别为最大、最小设计流量，m^3/s；B为池总宽度，m；V_1为沉砂斗容积，m^3；H为沉砂池总高度，m；h_1为超高，一般取0.3m；h_2为设计有效水深，m；h_3为贮砂斗高度，m；X为城市污水沉砂量，L/m^3污水，一般取$0.03L/m^3$污水；T为清除沉砂的间隔时间，d；K_z为污水流量变化系数；n_1为最小流量时工作的沉砂池数目。

平流式沉砂池具有构造简单、截留无机颗粒效果较好的优点，但也存在流速不易控制，沉砂中夹带有机物较多，容易腐败发臭等缺点。目前广泛使用的曝气沉砂池、钟式沉砂池等旋流沉砂池，可以有效克服这一缺点。

二、曝气沉砂池

1. 曝气沉砂池的构造及工作原理

曝气沉砂池（图4-14）是一个长方形渠道，在沿渠道壁下部一侧的整个长度上设置曝气装置，与水平流速垂直鼓入压缩空气，使渠中污水在池中呈螺旋状前进。由于旋流和上升气泡的冲刷作用，污水中悬浮颗粒相互碰撞、摩擦，使黏附在砂粒上的有机污染物得以脱离被水流带走。沉于池底的砂粒沿池底坡度落入集砂槽，可通过机械刮砂、螺旋输送、移动空气提升器或移动泵吸式排砂机排除，其中有机物含量只有5%左右，便于沉砂的处置。

2. 曝气沉砂池的设计

曝气沉砂池设计水平流速宜取0.1m/s；最大流量时停留时间为4～6min，如作为预曝气，停留时间可取10～30min；池的有效水深为2～3m，池的宽深比为1～1.5，长宽比可达5，当池长宽比大于5时，应考虑设置横向挡板；曝气量0.1～0.2m^3空气/m^3污水或3～5$m^3/(m^2\cdot h)$，多采用穿孔管曝气，并应有调节阀门，孔径为2.5～6.0mm，距池底0.6～0.9m；进水方向应与池中旋流方向一致，出水方向应与进水方向垂直，并宜设置挡板；池内应考虑设消泡装置。

曝气沉砂池具有以下特点：a. 沉砂中有机污染物的含量低；b. 具有预曝气、脱臭、防

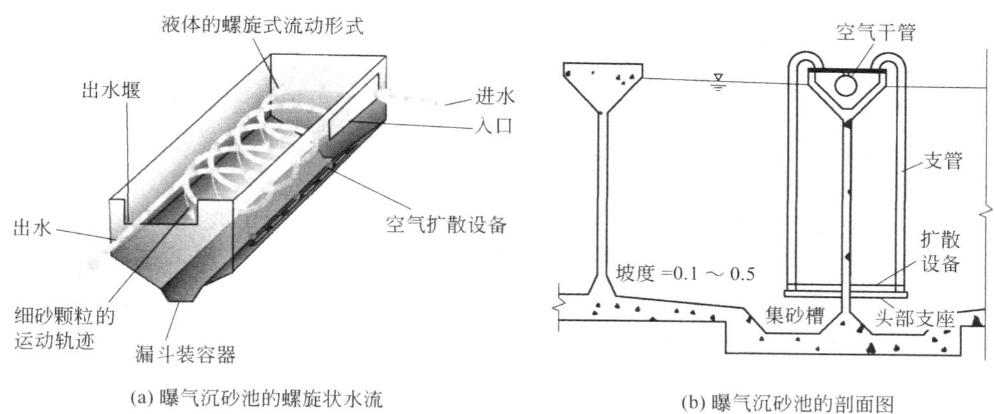

(a) 曝气沉砂池的螺旋状水流　　(b) 曝气沉砂池的剖面图

图 4-14　曝气沉砂池

止污水厌氧分解、除泡作用以及加速污水中油类的分离等作用；c. 通过调节曝气量，可以控制污水的旋流速度，使除砂效率较稳定，受流量变化的影响较小。这些特点对后续的沉淀、曝气及污泥消化池的正常运行以及对砂粒的干燥脱水提供了有利条件。但对于按生物除磷（A/O 工艺）设计的污水厂，为保证除磷效果，一般不采用。

三、水力旋流（涡流）沉砂池

1. 水力旋流沉砂池的构造

水力旋流（涡流）沉砂池利用水力涡流原理除砂。污水沿切线方向进入，进水渠道末端设一跌水堰，使可能沉积在渠道底部的砂子向下滑入沉砂池；池内设有可调速桨板，使池内水流保持螺旋形环流，池内环流在池壁处向下，到池中间则向上。在重力作用下，砂子下沉并向中心移动至砂斗；有机物在池中心随上升水流流出。该池型具有基建、运行费用低和除砂效果好等优点。目前应用较多的有英国的 Jeta（钟式）沉砂池和美国的 PISTA 360°沉砂池。

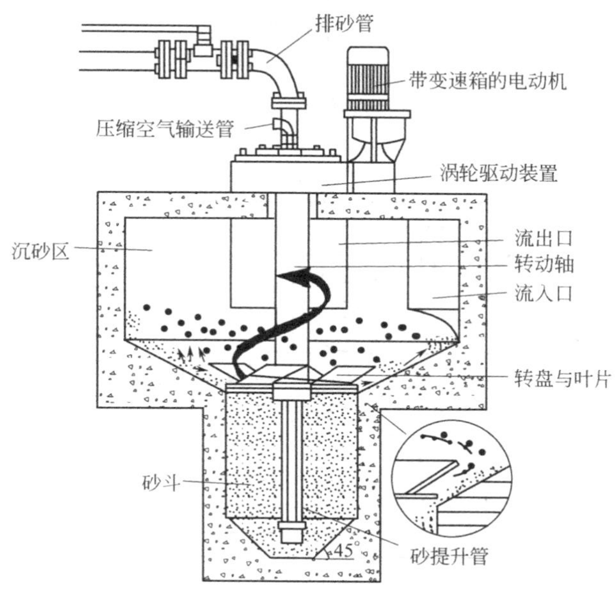

图 4-15　钟式沉砂池工艺剖面图

钟式沉砂池是近年来日益广泛使用的旋流沉砂池的一种（图 4-15），它由流入口、流出口、沉砂区、砂斗、砂提升管、排砂管、电动机和变速箱组成。污水由流入口切向流入沉砂区，在旋转的涡轮叶片的推动下呈螺旋状流动，密度较大的砂粒在离心力的作用下被甩向池壁，沿池壁落入砂斗，密度较小的有机悬浮物随出水旋流带出池外。通过调整叶轮转速，可达到最佳沉砂效果。砂斗内沉砂可通过空气提升器、排砂泵排除，再经砂水分离器洗砂，达到再次清除有机物的目的。清洗水回流至沉砂区。

PISTA360°旋流沉砂池（图 4-16）对进水渠和池内构造进行了改进，进水渠为一条封闭的充满流倾斜进水渠，进水直接进入沉砂池底部，由于射流的作用，在池内形成旋流，同时在中心轴向桨板的旋转驱动下于中部形成一个向上的推动力，使水流在垂直面亦形成环流。在垂面环流和水平旋流的共同作用下，水流在沉砂池中以螺旋状前进。砂粒在离心力作用下被甩向池壁沿水流滑入池底，同时由于垂面环流的水平推动作用向池底中心汇集跌入积砂斗，部分较轻的有机物则在中部上升水流的作用下重新进入水中。水流在分选区内回转一周（360°）后，进入与进水渠同流向但位于分选区上部的出水渠。去除的沉砂跌入砂斗盖板中心的开孔并存于砂斗内，为防止砂粒板结，桨板驱动轴下端设叶片式砂粒流化器不停搅动，砂粒定时由砂泵抽出池外。PISTA360°旋流沉砂池总体布置形式如图 4-17 所示。

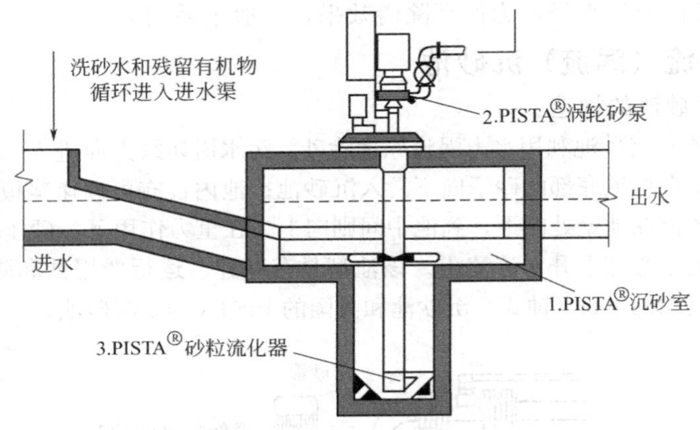

图 4-16　PISTA 旋流沉砂池工艺剖面图

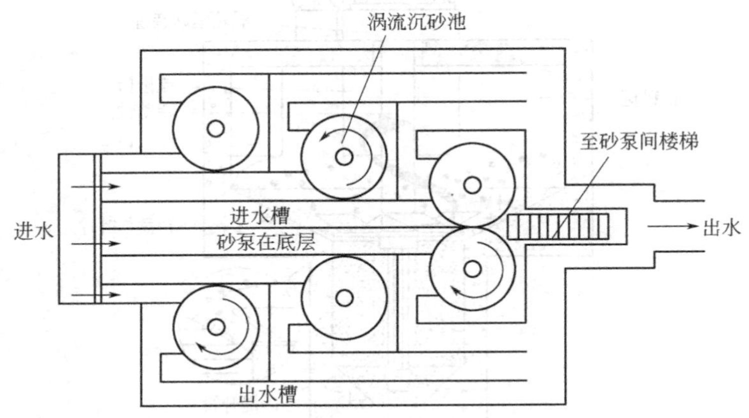

图 4-17　涡流式沉砂池的多池总体布置形式

2. 水力旋流沉砂池的设计

旋流沉砂池设计水力表面负荷为 150～200$m^3/(m^2 \cdot h)$；有效水深宜为 1.0～2.0m；池的径深比为 2.0～2.5；池中宜设立式桨叶分离机；进水渠道与出水渠道夹角大于 270°。

图 4-18 为一种旋流沉砂池——钟式沉砂池的各部分尺寸，可以根据处理流量的大小按表 4-6 选用型号，并确定相关尺寸。

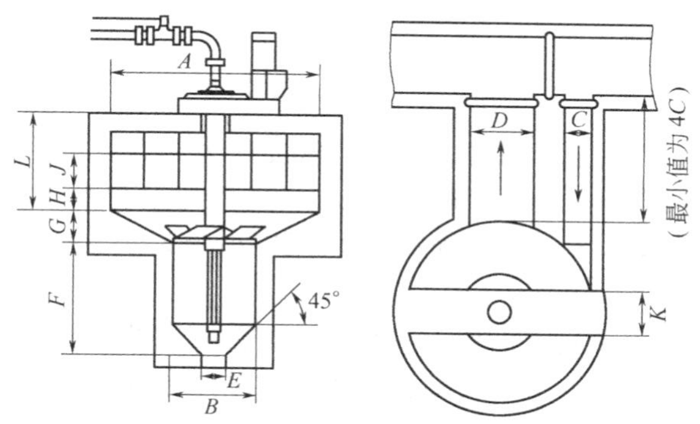

图 4-18　钟式沉砂池各部分尺寸

表 4-6　钟式沉砂池型号及尺寸

型号	流量/(L/s)	A	B	C	D	E	F	G	H	J	K	L
50	50	1.83	1.0	0.305	0.610	0.30	1.40	0.30	0.30	0.20	0.80	1.10
100	110	2.13	1.0	0.380	0.760	0.30	1.40	0.30	0.30	0.30	0.80	1.10
200	180	2.43	1.0	0.450	0.900	0.30	1.55	0.40	0.30	0.40	0.80	1.15
300	310	3.05	1.0	0.610	1.200	0.30	1.55	0.45	0.30	0.45	0.80	1.35
550	530	3.65	1.5	0.750	1.50	0.40	1.70	0.60	0.51	0.58	0.80	1.45
900	880	4.87	1.5	1.00	2.00	0.40	2.20	1.00	0.51	0.60	0.80	1.85
1300	1320	5.48	1.5	1.10	2.20	0.40	2.20	1.00	0.61	0.63	0.80	1.85
1750	1750	5.80	1.5	1.20	2.40	0.40	2.50	1.30	0.75	0.70	0.80	1.95
2000	2200	6.10	1.5	1.20	2.40	0.40	2.50	1.30	0.89	0.75	0.80	1.95

PISTA 旋流沉砂池为美国专利产品，也可根据处理流量大小选用不同型号，每池处理能力可达 1×10^6～7×10^6gal/d（3785～26495m^3/d）。

第三节　沉　淀　池

沉淀池按工艺布置的不同，可分为初沉池和二沉池，其作用主要是利用重力沉降将比水重的有机悬浮物从水中去除。其中初沉池通常作为生物处理法的预处理，可去除约 50%的悬浮物和 30%的 BOD_5，可减轻后续生物处理构筑物的有机负荷。二沉池是生物处理工艺的组成部分，用于分离生物处理工艺中产生的生物膜、活性污泥等，使处理后的水得以澄清。为保障沉淀效果，设置沉淀池应不少于两个，以便于在故障及检修时切换工作。

沉淀池按池内水流方向的不同，可分为平流式、竖流式、辐流式和斜管/斜板式四种。

一、平流式沉淀池

1. 平流式沉淀池的构造特点

平流沉淀池呈长方形，废水从池的一端进入，在池内作水平运动，从池的另一端流出。在池的底部进口端或沿池长方向设有一个或多个贮泥斗，其他部位池底设 0.01～0.02 的坡度坡向贮泥斗（图 4-19）。

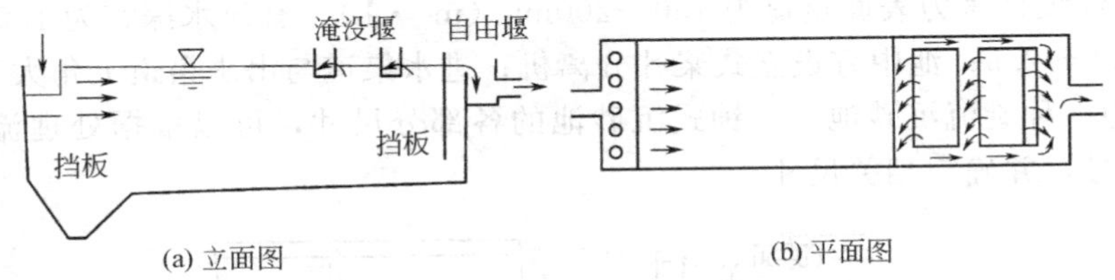

图 4-19　平流式沉淀池

沉淀池（或分格）的长宽比不小于 4，颗粒密度较大时，可采用不小于 3，有效水深不大于 3m，大多数为 1～2.5m，超高一般为 0.3m；污泥斗壁与水平面的倾角不应小于 45°，生物处理后的二次沉淀池，斗壁与水平面的倾角不应小于 50°，以保证彻底排泥，防止污泥腐化。

为使水流均匀分布在整个过水断面上，且不冲起已沉底的污泥，水流入沉淀池后应尽快消能，防止在池内形成短流或股流。沉淀池的进口常采用穿孔槽外加挡板（或穿孔墙）的方法配水（图 4-19、图 4-20），水的流入点应高出污泥层面 0.5m 以上，入口流速小于 25mm/s。

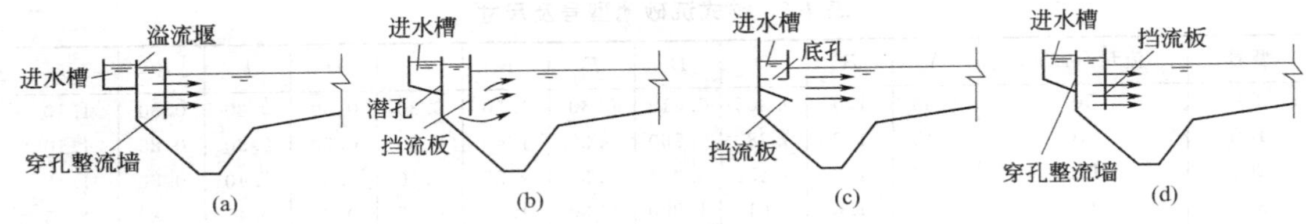

图 4-20　平流式沉淀池的进水区整流措施

出口多采用锯齿形溢流堰或淹没孔口出流（图 4-21），池内水位一般控制在锯齿高度的 1/2 处。每单位长度堰的过流量应均匀。为减少堰的溢流负荷，可在沉淀池出口段设置中间集水槽。为了防止漂浮物随水流出，堰前应加设挡板，挡板淹没深度不小于 0.25m，距出水口为 0.25～0.5m。

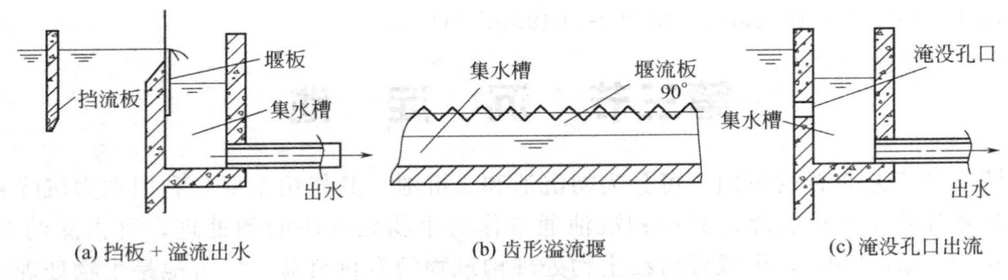

图 4-21　平流式沉淀池的出水区整流措施

沉淀池的沉积物应及时排走。如在池进口端设置一个泥斗，应设置刮泥机，将全池底的污泥集中到泥斗处排除（图 4-22）。如沿池长设置多个排泥斗时，则无需设置刮泥装置，但每一污泥斗应设独立的排污管及排泥阀（图 4-23）。

2. 平流式沉淀池的设计

平流沉淀池的设计，主要是确定沉淀区、污泥斗的尺寸、进出水口的构造和相应设备的配置。

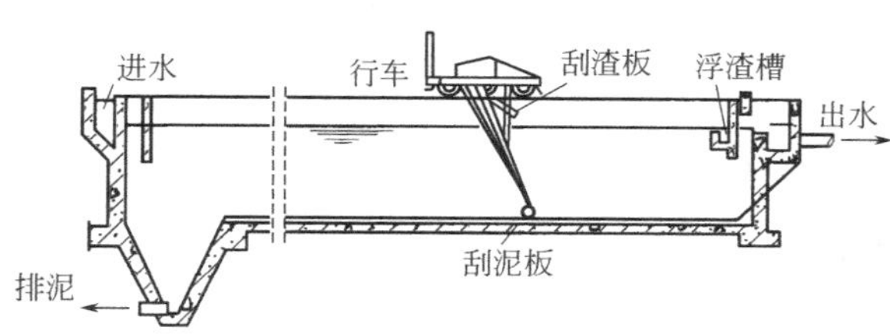

图 4-22　设行车刮泥机的平流式沉淀池

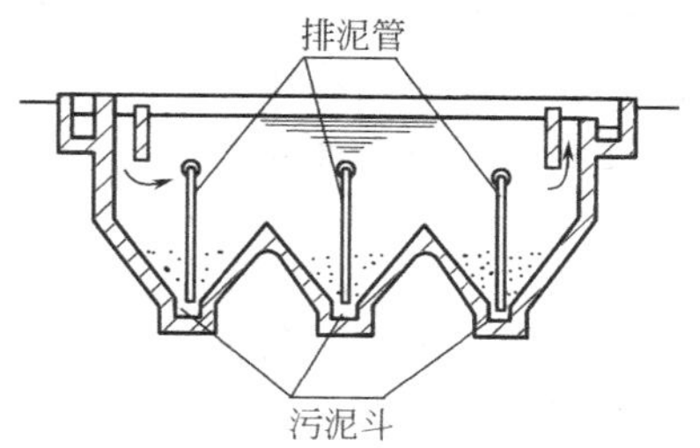

图 4-23　多泥斗的平流式沉淀池

设计时，建议应首先取得小试资料及相关数据。当无污水悬浮物沉降资料时，可以参照《给水排水设计手册》或者同类水质运行资料选取沉淀时间和表面负荷进行计算，按水平流速校核。

沉淀池的表面积 A

$$A=\frac{Q_{\max}\times 3600}{q}\quad (\mathrm{m}^2) \tag{4-25}$$

沉淀池的有效水深 h_2

$$h_2=qt\quad (\mathrm{m}) \tag{4-26}$$

池长 L（沉砂池两闸板之间的长度为水流部分长度）

$$L=vt\times 3.6\quad (\mathrm{m}) \tag{4-27}$$

单池宽度 b

$$b=\frac{A}{nL}\quad (\mathrm{m}) \tag{4-28}$$

式中，$Q_{\max}$为最大设计流量，$\mathrm{m^3/s}$；q 为表面水力负荷，$\mathrm{m^3/(m^2 \cdot h)}$；$t$ 为最大设计流量时停留时间，h；v 为最大设计流量时的水平流速，mm/s；n 为沉淀池格数。

平流式沉淀池的最大设计流量时的水平流速：初沉池为 7mm/s，二沉池为 5mm/s；池长一般为 30～50m，为了保证污水在池内分布均匀，$\frac{L}{b}$不小于 4，以 4～5 为宜；$\frac{L}{h_2}$一般为 8～12。

污泥斗的容积根据污水悬浮物浓度和排泥周期来确定。

【例 4-3】 某厂排出废水量为 $300\mathrm{m^3/h}$，悬浮物浓度 c 为 230mg/L，水温为 29℃，要求悬浮物去除率为 60%，污泥含水率为 95%。已有沉淀试验的数据如图 4-24 所示。试设计平流沉淀池。

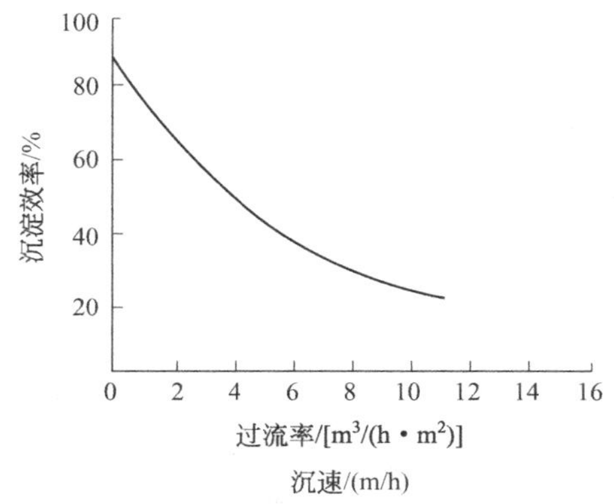

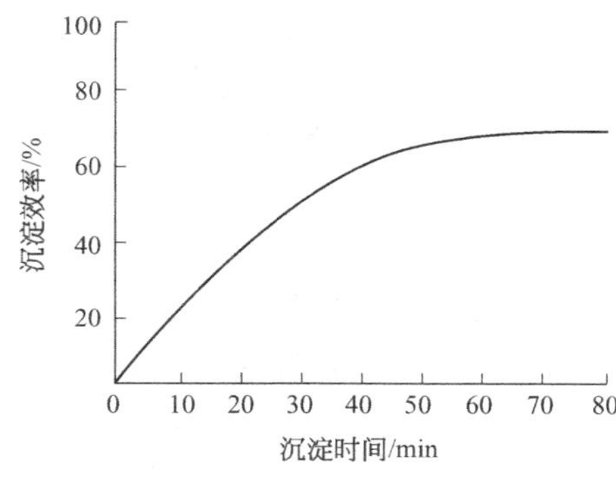

图 4-24　某厂废水的沉淀曲线

解 由图 4-24 试验曲线知，去除率为 60%时，沉淀时间需 47min，最小沉速为 2.25m/h，设计时表面负荷缩小 1/3，沉淀时间延长 1.75 倍，分别取 1.5m/h 和 82.3min (1.4h)。

沉淀区有效表面积

$$A=\frac{Q}{q}=\frac{300}{1.5}=200\quad (m^2)$$

如采用二沉池，每池平面面积 $A_1=100m^2$。

沉淀池有效深度：

$$h_2=\frac{Qt}{A}=\frac{300\times1.4}{200}=2.1(m)$$

采用每池宽度 b 为 4.85m，则池长

$$L=\frac{A_1}{b}=\frac{100}{4.85}=20.6(m)$$

$\frac{L}{b}=\frac{20.6}{4.85}=4.3>4$，符合要求。

当进水挡板距进口 0.5m，出水挡板距出口 0.3m 时，池的总长为 21.4m。

单池污泥容积（贮泥周期为 1 天计）：

$$V_1=\frac{Q(c_1-c_2)\times T}{\gamma'(100-\rho_0)\times2}=\frac{300\times230\times0.6\times24\times1}{1000\times1000\times(1-0.95)\times2}=9.9\quad (m^3)$$

其中，γ'指污泥密度，一般为 $1000kg/m^3$。

方形污泥斗体积：

$$V_1'=\frac{1}{3}\times2.225\times(4.85^2+0.4^2+\sqrt{4.85^2\times0.4^2})=19>9.9\quad (m^3)$$

池的总深度

$$H=0.3+2.1+0.32+2.225=4.95\quad (m)$$

该平流沉淀池设计草图见图 4-25。

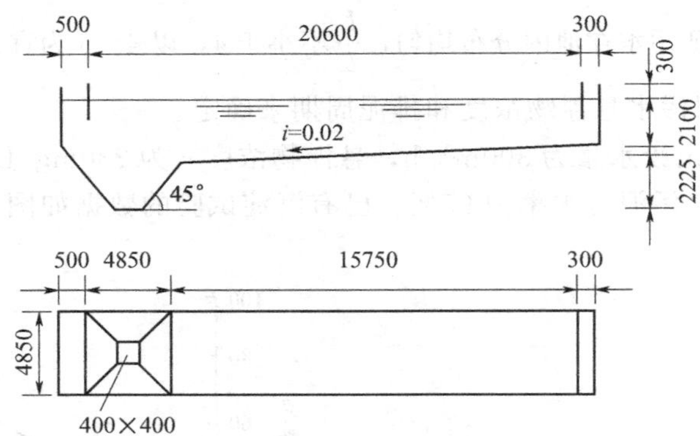

图 4-25 平流式沉淀池设计计算草图（单位：mm）

二、竖流式沉淀池

1. 竖流式沉淀池的构造特点

竖流式沉淀池有圆形、方形或多边形，但大多数为圆形（图 4-26）。沉淀池的上部圆筒形部分为沉降区，下部倒圆台部分为污泥区，二者之间为缓冲层。废水从中心管进入，并从中心管的下部流出，经过反射板的阻拦向四周均匀分布，沿沉淀区的整个断面上升，出水由上部四周集水槽收集。池内水流（速度 v）方向与颗粒沉淀（速度 u）方向相反，颗粒在池

内同时受到重力和上向水流推力的作用，实际沉速为 $u-v$。a. 当 $u>v$ 时，颗粒将沉于池底而被除去；b. 当 $u=v$ 时，颗粒将在池内呈悬浮状态；c. 当 $u<v$时，颗粒则不能下沉而随水溢出池外。因此，当颗粒发生自由沉淀时，其沉淀效果比平流沉淀池低得多。当颗粒具有絮凝性时，上升的小颗粒和下沉的大颗粒之间相互接触、碰撞而絮凝，使粒径增大，沉速加快；同时，沉速等于水流上升速度的颗粒在池中形成一悬浮层，对上升的小颗粒起拦截和过滤作用，因此沉淀效率比平流沉淀池更高。

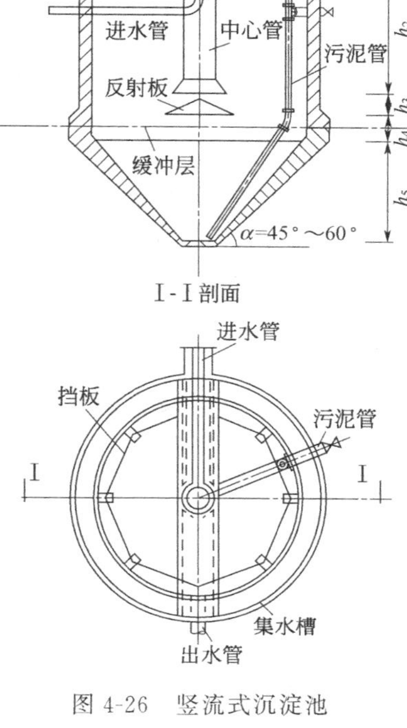

图 4-26　竖流式沉淀池

为保证池内水流作竖向流动，竖流式沉淀池常采用中心管加反射板进水布水（图 4-27），中心管内水流速度 v_0一般小于 100mm/s，喇叭口与反射板缝隙出流速度 v_1不大于 40mm/s。池的直径不宜太大，一般介于 4～7m 之间，直径与有效水深之比不大于 3。集水槽大多采用平顶堰或三角形锯齿堰。当池的直径大于 7m 时，为集水均匀，还可设置辐射式的集水槽与池边环形集水槽相通。反射板底距污泥表面的距离（即缓冲层）不小于 0.3m，池的超高为 0.3～0.6m，泥斗壁倾角取45°～55°。污泥可借静水压力由排泥管排出。

2. 竖流式沉淀池的设计

竖流沉淀池的设计计算如下。

（1）中心导流筒面积

$$A_0=\frac{q_{max}}{v_0}(m^2) \tag{4-29}$$

中心导流筒直径

$$d=\sqrt{\frac{4A_0}{\pi}}\quad (m) \tag{4-30}$$

式中，q_{max}为每池最大设计流量，m^3/s；v_0 为中心管内水流速度，m/s。

（2）中心导流筒喇叭口与反射板之间的缝隙高度 h_3：

$$h_3=\frac{q_{max}}{v_1\pi d_1}\quad (m) \tag{4-31}$$

式中，v_1 为中心管喇叭口与反射板之间缝隙的水流速度，m/s；d_1 为中心管喇叭口直径，$d_1=1.35d$，m。

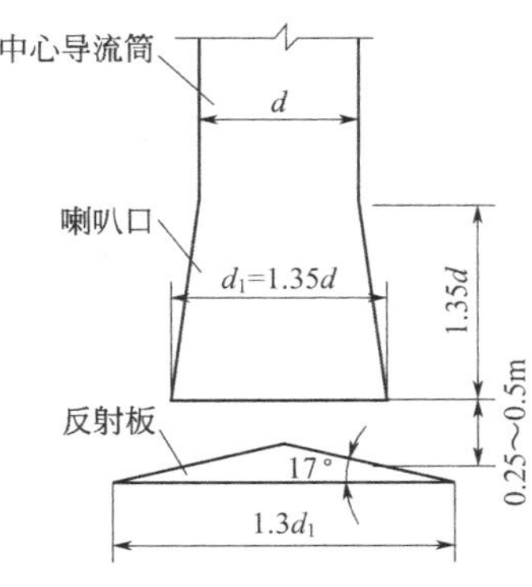

图 4-27　中心导流筒的构造

（3）沉淀池的有效断面面积

$$A_1=\frac{q_{max}}{v}\quad (m^2) \tag{4-32}$$

（4）沉淀池总面积

$$A=A_0+A_1\quad (m^2) \tag{4-33}$$

圆型池的直径

$$D=\sqrt{\frac{4A}{\pi}}\quad (m) \tag{4-34}$$

(5) 沉淀池有效水深

$$h_2=vt\times3600\quad(\mathrm{m})\tag{4-35}$$

式中，t 为停留时间，h。

(6) 沉淀池总高度

$$H=h_1+h_2+h_3+h_4+h_5\quad(\mathrm{m})\tag{4-36}$$

式中，h_1为池超高，m，一般取 0.3～0.5m；h_3为喇叭口与反射板之间的高度，m；h_4为缓冲层高度，m，一般取 0.3m；h_5为污泥斗高度，m。

【例 4-4】 某废水处理厂最大废水量为 100L/s，由沉淀试验确定设计上升流速为 0.7mm/s，沉淀时间为 1.5h。求竖流沉淀池各部分尺寸。

解 采用四个沉淀池，每池最大流量为：

$$q_{\max}=\frac{1}{4}Q_{\max}=\frac{1}{4}\times0.100=0.025\mathrm{m}^3/\mathrm{s}$$

池内设中心管，设流速 $v_0=0.03$m/s，喇叭口处设反射板，则中心管面积为

$$A_0=\frac{q_{\max}}{v}=\frac{0.025}{0.03}=0.83\mathrm{m}^2$$

中心管直径

$$d=\sqrt{\frac{4A_0}{\pi}}=\sqrt{\frac{4\times0.83}{\pi}}=1.0\mathrm{m}$$

喇叭口直径 $d_1=1.35d=1.35\mathrm{m}$

反射板直径 $d_2=1.3d_1=1.3\times1.35=1.755\mathrm{m}$

则反射板表面至喇叭口的距离（设流速 $v_1=0.02$m/s）

$$h_3=\frac{q_{\max}}{\pi v_1d_1}=\frac{0.025}{\pi\times0.02\times1.35}=0.30\mathrm{m}$$

沉淀区面积 $A_1=\frac{q_{\max}}{v}=\frac{0.025}{0.0007}=35.7\mathrm{m}^2$

沉淀池总面积 $A=A_1+A_0\quad(\mathrm{m}^2)$

圆型池的直径

$$D=\sqrt{\frac{4A}{\pi}}=\sqrt{\frac{4(35.7+0.83)}{\pi}}=6.82\approx7.0\mathrm{m}$$

沉淀区深度

$$h_2=vt\times3600=0.0007\times1.5\times3600=3.78\approx3.8\mathrm{m}$$

$$\frac{D}{h_2}=\frac{7.0}{3.8}=1.84<3\qquad\text{符合要求}$$

为收集处理水，沿池周边设排水槽并增设辐射排水槽，槽宽为 $b'=0.2$m，排水槽内径为 7.0m。

槽周边 $C=\pi D-4b'=3.14\times7.0-4\times0.2=21.2\mathrm{m}$

辐射槽长 $L'=4\times2\times(7.0-1.0)=48\mathrm{m}$

总排水槽长 $L=C+L'=21.2+48=69.2\mathrm{m}$

排水槽的排水负荷

$$\frac{q_{\max}}{L}=\frac{25}{69.2}=0.36<1.5\mathrm{L/(m\cdot s)}$$

设下部截圆锥底直径为 0.1m，贮泥斗倾角为 45°，则

污泥斗高度
$$h_5=\frac{7.0-0.4}{2}\tan 45°=3.3\text{m}$$

污泥斗容积　$V_1=\frac{\pi h_5}{3}(R^2+Rr+r^2)=\frac{\pi}{3}\times 3.3\times(3.5^2+3.5\times 0.2+0.2^2)=44.9\text{m}^3$

沉淀池的总高度　$H=h_1+h_2+h_3+h_4+h_5=0.3+3.8+0.3+0.3+3.3=8.0\text{m}$

竖流式沉淀池池深较大，排泥易于管理，但构造施工较难；因为单池容量小，污水量大时水流分布不易均匀，不宜采用。主要适用于小流量废水（如生活污水和食品工业、肉类加工等工业废水）中絮凝性悬浮固体的分离，给水处理中一般不用。

三、辐流式沉淀池

1. 辐流式沉淀池的构造

辐流式沉淀池是一种大型圆形沉淀池（图 4-28），主要有中心进水和周边进水两种形式，沉淀后废水往四周集水槽排出。为了阻挡漂浮物质，出水槽堰口前端可加设挡板及浮渣收集与排出装置。

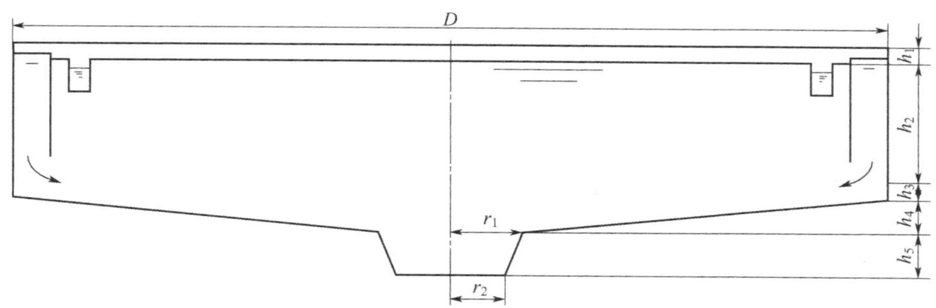

图 4-28　辐流式沉淀池设计计算图

传统辐流式沉淀池采用中心进水方式，废水从池底进入中心管，或用明槽自池的上部进入中心管，在中心管的周围常有以穿孔障板围成的流入区，使废水能沿圆周方向均匀分布，呈水平向四周辐流。由于中心导流筒内的流速较大，向下流动时动能较大，易冲击池底污泥。作为二沉池时，活性污泥在其中难以絮凝，故常用于初沉池。二沉池则多采用周边进水的形式，使布水更均匀，向下的流速较小，对池底无冲击现象；同时，在沉降区内形成回流促使污泥絮凝，提高沉降效果。

2. 辐流式沉淀池的设计

辐流式沉淀池在设计计算时，通常采用与平流式沉淀池相似的方法，取池子半径的 1/2 处作为计算断面。池径 D 一般为 16～50m，池径与有效水深之比宜为 6～12；池周水深1.5～3.0m，池中心深度为 2.5～5.0m，池底以 0.06～0.08 的坡度坡向泥斗。沉淀于池底的污泥一般采用刮泥机刮除，目前常用的刮泥机械有中心传动式刮泥机和吸泥机以及周边传动式刮泥机和吸泥机等。出流堰通常用锯齿形三角堰或淹没式溢流孔出流，尽量使出水均匀。

辐流式沉淀池按表面负荷设计，按出水堰负荷校核。

（1）沉淀池表面积

$$A=\frac{Q_{\max}}{nq}\quad(\text{m}^2)\tag{4-37}$$

（2）池子直径 D

$$D=\sqrt{\frac{4A}{\pi}}\quad(\text{m})\tag{4-38}$$

(3) 沉淀池有效水深

$$h_2=qt \quad (\mathrm{m}) \tag{4-39}$$

(4) 沉淀池的污泥量与污泥斗的计算方法与平流式同，污泥贮存时间采用4h。

(5) 沉淀池的总高度

$$H=h_1+h_2+h_3+h_4+h_5 \quad (\mathrm{m}) \tag{4-40}$$

式中，Q_{max}为最大设计流量，m^3/h；q为表面水力负荷，$m^3/(m^2 \cdot h)$；n为沉淀池个数；t为最大设计流量时的停留时间，h；h_1为池超高，一般取0.3～0.5m；h_3为缓冲层高度，一般取0.5m；h_4为池底坡落差，m；h_5为污泥斗高度，m。

【例 4-5】 某城市污水处理厂设计流量$Q_{max}=4167m^3/h$，曝气池混合液悬浮浓度为$N_W=3kg/m^3$，回流污泥浓度$C_u=8kg/m^3$，污泥回流比$R=0.6$，试求周边进水二次沉淀池的各部分尺寸。

解 计算示意图见图4-28。

设池数$n=2$个，表面负荷$q=1m^3/(m^2 \cdot h)$，则有

沉淀部分水面面积 $A=\dfrac{q_{max}}{nq}=\dfrac{4167}{2\times1}=2084m^2$

池子直径 $D=\sqrt{\dfrac{4A}{\pi}}=\sqrt{\dfrac{4\times2084}{\pi}}=51.5m$，取$D=55m$

实际水面面积 $A'=\dfrac{\pi D^2}{4}=\dfrac{\pi\times55^2}{4}=2376m^2$

实际表面负荷 $q'=\dfrac{Q}{nA}=\dfrac{4167}{2\times2376}=0.88m^3/(m^2 \cdot h)$

单池设计流量 $Q_0=\dfrac{Q}{n}=\dfrac{4167}{2}=2084m^3/h$

校核堰口负荷 $q_1'=\dfrac{Q_0}{2\times3.6\pi D}=\dfrac{2084}{2\times3.6\times\pi\times55}=1.68L/(s \cdot m)<1.7L/(s \cdot m)$

校核固体负荷 $q_2'=\dfrac{(1+R)Q_0N_W\times24}{A}=\dfrac{(1+0.6)\times2084\times3\times24}{2376}$

$=101kg/(m^2 \cdot d)<150kg/(m^2 \cdot d)$(符合要求)

设沉淀时间$t=1.5h$，则

澄清区高度 $h_2=\dfrac{Q_0t}{A}=\dfrac{2084\times1.5}{2376}=1.32m$

按在澄清区最小允许深度1.5m考虑，取$h_2=1.5m$。

缓冲层高度h_3取0.5m。

设池底坡度为0.05，污泥斗直径$d=2m$，则

池中心与池边落差 $h_4=0.05\times\dfrac{D-d}{2}=0.05\times\dfrac{55-2}{2}=1.33m$

设超高为$h_1=0.5m$，污泥斗高度$h_5=1.0m$，则

沉淀池高度 $H=h_1+h_2+h_3+h_4+h_5=0.5+1.5+0.5+1.33+1.0=4.83m$

辐流式沉淀池也有利用沉淀时间为基准进行计算的，即由进水量及沉淀时间可确定池容积，再由池深确定池直径。

四、斜管/斜板式沉淀池

从理想沉淀池的特性分析可知，沉淀池的处理效率仅与颗粒沉淀速度和表面负荷有关，

与池的深度无关。

对一深度为 H、体积为 V 的平流式理想沉淀池，由式（4-14）得 $u_0=\frac{Q}{V}H$。即在处理水量 Q 和池容 V 给定的条件下，颗粒去除率（由 u_0 决定，与 u_0 呈反比关系）与池深呈反比关系；同样，在去除率和池容 V 给定的条件下，处理水量与池深呈反比关系。若将该池水平分为 n 层浅池，则处理能力提高 n 倍。沉淀池分层和分格还将改善水力条件。在同一个过水断面上进行分层或分格，使断面的湿周增大，水力半径减少，从而提高水流稳定性，增大池容的积利用系数。

1. 斜板（管）沉淀池的构造

在实际工程应用上，采用分层沉淀排泥十分困难。为便于排泥，将水平隔层改为与水平面倾斜成一定角度 α 的斜面，构成斜板沉淀池。如各斜隔板之间还进行分格，即成为斜管沉淀池。污水处理中多采用升流式异向流斜板（管）沉淀池（图 4-29）。

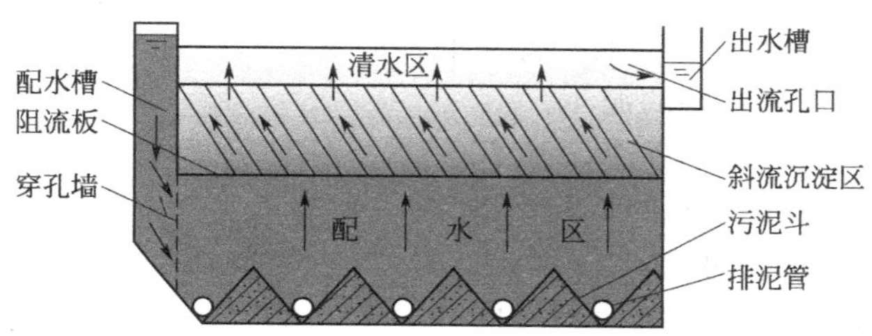

图 4-29　升流式斜板沉淀池

斜板（管）斜长通常为 1.0～1.2m，斜板（管）与水平面呈 60°角，斜板（管）区上部水深 h_2 为 0.7～1.0m，底部配水区和缓冲层高度宜大于 1.0m 。斜管孔径（或斜板净距）以 80～100mm 为宜，应设斜板（管）冲洗设施，在池壁与斜板的间隙处应装设阻流板，以防止水流短路。斜板（管）沉淀池可采用多斗重力排泥，污泥斗及池底构造与一般平流沉淀池相同。每日排泥次数至少 1～2 次，或连续排泥。

2. 斜板（管）沉淀池的设计

斜板（管）沉淀池表面水力负荷可按普通沉淀池的 2 倍［$4\sim6m^3/(m^2\cdot h)$］计，但对二次沉淀池应以固体负荷［$\leqslant150kg/(m^2\cdot d)$］核算。

斜板（管）沉淀池表面积

$$A=\frac{Q_{max}}{0.91nq}\quad (m^2) \tag{4-41}$$

池内停留时间

$$t=\frac{h_2+h_3}{q}\quad (h) \tag{4-42}$$

式中，Q_{max} 为最大设计流量，m^3/h；0.91 为斜板/管面积利用系数；q 为表面水力负荷，$m^3/(m^2\cdot h)$；n 为沉淀池个数；h_2 为斜板（管）沉淀池上部清水区高度，m，一般取 0.7～1.0m；h_3 为斜板（管）自身垂直高度，m，一般为 0.866～1.0m。

斜板（管）沉淀池的生产能力比普通沉淀池有大幅度提高，但由于池子体积缩小，水流在池中停留时间短，耐冲击负荷差；斜管或斜板间距较小，若施工质量又欠佳，造成变形，很容易导致排泥不畅，产生泛泥现象，使出水水质变差。另外，斜板或斜管的上部在阳光照射下容易滋生藻类，影响运行。因此，城市污水处理厂（尤其是二次沉淀池）不太推广采用斜板（管）沉淀池。但在给水处理厂和一些工业废水如选矿废水、含油污水隔油池中应用较多。

第四节 隔 油 池

石油开采与炼制、煤化工、石油化工及轻工等行业的生产过程排出大量含油废水。其中大多油品相对密度一般都小于1，只有重焦油相对密度大于1。如果悬浮油珠粒径较大，则可依据油水密度差进行分离，这类设备通称为隔油池。目前国内外常用的有平流式隔油池和斜板式隔油池两类。

一、平流式隔油池

1. 平流式隔油池的构造

平流式隔油池与平流式沉淀池相似（图4-30），废水从池的一端进入，以较低的水平流速流经池子，从另一端流出。在此过程中，废水中轻油滴在浮力作用下上浮聚积在池面，通过设在池面的刮油机和集油管收集回用；密度大于水的颗粒杂质沉于池底，通过刮泥机和排泥管排出。刮油刮泥机在池面上刮油，将浮油推向池末端集油管；而在池底部起着刮泥作用，将下沉的油泥刮向池进口端的泥斗。

平流隔油池一般不少于两个，池深1.5～2.0m，超高0.4m，每单格的长宽比不小于4，工作水深与每格宽度之比不小于0.4，池内流速一般为2～5mm/s，停留时间一般为1.5～2.0h。

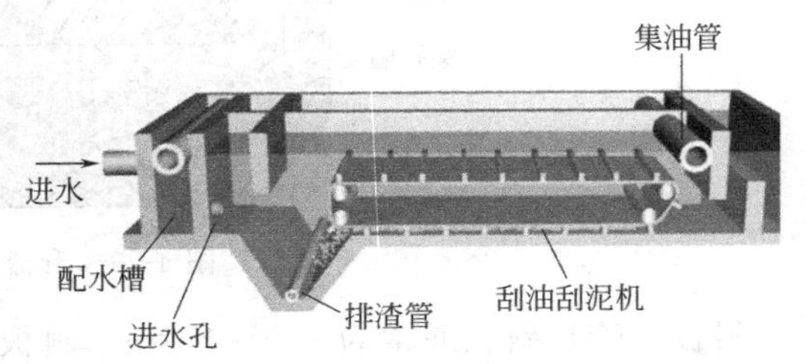

图4-30 平流式隔油池

一般隔油池水面的油层厚度不应大于0.25m。集油管常设在池出口处及进水间，一般为直径200～300mm的钢管，管轴线安装高度与水面相平或低于水面5cm，沿管轴方向在管壁上开有60°角的切口。集油管可用螺杆控制，使集油管能绕管轴转动，平时切口处于水面以上，收油时将切口旋转到油面以下，浮油溢入集油管并沿集油管流向池外。

为了保证隔油池的正常工作，池表面应加盖，以防火、防雨、保温及防止油气散发污染大气。在寒冷地区或冬季，为了增大油的流动性，隔油池内应采取加温措施，在池内每隔一定距离加设蒸汽管，提高废水温度。

2. 平流式隔油池的设计

平流隔油池的设计可按油粒上升速度或废水停留时间计算。油粒上升速度 u 可通过试

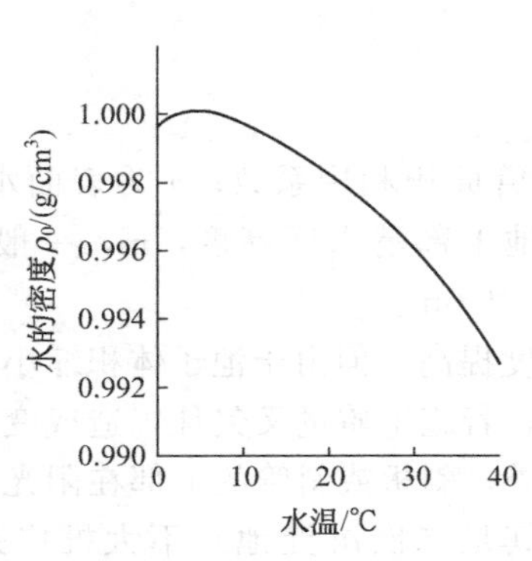

图4-31 水密度与温度的关系

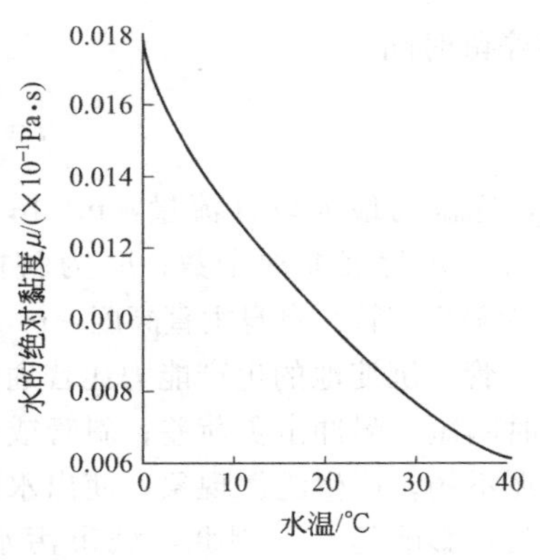

图4-32 水黏度与温度的关系

验求出（与沉淀试验相同）或直接应用修正的 Stokes 公式计算。

$$u=\frac{\beta g(\rho_0-\rho_1)}{18\mu}\quad(\mathrm{cm/s})\tag{4-43}$$

式中，水的密度 ρ_0 和绝对黏度 μ 分别由图 4-31 和图 4-32 查得；ρ_1 为油的密度；β 表示由于水中悬浮物的影响使油粒上浮速度降低的系数：

$$\beta=\frac{4\times10^4+0.8c^2}{4\times10^4+c^2}\tag{4-44}$$

式中，c 表示废水悬浮物的浓度。

隔油池的表面积

$$A=\frac{\alpha Q}{u}\quad(\mathrm{m^2})\tag{4-45}$$

式中，Q 为废水设计流量，$\mathrm{m^3/h}$；α 为考虑池容积利用系数及水流紊流状态对池表面积的修正值，它与 v/u 的比值有关（表 4-7）；v 为水平流速，m/h，一般要求 $v<15u$，且 v 不大于 54m/h。

表 4-7　α 与速度比 v/u 的关系图

速度比 v/u	20	15	10	6	3
α 值	1.74	1.64	1.44	1.37	1.28

平流式隔油池构造简单，工作稳定性好，能去除油粒的最小直径为 100～150μm，可将废水中含油量从 400～1000mg/L 降至 150mg/L 以下，油类去除率达 70%左右。

二、斜板隔油池

1. 斜板隔油池的构造

对于废水中的细分散油，同样可以利用浅层理论来提高分离效果。图 4-33 为斜板隔油池，池内斜板大多数采用聚酯玻璃钢波纹板，板间距约为 40mm，倾角不小于 45°，采用异向流形式，废水自上而下流入斜板组，从出水堰排出；油粒沿斜板上浮，经集油管收集排出。

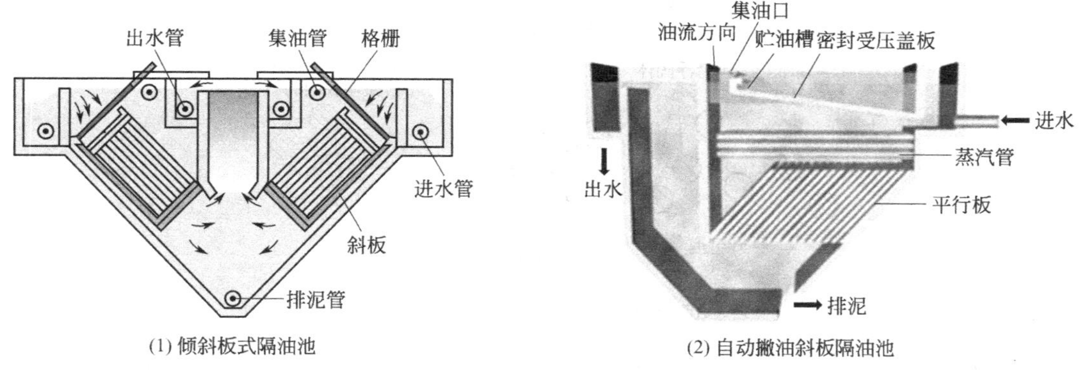

图 4-33　斜板隔油池

2. 斜板隔油池的设计

斜板隔油池设计计算方法与斜板沉淀池基本相同，停留时间一般不大于 30min，表面水力负荷宜为 0.6～0.8m³/(m²·h)，斜板净距一般采用 40mm，倾角≥45°；能去除油滴的最小直径为 60μm，处理石油炼制厂废水出水含油量可控制在 50mg/L 以内。但是斜板隔油池结构复杂，斜板挂油易堵，所以斜板应选择耐腐蚀、不沾油和光洁度好的材料，并且需要定期用蒸汽及水冲洗。废水含油量大时，可采用较大的板间距（或管径），含油量少时，间距可以减小。

第五节　气　浮　池

气浮法是利用高度分散的微小气泡作为载体去吸附废水中的污染物，使其视密度小于水而上浮到水面实现固液或液液分离的过程。

一、基本原理

气浮过程包括气泡产生、气泡与颗粒（固体或液滴）附着以及上浮分离等连续步骤。实现气浮法分离的必要条件有两个：第一，必须向水中提供足够数量的微细气泡，气泡理想尺寸为 15～30μm；第二，必须使目的物呈悬浮状态或具有疏水性质，从而附着于气泡上浮升。产生微气泡的方法主要有电解、分散空气和溶解空气再释放三种。气泡与悬浮物附着有气泡顶托、气泡与颗粒吸附以及絮体中裹挟气泡三种基本形式（图 4-34）。其中气泡与颗粒吸附作用主要取决于粒子的表面疏水性，疏水性越强的颗粒越容易与气泡黏附。实践证明，直径在 100μm 以下的小气泡才能很好地与颗粒黏附，有利于气浮过程。

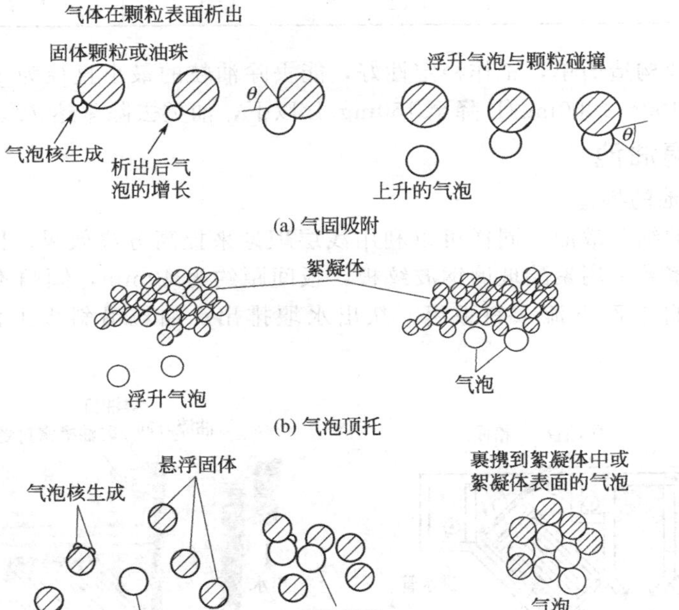

(a) 气固吸附

(b) 气泡顶托

(c) 气泡裹夹

图 4-34　微气泡与悬浮颗粒的三种黏附方式（θ 为接触角）

若要用气浮法分离亲水性颗粒（如纸浆纤维、煤粒、重金属离子等），就必须投加合适的浮选剂，以改变颗粒的表面性质。浮选剂大多由极性-非极性分子所组成，其极性端含有—OH、—COOH、—SO_3H、—NH_2、≡N 等亲水基团，而非极性端主要是烃链。例如肥皂中的有用成分硬脂酸 $C_{17}H_{35}COOH$，它的—$C_{17}H_{35}$是非极性端，疏水的，而—COOH 是极性端，亲水的。在气浮过程中，浮选剂的极性基团能选择性地被亲水性物质吸附，非极性端则朝向水，从而使亲水颗粒表面变为疏水表面。

浮选剂的种类很多，如松香油、石油及煤油产品，脂肪酸及其盐类，表面活性剂等。对不同性质的废水应通过试验，选择合适的品种和投加量，必要时可参考矿冶工业浮选的资料。

二、气浮法的分类

根据制取气泡的方法不同，气浮法可分为电解气浮法、分散空气气浮法和溶解空气气浮法三类。

1. 电解气浮法

电解气浮装置如图 4-35 所示。电解气浮是将正负相间的多组电极安装在稀电解质水溶液中，在 5～10V 直流电的作用下，在正负两极间产生氢气和氧气的微细气泡，黏附于悬浮物上，将其带至水面达到分离的目的。由于电解产生的微细气泡很小，上升过程不会引起水流紊动，故该法特别适用于处理脆弱絮状悬浮物。其表面负荷通常低于 $4m^3/(m^2 \cdot h)$。

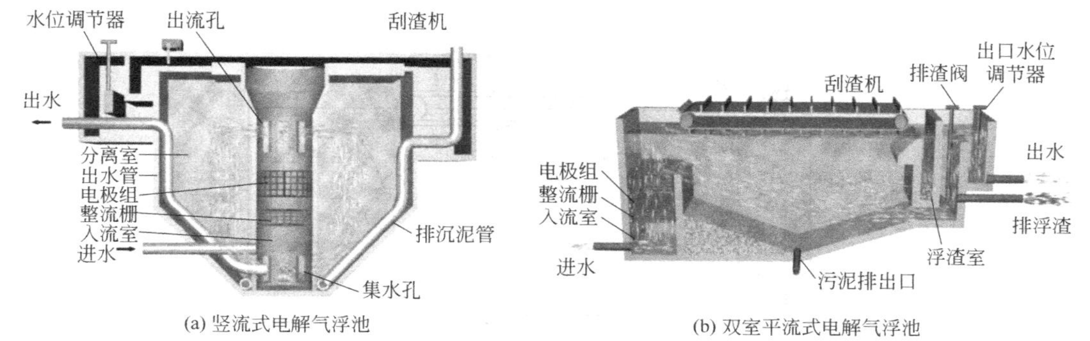

图 4-35 电解气浮装置示意

电解气浮主要用于工业废水处理，处理水量约在 $10\sim20m^3/h$。由于电耗大、操作运行管理复杂、电极易结垢等问题，较难用于大型生产。

2. 分散空气气浮法

分散空气的方法和设备很多，目前应用的有微孔曝气气浮法和剪切气泡气浮法两种形式（图 4-36）。

图 4-36(a) 为微孔曝气气浮装置示意。压缩空气被引入靠近池底部的微孔板（管），通过微孔将空气分散为细小气泡，气泡大小与微孔孔径及水的表面张力有关。该法的优点是简单易行，但存在微孔容易被堵塞、气泡较大、气浮效果不强的缺点。

图 4-36(b) 是剪切气泡气浮装置示意。空气通过管道被引到叶轮附近，通过叶轮的高速剪切运动，将空气吸入并分散为小气泡（直径在 1mm 左右）。常用的有叶轮气浮法和涡凹气浮法等。该法的特点是设备不易堵塞，但产生气泡较大，上升速度快，对水体的扰动比较剧烈，撞击和破坏絮状体，故其处理效果较差。主要适用于处理悬浮物浓度高的废水，如洗煤废水及含油脂、羊毛等废水。通常采用多个单元装置串联使用，使污水中所含的杂质颗粒逐渐减少到规定的要求。如果在叶片上开孔通气，可以通过调整叶片上出气孔的数量、孔径大小以及叶轮的旋转速度来产生更多更小的气泡，如涡凹气浮法（图 4-37）。

3. 溶解空气气浮法

溶解空气气浮法是使空气在一定压力下溶于水中并呈饱和状态，然后在减压条件下析出空气，形成微小的气泡，进行气浮。其特点是气体溶解量大，经减压释放产生的气泡粒径小，一般为 $20\sim100\mu m$，粒径均匀、微气泡在气浮池中上升速度慢、对池水扰动较小，特

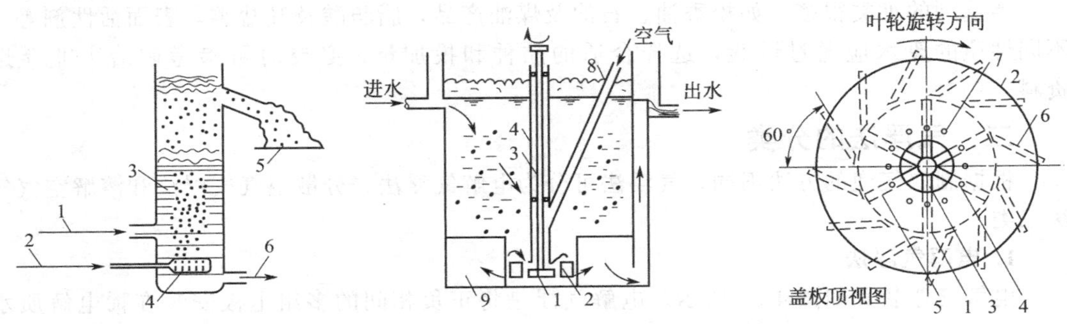

图 4-36　分散空气气浮装置示意

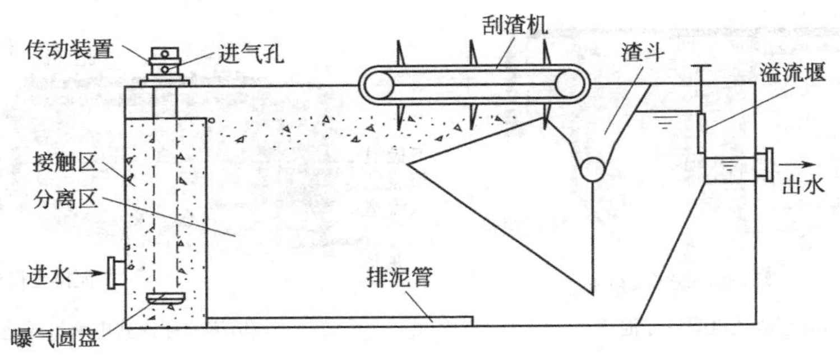

图 4-37　涡凹气浮装置示意

别适用于松散、细小絮凝体的固液分离；气浮效果比分散空气法好，因而应用广泛。

根据气泡从水中析出时的压力不同，溶解空气气浮分为溶气真空气浮和加压溶气气浮。

(1) 溶气真空气浮　常采用常压溶解空气，在负压下析出，气浮池在负压下运行。其优点是溶气压力比加压溶气法低，能耗较小；缺点是气浮池构造复杂、运行维护困难，因此在生产中应用不多。

(2) 加压溶气气浮　是在加压下将空气溶入水中，在常压下析出，气浮池在常压下运行。其特点是气体溶解量大、产生气泡多。设备维护和工艺流程操作简单、管理方便，因此实际应用较多。

加压溶气气浮常采用部分处理水回流溶气（图 4-38），即将部分澄清液进行回流加压，经压力释放装置后和废水相混合进入气浮池进行固-液分离，这样可以避免废水中杂质可能对溶气和释放造成的不利影响。

三、加压溶气气浮系统组成与设计

加压溶气气浮系统包括压力溶气设备、空气释放设备、气浮分离设备（气浮池）等。

1. 压力溶气设备

包括加压水泵、供气设备、压力溶气罐及其附属设备。加压水泵的作用是提升污水，将水、气以一定压力送至压力溶气罐，其压力的选择应考虑溶气罐压力和管路系统的水力损失两部分。加压泵压力应适当，压力过高时，溶解到水中的空气增加，经减压后释放的空气多，会促进微气泡的聚集，不利于气浮；而压力太低时，溶气量不够，则需增加溶气水量，溶气罐和气浮池容积都需增大。溶气罐是一个密封的耐压钢罐，罐上有进气管、排气管、进

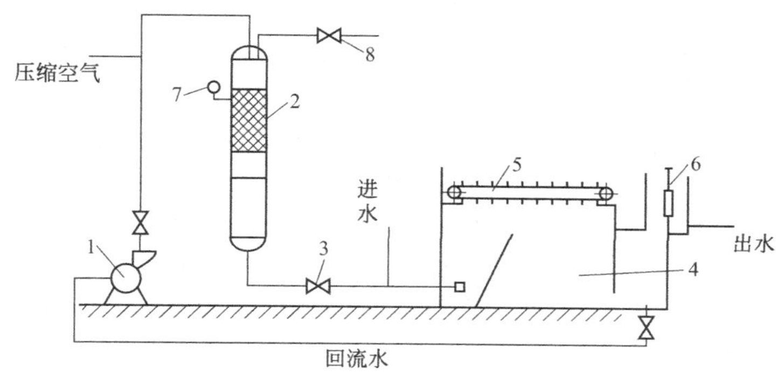

图 4-38　部分回流加压溶气气浮装置示意

1—加压泵；2—压力溶气罐；3—减压阀；4—分离区；5—刮渣机；6—水位调节器；7—压力表；8—放气阀

水管、出水管、放空管、水位计和压力表。压力溶气罐的作用是使水与空气充分接触溶解。为了提高溶气量和速度，罐内常设若干隔板或填料，其中以罐内填充填料的溶气罐效率最高。因为有填料可加剧紊动程度，不断更新液相与气相的界面，从而提高了溶气效率。溶气罐溶气时间一般采用 2～4min，工作压力为 0.4～0.5MPa。供气方式可采用在水泵吸水管上吸入空气、在水泵压水管上设置射流器或采用空气压缩机供气。

2. 溶气释放设备

常用的溶气释放装置有减压阀、溶气释放喷嘴、释放器等。溶气水经过减压释放装置，反复地受到收缩、扩散、碰撞、挤压、漩涡等作用，其压力能迅速消失，水中溶解的空气以极细的气泡释放出来。目前已有多种形式的减压释放装置在使用中，如针形阀、WRC 喷嘴、TS 型（或 TJ 型）释放器、普通截止阀等。

3. 气浮池

目前常用的气浮池均为敞式水池，与普通沉淀池构造基本相同，分平流式和竖流式两种。

(1) 平流式气浮池　平流式气浮池的构造如图 4-39 所示。气浮池的有效水深一般取 2.0～2.5m，平流式长宽比一般为 (2∶1)～(3∶1)，竖流式应为 1∶1。一般单格宽度不宜超过 6m，长度不宜超过 15m。

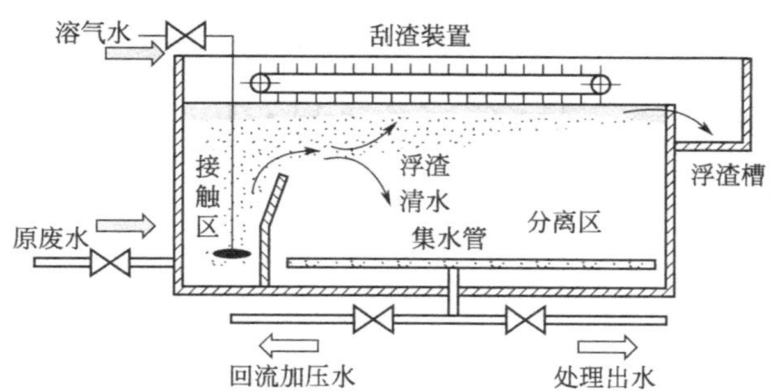

图 4-39　平流式气浮池示意

反应絮凝后的原水与载气水充分混合后，均匀分布在气浮池的整个池宽上。为了防止进口区水流对颗粒上浮的干扰，在气浮池的前部均设置隔板，使已附着气泡的颗粒向池表面浮升。隔板与水平面夹角一般为 70°，板顶离水面约 0.3m。在隔板前面的部分称为接触区，在隔板后面的则称为分离区。在接触区隔板下端的水流上升流速一般可取 20mm/s 左右，

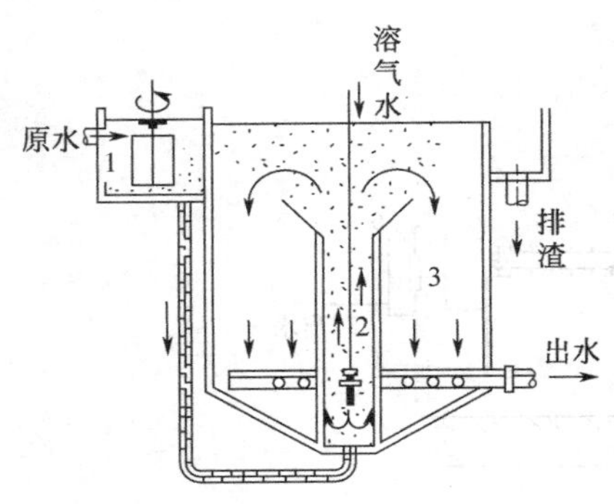

图 4-40　竖流式气浮池示意

1—混合室；2—接触室；3—分离室

而隔板上端的上升流速则一般为 5～10mm/s，接触室的停留时间不少于 1min。分离区的作用是使附着气泡的颗粒与水分离，并上浮至池面。颗粒的上浮速度根据附着气泡后的视密度可由式（4-3）估算，也可实测得到。另一方面，清水从分离区的底部排出，产生一个向下流速。显然，当颗粒上浮速度大于向下流速时，固-液可以分离，当颗粒上浮速度小于向下流速时，颗粒则下沉而随水流排出。因此，分离区的大小实际上受向下流速的控制。设计时宜取表面负荷（包括溶气水量）为 $4\sim6m^3/(m^2\cdot h)$，水力停留时间一般为 10～20min。回流溶气水的回流比应计算确定，一般为 15%～30%。

浮集于水面的浮渣的厚度与浮渣性质和刮渣周期有关。有时浮渣厚度可达数十厘米，而有的则很薄，且很易破碎。一般都用机械方法刮渣，刮渣周期一般为 0.5～2h。刮渣机的水平移动速度为 5m/min。采用逆水流方向刮渣可防止浮渣下沉。收集的浮渣含水率在 95%～97%之间，若其中含泡沫很多，可经加热处理消泡。

（2）竖流式气浮池　竖流式气浮池如图 4-40 所示，基本工艺参数与平流式气浮池相同。池高度可取 4～5m，长宽或直径一般在 9～10m 以内。其优点是接触室在池中央，水流向四周扩散，水力条件较好；缺点是与反应池较难衔接，容积利用率较低。

有经验表明，当处理水量大于 $150m^3/h$、废水中的可沉物质较多时，宜采用竖流式气浮池。

四、加压溶气气浮系统设计计算

设计内容主要包括所需空气量和溶气水量、溶气罐、气浮池及辅助管渠和设备的选型。

1. 溶气量与溶气水量的估算

在加压溶气系统设计中，常用的基本参数是气固比（A/S），即空气析出量 A 与原水中悬浮固体量 S 的比值，定义为

$$\frac{A}{S}=\frac{\text{减压释放的气体总量}(g)}{\text{原水中悬浮固体总量}(g)} \tag{4-46}$$

在溶气压力 P 下溶解的空气，经减压释放后，理论上释放空气量为

$$A=\rho C_s\left(f\frac{P}{P_0}-1\right)\cdot Q_R \tag{4-47}$$

因此气固比可写成

$$\frac{A}{S}=\frac{\rho C_s\left(f\frac{P}{P_0}-1\right)\cdot Q_R}{QS_a} \tag{4-48}$$

式中，A 为减压至常压（1atm，即 1.01×10^5Pa，下同）时释放的空气量，kg/h；ρ 为空气密度，g/L；C_s为一定温度下，一个大气压时的空气溶解度（表 4-8），mL/L；f 为加压溶气系统的溶气效率，即实际空气溶解度与理论溶解度之比，与溶气罐等因素有关，通常取 0.5～0.8；P 为溶气压力（绝对压力），atm；P_0为当地气压（绝对压力），atm；Q_R为回流加压溶气水量，m^3/h；Q 为气浮处理废水量，m^3/h；S_a为废水中的悬浮固体浓度，g/m^3。

表 4-8　一个大气压下空气在水中的饱和溶解度 C_s 与温度的关系

温度/℃	0	10	20	30	40
溶解度/(mg/L)	36.06	27.26	21.77	18.14	15.51

气固比选用涉及原水水质、出水要求、设备、动力等因素，实际废水处理最好通过气浮试验来确定合适的气固比。当无实测数据时，一般可选用 0.005～0.060，原水的悬浮物含量高时，取下限，低时则取上限。

确定气固比和溶气压力值后，可用式（4-48）计算回流溶气水量。

2. 溶气罐尺寸计算

溶气罐直径

$$D=\sqrt{\frac{4Q_R}{\pi I}} \tag{4-49}$$

式中，I 为过流密度，$m^3/(m^2 \cdot d)$。若采用空罐，$I=1000 \sim 2000 m^3/(m^2 \cdot d)$；若采用填料溶气罐，$I=2500 \sim 5000 m^3/(m^2 \cdot d)$，溶气罐承压能力应大于 0.6MPa。

溶气罐高 h：

$$h=2h_1+h_2+h_3+h_4+h_5 \tag{4-50}$$

式中，h_1 为罐顶、底封头高度（依罐直径而定），m；h_2 为布水区高度，m，一般取 0.2～0.3m；h_3 为填料层高度，m，一般为 0.8～1.3m，当采用阶梯环时可取 1.0～1.3m；h_4 为贮水区高度，m，一般取 1.0m；h_5 为液位控制高度，m，一般取 0.1m。

3. 气浮池尺寸计算

接触区面积
$$A_c=\frac{Q+Q_R}{v_c} \tag{4-51}$$

分离区面积
$$A_s=\frac{Q+Q_R}{v_s} \tag{4-52}$$

气浮池有效水深
$$H=v_s t_s \tag{4-53}$$

气浮池有效容积
$$V=(A_c+A_s)H \tag{4-54}$$

式中，v_c 为接触区水深上升平均流速，取接触区上、下端水流上升流速的平均值；v_s 为气浮分离速度（=表面负荷）；t_s 为气浮池分离区水力停留时间，一般为 10～20min。

其他计算略。

在废水处理工程中，气浮法广泛应用于：a. 石油、化工及机械制造行业的含油（包括乳化油）废水的油水分离；b. 工业废水中有用物质的回收，如造纸厂废水中的纸浆纤维及填料的回收；c. 取代二沉池分离和浓缩剩余活性污泥，特别适用于活性污泥絮体不易沉淀或易发生膨胀的情况；d. 工业废水中相对密度接近于 1 的悬浮固体的分离。

与沉淀法相比较，气浮法具有以下特点：a. 由于气浮池的表面负荷有可能高达 $12m^3/(m^2 \cdot h)$，水在池中停留时间只需 10～20min，而且池深只需 2m 左右，故占地较少，节省基建投资；b. 气浮池具有预曝气作用，出水和浮渣都含有一定量的氧，有利于后续处理或再用，泥渣不易腐化；c. 对那些很难用沉淀法去除的低浊含藻水，气浮法处理效率高，甚至还可去除原水中的浮游生物，出水水质好；d. 浮渣含水率低，一般在 96%以下，是沉淀池污泥体积的 1/3～1/11，这对污泥的后续处理有利，而且表面刮渣也比池底排泥方便；e. 可以回收利用有用物质；f. 气浮法所需药剂量比沉淀法节省。但是，气浮法电耗较大，处理每吨废水比沉淀法多耗电约 0.02 ～0.04kW·h；目前使用的溶气水减压释放器易堵塞；浮渣怕较大的风雨袭击。

思考题与习题

1. 试述沉淀的类型有哪几种？

2. 某废水中含胶体有机物，若采用混凝方法来分离此污染物，其沉淀属哪一种类型？其沉淀曲线有什么特点？

3. 什么是理想沉淀池？其中颗粒沉速u_0与表面负荷率之间有何关系？从这里可以得出哪些推论？

4. 试推导非凝聚性颗粒在理想沉淀池中的沉淀效率公式。

5. 普通沉淀池按池内水流方向可分为哪三种？沉淀池内各个区域按其功能分为哪五个部分？

6. 设计日处理量1×10^5t水的初沉池，已知悬浮固体浓度为200mg/L，要求出水中悬浮固体浓度小于80mg/L，静置沉淀试验曲线如图所示，求：①初沉池的沉淀效率；②沉淀池的面积；③设计哪一种形式的沉淀池较好。

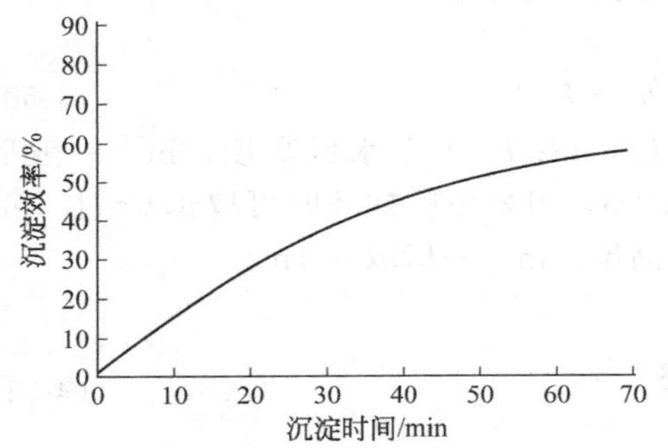

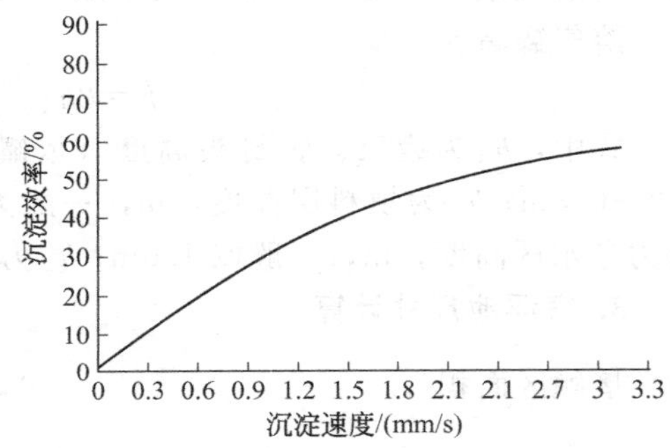

7. 用有效水深为1.5m的沉降柱对某离解型工业水做静置沉降试验，取得表中所列的数据，试求过流率$q_0=2.4\text{m}^3/(\text{m}^2\cdot\text{h})$时悬浮颗粒去除百分数。

沉降时间 t/min	0	0.5	1.0	2.5	5.0	10	20
沉降速度 u/(cm/min)	—	3.0	1.50	0.60	0.30	0.15	0.075
1.5m处的 C/C_0	1	0.55	0.46	0.33	0.21	0.03	0.01

8. 在一个设有三个取样口的沉降柱中对某种废水做絮凝沉降试验，得到下列试验结果。要求确定该废水在沉淀池中沉降30min和60min时，水中SS在1.8m水深处所能达到的沉降效率E？

沉降时间/min	SS去除率/%		
	0.6m	1.2m	1.8m
5	41	19	15
10	55	33	31
20	60	45	38
40	67	58	54
60	72	62	59
90	73	70	63

9. 污水性质及试验数据同习题8，污水流量为$1000\text{m}^3/\text{h}$，原污水中SS=200mg/L，要

求出水中 SS≤80mg/L。试求设计成平流式沉淀池、竖流式沉淀池和辐流式沉淀池时各池尺寸与池数(污泥含水率为 99%)，并绘制沉淀池简图。

10. 已知平流式沉淀池的尺寸 $L=20$m，$B=4$m，$H=2$m，现若改为斜板沉淀池，斜板水平间距 10cm，斜板长 $l=1$cm，倾角 60°，如不考虑斜板厚度，当废水中 SS 的截面速度 $u_0=1$m/h 时，改装后的沉淀池处理能力比原有池子提高多少倍?

11. 废水处理中气浮分离的对象主要是什么?

12. 污染物实现气浮必须具备的条件是什么?

13. 试述气浮原理及气/固比（G/S）的意义，中国台湾某厂及沈阳袜厂废水水质完全相似，能否采用相同的参数? 为什么?

14. 加压溶气气浮法的基本原理是什么? 有哪几种基本流程与溶气方式? 各有何特点?

15. 试画出部分回流加压溶气气浮工艺流程示意图，并说明各部分的作用。

16. 某厂拟采用回流式加压溶气气浮处理工艺处理该厂废水，$Q=1000\text{m}^3/\text{d}$，SS=350mg/L，水温按 20℃考虑，溶气压力（表压）为 3atm（$3\times0.98\times10^2$kPa)，溶气罐中停留时间为 3min，空气饱和率为 75%，试求：①气浮时能释放出的空气量为多少（L/m³水)? ②回流比为多少? ③加入的空气量占处理水量的体积百分率为多少?

第五章　深层过滤

过滤是去除悬浮物，特别是去除浓度比较低的悬浊液中微小颗粒的一种有效方法。过滤时，含悬浮物的水流过具有一定孔隙率的过滤介质，水中的悬浮物被截留在介质表面或内部而除去。根据所采用的过滤介质不同，可将过滤分为以下几类。

（1）格筛过滤　过滤介质为栅条或滤网，用以去除粗大的悬浮物，如杂草、破布、纤维、纸浆等，其典型设备有格栅、筛网和微滤机。

（2）微孔过滤　采用成型滤材，如滤布、滤片、烧结滤管、蜂房滤芯等，也可在过滤介质上预先涂上一层助滤剂（如硅藻土）形成孔隙细小的滤饼，用以去除粒径细微的颗粒。其定型的商品设备很多。

（3）膜过滤　采用特别的半透膜作为过滤介质在一定的推动力（如压力、电场力等）下进行过滤，由于滤膜孔隙极小且具选择性，可以除去水中细菌、病毒、有机物和溶解性溶质。其主要设备有微滤、超滤、反渗透装置及电渗析器等。

（4）深层过滤　采用颗粒状滤料，如石英砂、无烟煤等。由于滤料颗粒之间存在孔隙，原水穿过一定深度的滤层，水中的悬浮物即被截留。为区别上述三类表面或浅层过滤过程，将这类过滤称为深层过滤，简称过滤。在给水处理中，过滤常作为吸附、离子交换、膜分离法等的预处理手段，也作为生化处理后的深度处理，使滤后水达到回用的要求。

常用的深层过滤设备是各种类型滤池。按过滤速度不同，有慢滤池（＜0.4m/h）、快滤池（4～10m/h）和高速滤池（10～60m/h）3种；按作用力不同，有重力滤池（水头为4～5m）和压力滤池（作用水头15～25m）2种；按过滤时水流方向分类，有下向流、上向流、双向流和径向流滤池4种；按滤料层组成分类，有单层滤料、双层滤料和多层滤料滤池3种。

普通快滤池是常用的过滤设备，也是研究其他滤池的基础。因此本章主要讨论快滤池，其他类型的过滤设备分述于有关章节。

第一节　普通快滤池的构造

图5-1为普通快滤池的透视与剖面示意。快滤池一般用钢筋混凝土建造，池内有排水槽、滤料层、垫料层和配水系统；池外有集中管廊，配有进水管、出水管、冲洗水管、冲洗水排出管等管道及附件。

过滤工艺过程包括过滤和反洗两个基本阶段。过滤即截留污染物，反洗即把被截留的污

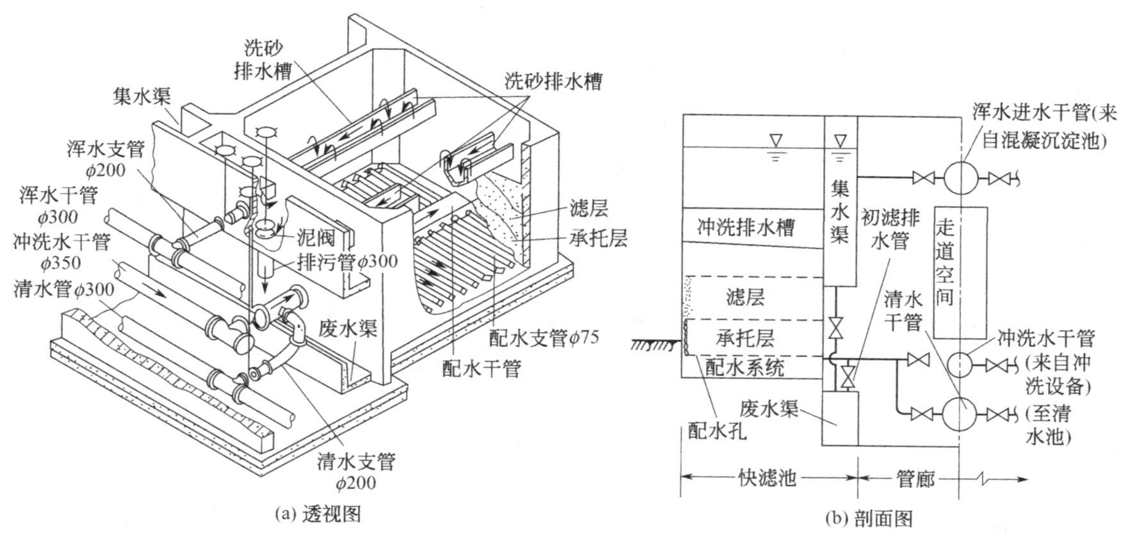

图 5-1　快滤池构造图

染物从滤料层中洗去，使之恢复过滤能力。从过滤开始到结束所延续的时间称为滤池的工作周期，一般应大于 8h，最长可达 48h 以上。从过滤开始到反洗结束称为一个过滤循环。

过滤时，原水自进水管（浑水管）经集水渠、洗砂排水槽分配进入滤池，在池内水自上而下穿过滤料层、垫料层（承托层），由配水系统收集，并经清水管排出。经过一段时间过滤后，滤料层被悬浮物质阻塞，水头损失逐渐增大至一个极限值，以致滤池出水量锐减；另一方面，由于水流的冲刷力又会使一些已截留的悬浮物质从滤料表面剥落下来而被大量带出，影响出水水质。当水头损失超过允许值，或者出水的悬浮物浓度超过规定值时，滤池应停止工作，进行反冲洗。

反冲洗时，关闭浑水管及清水管，开启排水阀及反冲洗进水管，反冲洗水自下而上通过配水系统、垫料层、滤料层，并由洗砂排水槽收集，经集水渠内的排水管排走。反洗过程中，由于反洗水的进入会使滤料层膨胀流化，滤料颗粒之间相互摩擦、碰撞，附着在滤料表面的悬浮物质被冲刷下来，由反洗水带走。

滤池经反冲洗后，恢复过滤和截污的能力，又可重新投入工作。如果开始过滤的出水水质较差，则应排入下水道，直至出水合格，这称为初滤排水。

一、滤料

滤料是滤池的核心部分，它提供悬浮物接触凝聚的表面和纳污的空间。优良的滤料必须满足以下要求。

① 有足够的机械强度，以防止冲洗过程中产生磨损和破碎现象。

② 有较好的化学稳定性，不溶于水，对污水中的化学成分足够稳定，且不产生有害物质。

③ 具有一定的大小和级配，能提供较大的比表面积和适当的孔隙率，满足截留悬浮物的要求。

④ 来源广泛，价格便宜。

目前常用的滤料有石英砂、无烟煤、陶粒、高炉渣，以及最近用于生产的聚氯乙烯和聚苯乙烯球等。单层滤料多以石英砂、无烟煤、陶瓷料和高炉渣为滤料，其中以石英砂使用最广。石英砂的机械强度大，相对密度在2.65左右，在pH值为2.1～6.5的酸性水环境中化学稳定性好，但水呈碱性时，有溶出现象。无烟煤的化学稳定性比石英砂好，在酸性、中性和碱性环境中都不溶出，但机械强度稍差，其相对密度因产地不同而有所不同，一般为1.4～1.9。多层滤料多由无烟煤、石英砂、石榴石组成，它们的相对密度分别是1.5、2.6、4.2。双层滤料的工作效果较好，多由石英砂、无烟煤组成。

表征滤料性能的主要参数有滤料的有效直径和不均匀系数、孔隙率和比表面积以及纳污能力等。

1. 有效直径和不均匀系数

滤池滤料的粒径和级配应适应悬浮颗粒的大小和去除效率要求。粒径表示滤料颗粒的大小，通常指能把滤料颗粒包围在内的一个假想的球体的直径。级配表示不同粒径的颗粒在滤料中的比例。滤料颗粒的级配关系可由筛分实验求得：取一定滤料试样，置于105℃的恒温箱中烘干，准确称量后置于一组分样筛中过筛，最后称出留在每一筛上的颗粒质量。以通过每一筛孔的颗粒质量占试样总质量的百分数为纵坐标，以对应的筛孔孔径为横坐标，可得滤料的级配曲线（图5-2）。根据级配曲线，可以确定滤料的有效粒径和不均匀系数。有效直径指能使10%的滤料通过的筛孔直径（mm），以d_{10}表示，即粒径小于d_{10}的滤料占总量的10%。同样，d_{80}表示能使80%的滤料通过的筛孔直径（mm）。d_{80}与d_{10}的比值就称为滤料的不均匀系数，以K_{80}表示，即$K_{80}=\frac{d_{80}}{d_{10}}$。以图5-2为例，$d_{10}=0.53\text{mm}$，$d_{80}=1.05\text{mm}$，则$K_{80}=1.05/0.53=2$。不均匀系数反映滤料颗粒大小的差别程度。显然，不均匀系数越大，则滤料越不均匀。如果采用不均匀系数很大的滤料，在反冲洗时，可能出现大颗粒冲不动，小颗粒随水流失的现象。而且，小颗粒会填充于大颗粒的间隙内，从而使滤料的孔隙率和纳污能力降低，水头损失增大，因此不均匀系数以小为佳。但是，不均匀系数越小，筛选、加工费用也越高。国内快滤池一般采用$d_{10}=0.5\sim0.6\text{mm}$，$K_{80}=2.0\sim2.2$的滤料，国外则倾向于选用稍大的$d_{10}$和较小的$d_{80}$。

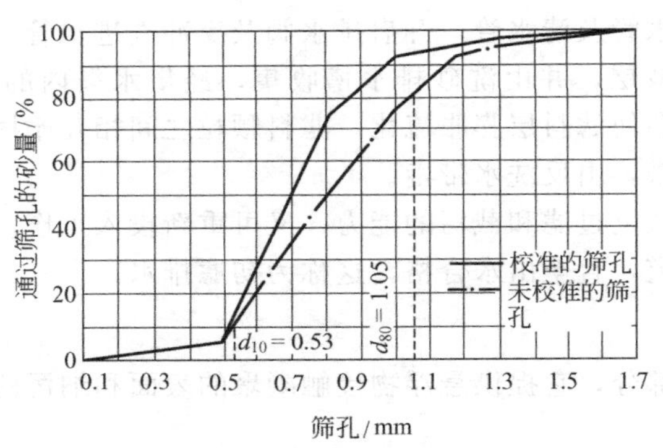

图5-2　滤料筛分级配曲线

在实用上，滤料的最大粒径d_{max}和最小粒径d_{min}是滤料粒度特征的重要指标。如对矿物滤料（如无烟煤等）加工时，所用的粗、细两个筛盘的孔径便是滤料的d_{max}和d_{min}。

2. 滤料的孔隙率和比表面积

滤料的孔隙率指在一定体积的滤层中空隙所占的体积与总体积的比值。可采用以下方法进行测定：取一定量的滤料，在105℃下烘干称重，并用比重瓶测出其密度。然后放入过滤筒中，用清水过滤一段时间后，量出滤层体积，则孔隙率为

$$\varepsilon_0=1-\frac{G}{\rho V} \tag{5-1}$$

式中，G 为烘干后的滤料质量，g；ρ 为滤料的密度，g/cm^3；V 为滤料层的堆积体积，cm^3。

目前，常用的砂滤料孔隙率约为0.40，无烟煤约为0.5。

滤料的比表面积指单位重量或单位体积滤料所具有的表面积，以 cm^2/g 或 cm^2/cm^3 表示。滤料层的比表面积主要取决于滤料的粒径和形状，可以采用式（5-2）进行计算。

$$a_L=6\alpha(1-\varepsilon_0)\frac{L}{d_e} \tag{5-2}$$

式中，α 为形状系数；L 为滤料层厚度，mm；d_e为滤料的当量粒径，mm。

由式（5-2）可知，滤层厚度与滤料粒径的比值（L/d_e）与滤料层的比表面积成正比，滤料的孔隙率和 L/d_e越大，比表面积也越大。

3. 滤料的纳污能力

滤料层承纳污染物的容量常用纳污能力来表示。其含义是在保证出水水质的前提下，在过滤周期内单位体积滤料中能截留的污物量，以 kg/m^3 或 g/cm^3 表示。其大小与滤料的孔隙率和比表面积有关，决定于滤层厚度与滤料粒径的比值 L/d_e。滤料粒径一定时，滤层厚度越大，污染物去除率也越高。过滤所需的 L/d_e值因水质、滤速、去除率及要求的过滤持续时间而异。在设计条件给定的情况下，滤料粒径和滤层厚度应当根据过滤方程和阻力公式计算，或由试验确定。一般的滤池设计也可参考生产性滤池实测的 L/d_e值。对于经凝聚处理的天然水或沉淀池出水，滤速在4～12.5m/h范围内，为确保60%～90%的浊度去除率，滤层厚度与滤料粒径的比值应大于800。当进水含悬浮物量较大时，宜用粒径大、厚度大的滤料层，以增大滤层的纳污能力；反之，宜采用粒径小的滤料层。

表5-1列出了快滤池的滤料组成和对应的滤速范围。

表5-1　下向流滤池滤料及滤层设计参数

滤层	滤料	参数	给水及微污染水	废水
单层	石英砂	粒径/mm	0.5～1.2	1.0～2.0
		深度/mm	700	700～1000
		不均匀系数 K_{80}	2.0	<1.7
		滤速/(m/h)	8～12	8～10
		强制流速/(m/h)	10～14	10～14
双层	无烟煤	粒径/mm	0.8～1.8	1.5～3.0
		深度/mm	400～600	300～500
		不均匀系数 K_{80}	2.0	<1.38
	石英砂	粒径/mm	0.4～0.8	1.0～1.5
		深度/mm	400～500	150～400
		不均匀系数 K_{80}	2.0	<0.8
		滤速/(m/h)	12～16	10～16
		强制流速/(m/h)	16～20	16～20

续表

滤层	滤料	参数	给水及微污染水
三层（不宜用作废水滤池）	无烟煤	粒径/mm	1.0～1.2
		深度/mm	200～500
		不均匀系数 K_{80}	1.4～1.8
	石英砂	粒径/mm	0.4～0.8
		深度/mm	200～400
		不均匀系数 K_{80}	1.4～1.8
	石榴石或磁铁石	粒径/mm	0.2～0.6
		深度/mm	7～150
		不均匀系数 K_{80}	1.5～1.8
		滤速/(m/h)	18～20

单层滤料滤池在反冲洗后由于水力筛分作用，使得沿过滤水流方向的滤料粒径逐渐变大，形成上部细、下部粗的滤床（图 5-3）。孔隙尺寸及含污能力也是从上到下逐渐变大。在下向流过滤中，水流先经过粒径小的上部滤料层，再到粒径大的下部滤料层。大部分悬浮物截留在床层上部数厘米深度内，而下层的含污能力未被充分利用。此外，沉积于细砂顶面上的污物极易固结，反洗时也不易被冲去，增加了水头损失。这种现象在过滤悬浮物浓度较高的原水时尤为严重。理想滤池滤料的排列应是沿水流方向由粗到细。为了解决上述问题，可以采用以下措施。

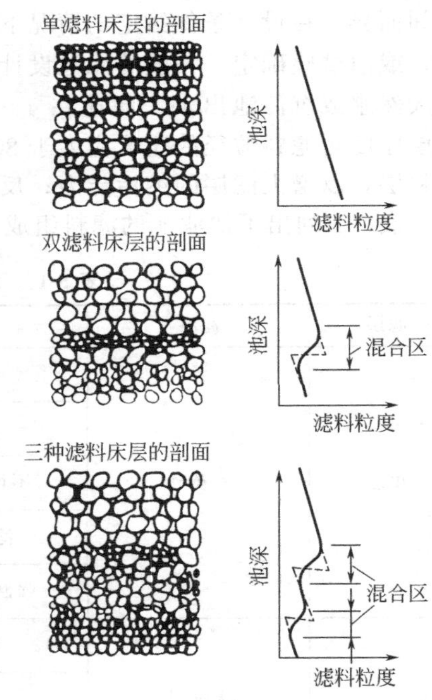

图 5-3　多层滤料床层的粒径分布

① 改变水流方向，即原水自下而上穿过滤层。但是，滤料下层所截留的悬浮物在反冲洗时难以排除。而且，反向滤速应比正向滤速小得多。滤速过大，滤层会流化，过滤效果变差。

② 改用双层或多层滤料，即选择不同的滤料组合。在滤层上面放置粒径较大、密度较小的轻质滤料，如无烟煤、陶粒和塑料珠等，在滤层下部放置粒径较小、密度较大的重质滤料，如磁铁矿石、石榴石等。由于两种滤料的密度差，在一定的反洗强度下，经过水力分选，虽然各层滤料内部粒径仍保持从上到下逐渐变大，但从整体看，水流也是经过由大到小的颗粒层。滤料层数越多，越接近理想滤池（图 5-3）。实践表明，多层滤料滤池纳污能力比单层滤料滤池的纳污能力提高 2～3 倍，过滤周期延长，滤速提高，出水水质好。但在实际应用中，多层滤池容易发生滤料混层和流失，滤料加工复杂，来源有限。因此滤料层数一般不超过 3 层。

③ 采用新型的密度或孔隙率可变的滤料，这类滤料由柔性材料人工制成，如纤维球、轻质泡沫塑料珠、橡胶粒等。国产纤维球滤料由涤纶短丝结扎而成，有弹性，密实度由中心向周边递减，孔隙率达 90%以上。纤维球在滤床上部比较松散，基本上呈球状，球间孔隙比较大。越接近床层下部，由于自重及水力作用，纤维球堆积得越密实，纤维丝相互穿插，

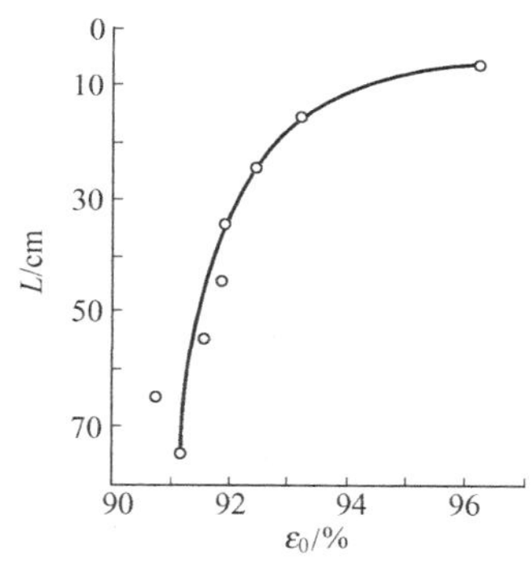

图 5-4 清洁纤维球床层 ε_0 分布

形成一个纤维层整体。整个床层，上部孔隙率较高，下部孔隙率较低，更近似理想滤池的孔隙率分布。实测纤维球滤床的孔隙率分布如图 5-4 所示。

目前，城市污水二级处理出水的过滤常采用纤维球滤料。试验表明，纤维球滤池过滤速度为砂滤池的 5～8 倍，可达 30～70m/h。如果采用同样的滤速，则纤维球过滤周期比砂滤池长 3 倍；能有效地去除 0.5～10μm 级的微小悬浮物；滤过水的悬浮物含量一般在 10mg/L 以下。但目前纤维球价格较贵；再生需用气、水联合反冲，气起主要作用，控制气量一般在 40～50L/(m^2·s)、水量在 10L/(m^2·s) 时可冲洗干净。

④ 采用较粗的滤料，一般可采用 0.9～1.5mm 的滤料。由于较粗的滤料较重，不易被冲动，但需相应增加滤层厚度，保持适当的 L/d_e 值，以保证出水质量。

二、承托层

承托层主要起承托滤料的作用，一般配合大阻力配水系统使用。由于滤料粒径较小，而配水系统的孔眼较大，为了防止滤料随过滤水流失，同时也帮助均匀配水，在滤料与配水系统之间增设一承托层。如果配水系统的孔眼直径很小，布水也很均匀，承托层可以减薄或省去。

承托层要求不被反洗水冲动，形成的孔隙均匀，使布水均匀，化学稳定性好，机械强度高，通常由若干层卵石、碎石或重质矿石构成。

目前滤料的最大粒径为 1～2mm，故承托层的最小粒径一般不小于 2mm，而其最大粒径以不被常规反洗强度下的水流冲动来考虑，一般为 32mm。通常，承托层中的颗粒粒度按上小下大的顺序排列。不同粒径的垫料分层布置、各层厚度如表 5-2 所列。

表 5-2 垫料层规格（大阻力系统）

层次(自上而下)	粒径/mm	厚度/mm	层次(自上而下)	粒径/mm	厚度/mm
1	2～4	100	3	8～16	100
2	4～8	100	4	16～32	100

三、配水系统

配水系统的作用是均匀收集滤后水，更重要的是均匀分配反冲洗水。如果反洗水分布不均，则流量小的部位滤料冲洗不净，污物逐渐黏结成“泥球”或“泥饼”，流量大的部位，则可能使垫层被冲动，滤料和垫层混杂，并造成“跑砂”，最终必然导致过滤过程的破坏。因此，配水系统的合理设计是保持滤池正常工作，保持滤料层稳定的重要保证。当配水系统满足反冲洗的配水要求后，过滤时的集水均匀就会同时得到解决，可以不必另行核算。

由于反冲洗水流量比正常过滤水的流量大得多，因此配水系统应主要考虑反冲洗水均匀分布的要求。

滤池反洗水是从反冲洗水管输入的，要使全池反洗水量分布均匀，则要求反洗水在流向全池各部的水头损失尽可能相等。图 5-5 表示反洗水进入后，靠近进口的 A 点及配水系统末端 B 点水流路线Ⅰ和Ⅱ，A 点和 B 点冲洗强度分别以 q_A 和 q_B 表示。假设冲洗水有效水头为 H(m)，冲洗水进入池子后，由池底的配水系统的孔眼流出，分布在整个滤池面积上，冲洗强度平均为 q [L/(m^2·s)]。各水流路线的总水头损失包括配水系统的水头损失 S_1q^2（包括沿程损失和局部损失）、配水系统的孔眼出流水头损失 S_2q^2、承托层水头损失 S_3q^2、

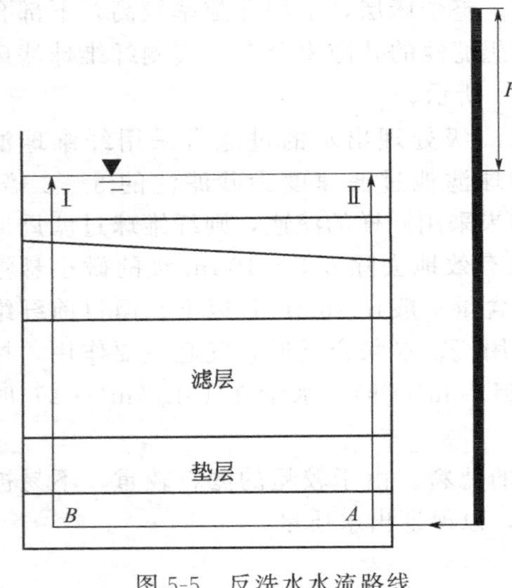

图 5-5　反洗水水流路线

滤料层水头损失 S_4q^2。即进水压头如下。

流线Ⅰ：

$$H_1=S_{1A}q_A^2+S_2q_A^2+S_3q_A^2+S_4q_A^2+\text{流速头} \tag{5-3}$$

流线Ⅱ：

$$H_2=S_{1B}q_B^2+S_2q_B^2+S_3q_B^2+S_4q_B^2+\text{流速头} \tag{5-4}$$

式中，S_1、S_2、S_3及S_4分别表示配水系统沿程和局部、孔眼、承托层和滤料层各部分的水力阻抗。因为同在洗水槽排水，故 $H_1=H_2$。

两个流道中的承托层、滤料层虽然不能认为是绝对相同的，但其差异不大。配水系统的布水孔眼可控制为各处一致，所以，可认为上两式中的 $s_{2A}=s_{2B}=s_2$、$s_{3A}=s_{3B}=s_3$、$s_{4A}=s_{4B}=s_4$，这样，两流道的反洗水单位面积流量之比为

$$\frac{q_B}{q_A}=\sqrt{\frac{S_{1A}+S_2+S_3+S_4}{S_{1B}+S_2+S_3+S_4}}=\sqrt{\frac{\sum S_A}{\sum S_B}} \tag{5-5}$$

由于水流路线Ⅰ和Ⅱ的距离不同，所以式（5-5）中 S_{1A}不等于 S_{1B}，所以$\sum S_A\neq\sum S_B$，故 $q_A\neq q_B$。但是，设计时一般要求在同一滤池平面中各处冲洗强度尽量相等，其中任意两点冲洗强度之比不应小于 0.95，即：

$$q_B/q_A=\beta\geqslant 0.95$$

分析式（5-5）可知，为使 $q_A\approx q_B$，可采取两种方法。

① 尽可能增大配水系统中布水孔眼的阻力，即减小孔眼尺寸，加大孔眼的阻力系数 S_2 的数值，使 $S_2\gg S_1+S_3+S_4$，降低由于距离不同而引起的水头损失的差异在总水头损失中的比例，而使式（5-5）中的分子接近分母值，由此得到配水相对均匀的配水系统称为大阻力配水系统。如穿孔管式的配水系统就是大阻力配水系统。

② 尽可能减小进水沿程水力阻抗 S_1的数值，使 $S_1\ll S_2+S_3+S_4$，即水从进口端到末端的水头损失可以忽略不计，由此得到配水相对均匀的配水系统，即小阻力配水系统。如豆石滤板和格栅板就是小阻力配水系统。

1. 大阻力配水系统

管式大阻力配水系统的结构如图 5-6 所示。系统由一条干管和许多配水支管组成，每根支管上开有若干数目相同的配水孔眼或装上滤头。干管截面积为支管截面积的 1.5～2.0 倍，支管长与直径之比小于 60。支管上开有向下成 45°角的配水孔眼，相邻两孔眼的方向相互错开；配水孔眼的流速为 5～6m/s，冲洗水在整个滤池面积上的上升流速为 0.012～0.014m/s。支管底与池底距离不小于干管半径。为了排除反洗水的空气，干管应在末端顶部设排气管，干管自进口端至末端倾斜向上。排气管直径 40～50mm，末端应设阀门。

大阻力配水系统水力计算的主要内容，是确定其干管和支管的直径以及反洗水通过布水孔的水头损失。与此有关的设计参数列于表 5-3。

表 5-3　管式大阻力配水系统设计数据

干管进口流速	支管进口流速	支管中心距	支管直径	布水孔总面积	布水孔中心距	布水孔直径
1.0～1.5m/s	1.5～2.5m/s	0.2～0.3m	75～100mm	占滤池面积的 0.2%～0.25%	75～300mm	9～12mm

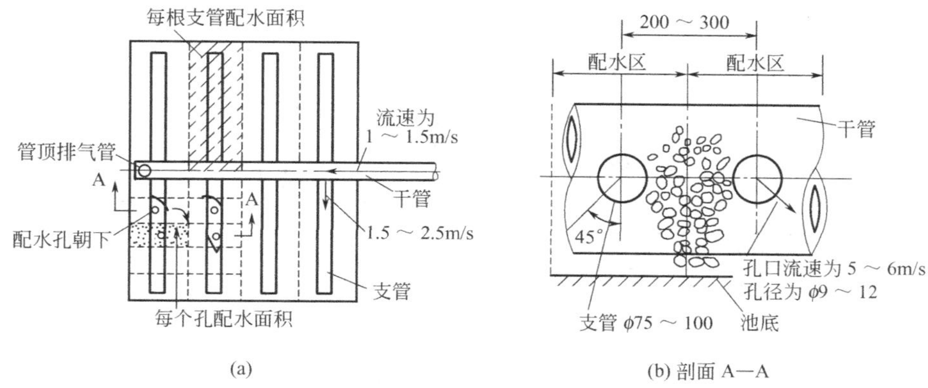

(a)　　　(b) 剖面 A—A

图 5-6　管式大阻力配水系统

大阻力配水系统配水均匀，在生产实践中工作可靠，是主要的配水形式。

当滤池面积较大、干管直径较大（>300mm）时，为了保证干管顶部配水，可在干管顶上开孔安装滤头［图 5-7(a)］，或将干管埋设在滤池底板以下，干管顶连接短管，穿过底板与支管相连［图 5-7(b)］。

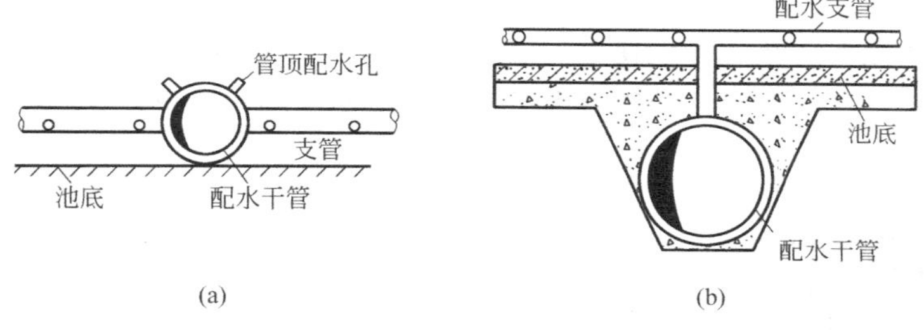

(a)　　　(b)

图 5-7　“丰”字形大阻力配水系统

2. 小阻力配水系统

小阻力配水系统则是采用配水室代替配水管，在室顶安装栅条、尼龙网和多孔板等配水装置，其系统结构见图 5-8。

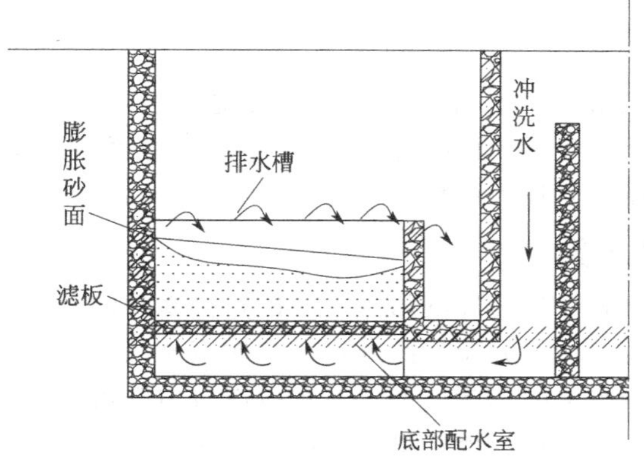

图 5-8　小阻力配水系统

目前我国采用的小阻力配水系统有：钢筋混凝土穿孔滤板、穿孔滤砖、塑料滤头、钢制格栅等，最常用的是在穿孔板上安装滤头（图 5-9）。常见的滤头有圆柱形和塔形两种（图 5-10），废水从穿孔板下空间流入滤头，通过滤头的缝隙分配入滤池。穿孔板与滤池底的空

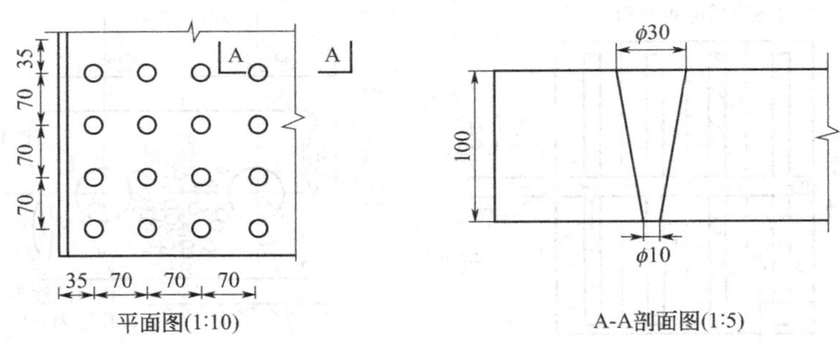

图 5-9 钢筋混凝土穿孔滤板

间为集水空间，高度为 0.3m，水在集水空间内流动的阻力可以忽略不计。通常，每平方米滤池面积安装 40～60 个滤头，总缝隙面积为滤池面积的 0.5%～2%。在常规冲洗条件下，缝隙出流速度可达 2～3m/s，布水比较均匀可靠，可用于大、中型滤池。

豆石滤板也是常用的小阻力配水系统。它由 3～10mm 的豆石，用 400# 矿渣硅酸盐水泥黏结而成，水泥、石子与水的重量比为 1∶6∶0.33，板厚为 10～20cm，每块滤水板的长和宽都在 1m 左右，整个滤池底都铺设滤水板，板缝用水泥填充，滤水板下集水空间高度为 0.3m。

采用豆石滤水板时，垫层可仅使用一层（粒径 2～4mm，厚度 100mm）。

近年来也有采用多层布水的小阻力配水系统，其效果比一次布水好。双层砌块式滤砖如图 5-11 所示。

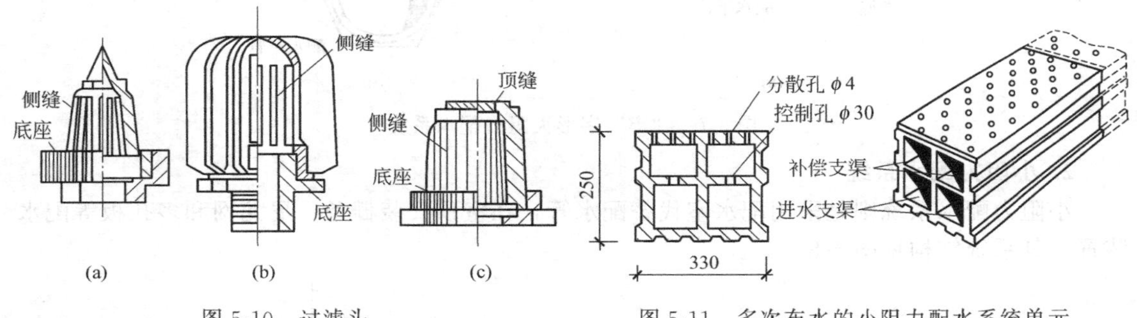

图 5-10 过滤头

图 5-11 多次布水的小阻力配水系统单元

小阻力配水系统的配水室中水流速度很小，反洗水流经配水系统的水头损失也大大减小，要求的冲洗水头在 2m 以下，而且结构也比较简单，但配水均匀性较差，常应用于面积较小的滤池，同时底部还需要较大的配水室高度。

四、排水槽及集水渠

排水槽用以均匀收集和输送反冲洗污水，因此，排水槽的分布应使排水槽溢水周边的服务面积相等，并且在滤池内均匀分布。此外，排水槽应该及时将反洗污水输送到集水渠，以避免产生壅水现象。在排水槽的末端，反洗污水应以自由跌落的形式流入集水渠，集水渠的水面不得干扰排水槽的出流。排水槽与集水渠的水流状态，如图 5-12 所示。

为了使所设置的排水槽不影响反洗水的均匀分布，槽的横断面一般采用图 5-13 所示的形状。每单位槽长溢流流量必须相等，槽顶溢流部分应尽量水平，标高的误差应在±2mm 范围内。两排水槽中心线的间距一般为 1.5～2.2m；槽长为 5～6m。槽所占的面积应不超过滤池面积的 25%。为保证足够的过水能力，槽内水面以上有一定超高（干舷），通常采用

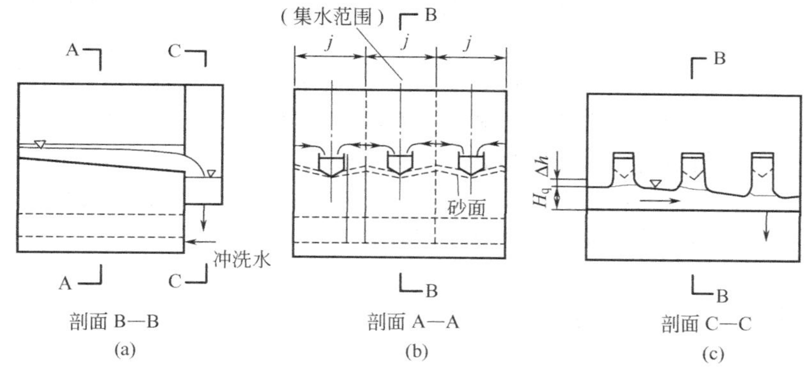

图 5-12　冲洗排水槽及集水渠水流情况（H_q 指始端水深）

7cm。一般沿槽长方向槽宽不变，而是采用倾斜槽底，起端的槽深度为末端深度的 1/2，末端过水断面的流速采用 0.6m/s 控制。排水槽面应高出滤层反洗时的最大膨胀高度，以免滤料流失。但是，排水槽位置过高，污浊反洗水排出缓慢而困难。

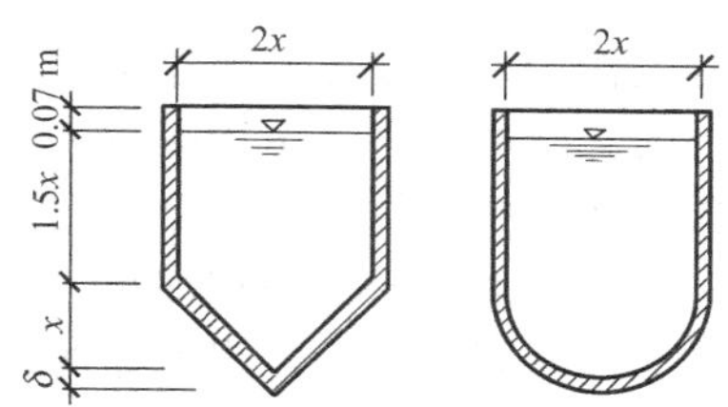

图 5-13　冲洗排水槽断面形状

集水渠一方面用以收集各排水槽送来的反洗废水，通过反洗排水管排入下水道；另一方面，它也起连接进水管之用。反洗排污时集水渠的水面应低于排水槽出口的底部标高，以保证洗水槽的水流畅通。

第二节　过滤理论

一、过滤机理

快滤池分离悬浮颗粒涉及多种因素和过程，一般分为两步，即迁移和附着，以下详细介绍其机理。

1. 迁移机理

悬浮颗粒脱离流线而与滤料接触的过程，就是迁移过程。引起颗粒迁移的原因主要有如下几种。

（1）筛滤　比滤层孔隙大的颗粒被机械筛分，截留于滤层表面上，然后这些被截留的颗粒形成更小的滤饼层，使过滤水头增加，甚至发生堵塞。显然，这种表面筛滤没能发挥整个滤层的作用。以单层石英砂滤池为例，其滤料粒径通常为 0.5～2.0mm。根据几何学分析，3 个直径为 0.5mm 的球形滤料相切时形成的孔隙，可以通过最大直径为 0.077mm，即 77μm 的球形悬浮物。而经过混凝的絮体粒径一般为 2～10μm，SiO_2的粒径约为 20μm，硅藻土约为 30μm，他们都能通过滤层而不被机械截留；因而，筛滤对总去除率贡献不大。但是，当悬浮颗粒浓度过高时，很多颗粒有可能同时到达一个孔隙，互相拱接而被机械截留。

（2）拦截　随流线流动的小颗粒，在流线汇聚处与滤料表面接触。其去除概率与颗粒直径的平方成正比，也是雷诺数的函数。

（3）惯性　当流线绕过滤料表面时，具有较大动量和密度的颗粒因惯性冲击而脱离流线碰撞到滤料表面上。

（4）沉淀　如果悬浮物的粒径和密度较大，将存在一个沿重力方向的相对沉淀速度。在净重力作用下，颗粒偏离流线沉淀到滤料表面上。沉淀效率取决于颗粒沉速和过滤水速的相对大小和方向。此时，滤层中的每个小孔隙起着一个浅层沉淀池的作用。

(5) 布朗运动　微小悬浮颗粒（如 $d<1\mu m$），由于布朗运动而扩散到滤料表面。

(6) 水力作用　由于滤层中的孔隙和悬浮颗粒的形状是极不规则的，在不均匀的剪切流场中，颗粒受到不平衡力的作用不断地转动而偏离流线。

在实际过滤中，悬浮颗粒的迁移将受到上述各种机理的作用，它们的相对重要性取决于水流状况、滤层孔隙形状及颗粒本身的性质（粒度、形状、密度等）。

2. 附着机理

由上述迁移过程而与滤料接触的悬浮颗粒，附着在滤料表面上不再脱离，就是附着过程。引起颗粒附着的因素主要有如下几项。

(1) 接触凝聚　在原水中投加凝聚剂，压缩悬浮颗粒和滤料颗粒表面的双电层后，但尚未生成微絮凝体时，立即进行过滤。此时水中脱稳的胶体很容易在滤料表面凝聚，即发生接触凝聚作用。快滤池操作通常投加凝聚剂，因此接触凝聚是主要附着机理。

(2) 静电引力　由于颗粒表面上的电荷和由此形成的双电层产生静电引力和斥力。当悬浮颗粒和滤料颗粒带异号电荷则相吸，反之则相斥。

(3) 吸附　悬浮颗粒细小，具有很强的吸附趋势。吸附作用也可能通过絮凝剂的架桥作用实现，絮凝物的一端附着在滤料表面，而另一端附着在悬浮颗粒上。某些聚合电解质能降低双电层的排斥力或者在两表面活性点间起键的作用而改善附着性能。

(4) 分子引力　原子、分子间的引力在颗粒附着时起重要作用。万有引力可以叠加，其作用范围有限（通常小于 $50\mu m$），与两分子间距的 6 次方成反比。

普通快滤池通常用水进行反冲洗，有时先用或同时用压缩空气进行辅助表面冲洗。在反冲洗时，滤层膨胀一定高度，滤料处于流化状态。截流和附着于滤料上的悬浮物受到高速反洗水的冲刷而脱落；滤料颗粒在水流中旋转、碰撞和摩擦，也使悬浮物脱落。反冲洗效果主要取决于冲洗强度和时间，当采用同向流冲洗时还与冲洗流速的变动有关。

二、过滤方程

1. 澄清方程

利用均匀滤料床过滤澄清含均匀分散的非絮凝性颗粒悬浊液时，液相浓度随滤层深度 Z 和过滤时间 t 而变化；即

$$c=f(Z\cdot t)$$

按全微分性质，有

$$\frac{dc}{dt}=\frac{\partial c}{\partial Z}\cdot\frac{dZ}{dt}+\frac{\partial c}{\partial t} \tag{5-6}$$

式中，$\frac{dZ}{dt}$ 为液流通过滤料实际孔径的速度，即

$$\frac{dZ}{dt}=\frac{v}{\varepsilon_0-\frac{q}{\rho_s}}=\frac{v}{\varepsilon_0-\sigma} \tag{5-7}$$

式中，v 为过滤空塔速度，m/s；ε_0 为干净滤层的孔隙率；q 为单位体积滤层截流的悬浮物量，kg/m^3；ρ_s 为悬浮物的密度，kg/m^3；σ 为比沉积量，表示单位体积滤层截流的悬浮物体积。

通常认为，悬浮物的去除速度与其浓度成正比，即 $-\frac{dc}{dt}=kc$，因此，式（5-6）可写为

$$\frac{v}{\varepsilon_0-\sigma}\times\frac{\partial c}{\partial Z}+\frac{\partial c}{\partial t}=-kc \tag{5-8}$$

式中，$\frac{\partial c}{\partial t}$表示滤料孔隙水中悬浮物浓度随时间的变化率，与$\frac{v}{\varepsilon_0-\sigma}\times\frac{\partial c}{\partial Z}$相比其值甚小，可忽略不计，则式（5-8）可简化为

$$\frac{\partial c}{\partial Z}=-\lambda c \tag{5-9}$$

式中，λ 为过滤系数，$\lambda=\frac{k(\varepsilon_0-\sigma)}{v}$；$\lambda$ 越大，澄清效率越高。

式（5-9）被称为过滤澄清方程，表明单位滤层厚度截流的悬浮物量与该处液相的悬浮物浓度成正比，该规律已为试验验证。在 $t=0$ 时，积分上式得 $c=c_0\exp(-\lambda_0 Z)$，c_0 为悬浮物入口浓度；λ_0 为 $t=0$ 时过滤系数的初始值。由于颗粒趁机改变了孔隙流态和滤料表面性质，因此，λ 不是常数，而是比沉积量的函数。

艾夫斯（Ives，1969）导出了 λ 的如下通用计算式：

$$\lambda=\lambda_0\left(1+\frac{\sigma}{1-\varepsilon_0}\right)^y\left(1-\frac{\sigma}{\varepsilon_0}\right)^z\left(1-\frac{\sigma}{\sigma_u}\right)^x \tag{5-10}$$

式中，σ_u 为 $\lambda=0$ 时滤层可能达到的最大比沉积量；y、z、x 为实验确定的指数。

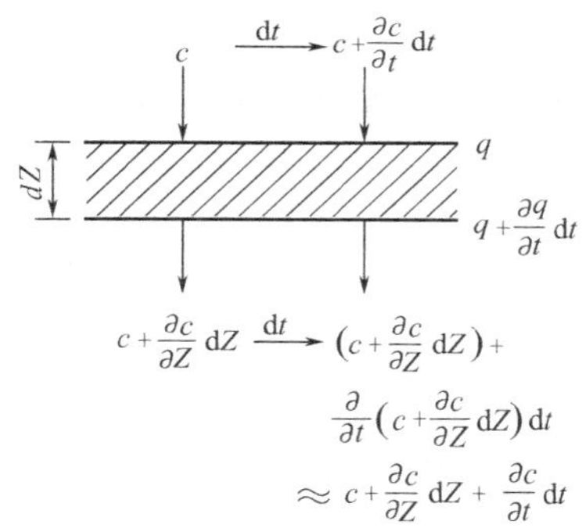

图 5-14　滤层物料衡算图

式（5-10）中第一括号项表示由于悬浮颗粒沉积使滤料的比表面积增加，λ 也随之增加，对应于过滤初期澄清效率的增加。第二括号项表示当比沉积量达到一定程度后，水流通道收缩为一组毛细管，此时滤层比表面积随比沉积量增加而减小，因而 λ 也随着降低。第三括号项表示由于沉积物增加，缩小过水断面，使孔隙流速加快，冲刷加剧，因而 λ 减小。

2. 连续过滤方程式

在滤层中任取一厚度为 dZ、体积为 dV 的均匀微元段。流量为 Q，浓度为 c 的原水流过该段时，水中的悬浮物浓度和滤料上的悬浮物量都发生变化，如图 5-14 所示。

根据物料平衡，在 dt 时间内，流进与流出量之差应等于滤层上的增量，即

$$Q\left[c-\left(c+\frac{\partial c}{\partial Z}\mathrm{d}Z+\frac{\partial c}{\partial t}\mathrm{d}t\right)\right]\mathrm{d}t=\left[\left(q+\frac{\partial q}{\partial t}\mathrm{d}t\right)-q\right]\mathrm{d}V$$

$$-v\left(\frac{\partial c}{\partial Z}\frac{\mathrm{d}Z}{\mathrm{d}t}+\frac{\partial c}{\partial t}\right)=\frac{\partial q}{\partial t}\frac{\partial Z}{\partial t}$$

$$-v\left(\frac{\partial c}{\partial Z}\frac{v}{\varepsilon_0-\sigma}+\frac{\partial c}{\partial t}\right)=\frac{\partial q}{\partial t}\frac{v}{\varepsilon_0-\sigma}$$

$$v\frac{\partial c}{\partial Z}+(\varepsilon_0-\sigma)\frac{\partial c}{\partial t}=-\frac{\partial q}{\partial t} \tag{5-11}$$

式（5-11）被称为过滤的连续方程。若进水稳定，$\frac{\partial c}{\partial t}\approx 0$，等式左边第二项可忽略，则连续方程可简化成

$$-v\frac{\partial c}{\partial Z}=\frac{\partial q}{\partial t} \tag{5-12}$$

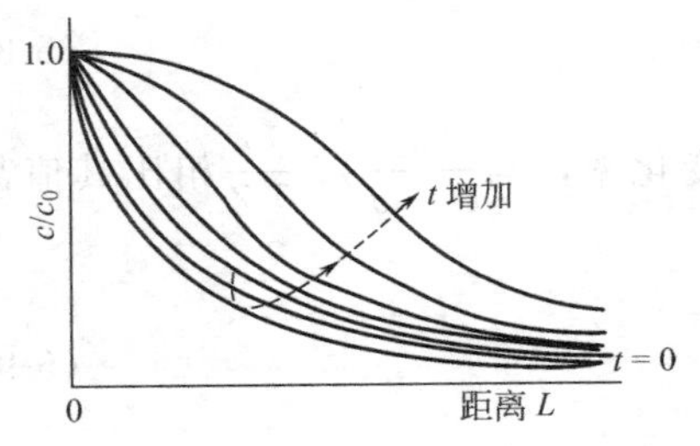

图 5-15 悬浮物浓度随过滤层厚度（L）及过滤时间（t）变化的曲线

由式（5-12）可知，单位时间单位体积滤层截留的悬浮物量与过滤速度和浓度梯度成正比。根据实测不同滤层深度处的水相浓度及运行时间，可用上述模式评价滤池的工作状态。通过求解式（5-9）、式（5-10）和式（5-12）方程组，可解出浓度和沉积量在时间和空间上的分布，如图5-15所示。

3. 阻力方程

过滤的水头损失包括干净滤层的水头损失和沉淀物产生的水头损失两部分。

卡门-柯真尼（Carmen-Kozeny）从管道水头损失公式出发导出了计算干净滤层阻力的公式：

$$\frac{h_0}{L}=\frac{5\mu v}{g\rho}\times\frac{(1-\varepsilon_0)^2}{\varepsilon_0{}^3}\left(\frac{6}{\psi}\right)^2\sum_{i=1}^{n}\frac{p_i}{d_i^2} \tag{5-13}$$

式中，ψ 为滤料的球形度因数，其值约为 0.73～0.95；μ 为水的动力黏度系数；d_i 为筛分分级后滤料中某一级别滤料的平均粒径；p_i 为对应 d_i 级别滤料颗粒占总颗粒的重量比（以小数表示）；其余符号意义同前。

随着过滤的进行，滤料层孔隙率逐渐变小，水头损失率随比沉积量增大而增大。纳污滤层的水头损失可用（$\varepsilon_0-\sigma$）代替上式中的 ε_0，仍用式（5-13）计算。也可在干净滤层水头损失上叠加一个随 σ 或 t 增大而增大的阻力项 Δh。计算水头损失增值的公式很多，如格里哥利（Gregory）公式：

$$\Delta h=\frac{kvc_0t}{1-\varepsilon_0} \tag{5-14}$$

式中，k 为经验系数。

由式（5-13）和式（5-14）可得出如下结论。

① 水头损失与滤速成正比，提高滤速将增大水头损失，但悬浮物进入滤层的深度也加大，故对同一截留量而言，水头损失增大较慢。

② 水头损失与滤料粒径的平方成反比，粒径减小 30%，水头损失将增大 1 倍。

③ 孔隙率对水头损失影响较大，成 $(1-\varepsilon_0)^2/\varepsilon_0{}^3$ 关系。当 ε_0 从 0.5 减至 0.4 时，损失将增大 2.8 倍。

④ 水头损失与过滤时间和进水浓度成正比。滤池运行表明，对一定浓度的原水进行等速过滤时，初期水头损失按比例上升，后期急剧加大。

三、过滤效率的影响因素

过滤是悬浮颗粒与滤料的相互作用，悬浮物的分离效率主要受到 3 个方面因素的影响。

1. 废水水质

最主要的是悬浮物的特性，包括粒度、形状、密度、浓度、温度和表面性质。

（1）粒度　几乎所有过滤机理都受悬浮物粒度的影响。粒度越大，通过筛滤去除越易。向原水投加混凝剂，待其生成适当粒度的絮体或非絮体后，进行过滤，可以提高过滤效果。

（2）形状　角形颗粒因比表面积大，其去除效率比球形颗粒高。

（3）密度　颗粒密度主要通过沉淀、惯性及布朗运动机理影响过滤效率，因这些机理对过滤贡献不大，故影响程度较小。

（4）浓度　过滤效率随原水浓度升高而降低，浓度越高，穿透越易，水头损失增加越快。

(5) 温度 温度影响密度及黏度，进而通过沉淀和附着机理影响过滤效率。降低温度，对过滤不利。

(6) 表面性质 悬浮物的絮凝特性、电动电位等主要取决于表面性质，因此，颗粒表面性质是影响过滤效率的重要因素。常通过添加适当的凝聚剂来改善表面性质。凝聚过滤法就是在原水加药脱稳后，尚未形成微絮体时，进行过滤。这种方法，投药量少，过滤效果好。

2. 滤层构造

主要是滤料的粒度、形状、孔隙率和表面性质，以及滤床的厚度和层数。

(1) 粒度 过滤效率与粒径 d^n ($1<n<3$) 成反比，即粒度越小，过滤效率越高，但水头损失也增加越快。在小滤料过滤中，筛分与拦截机理起重要作用。

(2) 形状 角形滤料的表面积比同体积的球形滤料的表面积大，因此，当孔隙率相同时，角形滤料过滤效率高。

(3) 孔隙率 球形滤料的孔隙率与粒径关系不大，一般都在 0.43 左右。但角形滤料的孔隙率取决于粒径及其分布，一般约为 0.48～0.55。较小的孔隙率会产生较高的水头损失和过滤效率，而较大的孔隙率提供较大的纳污空间和较长的过滤时间。但悬浮物容易穿透。

(4) 表面性质 滤料表面的不带电荷或者带有与悬浮颗粒表面电荷相反的电荷有利于悬浮颗粒在其表面上吸附和接触凝聚。通过投加电解质或调节 pH 值可改变滤料表面的电动电位。

(5) 厚度和层数 滤床越厚，层数越多，滤液越清，操作周期越长。双层滤料滤池及混合滤料滤池适用于处理废水。

3. 工艺参数

影响过滤性能的工艺参数主要是滤速。滤速越小，出水水质越好；但由此引起的基建投资也越大。试验研究表明，在 4.9～19.6m/h 的滤速范围内，滤速对出水水质的影响并不十分显著。在权衡各种利弊的基础上，生产中适用的滤速即可在此范围内选择。

第三节 快滤池的运行

一、滤速变化及其控制

前已述及，过滤是一个间歇过程，过滤和反洗操作交替进行。在过滤阶段原水流过滤床，除去其中的悬浮物。快滤池常用滤速范围如表 5-1 所列。由于滤层阻力不断增大，滤速将相应减小。为了保持一定的滤速，应设置流量调节装置，以保持滤池进水量与出水量平衡，防止因水位过低而滤层外露，或者因水位过高而溢流。

在恒速过滤中，作用在滤池上的水头恒定，而滤层中的阻力增加，由逐渐开大的出水阀（手控或自控）来补偿，使总阻力和出水量维持不变。开始过滤时，滤层是干净的，阻力很小。如果全部推动力都用于穿过滤池，则滤速会很高。此时让一部分水头消耗在几乎是关闭的出水阀上。继续进行过滤，滤层逐渐被悬浮物阻塞，阻力增大，因而流量控制阀应逐渐开大。当出水阀全开时，则过滤必须停止，否则滤速将下降。

也可以在每个滤池的进水端和出水阀后分别设进水堰室和出水堰室来实现变水位恒速过滤，如图 5-16 所示。总进水量通过进水堰室大致均匀地分配给每个过滤的滤池。当某个滤池反洗或反洗后再次过滤时，水位就会在过滤的滤池中逐渐上升或下降，直至有足够的水头使该滤池应负担的流量能够通过为止。滤池中的水位高低反映了滤层水头损失的大小。当水位达到设定的最高水位时，进水堰室不能进水，需进行反洗。采用这种运行方式，滤速变化

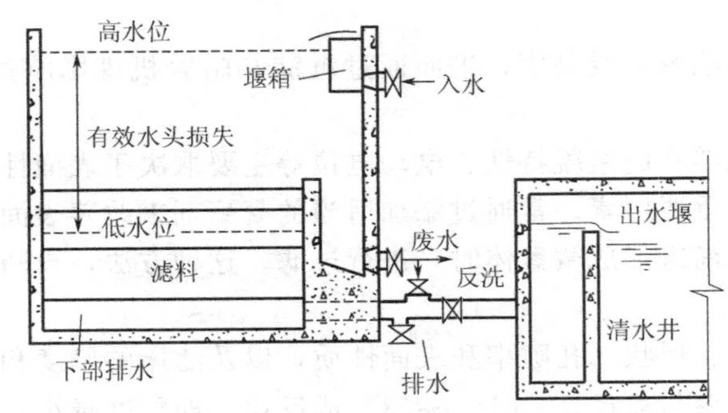

图 5-16　恒速过滤

缓慢而平稳，不会出现像出水阀控制那样的滤速突然变化，出水水质较好。

如果将进水管设在排水槽以下，当滤池水位低于排水槽时，过滤速度是恒定的；而当池内水位高出排水槽，则变为降速过滤。对一组并联运行的滤池，各滤池内的水位基本相同。当其中某个滤池阻力增大时，则总进水量在各滤池间重新分配，使滤池水位稍许上升，从而增加了较干净滤池的水头和流量。随着滤层阻力增大，滤速相应降低，除滤层外的其余各部分阻力因随滤速变化也有所减少。总的结果是滤速降低较为缓慢。采用这种降速过滤方式运行，需要的工作水头（即滤池深度）可以小于恒速过滤。

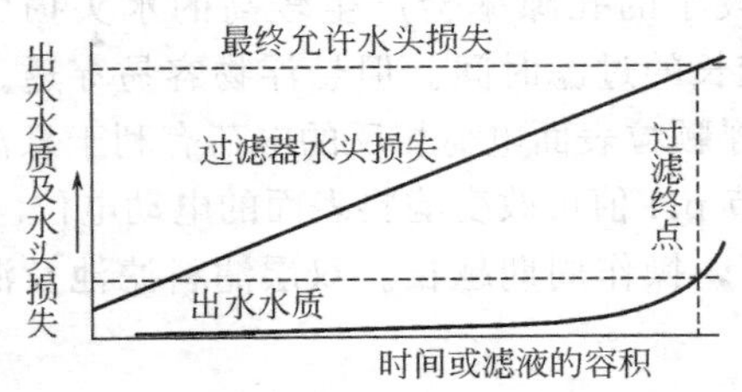

图 5-17　出水水质及水头损失变化曲线

为了避免滤床脱水、出现滤层龟裂、偏流、受进水冲刷等问题，出水堰顶必须设在滤层以上。这种布置同时消除了滤层内产生负水头的可能性。

随过滤的进行，滤池水头损失和滤后水浓度逐渐上升，理想情况如图 5-17 所示。当出水浓度超过允许值或水头损失达到设定值，过滤阶段即告结束，滤池需进行反洗。滤池的过滤时间也称过滤周期，随滤料组成、原水浓度、滤速而异，一般控制在 12～24h。

二、滤池冲洗

滤池冲洗的目的是清除截留在滤料孔隙中的悬浮物，恢复其过滤阻力。一般滤池采用滤后水反冲洗，并辅以表面冲洗或空气冲洗。空气冲洗管常布设在滤料层和垫料层的交界处。用空气泡搅动滤料层，使截留的悬浮物脱落下来，被水流冲走，采用这种水-气联合冲洗方式不需要使滤层全部流化，所用的冲洗强度较小，不会产生滤料流失，滤料也不会分层，但冲洗不干净。大多数滤池都采用了较高的冲洗强度，使滤层全部流化，靠水力剪切和颗粒摩擦清洗滤料。

1. 膨胀率

当上升的反冲洗水流对滤料施加的拖曳力等于滤料的有效重量时，滤料呈临界悬浮状态，此后，随冲洗强度加大，滤层进一步膨胀和流化。滤层膨胀率可表示为：

$$e=\frac{L_e-L}{L} \tag{5-15}$$

式中，L、L_e分别为滤层膨胀前后的厚度。

膨胀率测定简单，常作为反冲洗操作的控制指标。e 太低，水流剪切力小；e 过高，颗粒碰撞次数少，还会冲动垫料层及流失滤料，因此，e 应适当。对砂滤床，最佳膨胀率 E 可由下式计算：

$$E=1.5-2.5\varepsilon_0 \tag{5-16}$$

具有一定级配的分层滤床，在同一反冲洗强度下，不同粒径的滤层其膨胀率不同。实验表明，当最大颗粒的沉降速度 u 满足下式时。整个滤层就完全膨胀起来。

$$\varepsilon_e=(v_1/u)^{0.22} \tag{5-17}$$

式中，ε_e为滤层膨胀后的孔隙率；v_1为反冲洗水的上升流速。

分层滤床完全膨胀后的厚度由下式确定：

$$L_c=L(1-\varepsilon_0)\sum\frac{p_i}{1-\varepsilon_{ei}} \tag{5-18}$$

式中，p_i为具有平均膨胀孔隙率ε_{ei}的颗粒重量分数。

2. 反冲洗强度

单位时间单位滤池面积通过的反冲洗水量称为反冲洗强度q，通常用L/(m^2·s) 表示，其值与滤料粒径、水温、孔隙率和要求的膨胀率有关，可用式 (5-19) 计算，也可用试验方法确定。

$$q=100\,\frac{d_e^{1.31}}{\mu^{0.54}}\cdot\frac{(e+\varepsilon_0)^{2.31}}{(e+1)^{1.77}(1-\varepsilon_0)^{0.54}}\quad[\mathrm{L/(m^2\cdot s)}] \tag{5-19}$$

式中，d_e为滤料当量直径，cm；μ 为水的动力黏度，N·s/m^2。

根据经验，过滤一般的悬浮物时，要求 q 约在 12～15L/(m^2·s) 之间，如过滤油质悬浮物，则要求 q 增大至 20L/(m^2·s) 或更大。

3. 反冲洗时间

反冲洗时间依滤层污染程度而异，应根据运行情况来确定。在冲洗初期，出水浊度急剧升高。达最大值后，逐渐降低。通过测定反洗水浊度，可确定合适的冲洗时间。若冲洗时间不够，污物来不及脱落和排走。一般反冲洗时间为 5～10min，加上启闭阀门和表面冲洗时间，总共需 15～30min。

4. 反冲洗水头

反冲洗所需水头等于滤层、垫层、配水系统及管路的水头损失之和，并留有 1.5～2.0m 的富余水头。

滤层阻力正好等于滤料在水中的重量，其水头损失可由下式计算：

$$h_1=\left(\frac{\rho_s}{\rho}-1\right)(1-\varepsilon_0)L\quad(\mathrm{m}) \tag{5-20}$$

式中，ρ 和 ρ_s 分别为水和滤料的密度。

卵石垫料层的水头损失可按以下经验公式计算：

$$h_2=0.022L_1q\quad(\mathrm{m}) \tag{5-21}$$

式中　L_1——垫料层厚度，m。

大阻力配水系统的孔眼水头损失为：

$$h_3=\left(\frac{q}{10\mu a}\right)^2\frac{1}{2g}=\left(\frac{v_0}{\mu a}\right)^2\frac{1}{2g} \tag{5-22}$$

式中，μ 为孔眼流量系数，与孔眼直径和管壁的比值有关，其数值见表 5-4；a 为孔眼总面积与滤池面积之比，%，一般为 0.20%～0.25%；v_0 为配水管上孔眼流速，m/s；g 为重力加速度，9.8m/s^2。

表 5-4　孔眼流量系数

孔眼直径/管壁厚	1.25	1.5	2.0	3.0
μ	0.76	0.71	0.67	0.62

采用双层砌块式滤砖的水头损失也可用类似于式（5-22）的水力学公式计算，即 $h_3 = 0.195v_0^2$，v_0 为缝隙流速，一般为 1～2m/s。采用豆石滤水板，其水头损失取经验值为 0.25～0.4m。

反冲洗水头 $h = h_1 + h_2 + h_3 + h_4$，式中 h_4 为富余水头。

5. 反冲洗水的供应和排除

反冲洗水可用水塔或水泵供给。水塔安装高度及水泵扬程取决于反冲洗水头。反冲洗水量为滤池面积、反冲洗强度与时间的乘积，约占滤过水量的 1%～2%。反冲洗排出的污水应及时排除，通常返回处理系统的首端。

6. 空气冲洗

到目前为止，还没能从理论上推导出水-气联合冲洗的最佳空气冲洗强度。根据经验，对单一滤料的石英砂及无烟煤滤池，采用的空气冲洗强度范围为 160～270L/（m^2 · s），冲洗历时 3～4min。

7. 表面冲洗

在过滤含有机物质较多的原水时，滤层表面往往生成由滤料颗粒、悬浮物和黏性物质结成的泥球。为了破坏泥球，提高冲洗质量，常用压力水进行表面冲洗。表面冲洗装置有固定管式和旋转管式两种。

固定式冲洗管设在滤层以上 6～8cm 处，每个喷水孔服务的面积应相同，冲洗强度为 2.5～3.5L/(m^2 · s)，压力 15～20cmH_2O（1cmH_2O≈98Pa，下同）。

旋转式冲洗管设在滤层以上 5cm 处，利用射流产生的反力使喷水管旋转、冲刷和搅拌滤层。对多层滤料滤池，常设双层旋转管。冲洗强度为 1～1.5L/(m^2 · s)，压力为 30～40cmH_2O。与固定管相比，旋转管所用钢材和冲洗水量较少。

三、常见故障及对策

1. 气阻

在过滤末期，局部滤层的水头损失可能大于该处实际的水压力，即出现负水头。此时，这部分滤层水中溶解的气体将释放出来，积聚在孔隙中，阻碍水流通过，以致滤水量显著减少。为防止气阻现象产生，首先应保持滤层上足够的水深，消除负水头。在池深已定时，可采取调换表层滤料，增大滤料粒径的办法。其次，在配水系统末端应设排气管，防止反冲洗水中带入气体积聚在垫层或滤层中。有时也可适当加大滤速，促使整个滤层纳污比较均匀。一旦发生气阻，应停止过滤，进行反冲洗。

2. 结泥球

滤层表面的颗粒较细，截留的悬浮物较多。如果冲洗不干净，则互相黏结成球，球径可达 5～20cm，在下一次冲洗时，因质量较大而沉入滤层深处，造成布水不匀和再结泥球的恶性循环。这种污泥的主要成分是有机物，结球严重时会腐化发臭。防止办法是改善冲洗效果，增加表面冲洗。对已结泥球的滤池，应翻池换滤料，也可在反冲洗时加氯浸泡 12h，氧化污泥，加氯量约为每平方米滤池加 1kg 漂白粉。

3. 跑砂

如果冲洗强度过大或滤料级配不当，反冲洗会冲走大量细滤料。另外，如果冲洗水分配不匀，垫料层可能发生平移，进一步促使布水不匀，最后局部垫料层被冲走淘空，过滤时，滤料通过这些部位的配水系统漏失到清水池中。遇到这些情况，应检查配水系统，并适当调整冲洗强度。

4. 水生物繁殖

在水温较高时，沉淀池出水中常含多种微生物，极易在滤池中繁殖。在快滤池中，微生物繁殖是不利的，往往会使滤层堵塞。可在滤前加氯解决。

第四节　快滤池的设计

一、滤池的组合及尺寸的确定

1. 选取滤速

滤池过滤的速度分为正常滤速和强制滤速。正常滤速为正常工作条件下的过滤速度（简称滤速），用 v 表示；强制滤速为一组滤池中某一个滤池停产检修时，其他滤池在超正常负荷下的过滤速度，用 $v_{强制}$ 表示。

在进行滤池设计时，首先要综合考虑进出水的浑浊度、滤料及池子个数等因素，确定适宜的滤速 v。单层砂滤池的滤速一般采用 8～12m/h，以无烟煤和石英砂为滤料的双层滤池则一般采用 12～16m/h。当设计滤池个数多时，可选择较高的滤速；当滤池数目较少或要保留滤池潜力时，应当选择偏低的滤速。最后还应当用强制滤速 $v_{强制}$ 进行校核。

2. 计算滤池总面积

滤速确定后，可按下式计算滤池的总表面积 A：

$$A=\frac{Q}{v} \tag{5-23}$$

式中，Q 为设计流量，m^3/h；v 为设计滤速，m/h。

3. 确定滤池个数

滤池个数应根据生产规模、造价、运行等条件通过技术经济比较确定。池数较多，运转灵活，强制滤速较低，布水易均匀，冲洗效果好，但滤池造价提高。根据设计经验，滤池个数可按表 5-5 确定，也可以按照式（5-24）计算值向上取整确定。

表 5-5　滤池总表面积与滤池个数的关系

滤池总表面积/m^2	＜30	30～50	100	150	200	300
滤池个数	2	3	3～4	4～6	5～6	6～8

$$n=\frac{v_{强制}}{v_{强制}-v} \tag{5-24}$$

4. 确定滤池结构尺寸

单池面积

$$a=\frac{A}{n}(m^2) \tag{5-25}$$

滤池的平面形状可为正方形或矩形。当单个滤池的面积 $a<30m^2$ 时，宜选用正方形；当 $a>30m^2$ 时，宜选用长宽比为（1.25∶1）～（1.5∶1）的矩形。

滤池的总深度

$$H=H_1+H_2+H_3+H_4+H_5 \tag{5-26}$$

式中，H_1 为超高，m，一般取 0.25～0.30m；H_2 为滤层表面以上水深，m，一般取 1.5～2.0m；H_3 为滤层厚度，m，单层砂滤料为 0.7m，双层及多层滤料为 0.7～0.8m；H_4 为承托层厚度，m，大阻力配水系统一般为 0.4～0.45m；H_5 为配水系统的高度，m，一般大于 0.20m。滤池总深度 H 一般为 3.0～3.5m。

5. 校核强制滤速

$$v_{强制}=\frac{nv}{n-1} \tag{5-27}$$

强制滤速应控制在相应的范围内（表 5-1），若强制滤速过高，设计滤速应适当降低或增加滤池个数。

二、管渠设计与布置

1. 管渠设计

快滤池主要管渠有集水渠、浑水管、清水管、冲洗水管、排水管及排水渠。

管渠有效断面面积 F

$$F=\frac{Q}{v} \tag{5-28}$$

式中，v 为管渠水流速度，可按表 5-6 确定，考虑到水量有增大的可能，故一般不宜取高限。

表 5-6 各种快滤池管（渠）流速

管(渠)种类	进水管(渠)	清水管(渠)	冲洗水管(渠)	排水管(渠)
流速/(m/s)	0.8～1.2	1.0～1.5	2.0～2.5	1.0～1.5

2. 管廊的布置

集中布置滤池的主要管道、配件以及阀门的池外场所称为管廊。管廊的布置与滤池的数量和排列方式有关，具体布置可参考图 5-18。一般滤池个数少于 5 个时，宜用单排布置，管廊位于滤池的一侧。超过 5 个时，宜用双排布置，管廊位于两排滤池中间。管廊上面常设操作控制室，滤池本身在室外。管廊布置应满足下列要求：a. 保证设备安装及维修的必要空间，同时应力求紧凑、简捷；b. 要有通道，便于操作与联系；c. 要有良好的采光、通风及排水设施。

此外，在滤池设计时，每个滤池底部均应设放空管，池底应有一定的坡度，便于排空积水；每个滤池上宜安装水位计及取水样设备；密闭管渠上应设检修人孔；池内壁与滤料接触处应拉毛，以防止水流短路。

三、反冲洗水泵或水塔的设计与选择

反冲洗水可用水塔或水泵供给。

水塔容量按单格滤池一次反冲洗水量的 1.5 倍计算。

$$V=1.5qat' \tag{5-29}$$

式中，q 为冲洗强度；a 为单格滤池面积；t'为反冲洗时间。

水塔高度

$$h'=h+h_p \tag{5-30}$$

式中，h 为反冲洗水头；h_p为排水槽高于地面距离。

水塔的水深不超过 3m，并应在冲洗间歇时间内充满。当反洗水需要升温时，可在水塔内通入蒸汽。

采用水泵冲洗，需考虑备用措施。其中水泵流量可按式（5-31）来确定。

$$Q=qa \tag{5-31}$$

水泵扬程

$$h''=h+h_c \tag{5-32}$$

式中，h_c为排水槽顶与清水池最低水位之差。

冲洗水塔造价高，但操作简单，冲洗强度由大到小，对洗净滤料有利，且补充冲洗水的水泵小，并允许在较长时间内完成，耗电均匀。如有地形或其他条件可利用时，采用水塔（箱）冲洗较好。冲洗水泵投资省，但操作管理麻烦，同时由于滤池冲洗水量大，短时间内耗电量大，将影响其他设备正常运行。

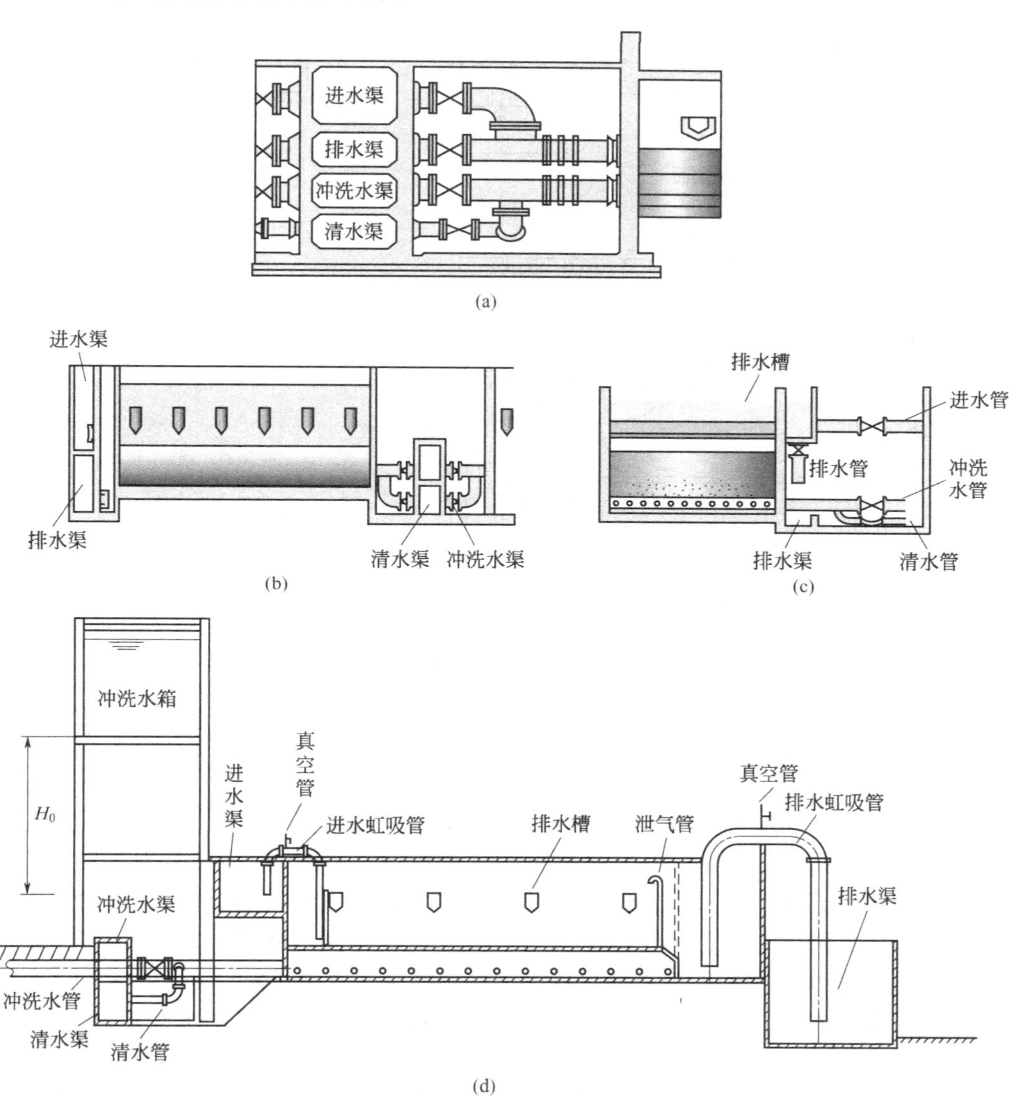

图 5-18　管廊的布置参考

第五节　其他滤池

一、V 形滤池

V 形滤池是粗滤料滤池的一种形式，因两侧（或一侧也可）进水槽设计成“V”形而得名，如图 5-19 所示。这种滤池平面为矩形，池中心设双层渠道，渠道上层用以排除反冲洗

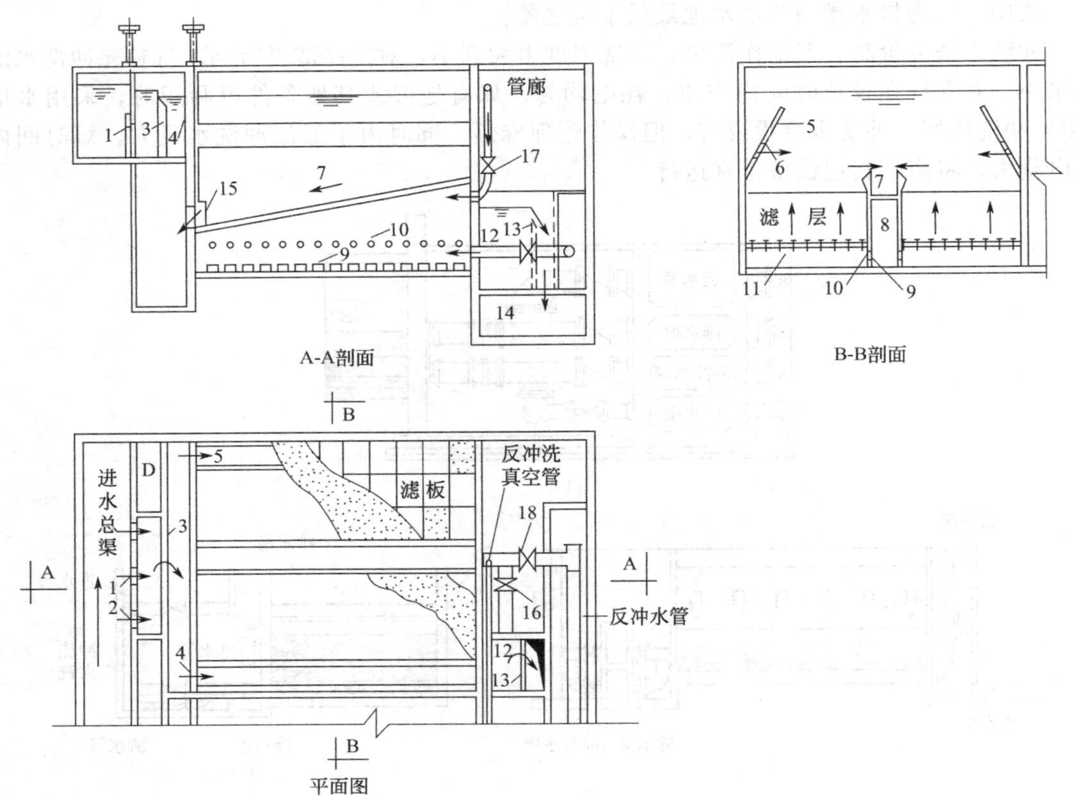

图 5-19　V 形滤池结构示意

1—进水气动隔膜阀；2—方孔；3—堰口；4—侧孔；5—V 形槽；6—小孔；7—排水渠；8—气、水分配渠；9—配水方孔；10—配气方孔；11—底部空间；12—水封井；13—出水堰；14—清水渠；15—排水阀；16—清水阀；17—进气阀；18—冲洗水阀

废水，渠道下层用以分配反冲洗水和压缩空气。渠道两侧为粗滤料滤层，滤料一般采用较粗、较厚的均匀颗粒的石英砂，粒径为 0.9～1.5mm，d_{10} 约为 0.95mm，K_{80} 为 1.2～1.5，滤层厚度为 0.9～1.5m。滤层下部为长柄滤头配水系统，上部为溢流堰，以便使反冲洗废水均匀地排入排水渠。为防止滤料随水流失，溢流堰顶应高出滤层表面一定高度，并做成 45°斜坡形，以便随水流出的滤料颗粒可以沉淀落回滤层，减少损失。

过滤时，待滤水经池两侧的 V 形渠道流入，渠道下部有水平的配水孔，进水一方面经配水孔流入池内；另一方面经渠道上部溢流流入。进水经滤层自上向下过滤，滤后的水由下部长柄滤头收集，流入滤板下部的底部空间，进入中心配水渠，最后经出水管流出池外。

对滤层进行反冲洗时，关闭出水阀，并部分关闭进水阀，仍保持一定量的进水，同时打开排水阀，滤水位随之降至溢流堰顶，这时打开反冲洗水阀和反冲洗空气阀，将水及压缩空气一起送入中心配水渠，渠中上部为空气，经渠上部的配气孔流入两侧的底部空间。空气和水在底部空间经长柄滤头均匀分布到滤层下部，自下而上对滤层同时进行气、水反冲洗。一般气反冲洗强度为 14～17L/(s・m^2)，水反冲洗强度约为 4L/(s・m^2)，冲洗时间为4～5 min。反冲洗废水经上部溢流堰流入排水渠，同时进水经 V 形渠下部的小孔水平流入滤层上部，对废水进行表面扫洗，扫洗强度为 1.4～2L/(s・m^2)。将冲洗含泥水扫向中央排水槽，以加速上部污物的排除。在进行气、水同时反冲洗时，由于气泡高速穿过滤层，常会携带少量滤料脱离滤层，被携滤料受到溢流堰顶的倒斜坡阻挡，随后又会回落回滤层。气、水反冲洗结束后，尚需单纯用水反冲数分钟，以排除滤层中残留的废水和气泡。

反冲洗结束后，关闭反冲洗水管、反冲洗压缩空气管上的阀门以及排水阀门以开启进水阀和出水阀，滤池重新进入过滤工作状态。

由于滤料粒径较粗，水的反冲洗强度不足以使之悬浮，所以不致产生水力分级现象，从而使滤层过滤时不易被堵塞，含污能力较强，过滤速度高、周期长，出水水质较好；同时采用气-水联合反冲洗（不膨胀）和表面扫洗，冲洗耗水量小，冲洗效果好，容易实现自动过滤与冲洗，节能且便于管理。因此，V 形滤池目前在我国普遍应用，适用于大、中型水厂。近几年来，还作为工艺处理核心单元出现在我国很多钢铁企业总排口的废水处理及回用工程中。但 V 形滤池对冲洗操作要求严格，对滤池施工要求严格，而且还需要鼓风机等机械。

二、移动罩滤池

移动罩滤池的构造可见图 5-20，图中括号内数字为滤格编号。它是由若干滤格组成的滤池，设有公用的进出水管，利用一个可移动的冲洗罩按顺序对各格滤池进行冲洗，一格冲洗水由其余各格的滤后水供应。

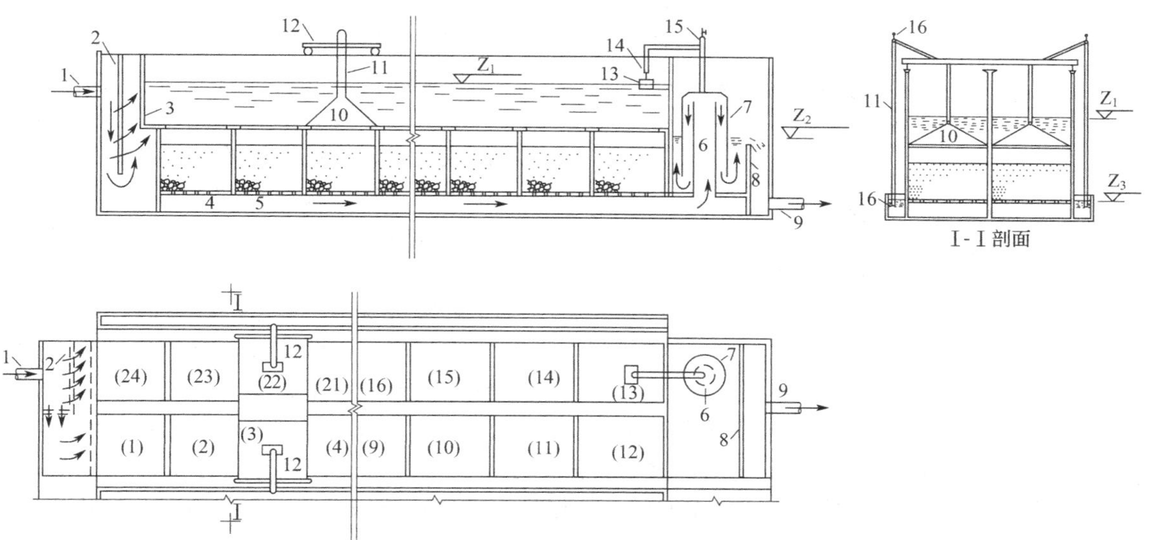

图 5-20　移动罩滤池

1—进水管；2—穿孔配水墙；3—消力栅；4—小阻力配水系统的配水孔；5—冲水系统的配水室；6—出水虹吸中心管；7—出水虹吸管钟罩；8—出水堰；9—出水管；10—冲洗罩；11—排水虹吸管；12—桁车；13—浮筒；14—针型阀；15—抽气管；16—排水管

过滤时，水由上而下流过滤层，随着过滤的进行，过滤阻力逐渐增大，池内水位逐渐上升。当水位达到预定值时，将装有冲洗水泵和排水泵的移动罩移至该过滤格间。这时，水泵把其他滤池的滤后水抽送至该格间滤层下部，进行反冲洗；冲洗排水则通过覆盖于格间上部的排水罩收集后，经排水渠排出。按冲洗废水排出条件，分为虹吸式和泵吸式两种。

移动冲洗罩滤池兼具虹吸滤池和无阀滤池的某些特点，适用于大、中型水厂。其具有池体结构简单、无需冲洗水箱（塔）、无大型阀门、管件少等优点；采用泵吸式冲洗罩时，池深也较浅；与同规模的普通快滤池相比，造价有所下降。但不能排放初滤水；机电及控制设备较多；自动控制与维修较复杂。

三、重力式无阀滤池

一般快滤池都有复杂的管道系统，并设有各种控制阀门，操作步骤相当复杂，同时也增加了建造费用。无阀滤池是利用水力学原理，通过进出水的压差自动控制虹吸产生和破坏，实现自动运行的滤池。

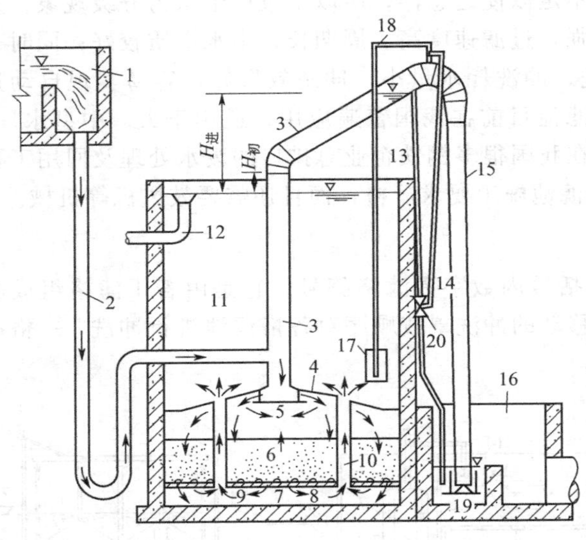

图 5-21　无阀滤池

1—进水配水槽；2—进水管；3—虹吸上升管；4—顶盖；5—配水挡板；6—滤层；7—滤头；8—垫板；9—集水空间；10—联络管；11—冲洗水箱；12—出水管；13—虹吸辅助管；14—抽气管；15—虹吸下降管；16—排水井；17—虹吸破坏斗；18—虹吸破坏管；19—锥形挡板；20—水射器

图 5-21 为重力式无阀滤池示意。原水自进水管 2 进入滤池后，自上而下穿过滤层 6，滤后水从排水系统 7、8、9，通过联络管 10 进入顶部冲洗水箱 11，待水箱充满后，滤后水由出水管 12 溢流排走。

随着过滤时间的延长，过滤阻力逐步增加，进水水位逐渐上升，与进水连通的虹吸上升管 3 中的水位也不断上升，当达到虹吸辅助管 13 的管口时，水从辅助管下落，通过水射器 20 内抽气管 14 抽吸虹吸管顶部的空气，在一个短时间内，虹吸管因出现负压，使上升管 3 和下降管 15 中的水位上升会合，形成虹吸，冲洗水箱的水便从联络管经排水系统反向流过滤层，再经上升管 3 和下降管 15 进入排水井 16 排走，这就是滤池的反冲洗。直至水箱内水位下降至虹吸破坏管 17 管口以下时，虹吸管吸进空气，虹吸破坏，反冲洗结束，滤池恢复自上而下过滤。

无阀滤池的冲洗强度可用升降锥形挡板 19 进行调整。起始冲洗强度一般采用 12L/(m^2·s)，终了强度为 8L/(m^2·s)，滤层膨胀率为 30%～50%，冲洗时间为 3.5～5.0min。

无阀滤池的运行全部自动，操作方便，工作稳定可靠；结构简单，材料节省，造价比普通快滤池低 30%～50%。但滤池的总高度较大；滤池冲洗时，进水管照样进水，并被排走，浪费了一部分澄清水。这种滤池适用于小型水处理厂。

四、压力式过滤器

压力式过滤器是将滤料填于密闭的碳钢、不锈钢等材质的罐体内，里面装有和快滤池相似的配水系统和滤料等，利用外加压力克服滤池阻力进行过滤，作用水头达 0.15～0.25MPa。

压力式过滤器分立式和卧式，立式滤池有现成的产品，直径一般不超过 3m。卧式滤池直径不超过 3m，但长度可达 10m。

压力式过滤器的构造见图 5-22。滤料的粒径和厚度都比普通快滤池大，分别为 0.6～1.0mm 和 1.1～1.2m。滤速常采用 8～10m/h，甚至更大。压力滤池的反洗常用空气助洗和压力水反洗的混合方式，以节省冲洗水量，提高反洗效果。水反冲洗强度为 20m^3/(m^2·h)，气反冲洗强度为 2m^3/(m^2·h)，反冲洗时间一般为 15min。

压力式过滤器的进、出水管上都装有压力表，两表压力的差值就是过滤时的水头损失，一般可达5～6m，有时可达10m。配水系统多采用小阻力系统中的缝隙式滤头。

压力式过滤器耗费钢材多，投资较大，但因占地少，又有定型产品，可缩短建设周期，且运转管理方便，在工业中采用较广。

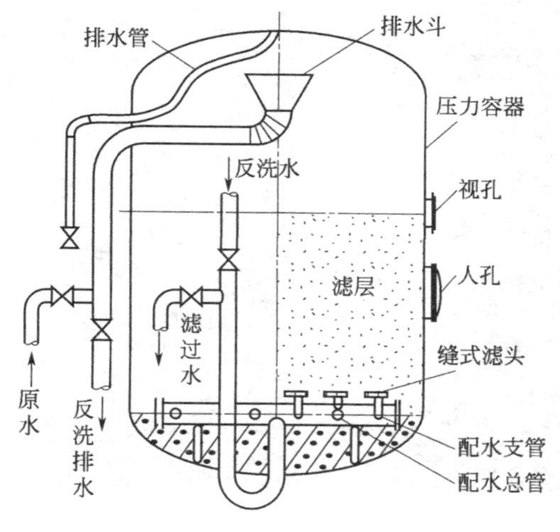

图5-22　压力式过滤器

五、纤维球过滤器

纤维球过滤器的过滤介质纤维球是由纤维丝编制而成，具有稳定性好、耐高温、寿命长、适用范围广、比表面积大、孔隙率高、截污能力强、反冲洗强度低、滤料再生效果好、再生时间短等优点。在过滤过程中，由于各层阻力不同，形成上疏下密的过滤最理想状态，对提高设备精度、增加滤速有特殊效果。

纤维球过滤器内部由固定多孔板、纤维球、活动多孔板、布气装置等组成，设备外部由过滤进出水管、反冲洗进出水管、放空管、排油气管等组成。

思考题与习题

1. 试画出简单的快滤池构造示意图，并阐述其工作过程。

2. 快滤池过滤的基本原理是什么？

3. 快速过滤池的过滤效果主要取决于哪些因素？

4. 某水厂已有预沉池，预沉后的浊度保持在16～18度，试考虑能否不投加混凝剂直接过滤，为什么？

5. 滤池反冲洗配水系统有几种？试述它们各自的优缺点和适用范围。

6. 分析影响滤池冲洗效果的主要因素。

7. 试述滤池反冲洗配水不均匀的原因，怎样才能使配水相对均匀？

8. 若滤池用砂作滤料，其孔隙率$\varepsilon_0=0.41$，砂层厚0.7m，膨胀率$e=50\%$，当量直径$d_e=0.69$mm，冬季反冲洗水平均温度为8℃，夏季平均温度为26℃，试估算冬、夏季的反冲洗强度，它们相差多少？

9. 简述在过滤过程中水中杂质沉积于滤层，其比沉积量σ大小与影响过滤的因素的关系。

10. 试设计1000m^3/h水厂的快速滤池，画出快滤池草图并标注尺寸。

第六章　化学处理

废水的化学处理指利用化学反应的作用去除水中的污染物，它的处理对象主要是废水中无机的或有机的（难于生物降解的）溶解性物质或胶体物质。对水中容易生物降解的有机物（溶解的或胶体的），一般采用生物处理的方法；对水中难于生物降解的胶体物质往往采用混凝处理法（见第三章），本章介绍的化学处理法主要是针对水中难于生物降解的溶解性物质的处理，包括中和法、化学沉淀法、化学氧化还原法和电化学法（电解）。

第一节　中　和　法

中和处理适用于废水处理中的下列情况。

① 废水排入受纳水体前，其 pH 值指标超过排放标准。这时应采用中和处理，以减少对水生生物的影响。

② 工业废水排入城市下水道系统前进行中和处理，以免对管道系统造成腐蚀。

③ 化学处理或生物处理之前进行中和处理，对生物处理而言，需将处理系统的 pH 值维持在 6.5～8.5 范围内，以确保最佳的生物活力。

中和处理方法因废水的酸碱性不同而不同。针对酸性废水，主要有酸性废水与碱性废水相互中和、药剂中和及过滤中和三种方法。而对于碱性废水，主要有碱性废水与酸性废水相互中和、药剂中和两种。其中酸性废水的数量和危害都比碱性废水大得多，因此重点介绍酸性废水的中和处理。

酸性废水主要来源于化工厂、化纤厂、电镀厂、煤加工厂及金属酸洗车间等。碱性废水主要来源于印染厂、造纸厂、炼油厂和金属加工厂等。

一、酸性废水的中和处理

1. 药剂中和法

药剂中和法能处理任何浓度、任何性质的酸性废水，对水质和水量波动适应性强，中和药剂利用率高。主要的药剂包括石灰、苛性钠、碳酸钠、石灰石、电石渣等。其中最常用的是石灰（CaO）。药剂的选用应考虑药剂的供应情况、溶解性、反应速度、成本、二次污染等因素。

中和药剂的投加量可按化学反应式估算。

$$G_a=\frac{KQ(c_1a_1+c_2a_2)}{\alpha} \tag{6-1}$$

式中，G_a 为总耗药量，kg/d；Q 为酸性废水量，m^3/d；c_1、c_2 为废水中酸的浓度或酸性盐的浓度，kg/m^3；a_1、a_2 为中和 1kg 酸或酸性盐所需的碱量，kg/kg；K 为不均匀系数；α 为中和剂的纯度，%。

但确定投加量比较准确的方法是通过试验绘制的中和曲线确定。

中和过程中形成的沉渣体积庞大，约占处理水体积的 2%，脱水麻烦，应及时清除，以防堵塞管道。一般可采用沉淀池进行分离，沉渣量可根据试验确定，也可按下式计算：

$$G=G_a(\Phi+e)+Q(S-c-d) \tag{6-2}$$

式中，G 为沉渣量，kg/d；Φ 为消耗单位药剂产生的盐量，kg/kg；e 为单位药剂中杂质含量，kg/kg；S 为废水中悬浮物浓度，kg/m^3；c 为中和后溶于废水中的盐量，kg/m^3；d 为中和后出水悬浮物浓度，kg/m^3。

中和反应在反应池内进行。由于反应时间较快，可将混合池和反应池合并，采用隔板式或机械搅拌，停留间采用 5～10min。

投药中和法有两种运行方式：当废水量少或间断排出时，可采用间歇处理，并设置 2～3 个池子进行交替工作；而当废水量大时，可采用连续流式处理，并可采取多级串联的方式，以获得稳定可靠的中和效果。

2. 过滤中和法

过滤中和法是选择碱性滤料填充成一定形式的滤床，酸性废水流过此滤床即被中和。过滤中和法与投药中和法相比，具有操作方便、运行费用低及劳动条件好等优点，它产生的沉渣少，只有废水体积的 0.1%，主要缺点是进水硫酸浓度受到限制。常用的滤料有石灰石、大理石、白云石三种，其中前两种的主要成分是 $CaCO_3$，而第三种的主要成分是 $CaCO_3 \cdot MgCO_3$。

滤料的选择与废水中含何种酸和含酸浓度密切相关。因滤料的中和反应发生在滤料表面，如生成的中和产物溶解度很小，就会沉淀在滤料表面形成外壳，影响中和反应的进一步进行。以处理含硫酸废水为例，当采用石灰石为滤料时，硫酸浓度不应超过 1～2g/L，否则就会生成硫酸钙外壳，使中和反应终止。当采用白云石为滤料时，由于 $MgSO_4$ 溶解度很大，故产生的沉淀仅为石灰石的 1/2。因此废水含硫酸浓度可以适当提高，不过白云石有个缺点就是反应速度比石灰石慢，这影响了它的应用。当处理含盐酸或硝酸的废水时，因生成的盐溶解度很大，则采用石灰石、大理石、白云石作滤料均可。

中和滤池主要有普通中和滤池、升流式滤池和滚筒中和滤池三种类型。

普通中和滤池为固定床形式，按水流方向分平流式和竖流式两种。目前较常用的为竖流式，它又可分为升流式和降流式两种，见图 6-1。

普通中和滤池滤料粒径一般为 30～50mm，不能混有粉料杂质。当废水中含有可能堵塞滤料的杂质时，应进行预处理。

升流式膨胀中和滤池（图 6-2）与普通中和滤池相比，粒径小、滤速高、中和效果好。在升流式中和滤池中，废水自下向上运动，由于流速高，滤料呈悬浮状态，滤层膨胀，类似于流化床，滤料间不断发生碰撞摩擦，使沉淀难以在滤料表面形成，因而进水含酸浓度可以适当提高，生成的 CO_2 气体也容易排出，不会使滤床堵塞；此外，由于滤料粒径小，比表面积大，相应接触面积也大，使中和效果得到改善。升流式中和滤池要求布水均匀，因此池子直径不能太大，

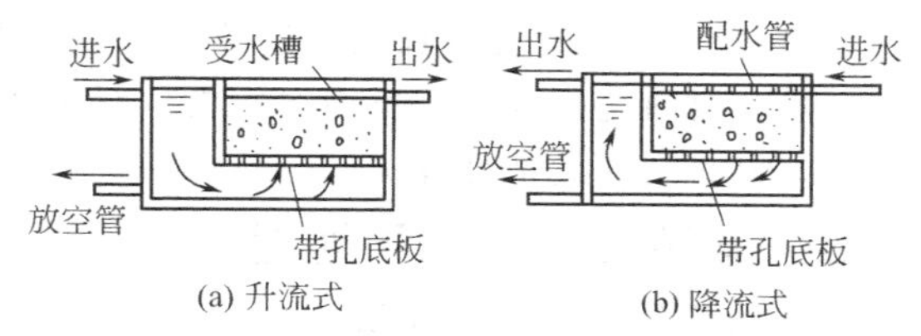

图 6-1　普通中和滤池

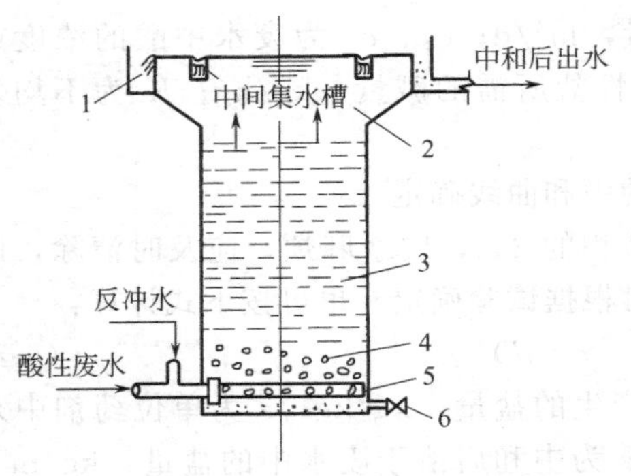

图 6-2 升流式膨胀中和滤池

1—环形集水槽；2—清水区；3—石灰石滤料；4—卵石垫层；5—大阻力配水系统；6—放空管

并常采用大阻力配水系统和比较均匀的集水系统。

为了使小粒径滤料在高滤速下不流失，可将升流式滤池设计成变截面形式，上部放大，称为变速升流式中和滤池。这样既保持了较高的流速，使滤层全部都能膨胀，维持处理能力不变，又保留小滤料在滤床中，使滤料粒径适用范围增大。

滚筒式中和滤池如图 6-3 所示。滚筒用钢板制成，内衬防腐层。筒为卧式。长度为直径的 6～7 倍。装料体积占筒体体积的 1/2，筒内壁设有挡板，带动滤料一起翻滚，使沉淀物外壳难以形成，并加快反应速度。为避免滤料流失，在滚筒出水处设有穿孔板。

滚筒式中和滤池能处理的废水含硫酸浓度可大大提高，而且滤料也不必破碎到很小的粒径。但是它构造复杂、动力费用高、设备噪声大、负荷率低，约为 $36m^3/(m^2 \cdot h)$。

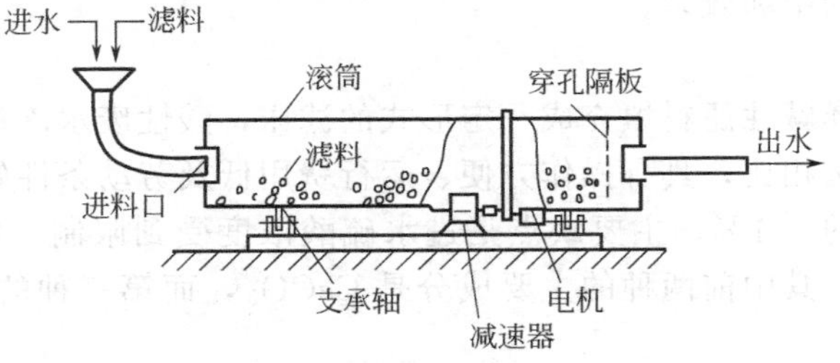

图 6-3 滚筒式中和滤池

3. 利用碱性废水中和法

如厂内或区内也有碱性废水排出，则可利用碱性废水来中和酸性废水，达到以废治废的目的。此时应进行中和能力的计算，即参与反应的酸和碱的当量数应相同。如碱量不足，还应补充碱性药剂；如酸量不足，则应补充酸来中和碱。必须注意对于弱酸或弱碱，由于反应生成盐的水解，尽管反应达到等当量点，但溶液并非中性，pH 值取决于生成盐的水解度。

废水水质和水量的变化决定了采用何种中和设备。

① 当水质和水量较稳定或后续处理对 pH 值要求较低时，可直接在集水井、管道或混合槽中进行连续中和反应。

② 当水质和水量较稳定而后续处理对 pH 值要求高时，可设连续流中和池。中和池容积可按下式计算：

$$V=(Q_1+Q_2)t \tag{6-3}$$

式中，Q_1、Q_2 为酸性、碱性废水设计流量，m^3/h；t 为中和时间，h，一般取 1～2h；V 为中和池容积，m^3。

③ 当水质、水量变化较大，连续流很难满足出水的 pH 值要求时，可采用间歇式中和池，在间歇池内完成混合、反应、沉淀、排泥等操作。池体积可按污水排放周期（如一班或一昼夜）中的废水量来计算。

二、碱性废水的中和处理

1. 利用废酸性物质中和法

废酸性物质包括含酸废水、烟道气等。烟道气中 CO_2 含量可高达 24%，此外有时还含

有 SO_2 和 H_2S。故可用来中和碱性废水。

利用酸性废水中和法和利用碱性废水中和酸性废水原理基本相同，可参见上文。

烟道气中和碱性废水一般在喷淋塔中进行，如图 6-4 所示。废水从塔顶布水器均匀喷出。烟道气则从塔底鼓入，两者在填料层间进行逆流接触，完成中和过程，使碱性废水和烟道气都得到净化。根据资料介绍，用烟道气中和碱性废水，出水的 pH 值可由 10～12 降到 7。该法的优点是以废治废，投资省，运行费用低。缺点是出水中的硫化物、耗氧量和色度都会明显增加，还需进一步处理。

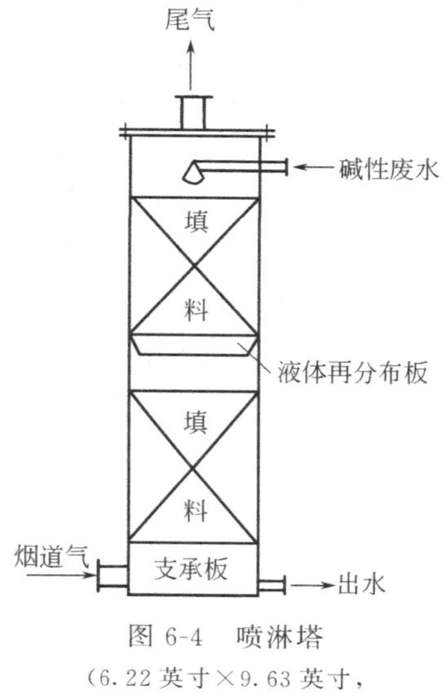

图 6-4　喷淋塔

(6.22 英寸×9.63 英寸，1 英寸≈2.54cm)

2. 药剂中和法

常用的药剂是硫酸、盐酸及压缩二氧化碳。硫酸的价格较低，应用最广。盐酸的优点是反应物溶解度高，沉渣量少，但价格较高。用无机酸中和碱性废水的工艺流程与设备和用药剂中和酸性废水的原理基本相同，在此不再赘述。用 CO_2 中和碱性废水，采用设备与烟道气处理碱性废水类似，均为逆流接触反应塔。CO_2 作为中和剂可以不需 pH 值控制装置。但由于成本较高，在实际工程中使用不多，一般均用烟道气。

第二节　化学沉淀法

化学沉淀法是向水中投加某些化学药剂，使之与水中溶解性物质发生化学反应，生成难溶化合物，然后通过沉淀或气浮加以分离的方法。这种方法可用于给水处理中去除钙、镁硬度，废水处理中去除重金属（如 Hg、Zn、Cd、Cr、Pb、Cu 等）和某些非金属（如 As、F 等）离子态污染物。

化学沉淀法的工艺流程和设备与混凝法类似，主要步骤包括：a. 化学沉淀剂的配制与投加；b. 沉淀剂与原水混合、反应；c. 固液分离，设备有沉淀池、气浮池等；d. 泥渣处理与利用。

一、基本原理

物质在水中的溶解能力可用溶解度表示。溶解度的大小主要取决于物质和溶剂的本性，也与温度、盐效应、晶体结构和大小等有关。习惯上把溶解度大于 1g/100g H_2O 的物质列为可溶物，小于 0.1g/100g H_2O 的物质列为难溶物，介于两者之间的列于微溶物。利用化学沉淀法处理所形成的化合物都是难溶物。

在一定温度下，难溶化合物的饱和溶液中，各离子浓度的乘积称为溶度积，它是一个化学平衡常数，以 K_{sp} 表示。难溶物的溶解平衡可用下列通式表达。

$$A_mB_n\ (\text{固}) \underset{\text{结晶}}{\overset{\text{溶解}}{\rightleftharpoons}} mA^{n+} + nB^{m-} \tag{6-4}$$

$$K_{sp} = [A^{n+}]^m[B^{m-}]^n$$

若 $[A^{n+}]^m[B^{m-}]^n < K_{sp}$，溶液不饱和，难溶物将继续溶解；$[A^{n+}]^m[B^{m-}]^n = K_{sp}$，

溶液达饱和，但无沉淀产生；$[A^{n+}]^m[B^{m-}]^n > K_{sp}$，将产生沉淀，当沉淀完后，溶液中剩余的离子浓度仍保持 $[A^{n+}]^m[B^{m-}]^n = K_{sp}$ 关系。因此，根据溶度积，可以初步判断水中离子是否能用化学沉淀法来分离以及分离的程度。

若欲降低水中某种有害离子 A：a. 可向水中投加沉淀剂离子 C，以形成溶度积很小的化合物 AC，而从水中分离出来；b. 利用同离子效应向水中投加同离子 B，使 A 与 B 的离子积大于其溶度积，此时式（6-4）表达的平衡向左移动。

若溶液中有数种离子共存，加入沉淀剂时，必定是离子积先达到溶度积的优先沉淀，这种现象称为分步沉淀。显然，各种离子分步沉淀的次序取决于溶度积和有关离子的浓度。

难溶化合物的溶度积可从化学手册中查到，表 6-1 仅摘录一部分。由表可见，金属硫化物、氢氧化物或碳酸盐的溶度积均很小，因此，可向水中投加硫化物（一般常用 Na_2S）、氢氧化物（一般常用石灰乳）或碳酸钠等药剂来产生化学沉淀，以降低水中金属离子的含量。

表 6-1　溶度积简表

化合物	溶度积	化合物	溶度积
$Al(OH)_3$	1.1×10^{-15} (18℃)	$Fe(OH)_2$	1.64×10^{-14}(18℃)
AgBr	4.1×10^{-13} (18℃)	$Fe(OH)_3$	1.1×10^{-36}(18℃)
AgCl	1.56×10^{-10} (25℃)	FeS	3.7×10^{-19}(18℃)
Ag_2CO_3	6.15×10^{-12} (25℃)	Hg_2Br_2	1.3×10^{-21}(25℃)
Ag_2CrO_4	1.2×10^{-12} (14.8℃)	Hg_2Cl_2	2×10^{-18}(25℃)
AgI	1.5×10^{-16} (25℃)	Hg_2I_2	1.2×10^{-28}(25℃)
Ag_2S	1.6×10^{-49} (18℃)	HgS	4×10^{-53}～2×10^{-49}(18℃)
$BaCO_3$	7×10^{-9} (16℃)	$MgCO_3$	2.6×10^{-5}(12℃)
$BaCrO_4$	1.6×10^{-10} (18℃)	MgF_2	7.1×10^{-9}(18℃)
BaF_2	1.7×10^{-6} (18℃)	$Mg(OH)_2$	1.2×10^{-11}(18℃)
$BaSO_4$	0.87×10^{-10} (18℃)	$Mn(OH)_2$	4×10^{-14}(18℃)
$CaCO_3$	0.99×10^{-8} (15℃)	MnS	1.4×10^{-15}(18℃)
CaF_2	3.4×10^{-11} (18℃)	NiS	1.4×10^{-24}(18℃)
$CaSO_4$	2.45×10^{-5} (25℃)	$PbCO_3$	3.3×10^{-14}(18℃)
CdS	3.6×10^{-29} (18℃)	$PbCrO_4$	1.77×10^{-14}(18℃)
CoS	3×10^{-26} (18℃)	PbF_2	3.2×10^{-8}(18℃)
CuBr	4.15×10^{-8} (18～20℃)	PbI_2	7.47×10^{-9}(15℃)
CuCl	1.02×10^{-6} (18～20℃)	PbS	3.4×10^{-28}(18℃)
CuI	5.06×10^{-12} (18～20℃)	$PbSO_4$	1.06×10^{-8}(18℃)
CuS	8.5×10^{-45} (18℃)	$Zn(OH)_2$	1.8×10^{-14}(18～20℃)
CuS	2×10^{-47} (16～18℃)	ZnS	1.2×10^{-23}(18℃)

二、氢氧化物沉淀法

水中金属离子很容易生成各种氢氧化物，其中包括氢氧化物沉淀及各种羟基络合物，显然，它们的生成条件和存在状态与溶液 pH 值有直接关系。如果金属离子以 M^{n+} 表示，则其氢氧化物的溶解平衡为

$$M(OH)_n \rightleftharpoons M^{n+} + nOH^- \tag{6-5}$$

因为 $$K_{sp} = [M^{n+}][OH^-]^n$$

所以 $$[M^{n+}] = K_{sp}/[OH^-]^n$$

这是与氢氧化物沉淀共存的饱和溶液中的金属离子浓度，也就是溶液在任一 pH 值条件下，可以存在的最大金属离子浓度。

因为水的离子积为

$$K_w = [H^+][OH^-] = 1\times10^{-14}\ (25℃)$$

所以

$$[M^{n+}] = K_{sp}\Big/\left(\frac{K_w}{[H^+]}\right)^n$$

将上式取负对数可以得到

$$-\lg[M^{n+}] = -\lg K_{sp} + n\lg K_w + n\mathrm{pH}$$
$$= n\mathrm{pH} + \mathrm{p}K_{sp} - 14n \tag{6-6}$$

由式（6-6）可见，a. 金属离子浓度相同时，溶度积 K_{sp} 越小，则开始析出氢氧化物沉淀的 pH 值越低；b. 同一金属离子，浓度越大，开始析出沉淀的 pH 值越低。

根据各种金属氢氧化物的 K_{sp} 值，由式（6-6）可计算出某一 pH 值时溶液中金属离子的饱和浓度。以 pH 值为横坐标，以 $-\lg[M^{n+}]$ 为纵坐标，即可绘制纯溶液中金属离子的饱和浓度与 pH 值的关系图（图 6-5）。根据关系图可确定各金属离子沉淀的条件。以 Cd^{2+} 为例，若 $[Cd^{2+}]$ = 0.1mol/L，则由图可查出，使 $Cd(OH)_2$ 开始析出的 pH 值应为 7.7；若欲使溶液残余 $[Cd^{2+}]$ 降至 10^{-5} mol/L，则沉淀终了的 pH 值应为 9.7。

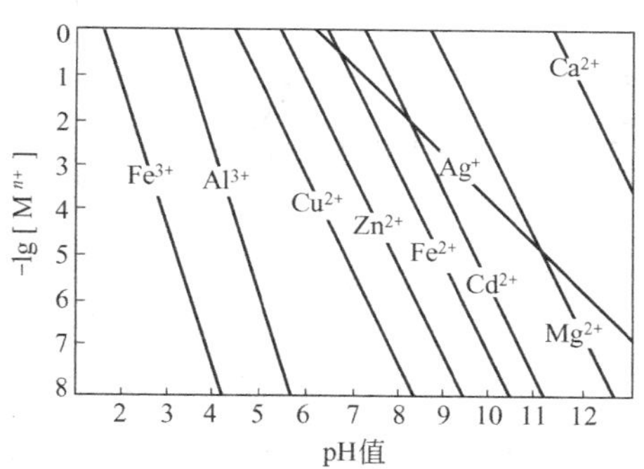

图 6-5　金属氢氧化物的溶解度与 pH 值的关系

许多金属离子和氢氧根离子不仅可以生成氢氧化物沉淀，而且还可以生成各种可溶性羟基络合物。在与金属氢氧化物呈平衡的饱和溶液中，不仅有游离的金属离子，而且有配位数不同的各种羟基络合物，它们都将参与沉淀-溶解平衡。显然，各种金属羟基络合物在溶液中存在的数量和比例都直接同溶液 pH 值有关，根据各种平衡关系可以进行综合计算。

以 Zn(Ⅱ) 为例，其羟基络合物的生成反应平衡常数 K_1、K_2、K_3、K_4 如下：

$$K_1 = [ZnOH^+]/([Zn^{2+}][OH^-]) = 5\times10^5$$
$$K_2 = [Zn(OH)_2(液)]/([ZnOH^+][OH^-]) = 2.7\times10^4$$
$$K_3 = [Zn(OH)_3^-]/([Zn(OH)_2(液)][OH^-]) = 1.26\times10^4$$
$$K_4 = [Zn(OH)_4^{2-}]/([Zn(OH)_3^-][OH^-]) = 1.82\times10$$

与 $Zn(OH)_2$（固）呈平衡的各种离子、羟基络合物与 pH 值的关系如下

(1)
$$Zn(OH)_2(固) \rightleftharpoons Zn^{2+} + 2OH^-$$
$$K_{sp} = [Zn^{2+}][OH^-] = 7.1\times10^{-8}$$
$$-\lg[Zn^{2+}] = 2\mathrm{pH} + \mathrm{p}K_{sp} - 2\mathrm{p}K_w = 2\mathrm{pH} - 10.85$$

(2)
$$Zn(OH)_2(固) \rightleftharpoons Zn(OH)^+ + OH^-$$
$$K_{s1} = [Zn(OH)^+][OH^-] = K_{sp}K_1 = 3.55\times10^{-12}$$
$$-\lg[Zn(OH)^+] = \mathrm{pH} + \mathrm{p}K_{s1} - \mathrm{p}K_w = \mathrm{pH} - 2.55$$

(3)
$$Zn(OH)_2(固) \rightleftharpoons Zn(OH)_2(液)$$
$$K_{s2} = [Zn(OH_2)(液)] = K_{s1}K_2 = 9.8\times10^{-8}$$
$$-\lg[Zn(OH)_2(液)] = \mathrm{p}K_{s2} = 7.02$$

(4)
$$Zn(OH)_2(固) + OH^- \rightleftharpoons Zn(OH)_3^-$$

$$K_{s3}=[Zn(OH)_3^-]/[OH^-]=K_{s2}K_3=1.2\times10^{-3}$$

$$-\lg[Zn(OH)_3^-]=-pH+pK_{s3}+pK_w=-pH+16.92$$

(5)
$$Zn(OH)_2(\text{固})+2OH^- \rightleftharpoons Zn(OH)_4^{2-}$$

$$K_{s4}=[Zn(OH)_4^{2-}]/[OH^-]^2=K_{s3}K_4=2.19\times10^{-2}$$

$$-\lg[Zn(OH)_4^{2-}]=-2pH+pK_{s4}+2pK_w=-2pH+29.66$$

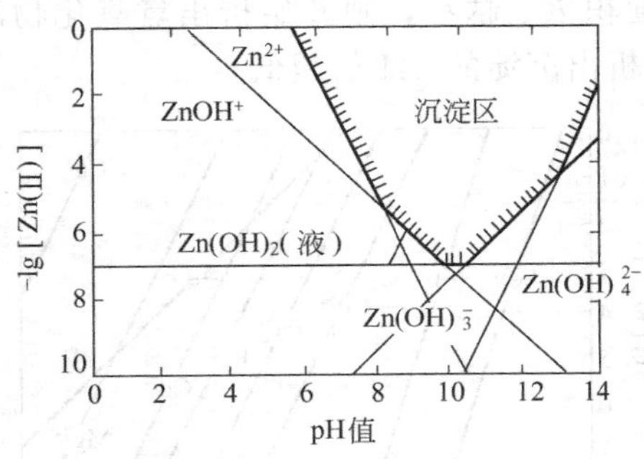

图 6-6 氢氧化锌溶解平衡区域图

根据以上各式，可以作出如图 6-6 所示的 $-\lg[Zn(\text{Ⅱ})]$ 与 pH 值关系图。图中阴影线所围的区域代表生成固体 $Zn(OH)_2$ 沉淀的区域。由图可见，当 pH<10.2 时，$Zn(OH)_2$（固）的溶解度随 pH 值升高而降低；当 pH>10.2 以后，$Zn(OH)_2$（固）的溶解度随 pH 值升高而增大。其他可生成两性氢氧化物的金属也具有类似的性质，如 Cr^{3+}、Al^{3+}、Fe^{3+}、Fe^{2+}、Cd^{2+}、Cu^{2+}、Pb^{2+} 等。

实际废水处理中，共存离子体系十分复杂，影响氢氧化物沉淀的因素很多，必须控制 pH 值，使其保持在最优沉淀区域内。表 6-2 给出了某些金属氢氧化物沉淀析出的最佳 pH 值范围，对具体废水最好通过试验确定。

表 6-2 某些金属氢氧化物沉淀析出的最佳 pH 值范围

金属离子	Fe^{3+}	Al^{3+}	Cr^{3+}	Cu^{2+}	Zn^{2+}	Sn^{2+}	Ni^{2+}	Pb^{2+}	Cd^{2+}	Fe^{2+}	Mn^{2+}
沉淀的最佳 pH 值	6～12	5.5～8	8～9	>8	9～10	5～8	>9.5	9～9.5	>10.5	5～12	10～14
加碱溶解的 pH 值		>8.5	>9		>10.5			>9.5		>12.5	

当废水中存在 CN^-、NH_3、S^{2-} 及 Cl^- 等配位体时，能与金属离子结合成可溶性络合物，增大金属氢氧化物的溶解度，对沉淀法不利，应通过预处理除去。

三、硫化物沉淀法

金属硫化物比氢氧化物的溶度积更小，所以在废水处理中也常用生成硫化物的方法，从水中除去金属离子。通常采用的沉淀剂有硫化氢、硫化钠等。

金属硫化物的溶解平衡式为

$$MS \rightleftharpoons [M^{2+}]+[S^{2-}] \tag{6-7}$$

$$[M^{2+}]=K_{sp}/[S^{2-}]$$

以硫化氢为沉淀剂时，硫化氢分两步电离，其电离方程式如下：

$$H_2S \rightleftharpoons H^+ + HS^- \tag{6-8}$$

$$HS^- \rightleftharpoons H^+ + S^{2-}$$

电离常数分别为

$$K_1=\frac{[H^+][HS^-]}{[H_2S]}=9.1\times10^{-8}$$

$$K_2=\frac{[H^+][S^{2-}]}{[HS^-]}=1.2\times10^{-15}$$

由以上两式得

$$\frac{[H^+]^2[S^{2-}]}{[H_2S]}=1.1\times10^{-22}$$

$$[S^{2-}]=\frac{1.1\times10^{-22}[H_2S]}{[H^+]^2}$$

将上式代入溶解平衡式得

$$[M^{2+}]=\frac{K_{sp}[H^+]^2}{1.1\times10^{-22}[H_2S]}$$

在 0.1MPa、25℃的条件下，硫化氢在水中的饱和浓度为 0.1mol/L（pH≤6），因此有

$$[M^{2+}]=\frac{K_{sp}[H^+]^2}{1.1\times10^{-23}}$$

$$[S^{2-}]=\frac{1.1\times10^{-23}}{[H^+]^2}$$

由上式可以计算在一定 pH 值下溶液中金属离子的饱和浓度，如图 6-7 所示。

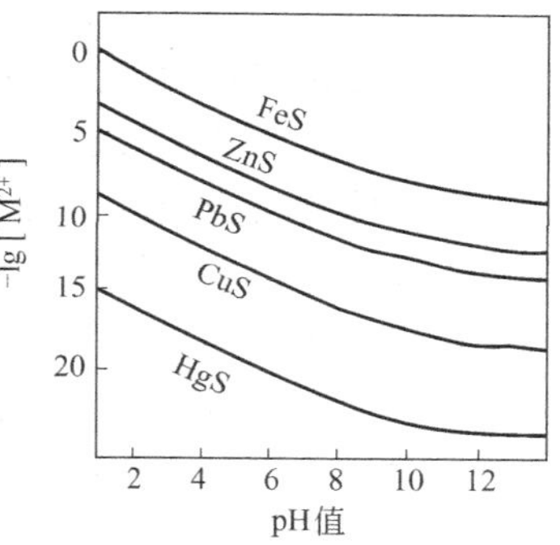

图 6-7　金属硫化物溶解度和 pH 值的关系

例如，向含镉废水中通入 H_2S 达饱和，并调整 pH 值为 8.0，求出水中剩余的镉离子浓度。

$$Cd^{2+}+S^{2-}\rightleftharpoons CdS \qquad K_{sp}=7.9\times10^{-27}$$

$$[Cd^{2+}]=\frac{(7.9\times10^{-27})(10^{-8})^2}{1.1\times10^{-23}}=7.18\times10^{-20}(mol/L)$$

$$=7.18\times10^{-20}\times112.4\times10^3=8.07\times10^{-16}(mg/L)$$

以 Na_2S 为沉淀剂时，Na_2S 完全电离，并随即发生水解

$$Na_2S\longrightarrow 2Na^++S^{2-}$$

$$S^{2-}+H_2O\rightleftharpoons HS^-+OH^-$$

$$HS^-+H_2O\rightleftharpoons H_2S+OH^-$$

其中一级水解强烈进行，使溶液呈强碱性，水解产物 HS^- 约占化合态硫总量的 99%，而 S^{2-} 很少。二级水解十分微弱，H_2S 更少。

采用硫化物沉淀法处理重金属废水，去除率高，可分步沉淀，泥渣中金属品位高，便于回收利用，适用 pH 值范围大。但使用硫化钠沉淀剂存在较大缺陷，就是 S^{2-} 相对于废水中重金属离子一定要维持过量，而过量的硫化物有可能超过国家污水排放标准，同时硫化物还可能使处理水 COD 增加；尤其是当 pH 值降低时，可产生有毒的 H_2S，造成二次污染；此外，金属硫化物的颗粒很小，分离困难，需投加适量絮凝剂进行共沉。

四、螯合沉淀法

螯合沉淀法是利用螯合剂与水中重金属离子进行螯合反应生成难溶螯合物，然后通过固液分离去除水中重金属离子的一类方法。难溶螯合物的生成可在常温和很宽的 pH 值范围内进行，废水中 Cu^{2+}、Cd^{2+}、Hg^{2+}、Pb^{2+}、Mn^{2+}、Ni^{2+}、Zn^{2+}、Cr^{3+} 等多种重金属离子均可通过螯合沉淀法去除；尤其对废水中络合态重金属，使用氢氧化物这类普通的沉淀剂难以达到稳定的效果，如果使用重金属螯合沉淀剂，由于一个重金属离子会被多个极性的螯合基团所螯合，它强大的结合力远远大于 OH^- 或 S^{2-} 与重金属离子的结合力，可以从许多络合态重金属中夺取重金属并生成沉淀。螯合沉淀反应时间短，沉淀污泥含水率低，沉淀 pH 值适用范围宽，如 DTCR 在 pH=3～11 范围内均有效。

例如，对某电镀公司含铜、镍、铬、锌、氰化物等的复合重金属废水，分别采用氢氧化

物、硫化物和 DTCR 进行沉淀处理，处理效果比较如表 6-3 所列。单独使用碱作沉淀剂，pH 值在 7～9 时，重金属是不能沉淀完全的，若将 pH 值调高到 10 以上，对铜、镍的沉淀有利，但三价铬与锌会因出现返溶而超标，故单纯使用碱来处理是有局限性的。在碱法的基础上加入硫化钠来辅助沉淀，由于 S^{2-} 与重金属的结合力要比 OH^- 强，可提高处理效果，但 S^{2-} 与重金属离子都只是单原子结合，结合力不很强，甚至竞争不过水中一些常用的络合剂，故其去除含络合剂较多的重金属废水效果不是令人满意，所以在本例中使用硫化钠处理过的水总在达标值上下浮动，即使再加大沉淀剂的加入量也不会有多大效果。而且使用硫化钠易于造成二次污染。

表 6-3　氢氧化钠、硫化钠和 DTCR 去除重金属离子效果的比较

水样	Cu/(mg/L)	Ni/(mg/L)	总 Cr/(mg/L)	Zn/(mg/L)	CN^-/(mg/L)	pH 值
酸碱废水调节池中	63.1	12.8	83.3	120	0.92	3.14
单独使用氢氧化钠后	3.28	2.85	1.17	4.31	0.74	9.5
每吨废水投加 100g 硫化钠后	0.55	0.95	0.26	2.35	0.25	9.5
每吨废水投加 50g DTCR 后	0.12	0.18	0.06	0.23	0.01	8.0
每吨废水投加 100g DTCR 后	0.00	0.03	0.00	0.02	0.00	8.0

用于去除重金属离子的螯合剂的来源主要有两种：一种是利用合成的或天然的高分子物质，通过高分子化学反应引入具有螯合功能的基团来合成；另一种是含有螯合基的单体经过加聚、缩聚、逐步聚合或开环聚合等方法制取。目前研究和应用较多的重金属螯合剂主要有两类：不溶性淀粉黄原酸酯（Insoluble Starch Xanthate，ISX）和二硫代氨基甲酸盐（Dithiocarbamate，DTC）类衍生物，而 DTC 类衍生物是应用最广泛的。

（1）ISX 类沉淀剂　淀粉基黄原酸酯（ISX）类沉淀剂是淀粉中葡萄糖基经化学改性引入［—C(=S)S］官能团制成。用于废水处理的有钠型或镁型淀粉黄原酸酯，均不溶于水，但在水中存在电离和水解平衡。重金属离子可与淀粉黄原酸酯反应生成沉淀而被去除。

（2）DTC 类沉淀剂　二硫代氨基甲酸盐与金属离子具有极强的络合能力，其衍生物作为重金属螯合剂的研究开始于 20 世纪中叶，其合成的基本方法是用多胺或乙烯二胺与二硫化碳在强碱中反应制得，其分子中氮原子和硫原子位置的不同、取代基团种类的不同（烷基或芳香基）、其他杂原子的存在和取代基位置的不同都会影响其对重金属的螯合效果。

DTCR 是长链的高分子，含有大量的极性基［—N—C(=S)S］，极性基中的硫离子原子半径较大、带负电，易于极化变形，产生负电场，捕捉阳离子，同时趋向成键，生成难溶的二硫代氨基甲酸盐（DTC 盐）而析出。这样生成的难溶 DTC 盐，有的是离子键或强极性键，如 DTC-Ag，大多数是配价键，如 DTC-Cu、DTC-Zn、DTC-Fe 等。关于上述配价键的结构，同一金属离子螯合的配价键极可能来自不同的 DTCR 分子，这样生成的 DTC 盐的分子会是高交联的、立体结构的，原 DTCR 的分子量为 10 万～15 万，而生成的难溶螯合盐的分子量可达到数百万，甚至上千万，故此种金属盐一旦在水中生成，受重力作用，便有好的絮凝沉析效果。

第三节　化学氧化还原法

无机物的氧化还原反应为电子的转移过程，可应用电极电位分析判断。但对有机物的氧化还原反应而言，由于涉及共价键，电子的变化关系较为复杂，不能直接用电子传递的概念进行分析判断。在有机物的氧化还原反应中，发生变化的只是它们之间共价键电子对位置的偏移，因而使电子对偏离碳原子的反应就是有机物的氧化，使电子对移近碳原子的反应就是有机物的还原。在实际中，可根据某些经验方法来判断有机物的氧化还原反应。具体的方法有：凡是使有机物加氧或去氢的反应称为氧化反应，而加氢或去氧的反应则称为还原反应；凡是与强氧化剂作用而使有机物分解趋向简单的无机物（如 CO_2、H_2O 等）的反应，可判断为氧化反应。从广义上说来，一些氯化、硝化等取代和加成的有机反应也要视为氧化还原反应。

根据废水中有毒有害物在反应过程中是被氧化还是被还原，氧化还原法可分为氧化法和还原法两大类。通过化学氧化法，可使废水中的有机物（如色、嗅、味、COD）和无机物质（如 CN^-、S^{2-}、Fe^{2+}、Mn^{2+} 等）被氧化，从而使废水中的有毒物质无害化，或降低废水的 BOD_5 和 COD 值，使难于生物降解的有机物转化为可生物降解的有机物。通过化学还原法，可使废水中某些高价态、高毒性金属离子还原为低价态或元素态物质，从而使之无毒或低毒后被分离除去。近年来，高级氧化技术在对传统化学氧化法改革的基础上应运而生，由于其具有独特的工艺特点，受到人们极大的关注。因此，本节重点介绍化学氧化法、高级氧化法和化学还原法。

一、化学氧化法

（一）空气氧化法

1. 基本原理

空气氧化法指把空气吹入废水中，利用空气中的氧气氧化废水中有害物质的方法。为了提高氧化效果，有时要在高温、高压下进行氧化反应，或者使用催化剂。

空气氧化法可以使废水中易于氧化的物质氧化。石油炼制厂、石油化工厂、皮革厂、制药厂等都排出大量含硫废水。硫化物一般以钠盐或铵盐形式存在于废水中，如 Na_2S、$NaHS$、$(NH_4)_2S$、NH_4HS 等。在酸性废水中，硫化物以 H_2S 的形式存在。当含硫量不高、无回收价值时，可采用空气氧化法脱硫。由于 S^{2-} 在碱性条件下具有较强的还原能力，利用空气中的分子氧氧化脱硫通常在碱性条件下进行。

向废水中注入空气和蒸汽（加热），硫化物按下式转化为无毒的硫代硫酸盐或硫酸盐。

$$2HS^- + 2O_2 \longrightarrow S_2O_3^{2-} + H_2O \tag{6-9}$$

$$2S^{2-} + 2O_2 + H_2O \longrightarrow S_2O_3^{2-} + 2OH^- \tag{6-10}$$

$$S_2O_3^{2-} + 2O_2 + 2OH^- \longrightarrow 2SO_4^{2-} + H_2O \tag{6-11}$$

反应过程中，式（6-9）与式（6-10）反应为主反应。根据理论计算，每氧化 1kg 硫化物为硫代硫酸盐，需氧量为 1kg，约相当于 $3.7m^3$ 空气。由于部分硫代硫酸盐（约 10%）会进一步氧化成硫酸盐，使需氧量约增加到 $4.0m^3$ 空气，而实际操作中供气量往往为理论值的 2～3 倍。

2. 工艺流程

空气氧化脱硫通常在密闭的塔器（空塔、板式塔、填料塔）中进行，图 6-8 为空气氧化法处理含硫废水工艺流程。含硫废水经隔油沉渣后与压缩空气及水蒸气混合，升温至 80～90℃后，进入空气氧化塔，塔径一般不大于 2.5m，分四段，每段高 3m，每段进口处设喷嘴，雾化进料；废水在塔内平均停留时间为 1.5～2.5h，塔内气水体积比不小于 15；增大气水体积比则气液的接触面积加大，有利于空气中的氧向水中扩散，加快氧化速度；氧化塔出水经气液分离器分离空气与水，净化出水所含余热经换热器予以回收利用。

3. 工程应用

据国内一家企业的运行数据：当操作温度为 90℃ 的废水含流量在 2900mg/L 左右时，

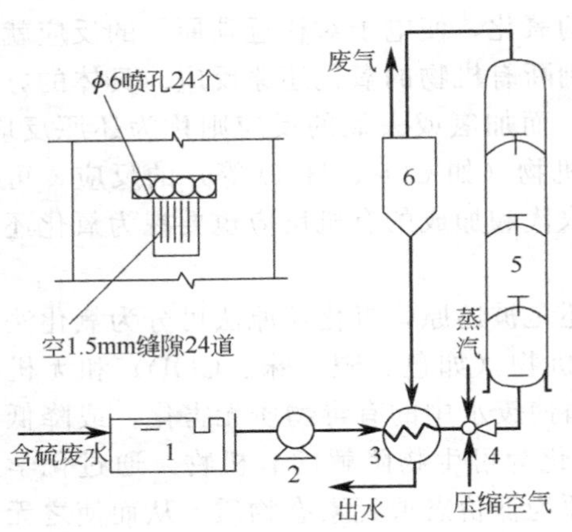

图 6-8 空气氧化法处理含硫废水工艺流程
1—隔油池；2—泵；3—换热器；4—射流器；
5—空气氧化塔；6—气液分离器

脱硫效率达98.3%，处理费用为0.9元/m^3（废水）；其他条件不变、操作温度降为64℃时，脱硫率为94.3%，处理费用为0.6元/m^3（废水）。

制革工业中常将石灰、硫化钠等用作脱毛剂，由此产生碱性含硫废水。此类废水pH＝11～13，硫化物含量在2000～4000mg/L（以S^{2-}计），可采用空气氧化法处理。为提高氧化速度，缩短处理时间，常添加锰盐（如$MnSO_4$）作催化剂。在国外，催化氧化法是处理含硫废水使用较广泛的方法，在国内所调查的50家制革厂中，有8家制革厂进行了硫的单项治理，其处理方法也大多是催化氧化法。某制革厂处理流程为：含硫废水经过格栅后，用泵抽入装有充氧器的曝气池氧化，投加500mg/L左右的$MnSO_4$作催化剂，曝气时间为3～6h，气水比约为15。处理后出水的S^{2-}可以降到5～10mg/L，并且在废水pH＝11～13的条件下，Mn^{2+}的残留量在10^{-7}mol/L以下，低于排放标准1mg/L的要求。

（二）湿式氧化与催化湿式氧化法

1. 工艺流程及设备

湿式氧化（Wet Oxidation，WO）是在高温（125～320℃）和高压（0.5～20MPa）条件下，以空气或氧气为氧化剂，氧化废水中溶解和悬浮的有机物和还原性无机物的一种方法。在WO工艺基础上添加适当的催化剂即成为催化湿式氧化法（CWO）工艺。因氧化过程在液相中进行，故湿式氧化与一般方法相比，湿式氧化法具有适用范围广（包括对污染物种类和浓度的适应性）、处理效率高、二次污染低、氧化速度快、装置小、可回收有用物料和能量等优点。

湿式氧化工艺最初由美国的Zimmermann研究提出，20世纪70年代以前主要用于城市污水处理的污泥和造纸黑液的处理。70年代以后，湿式氧化技术发展很快，应用范围扩大，装置数目和规模增大，并开始了催化湿式氧化的研究与应用。20世纪80年代中期以后、湿式氧化技术向三个方向发展：第一，继续开发适于湿式氧化的高效催化剂，使反应能在比较温和的条件下，在更短的时间内完成；第二，将反应温度和压力进一步提高至水的临界点以上，进行超临界湿式氧化；第三，回收系统的能量和物料，目前湿式氧化法在国外已广泛用于各类高浓度废水及污泥处理，尤其是毒性大，难以用生化方法处理的农药废水、染料废水、制药废水、煤气洗涤废水、造纸废水、合成纤维废水及其他有机合成工业废水的处理，还可用于还原性无机物（如CN^-、SCN^-、S^{2-}）和放射性废物的处理。图6-9为基本的湿式氧化系统。

废水和空气分别从高压泵和压缩机进入热交换器，与已氧化液体换热，使温度上升到接近反应温度。进入反应器后，废水中有机物与空气中氧气反应，反应热使温度升高，并维持在较高的温度下反应。反应后，液相和气相经分离器分离，液相进入热交换器预热进料，废气排放。在反应器中维持液相是该工艺的特征，因此需要控制合适的操作压力。在装置初开或需要附加热量的情况下，直接用蒸汽或燃油作热源。由基本流程出发，可得多种改进流程，以回收反应尾气的热能和压力能。用于处理浓废液（浓度≥10%）并回收能量的湿式氧化流程如图 6-10 所示。图 6-10 与图 6-9 的不同在于对反应尾气的能量进行二次回收。首先由废热锅炉回收尾气的热能产生蒸汽或经热交换器预热锅炉进水，尾气冷凝水由第二分离器分离后送回反应器以维持反应器中液相平衡，防止浓废液氧化时释放的大量反应热将水分蒸干。第二分离器后的尾气送入透平机产生机械能和电能，该系统对能量实行逐级利用，减少了有效能损失。

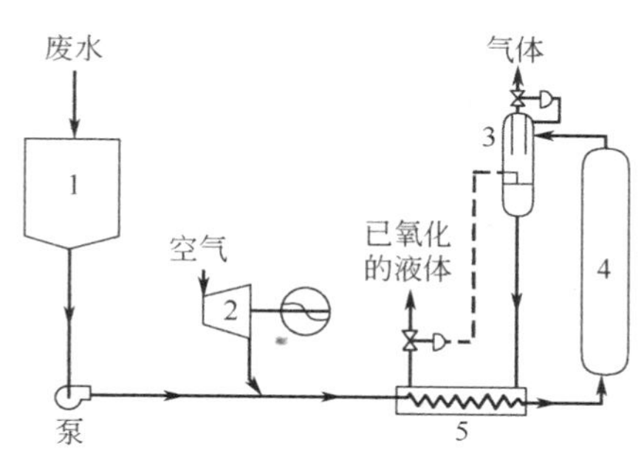

图 6-9 湿式氧化法基本流程

1—贮存罐；2—空压机；3—分离器；4—反应器；5—热交换器

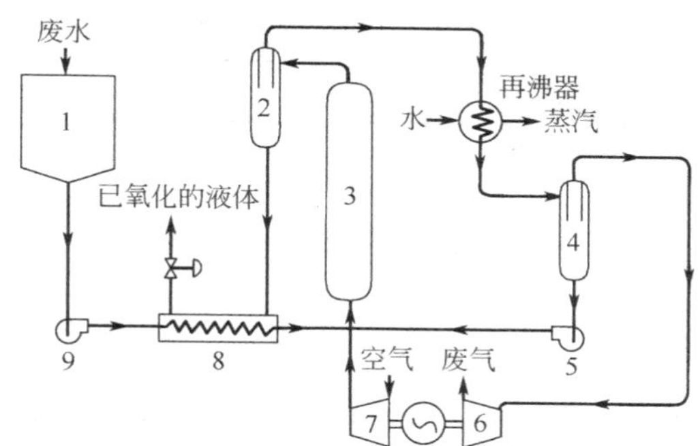

图 6-10 湿式氧化处理浓废液流程

1—贮存罐；2,4—分离器；3—反应器；5—循环泵；6—透平机；7—空压机；8—热交换器；9—高压泵

湿式氧化系统的主体设备是反应器，除了要求其耐压、防腐、保温和安全可靠以外，同时要求器内气液接触充分，并有较高的反应速度，通常采用不锈钢鼓泡塔。反应器的尺寸及材质主要取决于废水性质、流量、反应温度、压力及时间。

2. 影响因素

湿式氧化的处理效果取决于废水性质和操作条件（温度、氧分压、时间、催化剂等），其中反应温度是最主要的影响因素。不同温度下的典型氧化效果如图 6-11 所示。

由图可见：a. 温度越高，时间越长，去除率越高；当温度高于 200℃，可达到较高有机物去除率，当温度低于某个限值，即使延长氧化时间，去除率也不会显著提高，一般认为，湿式氧化温度不宜低于 180℃；b. 达到相同的去除率，温度越高，所需时间越短，相应地反应容积便越小；c. 湿式氧化过程大致可以分为两个速度段，前半小时，因反应物浓度高，氧化速度快，去除率增加快；此后，因反应物浓度降低或中间产物更难以氧化，致使氧化速度趋缓，去除率增加不多。由此分析，若将湿式氧化作为生物氧化的预处理，则应控制湿式氧化时间为 0.5h 为宜。

气相氧分压对过程有一定影响，因为氧分压决定了液相溶解氧浓度。实验表明，氧化速度与氧分压成 0.3～1.0 次方关系。但总压影响显著，控制一定总压的目的是保证呈液相反应。温度、总压和气相中的水气量三者是偶合因素，见图 6-12。

由图 6-12 可知，在一定温度下，压力越高，气相中水汽量就越小。总压的低限为该温度下水的饱和蒸汽压。如果总压过低，大量的反应热就会消耗在水的汽化上，当进水量低于汽化量时，反应器就会被蒸干。湿式氧化的操作压力一般不低于 5.0～12.0MPa，超临界湿式氧化的操作压力已达 43.8MPa。

不同的污染物，其湿式氧化的难易程度是不同的。对于有机物，其可氧化性与有机物中氧元素含量（O）在分子量（M）中的比例或者碳元素含量（C）在分子量（M）中的比例具有较好的线性关系，即 O/M 值越小、C/M 值越大、氧化越易。研究指出，低分子量的有机酸（如乙酸）的氧化性较差。

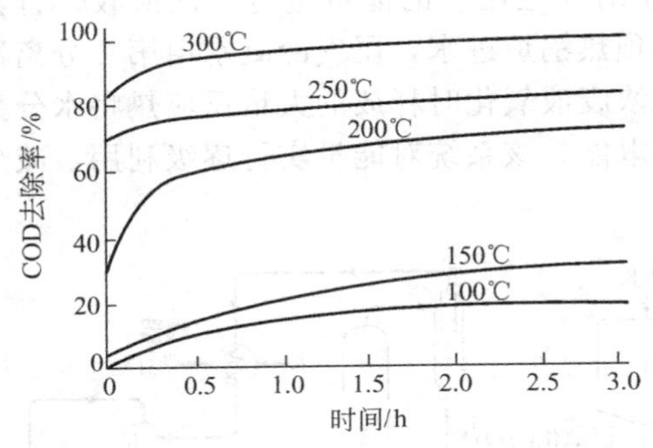

图 6-11　温度对氧化效果的影响

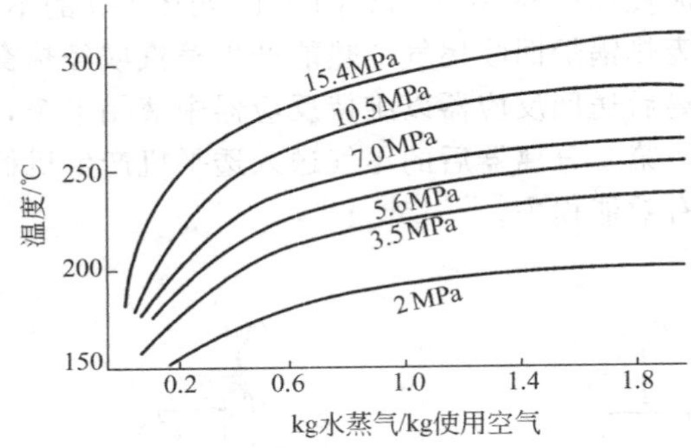

图 6-12　每千克干燥空气的饱和水蒸气量与温度、压力的关系

催化剂的运用大大提高了湿式氧化的速度和程度。有关湿式氧化催化剂的研究，每年都有多项专利注册。对有机物湿式氧化，多种金属具有催化活性，其中贵重金属系（如 Pd、Pt、Ru）催化剂的活性高、寿命长、适用广，但价格昂贵，应用受到限制。目前人们多致力于非贵金属催化剂的开发，已获得应用的主要是过渡金属和稀土元素（如 Cu、Mn、Co、Ce）的盐和氧化物。

3. 工程应用

湿式氧化可以作为完整的处理阶段，将污染物浓度一步处理到排放标准值以下，但是为了降低处理成本，也可以作为其他方法的预处理或辅助处理。常见的组合流程是湿式氧化后进行生物氧化。国外多家工厂采用此两步法流程处理丙烯腈生产废水。经湿式氧化处理，COD 由 42000mg/L 降至 1300mg/L、BOD_5 由 14200mg/L 降至 1000mg/L、氰化物由 270mg/L 降至 1mg/L、BOD_5/COD 比值由 0.2 提高至 0.76 以上。再经活性污泥法处理，总去除率达到：COD 99%；BOD_5 99.9%；氰化物 99.6%。

与活性污泥法相比，处理同一种废水，湿式氧化法的投资高约 1/3，但运转费用却低得多。若利用湿式氧化系统的废热产生低压蒸汽，产蒸汽收益可以抵偿 75%的运转费，则净运转费只占活性污泥法的 15%。若能从湿式氧化系统回收有用物料，其处理成本将更低。

（三）氯氧化法

1. 氯氧化剂特性

可在氯氧化法中使用的氯系氧化剂包括液氯，氯的含氧酸及其钠盐、钙盐以及二氧化氯等。氯系氧化剂均为氧化性较强的氧化剂。

各种氯系氧化剂中所含有的氯并不能全部起到氯化作用，因此采用有效氯的概念来表示药剂的氧化能力，具体含义是药剂所含氯中可起氧化作用的氯的比例。由于氯及其大多数衍生物的还原最终都要产生氯化物离子，因此有效氯指的是化合物中化合价大于氯化物离子（即负一价）的那部分氯。一般以 Cl_2 作为 100%有效氯的基准来进行比较。在这一比较基准的反应式中，每个分子的 Cl_2 发生了两个电子的变化。表 6-4 为根据上述定义和基准计算的各种氯系氧化剂的有效氯含量。

常温常压下，Cl_2 是一种黄绿色的气体，能强烈刺激黏膜，具有一定的毒性，其密度为空气的 2.48 倍，干燥时对金属无害，但在潮湿条件下对金属有强烈的腐蚀性。液氯一般的液化温度为−34.0℃，液化温度下液氯的密度为 1.57g/cm³，而在 0℃时为 1.47g/cm³。氯气易溶于水，在 20℃、1atm（1atm=1.01×10⁵Pa，下同）下的溶解度为 7300mg/L。

表 6-4 各种氯系氧化剂的有效氯含量

物质名称	分子量	氯当量/mol	含氯量/%	有效氯/%
液氯 Cl_2	71	1	100	100
氧化二氯 Cl_2O	87	2	81.7	163.2
二氧化氯 ClO_2	67.5	2.5	52.5	263
次氯酸钠 NaClO	74.5	1	47.7	95.3
漂白粉 CaCl(OCl)	127	1	56	56
次氯酸钙 $Ca(ClO)_2$	143	2	49.6	99.3
亚氯酸钠 $NaClO_2$	90.5	2	39.2	157
次氯酸 HClO	52.5	1	67.7	135.2
二氯胺 $NHCl_2$	86	2	82.5	165.1
一氯胺 NH_2Cl	51.5	1	69	138

Cl_2有强烈的从 0 价态还原到－1 价态的趋向，即还原到稳定性最大或能量最低的状态。在水溶液中 Cl_2迅速水解生成 Cl^{-1}和 Cl^{+1}，它们是一种热力学上更稳定的体系

$$Cl_2 + H_2O \longrightarrow H^+ + Cl^- + HClO \tag{6-12}$$

此反应也叫歧化反应。在 pH＞3 的酸性条件下，有利于反应式（6-12）向右移动。

水解产物次氯酸 HClO 中的 Cl 为 Cl^+，可产生强烈的氧化作用

$$HClO + H^+ + 2e^- \longrightarrow Cl^- + H_2O \quad \varphi^\phi = +1.49V \tag{9-13}$$

次氯酸是一种弱酸，能在水中电离

$$HClO \longrightarrow H^+ + ClO^- \tag{9-14}$$

次氯酸离子 ClO^- 仍是包含有 Cl^+ 的氯化剂

$$ClO^- + H_2O + 2e^- \longrightarrow Cl^- + 2OH^- \quad \varphi^\phi = +0.9V \tag{9-15}$$

在 pH＝7、$\varphi^\phi = +1.2V$ 时，次氯酸的电离平衡常数为

$$K^\phi = \frac{C(H^+) \cdot C(ClO^-)}{C(HClO)} = 3.3 \times 10^{-8} \quad (20℃)$$

不同的 pH 值，HClO 和 ClO^- 各占不同的比例，但两者的总和保持为一定值。分子 HClO 在总量中所占比例为

$$\frac{C(HClO)}{C(HClO)+C(ClO^-)} = \frac{1}{1+\dfrac{C(ClO^-)}{C(HClO)}} = \frac{1}{1+\dfrac{K^\phi}{C(H^+)}}$$

例如在 20℃及 pH＝8.0 时，HClO 所占比例为

$$\left(1+\frac{3.3\times10^{-8}}{10^{-8}}\right)^{-1} = (4.3)^{-1} = 23.26\%$$

而 ClO^- 所占比例为：$(1-0.2326)\times100\% = 76.74\%$

图 6-13 给出不同温度、pH 值下，HClO 和 ClO^- 所占比例的关系曲线。该图表明，在 0～20℃温度范围，pH＜6 时，次氯酸几乎完全为分子状态；而在 pH＝6～9 的范围内，HClO 和 ClO^- 各自所占的比例有剧烈的变化，pH 值约为 7.5，两者各占 50%；而当 pH 值大于 9.5，几乎完全电离为离子态的 ClO^-。比较上文所给出的 HClO 和 ClO^- 的 φ^ϕ 值可知，分子态的 HClO 比离子态的 ClO^- 有更强的氧化能力。除此之外，由于 HClO 是中性分子，易接触细菌而实施氧化消毒作用，而 ClO^- 带有负电，难以靠近带负电的细菌，其氧化能力难起作用，因而低 pH 值条件有利于发挥氯化法的氧化效果。

2. 液氯氧化处理废水

在废水处理中，可以利用氯系氧化剂氧化分解废水中酚类、醛类、醇类以及洗涤剂、油

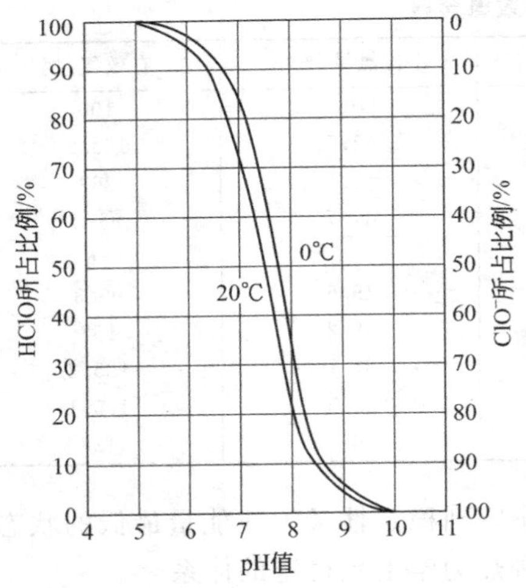

图 6-13　次氯酸的存在形态与 pH 值的关系

类、氰化物等，利用氯氧化法还可进行脱色、除臭、杀菌等处理。

以氯系氧化法除酚为例。酚在氯的氧化作用下开始降解为邻苯二酚及邻苯醌，然后再分解为顺丁烯二酸等。生成的顺丁烯二酸还可被进一步氧化为 CO_2 和 H_2O。同时，还会发生取代反应，生成有强烈异臭和潜在危害的氯酚（主要是 2,6-二氯酚）。为消除氯酚的危害，一方面可投加过量氯（视含酚量情况增大 1.25～2.0 倍），或改用 O_3、ClO_2 等氧化作用更强的氧化剂，以防止氯酚生成；另一方面可采用活性炭对出水进行后处理，除去水中的氯酚及其他氯代有机物。

瓶装液氯在实际中应用较多。由液氯蒸发产生的氯气一般不直接加入水中，而是用加氯器配成氯的水溶液再加入水中。考虑到使用安全，常采用真空加氯器（如文丘里水射流加氯器）。

液氯的沸点较低，易气化，在运输和贮藏过程中要防止液氯温升过高，以免引起爆炸。氯气是有毒气体，当液氯瓶大量漏氯不能制止时，可把整个氯瓶投入水池中，或者用大量的水喷淋，让泄漏氯气溶解在水里，也可把氯气通入碱性溶液中进行吸收。

3. 氯化消毒

（1）氯系消毒剂的种类及性能　氯系消毒剂包括液氯、漂白粉、漂白精、次氯酸钠、氯胺等。漂白粉主要成分为次氯酸钙，外观呈灰白色颗粒状粉末，有氯气味，其化学成分约为 $3Ca(ClO)Cl \cdot Ca(OH) \cdot nH_2O$，一般以 $Ca(ClO)Cl$ 代表其分子式。漂白粉在空气中易吸收水分和 CO_2，不稳定，有效氯含量约为 28%～32%。漂白精为较纯的次氯酸钙，外观呈白色粉末，其化学分子式为 $Ca(ClO)_2$，性能比较稳定，有效氯含量约为 60%～70%。次氯酸钠的分子式为 NaClO，在水溶液中的含量约为 8%～12%，性质不稳定，宜保存在 pH 值大于 12 的碱性溶液中。除商品型水溶液制剂外，次氯酸钠还可由次氯酸钠发生器电解食盐水现场制备。氯胺为有机型氯消毒剂，外观呈白色或淡黄色结晶，氯味及刺激性小，稳定耐贮存，有效氯含量约为 35%。

氯系消毒剂中“有效氯”这个概念指氯化合物中以正价形式存在的具有消毒作用的氯，通常以重量百分比表示。在消毒过程中，正价态的氯在与细菌酶系统的氧化还原反应中被还原成负一价，从而失去继续消毒的作用。有效氯含量越高，则相应的消毒剂用量就越少。常见的氯系消毒剂除二氧化氯（ClO_2）中的氯为正四价外，其他如次氯酸钠、次氯酸钙、氯胺中的氯都是正一价。氯气（Cl_2）可看作是由 Cl^{+1} 和 Cl^{-1} 组成。

（2）氯化消毒原理　一般认为次氯酸是氯的衍生物中杀菌力最强的成分，氯系消毒剂主要通过水解产物次氯酸（HClO）起作用。其原因在于 HClO 为很小的中性分子，只有它才能比较容易地扩散到带负电的细菌表面，穿过细胞壁渗入菌体内部，进而与细菌的酶系统发生不可逆的氧化反应，使细菌由于酶系统遭到钝化破坏而被灭活。ClO^- 虽亦具有杀菌能力，但因带有负电荷，难以接近呈负电性的细菌表面，杀菌能力比 HClO 差得多。工艺操作的 pH 值越低，氯系消毒剂的消毒作用越强，这一结果间接证明 HClO 是消毒的主要因素。

（3）加氯量、需氯量、剩余氯量及折点加氯　氯化消毒操作的加氯量包括需氯量和剩余氯量两个部分。需氯量指用于达到指定的消毒指标（大肠菌数指标）以及氧化水中所含的有机物和还原性物质等所需的有效氯量。除此之外，为抑制水中残存的细菌再度繁殖，在水中还需维持少量残余有效氯量，即为剩余氯量，或简称余氯。剩余氯量用 10min 接触后的游离性有效余氯量或 60min 接触后的综合性有效余氯量（游离氯和氯胺）表示。不同工艺操作条件下，加氯量与剩余氯量之间的关系不尽相同。其具体情况如下。

① 对于洁净水，即水中无微生物、有机物、还原性物质、氨、含氮化合物的理想状况，其需氯量为零，加氯量等于剩余氯量，两者间的关系见图 6-14 及图 6-15 中 45°的倾斜虚线①所示。

② 当水中只含有消毒对象细菌以及有机物、还原性无机物等需氧物质时，加氯量为需氯量与剩余氯量之和，两者间的关系见图 6-14 中的实线②所示。

③ 当水中的需氯杂质主要是氨和含氮化合物时，加氯量与剩余氯量之间的关系如图 6-15中的$\overline{OMABP}$曲线所示，即曲线②。在该图中，曲线与虚线之间的垂直距离为需氯量，曲线与坐标之间的垂直距离为剩余氯量。

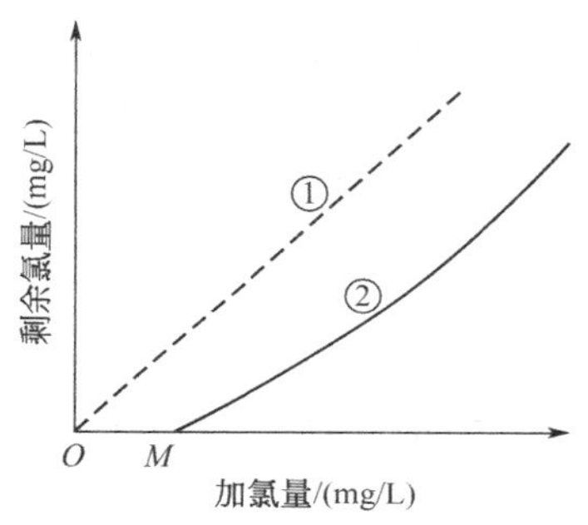

图 6-14　加氯量-剩余氯量关系曲线

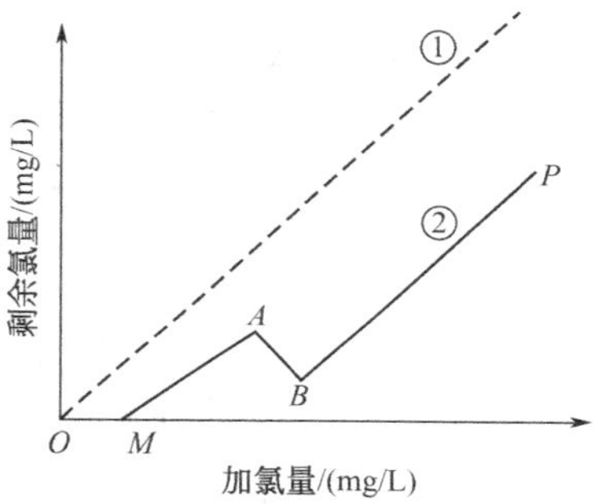

图 6-15　折点加氯曲线

由图 6-15 可以看出，在$\overline{OM}$段，所投加的有效氯均被水中的细菌及其他杂质消耗，余氯为零，此时的消毒效果不可靠，细菌有再度繁殖的可能；在$\overline{MA}$段，有效氯与氨生成氯胺（主要成分为一氯胺），余氯以化合性氯的形式存在，所以有一定的消毒效果；在$\overline{AB}$段，仍然产生化合性余氯，但随加氯量的继续增加，部分氯胺被氧化分解为不起消毒作用的 N_2、NO、N_2O 等，反而导致化合性余氯逐渐减少，其含量由峰点 A 直降至最小值，即折点 B 的位置；自 B 点之后，水中的需氯杂质已基本消耗殆尽，$\overline{BP}$段所投加的有效氯全部用于增加游离态的余氯量，在此阶段的消毒效果稳定可靠。所谓折点加氯，即加氯量超过折点需要量时的氯化消毒操作。

由于氯化消毒过程具有上述种种情形，在实际加氯操作中，应视原水水质、消毒要求等情况，控制适宜的加氯量。例如，当原水游离氨含量低于 0.3mg/L 时，通常将控制加氯量超过折点 B，以维持一定的游离态余氯量；而当原水游离氨含量在 0.5mg/L 以上时，则将加氯量控制在峰点 A 以前即可，此时的化合性余氯量已满足消毒要求。通常，原水游离氨含量在 0.3～0.5mg/L 范围时，加氯量往往难以把握，如控制在峰点 A 以前，有时不能达到化合性余氯量的要求，而控制在峰点 A 以后，又造成加氯量的浪费。

(4) 氯化消毒工艺设备　氯化消毒系统由消毒剂贮存或发生设备、投加设备、混合池、接触池和自动控制设备等组成。消毒处理系统应具备关键设备安全可靠、定比投加，能够保证消毒剂与水的快速混合与充分的接触时间等。

氯气（Cl_2）在氯化消毒中的使用最为广泛。为便于贮藏和运输，商品化氯气通常是将 Cl_2 液化后以液氯形式灌入钢瓶，在减压条件下操作使用。由于 Cl_2 的密度约是空气的 2.5

倍，一旦发生泄漏不易散发，易造成操作人员中毒；在环境温度升高、液氯瓶内的压力过度增加时，有可能引起爆炸，因此，运输及使用过程中的安全问题必须予以足够的重视。

4. 加氯设备

氯气是一种有毒的刺激性气体。当空气中氯气浓度达 40～60mg/L 时，呼吸 0.5～1h 即有危险。因此氯的运输、贮存及使用应特别谨慎小心，确保安全。加氯设备的安装位置应尽量地靠近加氯点，通常采用配置有自动检测与控制系统的自动加氯机，以实现加氯量随处理水量及氯压变化的自动调节，从而保证稳定可靠的处理或消毒效果。加氯机的具体种类很多，下面分别介绍 ZJ 型转子加氯机和真空加氯机。

(1) ZJ 型转子加氯机　图 6-16 所示为 ZJ 型转子加氯机的处理工艺。该工艺过程如下：随着污水不断流入，投氯不断升高。当水位上升到预定高度时，真空泵开始工作，抽去虹吸管中的空气，也可用水力抽气，产生虹吸作用。污水由投氯池流入接触池，氧化一定时间之后，达到了预定的处理效果，再排放。当投氯池水位降低到预定位置、空气进入虹吸管，真空泵停，虹吸作用破坏，此时水电磁阀和氯电磁阀自动开启，加氯机开始工作。当加氯到预定时间时，时间继电器自动指示，先后关闭氯电磁阀、水电磁阀。如此往复工作，可以实现按污水流量成比例加氯。每次加氯量可以由加氯机调节，也可以通过时间继电器改变电磁阀的开启时间来调节。加氯量是否适当，可由处理效果和余氯量指标评定。

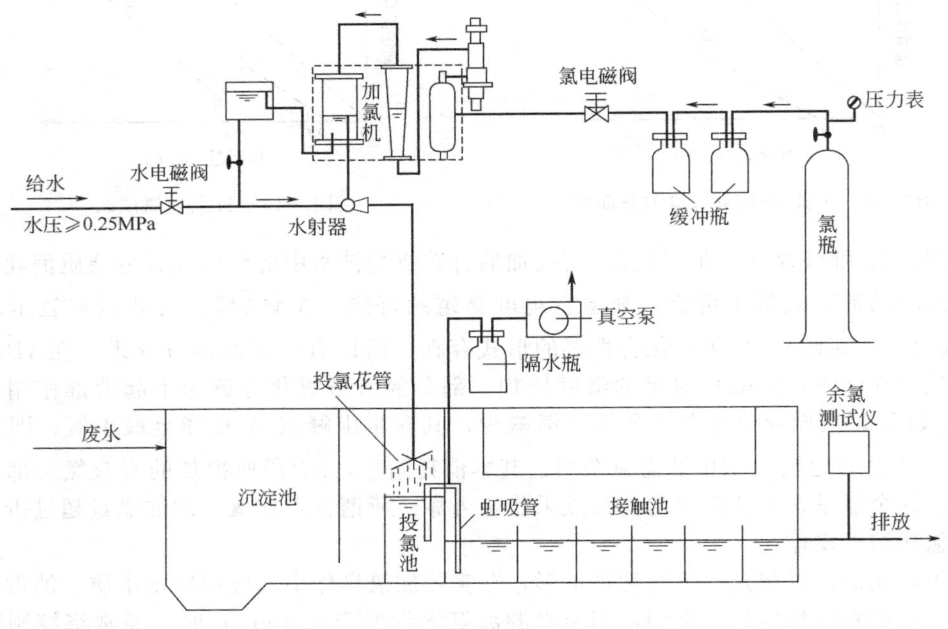

图 6-16　ZJ 型转子加氯机处理系统

(2) 真空式加氯机　图 6-17 为真空式加氯机结构及工作原理示意。该机运行时在玻璃钟罩外的浅盘 9 中存有水，形成水封，防止罩内氯气外溢；盘内还设有补充进水管 7 和溢流管 8，保证盘中维持必要的水深。正常工作时，氯气从液氯瓶出口减压阀流出，经旋流分离器 10 分离去除悬浮杂质后，由浮球控制器的出氯孔 1 进入玻璃钟罩 2，再经吸氯管 3 由水射器 4 抽吸到加氯点。浮球 5、浮球 6 的作用分别是调节出氯量及罩内真空度。当处理水量增加时，水射器 4 从真空罩抽吸的氯气量增加，造成罩内真空度增加并使罩内水面上升，这样浮球 5 随之上浮而增大出氯孔开启度；反之，则随水面的下降而减小出氯孔开启度，减小出氯量。当罩内真空度过高时，浮球 6 脱空，允许少量空气进入罩内，以适当降低真空度，

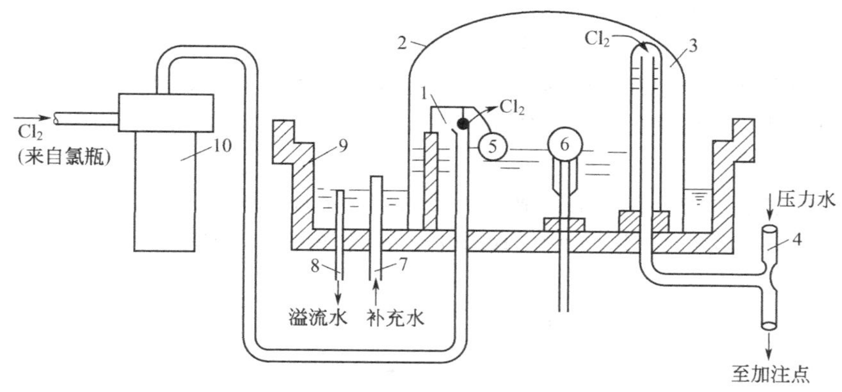

图 6-17　真空加氯机结构及工作原理

1—出氯孔；2—玻璃钟罩；3—吸氯管；4—水射器；5,6—浮球；7—补充进水管；8—溢流管；9—浅盘；10—旋流分离器

防止水封破坏，避免氯气外漏。

（3）次氯酸钠发生器及应用　次氯酸钠发生器是一种新型化的电解食盐水产生 NaClO 的装置。主要用于各种给水、废水消毒和氧化处理。由于采用了先进的金属阳极技术，使设备小、效率高、成本低。与传统的液氯、漂白粉等消毒工艺相比，现场制取的 NaClO 活性高，随制随用，处理效果好，操作安全可靠，不会发生逸氯或爆炸事故。次氯酸钠发生器由电解槽、整流电源、贮液箱和熔盐系统组成，电解槽是发生器的核心部件，多用管式电极。阳极或其镀层为 Pt、Ru、Ir 或其氧化物有较高的电流效率。最新研究认为 PbO_2 阳极具有较高的电极效率。表 6-5 列出了几种系列的 NaClO 发生器技术性能。

表 6-5　国内外几种 NaClO 发生器的性能比较

项　目	英 国	武 汉	广 州	上 海	北 京
型号	SM・TS	SD、SY	GXQA	小型发生器	SCl
阳极材料	铂合金	RuO_2	RuO_2	MnO_2	Ti-Ir
产量/(g/h)	56.7	18～400	25～30	25～30	50～1500
NaClO 浓度/(g/L)	11.5	8～9	7～7.5	6	8.5～9.5
NaCl 浓度/(g/L)	51.7	30～50	40	30	35
直流电耗/(kW・h/kg NaClO)	4.8	5.0	4.8～5.8	5.4	4～5
盐耗/(kg/kg NaClO)	4.5	3.6	5.3	5.0	2.5～4
电流效率/%	68	65	59	60～65	75

国外目前使用的次氯酸钠发生器有日本的层流型发生器、美国的派普康（PePcon）装置和英国的克洛罗派克（Chloropac）装置。层流型发生器的电解槽中食盐水的流态为层流，雷诺数在 500 以下。它的电流效率较低，槽电压很低。PePcon 装置的关键部件是 PePcon 专利阳极，是在石墨或钛基体上镀上二氧化铅，克氏池管由三个钛筒组成环形电解池，外筒内表面镀上一种专用的铂合金，使用寿命可达几年。次氯酸钠发生器使用广泛，可供印染厂、造纸厂以及使用氯消毒或杀菌的工厂如烟厂、洗瓶厂等使用，也用于处理各种生活污水和医院废水，能大量杀灭病毒和细菌。

（四）高锰酸盐氧化法

高锰酸盐也是一种强氧化剂，能与水中的 Fe^{2+}、Mn^{2+}、S^{2-}、CN^-、酚及其他致臭致味有机物很好地反应，选择适当投加量，它能杀死很多藻类和微生物。与臭氧处理一样，出水无异味，其投加与监测均很方便。

国内研究用高锰酸钾去除地面水中的有机物。试验发现，在中性 pH 条件下，对有机物和致突变物质的去除率均很高，明显优于在酸性和碱性条件下的效果。反应过程中产生的新生态水合 MnO_2 具有催化氧化和吸附作用。用高锰酸钾作为氯氧化的预处理，可以有效地控制氯酚与氯仿的形成。

在稀的中性水溶液中，高锰酸盐氧化硫化氢的化学计算关系为：

$$4MnO_4+3H_2S \rightleftharpoons 2K_2SO_4+S+3MnO+MnO_2+3H_2O \quad (6\text{-}16)$$

与氰离子反应为

$$2MnO_4^-+3CN^-+H_2O \xrightarrow[pH=12.4]{} 3CNO^-+2MnO_2+2OH^- \quad (6\text{-}17)$$

$$2MnO_4^-+CN^-+2OH^- \xrightarrow[pH=12\sim14]{} 2MnO_4^{2-}+CNO^-+H_2O \quad (6\text{-}18)$$

高锰酸盐对无机物的氧化速度比对一般有机物的氧化快得多，铜离子对氧化反应有明显的催化作用。

二、高级氧化法

高级氧化工艺（Advanced Oxidation Process，AOP）的概念是 Glaze、W. H 等于 1987 年提出的。它指利用强氧化剂羟基自由基（·OH）有效地破坏水相中污染物的化学反应，可通过加入氧化剂、催化剂或借助紫外光或可见光、超声波等方法产生羟基自由基。高级氧化法的特点如下。

① 羟基自由基具有极强的氧化能力，仅次于氟（$\cdot OH+H^++e^- \rightleftharpoons H_2O$，$E^\ominus=2.8V$)，对多种污染物能有效去除。

② 反应速率快，可操作性强。

③ 对污染物破坏彻底，可将其完全氧化。

④ 无二次污染等。

目前研究的高级氧化技术有 Fenton 试剂法、臭氧氧化法、光催化氧化法、超声波催化氧化法、超临界氧化法、微波氧化法等。

（一）Fenton 试剂氧化法

Fenton 试剂是亚铁离子和过氧化氢的组合，当 pH 值低时（一般要求 pH 值在 3 左右），在 Fe^{2+} 的催化下过氧化氢就会分解产生·OH，从而引发链式反应。作为强氧化剂，Fenton 试剂已有 100 多年的历史，在精细化工、医药化工、医药卫生、环境污染治理等方面得到广泛的应用。

1. Fenton 试剂氧化法原理

$$Fe^{2+}+H_2O_2 \longrightarrow Fe^{3+}+\cdot OH+OH^- \quad (6\text{-}19)$$

$$Fe^{2+}+\cdot OH \longrightarrow Fe^{3+}+OH^- \quad (6\text{-}20)$$

$$Fe^{3+}+H_2O_2 \longrightarrow Fe^{2+}+HO_2+H^+ \quad (6\text{-}21)$$

$$HO_2+H_2O_2 \longrightarrow O_2+H_2O+\cdot OH \quad (6\text{-}22)$$

$$RH+\cdot OH \longrightarrow \cdots \longrightarrow CO_2+H_2O \quad (6\text{-}23)$$

$$4Fe^{2+}+O_2+4H^+ \longrightarrow 4Fe^{3+}+2H_2O \quad (6\text{-}24)$$

$$Fe^{3+}+3OH^- \longrightarrow Fe(OH)_3(\text{胶体}) \quad (6\text{-}25)$$

Fe^{2+} 与 H_2O_2 间反应很快，生成·OH 自由基，由表 6-6 可见，·OH 的氧化能力很强，仅次于 Fe^{2+}，有三价铁共存时，由 Fe^{3+} 与 H_2O_2 缓慢生成 Fe^{2+}，Fe^{2+} 再与 H_2O_2 迅速反应生成·OH，与有机物 RH 反应，使其发生碳链裂变，最终氧化为 CO_2 和 H_2O，从而使废水的COD_{Cr}大大降低。同时Fe^{2+}作为催化剂，最终可被O_2氧化为Fe^{3+}。在一定pH值下，可有$Fe(OH)_3$胶体出现，它有絮凝作用，可大量降低水中的悬浮物。

表 6-6　基团与普通氧化剂分子的氧化单位

氧化剂	Fe^{2+}	·OH	O_3	H_2O_2	HOO	HOCl	Cl_2
氧化电位/V	3.06	2.80	2.07	1.77	1.70	1.49	1.39

Fenton法是一种高级化学氧化法，常用于废水高级处理，以去除COD_{Cr}色度和味道等。Fenton试剂氧化一般在$pH<3.5$的条件下进行，在该pH值时其自由基生成速率最大。

Fenton试剂及各种改进系统在废水处理中的应用可分为两个方面：一是单独作为一种处理方法氧化有机废水；二是与其他方法联用，如与混凝沉降法、活性炭法、生物法、光催化等联用。

2. 类Fenton试剂法

在常规Fenton试剂法中引入紫外光（UV）、光能、超声、微波、电能等可以提高H_2O_2催化分解产生·OH的效率，增强Fenton试剂的氧化能力。例如：H_2O_2/Fe^{2+}/UV、H_2O_2/Fe^{2+}/O_2、H_2O_2/Fe^{2+}/UV/O_2等组合工艺，其优点就是可降低H_2O_2的用量，紫外光和Fe^{2+}对H_2O_2的分解具有协同作用。

（二）臭氧氧化法

1. 臭氧的性质

臭氧O_3是氧气的同素异构体，在常温常压下是一种具有鱼腥味的淡紫色气体。沸点为−125℃，密度为2.114kg/m³，重量是氧气的1.5倍。在水中的溶解度是氧气的10倍。此外，臭氧还具有以下一些重要性质。

(1) 不稳定性　臭氧不稳定，在常温下容易自行分解，生成氧气并放出热量

$$2O_3 \longrightarrow 3O_2 + \Delta H, \Delta H = 284\text{kJ/mol} \tag{6-26}$$

MnO_2、PbO_2、Pt、C等催化剂的存在或紫外线辐射都会促使臭氧分解，臭氧在空气中的分解速度与臭氧浓度和温度有关。当浓度在1%以下时，其分解速度如图6-18所示。由图可见，温度越高，分解越快；浓度越高，分解也越快。

臭氧在水溶液中的分解速度比在气相中的分解速度快得多，而且强烈地受羟基离子的催化。pH值越高，分解越快。臭氧在蒸馏水中的分解速度如图6-19所示。常温下的半衰期约为15～30min。

(2) 溶解性　臭氧在水中溶解度要比纯氧高10倍，比空气高25倍。溶解度主要取决于温度和气相分压，也受气相总压影响。在常压下，20℃时的臭氧在水中的浓度和在气相中的平衡浓度之比为0.285。

(3) 毒性　高浓度臭氧是有毒气体，对眼及呼吸器官有强烈的刺激作用。正常大气中臭氧的浓度是$(1\sim4)\times10^{-8}$，当臭氧浓度达到$(1\sim10)\times10^{-6}$时可引起头痛、恶心等症状。

(4) 氧化性　臭氧是一种强氧化剂，其氧化还原电价与pH值有关。在酸性溶液中，$E^{\ominus}=2.07V$，氧化性仅次于氟；在碱性溶液中，$E^{\ominus}=1.24V$，氧化能力略低于氯（$E^{\ominus}=1.36V$）。研究指出，在pH=5.6～9.8，水温为0～39℃范围内，臭氧的氧化效力不受影响。利用臭氧的强氧化性进行城市给水消毒已有近百年的历史，臭氧的杀菌性强，速度快，能杀灭氯所不能杀灭的病毒和芽孢，而且出水无异味，但当投量不足时，也可能产生对人体有害的中间产物。在工业废水处理中，可用臭氧氧化多种有机物和无机物，如酚、氰化物、有机硫化物、不饱和脂肪族及芳香族化合物等。

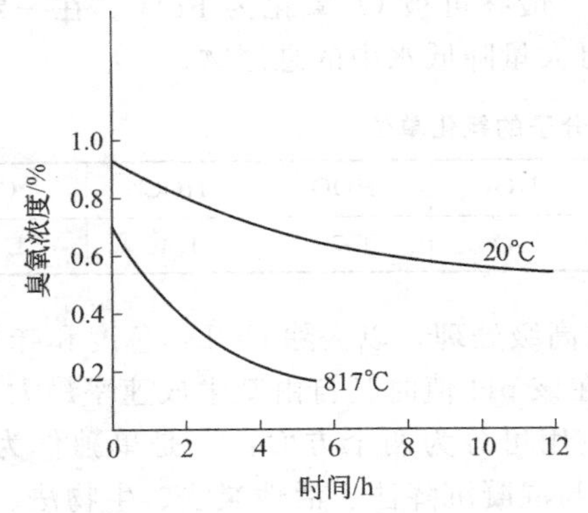

图 6-18　臭氧在空气中的分解速度

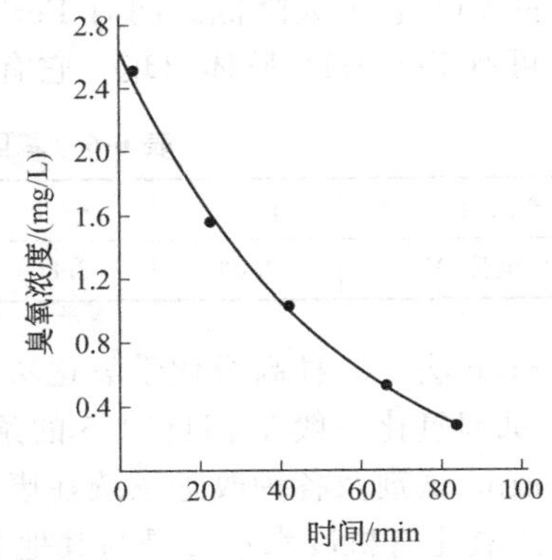

图 6-19　臭氧在蒸馏水中的分解速度

(5) 腐蚀性　臭氧有强腐蚀性，因此与之接触的容器、管路等均应采用耐腐蚀材料或作耐腐处理，耐腐蚀材料可用不锈钢或塑料。

2. 臭氧的制备

制备臭氧的方法较多，有化学法、电解法、紫外光法、无声放电法等。工业上一般采用无声放电法制取。

(1) 无声放电法原理　无声放电法生产臭氧的原理及装置如图 6-20 所示。在一对高压交流电极之间（间隙为 1～3mm）形成放电电场，由于介电体的阻碍，只有极小的电流通过电场，即在介电体表面的凸点上发生局部放电，因不能形成电弧，故称之为无声放电。当氧气或空气通过此间隙时，在高速电子流的轰击下，一部分氧分子转变为臭氧。其反应如下：

$$O_2+e^- \longrightarrow 2O+e^- \tag{6-27}$$

$$3O \longrightarrow O_3 \tag{6-28}$$

$$O_2+O \longleftrightarrow O_3 \tag{6-29}$$

上述可逆反应表示生成的臭氧又会分解为氧气，分解反应也可能按式（6-30）进行：

$$O_3+O \longrightarrow 2O_2 \tag{6-30}$$

分解速度随臭氧浓度增大和温度升高而加快。在一定浓度和温度下，生成和分解达到动态平衡。

理论上，以空气为原料时臭氧的平衡浓度为 3%～4%（质量分数），以纯氧为原料时可达到 6%～8%。从经济上考虑，一般以空气为原料时控制臭氧浓度不高于 1%～2%，以氧气为原料时则不高于 1.7 % ～4%。这种含臭氧的空气称为臭氧化气。

用无声放电法制备臭氧的理论比电耗为 0.95kW·h/kg O_3，而实际电耗大得多。单位电耗的臭氧产率，实际值仅为理论值的 10%左右，其余能量均变为热量，使电极温度升高。为了保证臭氧发生器正常工作和抑制臭氧热分解，必须对电极进行冷却，常用水作为冷却剂。

(2) 影响臭氧发生的主要因素

① 对单位电极表面积来说，臭氧产率与电极电压的平方成正比，因此，电压越高，产率越高。但电压过高很容易造成介电体被击穿以及损伤电极表面，故一般采用 15～20kV 的电压。

② 生产臭氧的浓度随温度升高而明显下降。为提高臭氧的浓度，必须采用低温水冷电极。

③ 提高交流电的频率可以增加单位电极表面积的臭氧产率，而且对介电体的损伤较小。

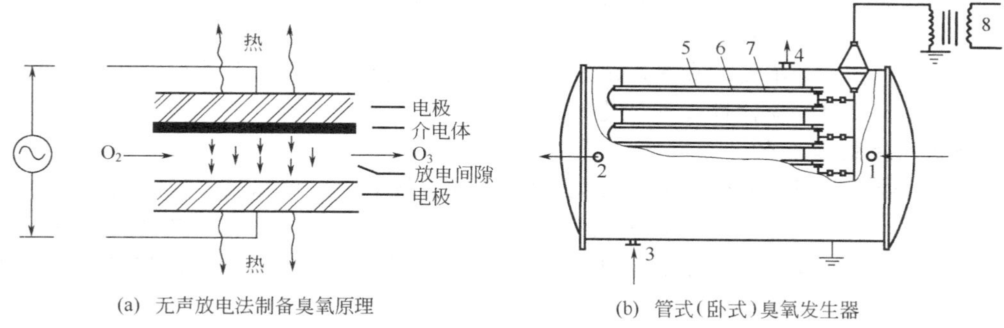

(a) 无声放电法制备臭氧原理　　(b) 管式(卧式)臭氧发生器

图 6-20　臭氧的制备原理与装置

1—空气或氧气进口；2—臭氧化气出口；3—冷却水进口；4—冷却水出口；5—不锈钢管；6—放电间隙；7—玻璃管；8—变压器

一般采用 50～500Hz 的频率。

④ 单位电极表面积的臭氧产率与介电体的介电常数成正比，与介电体厚度成反比。因此应采用介电常数大，厚度薄的介电体。一般采用 1～3mm 厚的硼玻璃作为介电体。

⑤ 原料气体的含氧量高，制备臭氧所需的动力则少，用空气和用氧气制备同样数量的臭氧所消耗的动力，前者要高出后者 1 倍左右。原料选用空气或氧气，需做经济比较决定。

⑥ 原料气中的水分和尘粒对制备臭氧过程不利，当以空气为原料时，在进入臭氧发生器之前必须进行干燥和除尘预处理。空压机采用无油润滑型，防止油滴带入。干燥可采用硅胶、分子筛吸附脱水，除尘可用过滤器。

(3) 臭氧发生系统及接触反应器　由于臭氧不稳定，因此通常在现场随制随用。以空气为原料制造臭氧，由于原料来源方便，所以采用比较普遍。典型臭氧处理闭路系统如图6-21所示。

空气经压缩机加压后，经过冷却及吸附装置除杂，得到的干燥净化空气再经计量进入臭氧发生器。要求进气露点在−50℃以下，温度不能高于 20℃，有机物含量小于 15×10^{-6}。

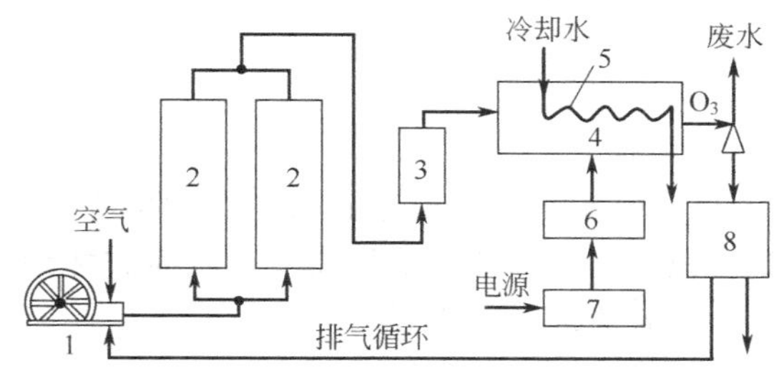

图 6-21　臭氧处理闭路系统

1—空气压缩机；2—净化装置；3—计量装置；4—臭氧发生器；5—冷却系统；6—变压器；7—配电装置；8—接触器

臭氧发生器有板式和管式两种。因板式发生器只能在低压下操作，所以目前多采用管式发生器。管式发生器的外形像列管式换热器，内有几十根甚至上百根相同的放电管［见图 6-20(b)］。放电管的两端固定在两块管板上，管外通冷却水。每根放电管均由两根同心圆管组成，外壳为金属管（不锈钢管或铝管），内管为玻璃管作介电体。内管一端封闭，管内壁镀有银膜或铝膜作电极。不锈钢管及玻璃管内膜与高压电源相连。内、外管之间留有 1～3mm 的环形放电间隙。管式发生器可承受 0.1MPa（表）的压力，当以空气为原料，采用 50Hz 的电源时，臭氧浓度可达 15～20g/m³，电能比耗为 16～18kW·h/kg O_3。

水的臭氧处理在接触反应器内进行，常用鼓泡塔、螺旋混合器、蜗轮注入器、射流器等。选择何种反应器取决于反应类型。当过程受传质速度控制时，如无机物氧化、消毒等，应选择传质效率高的螺旋反应器、蜗轮注入器、喷射器等；当过程受反应速度控制时，如有机物和 NH_4-N 的去除，应选用鼓泡塔，以保持较大的液相容积和反应时间。

水中污染物种类和浓度、臭氧的浓度与投量、投加位置、接触方式和时间、气泡大小、水温与水压等因素对反应器性能和氧化效果都有影响。

3. 臭氧氧化处理废水

水经臭氧处理，可达到降低 COD、杀菌、增加溶解氧、脱色除臭、降低浊度几个目的。

臭氧之所以表现出强氧化性，是因为臭氧分子中的氧原子具有强烈的亲电子或亲质子性，臭氧分解产生的新生态氧原子也具有很高的氧化活性。臭氧氧化有机物的机理大致包括三类。

① 夺取氢原子，并使链烃羰基化，生成醛、酮、醇或酸；芳香化合物先被氧化成酚，再氧化成酸。

② 打开双键，发生加成反应：

$$R_2C{=}CR_2 + O_3 \longrightarrow R_2C\begin{matrix}\diagup OOH \\ \diagdown G\end{matrix} + R_2C{=}O \tag{6-31}$$

式中，G 为—OH、—OCH_3、$-\underset{\underset{O}{\|}}{O}CCH_3$ 基。

③ 氧原子进入芳香环发生取代反应。某炼油厂利用 O_3 处理重油裂解废水，废水含酚 4～5mg/L，CN^- 4～6mg/L，S^{2-} 4～5mg/L，油 3～5mg/L，COD 400～500mg/L，pH 值为 11，水温为 45℃。投加 O_3 280mg/L，接触 12min。处理出水含酚 0.005mg/L，CN^- 0.1～0.2mg/L，S^{2-} 0.3～0.4mg/L，COD 90～120mg/L，油 2～3mg/L。

将混凝或活性污泥法与臭氧氧化法联合、可以有效地去除色度和难降解的有机物。紫外线照射以激活 O_3 分子和污染物分子，加快反应速度，增强氧化能力，降低臭氧消耗量。目前臭氧氧化法存在的缺点是电耗大，成本高。

4. 臭氧消毒

臭氧由 3 个氧原子组成，在常温常压下为无色气体，有特殊臭味。臭氧极不稳定，分解时产生初生态氧。

$$O_3 \longrightarrow O_2 + [O] \tag{6-32}$$

[O] 具有极强的氧化能力，对微生物如病毒、细菌、甚至芽孢等都有强大的杀伤力。还具有很强的渗入细胞壁的能力，从而破坏细菌有机体结构，导致细菌的死亡。图 6-22 为常见的臭氧消毒工艺流程。

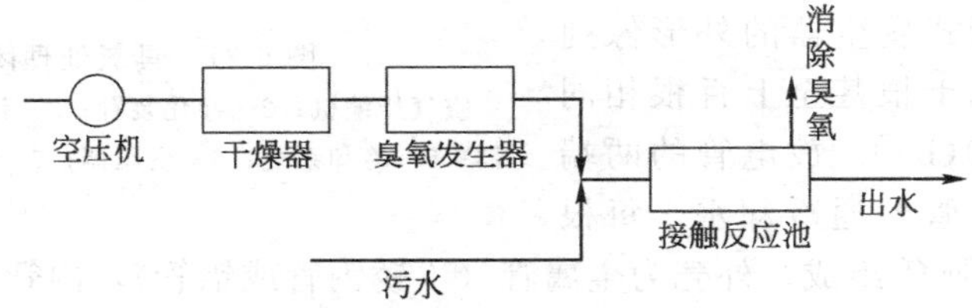

图 6-22 臭氧消毒工艺流程

臭氧在水中的溶解度仅为 10mg/L，因此通入污水中的臭氧往往不可能全部被利用，为了提高臭氧的利用率，接触反应池最好建成水深为 5～6m 的深水池，或建成封闭的几格串联的接触池，设置管式或板式微孔臭氧扩散器。扩散器用陶瓷或聚氯乙烯微孔塑料或不锈钢制成。臭氧消毒迅速，接触时间可采用 15min，可维持剩余臭氧量为 0.4mg/L。接触池排出剩余臭氧，具有腐蚀性，因此排出的剩余臭氧需作消除处理。臭氧不能贮存，需现场边生产边使用。

臭氧的消毒能力比氯更强。对脊髓灰质炎病毒，用氯消毒，保持 0.5～1mg/L 余氯量，需 1.5～2h，而达到同样效果，用臭氧消毒，保持 0.045～0.45mg/L 剩余 O_3，只需 2min。若初始 O_3 超过 1mg/L，经 1min 接触，病毒去除率可达到 99.99%。

（三）光催化氧化法

所谓光化学反应，就是在光的作用下进行的化学反应。在自然环境中有一部分近紫外光（190～400nm），他们极易被有机污染物吸收，在有活性物质存在时就会发生强烈的光化学反应使有机物降解。天然水体中存在大量的活性物质，如氧气、亲核剂 · OH 以及有机还原物质等，因此在光照的河水、海水表面发生着复杂的光化学反应。光降解通常指有机物在光作用下，逐步氧化成低分子中间产物，最终生成二氧化碳、水及其他离子（如 NO_3^-、PO_4^{3-}、卤素等）。利用光化学反应治理污染，包括无催化剂和有催化剂参与的光化学氧化。前者多采用臭氧和过氧化氢等作氧化剂，在紫外线的照射下使污染物氧化分解；后者又称为光催化氧化，一般可分为均相和多相（非均相）催化两种类型。

1. 光催化氧化法的作用机理

光催化反应原理是以半导体能带理论为基础的。半导体粒子一般由填满电子的低能价带（valence band，VB）和空的高能导带（conduction band，CB）构成，价带和导带之间存在禁带（Eg）。当用能量等于或大于禁带宽度（$hv \geqslant Eg$）的光照射时，半导体价带上的电子可被激发跃迁到导带，同时在价带上产生相应的空穴，这样就在半导体内部生成电子（e^-）-空穴（h^+）对。空穴具有很强的氧化活性，能够与溶液中的氢氧根离子和水分子反应生成羟基自由基，然后羟基自由基进一步与污染物反应，将污染物降解成二氧化碳和无机物；而光电子则与溶液中的溶解 O_2 发生还原反应，生成过氧化氢，过氧化氢与污染物反应生成水分子和无机物。Fujishima A 和 Honda K 于 1972 年首先发现了 TiO_2 在光照条件下可将水分解为 H_2 和 O_2，使这一技术被迅速应用于废水治理中，已有大量研究证明众多难降解有机物在光催化氧化的作用下可有效去除或降解。以 TiO_2 为例，该过程可用下式描述：

$$TiO_2 + h_v \longrightarrow h_{vb}^+ + e^- \tag{6-33}$$

$$TiO_2(h_{vb}^+) + H_2O \longrightarrow TiO_2 + \cdot OH + H^+ \tag{6-34}$$

$$TiO_2(h_{vb}^+) + OH^- \longrightarrow TiO_2 + \cdot OH \tag{6-35}$$

$$TiO_2(h_{vb}^+) + RH + OH^- \longrightarrow TiO_2 + R\cdot + H_2O \tag{6-36}$$

Carey 等较详细地描述了 TiO_2 光降解水中污染物的历程：光催化剂在光照下产生电子-空穴对；羟基或水在光催化剂表面吸附后形成表面活性中心；表面活性中心氧化水中有机物；氢氧自由基形成，有机物被氧化；氧化产物脱离。其中有机物在光催化剂表面的反应最慢，是光催化氧化过程的控制步骤。

2. 光催化剂

光催化剂就是在光子的激发下能够起到催化作用的化学物质的统称，可加速化学反应，其本身并不参与反应。实验室常用的光催化剂有 TiO_2、ZnO、WO_3、CdS、ZnS、Sr-TiO_3、SnO_2、Ag_3PO_4 等。其中 TiO_2 氧化能力强，化学性质稳定、无毒，是研究最广泛的催化剂。但其带隙较宽（3.2eV），只能在紫外光（仅占太阳辐射总量 5%，而可见光占 43%）照射下产生光催化活性，从而大大限制其对太阳光的利用率。目前对 TiO_2 的研究主要集中在通过掺杂（C、N等）、金属沉积、与小于其带隙的半导体构成异质结等方式增强可见光响应范围。Ag_3PO_4是近年发现的一种可见光响应型光催化剂，其量子产率（产氧率）高达90%，远远大于目前已知的半导体光催化剂（20%）。但由于其结构特征，使其在反应过程中存在光腐蚀现象，目前对其研究主要集中在通过Ag_3PO_4与其他材料的复合有效降低光腐蚀，提高该光催化剂的稳定性。

3. 光催化氧化技术影响因素

(1) 光催化剂类型、粒径与用量　一般选用锐钛矿型TiO_2作光催化剂；粒径越小，反应速率越大；催化剂用量，一般认为在2～4g/L较合适。

(2) 光源强度与光照　同等波长下，一般光越强，效率越高；同等光强下，一般波长越短，效率越高。

(3) 溶液pH值　不同类型、不同结构的污染物降解有各自的最适pH值。

(4) 污染物初始浓度　光催化剂对污染物的降解都有一个最适宜初始浓度，浓度过高会存在一个竞争的关系。

(5) 氧化剂和还原剂　O_2、H_2O_2、O_3、$S_2O_8^{2-}$等均是良好的电子捕获剂，能有效地使电子和空穴分离，提高催化效率；废水中Cl^-、NO_2^-、SO_4^{2-}、PO_4^{3-}能与有机物竞争空穴，将会显著降低光催化效率，尤其PO_4^{3-}对光催化效率影响很大。

4. 紫外氧化消毒

水银灯发出的紫外光能穿透细胞壁并与细胞质反应而达到消毒目的。紫外光波长为250～360nm的杀菌能力最强。因为紫外光需照进水层才能起消毒作用，故污水中的悬浮物、浊度、有机物和氨氮都会干扰紫外光的传播，因此处理水水质好，光传播系数就越高，紫外线消毒的效果也越好。

紫外线光源是高压石英水银灯，杀菌设备主要有浸水式和水面式两种。两种浸水式是把石英灯管置于水中，此法的特点是紫外线利用率较高，杀菌效能好，但设备的构造较复杂。水面式的构造简单，但由于反光罩吸收紫外光线以及光线散射，杀菌效果不如前者。紫外线消毒的照射强度为0.19～0.25W·s/cm^2，污水层深度为0.65～1.0m。

紫外线消毒与液氯消毒比较，具有如下优点。a. 消毒速度快，效率高。据试验经紫外线照射几十秒即能杀菌。一般大肠杆菌的平均去除率可达98%，细菌总数的平均去除率为96.6%，此外还能去除加氯法难以杀死的芽孢与病毒。b. 不影响水的物理性质和化学成分，不增加水的异味。c. 操作简单，便于管理，易于实现自动化。紫外线消毒的缺点是：不能解决消毒后在管网中再污染的问题，电耗较大，水中悬浮杂质妨碍光线透射等。

(四) 超声氧化法

超声降解有机物的机理是在超声波（频率一般为2×10^4～5×10^8Hz）作用下液体发生声空化，产生空化泡，空化泡崩溃的瞬间，在空化泡内及周围极小空间范围内产生高温(1900～5200K）和高压（5×10^7Pa），并伴有强烈的冲击波和时速高达400km/s的射流，这使泡内水蒸气发生热分解反应，产生具有强氧化能力的自由基，易发挥有机物形成蒸气直接热分解，而难发挥的有机物在空化泡气液界面上或在本体溶液中与空化产生的自由基发生氧化反应得到降解。超声氧化法具有设备简单、易操作、无二次污染等优点，但超声氧化存在降解效果差、超声能量转化率及利用率低、处理量小、处理费用高和处理时间长等问题。

目前，超声常常作为其他氧化剂或处理技术的辅助和强化技术，形成了US/O_3、US/H_2O_2、US/Fenton、US/UV/TiO_2、US/WAO（湿式空气氧化）等组合工艺。

（五）超临界氧化法

继固体、液体、气体之后，早在19世纪，人们又发现了可称为物质第四状态的超临界流体（supercritical fluid）。所谓超临界流体指温度和压力分别高于其所固有的临界温度和临界压力时，热膨胀引起密度减小，而压力升高又使气相密度变大，当温度和压力达到某一点时，气液两相的相界面消失，成为一均相体系，这一点就是临界点（critical point）。超临界流体具有类似液体的密度、溶解能力和良好的流动性，同时又具有类似气体的扩散系数和低黏度，该流体无论在多大的压力下压缩都不能发生液化，大多数有机化合物和氧都能溶解在超临界水中，形成一个有机物氧化的良好环境。而将废水中含有的有机物在超临界状态下用氧化剂或催化剂氧化分解的方法即为超临界水氧化法（SCWO）。它能使有毒有害的有机物质完全转化，同时还可以回收其氧化分解所释放出来的热能。SCWO技术同超临界萃取和超临界色谱技术一样，将因其本身所具有的突出优势和应用前景而得到迅速发展。

但其反应的真正机理还有待进一步探索。今后的研究主要是研制耐高温高压、耐腐蚀的超临界氧化反应器，并将这一技术推向实际应用。

三、化学还原法

废水中的某些金属离子在高价态时毒性很大（如六价铬离子毒性通常比三价铬大100倍），可用化学还原法将其还原为低价态后分离去除。常用的还原剂有下列几类。

① 某些电极电位较低的金属，如铁屑、锌粉等，反应后 $Fe \rightarrow Fe^{2+}$，$Zn \rightarrow Zn^{2+}$。

② 某些带负电的离子，如 $NaBH_4$ 中的 B^{5-}，反应后 $BH_4^- \rightarrow BO_2^-$；再如 $SO_3^{2-} \rightarrow SO_4^{2-}$。

③ 某些带正电的离子，如 $FeSO_4$ 或 $FeCl_2$ 中的 Fe^{2+}，反应后 $Fe^{2+} \rightarrow Fe^{3+}$。

此外，利用废气中的 H_2S、SO_2 和废水中的氰化物等进行还原处理，也是有效且经济的。

1. 金属还原法

氯碱、炸药、制药、仪表等工业废水中常含有剧毒的 Hg^{2+}。处理方法是将 Hg^{2+} 还原为Hg加以分离和回收。采用的还原剂为比汞活泼的金属（铁屑、锌粒、铝粉、铜屑等）、硼氢化钠和醛类等。废水中的有机汞先氧化为无机汞，再进行还原。

采用金属还原除汞，通常在滤柱中进行。反应速度与接触面积、温度、pH值、金属纯净度等因素有关。通常将金属破碎成2～4mm的碎屑，并去掉表面污物。控制反应温度为20～80℃。温度太高，虽反应速度快，但会有汞蒸气逸出。

采用铁屑过滤时，pH＝6～9较好，耗铁量最省；pH＜6，则铁因溶解而耗量增大；pH＜5，有 H_2 析出，吸附于铁屑表面，阻碍反应进行。据国内某厂试验，用工业铁粉去除酸性废水中的 Hg^{2+}，在50～60℃，混合1～1.5h，经过滤分离，废水除汞达到90％以上。

采用锌粒还原时，pH值最好在9～11。虽然Zn能在较弱的碱液中还原汞，但损失量大增。反应后将游离出的汞与锌结合成锌汞齐。通过干馏，可回收汞蒸气。

用铜屑还原时，pH值在1～10均可，此法一般应用在废水含酸浓度较大的场合。如蒽醌磺化法制蒽醌双磺酸，用 $HgSO_4$ 作催化剂，废酸浓度达30％，含汞600～700mg/L。采用铜屑过滤法除汞，接触时间不少于40min，出水含汞量小于10mg/L。

据国外资料，用 $NaBH_4$ 可将 Hg^{2+} 还原为Hg。

$$Hg^{2+} + BH_4^- + 2OH^- \longrightarrow Hg\downarrow + 3H_2\uparrow + BO_2^- \tag{6-37}$$

此反应要求pH＝9～11，浓度为12％的 $NaBH_4$ 溶液投加入碱性废水中，与废水在固定螺旋混合器中混合反应，生成的汞粒（粒径10μm）送入水力旋流器分离，含汞渣再真空蒸馏，能回收80％～90％的汞，残留于溢流水中的汞，用孔径为5μm的过滤器过滤，出水残留汞低于 0.01mg/L。排气中的汞蒸气用稀硝酸洗，返回原废水进行二次回收。据报道，1kg $NaBH_4$ 可回收 2kg Hg。

2. 药剂还原法

电镀、冶炼、制革、化工等工业废水中常含有剧毒的 Cr^{6+}，以铬酸根 CrO_4^{2-} 和重铬酸根 $Cr_2O_7^{2-}$ 形式存在。在酸性条件（pH＜4.2）下，只有 $Cr_2O_7^{2-}$ 存在，在碱性条件（pH＞7.6）下，只有 CrO_4^{2-} 存在。

利用还原剂把 Cr^{6+} 还原成毒性较低的 Cr^{3+}，是最早采用的一种治理方法。采用的还原剂有 SO_2、H_2SO_3、$NaHSO_3$、Na_2SO_3、$FeSO_4$ 等。

还原除铬包括两步：首先，废水中的 $Cr_2O_7^{2-}$ 在酸性条件下（pH＜4 为宜）与还原剂反应生成 $Cr_2(SO_4)_3$；再加碱（石灰）生成 $Cr(OH)_3$ 沉淀，在 pH＝8～9 时，$Cr(OH)_3$ 的溶解度最小，亚硫酸-石灰法的反应式如下。

$$H_2CrO_7 + 3H_2SO_4 \longrightarrow Cr_2(SO_4)_3 + 4H_2O \tag{6-38}$$

$$Cr_2(SO_4)_3 + 3Ca(OH)_2 \longrightarrow 2Cr(OH)_3\downarrow + 3CaSO_4\downarrow \tag{6-39}$$

还原剂的用量与 pH 值有关。采用亚硫酸-石灰法，在 pH＝3～4 时，反应进行完全，药剂用量最省，Cr^{6+} ∶ S＝1 ∶ 1.3～1.5；在 pH＝6 时，反应不完全，药剂较贵，Cr^{6+} ∶ S＝1 ∶ 2～3；当 pH＞7 时，反应不能进行。

采用硫酸亚铁-石灰流程除铬适用于含铬浓度变化大的场合，且处理效果好，费用较低。当 $FeSO_4$ 投量较高时，可不加硫酸，因 $FeSO_4$ 水解呈酸性，会降低溶液的 pH 值，也可减少第二步反应的加碱量。但泥渣量大，出水色度较高。采用此法处理，理论药剂用量为 Cr^{6+} ∶ $FeSO_4 \cdot 7H_2O$＝1 ∶ 16。当废水中 Cr^{6+} 浓度大于 100mg/L 时，可按理论值投药；小于 100mg/L 时，投药量要增加。石灰投量可按 pH＝7.5～8.5 计算。

还原除铬反应器一般采用耐酸陶瓷或塑料制造，当用 SO_2 还原时，要求设备的密封性好。工业上也采用铁屑（或锌屑）过滤除铬。含铬的酸性废水（控制进水 pH 值为 4～5）进入充填铁屑的滤柱，铁放出电子，产生 Fe^{2+}，将 Cr^{6+} 还原为 Cr^{3+}，随着反应的不断进行，水中消耗了大量的 H^+，使 OH^- 浓度增高，当其达到一定浓度时，与 Cr^{6+} 反应生成 $Cr(OH)_3$，少量 Fe^{3+} 生成 $Fe(OH)_3$，后者具有凝聚作用，将 $Cr(OH)_3$ 吸附凝聚在一起，并截留在铁屑孔隙中。通常滤柱内装铁屑高 1.5m，采用滤速 3m/h。

第四节　电　解

电解法又称电化学法，是废水中的电解质在直流电的作用下发生电化学反应的过程。主要适用于处理含重金属离子、含油废水的脱色，有毒难生物降解有机废水等。

一、基本原理

电解是利用直流电进行溶液氧化还原反应的过程。废水中的污染物在阳极被氧化，在阴极被还原，或者与电极反应产物作用，转化为无害成分被分离除去。目前对电解还没有统一的分类方法，一般按照污染物的净化机理可分为电解氧化法、电解还原法、电解凝聚法和电解浮上法；也可以分为直接电解法和间接电解法。按照阳极材料的溶解特性可分为不溶性阳极电解法和可溶性阳极电解法。

利用电解可以处理：a. 各种离子状态的污染物，如 CN^-、AsO_2^-、Cr^{6+}、Cd^{2+}、Pb^{3+}、Hg^{2+} 等；b. 各种无机和有机的耗氧物质，如硫化物、氨、酚、油和有色物质等；c. 致病微生物。电解法能够一次去除多种污染物，例如，氰化镀铜废水经过电解处理，CN^- 在阳极氧化的同时，Cu^{2+}在阴极被还原沉积。电解装置紧凑，占地面积小，节省一次性投资，易于实现自动化；药剂用量少，废液量少。通过调节槽电压和电流，可以适应较大幅度的水量与水质变化冲击。但电耗和可溶性阳极材料消耗较大，副反应多，电极易钝化。电解消耗的电量与电解质的反应量间的关系遵从法拉第定律：a. 电极上析出物质的量正比于通过电解质的电量；b. 理论上，1 法拉第电量可以析出 1 摩尔的任何物质。即

$$D = nF\frac{W}{M} = It \tag{6-40}$$

式中，D 为通过电解池的电量，它等于电流强度 I（A）与时间 t（h）的乘积，单位为 F，1F＝96500 库仑＝26.8A·h；W，M 为析出物重量（g）和摩尔量；n 为反应中析出物的电子转移数；$n\dfrac{W}{M}$ 为析出的摩尔数。

实际电解时，常要消耗一部分电量用于非目的离子的放电和副反应等。因此，真正用于目的物析出的电流只是全部电流的一部分，这部分电流占总电流的百分率称为电流效率，常用 $\eta\%$表示。

$$\eta\% = \frac{G}{W}\times 100\% = \frac{26.8Gn}{MIt}\times 100\% \tag{6-41}$$

式中，G 为实际析出物的质量，g。

当已知公式中各参数时，可以求出一台电解装置的生产能力。

例如，以一台 600mm×180mm×38mm 石墨板为阳极，有 10 组双电极串联的电解食盐水产生 NaClO 装置。阳极电流密度 i 为 $50mA/cm^2$，如以 40%的电流效率计算，则电解装置每昼夜可处理含氰 10mg/L 的废水多少吨？题中电流密度 i 指单位电极面积上所通过的电流数量（A/m^2）。

首先，根据法拉第定律，每通过 1 库仑电量可产生 1.323g Cl_2。假定输出的电流全部用以产生 Cl_2，则一昼夜的产氯量为

$$W = 1.323\times\frac{50\times 10^4}{1000}\times 0.6\times 0.18\times 10\times 24 = 17146.08(g)$$

如果产生的 Cl_2全部用以产生次氯酸盐，则由反应式：

$$Cl_2 + 2OH^- \rightleftharpoons ClO^- + Cl^- + H_2O$$

得知 17146.08gCl_2产生 18003.38g NaClO。然而实际上有部分氯气会逸出或发生副反应，所通电流只有 40%用于产生 Cl_2，即只能得到 0.4×18003.38＝7201.35g NaClO。如果此量全都用于氧化 CN^-，按反应式：

$$OCl^- + CN^- \longrightarrow Cl^- + CNO^-$$

1mol NaClO 可氧化 1molCN^-，则 7201.35g NaClO 可去除 2513.22g CN^-，现废水含氰 $10g/m^3$，这台电解装置运转一昼夜可处理废水$\dfrac{2513.22}{10}=251.3m^3$。

电流效率是反映电解过程特征的重要指标。电流效率越高，表示电流的损失越小。电解槽的处理能力取决于通入的电量和电流效率，两个尺寸不同的电解槽同时通入相等的电流，如果电流效率相同，则它们处理同一废水的能力也是相同的。影响电流效率的因素很多，仍以石墨阳极电解食盐水产生 NaClO 过程来分析。除了 $Cl^- \rightarrow Cl_2$ 的主过程以外，还伴随着下列次要过程和副反应：a. 阳极 OH^- 放电析出 O_2；b. 因存在浓差极化现象，阳极表面因 H^+积累受到侵蚀，[O]＋C$\longrightarrow CO_2$；c. ClO^- 变为 ClO_3^-；d. ClO^- 还原成 Cl^-；e. Cl_2逸出；f. 盐水中 SO_4^{2-} 放电析出 O_2；g. 电化学腐蚀等。这些过程的存在均使电流效率降低。实际

运行表明，η 随 Cl_2 中 CO_2 含量和溶液 pH 值的升高而下降，随电流密度和极水比（阳极面积与电解液体积之比）增加而提高。为了使电流能通过并分解电解液，电解时必须提供一定的电压。电解的电能消耗等于电量与电压的乘积。一个电解单元的极间工作电压 U 可分为下式中的 4 个部分。

$$U = E_{理} + E_{过} + IR_s + E_j \tag{6-42}$$

式中，$E_{理}$ 为电解质的理论分解电压。当电解质的浓度、温度已定，$E_{理}$ 值可由能斯特方程计算，为阳极反应电位与阴极反应电位之差。$E_{理}$ 是体系处于热力学平衡时的最小电位，实际电解发生所需的电压要比这个理论值大，超过的部分称为过电压。过电压 $E_{过}$ 包括克服浓差极化的电压。影响过电压的因素很多，如电极性质、电极产物、电流密度、电极表面状况和温度等。当电流通过电解液时，产生电压损失 IR_s。R_s 为溶液电阻，溶液电导率越大，极间距越小，R_s 越小。工作电流 I 越大，工作电压也越大。最后一项 E_j 为电极的电压损失，电极面积越大，极间距越小，电阻率越小，则 R_j 越小。

由上述分析可知，为降低电能能耗，必须选用恰当的阳极材料，设法减小溶液电阻和副反应，防止电解槽腐蚀。

二、电解氧化还原

电解氧化指废水污染物在电解槽的阳极失去电子，发生氧化分解，或者发生二次反应，即电极反应产物与溶液中某些成分相互作用，而转变为无害成分。前者是直接氧化，后者则为间接氧化，利用电解氧化可处理阴离子污染物如 CN^-、$[Fe(CN)_6]^{3-}$、$[Cd(CN)_4]^{2-}$ 和有机物，如酚、微生物等。电解还原主要用于处理阳离子污染物，如 Cr^{6+}、Hg^{2+}。目前在生产应用中，都是以铁板为电极，由于铁板溶解，金属离子在阴极还原沉积而回收除去。本节仅举两例。

（1）电解除氰　电镀等行业排出的含氰和重金属废水，按浓度不同大致分为三类：a. 低氰废水，含 CN^- 低于 200mg/L；b. 高氰废水，含 CN^- 200～1000mg/L；c. 老化液，含 CN^- 1000～10000mg/L。电解除氰一般采用电解石墨板作阳极，普通钢板作阴极，并用压缩空气搅拌。为提高废水电导率，宜添加少量 NaCl。

在阳极上发生直接氧化反应：

$$CN^- \xrightarrow{pH \geqslant 10} OCN^- \longrightarrow CO_2 + N_2 \tag{6-43}$$

间接氧化：Cl^- 在阳极放电产生 Cl_2，Cl_2 水解成 HClO，ClO^- 氧化 CN^- 为 CNO^-，最终为 N_2 和 CO_2。若溶液碱性不强，将会生成中间态 CNCl。

在阴极发生析出 H_2 和部分金属离子的还原反应：$H^+ \rightarrow H_2$，$Cu^{2+} \rightarrow Cu$，$Ag^+ \rightarrow Ag$ 等。

电解条件由含氰浓度、氧化速度、电极材料等因素确定。对低氰废水，可参照表 6-7 选择。

表 6-7　含氰废水电解工艺参数表

废水含氰浓度/(mg/L)	槽电压/V	电流浓度/(A/L)	电流密度/(A/m²)	电解历时/min
50	6～8.5	0.75～1.0	0.25～0.3	25～20
100	6～8.5	0.75～1.0～1.25	0.25～0.3～0.4	45～35～30
150	6～8.5	1.0～1.25～1.5	0.3～0.4～0.45	45～35～30
200	6～8.5	1.25～1.5～1.75	0.4～0.45～0.5	60～50～45

注：1. 表中电解历时是阳极和阴极净间距为 30mm 时的数值。当电极板间距增大或减小 10mm 时，表中电解历时相应乘以 1.25 或 0.85。2. 当废水中含氰浓度为表中所列数值时，可按接近高值浓度采用电解历时。3. 食盐投加量：当 CN^- 为 50～100mg/L 时，1.0～1.5g/L；当 CN^- 为 100～200mg/L 时，1.5～2.0g/L。

电解除氰有间歇式和连续式流程。前者适用于废水，含氰浓度大于 100mg/L，且水质水量变化较大的情况。反之，则采用连续式处理。连续流程如图 6-23 所示。调节池和沉淀池停留时间为 1.5～2.0h，在间歇流程中，调节和沉淀都在电解槽中完成。

据国内外一些实践经验，当采用翻腾式电解槽处理含氰废水，极板净距为 18～20mm，极水比为 $2.5dm^2/L$，电解时间为 20～30min，阳极电流密度为 $0.31 \sim 1.65A/dm^2$，投加食盐2～3g/L，直流电压为 3.7～7.5V 时，可使 CN^- 从 25～100mg/L 降至 0.1mg/L 以下。当废水含 CN^- 为 25mg/L 时，电耗约 $1 \sim 2kW \cdot h/m^3$ 水。当 CN^- 为 100mg/L 时，电耗约 $5 \sim 10 kW \cdot h/m^3$ 水。

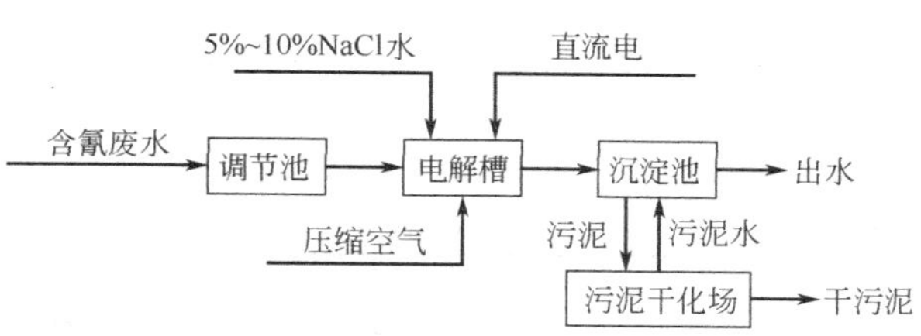

图 6-23　连续式电解处理流程

（2）电解除铬　Cr^{6+}（以 $Cr_2O_7^{2-}$ 或 CrO_4^- 形式存在）在电解槽中还原有两种方式。在阳极：

$$Fe - 2e^- \longrightarrow Fe^{2+} \tag{6-44}$$

$$Cr_2O_7^{2-} + 6Fe^{2+} + 14H^+ \rightleftharpoons 2Cr^{3+} + 6Fe^{3+} + 7H_2O \tag{6-45}$$

在阴极少量 Cr^{6+} 直接还原：

$$Cr_2O_7{}^{2-} + 14H^+ + 6e \longrightarrow 2Cr^{3+} + 7H_2O \tag{6-46}$$

上述两组反应都要求酸性条件。电解过程中 H^+ 大量消耗，OH^- 逐渐增多，电解液逐渐变为碱性（pH 值为 7.5～9），并生成稳定的氢氧化物沉淀：

$$Cr^{3+} + 3OH^- \longrightarrow Cr(OH)_3 \downarrow \tag{6-47}$$

$$Fe^{3+} + 3OH^- \longrightarrow Fe(OH)_3 \downarrow \tag{6-48}$$

理论上还原 $lgCr^{6+}$ 需电量 $3.09A \cdot h$，实际值约为 $3.5 \sim 4.0A \cdot h$。电解过程中投加 NaCl，能增加溶液电导率，减少电能消耗。但当采用小极板（<20mm）处理低铬废水（<50mg/L）时，可以不加 NaCl。采用双电极串联方法可以降低总电流，节约整流设备的投资。据国内某厂经验，当极距 20～30mm，极水比 $2 \sim 3dm^2/L$，投加食盐 0.5～2g/L 时，将含铬 50mg/L 及 100mg/L 的废水处理到 0.5mg/L 以下，电耗分别为 $0.5 \sim 1.0kW \cdot h/m^3$ 水及 $1 \sim 2.0kW \cdot h/m^3$ 水。利用电解槽氧化还原废水，效果稳定可靠，操作管理简单，但需要消耗电能和钢材，运转费用较高。

三、电解凝聚与电解浮上

采用铁、铝阳极电解时，在外电流和溶液作用下，阳极溶解出 Fe^{3+}、Fe^{2+} 或 Al^{3+}。它们分别与溶液中的 OH^- 结合成不溶于水的 $Fe(OH)_3$、$Fe(OH)_2$ 或 $Al(OH)_3$。这些微粒对水中胶体粒子的凝聚和吸附活性很强。利用这种凝聚作用处理废水中的有机或无机胶体的过程叫电解凝聚，当电解槽的电压超过水的分解电压时，在阳极和阴极将产生 O_2 和 H_2，这些微气泡表面积很大，在其上升过程中易黏附携带废水中的胶体微粒、浮化油等共同浮上，这一过程叫电解浮上。在采用可溶性阳极的电解槽中，凝聚和浮上作用是同时存在的。利用电解凝聚和浮上可以处理多种含有机物、重金属废水。表 6-8 列出了四种废水处理的工艺参数，制革废水和毛皮废水的处理效果列于表 6-9。

表 6-8　电凝聚法对各类废水的处理参数

污水来源	pH 值	电量消耗 /(A·h/L)	电流密度 /(A·min/dm²)	电能消耗 /(kW·h/m²)	电解电压（单极式）/V	电极金属消耗 /(g/m³)	电极材料	极距 /mm	废水电解时间 /min
制革厂	8～10	0.3～0.8	0.5～1	1.5～3	3～5	250～700	钢板	20	20～25
毛皮厂	8～10	0.1～0.3	1～2	0.6～1.0	3～5	150～200	钢板	20	20
肉类加工厂	8～9	0.08～0.12	1.5～2.0	1～1.5	8～12	70～110	钢板	20	40
电镀厂	9～10.5	0.03～0.15	0.3～0.5	0.4～2.5	9～12	45～150	钢板	10	20～30

表 6-9　电解凝聚法净化水的某些质量指标　　单位：mg/L

水质指标	制革工厂		毛皮工厂	
	原水	净化水	原水	净化水
悬浮物质	800～2500	100～200	300～1500	100～200
化学耗氧量	600～1500	350～800	700～2600	500～1500
透明度	0～2	10～15	1～5	8～10
硫化物	50～100	3～5	0.4～0.7	—
表面活化剂	40～85	5～20	10～40	4～11
Cr(Ⅵ)	0.5～10	—	0.5～10	0.2～2.0
Cr^{3+}	30～60	0.5～1.0	—	—

肉类加工厂废水含油脂、悬浮物、COD分别平均为800mg/L、1100mg/L和960mg/L，经电解凝聚处理后，上述水质指标分别降低90%～95%、70%和70%。电镀废水经过氧化、还原和中和处理后，再用电解凝聚作补充处理，可使各项指标均达到排放与回收标准。

四、电解槽

1. 电解槽的构造

一般工业废水连续处理的电解槽多为矩形，按槽内的水流方式可分为回流式与翻腾式两种。按电极与电源母线连接方式可分为单极式与双极式。图 6-24 为单电极回流式电解槽。槽中多组阴、阳电极交替排列，构成许多折流式水流通道。电极板与总水流方向垂直，水流沿着极板作折流运动，因此水流的流线长，接触时间长，死角少，离子扩散与对流能力好，阳极钝化现象也较为缓慢。但这种槽型的施工检修以及更换极板比较困难。

图 6-25 为翻腾式电解槽。槽中水流方向与极板面平行，水流在槽中极板间作上下翻腾流动。这种槽型电极利用率较高，施工、检修、更换极板都很方便。极板分组悬挂于槽中，极板（主要是阳极板）在电解消耗过程中不会引起变形，可避免极板与极板、极板与槽壁互相接触，从而减少了漏电现象。实际生产中多采用这种槽型。电解槽电源的整流设备应根据电解所需的总电流和总电压进行选择。电解所需的电压和电流，既取决于电解反应，也取决于电极与电源的连接方式。对单极式电解槽，当电极串联后，也可用高电压、小电流的电源设备，若电极并联，则要用低电压、大电流的电源设备。采用双极式电解槽仅两端的极板为单电板，与电源相连。中间的极板都是感应双电极，即极板的一面为阳极，另一面为阴极。

双极式电解槽的槽电压决定于相邻两单电极的电位差和电极对的数目。电流强度决定于电流密度以及一个单电极（阴极或阳极）的表面积，与双电极的数目无关，由此，可采用高

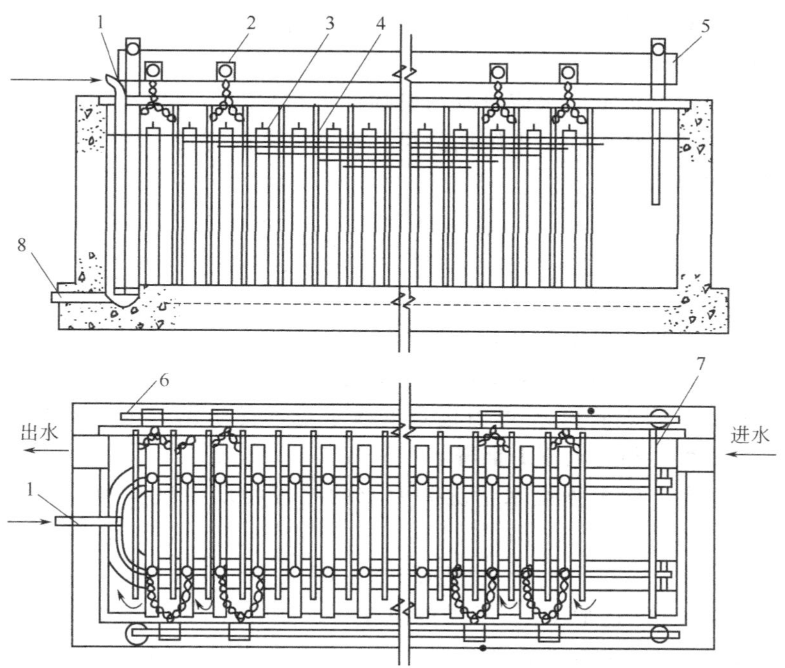

图 6-24　单电极回流式电解槽

1—压缩空气管；2—螺钉；3—阳极板；4—阴极板；
5—母线；6—母线支座；7—水封板；8—排空阀

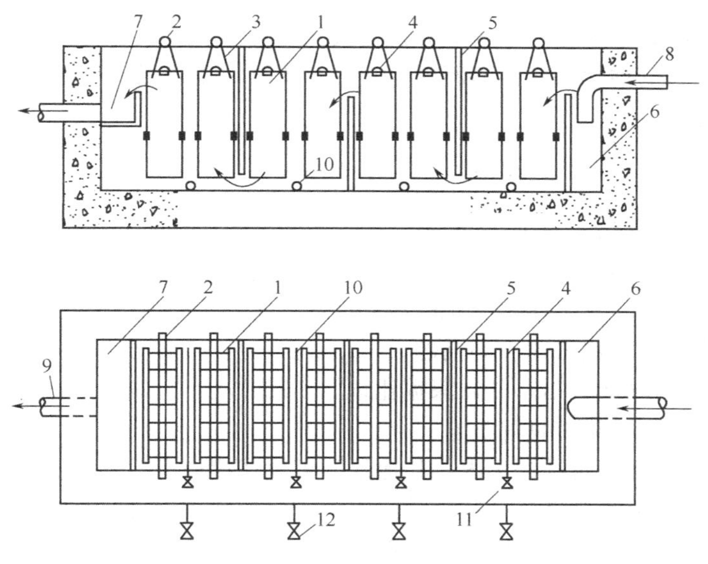

图 6-25　翻腾式电解槽

1—电极板；2—吊管；3—吊钩；4—固定卡；5—导流板；6—布水槽；7—集水槽；
8—进水管；9—出水管；10—空气管；11—空气阀；12—排空阀

电压、小电流的电源设备，投资少。另外，在单极式电解槽中，有可能出现由极板腐蚀不均匀等原因造成相邻两极板接触，引起短路事故。而在双极式电解槽中极板腐蚀较均匀，即使相邻极板发生接触，则变为一个双电极，也不会发生短路现象。因此采用双极式电极可缩小板间距，提高极板的有效利用率，降低造价和运行费用。

2. 电解槽的工艺设计

电解槽的设计主要是根据废水流量及污染物种类和浓度，合理选定极水比、极距、电流密度、电解时间等参数，从而确定电解槽的尺寸和整流器的容量。

(1) 电解槽有效容积 V

$$V=\frac{QT}{60}\quad (m^3) \tag{6-49}$$

式中，Q 为废水设计流量，m^3/h；T 为操作时间，min。

对连续式操作，T 即为电解时间，一般为 20～30min。对间歇式操作，T 为轮换周期，包括注水时间、沉淀排空时间和电解时间，一般为 2～4h。

(2) 阳极面积 A　阳极面积 A 可由选定的极水比和已求出的电解槽有效容积 V 推得，也可由选定的电流密度 i 和总电流 I 推得。

(3) 电流 I　电流 I 应根据废水情况和要求的处理程度由试验确定。对含 Cr^{6+} 废水，也可用下式计算：

$$I=KQc/S\quad (A) \tag{6-50}$$

式中，K 为每克 Cr^{6+} 还原 Cr^{3+} 所需的电量，A·h/gCr，一般约为 4.5A·h/gCr；c 为废水含 Cr^{6+} 浓度，mg/L；S 为电极串联数，在数值上等于串联极板数减 1。

(4) 电压 V　电解槽的槽电压等于极间电压和导线上的电压降之和，即

$$V=SV_1+V_2\quad (V) \tag{6-51}$$

式中，V_1 为极间电压，相当于式(6-43) 计算的 U，一般 3～7.5V，应由试验确定；V_2 为导线上的电压降，一般为 1～2V。

选择整流设备时，电流和电压值应分别比按式(6-50)、式(6-51) 计算的值放大 30%～40%，用以补偿极板的钝化和腐蚀等原因引起的整流器效率降低。

(5) 电能消耗 N

$$N=\frac{IV}{1000Qe}\quad (kW\cdot h/m^3) \tag{6-52}$$

式中，e 为整流器效率，一般取 0.8 左右；其余符号意义同上。

最后对设计的电解槽作核算，使

$$A_{实际}>A_{计算},i_{实际}>i_{选定},t_{实际}>t_{选定}$$

除此之外，设计时还应考虑下列问题。

① 电解槽长宽比取 (5～6)∶1，深宽比取 (1～1.5)∶1。电解槽进出水端要有配水和稳流措施，以均匀布水并维持良好流态。

② 冰冻地区的电解槽应设在室内，其他地区可设在棚内。

③ 空气搅拌可减少浓差极化，防止槽内积泥，但增加 Fe^{2+} 的氧化，降低电解效率。因此空气量要适当，一般每 $1m^3$ 废水用空气量 $0.1～0.3m^3/min$。

④ 阳极在气化剂和电流的作用下，会形成一层致密的不活泼而又不溶解的钝化膜，使电阻和电耗增加。可以通过投加适量 NaCl，增加水流速度或采用机械去膜以及电极定期(如 2 天) 换向等方法防止钝化。

⑤ 耗铁量主要与电解时间、pH 值、盐浓度和阳极电位有关，还与实际操作条件有关。如 i 太高，t 太短，均使耗铁量增加。电解槽停用时，要放清水浸泡，否则极板氧化加剧，增加耗铁量。

思考题与习题

1. 氧化还原法有何特点？是否废水中的杂质必须是氧化剂或还原剂才能用此法？
2. 工业上常用的化学氧化法有哪些？它们各自都有何特点？
3. 用氯氧化法处理含氰废水时为何要严格控制溶液的 pH 值？
4. 水中含有氨氮时，投氯量与余氯量关系曲线为何出现折点？
5. 简述有哪些因素影响投氯量。
6. 电解可以产生哪些反应过程？它们对废水处理可以起到什么作用？

第七章 吸附

在相界面上，受表面自由能的作用，物质的浓度自动发生累积或浓集的现象称为吸附。吸附作用可发生在气/液、气/固、固/液相之间。在水处理中，主要利用比表面积大的多孔性固体物质表面的吸附作用去除水中的微量污染物，包括脱色、除臭味、脱除重金属、各种溶解性有机物、放射性元素等。其中具有吸附能力的固体物质称为吸附剂，水中被吸附的（污染）物质则称为吸附质。

在水处理流程中，吸附法可作为离子交换、膜分离等方法的预处理，以去除有机物、胶体物及余氯等；也可以作为二级处理后的深度处理手段，以保证回用水的质量。

利用吸附法进行水处理，具有适应范围广、处理效果好、可回收有用物料、吸附剂可重复使用等优点，但对进水预处理要求较高，运转费用较贵，系统庞大，操作较麻烦。

第一节 吸附的基本理论

一、吸附机理及类型

溶质从水中移向固体颗粒表面，发生吸附，是水、溶质和固体颗粒三者相互作用的结果。引起吸附的主要原因在于吸附质对水的疏水性和吸附质对固体颗粒的高度亲和力。溶质的溶解程度是确定第一种原因的重要因素。溶质的溶解度越大，则向表面运动的可能性越小。相反，溶质的憎水性越大，向吸附界面移动的可能性越大。吸附作用的第二种原因主要由溶质与吸附剂之间的静电引力、范德华引力或化学键力引起。与此相对应，可将吸附分为3种基本类型。

（1）物理吸附　指溶质与吸附剂之间由于分子间力（即范德华力）而产生的吸附。其特点是没有选择性，可以是单分子层或多分子层吸附，吸附质并不固定在吸附剂表面的特定位置上，而多少能在界面范围内自由移动，因而其吸附的牢固程度不如化学吸附，容易发生解吸。物理吸附主要发生在低温条件下，过程放热较小，一般在42kJ/mol以内。影响物理吸附的主要因素是吸附剂的比表面积和细孔分布。

（2）化学吸附　指溶质与吸附剂之间发生化学反应，形成牢固的吸附化学键和表面络合物，吸附质分子不能在表面自由移动。吸附时放热量较大，与化学反应的反应热相近，约为84～420kJ/mol或更少。化学吸附具有选择性，即一种吸附剂只能对某种或特定几种吸附质有吸附作用，一般为单分子吸附层。通常需要一定的活化能，在低温时吸附速度较小。这种吸附与吸附剂的表面化学性质和吸附质的化学性质有密切的关系。

（3）交换吸附　指溶质的离子由于静电引力作用聚集在吸附剂表面的带电点上，并置换出原先固定在这些带电点上的其他离子。通常离子交换属此范围（见第八章）。影响交换吸附势的重要因素是离子电荷数和水合半径的大小。

物理吸附后再生容易，且能回收吸附质。化学吸附因结合牢固，再生较困难，必须在高温下才能吸附，脱附下来的可能是原吸附质，也可能是新的物质，利用化学吸附处理毒性很强的污染物更安全。

在实际的吸附过程中，上述几类吸附往往同时存在，难于明确区分。例如某些物质分子在物理吸附后，其化学键被拉长，甚至拉长到改变这个分子的化学性质。物理吸附和化学吸附在一定条件下也是可以互相转化的。同一物质，可能在较低温度下进行物理吸附，而在较高温度下所经历的往往又是化学吸附。水处理中大多吸附现象往往是上述三种吸附作用的综合结果。

二、吸附平衡与吸附等温式

吸附过程中，固、液两相经过充分的接触后，最终将达到吸附与脱附的动态平衡。达到平衡时，溶液中吸附质的浓度称为平衡浓度 c_e(mg/L)，单位吸附剂所吸附的物质的质量称为平衡吸附量，常用 q_e（mg/g）表示。平衡吸附量表征了吸附剂吸附能力的大小，是选择吸附剂和设计吸附设备的重要数据。

对一定的吸附体系，平衡吸附量是吸附质浓度和温度的函数，当温度恒定时，平衡吸附量主要是浓度的函数。为了确定吸附剂对某种物质的吸附能力，需进行吸附试验：将一组不同数量的吸附剂与一定容积的已知溶质初始浓度的溶液相混合，在选定温度下使之达到平衡。分离吸附剂后，测定液相的最终溶质浓度。根据其浓度变化，分别按下式算出平衡吸附量：

$$q_e=\frac{V(c_0-c_e)}{W} \tag{7-1}$$

式中，V 为溶液体积，L；c_0、c_e分别为溶质的初始和平衡浓度，mg/L；W 为吸附剂量，g。

显然，平衡吸附量越大，单位吸附剂处理的水量越大，吸附周期越长，运转管理费用越少。

将平衡吸附量 q_e与相应的平衡浓度 c_e作图，得吸附等温线。

根据试验，可将吸附等温线归纳为如图 7-1 所示的 5 种类型。Ⅰ型的特征是吸附量有一极限值，可以理解为吸附剂的所有表面都发生单分子层吸附，达到饱和时，吸附量趋于定值。Ⅱ型是非常普通的物理吸附，相当于多分子层吸附，吸附质的极限值对应于物质的溶解度。Ⅲ型相当少见，其特征是吸附热等于或小于纯吸附质的溶解热。Ⅳ型及Ⅴ型反映了毛细管冷凝现象和孔容的限制，由于在达到饱和浓度之前吸附就达到平衡，因而显出滞后效应。

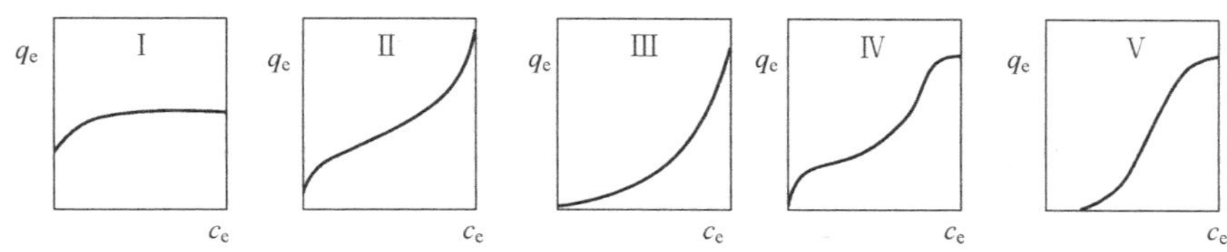

图 7-1　物理吸附的 5 种吸附等温线

描述吸附等温线的数学表达式称为吸附等温式。常用的有 Henry 等温式、Langmuir 等温式、BET 等温式和 Freundlich 等温式。

1. Henry 等温式

对于低浓度吸附质的水溶液，当吸附分子不缔合、不解离，保持分子状态的单分子层吸附于均一表面的吸附剂时，单位吸附剂的吸附量和液体中吸附质浓度呈正比：

$$q = Hc \tag{7-2}$$

式中，H 为亨利常数，L/mg；c 为吸附质的浓度，mg/L。

2. Langmuir 等温式

Langmuir 假设吸附剂表面均一，各处的吸附能相同；吸附是单分子层的，当吸附剂表面为吸附质饱和时，其吸附量达到最大值；在吸附剂表面上的各个吸附点间没有吸附质转移运动；达动态平衡状态时，吸附和脱附速度相等。

由动力学方法推导出平衡吸附量 q_e 与液相平衡浓度 c_e 的关系为：

$$q_e = \frac{abc_e}{1 + bc_e} \tag{7-3}$$

式中，a 为与最大吸附量有关的常数；b 为与吸附能有关的常数。

为计算方便，变换式（7-3）得两种线性表达式：

$$\frac{1}{q_e} = \frac{1}{ab} \cdot \frac{1}{c_e} + \frac{1}{a} \tag{7-4a}$$

$$\frac{c_e}{q_e} = \frac{1}{a} c_e + \frac{1}{ab} \tag{7-4b}$$

根据吸附实验数据，按上式作图［如图 7-2(a) 所示］可求 a、b 值。式（7-4a）适用于 c_e 值小于 1 的情况，而式（7-4b）则适用于 c_e 值较大的情况，因为这样便于作图。

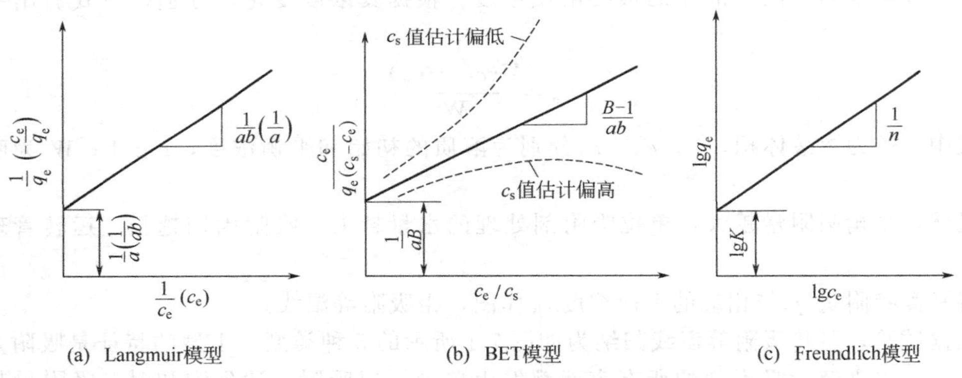

图 7-2 吸附等温式常数图解法

由式(7-3) 可见，当吸附量很少时，即当 $bc_e \ll 1$ 时，$q_e = abc_e$，即 q_e 与 c_e 成正比，等温线近似于一直线。

当吸附量很大时，即当 $bc_e \gg 1$ 时，$q_e \approx a$，即平衡吸附量接近于定值，等温线趋向水平。

Langmuir 模型适用于描述图 7-1 中第Ⅰ类等温线，它只能解释单分子层吸附（化学吸附）的情况。

3. BET（Brunaner、Emmett 和 Teller）等温式

与 Langmuir 的单分子层吸附模型不同，BET 模型假定在原先被吸附的分子上面仍可吸附另外的分子，即发生多分子层吸附；而且不一定等第一层吸满后再吸附第二层；对每一单层却可用 Langmuir 式描述；第一层吸附是靠吸附剂与吸附质间的分子引力，而第二层以后是靠吸附质分子间的引力，这两类引力不同，因此它们的吸附热也不同。总吸附量等于各层吸附量之和。由此导出的 BET 等温式为：

$$q_e=\frac{Bac_e}{(c_s-c_e)[1+(B-1)c_e/c_s]} \tag{7-5}$$

式中，c_s为吸附质的饱和浓度；B 为常数，与吸附剂和吸附质之间的相互作用能有关。

将式(7-5) 改写成如下线性形式：

$$\frac{c_e}{q_e(c_s-c_e)}=\frac{1}{aB}+\frac{(B-1)}{aB}\frac{c_e}{c_s} \tag{7-6}$$

由吸附实验数据，按式(7-6) 作图［图 7-2(b)］可求常数 a 和 B，作图时需要知道饱和浓度 c_s，如果有足够的数据按图 7-1 作图得到准确的 c_s值，可以通过一次作图即得出直线来。当 c_s未知时，则需通过假设不同的 c_s值作图数次才能得到直线。当 c_s的估计值偏低，则画成一条向上凹的曲线，当 c_s的估计值偏高时，则画成一条向下凹的曲线。只有估计值正确，才能画出一条直线来。

BET 模型适用于图 7-1 中各种类型的吸附等温线。当平衡浓度很低时，$c_s \gg c_e$，并令 $B/c_s=b$，BET 模型可简化为 Langmuir 等温式。

4. Freundlich 等温式

Freundlich 等温式是指数函数型式的经验公式：

$$q_e=Kc_e^{1/n} \tag{7-7}$$

式中，K 为 Freundlich 吸附系数；n 为常数，通常大于 1。

式(7-7) 虽为经验式，但与实验数据颇为吻合。通常将该式绘制在双对数纸上以便于判断模型准确性并确定 K 和 n 值。将式(7-7) 两边取对数，得

$$\lg q_e=\lg K+\frac{1}{n}\lg c_e \tag{7-8}$$

由实验数据按式(7-8) 作图得一直线［见图 7-2(c)］，其斜率等于$\frac{1}{n}$，截距等于 $\lg K$；一般认为，$\frac{1}{n}$值介于 0.1～0.5 之间，则易于吸附，$\frac{1}{n}>2$ 时难以吸附。利用 K 和$\frac{1}{n}$两个常数，可以比较不同吸附剂的特性。

Freundlich 式在一般的浓度范围内与 Langmuir 式比较接近，但在高浓度时不像后者那样趋于一定值；在低浓度时，也不会还原为直线关系。

应当指出：a. 上述吸附等温式，仅适用于单组分吸附体系；b. 对于一组吸附试验数据，究竟采用哪一公式整理，并求出相应的常数来，只能运用数学的方式来选择。通过作图，选用能画出最好的直线的那一个公式，但也有可能出现几个公式都能应用的情况，此时宜选用形式最为简单的公式。

【例 7-1】利用活性炭吸附水溶液中农药的初步研究是在实验室条件下进行的。10 个 500mL 锥形烧瓶各装有 250mL 含有农药约 50mg/L 的溶液。向 8 个烧瓶中投入不同数量的粉末状活性炭，而其余 2 个烧瓶用作空白试验。烧瓶塞好后，在 25℃下摇动 8h（必须实验确定足以到达平衡）。然后，将活性炭滤出，测定滤液中农药浓度。结果如下表所示，空白瓶的平均浓度为 47.1mg/L。试确定吸附等温线的函数关系式。

瓶号	1	2	3	4	5	6	7	8
农药浓度/(μg/L)	40.2	69.5	97.4	143.1	208	386	589	1087
活性炭投量/mg	503	412	335	234	196	149	113	77

解 (1) 利用式(7-1) 算出每个烧瓶的 q_e值。以瓶号 1 为例。

$$q_e=\frac{V}{W}(c_0-c_e)=\frac{0.25}{503}(47.1-0.0402)=0.024\text{mg/mg}$$

(2) 将计算出的 q_e、$1/q_e$及 $1/c_e$列表，并以 $1/q_e$对 $1/c_e$作图；将 q_e和 c_e分别取以 10 为底的对数，以 $\lg q_e$对 $\lg c_e$作图。

瓶号	1	2	3	4	5	6	7	8
q_e/(mg/mg)	0.024	0.029	0.035	0.050	0.060	0.078	0.103	0.149
$1/q_e$	42.75	35.04	28.51	19.93	16.72	12.76	9.72	6.69
$1/c_e$(L/mg)	24.88	14.39	10.27	6.99	4.82	2.59	1.70	0.92

由图 7-3 可见，Langmuir 吸附等温式与 Freundlich 吸附等温式大体上均能适用。

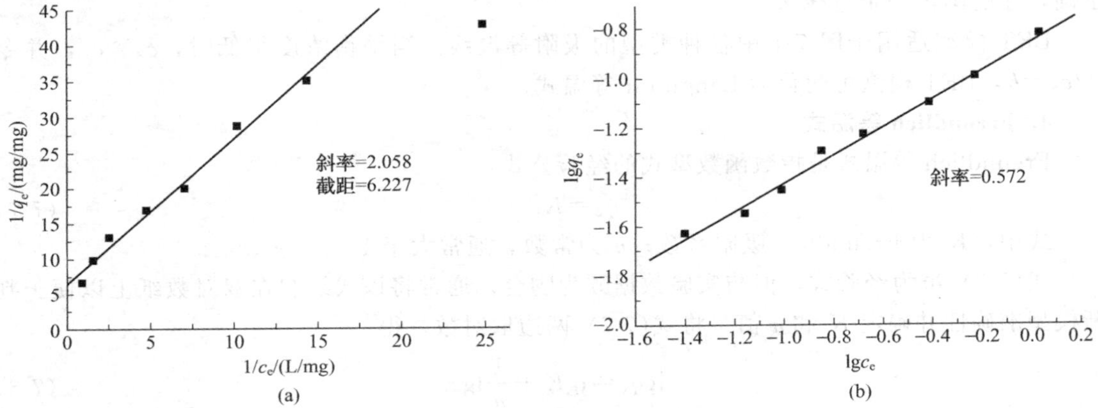

图 7-3 吸附等温线的线性关系

(3) 计算式(7-4a) 中的 b 值，根据图 7-3(a)，有

$$截距=1/a=6.227；斜率=\frac{1}{ab}=2.058$$

$$故\ a=0.16，b=6.227/2.058=3.03$$

$$由此得\ q_e=\frac{0.49c_e}{1+3.03c_e}$$

(4) 计算式(7-7) 中的 K 和 $1/n$，根据图 7-3(b)，有

$$斜率=\frac{1}{n}=0.572=\frac{1}{1.75}$$

$$\lg K=-0.82(\lg c_e=0\ 时对应的\ \lg q_e\ 值)$$

$$故而\ K=0.15$$

由此得 $q_e=0.15c_e^{0.572}$。

5. 多组分体系的吸附等温式

多组分体系吸附和单组分吸附相比较，又增加了吸附质之间的相互作用，所以问题更为复杂。此时，计算吸附量时可用两类方法。

① 用COD或TOC综合表示溶解于废水中的有机物浓度，其吸附等温式可用单组分吸附等温式表示，但吸附等温线可能呈曲线或折线，如图7-4所示。

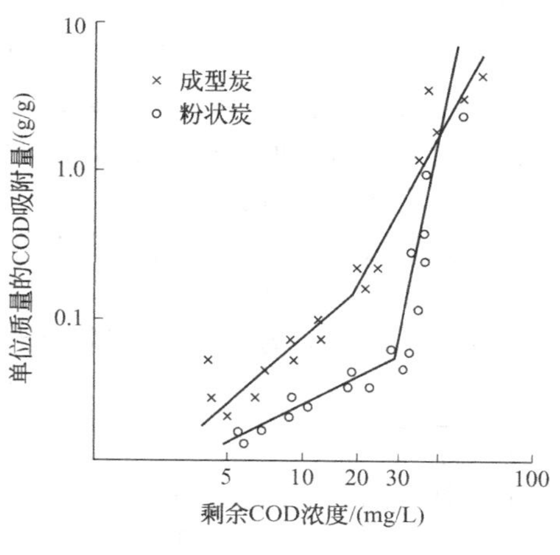

图7-4　COD吸附等温线

② 假定吸附剂表面均一，混合溶液中的各种溶质在吸附位置上发生竞争吸附，被吸附的分子之间的相互作用可忽略不计。如果各种溶质以单组分体系的形式进行吸附，则其吸附量可用Langmuir竞争吸附模型来计算。一般在m组分体系吸附中，组分i的吸附量为

$$q_i=\frac{a_i b_i c_i}{1+\sum_{j=1}^{m} b_j c_j} \tag{7-9}$$

式中，常数a、b均由单组分体系吸附试验测出。用活性炭吸附十二烷基苯磺酸酯（DBS）和硝基氯苯双组分体系进行试验，结果与式(7-9)吻合。

研究指出，吸附处理多组分废水时，实测吸附量往往与式(7-9)的计算值不符。如用活性炭吸附安息香酸的吸附量略小于计算值，而DBS的吸附量比计算值大。考虑到还有其他一些导致选择性吸附的因素的存在，人们又提出了局部竞争吸附模型。

对二组分吸附体系，当$a_i>a_j$时，优先吸附i，竞争吸附在a_j部位上发生，而在a_i-a_j部位上发生选择性吸附，则

$$q_i=\frac{(a_i-a_j)b_i c_i}{1+b_i c_i}+\frac{a_i b_i c_i}{1+b_i c_i+b_j c_j} \tag{7-10}$$

$$q_i=\frac{a_j b_j c_j}{1+b_i c_i+b_j c_j} \tag{7-11}$$

式(7-10)中的第一项描述优先被吸附的那部分溶质，第二项描述以Langmuir式与第二种溶质竞争吸附的部分。式(7-11)则代表了溶质j的竞争吸附量。实验证实，对硝基苯酚和阴离子型苯磺酸等双组分体系吸附的实测平衡吸附量和按式(7-10)、式(7-11)计算值吻合。

三、吸附过程与吸附速度

吸附过程（图7-5）基本上可分为三个连续的阶段。第一阶段为吸附质扩散通过水膜而到达吸附剂表面（膜扩散），膜扩散吸附速度与溶液浓度、吸附剂比表面积、孔隙率成正比，与溶液搅动程度（膜扩散系数D）有关。第二阶段为吸附质在孔隙内扩散，即吸附质由吸附剂外表面向细孔深处扩散，扩散速度与吸附剂的孔隙大小、结构、吸附质颗粒大小等因素有关，与吸附剂颗粒外表面的吸附量和平衡吸附量的差呈正比。研究表明，内扩散吸附速度与颗粒粒径的高次方成反比，颗粒越小，扩散越快。第三阶段为吸附质在吸附剂内表面上发生吸附。通常吸附阶段反应速度非常快，总的过程速度由扩散速度第一、二阶段速度所控制。在一般情况下，吸附过程开始时往往由膜扩散控制，而在吸附接近终了时，内

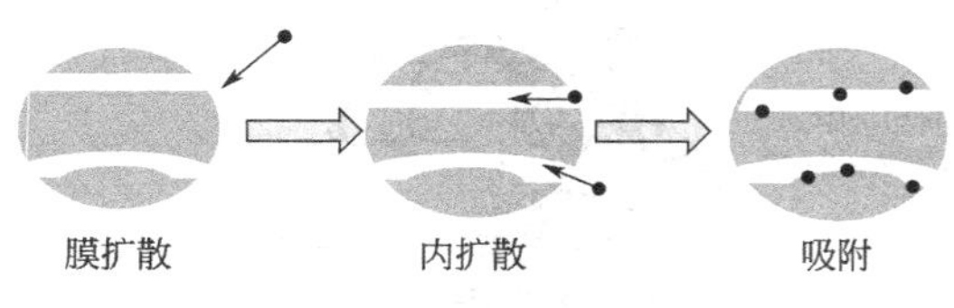

图7-5　吸附过程示意

扩散起决定作用。

吸附速度即单位质量的吸附剂在单位时间内所吸附的物质量，它取决于吸附剂和吸附质的性质，是吸附设备设计的重要参数，决定了吸附所需时间和吸附设备的大小。吸附速度越快，接触时间越短，所需的吸附设备的容积也就越小。在实际废水处理中，由于废水中的成分复杂，吸附速度由试验来确定。

吸附试验可采用间歇式或连续式试验装置。间歇式吸附因搅拌强度高，液膜扩散影响小，主要控制阶段是孔隙扩散，宜采用粉状吸附剂。连续式吸附（固定床、移动床、流化床）流速小，液膜阻力大，故要尽可能采用粒状活性炭。

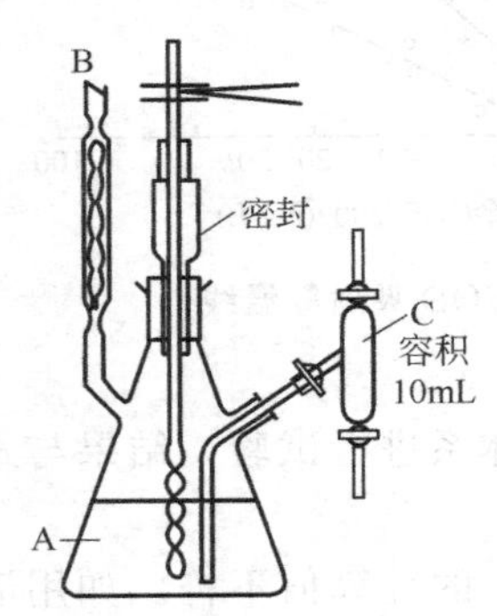

图 7-6　吸附速度测定装置

图 7-6 为间歇吸附速度的测定装置。将 200 目以下的一定量的吸附剂加入反应瓶 A 中，一边搅拌一边从 B 处注入被吸附溶液，经过一段时间接触后，每隔一定时间取一次悬浮液送入固液分离器 C 内，使吸附剂与溶液立即分离，测定液相溶质浓度，求出吸附量和去除率，即可确定吸附速度。取样时注意要搅拌 A，使溶液均匀，使吸附剂保持悬浮状态。

对粒状吸附剂，由于内扩散速度随粒径变化，因而其吸附速度也有较大差别。在设计吸附装置时，除测定平衡吸附量，还必须采用静态试验及通水试验，测定吸附速度。

四、影响吸附的因素

影响吸附的因素是多方面的。吸附剂结构、吸附质性质、吸附过程的操作条件等都影响吸附效果。认识和了解这些因素，对选择合适的吸附剂，控制最佳的操作条件都是重要的。

（一）吸附剂性质

1. 比表面积

单位质量吸附剂的表面积称为比表面积。吸附剂的粒径越小，微孔越发达，其比表面积越大，则吸附能力越强。图 7-7 表明，苯酚吸附量（浓度为 100mg/L）与吸附剂的比表面积成正比关系。当然，对于一定的吸附质，增大比表面的效果是有限的。对于大分子吸附质比表面积过大的效果反而不好，因为微孔提供的表面积不起作用。

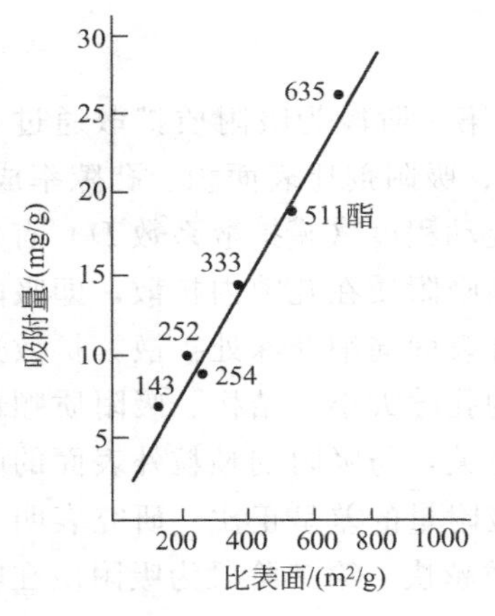

图 7-7　不同比表面吸附剂对苯酚的吸附

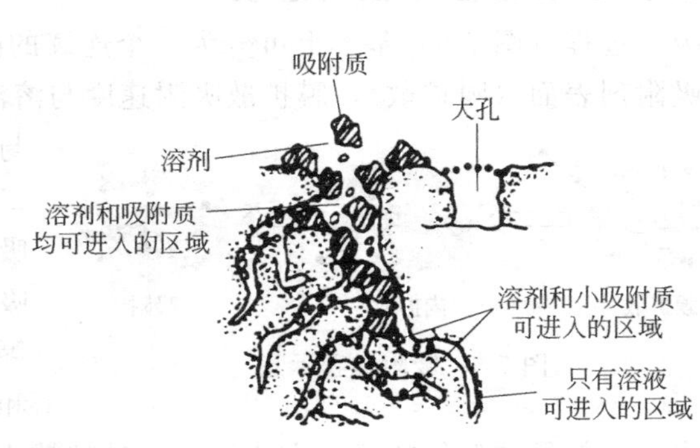

图 7-8　活性炭细孔分布及作用

2. 孔结构

吸附剂的孔结构如图 7-8 所示。吸附剂内孔的大小和分布对吸附性能影响很大。孔径太大，比表面积小，吸附能力差；孔径太小，则不利于吸附质扩散，并对直径较大的分子起屏蔽作用。吸附剂中内孔一般是不规则的，孔径范围为 $10^{-4}\sim0.1\mu m$，通常将孔径大于 $0.1\mu m$ 的称为大孔，$2\times10^{-3}\sim0.1\mu m$ 的称为过渡孔，而小于 $2\times10^{-3}\mu m$ 的称为微孔。大孔的表面对吸附能力贡献不大，仅提供吸附质和溶剂的扩散通道。过渡孔吸附较大分子溶质，并帮助小分子溶质通向微孔。大部分吸附表面积由微孔提供，因此吸附量主要受微孔支配。采用不同的原料和活化工艺制备的吸附剂其孔径分布是不同的。再生情况也影响孔的结构。分子筛因其孔径分布十分均匀，因而对某些特定大小的分子具有很高的选择吸附性。

3. 表面化学性质

吸附剂在制造过程中会形成一定量的不均匀表面氧化物，其成分和数量随原料和活化工艺不同而异。一般把表面氧化物分成酸性和碱性两大类，并按这种分类来解释其吸附作用。酸性氧化物在低温（<500℃）活化时形成，碱性氧化物在高温（800～1000℃）活化时形成。酸性氧化物基团有羧酸基、酚羟基、醌型羰基、正内酯基、荧光型内酯基、羧酸酐基及环式过氧基等。其中羧酸基和酚羟基被证实对碱金属氢氧化物有很好的吸附能力。碱性氧化物在溶液中吸附酸性物质，但目前对其结构的认识还不够充分。有的认为是氧萘的结构，有的认为是类似吡喃酮的结构。

表面氧化物成为选择性的吸附中心，使吸附剂具有类似化学吸附的能力，一般说来，其有助于对极性分子的吸附，削弱对非极性分子的吸附。

（二）吸附质的性质

对于一定的吸附剂，由于吸附质性质的差异，吸附效果也不一样。通常有机物在水中的溶解度随着链长的增长而减小，而活性炭的吸附容量却随着有机物在水中溶解度的减少而增加，也即吸附量随有机物分子量的增大而增加。如活性炭对有机酸的吸附量按甲酸<乙酸<丙酸<丁酸的次序而增加。

活性炭处理废水时，对芳香族化合物的吸附效果较脂肪族化合物好，不饱和链有机物较饱和链有机物好，非极性或极性小的吸附质较极性强吸附质好。应当指出，实际体系的吸附质往往不是单一的，它们之间可能互相促进、干扰或互不相干。

（三）操作条件

溶液的 pH 值影响溶质的存在状态（分子、离子、络合物），也影响吸附剂表面的电荷特性和化学特性，进而影响吸附效果，国内用太原 8# 炭吸附镉-氰络合物的试验结果如图 7-9 所示。由图可见，pH 值在 7.5～9.5 的范围内吸附去除率较高。

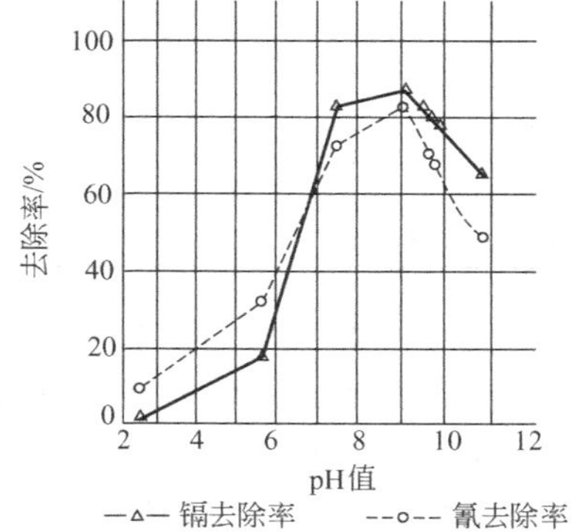

图 7-9　ZJ-15 活性炭在镉-氰络合物溶液中吸附镉与氰的影响效应（水样 200mL，$C^0_{Cd^{2+}}=22.5mg/L$，$C^0_{CN^-}=33.7mg/L$，投炭量 5g/L，水温 23℃）

吸附是放热过程，低温有利于吸附，升温有利于脱附。

在吸附操作中，应保证吸附剂与吸附质有足够的接触时间。流速过大，吸附未达平衡，饱和吸附量小；流速过小，虽能提高一些处理效果，但设备的生产能力减小。一般接触时间为 0.5～1.0h。

另外，吸附剂的脱附再生，溶液的组成和浓度及其他因素也影响吸附效果。

第二节 吸附剂及其再生

一、吸附剂

广义而言，一切固体物质都有吸附能力，但是只有多孔物质或磨得极细的物质由于具有很大的表面积，才能作为吸附剂。工业吸附剂还必须满足下列要求：a. 吸附能力强；b. 吸附选择性好；c. 吸附平衡浓度低；d. 容易再生和再利用；e. 机械强度好；f. 化学性质稳定；g. 来源广；h. 价廉。一般工业吸附剂难于同时满足这八个方面的要求，因此，应根据不同的场合选用。

目前在废水处理中应用的吸附剂有活性炭、活化煤、白土、硅藻土、活性氧化铝、焦炭、树脂吸附剂、炉渣、木屑、煤灰、腐殖酸等。

1. 活性炭

活性炭是目前废水处理中普遍采用的吸附剂，它是一种非极性吸附剂。外观为暗黑色，有粒状和粉状两种，其中粒径大于 0.1mm 的叫做颗粒活性炭（GAC），粒径小于 0.07mm 的叫做粉末活性炭（PAC）。颗粒活性炭与粉末活性炭的特征比较见表 7-1。目前工业上大量采用的是粒状活性炭。它具有良好的吸附性能和稳定的化学性质，可以耐强酸、强碱，能经受水浸、高温、高压作用，不易破碎，使用工艺简单，操作方便。

表 7-1 颗粒活性炭与粉末活性炭特征比较

参数	单位	活性炭类型	
		GAC	PAC
比表面积	m^2/g	700～1300	800～1800
松密度	kg/m^3	400～500	350～740
颗粒密度(在水中浸湿)	kg/L	1.0～1.5	1.3～1.4
颗粒粒径范围	mm(μm)	0.1～2.36	(5～50)
有效粒径	mm	0.6～0.9	—
均匀系数	UC	≤1.9	—
平均孔半径	nm	1.6～3.0	2.0～4.0
碘值	mg/g	600～1100	800～1200
腐蚀数	%	75～85	70～80
灰分	%	≤8	≤6
水含量(按压紧状态)	%	2～8	3～10

活性炭种类很多，可以根据原料、活化方法、形状及用途来分类和选择。常用的原料有木材、果壳、骨质和煤及其他有机残物等。原料经粉碎及加黏合剂成型后，经加热脱水（120～130℃）、炭化（170～600℃）、活化（700～900℃）而制得。在制造过程中，活化是关键，有药剂活化（化学活化）和气体活化（物理活化）两种方法。药剂活化法是把原料与适当的药剂，如 $ZnCl_2$、H_2SO_4、H_3PO_4、碱式碳酸盐等混合，再升温炭化和活化。由于 $ZnCl_2$ 等的脱水作用，原料里的氢和氧主要以水蒸气的形式放出，形成了多孔性结构发达的炭。该烧成物中含有相当多的 $ZnCl_2$，因此要加 HCl 以回收 $ZnCl_2$，同时除去可溶性盐类。与气体活化法相比，$ZnCl_2$ 法的固碳率高，成本较低，几乎被用在所有粉状活性炭的制造上。气体活化法是把成型后的碳化物在高温下与 CO_2、水蒸气、空气、Cl_2 及类似气体接

触，利用这些活化气体进行碳的氧化反应（水煤气反应），并除去挥发性有机化合物，使微孔更加发达。活化温度对活性炭吸附性能影响很大，当温度在 1150℃以下时，升温可使吸附容量增加，而温度超过 1150℃时，升温反而不利。

与其他吸附剂相比，活性炭具有巨大的比表面和特别发达的微孔。通常活性炭的比表面积高达 $500\sim1700m^2/g$，这是活性炭吸附能力强，吸附容量大的主要原因。当然，比表面积相同的炭，对同一物质的吸附容量有时也不同，这与活性炭的内孔结构、分布以及表面化学性质有关。一般活性炭的微孔容积约为 0.15～0.9mL/g，表面积占总表面积的 95%以上；过渡孔容积约为 0.02～0.1mL/g，除特殊活化方法外，表面积不超过总表面积的 5%；大孔容积约为 0.2～0.5mL/g，而表面积仅为 $0.2\sim0.5m^2/g$。在液相吸附时，吸附质分子直径较大，如着色成分的分子直径多在 3×10^{-9}m 以上，这时微孔几乎不起作用，吸附容量主要取决于过渡孔。

活性炭主要成分除碳以外，还含有少量的氧、氢、硫等元素，以及水分、灰分。它的吸附以物理吸附为主，但由于表面氧化物存在。也进行一些化学选择性吸附。如果在活性炭中渗入一些具有催化作用的金属离子（如渗银），则可以改善处理效果。

纤维活性炭（ACF）是一种新型高效吸附材料。它是有机碳纤维（如纤维素纤维、PAN 纤维、酚醛纤维和沥青纤维等）经活化处理后形成的，具有发达的微孔结构，超过 50%的碳原子位于内外表面，构筑成独特的吸附结构，被认为是“超微粒子、表面不规则的构造以及极狭小空间的组合”。孔径一般在 1.5～3nm 之间，直接开口于纤维表面，超微粒子以各种方式结合在一起，形成丰富的纳米空间，形成的这些空间的大小与超微粒子处于同一个数量级，从而造就了较大的比表面积。其含有许多不规则结构，如杂环结构或含有表面官能团的微结构，具有极大的表面能，也造就了微孔相对孔壁分子共同作用形成强大的分子场，提供了一个吸附态分子物理和化学变化的高压体系，使得吸附质到达吸附位的扩散路径比活性炭短、驱动力大且孔径分布集中。这是 ACF 比活性炭比表面积大、吸脱附速率快、吸附效率高的主要原因。

ACF 可方便地加工为毡、布、纸等不同的形状，并具有耐酸碱和耐腐蚀特性，通常适用于气相和液相低分子量分子（M_W 在 300 以下）的吸附。当吸附剂微孔大小为吸附质分子临界尺寸的 2 倍左右时，吸附质较容易吸附。近年来 ACF 得到人们广泛的关注和深入的研究（美、英、日），目前已在环境保护、催化、医药、军工等领域得到广泛应用。

2. 树脂吸附剂

树脂吸附剂也叫作吸附树脂，是一种新型有机吸附剂，具有立体网状结构，呈多孔海绵状，加热不熔化，可在 150℃下使用，不溶于一般溶剂及酸、碱，比表面积可达 $800m^2/g$。按照基本结构分类，吸附树脂大体可分为非极性、中极性、极性和强极性四种类型。常见产品有美国 Amberlite XAD 系列，日本 HP 系列。国内一些单位也研制了性能优良的大孔吸附树脂。

树脂吸附剂的结构容易人为控制，因而它具有适应性大、应用范围广、吸附选择性特殊、稳定性高等优点，并且再生简单，多数为溶剂再生。在应用上它介于活性炭等吸附剂与离子交换树脂之间，而兼具它们的优点，既具有类似于活性炭的吸附能力，又比离子交换剂更易再生。如制造 TNT 炸药的废水毒性很大，使用活性炭能去除废水中 TNT，但再生困难。采用加热再生时容易引起爆炸。而用树脂吸附剂 Amberlite XAD-2 处理，效果很好。当原水含 TNT34mg/L 时，每个循环可处理 500 倍树脂体积的废水，用丙酮再生，TNT 回收率可达 80%。

树脂的吸附能力一般随吸附质亲油性的增强而增大，最适于吸附处理废水中微溶于水，极易溶于甲醇、丙酮等有机溶剂，分子量略大和带极性的有机物，例如脱酚、除油、脱色等。

3. 腐殖酸系吸附剂

腐殖酸的吸附性能是由其本身的性质和结构决定的。一般认为腐殖酸是一组具有芳香结构、性质相似的酸性物质的复合混合物。它的大分子约由10个分子大小的微结构单元组成，每个结构单元由核（主要由五元环或六元环组成）、联结核的桥键（如—O—、—CH_2—、—NH—等）以及核上的活性基团所组成。据测定，腐殖酸含的活性基团有羟基、羧基、羰基、氨基、磺酸基、甲氧基等。这些基团决定了腐殖酸对阳离子的吸附性能。

用作吸附剂的腐殖酸类物质有两大类，一类是天然的富含腐殖酸的风化煤、泥煤、褐煤等，直接作吸附剂用或经简单处理后作吸附剂用；另一类是把富含腐殖酸的物质用适当的黏结剂做成腐殖酸系树脂，造粒成型，以便用于管式或塔式吸附装置。

腐殖酸类物质可用于处理工业废水，尤其是重金属废水及放射性废水，除去其中的离子。腐殖酸对阳离子的吸附，包括离子交换、螯合、表面吸附、凝聚等作用，既有化学吸附，又有物理吸附。当金属离子浓度低时，以螯合作用为主，当金属离子浓度高时，离子交换占主导地位。据报道，腐殖酸类物质能吸附工业废水中的各种金属离子，如Hg^{2+}、Zn^{2+}、Pb^{2+}、Cu^{2+}、Cd^{2+}等，其吸附率可达90%～99%。存在形态不同，吸附效果也不同，对Cr(Ⅲ)的吸附率大于Cr(Ⅵ)。

腐殖酸类物质吸附重金属离子后，容易脱附再生，常用的再生剂有H_2SO_4、HCl、NaCl、$CaCl_2$等，投加量为理论值的1～2倍。

二、吸附剂再生

吸附剂在达到饱和吸附后，必须进行脱附再生，才能重复使用。脱附是吸附的逆过程，即在吸附剂结构不变化或者变化极小的情况下，用某种方法将吸附质从吸附剂孔隙中除去，恢复它的吸附能力。通过再生使用，可以降低处理成本，减少废渣排放，同时回收吸附质。

目前吸附剂的再生方法有加热再生、药剂再生、化学氧化再生、湿式氧化再生、生物再生等。主要方法的分类如表7-2所列。在选择再生方法时，主要考虑3个方面的因素：a. 吸附质的理化性质；b. 吸附机理；c. 吸附质的回收价值。

表7-2 吸附剂再生方法分类

种类		处理温度	主要条件
加热再生	加热脱附	100～200℃	水蒸气、惰性气体
	高温加热再生（炭化再生）	750～950℃（400～500℃）	水蒸气、燃烧气体、CO_2
药剂再生	无机药剂	常温～80℃	HCl、H_2SO_4、NaOH、氧化剂
	有机药剂（萃取）	常温～80℃	有机溶剂（苯、丙酮、甲醇等）
生物再生		常温	好氧菌、厌氧菌
湿式氧化分解		180～220℃、加压	O_2、空气、氧化剂
电解氧化		常温	O_2

1. 加热再生

即用外部加热方法改变吸附平衡关系，达到脱附和分解的目的。

在废水处理中，被吸附的污染物种类很多，由于其理化性质不同，分解和脱附的程度差别很大。根据饱和吸附剂在惰性气体中的热重曲线（TGA），可将其分为三种类型。

（1）易脱附型　简单的低分子烃类化合物和芳香族有机物即属于这种类型，由于沸点较低，一般加热到300℃即可脱附。

(2) 热分解脱附型　即在加热过程中易分解成低分子有机物，其中一部分挥发脱附；另一部分经炭化残留在吸附剂微孔中，如聚乙二醇（PEG）等。

(3) 难脱附型　在加热过程中重量变化慢而少，有大量的碳化物残留在微孔中，如酚、木质素、萘酚等。

对于吸附了浓度较高的（1）型污染物的饱和炭，可采用低温加热再生法，控制温度100～200℃，以水蒸气作载气，直接在吸附柱中再生，脱附后的蒸汽经冷却后可回收利用。

废水中的污染物因与活性炭结合较牢固，需用高温加热再生。再生过程主要分为三个阶段。

① 干燥阶段：加热温度100～130℃，使含水率达40%～50%的饱和炭干燥。干燥所需热量约为再生总能耗的50%，所需容积占总再生装置的30%～40%。

② 炭化阶段：水分蒸发后，升温至700℃左右，使有机物挥发、分解、炭化。升温速度和炭化温度应根据吸附质类型及特性而定。

③ 活化阶段：升高温度至700～1000℃；通入水蒸气、CO_2等活化气体，将残留在微孔中的碳化物分解为CO、CO_2、H_2等，达到重新造孔的目的。

同活性炭制造一样，活化也是再生的关键。必须严格控制以下活化条件。

① 最适宜的活化温度与吸附质的种类、吸附量以及活性炭的种类有较密切的关系，一般范围为800～950℃。

② 活化时间要适当，过短活化不完全，过长造成烧损，一般以20～40min为宜。

③ 氧化性气体对活性炭烧损较大，最好用水蒸气作活化气体，其注入量为0.8～1.0kg/kgC。

④ 再生尾气宜为还原性气氛，其中CO含量在2%～3%为宜，氧气含量要求在1%以下。

⑤ 对经反复吸附-再生操作，积累了较多金属氧化物的饱和炭，用酸处理后进行再生，可降低灰分含量，改善吸附性能。

高温加热再生是目前废水处理中粒状活性炭再生的最常用方法。再生炭的吸附能力恢复率可达95%以上，烧损在5%以下。适合于绝大多数吸附质，不产生有机废液，但能耗大，设备造价高。

目前用于加热再生的炉型有立式多段炉、转炉、立式移动床炉、流化床炉以及电加热再生装置等。因为它们的构造、材质、燃烧方式及最适再生规模都不相同，所以选用时应考虑具体情况。

(1) 立式多段炉　炉外壳用钢板焊制成圆筒形，内衬耐火砖。炉内分4～8段，各段有2～4个搅拌耙，中心轴带动搅拌耙旋转。饱和炭从炉顶投入，依次下落至炉底。在活化段设数个燃料喷嘴和蒸汽注入口。热气和蒸汽向上流过炉床。

在立式多段炉中上部干燥、中部炭化、下部活化，炉温从上到下依次升高。这种炉型占地面积小，炉内有效面积大，炭在炉内停留时间短、再生炭质量均匀，烧损一般在5%以下，适合于大规模活性炭再生。但操作要求严格，结构较复杂，炉内一些转动部件要求使用耐高温材料。

(2) 转炉　转炉为一卧式转筒，从进料端（高）到出料端（低）炉体略有倾斜，炭在炉内停留时间靠倾斜度及炉体转速来控制。在炉体活化区设有水蒸气进口，进料端设有尾气排出口。

转炉有内热式、外热式以及内热外热并用三种型式。内热式转炉再生损失大，炉体内衬耐火材料即可；外热式再生损失小，但炉体需用耐高温不锈钢制造。

转炉设备简单，操作容易，但占地面积大，热效率低，适于较小规模（3t/d 以下）再生。

（3）电加热再生装置　电加热再生包括直接电流加热再生、微波再生和高频脉冲放电再生，是近年开发的新方法。

① 直接电流加热再生是将直流电直接通入饱和炭中，利用活性炭的导电性及自身电阻和炭粒间的接触电阻，将电能变成热能，利用焦耳热使活性炭温度升高。达到再生温度时，再通入水蒸气进行活化。这种加热再生装置设备简单、占地面积小，操作管理方便。能耗低（1.5～1.9kW·h/kgC）。但当活性炭被油等不良导体包裹或累积较多无机盐时，要首先进行酸洗或水洗预处理。

② 微波再生是用频率 900～4000MHz 的微波照射饱和炭，使活性炭温度迅速升高至 500～550℃，保温 20min，即可达到再生要求。用这种再生装置，升温速度快，再生效率高，损失小。

③ 高频脉冲放电再生装置是利用高频脉冲放电，将饱和炭微孔中的有机物瞬间加热到 1000℃以上（而活性炭本身的温度不高），使其分解、炭化。与放电同时产生的紫外线、臭氧和游离基对有机物产生氧化作用，吸附水在瞬间成为过热水蒸气，也与炭进行水煤气反应。据报道，用这种再生装置，效率高（恢复率 98%），电耗低（0.3～0.4kW·h/kgC），炭损失小于 2%，而且时间短，不需通入水蒸气，操作方便。

颗粒炭和粉末炭也可用湿式氧化过程在高温高压下再生（见第六章）。

2. 药剂再生

在饱和吸附剂中加入适当的溶剂，可以改变体系的亲水-憎水平衡，改变吸附剂与吸附质之间的分子引力，改变介质的介电常数。从而使原来的吸附崩解，吸附质离开吸附剂进入溶剂中，达到再生和回收的目的。

常用的有机溶剂有苯、丙酮、甲醇、乙醇、异丙醇、卤代烷等。树脂吸附剂从废水中吸附酚类后，一般采用丙酮或甲醇脱附；吸附了 TNT，采用丙酮脱附；吸附了 DDT 类物，采用异丙醇脱附。

无机酸碱也是很好的再生剂，如吸附了苯酚的活性炭可以用热的 NaOH 溶液再生，生成酚钠盐回收利用。

对于能电离的物质最好以分子形式吸附，以离子形式脱附，即酸性物质宜在酸里吸附，在碱里脱附；碱性物质在碱里吸附，在酸里脱附。

溶剂及酸碱用量应尽量节省，控制 2～4 倍吸附剂体积为宜。脱附速度一般比吸附速度慢 1 倍以上。

药剂再生时吸附剂损失较小，再生可以在吸附塔中进行，无需另设再生装置，而且有利于回收有用物质。缺点是再生效率低，再生不易完全。

经过反复再生的吸附剂，除了机械损失以外，其吸附容量也会有一定损失，因灰分堵塞小孔或杂质除不去，使有效吸附表面积孔容减小。

第三节　吸附工艺与设计

在设计吸附工艺和装置时，应首先确定采用何种吸附剂，然后选择何种吸附和再生操作方式以及废水的预处理和后处理措施。一般需通过静态和动态试验来确定处理效果、吸附容量、设计参数和技术经济指标。

吸附操作分间歇和连续两种。前者是将吸附剂（多用粉末炭）投入废水中，不断搅拌，经一定时间达到吸附平衡后，用沉淀或过滤的方法进行固液分离。如果经过一次吸附，出水达不到要求时，则需增加吸附剂投量和延长停留时间或者对一次吸附出水进行二次或多次吸附。间歇工艺适于小规模、间歇排放的废水处理。当处理规模大时，需建较大的混合池和固液分离装置，粉末炭的再生工艺也较复杂，故目前在生产上很少采用。

连续式吸附操作是废水不断地流进吸附床，与吸附剂接触，当污染物浓度降至处理要求时，排出吸附柱。按照吸附剂的充填方式，又分固定床、移动床和流化床三种。

还有一些吸附操作不单独作为一个过程，而是与其他操作过程同时进行，如在生物曝气池中投加活性炭粉，吸附和氧化作用同时进行。

一、间歇吸附

间歇吸附反应池有两种类型：一种是搅拌池型，即在整个池内进行快速搅拌，使吸附剂与原水充分混合；另一种是泥渣接触型，池型与操作和循环澄清池相同。运行时池内可保持较高浓度的吸附剂，对原水浓度和流量变化的缓冲作用大，不需要频繁地调整吸附剂的投量，并能得到稳定的处理效果。当用于废水深度处理时，泥渣接触型的吸附量比搅拌池型增加 30%。为防止粉状吸附剂随处理水流失，固液分离时常加高分子絮凝剂。

1. 多级平流吸附

如图 7-10 所示，原水经过 n 级搅拌反应池得到吸附处理，而且各池都补充新吸附剂。当废水量小时，可在一个池中完成多级平流吸附。

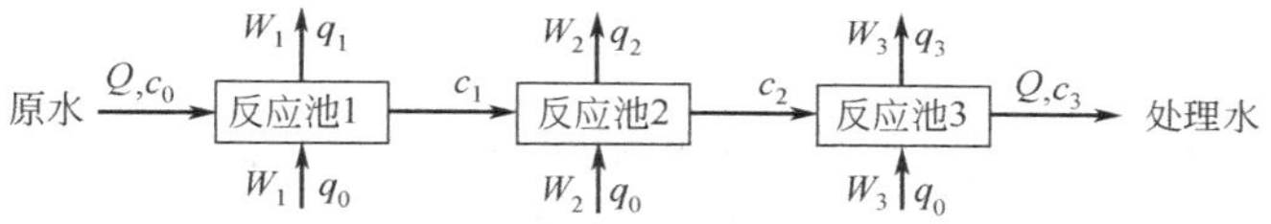

图 7-10　多级平流吸附示意

第 i 级的物料衡算式：

$$W_i(q_i-q_0)=Q(c_{i-1}-c_i) \tag{7-12}$$

式中，W_i 为供应第 i 级的吸附剂量，kg/h；Q 为废水流量，m^3/h；q_0、q_i 分别为新吸附剂和离开第 i 级吸附剂的吸附量，kg/kg；c_{i-1}、c_i 分别为第 i 级进水和出水浓度，kg/m^3。

若 $q_0=0$，则式(7-12) 变为：

$$W_iq_i=Q(c_{i-1}-c_i) \tag{7-13}$$

若已知吸附平衡关系 $q_i=f(c_i)$，则可与式(7-13) 联立，逐级计算出最小投炭量 W_i。

按图 7-10，由式(7-13) 得：

$$c_1=c_0-q_1\frac{W_1}{Q} \tag{7-14}$$

$$c_2=c_1-q_2\frac{W_2}{Q}=c_0-q_1\frac{W_1}{Q}-q_2\frac{W_2}{Q} \tag{7-15}$$

同理，经 n 级吸附后：

$$c_n=c_{n-1}-q_n\frac{W_n}{Q} \tag{7-16}$$

当各级投炭量相同时，即 $W_1=W_2=\cdots=W_n=W$，则

$$c_2=c_0-\frac{W}{Q}(q_1+q_2) \tag{7-17}$$

$$c_n = c_0 - \frac{W}{Q}\sum_{i=1}^{n} q_i \tag{7-18}$$

若令 q_m 为各级吸附量的平均值，则

$$c_n = c_0 - \frac{W}{Q} n q_m \tag{7-19}$$

由此可得将 c_0 降至 c_n 所需的吸附级数 n 和吸附剂总量 G：

$$n = \frac{Q(c_0 - c_n)}{W \cdot q_m} \tag{7-20}$$

$$G = nW = \frac{Q(c_0 - c_n)}{q_m} \tag{7-21}$$

如果溶液浓度很低，$q_i = K'c_i$，则上述计算式可简化为：

$$c_n = c_0 \left(\frac{Q}{Q + K'W}\right)^n \tag{7-22}$$

$$n = \frac{\lg c_0 - \lg c_n}{\lg(Q + K'W) - \lg Q} \tag{7-23}$$

$$G = n \frac{Q}{K'}\left(\sqrt[n]{c_0 / c_n} - 1\right) \tag{7-24}$$

由式(7-19)和式(7-22)，吸附级数越多，出水 c_n 越小，但吸附剂总量增加，而且操作复杂。一般以 2～3 级为宜。

2. 多级逆流吸附

由吸附平衡关系知，吸附剂的吸附量与溶质浓度呈平衡，溶质浓度越高，平衡吸附量就越大。因此，为了使出水中的杂质最少，应使新鲜吸附剂与之接触；为了充分利用吸附剂的吸附能力，又应使接近饱和的吸附剂与高浓度进水接触。利用这一原理的吸附操作即是多级逆流吸附，如图 7-11 所示。

原水 Q,c_0 → 反应池1 → c_1 → 反应池2 → c_2 → 反应池3 → Q,c_3 处理水
失效炭 ← W,q_1 ← 反应池1 ← q_2 ← 反应池2 ← q_3 ← 反应池3 ← W,q_4 新炭

图 7-11　多级逆流吸附示意

经 n 级逆流吸附的总物料衡算式为：

$$W(q_1 - q_{n+1}) = Q(c_0 - c_n) \tag{7-25}$$

对二级逆流吸附，设各级吸附等温式可用 Freundlich 式表示，即 $q_i = K c_i^{1/n}$；且 $q_3 = 0$，则可推得：

$$\frac{c_0}{c_2} - 1 = \left(\frac{c_1}{c_2}\right)^{1/n}\left(\frac{c_1}{c_2} - 1\right) \tag{7-26}$$

若给定原水浓度 c_0、处理水浓度 c_2 及吸附等温线的常数 $\frac{1}{n}$，则由式（7-26）可求出 c_1；再代入吸附等温式可求得各级吸附量，利用这些数据由式（7-25）可求出最小投炭量 W。计算结果表明，达到同样的处理效果，逆流吸附比平流吸附少用吸附剂。

对 n 级逆流吸附，如果 $q_i = K'c_i$，则有以下近似公式：

$$c_n = c_0 \frac{K'\frac{W}{Q} - 1}{\left(K'\frac{W}{Q}\right)^{n+1} - 1} \tag{7-27}$$

$$n=\frac{\lg\left[c_0\left(K'\frac{W}{Q}-1\right)+c_n\right]-\lg\left(c_nK'\frac{W}{Q}\right)}{\lg\left(K'\frac{W}{Q}\right)} \tag{7-28}$$

二、固定床吸附

在废水处理中常用固定床吸附装置。其构造与快滤池大致相同。吸附剂填充在装置内，吸附时固定不动。水流穿过吸附剂层。根据水流方向可分为升流式和降流式两种。采用降流式固定床吸附，出水水质较好，但水头损失较大，特别在处理含悬浮物较多的污水时，为防止炭层堵塞，需定期进行反冲洗，有时还需在吸附剂层上部设表面冲洗设备。在升流式固定床中，水流由下而上流动。这种床型水头损失增加较慢，运行时间较降流式长。当水头损失增大后，可适当提高进水流速，使充填层稍有膨胀（不混层），就可以达到自清的目的。但当进水流量波动较大或操作不当时，易流失吸附剂，处理效果也不好。升流式固定床吸附塔的构造与降流式基本相同，仅省去表面冲洗设备。吸附装置通常用钢板焊制，并作防腐处理。

根据处理水量、原水水质及处理要求，固定床可分为单床和多床系统，一般单床使用较少，仅在处理规模很小时采用。多床又有并联与串联两种，前者适于大规模处理，出水要求较低，后者适于处理流量较小，出水要求较高的场合。

1. 穿透曲线

当废水连续通过吸附剂层时，运行初期出水中溶质几乎为零。随着时间的推移，上层吸附剂达到饱和，床层中发挥吸附作用的区域向下移动。吸附区前面的床层尚未起作用。出水中溶质浓度仍然很低。当吸附区前沿下移至吸附剂层底端时，出水浓度开始超过规定值，此时称床层穿透。之后出水浓度迅速增加，当吸附区后端面下移到床层底端时，整个床层接近饱和，出水浓度接近进水浓度，此时称床层耗竭。将出水浓度随时间变化作图，得到的曲线称穿透曲线，如图 7-12 所示。

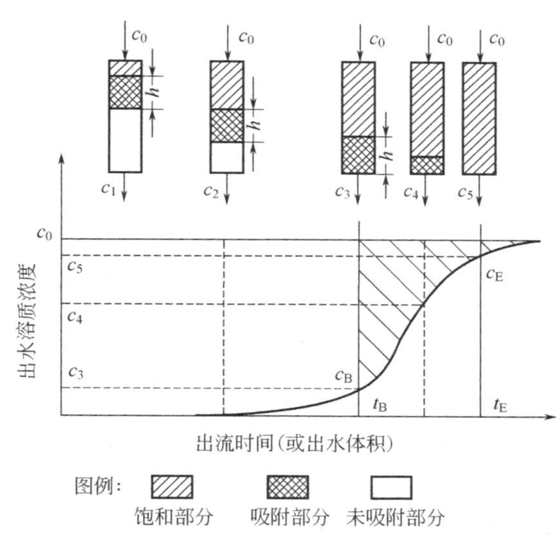

图 7-12　穿透曲线

吸附床的设计及运行方式的选择，在很大程度上取决于穿透曲线。由穿透曲线可以了解床层吸附负荷的分布，穿透点和耗竭点。穿透曲线越陡，表明吸附速度越快，吸附区越短。理想的穿透曲线是一条垂直线。实际的穿透曲线是由吸附平衡线和操作线决定的，大多呈S形。影响穿透曲线形状的因素很多。通常进水浓度越高，水流速度越小，穿透曲线越陡；对球形吸附剂，粒度越小，床层直径与颗粒直径之比越大，穿透曲线越陡。对同一吸附质，采用不同的吸附剂，其穿透曲线形状也不同。随着吸附剂再生次数增加，其吸附剂性能有所劣化，穿透曲线渐趋于平缓。

对单床吸附系统，由穿透曲线可知，当床层达到穿透点时（对应的吸附量为动活性），必须停止进水，进行再生；对多床串联系统，当床层达到耗竭点时（对应的吸附量为饱和吸附量），也需进行再生。显然，在相同条件下，动活性＜饱和吸附量＜静活性

（平衡吸附量）。

2. 穿透曲线的计算

穿透曲线计算包括确定穿透曲线方程、吸附区厚度和移动速度、穿透时间等。为此，在吸附床中任取单位截面积厚度为 $\mathrm{d}Z$ 的微元层作物料衡算（图 7-13）。

设水流的空塔速度为 u，流经 Z 段面的溶质浓度为 c，床层密度为 ρ_b，空隙率为 ε。则在 $\mathrm{d}t$ 时间，流入与流出该微元的吸附质变化量应等于吸附剂的吸附量与孔隙中的溶质量之和。即

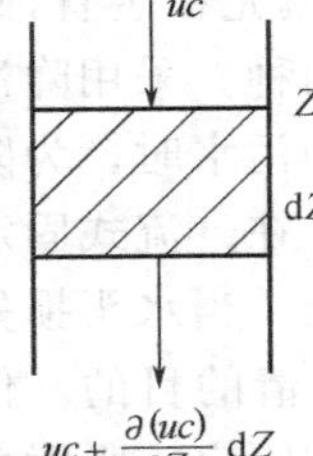

图 7-13　固定床物料衡算

$$-\frac{\partial(uc)}{\partial Z}=\rho_b\frac{\partial q}{\partial t}+\varepsilon\frac{\partial c}{\partial t} \tag{7-29}$$

因为 $q=f(c)$ 表示吸附等温线，而流动相浓度 c 又是吸附时间 t 和床层位置 Z 的函数，故有

$$\frac{\partial q}{\partial t}=\frac{\mathrm{d}q}{\mathrm{d}c}\frac{\partial c}{\partial t} \tag{7-30}$$

将式(7-30) 代入式(7-29)，可得

$$u\frac{\partial c}{\partial Z}+\left(\varepsilon+\rho_b\frac{\mathrm{d}q}{\mathrm{d}c}\right)\frac{\partial c}{\partial t}=0 \tag{7-31}$$

设在 $\mathrm{d}t$ 时间内，吸附区从 Z 段面下移至 $Z+\mathrm{d}Z$ 段面，流动相中溶质浓度为常数 c，则 $\left(\frac{\partial Z}{\partial t}\right)_c$ 表示吸附区的推移速度 v_a。根据偏微分性质：

$$v_a=\left(\frac{\partial Z}{\partial t}\right)_c=-\left(\frac{\partial c}{\partial t}\right)_Z\Big/\left(\frac{\partial c}{\partial Z}\right)_t \tag{7-32}$$

将式(7-31) 代入式(7-32)，整理得

$$v_a=\frac{u}{\varepsilon+\rho_b\left(\frac{\mathrm{d}q}{\mathrm{d}c}\right)} \tag{7-33}$$

由上式可见：a. 对不同的浓度 c，吸附区有不同的推移速度；b. 对 u 和 ε 为定值的床层来说，吸附区推移速度取决于$\frac{\mathrm{d}q}{\mathrm{d}c}$，即取决于吸附等温线的变化率。对上凸形吸附等温线，$\frac{\mathrm{d}q}{\mathrm{d}c}$随 c 增大而减小，吸附区高浓度一端推移速度比低浓度一端快，从而使吸附区在推移过程中逐渐变短，即发生吸附区的“缩短”现象。相反，对下凹形吸附等温线，则发生吸附区的“延长”现象。显然，为提高床层利用率，吸附区缩短是有利的。但从传质速度分析，在吸附区上端吸附量高，浓度梯度小，传质速度亦小；吸附区下端吸附量低，浓度梯度大，传质速度亦大，导致吸附区在推移过程中逐渐变宽。上述两个倾向的作用结果，使吸附区厚度和穿透曲线形状在推移过程中基本保持不变。

因此，在实际操作中，式(7-33) 中的$\frac{\mathrm{d}q}{\mathrm{d}c}$可看作定值，设为 A_1，即：

$$\frac{\mathrm{d}q}{\mathrm{d}c}=A_1$$

积分得

$$q=A_1c+A_2$$

其边界条件为 $c=0$，$q=0$；$c=c_0$，$q=q_0$。由此可得操作线方程为：

$$q=\frac{q_0}{c_0}c\quad 或\quad \frac{\mathrm{d}q}{\mathrm{d}c}=\frac{q_0}{c_0} \tag{7-34}$$

将式(7-34) 代入式(7-33)，并由 $\varepsilon \ll \rho_b \dfrac{q_0}{c_0}$ 简化得

$$v_a = \frac{u}{\varepsilon + \rho_b (q_0/c_0)} \approx \frac{uc_0}{\rho_b q_0} \tag{7-35}$$

若引入总传质系数 k_f，则填充层内的吸附速度可表示为

$$\rho_b \frac{dq}{dt} = k_f a_v (c - c^*) \tag{7-36}$$

式中，c^* 是与吸附量成平衡的浓度。

将式(7-34) 代入式(7-36)，并积分，求出出水浓度从 c_B 增至 c_E 所需的操作时间为：

$$t_E - t_B = \frac{\rho_b q_0}{k_f a_v c_0} \int_{c_B}^{c_E} \frac{dc}{c - c^*} \tag{7-37}$$

$t_E - t_B$ 相当于推移一个吸附区所需的时间。而吸附区的厚度 Z_a 可用 v_a 与 $t_E - t_B$ 的乘积来表示，即

$$Z_a = v_a (t_E - t_B) \approx \frac{u}{k_f a_v} \int_{c_B}^{c_E} \frac{dc}{c - c^*} \tag{7-38}$$

式中，$u/(k_f a_v)$ 称为传质单元高度，具有长度量纲；积分项称为传质单元数（N_{0f}），其值由吸附等温线与操作线图解积分得出。当吸附等温式可用 Langmuir 式(7-3) 或 Freundlich 式（7-8）表示时，传质单元数可分别用式（7-39）和式(7-40) 计算。

$$N_{0f} = \frac{2 + bc_0}{bc_0} \ln \frac{c_E}{c_B} \tag{7-39}$$

$$N_{0f} = \ln \frac{c_E}{c_B} + \frac{1}{n-1} \ln \frac{1 - (c_B/c_0)^{(n-1)}}{1 - (c_E/c_0)^{(n-1)}} \tag{7-40}$$

根据式(7-37)，可写出穿透开始后的时间 t 与出水浓度 c 的关系：

$$t - t_B = \frac{\rho_b q_0}{k_f a_v c_0} \int_{c_B}^{c} \frac{dc}{c - c^*} \tag{7-41}$$

只要知道 $k_f a_v$ 和吸附平衡关系，便可由式(7-41) 求出任意时间 t 和出水浓度 c 的关系，以此作图，即可得到穿透曲线。

通常穿透曲线为 S 形，且以 $\dfrac{c}{c_0} = 0.5$ 为对称中心。假定从起始到 $\dfrac{c}{c_0} = 0.5$ 的时间为 $t_{1/2}$，床层厚度为 Z，则有

$$Z = v_a t_{1/2} \approx \frac{uc_0}{\rho_b q_0} t_{1/2} \tag{7-42}$$

以 $t_{1/2}$ 代替式(7-41) 中的 t，并加以整理得床层穿透的时间为：

$$\begin{aligned} t_B &= \frac{\rho_b q_0}{uc_0} \left(Z - \frac{u}{k_f a_v} \int_{c_B}^{\frac{c_0}{2}} \frac{dc}{c - c^*} \right) \\ &= \frac{\rho_b q_0}{uc_0} \left(Z - \frac{1}{2} Z_a \right) \end{aligned} \tag{7-43}$$

根据穿透曲线，可计算吸附区的饱和程度，通常用剩余吸附容量分率 f 表示，其值为穿透曲线上部阴影部分面积（见图 7-12）与整个吸附区面积之比，即

$$f = \frac{\int_{t_B}^{t_E} (c_0 - c) dt}{c_0 (t_E - t_B)} \tag{7-44}$$

【例 7-2】 某化工厂每小时排出 COD 为 30mg/L 的废水 50m³，拟采用活性炭吸附处

理，将 COD 降至 3mg/L 之后，作为工厂用水循环使用。由吸附试验，得吸附等温式为：$q=0.058c^{0.5}$；总传质系数 $k_f a_v=54\text{h}^{-1}$。试计算：

① 采用一级搅拌吸附所需的活性炭投量。

② 采用二级逆流吸附，求所需的投炭量以及第一级出水浓度。

③ 采用固定床吸附，当出水 COD≥3mg/L 时停止进水，设空塔流速为 12.5m/h，炭密度为 400kg/m³，床层厚度 3.5m。求 Z_a、v_a、t_B和 f 以及吸附塔尺寸。

解 ① 由吸附等温式有，当 $c_e=3\text{mg/L}$ 时，其平衡吸附量 $q_e=0.058c_e^{0.5}=0.1\text{mg}$ COD/mgC。因此，据式(7-1) 得：

$$W/V=\frac{(c_0-c_e)}{q_e}=\frac{30-3}{0.1}=270\text{mg/L}$$

② 由式(7-26) 求出当 $1/n=0.5$，$c_2/c_1=0.1$ 时，$c_1=15\text{mg/L}$，与 c_1对应的第一级平衡吸附量 $q_1=0.22$，按式(7-25) 有：

$$\frac{W}{Q}=\frac{(c_0-c_2)}{q_1}=\frac{30-3}{0.22}=122.7\text{mg/L}$$

可见，用二级逆流吸附比单级吸附节省吸附剂。

③ 为计算 Z_a需先求吸附区传质单元数 N_{0f}，为此作出吸附平衡线和操作线（图7-14）。由式(7-34) 知，操作线通过原点以 $c_0=30\text{mg/L}$ 与平衡线的相交。已知 $c_B=3\text{mg/L}$，取 $c_E=0.27\text{mg/L}$，与 c 值对应的 c^* 值从图中查出（亦可计算）。据此得出 $\frac{1}{(c-c^*)}$对 c 在 $c_B\sim c_E$间的曲线如图 7-15 所示。

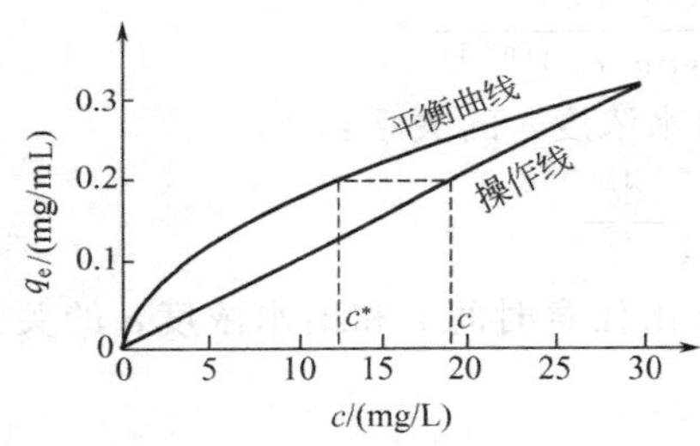

图 7-14 吸附平衡线与操作线

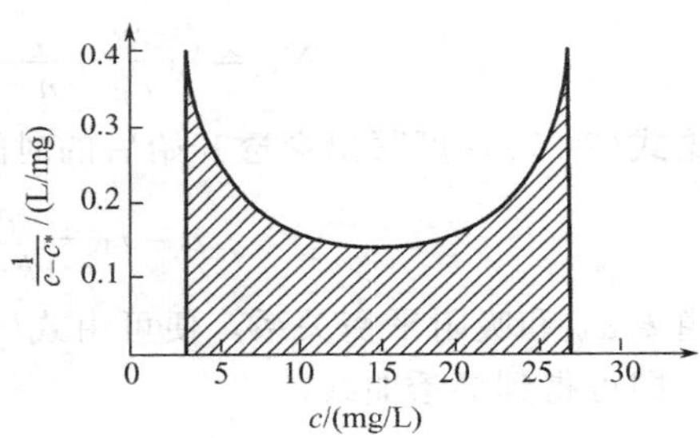

图 7-15 图解积分

通过图解积分曲线下的面积，即得传质单元数为：

$$N_{0f}=\int_3^{27}\frac{\mathrm{d}c}{c-c^*}=4.50$$

又由式(7-38)，可求得：

$$Z_a=\frac{u}{k_f a_v}\int_{c_B}^{c_E}\frac{\mathrm{d}c}{c-c^*}=\frac{12.5\times4.50}{54}=1.04\text{m}$$

由式(7-35)，有：

$$v_a=\frac{uc_0}{\rho_b q_0}=2.95\times10^{-3}\text{m/h};$$

又由式(7-43)，有：

$$t_B=\frac{\rho_b q_0}{uc_0}\left(Z-\frac{Z_a}{2}\right)$$

$$=\frac{1}{v_a}\left(Z-\frac{Z_a}{2}\right)=339(Z-0.52)$$

当床层厚度 Z 为 3.5m 时，$t_B=1010$h。

利用式(7-41)可求出任意浓度 c 与时间 t 的关系。如果用图解积分法计算积分项，结果列于表 7-3。

按表中数据作 c-t 图即得穿透曲线，如图 7-16 所示。

由式(7-44)用表中数据，可计算 f：

$$f=\frac{\int_{t_B}^{t_E}(c_0-c)\mathrm{d}t}{c_0(t_E-t_B)}=\frac{4390}{30(1400-1010)}=0.375$$

表 7-3　穿透曲线计算表

t/h	1010	1090	1150	1200	1270	1400	
c/(mg/L)	3	7.5	12.5	17.5	22.5	27.0	
$(c_0-c)\Delta t$		1800	1050	625	525	390	$\Sigma=4390$

由题给参数，可确定：

炭塔截面积 $A=\frac{Q}{u}=\frac{50}{12.5}=4\mathrm{m}^2$，塔直径$=2.26$m；

活性炭填充容积 $V=Ah=4\times3.5=14\mathrm{m}^3$；

活性炭填充重量 $W=\rho V=400\times14=5600$kg。

考虑到反冲洗时炭层膨胀，设计超高为填充层高度的 50%，则总高度为 $H=3.5\times(1+0.5)=5.25$m，所需的吸附塔尺寸为 $\phi2.26\times5.25$m。

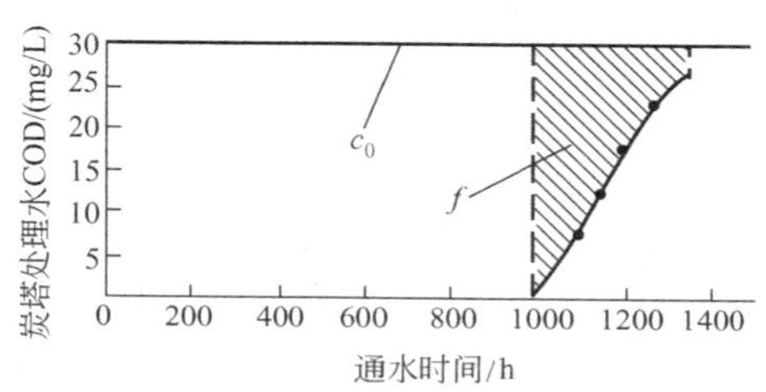

图 7-16　穿透曲线

三、移动床

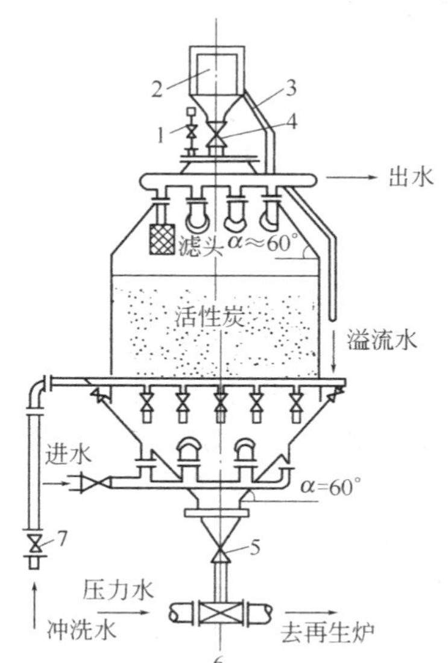

图 7-17　移动床构造示意

1—通气阀；2—进料斗；3—溢流管；4,5—直流式衬胶阀；6—水射器；7—截止阀

图 7-17 为移动床构造示意。原水从下而上流过吸附层，吸附剂由上而下间歇或连续移动。间歇移动床处理规模大时，每天从塔底定时卸炭 1～2 次，每次卸炭量为塔内总炭量的 5%～10%；连续移动床，即饱和吸附剂连续卸出，同时新吸附剂连续从顶部补入。理论上连续移动床层厚度只需一个吸附区的厚度。直径较大的吸附塔的进出水口采用井筒式滤网。

移动床较固定床能充分利用床层吸附容量，出水水质良好，且水头损失较小。由于原水从塔底进入，水中夹带的悬浮物随饱和炭排出，因而不需要反冲洗设备，对原水预处理要求较低，操作管理方便。目前较大规模废水处理时多采用这种操作方式。

四、流化床

流化床构造示意如图 7-18 所示。原水由底部升流式通过床层，吸附剂由上部向下移动。由于吸附剂保持流化状态，与水的接触面积增大，因此设备小而生产能力大，基建费用低。与固定床相比，可

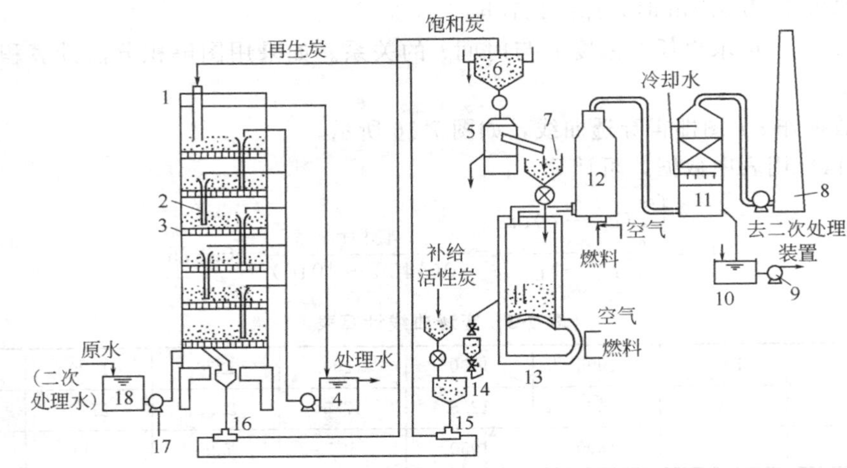

图 7-18 活性炭流化床及再生系统

1—吸附塔；2—溢流管；3—穿孔板；4—处理水槽；5—脱水机；6—饱和炭贮槽；7—饱和炭供给槽；8—烟囱；9—排水泵；10—废水槽；11—气体冷却器；12—脱臭炉；13—再生炉；14—再生炭冷却槽；15,16—水射器；17—原水泵；18—原水槽

使用粒度均匀的小颗粒吸附剂，对原水的预处理要求低。但对操作控制要求高，为了防止吸附剂全塔混层，以充分利用其吸附容量并保证处理效果，塔内吸附剂采用分层流化。所需层数根据吸附剂的静活性、原水水质水量、出水要求等来决定。分隔每层的多孔板的孔径、孔分布形式、孔数及下降管的大小等，都是影响多层流化床运转的因素。目前日本在石油化工废水处理中采用这种流化床，使用粒径为 1mm 左右的球形活性炭。

第四节 吸附法的应用

在废水处理中，吸附法处理的主要对象是废水中用生化法难以降解的有机物或用一般氧化法难以氧化的溶解性有机物，包括木质素、氯或硝基取代的芳烃化合物、杂环化合物、洗涤剂、合成染料、除莠剂、DDT 等。当用活性炭对这类废水进行处理时，它不但能够吸附这些难分解的有机物，降低 COD，还能使废水脱色、脱臭，把废水处理到可重复利用的程度。所以吸附法在废水的深度处理中得到了广泛的应用。

在处理流程上，吸附法可与其他物理化学法联合，组成所谓物化流程。如先用混凝沉淀过滤等去除悬浮物和胶体，然后用吸附法去除溶解性有机物。吸附法也可与生化法联合，如向曝气池投加粉状活性炭；利用粒状吸附剂作为微生物的生长载体或作为生物流化床的介质；或在生物处理之后进行吸附深度处理等，这些联合工艺都在工业上得到应用。

美国于 1972 年在 Carson 炼油厂建成了第一套用活性炭处理炼油废水的工业装置，处理能力约为 16000m^3/d，COD 去除率达 95%。随后其他炼油厂也相继采用。除此之外，活性炭吸附法还较广地用于其他工业废水的深度处理和城市污水的高级处理以及污染水源的净化。

某炼油厂含油废水，经隔油、气浮和生物处理后，再经砂滤和活性炭过滤深度处理。废水的含酚量从 0.1mg/L（生物处理后）降至 0.005mg/L，氰从 0.19mg/L 降至 0.048mg/L，COD 从 85mg/L 降至 18mg/L。

重庆市某化工厂生产 2-萘酚。2-萘酚是一种重要的染料中间体。在生产过程中产生高浓度萘磺酸钠的母液废水，经吹萘后形成的吹萘废水 COD 值高达 20000mg/L 左右，废水中的主要有机物是 β-萘磺酸钠和 α-萘磺酸钠，同时含有 6%左右的无机盐。该废水很难用生物处理。经采用络合吸附树脂 ND-910 与复合功能吸附树脂 NDA-99 二级吸附加氧化的组合工艺，废水经处理后可直接达标排放，同时可从每吨水中回收约 5～8kg 的萘磺酸钠。年回收萘磺酸钠超过 1000t。

江苏某化工厂生产 4,4′-二氨基二苯基乙烯-2,2′-二磺酸（DSD 酸）。DSD 酸是重要的染料中间体，是以对硝基甲苯为原料，经磺化、氧化、缩合和还原等反应制得。生产工艺中氧化工段产生的废水颜色深、酸性强、无机盐含量高，COD 高达 20000mg/L，色度高达 25000 倍。采用络合吸附树脂 ND-900 与复合功能吸附树脂 NDA-88 二级串联吸附工艺，COD 去除率达到 95%以上，色度可降到 100 倍左右。

国内某染料厂也采用活性炭吸附法处理二硝基氯苯废水。生产废水经冷却结晶后仍含二硝基氯苯 700mg/L，流量 8t/h，送活性炭吸附塔。吸附塔 3 台，ϕ0.9m×5m，两塔串联，一塔切换再生。空塔流速为 14～15m/h，停留时间为 0.25h。处理后出水含二硝基氯苯在 5mg/L 以下，经中和后排放。吸附饱和后，用氯苯脱附，蒸汽吹扫再生。氯苯经预热至 90～95℃后，用泵抽入吸附塔，氯苯与活性炭的重量比为 10，氯苯流量为 2t/h。脱附后用蒸汽吹扫 10h，蒸汽温度为 250℃，流量为 500kg/h，蒸汽量与活性炭的重量比为 5。

吸附法除对含有机物废水有很好的去除作用外，据报道对某些金属及化合物也有很好的吸附效果。研究表明，活性炭对汞、锑、锡、镍、铬、铜、镉等都有很强的吸附能力。国内已应用活性炭吸附法处理电镀含铬、含氰废水。

思考题与习题

1. 引起吸附的原因是什么？

2. 吸附可以分为哪几类？分别是什么？

3. 在物理吸附中主要有哪几种吸附等温方程？

4. 请简要描述吸附的过程，以及影响吸附的主要因素。

5. 活性炭为什么有吸附作用？用吉布斯（Gibbs）吸附公式说明什么物质易被活性炭吸附？什么物质难于被活性炭吸附？

6. 试分析活性炭吸附法用于水处理的优点和适用条件，目前存在什么问题？

7. 简述绘制动态吸附穿透曲线的方法。它有什么实用意义？

8. 活性炭吸附含酚废水的实验数据如下表所列：每份试样为 250mL，水温为 20℃，试绘制吸附等温线并确定 Freundlich 和 Langmuir 方程的常数。

试　样	1	2	3	4	5	6
试样浓度 c_0/(mg/L)	98.65	98.65	98.65	98.65	98.65	98.65
加碳量/mg	0	100	200	300	400	500
平衡浓度 c_e/(mg/L)	98.65	65.19	37.95	17.75	9.20	5.36

第八章 离子交换

离子交换法是一种借助于离子交换剂上的离子和水中的离子进行交换反应而除去水中有害离子的方法。在工业用水处理中，它占有极重要的位置，用以制取软水或纯水。在工业废水处理中，主要用以回收贵重金属离子，也用于放射性废水和有机废水的处理。

离子交换法具有去除率高、可浓缩回收有用物质、设备较简单、操作控制容易等优点。但目前应用范围还受到离子交换剂品种、性能、成本的限制；对预处理要求较高；离子交换剂的再生和再生液的处理有时也是个难题。

第一节 离子交换剂

一、离子交换剂的分类、组成及结构

按母体材质不同，离子交换剂可分为无机和有机两大类。

无机离子交换剂包括天然沸石和合成沸石，是一类硅质的阳离子交换剂，成本低，但不能在酸性条件下使用。

有机离子交换剂包括磺化煤和各种离子交换树脂。磺化煤是烟煤或褐煤经发烟硫酸磺化处理后制成的阳离子交换剂，成本适中，但交换容量低，机械强度和化学稳定性较差。目前在水处理中广泛使用的是离子交换树脂，它具有交换容量高（是沸石和磺化煤的 8 倍以上）；球形颗粒，水流阻力小，交换速度快；机械强度和化学稳定性都好等特点，但成本较高。

离子交换树脂的化学结构可分为不溶性树脂母体和活性基团两部分。树脂母体为有机化合物和交联剂组成的高分子共聚物。交联剂的作用是使树脂母体形成主体的网状结构。交联剂与单体的重量比的百分数称为交联度。活性基团由起交换作用的离子和与树脂母体联结的固定离子组成。

制造离子交换树脂的方法有 2 种：a. 直接聚合有机电解质，如由异丁烯酸和二乙烯苯（交联剂）直接聚合成羧酸型阳离子交换树脂，这种方法制备的树脂质量均匀；b. 先聚合单体有机物，然后在聚合物上接入活性基团。如由苯乙烯和二乙烯苯（交联剂）共聚得交联聚苯乙烯：

$$m\,C_6H_5\text{—CH═CH}_2 + n\,\text{CH}_2\text{═CH—}C_6H_4\text{—CH═CH}_2 \xrightarrow{\text{过氧苯甲酰}} \begin{array}{l}\text{—CH—CH}_2\text{—CH—CH}_2\text{—}\\ \quad | \qquad\qquad\quad |\\ \quad C_6H_4 \qquad\quad C_6H_5\\ \quad |\\ \text{—CH—CH}_2\text{—CH—CH}_2\text{—}\\ \qquad\qquad\qquad |\\ \qquad\qquad\quad C_6H_5\end{array}$$

此种聚合物没有活性基团，称为白球。将白球用浓硫酸磺化，可得磺酸型阳离子交换树脂（RSO_3H）：

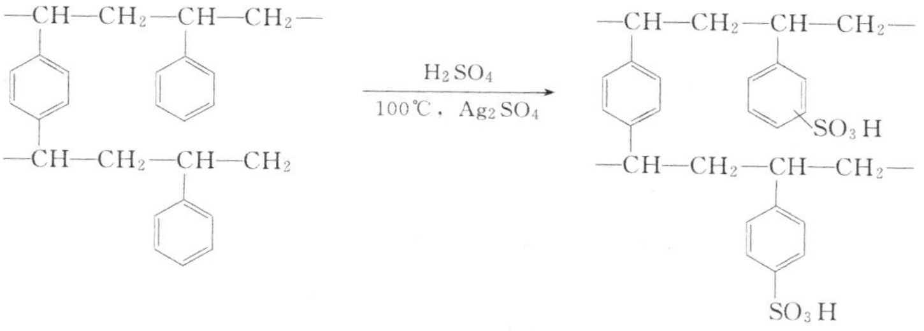

—CH—CH$_2$—CH—CH$_2$—

—CH—CH$_2$—CH—CH$_2$

$$\xrightarrow[100℃,\ Ag_2SO_4]{H_2SO_4}$$

—CH—CH$_2$—CH—CH$_2$—

SO_3H

—CH—CH$_2$—CH—CH$_2$—

SO_3H

其中—SO_3H 是活性基团，H^+ 是可交换离子。如将白球氯甲基化和胺化，则得到阴离子交换树脂。由此可见，采用 b. 法制备离子交换树脂可以灵活选择活性基团，不受单体性质限制，且易于控制交联度。

阳离子交换树脂内的活性基团是酸性的，而阴离子交换树脂内的活性基团是碱性的。根据其酸碱性的强弱，可将树脂分为强酸（RSO_3H）、弱酸（RCOOH）、强碱（R_4NOH）、弱碱（R_nNH_3OH，$n=1\sim3$）四类。活性基团中的 H^+ 和 OH^- 可分别用 Na^+ 和 Cl^- 替换，因此，阳离子交换树脂又有氢型和钠型之分；阴离子交换树脂又有氢氧型和氯型之分。有时也把钠型和氯型称为盐型。

此外，还有一些具有特殊活性基团的离子交换树脂。如氧化还原树脂含巯基、氢醌基；两性树脂同时含羧酸基和叔胺基；螯合树脂含胺羧基等。

离子交换树脂具有立体网状结构，按其孔隙特征，可分凝胶型和大孔型。两者的区别在于结构中孔隙的大小。凝胶型树脂不具有物理孔隙，只有在浸入水中时才显示其分子链间的网状孔隙，而大孔树脂无论在干态或湿态，用电子显微镜都能看到孔隙，其孔径为（200～10000）$\times10^{-10}$m，而凝胶型孔径仅为（20～40）$\times10^{-10}$m。因此，大孔树脂吸附能力大，交换速度快，溶胀性小。

二、离子交换树脂的命名和型号

国际上离子交换树脂的品种很多，型号不一。我国早期也存在这种情况，用户极不方便。为此，国家颁发了《离子交换树脂分类、命名及型号》（GB/T 1631—2008），对命名原则规定如下。

离子交换树脂的全名称由分类名称、骨架（或基团）名称、基本名称组成。孔隙结构分凝胶型和大孔型两种，凡具有物理孔结构的称大孔型树脂，在全名称前加“大孔”。分类属酸性的应在名称前加“阳”，分类属碱性的在名称前加“阴”。如，大孔强酸性苯乙烯系阳离子交换树脂。

离子交换产品的型号由三位阿拉伯数字组成，第一位数字代表产品的分类，第二位数字代表骨架的差异，第三位数字为顺序号用以区别基团、交联剂等的差异。第一、第二位数字的意义，见表 8-1。

表 8-1　树脂型号中第一、第二位数字的意义

代号	0	1	2	3	4	5	6
分类名称	强酸性	弱酸性	强碱性	弱碱性	螯合性	两性	氧化还原性
骨架名称	苯乙烯系	丙烯酸系	酚醛系	环氧系	乙烯吡啶系	脲醛系	氯乙烯系

大孔树脂在型号前加“D”，凝胶型树脂的交联度值可在型号后用“×”号连接阿拉伯

数字表示。如 001×7，表示强酸性苯乙烯系阳离子交换树脂，其交联度为 7。

三、离子交换树脂的性能

1. 物理性能

（1）外观　常用凝胶型离子交换树脂为透明或半透明的珠体，大孔树脂为乳白色或不透明珠体，优良的树脂圆球率高，无裂纹，颜色均匀，无杂质。

（2）粒度　树脂粒度对交换速度、水流阻力和反洗有很大影响。粒度大，交换速度慢，交换容量低；粒度小，水流阻力大。因此粒度大小要适当，分布要合理。一般树脂粒径 0.3～1.2mm，有效粒径（d_{10}）为 0.36～0.61，均一系数（d_{40}/d_{90}）为 1.22～1.66，均一系数的含义是筛上体积为 40%的筛孔孔径与筛上体积为 90%的筛孔孔径之比。该比值一般大于等于 1，越接近于 1，说明粒度越均匀。

（3）密度　树脂密度是设计交换柱、确定反冲洗强度的重要指标，也是影响树脂分层的主要因素。

① 湿真密度　是树脂在水中充分溶解后的质量与真体积（不包括颗粒孔隙体积）之比。其值一般为 1.04～1.3g/mL。通常阳离子树脂的湿真密度比阴离子树脂大，强型的比弱型的大。

② 湿视密度　是树脂在水中溶解后的质量与堆积体积之比。此值一般为 0.60～0.85g/mL。

一般阳离子树脂的密度大于阴离子树脂。树脂在使用过程中，因基团脱落、骨架中链的断裂，其密度略有减小。

（4）含水量　指在水中充分溶胀的湿树脂所含溶胀水重占湿树脂重的百分数。含水量主要取决于树脂的交联度、活性基团的类型和数量等。一般在 50%左右。

（5）溶胀性　指干树脂浸入水中，由于活性基团的水合作用使交联网孔增大，体积膨胀的现象。溶胀程度常用溶胀率（溶胀前后的体积差/溶胀前的体积）表示。树脂的交联度越小，活性基团数量越多，越易离解，可交换离子水合半径越大、其溶胀率越大。水中电解质浓度越高，由于渗透压增大，其溶胀率越小。

因离子的水合半径不同，在树脂使用和转型时常伴随体积变化。一般强酸性阳离子树脂由 Na 型变为 H 型，强碱性阴离子树脂由 Cl 型变为 OH 型，其体积均增大约 5%。

（6）机械强度　反映树脂保持颗粒完整性的能力。树脂在使用中由于受到冲击、碰撞、摩擦以及胀缩作用，会发生破碎。因此，树脂应具有足够的机械强度，以保证每年树脂的损耗量不超过 3%～7%。树脂的机械强度主要取决于交联度和溶胀率。交联度越大，溶胀率越小，则机械强度越高。

（7）耐热性　各种树脂均有一定的工作温度范围。操作温度过高，易使活性基团分解，从而影响交换容量和使用寿命。如湿度低至 0℃，树脂内水分冻结，使颗粒破裂。通常控制树脂的贮藏和使用温度在 5～40℃为宜。

（8）孔结构　大孔树脂的交换容量、交换速度等性能均与孔结构有关。目前使用的 D001×14～20 系列树脂。其平均孔径为（100～154）$\times 10^{-10}$m，孔容为 0.09～0.21mL/g，比表面积为 16～36.4m^2/g，交换容量为 1.79～1.96mmol/mL。

2. 化学性能

（1）离子交换反应的可逆性　交换的逆反应即为再生。

（2）酸碱性　H 型阳离子树脂和 OH 型阴离子树脂在水中电离出 H^+ 和 OH^-，表现出酸碱性。根据活性基团在水中离解能力的大小，树脂的酸碱性也有强弱之分。强酸或强碱性树脂在水中离解度大，受 pH 值影响小；弱酸或弱碱性树脂离解度小，受 pH 值影响大。因此弱酸或弱碱性树脂在使用时对 pH 值要求很严，各种树脂在使用时都有适当的 pH 值范围。

(3) 选择性　树脂对水中某种离子能优先交换的性能称为选择性，它是决定离子交换法处理效率的一个重要因素，本质上取决于交换离子与活性基团中固定离子的亲和力。选择性大小用选择性系数来表征。以 A 型树脂交换溶液中的 B 离子的反应为例：

$$Z_BRA+Z_AB \longleftrightarrow Z_ARB+Z_BA$$

为此交换反应达到动态平衡时，A 交换 B 的选样性系数 K_A^B 为

$$K_A^B=\frac{[RB]^{Z_A}(A)^{Z_B}}{[RA]^{Z_B}(B)^{Z_A}}=\left(\frac{A}{RA}\right)^{Z_B}\bigg/\left(\frac{B}{RB}\right)^{Z_A} \tag{8-1}$$

式中，Z_A、Z_B分别为 A、B 离子的价数。显然，若 $K_A^B=1$，则树脂对任一离子均无选择性；若 $K_A^B>1$，树脂对 B 有选择性，数值越大，选择性越强，若 $K_A^B<1$，树脂对 A 有选择性。

选择性系数与化学平衡常数不同，除了与温度有关以外，还与离子性质、溶液组成及树脂的结构等因素有关。在常温稀溶液中，大致具有如下规律。

① 离子价数越高，选择性越好。

② 原子序数越大，即离子水合半径越小，选择性越好。

根据以上规律，由文献报道的资料，排列出离子交换的选择性顺序如下。

阳离子：$Th^{4+}>La^{3+}>Ni^{3+}>Co^{3+}>Fe^{3+}>Al^{3+}>Ra^{2+}>Hg^{2+}>Ba^{2+}>Pb^{2+}>Sr^{2+}>Ca^{2+}>Ni^{2+}>Cd^{2+}>Cu^{2+}>Co^{2+}>Zn^{2+}>Mg^{2+}>Be^{2+}>Tl^{+}>Ag^{+}>Cs^{+}>Rb^{+}>K^{+}>NH_4{}^{+}>Na^{+}>Li^{+}$

当采用 RSO_3H 树脂时，Tl^+ 和 Ag^+ 的选择性顺序将分别提前至 Pb^{2+} 左右。

阴离子：$C_6H_5O_7^{3-}>Cr_2O_7^{2-}>SO_4^{2-}>C_2O_4^{2-}>C_4H_4O_6^{2-}>AsO_4^{3-}>PO_4^{3-}>MoO_4^{2-}>ClO_4^{-}>I^{-}>NO_3^{-}>CrO_4^{2-}>Br^{-}>SCN^{-}>CN^{-}>HSO_4^{-}>NO_2^{-}>Cl^{-}>HCOO^{-}>CH_3COO^{-}>F^{-}>HCO_3^{-}>HSiO_3^{-}$

应当指出，由于实验条件不同，各研究者所得出的选择性顺序不完全相同。

③ H^+ 和 OH^- 的选择性决定于树脂活性基团的酸碱性强弱。对强酸性阳离子树脂，H^+ 的选择性介于 Na^+ 和 Li^+ 之间。但对弱酸性阳离子树脂，H^+ 的选择性最强。同样，对强碱性阴离子树脂，OH^- 的选择性介于 CH_3COO^- 与 F^- 之间，但对弱碱性阴离子树脂，OH^- 的选择性最强。

离子的选择性，除上述同它本身及树脂的性质有关外，还与温度、浓度及 pH 值等因素有关。

(4) 交换容量　定量表示树脂的交换能力。通常用 E_v(mmol/mL 湿树脂) 表示，也可用 E_w(mmol/g 干树脂) 表示。这两种表示方法之间的数量关系如下：

$$E_v=E_w\times(1-含水量)\times湿视密度 \tag{8-2}$$

市售商品树脂所标的交换容量是总交换容量，即活性基团的总数。树脂在给定的工作条件下实际所发挥的交换能力称为工作交换容量。因受再生程度、进水中离子的种类和浓度、树脂层高度、水流速度、交换终点的控制指标等许多因素影响，一般工作交换容量只有总交换容量的 60%～70%。

四、离子交换树脂的选择、保存、使用和鉴别

1. 树脂选择

离子交换法主要用于除去水中可溶性盐类。选择树脂时应综合考虑原水水质、处理要求、交换工艺以及投资和运行费用等因素。当分离无机阳离子或有机碱性物质时，宜选用阳离子树脂；分离无机阴离子或有机酸时，宜采用阴离子树脂。对氨基酸等两性物质的分离，

既可用阳离子树脂，也可用阴离子树脂。对某些贵金属和有毒金属离子（如 Hg^{2+}）可选择螯合树脂交换回收。对有机物（如酚），宜用低交联度的大孔树脂处理。绝大多数脱盐系统都采用强型树脂。

废水处理时，对交换势大的离子，宜采用弱性树脂。此时弱性树脂的交换能力强、再生容易，运行费用较省。当废水中含有多种离子时，可利用交换选择性进行多级回收，如不需回收，可用阳离子阴离子树脂混合床处理。

2. 树脂保存

树脂宜在 0～40℃下存放，当环境温度低于 0℃，或发现树脂脱水后，应向包装袋内加入饱和食盐水浸泡。对长时期停运而闲置在交换器中的树脂应定期换水。

通常强性树脂以盐型保存，弱酸树脂以氢型保存，弱碱树脂以游离胺型保存，性能最稳定。

3. 树脂使用

树脂在使用前应进行适当的预处理，以除去杂质。最好分别用水、5%HCl、2%～4% NaOH 反复浸泡清洗两次、每次 4～8h。

树脂在使用过程中，其性能会逐步降低，尤其在处理工业废水时，主要有三类原因：a. 物理破损和流失；b. 活性基团的化学分解；c. 无机和有机物覆盖树脂表面。针对不同的原因采取相应的对策，如定期补充新树脂，强化预处理，去除原水中的游离氯和悬浮物，用酸、碱和有机溶剂等洗脱树脂表面的污垢和污染物。

4. 树脂鉴别

水处理中常用的四大类树脂往往不能从外观鉴别。根据其化学性能，可用表 8-2 方法区分。

表 8-2 未知树脂的鉴别

操作①	取未知树脂样品 2mL,置于 30mL 试管中			
操作②	加 1mol/L HCl 15mL,摇 1～2min,重复 2～3 次			
操作③	水洗 2～3 次			
操作④	加 10% $CuSO_4$(其中含 1% H_2SO_4)5mL,摇 1min,放 5min			
检查	浅绿色		不变色	
操作⑤	加 5mol/L 氨液 2mL,摇 1min,水洗		加 1mol/L NaOH 5mL 摇 1min,水洗,加酚酞,水洗	
检查	深蓝	颜色不变	红色	不变色
结果	强酸性阳离子树脂	弱酸性阳离子树脂	强碱性阴离子树脂	弱碱性阴离子树脂

第二节 离子交换的基本理论

一、离子交换平衡

离子交换平衡是离子交换的基本规律之一。式(8-1) 表示一般交换反应的平衡关系。在稀溶液中，各种离子的活度系数接近 1，式(8-1) 中的 (A)、(B) 均可用各自的摩尔浓度表示。若将树脂内液相中离子的活度系数的影响也归并入选择性系数 K 中，则式(8-1) 可写为：

$$K=\frac{[RB]^{Z_A}[A]^{Z_B}}{[RA]^{Z_B}[B]^{Z_A}} \tag{8-3}$$

设反应开始时，树脂中的可交换离子全部为 A，[A] 等于树脂总交换容量 q_0 (mmol/g 干树脂)，[RB] ＝0，水中 [B]＝c_0（初始浓度，mmol/L)，[A]＝0；当交换反应达到平衡时，水中［B］减小到 c_B，树脂上交换了 q_B 的 B，即［RB］$=q_B$，则树脂上的［RA］$=q_0-q_B$，水中的［A］$=c_0-c_B$。由式(8-3) 可得到：

$$K\left(\frac{q_0}{c_0}\right)^{Z_B-Z_A}=\frac{\left(1-\frac{c_B}{c_0}\right)^{Z_B}}{\left(\frac{c_B}{c_0}\right)^{Z_A}}\frac{\left(\frac{q_B}{q_0}\right)^{Z_A}}{\left(1-\frac{q_B}{q_0}\right)^{Z_B}} \tag{8-4}$$

式中，q_0、c_0 和 Z_B、Z_A 已知，只要测定溶液中的［A］或［B］，即可由上式求得 K。式(8-4) 适用于各种离子之间的交换。当 $Z_A=Z_B=1$ 时，上式简化为：

$$\frac{\frac{q_B}{q_0}}{1-\frac{q_B}{q_0}}=K\frac{\frac{c_B}{c_0}}{1-\frac{c_B}{c_0}} \tag{8-5}$$

式中，$\frac{q_B}{q_0}$ 为树脂的失效度；$\frac{c_B}{c_0}$ 为溶液中离子残留率。若以 $\frac{q_B}{q_0}$ 为纵坐标，以 $\frac{c_B}{c_0}$ 为横坐标，作图可得某一 K 值下的等价离子交换理论等温平衡线，如图 8-1 所示。

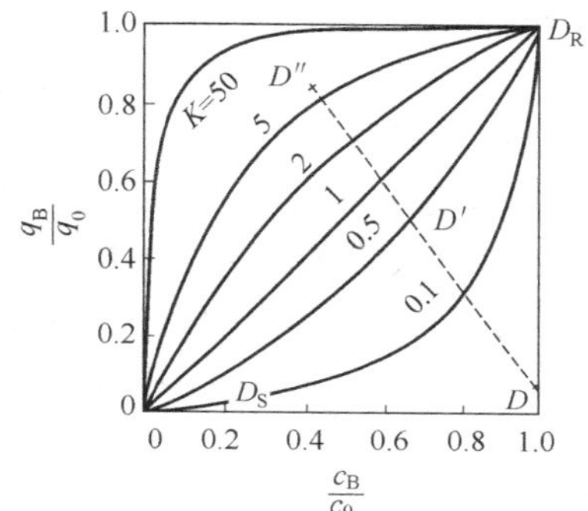

图 8-1　等价离子交换的理论等温平衡线

虽然实际等温平衡线因浓度的影响而与上述理论等温平衡线有一定的差别，但仍然可以利用平衡线图来判断交换反应进行的方向和大致程度以及估算去除一定量离子所需的树脂量。

在图 8-1 中，D 点表示初始状态，若 K 为 0.5，则体系达到平衡时，D 点应移动到 K 为 0.5 的平衡线上。根据树脂和溶液量的不同．平衡点应处在 D_S 和 D_R 两点之间，如 D' 点。移动结果，$\frac{c_B}{c_0}$ 减小，$\frac{q_B}{q_0}$ 增大，反应 $RA+B \rightleftharpoons RB+A$ 向右进行。如果初始点为 D''，平衡时也移动到 D' 点，则 $\frac{q_B}{q_0}$ 减小，$\frac{c_B}{c_0}$ 增大，反应向左进行（再生）。

由图 8-1 可见，当 $\frac{q_B}{q_0}$ 相同时，K 值越大，$\frac{c_B}{c_0}$ 越小，即水中目的离子浓度越低，交换效果越好。当 $K>1$ 时，平衡线上的 $\frac{q_B}{q_0}<\frac{c_B}{c_0}$，称不利平衡；当 $K=1$ 时，称线性平衡。

二、离子交换速度

离子交换过程可以分为 4 个连续的步骤：a. 离子从溶液主体向颗粒表面扩散，穿过颗粒表面液膜（液膜扩散）；b. 穿过液膜的离子继续在颗粒内交联网孔中扩散，直至达到某一活性基团位置；c. 目的离子和活性基团中的可交换离子发生交换反应；d. 被交换下来的离子沿着与目的离子运动相反的方向扩散，最后被主体水流带走。

上述几步中，交换反应速率与扩散相比要快得多，因此总交换速度由扩散过程控制。由 Fick 定律，扩散速度可写成

$$\frac{dq}{dt}=\frac{D^{\circ}(c_1-c_2)}{\delta} \tag{8-6}$$

式中，c_1、c_2分别为扩散界面层两侧的离子浓度，$c_1>c_2$；δ为界面层厚度，相当于总扩散阻力的厚度；D°为总扩散系数。

单位时间单位体积树脂内扩散的离子量是上述扩散速度与单位体积树脂表面积 S 的乘积，即

$$\frac{\mathrm{d}q}{\mathrm{d}t}=\frac{D_0(c_1-c_2)S}{\delta} \tag{8-7}$$

式中，S 与树脂颗粒有效直径 ϕ、孔隙率 ε 有关。

$$S=B\ \frac{1-\varepsilon}{\phi} \tag{8-8}$$

式中，B 是与颗粒均匀程度有关的系数。由式(8-7)、式(8-8) 得

$$\frac{\mathrm{d}q}{\mathrm{d}t}=\frac{D_0B(c_1-c_2)(1-\varepsilon)}{\phi\delta} \tag{8-9}$$

据此，可以分析影响离子交换扩散速度的因素。

① 树脂的交联度越大，网孔越小，孔隙度越小，则内扩散越慢。大孔树脂的内孔扩散速度比凝胶树脂快得多。

② 树脂颗粒越小，由于内扩散距离缩短和液膜扩散的表面积增大，使扩散速度越快。研究指出，液膜扩散速度与粒径成反比，内孔扩散速度与粒径的高次方成反比，但颗粒不宜太小，否则会增加水流阻力，且在反洗时易流失。

③ 溶液离子浓度是影响扩散速度的重要因素，浓度越大，扩散速度越快。一般来说，在树脂再生时，$c_0>0.1\mathrm{mol/L}$。整个交换速度偏向受内孔扩散控制；而在交换制水时，$c_0<0.03\mathrm{mol/L}$，过程偏向受膜扩散控制。

④ 提高水温能使离子的动能增加，水的黏度减小，液膜变薄，这些都有利于离子扩散。

⑤ 交换过程中的搅拌或流速提高，使液膜变薄，能加快液膜扩散，但不影响内孔扩散。

$$\delta=\frac{0.2r_0}{1+70vr_0}\quad(\mathrm{m}) \tag{8-10}$$

式中，r_0为颗粒半径，m；v 为空塔流速，m/h。

⑥ 被交换离子的电荷数和水合离子的半径越大，内孔扩散速度越慢。试验证明：阳离子每增加一个电荷，其扩散速度就减慢到约为原来的 1/10。

根据上述对扩散速度影响因素的分析，E. Helfferich 提出判断扩散控制步骤的准数 He：

$$He=\frac{D'q_0\delta}{Dc_0r_0}(5+2\alpha) \tag{8-11}$$

式中，D 和 D'分别为液膜和内孔扩散系数；α 为分离系数，当 A、B 离子的价数相等时 $\alpha=\frac{1}{K}$。当 $He\gg1$，过程为液膜扩散控制；当 $He\ll1$，过程为内孔扩散控制；当 $He\approx1$，两种扩散同时控制。判断速度控制步骤的目的是为工程上寻求强化传质的措施提供指导。根据上述分析，树脂高交换容量、低交联度（即 D'大）、小粒径、溶液低浓度、低流速（即 δ 大），均为倾向于液膜扩散控制的条件。

第三节　离子交换工艺

一、离子交换系统及应用

在水的软化和除盐过程中，需根据原水水质、出水要求、生产能力等来确定合适的离子

交换工艺。如果原水碱度不高，软化的目的只是为了降低 Ca^{2+}、Mg^{2+} 含量，则可以采用单级或二级钠离子交换系统。一级钠离子交换可将硬度降至 0.5mmol/L 以下，二级则可降至 0.005mmol/L 以下；当原水碱度比较高，必须在降低 Ca^{2+}、Mg^{2+} 含量的同时降低碱度。此时，多采用 H-Na 离子器联合处理工艺。利用氢离子交换器产生的 H_2SO_4 和 HCl 来中和原水或钠离子交换器出水中的 HCO_3^-。反应产生的 CO_2 再由除 CO_2 器除去。当需要对原水进行除盐处理时，则流程中既要有阳离子交换器，又要有阴离子交换器，以去除所有阳离子和阴离子。原水依次经过一次阳离子交换器和一次阴离子交换器处理，称为一级复床除盐。通过一级复床除盐处理，出水电导率可达 $10\mu\Omega/cm$ 以下，$SiO_2 < 0.1mg/L$。当处理水质要求更高时，则需要二级复床处理。除盐系统都采用强性树脂。弱碱性树脂只能交换强酸阴离子，而不能交换弱酸阴离子（如硅酸根），也不能分解中性盐。但它对 OH^- 的吸附能力很强，所以极易用碱再生，无论用强碱还是弱碱作再生剂，都能获得满意的再生效果，而且它抗有机污染的能力也较强碱性树脂强。因此对含强酸阴离子较多的原水，采用弱碱性树脂去除强酸阴离子，再用强碱性树脂去除其他阴离子，不仅可以减轻强碱性树脂的负荷，而且还可以利用再生强碱性树脂的废碱液来再生弱碱性树脂，既节省用碱量，又减少了废碱的排放量。

为了克服多级复床除盐系统复杂的特点，开发了混合床除盐系统，即将阴离子、阳离子树脂按一定比例混合装在同一个交换器里，水通过混合床，就完成了阴、阳离子交换过程。出水水质良好且稳定。由于阴离子树脂的工作交换容量只有阳离子树脂的 1/2 左右，所以混合床中阴离子树脂的装填体积一般为阳离子树脂的 2 倍。阳离子树脂密度略大于阴离子树脂，固定式混合床反洗后会分层，在分层处可设再生排水系统，以便于两种树脂分开再生时排水。

离子交换法处理工业废水的重要用途是回收有用金属。从电镀清洗水中回收铬是其中一个成功的例子。代表性流程如图 8-2 所示。

每升含铬数十至数百毫克的废水首先经过滤除去悬浮物，再经阳离子（RSO_3H）交换器，除去金属离子（Cr^{3+}、Fe^{3+}、Cu^{2+}）等，然后进入阴离子（ROH）交换器，除去 $Cr_2O_7^{2-}$ 和 CrO_4^{2-}。出水含 $Cr^{6+} < 0.5mg/L$，可再作为清洗水循环使用。阳离子树脂用 1mol/L HCl 再生，阴离子树脂用 12%NaOH 再生。阴离子树脂再生液含铬可达 17g/L。将此再生液再经过一个 H 型阳离子交换器使 $NaCrO_4$ 转变成铬酸。再经蒸发浓缩 7～8 倍，即可返回电镀槽使用。

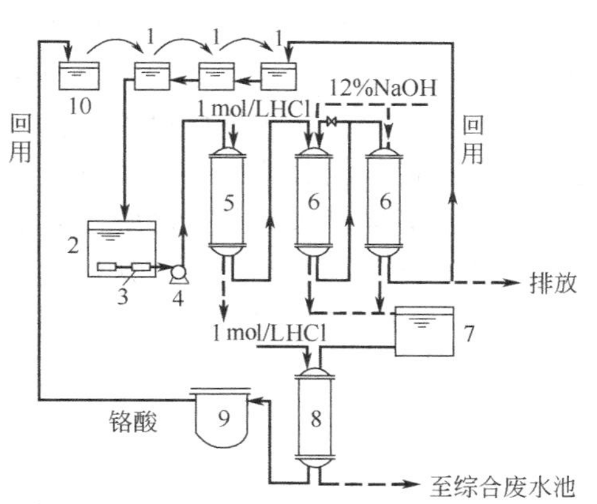

图 8-2 离子交换树脂回收铬酸

1—漂洗槽；2—漂洗水池；3—微孔滤管；4—泵；5，8—阳离子交换塔；6—阴离子交换塔；7—贮槽；9—蒸发器；10—电镀槽

上述流程中第一个阳离子交换器的作用有两个：一是除去金属离子及杂质，减少对阴离子树脂的污染，因为重金属对树脂氧化分解可能起催化作用；二是降低废水 pH 值，使 Cr^{6+} 以 $Cr_2O_7^{2-}$ 存在。阴离子树脂对 $Cr_2O_7^{2-}$ 选择性大于对 CrO_4^{2-} 和其他阴离子的选择性。而且交换一个 $Cr_2O_7^{2-}$ 除去两个 Cr^{6+}，而交换一个 CrO_4^{2-} 仅除去一个 Cr^{6+}。但由于 $Cr_2O_7^{2-}$ 是强氧化剂较易引起树脂的氧化破坏，因此要选用化学稳定性较好的强碱性树脂。

离子交换法处理其他工业废水的例子见表 8-3。

表 8-3 离子交换法的应用

废水种类	污染物	树脂类型	废水出路	再生剂	再生液出路
电镀废水	Cr^{3+}、Cu^{2+}	氢型强酸性树脂	循环使用	18%～20% H_2SO_4	蒸发浓缩后回用
含汞废水	Hg^{2+}	氯型强碱性大孔树脂	中和后排放	HCl	回收汞
HCl 酸洗废水	Fe^{2+}、Fe^{3+}	氯型强碱性树脂	循环使用	水	中和后回收 $Fe(OH)_3$
铜氨纤维废水	Cu^{2+}	强酸性树脂	排放	H_2SO_4	回用
黏胶纤维废水	Zn^{2+}	强酸性树脂	中和后排放	H_2SO_4	回用
放射性废水	放射性离子	强酸性或强碱性树脂	排放	H_2SO_4・HCl 和 NaOH	进一步处理
纸浆废水	木质素磺酸钠	强酸性树脂	进一步处理	H_2SO_3	回用
氯苯酚废水	氯苯酚	大孔弱碱性树脂	排放	2%NaOH 甲醇	回收

二、离子交换过程

离子交换过程包括交换和再生两个步骤。若这两个步骤在同一设备中交替进行，则为间歇过程，即当树脂交换饱和后，停止进原水，通再生液再生，再生完成后，重新进原水交换。采用间歇过程，操作简单，处理效果可靠，但当处理量大时，需多套设备并联运行。如果交换和再生分别在两个设备中连续进行，树脂不断在交换和再生设备中循环，则构成连续过程。

（一）固定床离子交换器间歇工作过程

1. 交换

将离子交换树脂装于塔或罐内，以类似过滤的方式运行。交换时树脂层不动，则构成固定床操作。现以树脂（RA）交换水中 B 为例来讨论，如图 8-3 所示。

当含 B 浓度为 c_0 的原水自上而下通过 RA 树脂层时，顶层树脂中 A 首先和 B 交换。达到交换平衡时，这层树脂被 B 饱和而失效。此后进水中的 B 不再和失效树脂交换，交换作用移至下一树脂层。在交换区内，每个树脂颗粒均交换部分 B，因上层树脂接触的 B 浓度高，故树脂的交换量大于下层树脂。经过交换区，B 自 c_e 降至接近于 0。c_e 是与饱和树脂中 B 浓度呈平衡的液相 B 浓度，可视同 c_0。因流出交换区的水流中不含 B，故交换区以下的床层未发挥作用，是新鲜树脂。水质也不发生变化。继续运行时，失效区逐渐扩大，交换区向下移动，未用区逐渐缩小。当交换区下缘到达树脂层底部时见图 8-3(c)，出水中开始有 B 漏出，此时称为树脂层穿透。再继续运行，出水中 B 浓度迅速增加，直至与进水 c_0 相同，此时，全塔树脂饱和。

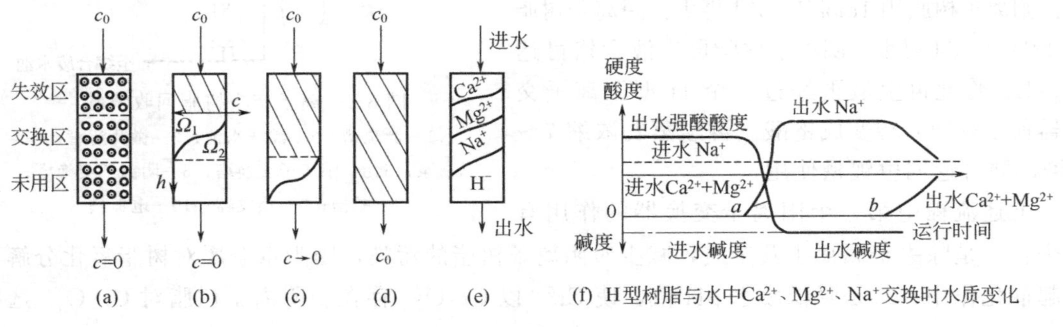

图 8-3 离子交换柱工作过程

从交换开始到穿透为止，树脂所达到的交换容量称为工作交换容量，其值一般为树脂总交换容量的 60%～70%。

在床层穿透以前，树脂分属于失效区、交换区和未用区，真正工作的只有交换区内树脂。交换区的上端面处液相B浓度为c_e，下端面处为0。如果同时测定各树脂层的液相B浓度，可得交换区内的浓度分布曲线，见图8-3(b)；浓度分布曲线也是交换区中树脂的负荷曲线。曲线上面的面积Ω_1表示利用了的交换容量，而曲线下面的面积Ω_2则表示尚未利用的交换容量。Ω_1与总面积（$\Omega_1+\Omega_2$）之比称为树脂的利用率。

交换区的厚度取决于所用的树脂、B离子种类和浓度以及工作条件。当前两者一定时，则主要取决于水流速度。这可用离子供应速度和离子交换速度的相对大小来解释。单位时间内流入某一树脂层的离子数量称为离子供应速度ν_1。在进水浓度一定时，流速越大，则离子供应越快。单位时间内交换的离子数量称为离子交换速度ν_2，对给定的树脂和B，交换速度基本上是一个常数。当$\nu_1 \leqslant \nu_2$时，交换区的厚度小，树脂利用率高；当$\nu_1 > \nu_2$时，进入的B离子来不及交换就流过去了，故交换区厚度大，树脂利用率低。合适的水流速度通常由实验确定，一般为10～30m/h。交换区厚度除可实测以外，也常用经验公式估算。如用磺化煤作交换剂进行水质软化，其交换区厚度为：

$$h=0.015\nu d_{80}^{2}\lg\frac{c_{\mathrm{H}}}{c_{\mathrm{U}}}(\mathrm{m}) \tag{8-12}$$

式中，ν为水通过树脂层的空塔速度，m/h；d_{80}为80%重量的树脂能通过的筛孔孔径，mm；c_{H}、c_{U}分别为进水和出水的硬度，meq/L。

上述讨论仅限于原水中只含B一种离子，实际原水中常含有多种可与树脂交换的离子。天然原水中常见的阳离子有Ca^{2+}、Mg^{2+}、Na^+。如用RH树脂处理，这些阳离子都可以与之交换。按照选择性顺序$Ca^{2+}>Mg^{2+}>Na^+$，树脂依次交换Ca^{2+}、Mg^{2+}、Na^+。某一时刻树脂层液相中三种离子的浓度分布曲线如图8-3（e）所示。交换器出水浓度随时间变化如图8-3（f）所示。随着进水量增加，穿透离子的顺序依次为Na^+、Mg^{2+}、Ca^{2+}。

图8-3(f)表明，进水初期，进水中所用阳离子均交换出H^+，生成相当量的无机酸，出水酸度保持定值。运行至a点时，Na^+首先穿透，且迅速增加，同时酸度降低，当Na^+泄漏量增大到与进水中强酸阴离子含量总和相当时，出水开始呈现碱性；当Na^+增加到与进水阳离子含量总和相等时，出水碱度也增加到与进水碱度相等。至此，H^+交换结束，交换器开始进行Na^+交换，稳定运行至b点之后，硬度离子开始穿透，出水Na^+含量开始下降，最后出水硬度接近进水硬度，出水Na^+接近进水Na^+，树脂层全部饱和。

2. 再生

在树脂失效后，必须再生才能再使用。通过树脂再生，一方面可恢复树脂的交换能力；另一方面可回收有用物质。化学再生是交换的逆过程。根据离子交换平衡式：$RA+B \longleftrightarrow RB+A$，如果显著增加A离子浓度，在浓度差作用下，大量A离子向树脂内扩散，而树脂内的B则向溶液扩散。反应向左进行，从而达到树脂再生的目的。

固定床再生操作包括反洗、再生和正洗三个过程。反洗是逆交换水流方向通入冲洗水和空气，以松动树脂层，清除杂物和破碎的树脂。经反洗后，将再生剂以一定流速（4～8m/h）通过树脂层，再生一定时间（不小于30min），当再生液中B浓度低于某个规定值后，停止再生，通水正洗。正洗时水流方向与交换时水流方向相同。有时再生后还需要对树脂作转型处理。

下述因素对再生效果和处理费用有很大影响。

(1) 再生剂的种类　对于不同性质的原水和不同类型的树脂，应采用不同的再生剂。选择的再生剂既要有利于再生液的回收利用，又要求再生效率高，洗脱速度快，价廉易得。如用钠型阳离子树脂交换纺丝酸性废水中的Zn^{2+}，用芒硝（$Na_2SO_4 \cdot 10H_2O$）作再生剂，再生液的主要成分是浓缩的 $ZnSO_4$，可直接回用于纺丝的酸浴工段。再如用烟道气（CO_2）作为弱酸性阳离子树脂的再生剂也可以得到很好的再生效果。

一般对强酸性阳离子树脂用 HCl 或 H_2SO_4 等强酸及 NaCl、Na_2SO_4 再生；对弱酸性阳离子树脂用 HCl、H_2SO_4 再生；对强碱性阴离子树脂用 NaOH 等强碱及 NaCl 再生；对弱碱性阴离子树脂用 NaOH、Na_2CO_3、$NaHCO_3$ 等再生。

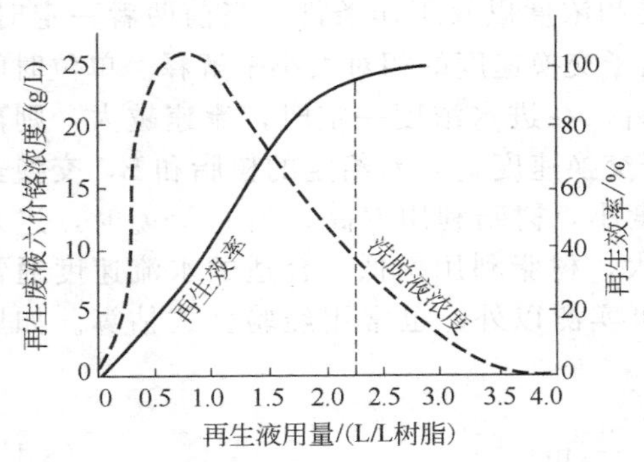

图 8-4　再生液用量与再生效率、含铬浓度的关系

(2) 再生剂用量　树脂的交换和再生均按等当量进行。理论上，1eq 的再生剂可以恢复树脂 1eq 的交换容量，但实际上再生剂的用量要比理论值大得多，通常为 2～5 倍。实验证明，再生剂用量越多，再生效率越高。但当再生剂用量增加到一定值后，再生效率随再生剂用量增长不大。因此再生剂用量过高既不经济也无必要。图 8-4 为用 2%NaOH 对交换了 Cr^{6+} 的强碱性树脂的再生情况。由图可知，以控制 95%的再生效率较为合适。

当再生剂用量一定时，适当增加再生剂浓度，可以提高再生效率。但再生剂浓度太高，会缩短再生液与树脂的接触时间，反而降低再生效率，因此存在最佳浓度值。如用 NaCl 再生钠离子型树脂，最佳盐浓度范围在 10%左右。一般顺流再生时，酸液浓度以 3%～4%、碱液浓度以 2%～3%为宜。

(3) 再生方式　固定床的再生主要有顺流和逆流两种方式。再生剂流向与交换时水流方向相同者，称为顺流再生，反之称为逆流再生。顺流再生的优点是设备简单、操作方便、工作可靠；缺点是再生剂用量多，再生效率低，交换时，出水水质较差。逆流再生时，再生剂耗量少（比顺流法少 40%左右），再生效率高，而且能保证出水质量；但设备较复杂，操作控制较严格。采用逆流再生、切忌搅乱树脂层，应避免进行大反洗，再生流速通常小于 2m/h。也可采用气顶压、水顶压或中间排液法操作。

（二）连续式离子交换器工作过程

固定床离子交换器内树脂不能边饱和边再生，因树脂层厚度比交换区厚度大得多，故树脂和容器利用率都很低。树脂层的交换能力使用不当，上层的饱和程度高，下层低，而且生产不连续，再生和冲洗时必须停止交换。为了克服上述缺陷，发展了连续式离子交换设备，包括移动床和流动床。

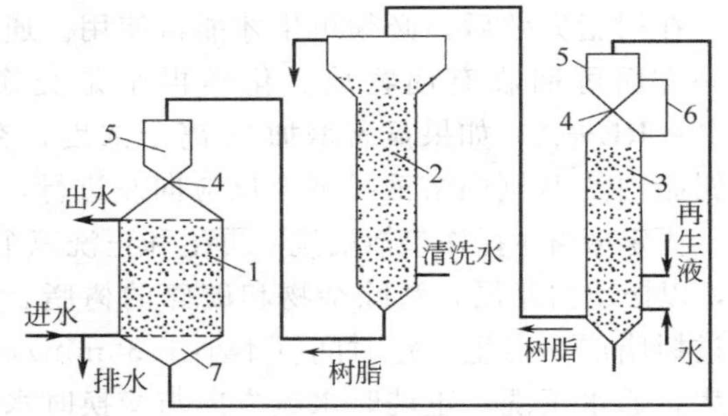

图 8-5　三塔式移动床

1—交换塔；2—清洗塔；3—再生塔；4—浮球阀；5—贮树脂斗；6—连通管；7—排树脂部分

图 8-5 为三塔式移动床系统，由交换塔、再生塔和清洗塔组成。运行时，原水由交换塔下部配水系统流入塔内，向上快速流动，把整个树脂层承托起来并与之交换离子。经过一段时间以后，当出水离子开始穿透时，立即停止进水，并由塔下排水。排水时树脂层下降（称为落床），由塔底排出部分已饱和的树脂，同时浮球阀自动打开，放入等量已再生好的树脂，注意避免塔内树脂混层。每次

落床时间很短（约 2min）。之后又重新进水，托起树脂层，关闭浮球阀，失效树脂由水流输送至再生塔。再生塔的结构及运行与交换塔大体相同。

经验表明，移动床的树脂用量比固定床少，在相同产水量时，约为后者的 1/3～1/2，但树脂磨损率大；能连续产水，出水水质也较好，但对进水变化的适应性较差；设备小，投资省，但自动化程度要求高。

移动床操作，有一段落床时间，并不是完全的连续过程。若让饱和树脂连续流出交换塔，由塔顶连续补充再生好的树脂，同时连续产水，则构成流动床处理系统。流动床内树脂和水流方向与移动床相同，树脂循环可用压力输送或重力输送。为了防止交换塔内树脂混层，通常设置 2～3 块多孔隔板，将流化树脂层分成几个区，也起均匀配水作用。

流动床是一种较为先进的床型，树脂层的理论厚度就等于交换区厚度，因此树脂用量少，设备小，生产能力大；而且对原水预处理要求低。但由于操作复杂，目前运用不多。

第四节　离子交换设备及计算

一、离子交换设备

工业离子交换设备主要有固定床、移动床和流动床。目前使用最广泛的是固定床，包括单床、多床、复合床和混合床。

固定床离子交换器包括筒体、进水装置、排水装置、再生液分配装置及体外有关管道和阀门，如图 8-6 所示。

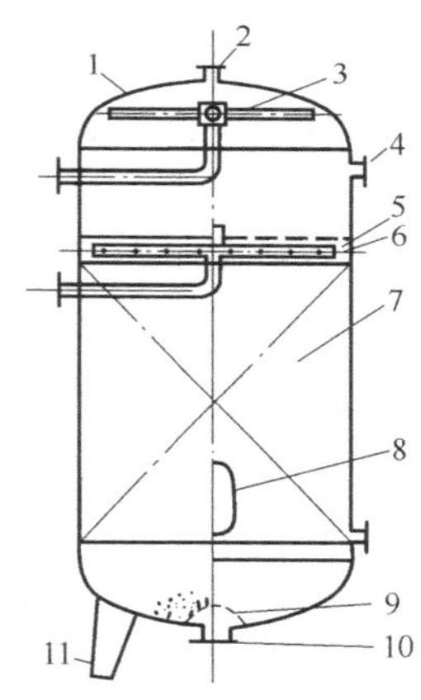

图 8-6　逆流再生固定床的结构

1—壳体；2—排气管；3—上布水装置；4—交换剂装卸口；5—压脂层；6—中排液管；7—离子交换剂层；8—视镜；9—下布水装置；10—出水管；11—底脚

1. 筒体

固定床一般是一立式圆柱形压力容器，大多用金属制成。内壁需配防腐材料，如衬胶。小直径的交换器也可用塑料或有机玻璃制造。筒体上的附件有进、出水管，排气管，树脂装卸口，视镜，人孔等，均根据工艺操作的需要布置。

2. 进水装置

进水装置的作用是分配进水和收集反洗排水。常用的形式有漏斗型、喷头型、十字穿孔管型和多孔板水帽型，见图 8-7。

(1) 漏斗型　结构简单，制作方便。适用于小型交换器。漏斗的角度一般为 60°或 90°。漏斗的顶部距交换器的上封头约 200mm，漏斗口直径为进水管的 1.5～3 倍。安装时要防止倾斜，操作主要防止反洗流失树脂。

(2) 喷头型　结构也较简单，有开孔式外包滤网和开细缝隙两种形式。进水管内流速为 1.5m/s 左右，缝隙或小孔流速取 1～1.5m/s。

(3) 十字穿孔管型　管上开有小孔或缝隙，布水较前两种均匀，设计选用的流速同前。

(4) 多孔板水帽型　布水均匀性最佳，但结构复杂，有多种帽型，一般适用于小型交换器。

3. 底部排水装置

其作用是收集出水和分配反洗水。应保证水流分布均匀和不漏树脂。常用的有多孔板排水帽式和石英砂垫层式两种。前者均匀性好，但结构复杂，一般用于中小型变换器。后者要

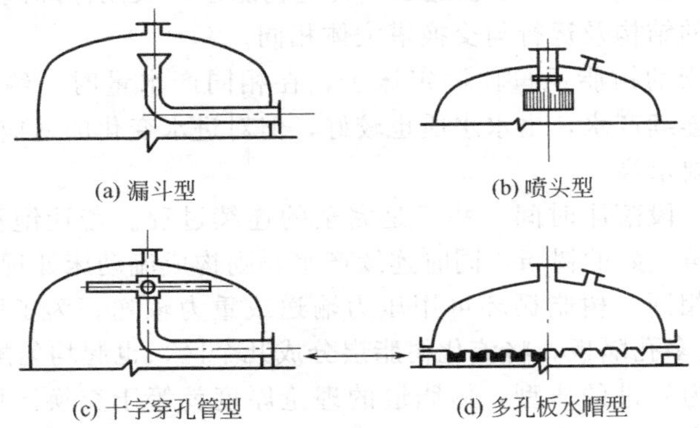

图 8-7　进水装置的常用形式

求石英砂中 SiO_2 含量在 99%以上，使用前用 10%～20%HCl 浸泡 12～14h，以免在运行中释放杂质。砂的级配和层高根据交换器直径有一定要求，达到既能均匀集水，也不会在反洗时浮动的目的。在砂层和排水口间设有穹形穿孔支撑板。

在较大内径的顺流再生固定床中，树脂层面以上 150～200mm 处设有再生液分布装置。常用的有辐射型、圆环型、母管支管型等几种。对小直径固定床，再生液通过上部进水装置分布，不另设再生液分布装置。

在逆流再生固定床中，再生液自底部排水装置进入，不需设再生液分布装置，但需在树脂层面设一中排液装置，用来排放再生液。在小反洗时，兼作反洗水进水分配管。中排装置的设计应保证再生液分配均匀，树脂层不扰动，不流失。常用的有母管支管式和支管式两种。前者适用于大中型交换器，后者适用于 $\phi 600$ 以下的固定床，支管 1～3 根。上述两种支管上有细缝或开孔外包滤网。

二、设计计算

离子交换器的设计包括选择合适的离子交换树脂，确定合理的工艺系统，计算离子交换器的尺寸大小、再生计算、阻力核算等。

交换器的尺寸计算主要是直径和高度的确定。

交换器直径可由交换离子的物料衡算式计算：

$$Qc_0T=q_wHA \tag{8-13}$$

由此可推得

$$D=\sqrt{\frac{4Qc_0T}{\pi nq_wH}} \tag{8-14}$$

式中，Q 为废水流量，m^3/h；c_0 为进水中交换离子浓度，eq/m^3；T 为两次再生间隔时间，h；n 为交换器个数，一般不应少于 2 个；q_w 为交换剂的工作交换容量，eq/m^3；H 为交换剂床层高，m；A 为交换器截面积，m^2；D 为交换器的直径，m，其值一般小于 3m。

更简单地，可由要求的制水量和选定的水流空塔速度来计算塔径：

$$Q=Av \tag{8-15}$$

式中，空塔流速 v 一般为 10～30m/h。

交换器筒体的高度包括树脂层高、底部排水区高和上部垫层高三部分。设计时应首先确定交换剂层高度。树脂层越高，树脂的交换容量利用率越高，出水水质好，但阻力损失大，投资增多。通常树脂层高可选用 1.5～2.5m。塔径越大，层高越高，一般层高不低于 0.7m。对于进水含盐量较高的场合，塔径和层高都应适当增加，以保证运行周期不低于 24h。树脂层上部水垫层的高度主要取决于反冲洗时的膨胀高度和保证配水的均匀性。逆流再生时膨胀率一般采用 40%～60%，顺流再生时这个高度可以适当减小。底部排水区高度与排水装置的形式有关，一般取 0.4m 左右。

离子交换树脂的重量可以由上述树脂层高、塔截面积和树脂密度计算得到。如果测定了离子交换的平衡线和操作线，也可以由传质速率方程式积分求解。

根据计算得出的塔径和塔高选择合适尺寸的离子交换器，然后进行水力核算。

思考题与习题

1. 离子交换树脂有哪些主要性能？它们各有什么实用意义？

2. 什么叫离子交换树脂的交联度？它对树脂的结构和性能有什么影响？

3. 什么是树脂交换容量？树脂的交换容量可用什么方法测定？

4. 如何提高树脂的再生程度？

5. 离子交换法处理工业废水的特点是什么？

6. 某厂的含 Cr^{6+} 废水，其 pH 值为 2～4，现使用离子交换法处理并回收铬。请画出工艺流程图，并说明所用的离子交换树脂型号、叙述其基本原理，列出主要的反应式，说明影响离子交换效率的主要因素。

7. 某电镀厂每天排出 114m^3 废水，其中含 CrO_4^{2-} （150mg/L），为去除废水中的 CrO_4^{2-}，使用交换容量为 620mol/L（树脂）（以 $CaCO_3$ 计）的阴离子交换树脂，且对每 1m^3 树脂用 1330kg 的 10%NaOH 再生，试确定交换柱中 7 天的树脂用量和再生剂用量。

第九章　膜分离

膜分离是利用特殊的薄膜为分离介质，通过在膜两边施加一个推动力，使原料侧组分选择性地透过膜，以达到分离、浓缩、提纯目的。其中溶剂透过膜的过程称为渗透，溶质透过膜的过程称为渗析。

膜分离过程的推动力有浓度差、压力差和电位差等。膜分离过程可概述为以下 3 种形式。

① 过滤式膜分离　以压力差为推动力，利用组分分子的大小和性质差别所表现出透过膜的速率差别，达到组分的分离。属于过滤式膜分离的有微滤、超滤、纳滤、反渗透和气体渗透等。

② 渗析式膜分离　料液中的某些溶质或离子在浓度差、电位差的推动下，透过膜进入接受液中，从而被分离出去。属于渗析式膜分离的有渗析和电渗析等。

③ 液膜分离　液膜与料液和接受液互不混溶，液液两相通过液膜实现渗透，类似于萃取和反萃取的组合。溶质从料液进入液膜相当于萃取，溶质再从液膜进入接受液相当于反萃取。

在水处理领域常用的膜分离技术，主要是以压力差为推动力的微滤、超滤、纳滤和反渗透。作为新型的水处理技术，膜分离法与常规水处理方法相比，具有以下特点：a. 在常温下进行，不发生相变，耗能较少；b. 一般不需要投加其他物质（如混凝剂），可节省材料及原料，不产生二次污染；c. 分离与浓缩同时进行，不会破坏对热敏感或热不稳定的物质，便于回收有用物质；d. 装置简单，适应性强，操作及维护方便，易于实现自动化控制等。因此，近年来，膜分离法发展很快，广泛用于去除水中难分解、难分离的高分子有机污染物以及重金属离子等，可部分或完全取代常规水处理工艺，有效降低水的臭味、浊度、色度和盐度等。

第一节　膜材料及膜的制备

一、膜材料

膜分离技术的核心是膜，它是能以特定形式限制和传递流体物质的分隔两相或两部分的界面，表面具有一定物理或化学特性。膜可以是固态的，也可以是液态的；膜的结构可以是均质的，也可是非均质的。水处理领域应用最多的是固态膜，其厚度一般从几微米（甚至

0.1μm）到几毫米。按形态和结构，固态膜又可以分为多孔膜和致密膜，多孔膜由聚合物或无机材料制成，主要用于超滤、微滤和渗析过程；致密膜仅限于聚合物材料合成，主要用于反渗透、电渗析、渗透汽化和气体渗透过程。

根据来源不同，膜材料主要有天然膜（生物膜）和人工合成膜。人工合成膜又可分为有机膜和无机膜。原则上讲，凡能成膜的高分子材料和无机材料均可用于制备分离膜。但实际上，真正成为工业化膜的膜材料并不多。这主要决定于工业膜的一些特定要求，如选择性好，单位膜面积上透水量大；机械强度好，能抗压、抗拉、耐磨；热和化学的稳定性好，能耐酸、碱腐蚀和微生物侵蚀，耐水解、辐射和氧化；结构均匀一致，尽可能地薄，寿命长，成本低等。此外，也取决于膜的制备技术。

1. 有机膜材料

目前，有机膜材料以高分子聚合物居多。实用的有机高分子膜材料有纤维素酯类、聚砜类、聚酰胺类及其他材料。

（1）纤维素酯类　纤维素是由几千个椅式构型的葡萄糖基通过 1,4-β-甙链连接起来的天然线性高分子化合物，其结构式为：

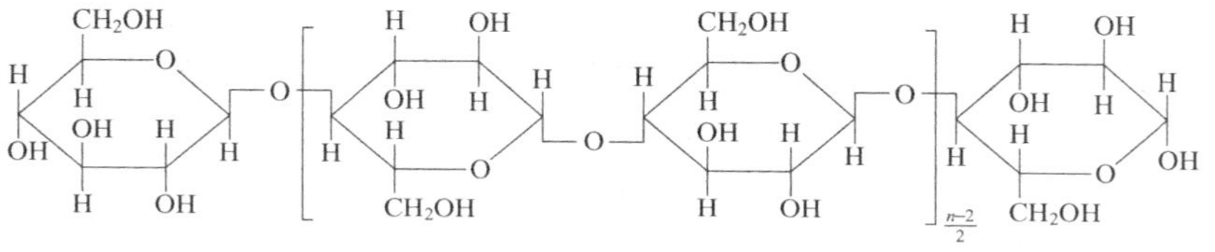

从结构上看，每个葡萄糖单元上有 3 个羟基。在催化剂（如硫酸、高氯酸或氧化锌）存在下，能与冰醋酸、醋酸酐进行酯化反应，得到二醋酸纤维素或三醋酸纤维素。

醋酸纤维素（CA）是当今最重要的膜材料之一，是将纤维素的葡萄糖分子中的羟基进行乙酰化而制得，乙酰化程度越高就越稳定，因而常以三醋酸纤维素制造膜。醋酸纤维素原料来源丰富，性能稳定，有一定的亲水性，透过速度大，制成的膜截留盐能力强；适于制备反渗透膜，也可用于制备超滤和微滤膜。为了改进其性能，进一步提高分离效率和透过速率，可采用各种不同取代度的醋酸纤维素的混合物来制膜，也可采用醋酸纤维素与硝酸纤维素的混合物（CN-CA）来制膜。此外，醋酸丙酸纤维素、醋酸丁酸纤维素也是很好的膜材料。

但纤维素酯类材料存在以下问题：a. pH 适应范围较窄，最适操作 pH 值范围为 4～6，不能超过 2～8 的范围，因为在酸性下会使分子中糖苷键水解，而在碱性下，会脱去乙酰基；b. 不耐高温（最高使用温度为 30℃）和某些有机溶剂或无机溶剂；c. 易与氯作用，造成膜的使用寿命降低（使用时游离氯含量应＜0.1mg/L，短期接触可耐氯 10mg/L）；d. 纤维素骨架易受细菌侵袭，难以贮存。因此发展了非纤维素酯类膜材料。

（2）非纤维素酯类　非纤维素酯类膜材料的基本特性包括：a. 分子链中含有亲水性的极性基团；b. 主链上应有苯环、杂环等刚性基团，使之有高的抗压密性和耐热性；c. 化学稳定性好；d. 具有可溶性。常用于制备分离膜的合成高分子材料有聚砜、聚酰胺和离子聚合物等。

① 聚砜　聚砜（PSF）结构中的特征基团为 $-\overset{\overset{\displaystyle O}{\|}}{\underset{\underset{\displaystyle O}{\|}}{S}}-$ ，为了引入亲水基团，常将粉状聚砜悬浮于有机溶剂中，用氯磺酸进行磺化。常用的制膜溶剂有：二甲基甲酰胺、二甲基乙酰胺、*N*-甲基吡咯烷酮、二甲基亚砜等。聚砜类树脂具有良好的化学、热学和水解稳定性，

强度也很高，因此已成为重要的膜材料之一。聚砜膜的特点是：pH 值适应范围为 1～13，最高使用温度达 120℃；抗氧化性和抗氯性都十分优良，一般在短期清洗时，对氯的耐受量可高达 200mg/L，长期贮存时，耐受量达 50mg/L；孔径范围宽，截留分子量为 1000～500000，符合超滤膜的要求；但憎水性强，不能制成反渗透膜。聚砜膜的主要缺点是允许的操作压力较低，对于平板膜，极限操作压力为 0.7MPa，对中空纤维膜为 0.17MPa。

② 聚酰胺类　早期使用的聚酰胺（PA）是脂肪族聚酰胺，如尼龙-4、尼龙-66 等制成的中空纤维膜。这类产品对盐水的分离率在 80%～90%之间，但透水率很低，仅 0.076mL/(cm^2·h)。之后发展了芳香族聚酰胺，用它们制成的分离膜，pH 值适用范围为 3～11，分离率可达 99.5%（对盐水），透水速率为 0.6mL/(cm^2·h)。长期使用稳定性好。但酰胺基团易与氯反应，故这种膜对水中的游离氯有较高要求。

③ 离子性聚合物　离子性聚合物可用于制备离子交换膜。与离子交换树脂相同，离子交换膜也可分为强酸型阳离子膜、弱酸型阳离子膜、强碱型阴离子膜和弱碱型阴离子膜等。在淡化海水的应用中，主要使用的是强酸型阳离子交换膜。磺化聚苯醚膜和磺化聚砜膜是最常用的两种离子聚合物膜。

为了改善膜的性能，主要是改善稳定性和机械强度以及增大膜的极性，另一些膜材料也为工业上所常用。例如用于制造 MF 膜的聚偏二氟乙烯（PVDF）、聚四氟乙烯（PTFE）、聚丙烯（PP）、聚氯乙烯（PVC）、聚碳酸酯（PC）；用于制造 UF 膜的聚丙烯腈（PAN）、再生纤维素、聚醚砜（PES）；用于制造 RO 膜的芳香聚酰胺（使用 pH 值范围为 4～11，但氯含量应低于 0.1mg/L）等。

有机膜具有取材广泛、单位膜面积制造成本低廉、膜组件装填密度大等优势，目前约占有膜市场 85%。其中使用最多的是 CA，其次是 PSF、PA、PVDF 和混合膜。如反渗透和纳滤膜组件多为 CA 和 PA 材质，微滤和超滤膜组件的首选材料是 PVDF；实验室所用的微孔滤膜材质多为 CA 和 CN-CA。

2. 无机膜材料

无机膜指以金属、金属氧化物、陶瓷、沸石、多孔玻璃等无机材料为分离介质制成的半透膜，常用材料包括 Al_2O_3、ZrO_2、TiO_2、SiO_2、SiC 等。无机膜适用于高黏度、高固体含量等复杂流体物料的分离，具有热力学和化学稳定性好、耐污染能力强、强度大、使用寿命长、容易清洗等特点。

几种常见膜材料的特点见表 9-1。

表 9-1　几种常见膜材料的特点

聚合物	优点	缺点
TiO_2/ZrO_2	化学、机械、热稳定性好	价格昂贵，仅限于 MF 和 UF，材料较贵
醋酸纤维	价格低，抗氯，溶剂浇注	化学、机械、热稳定性差
聚酰胺	良好的化学稳定性、热稳定性	对氯化物较敏感
聚砜	广泛的消毒性，抗 pH，溶剂浇注	对烃类化合物的截留较差
聚丙烯	抗化学腐蚀性强	未经表面处理具有疏水性
聚四氟乙烯	具有良好的疏水性能，抗有机物污染，良好的化学稳定性，具有灭菌性	疏水性强，价格贵

二、膜的制备

膜的制备工艺对分离膜的性能十分重要。同样的材料，由于不同的制作工艺和控制条件，其性能差别很大。合理的、先进的制膜工艺是制造优良性能分离膜的重要保证。目前，国内外的制膜方法很多，其中最实用的是相转化法（流涎法和纺丝法）和复合膜化法。

相转化指将均质的制膜液通过溶剂的挥发或向溶液加入非溶剂，或加热制膜液，使液相转变为固相的过程。相转化制膜工艺中最重要的方法是L-S型制膜法。它是由加拿大人劳勃（S. Leob）和索里拉金（S. Sourirajan）发明的，并首先用于制造醋酸纤维素膜。该法将制膜材料用溶剂形成均相制膜液，在模具中流涎成薄层，然后控制温度和湿度，使溶液缓缓蒸发，经过相转化就形成了由液相转化为固相的膜。其工艺流程如图9-1所示。

由L-S法制的膜，起分离作用的仅是表面极薄一层，称为致密层，它的厚度为0.25～1μm，相当于总厚度的1/100左右。理论研究表明，膜的透过速率与膜的厚度成反比，而用L-S法制备表面层小于0.1μm的膜极为困难。为此，发展了复合制膜工艺，其流程如图9-2所示。

影响膜结构和性质的因素很多，包括所用的高聚物及其浓度，溶剂系统，沉淀剂系统，沉淀剂的形式（气相或液相），前处理（如蒸发）或后处理（或退火，即浸在热水浴中）步骤等。因此膜的制造多凭经验，其重复性是一个困难的问题，所以膜的生产集中于几家著名的厂商，其详细步骤很少泄露。

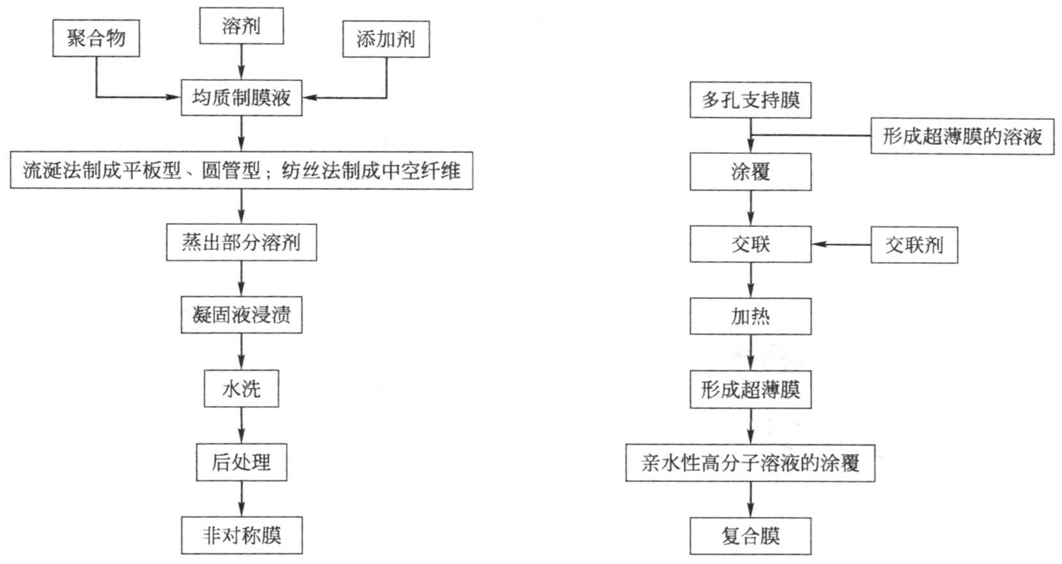

图9-1　L-S法制膜工艺流程框图　　图9-2　复合制膜工艺流程框图

三、膜的保存

膜的保存对其性能极为重要，主要应防止微生物、水解、冷冻对膜的破坏和膜的收缩变形。微生物的破坏主要发生在醋酸纤维素膜，而水解和冷冻破坏则对任何膜都可能发生。温度、pH值不适当和水中游离氧的存在均会造成膜的水解。冷冻会使膜膨胀而破坏膜的结构。膜的收缩主要发生在湿态保存时的失水，收缩变形使膜孔径大幅度下降，孔径分布不均匀，严重时还会造成膜的破裂。当膜与高浓度溶液接触时，由于膜中水分急剧地向溶液中扩散而失水，也会造成膜的变形收缩。

(1) 如果是短期存放（5～30d），膜元件的保存操作如下。

① 清洗膜元件，排除内部气体。

② 用1%亚硫酸氢钠保护液冲洗膜元件，浓水出口处保护液浓度达标。

③ 全部充满保护液后，关闭所有阀门，使保护液留在压力容器内。

④ 每5天重复步骤②、③。

(2) 如果是长期存放，存放温度在27℃以下时，每月重复步骤②、③一次；存放温度在27℃以上时，每5天重复步骤②、③一次。恢复使用时，应先用低流量进水冲洗1h，再用大流量进水（浓水管调节阀全开）冲洗10min。

第二节 膜组件

为便于工业化的生产和安装，提高膜的工作效率，在单位体积内实现最大的膜面积，通常将膜、固定膜的支撑材料、间隔物或管式外壳等组装成的一个单元，称为膜组件。膜组件的结构及型式取决于膜的形状，除了膜以外，一般还有压力支撑体、料液进口、流体分配器、浓缩液出口和透过液出口等。

工业上应用的膜组件主要有板框式、螺旋卷式、管式和中空纤维式4种型式。其中板框式和螺旋卷式膜组件使用平板膜，管式和中空纤维式膜组件使用管式膜。

一、板框式膜组件

板框式膜组件装置类似板框压滤机，如图9-3所示。整个装置由若干块圆形多孔透水板重叠起来组成，透水板两面都贴有膜，膜四周用胶黏剂和透水板外环密封。透水板外环由"O"形密封圈支撑，使内部组成压力容器，高压水由上而下通过每块板，净化水由每块透水板引出。这种装置比表面积较大，结构牢固，能承受高压，占地面积不大，易于更换膜；但液流状态差，易造成浓差极化，设备费用较大；适于微滤、超滤。

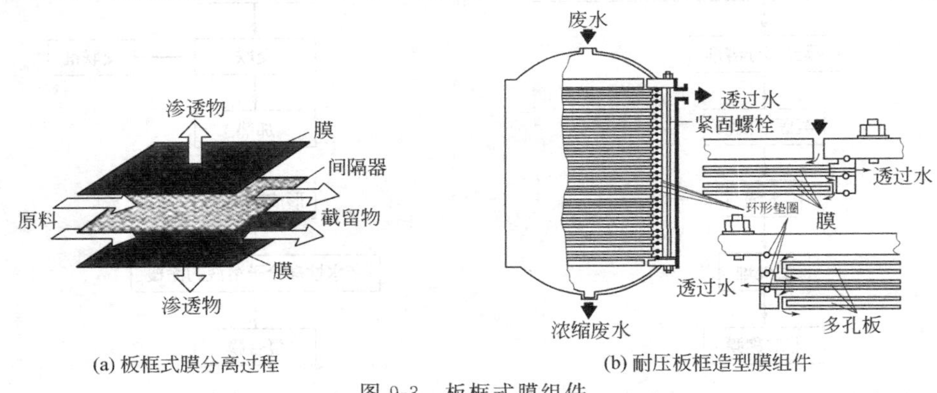

(a) 板框式膜分离过程　　(b) 耐压板框造型膜组件

图9-3　板框式膜组件

二、螺旋卷式膜组件

螺旋卷式膜组件的装置是在两层膜中间夹一层多孔的柔性格网，并将它们的三边黏合密封起来，再在下面铺一层供废水通过的多孔透水格网，然后将另一开放边与一根多孔集水管密封连接，使进水与净化水完全隔开，最后以集水管为轴，将膜叶螺旋卷紧而成。把几个膜组件串联起来，装入圆筒形耐压容器中，便组成螺旋卷式膜装置，如图9-4所示。这种装置的结构紧凑，膜堆密度大，湍流情况好；但制造装配要求高，密封较困难，清洗检修不方便，易堵塞，不能处理悬浮液浓度较高的料液；可用于微滤、超滤和反渗透。

三、管式膜组件

管式组件是把膜和支撑物均制成管状，两者装在一起，再将一定数量的管，以一定方式联成一体而组成。装置中的耐压管径一般为0.6～2.5cm。常用材料有多孔性玻璃纤维环氧

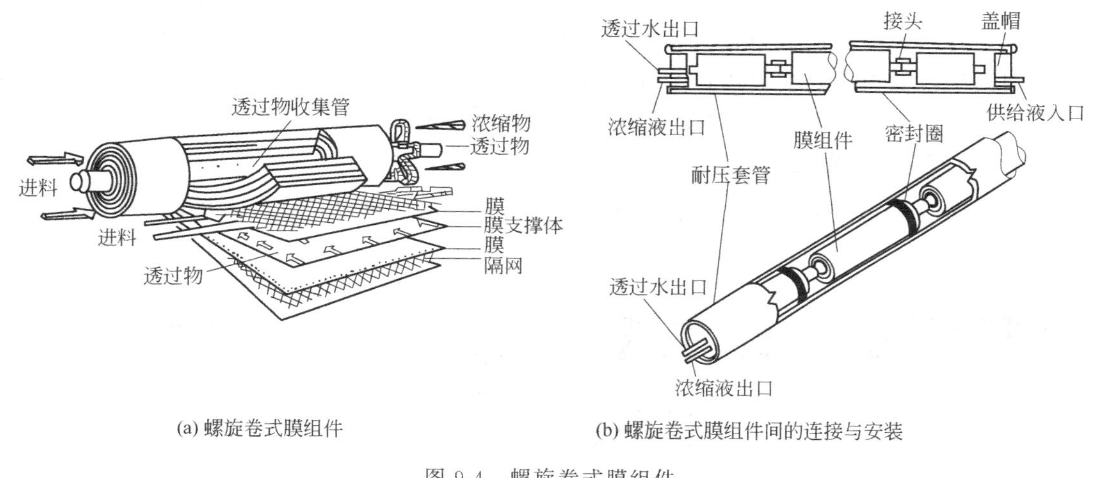

(a) 螺旋卷式膜组件

(b) 螺旋卷式膜组件间的连接与安装

图 9-4 螺旋卷式膜组件

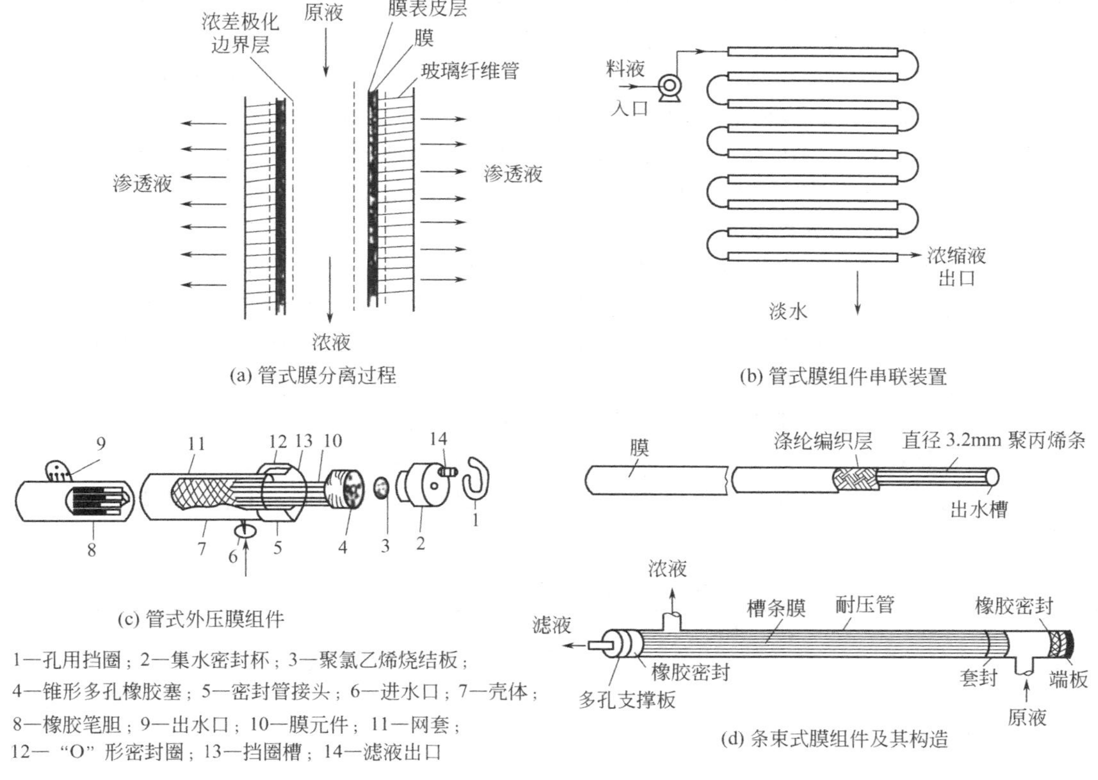

(a) 管式膜分离过程

(b) 管式膜组件串联装置

(c) 管式外压膜组件

1—孔用挡圈；2—集水密封杯；3—聚氯乙烯烧结板；
4—锥形多孔橡胶塞；5—密封管接头；6—进水口；7—壳体；
8—橡胶笔胆；9—出水口；10—膜元件；11—网套；
12—“O”形密封圈；13—挡圈槽；14—滤液出口

(d) 条束式膜组件及其构造

图 9-5 管式膜组件

树脂增强管或多孔陶瓷管，钻有小孔眼或表面具有水收集沟槽的增强塑料管、不锈钢管等。管式装置形式较多，如图 9-5 所示。其主要可分为单管式和管束式，内压型管式和外压型管式等。对内压式膜组件，膜被直接浇铸在多孔的不锈钢管内或用玻璃纤维增强的塑料管内；加压的料液流从管内流过，透过膜的渗透溶液在管外侧被收集。对外压式膜组件，膜则被浇铸在多孔支撑管外侧面；加压的料液流从管外侧流过，渗透溶液则由管外侧渗透通过膜进入多孔支撑管内。无论是内压式还是外压式，都可以根据需要设计成串联或并联装置。

管式装置结构简单、适应性强，水力条件好，压力损失小、透过量大，清洗、安装方便，可耐高压，适当调节水流状态可防止浓差极化和膜污染，能够处理含悬浮固体的高黏度溶液；但单位体积中膜面积小，制造和安装费用较高；适于微滤和超滤。

四、中空纤维式膜组件

中空纤维膜是一种细如头发的空心管。它与管式膜的区别是：膜管直径>10mm 称为管式，膜管直径<0.5mm 称为中空纤维式。中空纤维管外径一般为 50～100μm，内径为 25～42μm。中空纤维膜组件也有外压式和内压式两种。一般将数十万根中空纤维膜捆成膜束，安装在一个管状容器内，并将纤维膜开口端固定在环氧树脂管板上，与管外壳壁固封制成膜组件。料液从中空纤维组件的一端流入，沿纤维外侧平行于纤维束流动，透过液则渗透通过中空纤维壁进入内腔，然后从纤维在环氧树脂的固封头的开端引出，浓缩液则从膜组件的另一端流出，如图 9-6 所示。

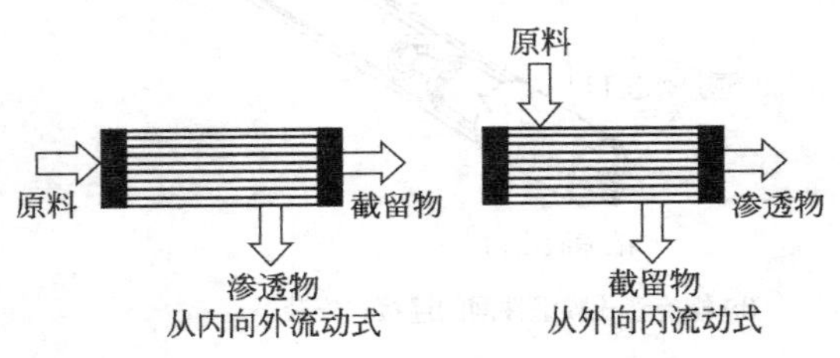

图 9-6　中空纤维式膜组件

中空纤维膜组件的最大特点是纤维管直径小、单位装填膜面积比所有其他组件都大，最高可达到 $30000m^2/m^3$，因而能有效提高渗透通量。同时，纤维管强度高，不需要膜支撑结构，管内外能承受较大的压力差。原水从纤维膜外侧以高压通入（外压式），净化水由纤维管中引出，浓差极化几乎可忽略；但中空纤维膜组件装置制作工艺技术较复杂、易堵塞、清洗不便，因而对进水预处理要求高。

以上 4 种膜组件的特性比较列于表 9-2。由于结构不同，几种膜组件在应用中各有特点，适用于不同的处理范围。其中板框式装置牢固，能承受高压，但液流状态差，易形成浓差极化，设备费用及占地面积大。管式进水流动状态好，易安装，易清洗，易拆换；但单位面积内的体积很小，占地面积较大。螺旋卷式单位体积内的膜装载面积大，进水流动状态好，结构紧凑，但进水预处理要求严格，否则易堵塞。中空纤维式在单位体积内的膜装载面积最大，无需承压材料，结构紧凑；但容易堵塞，清洗困难，对进水的预处理要求最严。

一般情况下，板框式或管式组件装填密度小，处理量小；而中空纤维式和螺旋卷式膜装填密度大，处理量大。

表 9-2　各种膜组件的特性比较

比较项目	螺旋卷式	中空纤维式	管式	板框式
填充密度/(m^2/m^3)	200～800	500～30000	30～328	30～500
料液流速/[$m^3/(m^2 \cdot s)$]	0.25～0.5	0.005	1～5	0.25～0.5
料液侧压降/MPa	0.3～0.6	0.01～0.03	0.2～0.3	0.3～0.6
抗污染	中等	差	非常好	好
易清洗	较好	差	优	好
膜更换方式	组件	组件	膜或组件	膜
组件结构	复杂	复杂	简单	非常复杂
膜更换成本	较高	较高	中	低
对水质要求	较高	高	低	低
料液预处理	需要	需要	不需要	需要
相对价格	低	低	高	高

第三节　膜分离类型及特征

根据膜孔大小和分离原理不同，膜分离法可分为微滤（MF）、超滤（UF）、纳滤（NF）、反渗透（RO）、渗析（DL）和电渗析（ED）等。各种膜分离法的基本特征见表9-3。

表 9-3　膜分离类型及特征

膜滤过程	简图	推动力	分离机制	渗透物	截留物	膜结构
微滤 MP	进水；滤液(水)	压力差（0.01～0.2MPa）	筛分	水、溶剂溶解物	悬浮物、颗粒、纤维和细菌	对物和不对称多孔膜（孔径0.1～10μm）
超滤 UF	进水；浓缩液；滤液(水)	压力差（0.01～0.5MPa）	筛分	水、溶剂离子和小分子（分子量＜1000）	生物制品、胶体和大分子（分子量1000～300000）	不对称结构的多孔膜（孔径2～100nm）
纳滤 NF	进水；溶质(盐)；滤液(水)	压力差（0.5～2.5MPa）	筛分＋溶解/扩散	水和溶剂（分子量＜200）	溶质、二价盐、糖和染料（分子量200～1000）	致密不对称膜和复合膜
反渗透 RO	进水；溶质(盐)；滤液(水)	压力差（1.0～10.0MPa）	溶解/扩散	水和溶剂	全部悬浮物、溶质和盐	致密不对称膜和复合膜
电渗析 ED	滤水；出水；＋极；－极；阴离子交换膜；进水；阳离子交换膜	电位差	离子交换	电离离子	非解离和大分子物质	阴、阳离子交换膜
渗析 D	进水；净水；扩散液；接受液	浓度差	扩散	离子、低分子量有机质、酸和碱	分子量大于1000的溶解物和悬浮物	不对称膜和离子交换膜

目前水处理领域常用的膜分离法主要是微滤、超滤、纳滤和反渗透，它们都是在流体压力差作用下，利用膜孔对分离组分的尺寸选择性，将大于膜孔尺寸的微粒及大分子溶质截留，使小于膜孔尺寸的粒子或溶剂透过滤膜，从而实现不同组分分离。其主要工作原理同用滤布或滤纸分离悬浮在气体或液体中的固体颗粒的原理几乎一样，只是所用的介质（膜）更薄，截留的微粒尺寸更小。

常规过滤能截留大于5μm的颗粒。它是靠滤饼层内颗粒的架桥作用，才能截留如此小的颗粒，而不是直接靠过滤介质孔隙筛分截留的，因为纤维编织的过滤介质的孔隙通常有几十微米大小。膜分离和常规滤饼过滤不同，截留的微粒和溶质分子并不在膜面形成滤饼，而仍悬浮于料浆中或以溶质形式保留于料浆中，所以常将膜前截留的物质总体称为浓液，透过滤膜的部分称做滤液、淡液或渗透液等。

一、微滤

1. 微滤和微滤膜的特点

微滤技术是以静压差为推动力，利用筛网状过滤介质膜的“筛分”作用进行分离的膜过程。实施微滤的介质称为微孔膜，通常由特种纤维素酯或高分子聚合物及无机材料制成。它类似多层叠置的筛网，厚度为10～150μm，孔径一般在0.1～10μm之间，操作压在0.01～0.2MPa之间。微滤截留微粒范围大，其截留微粒的作用局限于膜的表面，多用于滤除细菌和细小的悬浮颗粒。从粒子的大小看，它是常规过滤操作的延伸，属于精密过滤。

微孔膜的性能主要从厚度、过滤速度、孔隙率、孔径及其分布4个方面来衡量。微孔膜的主要优点如下。

① 孔径均匀，过滤精度高。能将液体中所有大于额定孔径的微粒全部截留，不会因压力差升高而导致大于孔径的微粒穿过滤膜；截留微粒的方式有机械截留、架桥及吸附。

② 孔隙大，流速快。一般微孔膜的孔密度为10^7孔/cm^2，微孔体积占膜总体积的70%～80%。由于膜很薄，阻力小，其过滤速度较常规过滤介质快几十倍。

③ 无吸附或少吸附。大部分微孔膜厚度都在150μm以下，比一般过滤介质薄很多，因而吸附量很少，可忽略不计。

④ 无介质脱落。微孔膜过滤时没有纤维或碎屑脱落，因此能得到高纯度的滤液。

但微孔膜的颗粒容量较小，极易被少量与膜孔径大小相当的微粒或胶体粒子堵塞；因此，使用时必须有前道过滤的配合，否则无法正常工作。

2. 微滤在废水处理中的应用

微滤技术已在石油化工、电子工业、食品工业、生物工程等领域得到了广泛应用，可用来去除这些工业废水中的悬浮物、部分细菌和藻类等污染物，出水可作为中水回用，也可以进一步进行纳滤或反渗透处理。微滤膜组器或超滤膜组器还可以代替活性污泥法工艺中的二沉池，与生物反应器相结合组成膜生物反应器。

二、超滤

1. 超滤和超滤膜的特点

超滤也是以静压差为推动力的“筛分”作用过程，此外，对于高分子物质，还与溶质-水-膜之间的相互作用有关。其核心部件是超滤膜，均为不对称结构的多孔膜。其结构一般有三层：最上层的表面活性层致密而光滑，厚度为0.1～1.5μm，其中细孔孔径一般小于10nm；中间的过渡层具有大于10nm的细孔，厚度一般为1～10μm；最下面的支撑层厚度为50～250μm，具有50nm以上的孔。支撑层起支撑作用，提高膜的机械强度。膜的分离性能主要取决于表面活性层和过渡层。过滤的粒径介于微滤和反渗透之间，与微滤和反渗透之间没有明确分界。可截留分子量为500～300000的各种可溶性大分子，如多糖、蛋白质、酶或相当粒径（一般小于0.1μm）的胶体微粒，形成浓缩液，达到溶液的净化、分离及浓缩目的。

制备超滤膜的材料主要有醋酸纤维素、聚砜、聚酰胺和聚丙烯腈等。制膜过程没有热处理工序，使制得的超滤膜的孔比较大，可不受渗透压力的阻碍，能在小压力（0.1～

0.5MPa）下工作，而且有较大的通水量。

常用超滤设备由多孔性支撑体和膜构成，装在坚固的壳内，有板框式、管式、卷式和中空纤维式。其中中空纤维超滤膜是超滤技术中最为成熟与先进的一种形式。中空纤维状超滤膜的外径为 0.5～2μm，特点是直径小，强度高，不需要支撑结构，管内外能承受较大的压力差；此外，单位体积中空纤维状超滤膜的内表面积很大，能有效提高渗透通量。因此，在使用超滤时一般都选择中空纤维式的超滤膜。

超滤工作条件取决于膜的材质，如醋酸纤维素超滤膜适用于 pH＝3～8；芳香聚酰胺超滤膜适用于 pH＝5～9，温度 0～40℃；而聚醚砜超滤膜的使用温度则可超过 100℃。超滤过程中，不能滤过膜的残留物在膜表面浓聚形成浓度极化现象，使通水量急剧减少，加大通水速度（3～5m/s）可适当防止。

2. 超滤在废水处理中的应用

在废水处理中，超滤技术可以用来去除废水中的淀粉、蛋白质、树胶、油脂等有机物，以及黏土、微生物等，可回收各种有用物质，生产回用水。处理实例有：电泳涂装淋洗废水处理；含油废水处理；纸浆和造纸废水、洗毛废水、染料废水和食品工业废水等处理。

3. 微滤和超滤的工作方式

根据水的回收率，超滤和微滤有两种过滤方式：死端过滤和错流过滤（图 9-7）。

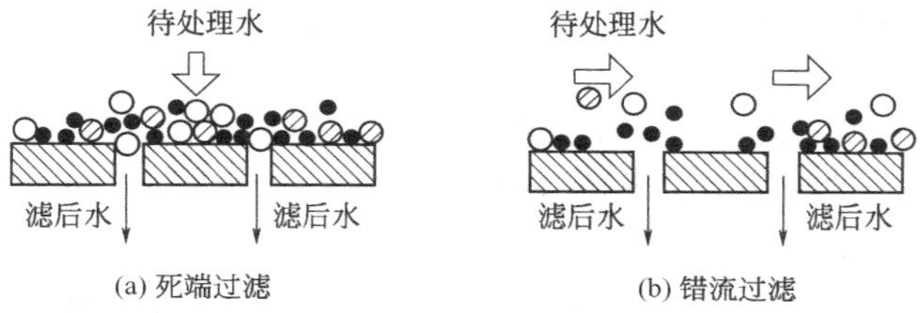

图 9-7　超滤和微滤工作原理

死端过滤为待处理水全部通过膜而无浓缩液流出的一种运行方式，该条件下水的回收率接近 100%，但通量下降较快，膜孔容易堵塞，需要周期性的反冲洗以恢复通量。错流过滤为大部分待处理水通过膜而少量浓缩液从膜的另一侧流出的一种运行方式，采用该方式运行，水的回收率在 80%～100%；因膜表面的水流不断将沉积物带走，因而其通量的下降较死端过滤要慢，但能耗较高。

按照膜组件是否浸没在待处理的废水中，超滤和微滤有两种工作方式：浸没式和外置式（图 9-8）。浸没式是将膜组件置于待处理水反应器中，通过加压泵的负压抽吸作用使水通过膜的一种工作方式。浸没式属于死端过滤方式，优点是占地面积小，水回收率高；缺点为通量下降较快，需要周期性反冲洗或采取相应膜污染控制措施。膜生物反应器（MBR）和膜化学反应器是废水处理中最常见的一种浸没式膜反应器。为减缓膜污染，通常采用间歇出水的操作方式，出水时间比为 0.8～0.9，即在每 10min 的循环中，出水 8～9min，空曝气（不出水）1～2min；同时向 MBR 中投加粉末活性炭，可以改变膜表面滤饼层的性质，在减缓膜污染的同时，强化有机物的去除。

外置式是将膜组件置于废水反应器之外，依靠加压泵的正向压力使水通过膜的一种工作方式。外置式属于错流过滤方式，优点是通量下降较慢，可以使用较高的过滤通量；缺点为占地面积大，水回收率低。连续微滤（CMF）和连续超滤（CUF）是工程中应用较多的外置式工作方式，通常置于生物处理之后，对废水进行深度处理，作为制备一般品质再生水的最后一道屏障，或者作为反渗透系统的预处理单元。

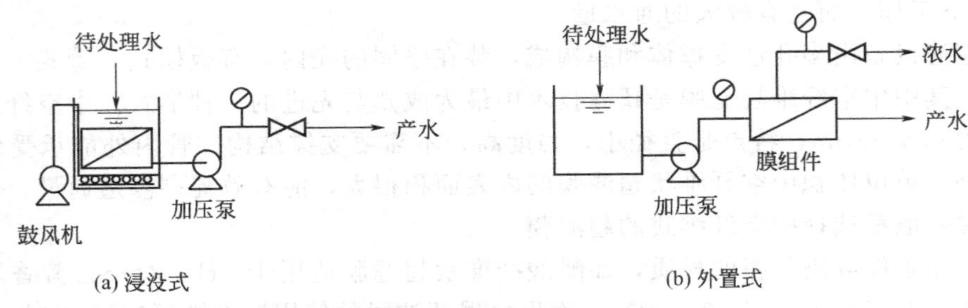

图 9-8 超滤和微滤工作方式

三、纳滤

1. 纳滤和纳滤膜的特点

纳滤是 20 世纪 80 年代末期发展起来的一种新型膜分离技术，早期被称作“低压反渗透”或“松散反渗透”。实验证明，它能使 90%的 NaCl 透过膜，而使 99%的蔗糖被截留。由于其截留率大于 95%的最小分子约有 1nm，所以，又称为“纳滤”。目前，纳滤已从反渗透技术中分离出来，成为独立的分离技术。

纳滤膜大多带有电荷，膜孔径为 1～5nm，通过筛分、溶质扩散和电荷排斥实现分离，能对小分子有机物等与水、无机盐进行分离，实现脱盐与浓缩同时进行。主要用于截留粒径在 0.1～1nm，分子量为 100～1000 的物质，操作压力较小（0.5～1MPa），水通量较大。纳滤膜对无机盐的分离行为不仅受化学势控制，同时也受到电势梯度的影响。因此盐的渗透性主要由离子价态决定。纳滤膜对不同价态离子的截留效果不同，对单价离子的截留率低（10%～80%），而对二价及多价离子的截留率可高达 90%以上，明显高于单价离子。

纳滤膜孔径介于反渗透膜和超滤膜之间，所需的压力也介于两者之间。分离物质的尺寸介于反渗透和超滤之间，但与上述两者有所交叉。与超滤相比，纳滤截留低分子量物质能力更强，能截留透过超滤膜的小分子，能分离分子量差异很小的同类氨基酸和同类蛋白质，对许多中等分子量的溶质，如消毒副产物的前驱物、农药等微量有机物、致突变物等杂质能有效去除。与反渗透相比，纳滤膜表层较 RO 膜的表层要疏松得多，因此，需要的压力小；纳滤膜还具有离子选择性，对不同的离子有不同的去除率，可实现不同价态离子的分离，对一价离子的盐可以大量地透过（但并不是无阻挡的），而对多价离子（如硫酸盐离子和碳酸盐离子）截留率则较高。

目前关于纳滤膜的研究多集中在应用方面，而有关纳滤膜的制备、性能表征、传质机理等的研究还不够系统、全面。进一步改进纳滤膜的制作工艺，研究膜材料改性，将可极大提高纳滤膜的分离效果与清洗周期。

2. 纳滤在水处理中的应用

纳滤恰好填补了超滤与反渗透之间的空白，它能截留透过超滤膜的那部分小分子量的有机物，透析被反渗透膜所截留的无机盐（主要是一价离子盐），对低价离子与高价离子的分离特性良好，因此在硬度高和有机物含量高、浊度低的原水处理及高纯水制备中颇受瞩目。

四、反渗透

1. 反渗透和反渗透膜的特点

渗透是自然界一种常见的现象。人类很早以前就已经自觉或不自觉地使用渗透或反渗透分离物质，其原理如图 9-9 所示。如果用一张只能透过水而不能透过溶质的半透膜将两种不同浓度的水溶液隔开，水会自然地透过半透膜渗透从低浓度水溶液向高浓度水溶液一侧迁移，这一现象称渗透［图9-9(a)］。这一过程的推动力是低浓度溶液中水的化学位与高浓度溶液中水的化学位之差，表现为水的渗透压。随着水的渗透，高浓度水溶液一侧的液面升高，压力增大。当液面升高至 H 时，渗透达到平衡，两侧的压力差就称为渗透压 π［图9-9(b)］。溶液的渗透压与溶液的浓度、电解质的离子数、温度等因素有关。渗透过程达到平衡后，水不再有渗透，渗透通量为零。如果在高浓度水溶液一侧加压，使高浓度水溶液侧与低浓度水溶液侧的压差大于渗透压，则高浓度水溶液中的水将通过半透膜流向低浓度水溶液侧，这一过程就称为反渗透［图9-9(c)］。

由此可见：a. 反渗透也是以压力差作推动力的膜分离过程，且其操作压力高于溶液的渗透压；b. 反渗透膜是一种高选择性和高透水性的半透膜。

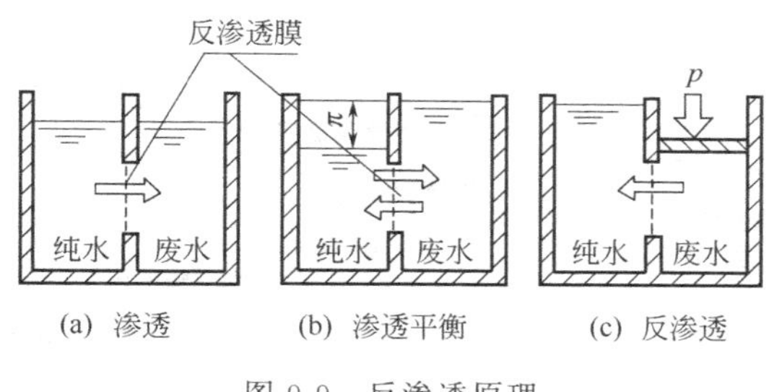

图9-9 反渗透原理

实际应用中的反渗透膜是一类具有不带电荷的亲水性基团的膜，种类很多。其制备材料主要有醋酸纤维素、芳香族聚酰胺、聚苯并咪唑、磺化聚苯醚、聚芳砜、聚醚酮、聚芳醚酮、聚四氟乙烯等。目前研究得比较多和应用比较广的是醋酸纤维素膜和芳香族聚酰胺膜两种。反渗透膜的分离机理至今尚有许多争论，主要有氢键理论、选择吸附-毛细管流动理论、溶解扩散理论等。

反渗透膜大部分为致密不对称膜，孔径小于0.5nm，流体阻力较大，因此，分离过程所需的压力很大（一般为2～10MPa，大于溶液的渗透压），因而对设备结构的要求也高。可截留分子量小于500的所有溶质分子和离子（对NaCl的截留率在98%以上），而仅让水透过膜，出水为无离子水。

反渗透装置与超滤装置相似，也是由多孔性支撑体和膜构成，装在坚固的壳内，有板框式、管式、卷式和中空纤维式等。其界面影响与超滤相似，不能滤过膜的溶质分子在膜表面的浓聚容易形成浓度极化现象，使通水量急剧减少。

2. 反渗透在水处理中的应用

目前，反渗透技术已经发展成为一种普遍使用的现代分离技术，由于能够截留所有的离子、有机物、细菌、胶体粒子和发热物质，在海水和苦咸水的脱盐淡化、超纯水制备、废水处理等方面已经广泛应用，并具有其他方法不可比拟的优势。在废水处理领域，反渗透主要用于去除重金属离子，其中贵重金属被浓缩回收，渗透水也能重复利用。如电镀废水的处理、照相洗印废水的处理、酸性尾矿水的处理等。另外，反渗透在造纸废水、印染废水、石油化工废水、医院污水处理和城市污水的深度处理中也都获得了很好的效果。

3. 反渗透与微滤、超滤、纳滤的比较

微滤、超滤、纳滤与反渗透都是以压力差为推动力使溶剂通过膜的分离过程，它们组成了分离溶液中的固体微粒、分子到离子的三级膜分离过程。一般来说，分离溶液中分子量低于500的低分子物质和所有离子应该采用反渗透膜；分离溶液中分子量介于200～1000之间的小分子和高价盐分子最好选择纳滤膜；分离溶液中分子量大于500的大分子或极细的胶体粒子可以选择超滤膜；而分离溶液中直径为0.1～10μm的粒子应该选微孔膜。以上关于反渗透膜、纳滤膜、超滤膜和微孔膜之间的分界并不是十分严格和明确的，它们之间可能存在一定的相互重叠。

各种膜分离法的去除对象和使用范围见表9-4。

表 9-4　各种膜分离法的去除对象和使用范围

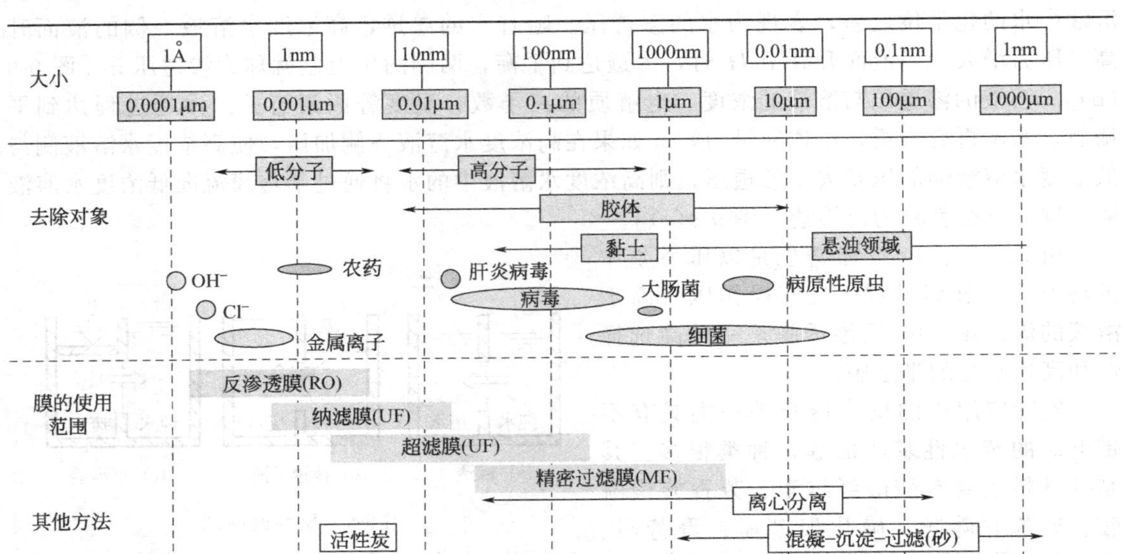

五、电渗析

1. 电渗析和离子交换膜的特点

电渗析是在直流电场的作用下，以电位差为推动力，利用离子交换膜的选择透过性，把电解质从溶液中分离出来，实现溶液的淡化、浓缩及纯化的膜分离过程。其核心是离子交换膜。离子交换膜按其可交换离子的性能可分为阳离子交换膜、阴离子交换膜和双极离子交换膜。这三种膜的可交换离子分别对应阳离子、阴离子和阴阳离子。

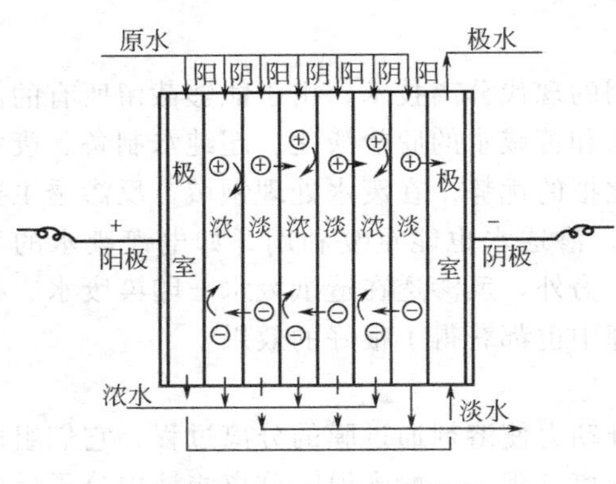

图 9-10　电渗析分析原理

电渗析系统由一系列阴、阳膜交替排列于两电极之间组成的许多由膜隔开的小水室组成，如图 9-10 所示。当原水进入这些小室时，在直流电场的作用下，溶液中的离子作定向迁移。阳离子向阴极迁移，阴离子向阳极迁移。但由于离子交换膜具有选择透过性（即阳膜只允许阳离子通过，阴膜只允许阴离子通过），结果使一些小室离子浓度降低而成为淡水室，与淡水室相邻的小室则因富集了大量离子而成为浓水室。从淡水室和浓水室分别得到淡水和浓水。原水中的离子得到了分离和浓缩，水便得到了净化。

在电渗析过程中，除了上述离子电迁移和电极反应两个主要过程以外，同时还发生一系列次要过程，如下所述。

（1）反离子的迁移　因为离子交换膜的选择性不可能达到 100%，所以也有少量与离子交换膜解离离子电荷相反的离子透过膜，即阴离子透过阳膜，阳离子透过阴膜。当膜的选择性固定后，随着浓室盐浓度增加，这种反离子迁移影响加大。

(2) 电解质浓差扩散　由于膜两侧溶液浓度不同，在浓度差作用下，电解质由浓室向淡室扩散，扩散速度随浓度差的增大而增长。

(3) 水的渗透　由于浓、淡水室存在浓度差，又由半透膜隔开，在水的渗透压作用下，水由淡水室向浓水室渗透。浓度差越大，水的渗透量也越大。

(4) 水的电渗透　溶液中离子实际上都是以水合离子形式存在的，在其电迁移过程中必然携带一定数量的水分子迁移，这就是水的电渗透。随着溶液浓度的降低，水的电渗透量急剧增加。

(5) 水的压渗　当浓室和淡室存在压力差时，溶液由压力高的一侧向压力低的一侧渗漏。

(6) 水的电离　在不利的操作条件下，由于电流密度与液体流速不匹配，电解质离子未能及时地补充到膜的表面，而造成膜的淡水侧发生水的电离，生成 H^+ 和 OH^-，以补充淡水侧离子之不足。

综上所述，电渗析器在运行时，同时发生着多种复杂过程。主要过程是电渗析处理所希望的，而次要过程却对处理不利。例如，反离子迁移和电解质浓差扩散将降低除盐效果；水的渗透、电渗和压渗会降低淡水产量和浓缩效果；水的电离会使耗电量增加，导致浓水室极化结垢等，因此，在电渗析器的设计和操作中，必须设法消除或改善这些次要过程的不利影响。

2. 电渗析的应用

自电渗析技术问世后，其在苦咸水淡化、饮用水及工业用水制备方面展示了巨大的优势。随着电渗析理论和技术研究的深入，我国在电渗析主要装置部件及结构方面都有巨大的创新，仅离子交换膜产量就占到了世界的 1/3。电渗析技术在食品工业、化工及工业废水的处理方面也发挥着重要的作用。特别是与反渗透、纳滤等精过滤技术的结合，在电子、制药等行业的高纯水制备中扮演重要角色。

第四节　膜分离工艺及设计

膜分离系统工艺设计的任务主要是根据水质处理目标来确定合理的工艺流程，选择适宜的膜装置类型；然后按照选定的工艺流程和膜组件的技术条件与设计参数来配置辅助设备，进行管路连接。膜分离法的工艺过程一般包括预处理、膜分离、后处理 3 个程序。

一、预处理

在设计膜系统时，为选择合适的膜元件，防止膜降解和膜堵塞，应对进水水质提出一定要求。对于中空纤维微滤和超滤系统进水，水质要求可参考表 9-5；卷式膜微滤、超滤系统以及纳滤、反渗透系统的进水均应符合表 9-6 的规定。

当相应的进水水质超过表 9-5 或表 9-6 所列参考值时，必须增加预处理工艺：一是要去除进水中的悬浮固体、尖锐颗粒、微溶盐、微生物、氧化剂、有机物、油脂等污染物；二是要控制合适的进水温度：当 pH 值为 2～10 时，运行温度为 5～45℃；当 pH 值大于 10 时，运行温度应小于 35℃，以达到改善水质，防止膜污染，延长膜的使用寿命的目的。

表 9-5 中空纤维微滤、超滤系统进水参考值

压力形式	膜材质	参考值		
		浊度/NTU	SS/(mg/L)	矿物油含量/(mg/L)
内压式	聚偏氟乙烯(PVDF)	≤20	≤30	≤3
	聚乙烯(PE)	<30	≤50	≤3
	聚丙烯(PP)	≤20	≤50	≤5
	聚丙烯腈(PAN)	≤30	(颗粒物粒径<5μm)	不允许
	聚氯乙烯(PVC)	<200	≤30	≤8
	聚醚砜(PES)	<200	<150	≤30
外压式	聚偏氟乙烯(PVDF)	≤50	≤300	≤3
	聚丙烯(PP)	≤30	≤100	≤5

表 9-6 纳滤、反渗透系统进水限值

膜材质	限值		
	浊度/NTU	SDI	余氯/(mg/L)
聚酰胺复合膜(PA)	≤1	≤5	≤0.1
醋酸纤维膜(CA/CTA)	≤1	≤5	≤0.5

预处理的深度应根据膜材料、膜组件的结构、原水水质、产水的质量要求及回收率确定。

1. 微滤、超滤系统的预处理

① 去除进水中悬浮颗粒物和胶体物，可采取混凝-沉淀（或气浮）-过滤工艺，可加入有利于提高膜通量，并与膜材料有兼容性的絮凝剂。采用接触过滤工艺处理低浊度污水时，投药点与过滤器入口应有 1.0m 距离。

② 在微滤、超滤系统之前，安装细格栅及盘式过滤器。在内压式膜系统之前，盘式过滤器过滤精度应小于 100μm；在外压式膜系统之前，盘式过滤器过滤精度应小于 300μm。

③ 当进水含矿物油超过表 9-5 数值或动植物油超过 50mg/L 时，应增加除油工艺。

2. 纳滤、反渗透系统的预处理

① 防止膜化学氧化损伤，可采用活性炭吸附或在进水中添加还原剂（如亚硫酸氢钠）去除余氯或其他氧化剂，控制余氯含量不大于 0.1mg/L。

② 预防铁、铝腐蚀物形成的胶体、黏泥和颗粒污堵，可采用以无烟煤和石英砂为过滤介质的双介质过滤器。对铁、锰离子，可预先投加氧化剂或者采用曝气、接触氧化等方法去除。

③ 预防微生物污染，可对进水进行物理法或化学法杀菌消毒处理。投氯消毒要注意余氯控制，在消毒时的余氯量以小于 2mg/L 为宜；避免连续投加大量的氯，影响膜的物理强度和溶质的透过性。对氯敏感的膜可考虑采用臭氧或者紫外进行消毒。

④ 控制结垢，加酸将 pH 值控制在 4～6.5 时，可有效控制碳酸盐结垢；投加阻垢剂（如六偏磷酸钠）或强酸阳离子树脂软化，可有效控制硫酸盐结垢。

⑤ 去除有机物，可采用臭氧氧化、活性炭吸附等方法处理。采用活性炭吸附工艺时，活性炭过滤器的进口处应投加杀菌剂。也可以采用微滤或超滤作为预处理手段。微滤或超滤能除去所有的悬浮物、胶体粒子及部分有机物，出水达到淤泥密度指数（SDI）≤3，浊度≤

1NTU，可有效预防胶体和颗粒物污染和堵塞纳滤和反渗透膜组件。

在上述预处理过程中要注意：a. 还原剂和（或）阻垢剂应投加在保安（过滤精度不大于 5μm）过滤器之前，保安过滤器必须安装压力表；b. 为防止预处理加酸、加氯造成管道及设备的腐蚀，在纳滤、反渗透系统的低压侧，应采用 PVC 管材及连接件，在高压侧应采用不锈钢管材及连接件。

二、膜分离系统基本工艺流程

不同类型膜产品的截污能力差异很大，应依据原水水量、水质和产水要求、回收率等资料，选择适当的膜组件和安装方式，组成合理的膜分离处理工艺。

膜组件是整个膜分离系统的核心。膜组件的组合方式有一级和多级，在各个级别中又分为一段和多段。原水每经过一次加压过滤称作一级配置，二级指原水必须经过两次加压的过程。在同一级中，一个膜组件称作一段配置。级间或段间又分有连续式及循环式等。

常采用增加段数的方式来增大处理能力和提高淡液回收率。如一级多段直流式，实际上就是通过增加段数来增加浓缩液的膜分离次数，将第一段的浓缩液作为第二段的料液，再将第二段的浓缩液作为下一段的料液，如此延续，逐段分离就形成了多段流程。通过浓缩液的多次分离，使淡液的回收率和浓缩液的浓缩倍数都得到进一步的提高。为使膜组件中的分离液保持一定的滤速，防止因流量逐段递减而造成的浓差极化，在流程设计中常常采用逐段缩减组件个数布置的方法。如一级多段纳滤、反渗透系统压力容器排列比，宜为 2∶1 或 3∶2 或 4∶2∶1 或按比例缩减。由于浓缩液按照多段串联进行分离，所以压力损失较高，在各段之间应考虑设置增压设施。

膜分离工艺流程的基本类型有：一级一段直流式、一级一段循环式；一级多段直流式、多级多段式等。

1. 微滤、超滤基本工艺流程

微滤、超滤系统基本工艺流程如图 9-11 所示。其运行方式可分为间歇式和连续式；组件排列形式宜为一级一段，并联安装。

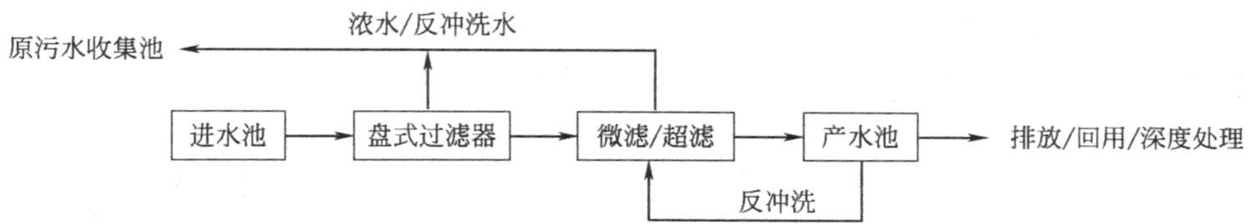

图 9-11　微滤、超滤系统基本工艺流程

2. 纳滤、反渗透系统基本工艺流程

纳滤、反渗透系统基本工艺流程分为一级一段式、一级多段式和多级（多段）式等。

进水一次通过纳滤或反渗透系统即达到产水要求，采用一级一段系统。该系统有一级一段批处理式和一级一段连续式。推荐基本工艺流程见图 9-12 和图 9-13。

图 9-12　一级一段批处理式基本工艺流程　　图 9-13　一级一段连续式基本工艺流程

若一次分离产水量达不到回收率要求，可采用多段串联工艺，每段的有效横截面积递

减，推荐基本工艺流程见图 9-14。当一级系统产水不能达到水质要求时，将一级系统的产水再送入另一个反渗透系统，继续分离直至得到合格产水。推荐基本工艺流程如图 9-15 所示。

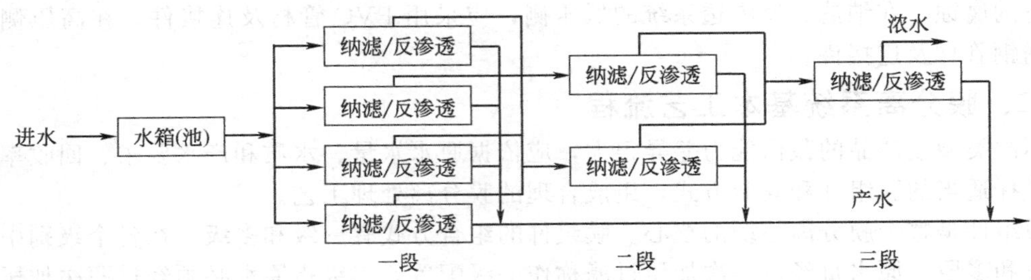

图 9-14　一级多段系统基本工艺流程

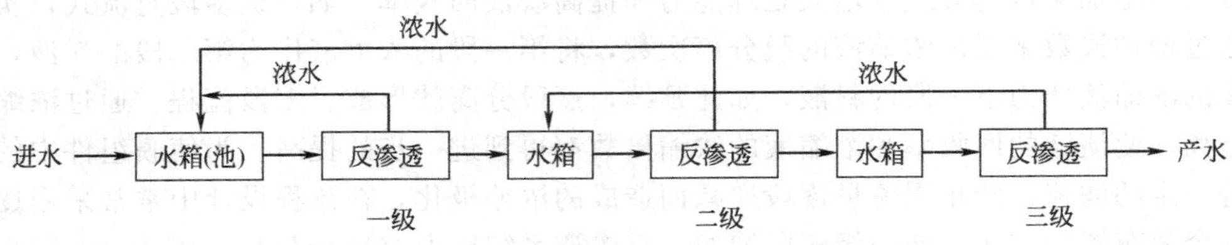

图 9-15　多级系统基本工艺流程

三、膜分离系统的设计参数

膜分离系统工艺设计参数包括处理水量、处理水质、膜通量、操作压力、反洗周期和每次反洗时间。表征膜分离装置性能的参数主要有通量（即产水量）、通量衰减系数和截留率。

1. 设计要点

(1) 流量平衡　在膜组件的运行中，进出组件的溶液流量是连续的，其表达式为：

$$Q_f = Q_p + Q_r \tag{9-1}$$

式中，Q_f为料液流量，L/s；Q_p为淡液流量，L/s；Q_r为浓缩液流量，L/s。

(2) 物料平衡　在膜处理过程中，膜分离前后的溶质质量是守恒的，其表达式为：

$$Q_f c_f = Q_p c_p + Q_r c_r \tag{9-2}$$

式中，c_f为料液浓度，mg/L；c_p为淡液浓度，mg/L；c_r为浓缩液浓度，mg/L。

2. 设计计算

(1) 产水量（通量）　产水量可按式(9-3) 计算

$$q_s = C_m S_m q_0 \tag{9-3}$$

式中，q_s为单支膜元件的稳定产水量，L/h；q_0 为单支膜元件的初始产水量，L/h；C_m为组装系数，取值范围为 0.90～0.96；S_m为稳定系数，取值范围为 0.6～0.8，纳滤和反渗透装置一般取 0.8。

温度对产水量的影响可用式(9-4) 估算：

$$q_{st} = q_s \times (1+0.0215)^{t-25} \tag{9-4}$$

式中，q_{st}为单支膜元件在 t℃时的稳定产水量，L/h；t 为膜元件的实际工作温度,℃。

膜通量为单位时间单位膜面积透过水的量，比通量为单位过膜压差下膜的通量，其计算公式如下：

$$J = \frac{Q_p}{A} = \frac{V_p}{At} \tag{9-5}$$

$$SF=\frac{1}{TMP} \tag{9-6}$$

式中，J 为膜通量，m/s，工程上常用 $L/(h \cdot m^2)$；Q_p 为膜产水量，m^3/s；A 为膜过滤面积，m^2；V_p 为透过液的容积，m^3；t 为处理时间，s；SF 为膜比通量，m/(s·Pa)，工程上常用 $L/(m^2 \cdot h \cdot mH_2O)$；TMP 为过膜压差，Pa。

根据 Darcy 定律，超滤和微滤膜的通量与过膜压差和膜阻力的关系如下：

$$J=\frac{TMP}{\mu R_m} \tag{9-7}$$

式中，μ 为水的黏度，Pa·s；R_m为膜阻力，m^{-1}。

由式(9-7) 可知，膜通量与过膜压差成正比，与水的黏度成反比。新膜在使用之前通常要测定其比通量，以便与污染膜进行对比，从而评价膜的抗污染性。根据式（9-7)，可以作 J-TMP 关系曲线，其斜率即为新膜的比通量。图 9-16 是 3 个中空纤维微滤膜组件的 J-TMP 关系图，其比通量分别为 $49L/(h \cdot m^2 \cdot 10kPa)$、$43L/(h \cdot m^2 \cdot 10kPa)$ 和 $16L/(h \cdot m^2 \cdot 10kPa)$。

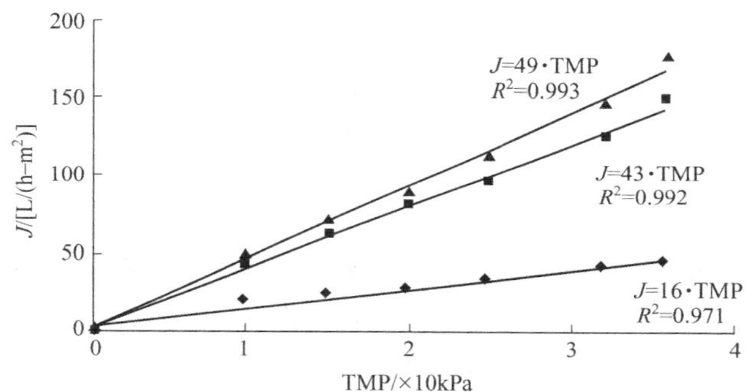

图 9-16　膜组件 J-TMP 关系图

随着膜分离的进行，由于膜滤过程中的浓差极化、膜受压致密及污染导致膜孔堵塞等原因，膜通量将随时间延长而减少，可以用下式表示：

$$Q_t=Q_1 t^m \quad 或 \quad J_t=J_1 t^m \tag{9-8}$$

式中，Q_t、Q_1分别为膜运转 t h 和 1h 后的产水量，L/h；J_t、J_1分别为膜运转 t h 和 1h 后的渗透通量，$mL/(cm^2 \cdot h)$；t 为运转时间，h；m 为膜通量衰减系数，与水温和压力有关，一般在－0. 005～－0. 05 之间。

考虑到膜的使用寿命、膜的受压致密和污染等因素的影响，习惯上采用运行一年后膜的通量来计算所需膜面积。

(2) 膜元件数　所需膜组件数可按式(9-9) 计算：

$$n=\frac{Q}{q_s} \tag{9-9}$$

式中，Q 为设计产水量，L/h。

(3) 压力容器（膜壳）数量　膜壳数量可按式（9-10）计算：

$$N_V=\frac{N_e}{n} \tag{9-10}$$

式中，N_V为压力容器数；N_e为设计元件数；n 为每个容器中的元件数。

(4) 淡液回收率 Y　淡液回收率指标对于确定供水能力和处理规模有着重要的意义。一般反渗透装置的淡液回收率取 75%，设计水质回收率一般大于 60%。淡液回收率以百分数表示：

$$Y=\frac{Q_p}{Q_f}\times100=\frac{Q_p}{Q_p+Q_r}\times100(\%) \tag{9-11}$$

(5) 截留率 R　即膜截留特定溶质的效率，常用来表示膜脱除溶质或盐的性能，其定义为：

$$R=\left[1-\frac{c_p}{c_r}\right]\times100\% \tag{9-12}$$

通常试剂测定的是溶液的表观截留率，定义为：

$$R_E=\left[1-\frac{c_p}{c_f}\right]\times100\% \tag{9-13}$$

在实际应用中，膜的截留率总是小于 100%，这是由于总有部分溶质穿透膜。截留率反映了该膜滤工艺分离溶液中组分的难易程度。

(6) 浓缩倍数 CF

$$\mathrm{CF}=\frac{c_r}{c_f}=\frac{Q_f}{Q_r}=\frac{100}{100-Y} \tag{9-14}$$

(7) 浓缩液的浓度和体积　浓缩液浓度和体积可按式(9-15) 计算：

$$\frac{c_r}{c_f}=\left(\frac{V_f}{V_r}\right)^{\eta} \tag{9-15}$$

式中，V_r 为浓缩液的体积，L；V_f为进料液的体积，L；η 为污染物的去除率。

(8) 污染指数　污染指数（FI）是为反渗透而专门建立的进水水质衡量指标。用有效直径为 42.7mm，孔径为 0.45μm 的微孔膜，在操作压力为 0.21MPa 条件下，测定最初 500mL 的进料液滤过时间（t_1），在加压 15min 后，再次测定 500mL 进料液滤过时间（t_2），按照下式计算 FI 值：

$$\mathrm{PI}=\left(1-\frac{t_1}{t_2}\right)\times100\%$$

$$\mathrm{FI}=\frac{\mathrm{PI}}{15} \tag{9-16}$$

不同膜组件要求进水有不同的 FI 值。在反渗透膜中：对进入中空纤维膜组件的水质要求 FI 值在 3 左右；卷式膜组件要求 FI 值≤5，管式膜组件要求 FI 值 15 值≥10。再根据不同的进水水质和用途来确定进入膜组件的水质指标。从上面给出的 FI 值来看：管式膜组件对水质的耐受能力最强，中空纤维膜组件对水质的要求最严。

【例 9-1】采用超滤方法净化自来水，要求膜分离分子量 $M_w=50000$，在室温（25℃）和 0.1MPa 工作压力下操作，产水量为 10m^3/h，原水经预处理后 FI 值为 3.5，已达到 UF 供水要求，如果选用中空纤维式 UF 组件，求需要组件多少个。

已知中空纤维 UF 组件性能数据如下。

M_w	透水量 q	测试压力	测试温度
50000	700L/h	0.1MPa	25℃

解　每一根 UF 组件的稳定透水量可由下式计算：

$$q_s=C_mS_mq$$

式中，q_s为单个组件的稳定透水量，L/h；C_m为组装系数，可取 0.9；S_m为稳定系数，可取 0.7；q 为给定组件的测试透水量，700L/h。

将其分别代入上式得：

$$q_s=0.9\times0.7\times700=441\text{L/h}$$

已知该系统产水量为 $10\text{m}^3/\text{h}$，则需要的组件数目为：

$$n=\frac{10}{q_s}=\frac{10}{0.441}\approx22.7\cong23(\text{个})$$

即该净水系统需组装 23 个膜组件。

由此便可计算出该 UF 系统的实际透水量 Q_1 和稳定透水量 Q_s 分别为：

$$Q_1=C_m q\times23=0.9\times0.7\times23=14.49\text{m}^3/\text{h}$$

$$Q_S=S_m Q_1=0.7\times14.49=10.14\text{m}^3/\text{h}$$

如果该系统中所选用的组件的透水量不尽相同，可根据下式进行计算：

$$Q_S=S_m Q_1=S_m C_m\sum_{t=1}^{n}q_i$$

另外，如果实际操作温度不是 25℃，则需要根据温度系数或式(9-4) 加以调节。

若实际温度高于 25℃时，由下式计算：

$$Q_{1t}=Q_t\times(1+0.0215)^{\Delta t}$$

$$Q_{St}=Q_S\times(1+0.0215)^{\Delta t}$$

式中，Q_{1t} 为工作温度为 t 时的初始透水量，m^3/h；Q_{St} 为工作温度为 t 时的稳定透水量，m^3/h；Δt 为温差，$\Delta t=t-25$℃。

例如，欲求 28℃时的透水量为：

$$Q_{1t}=Q_t\times(1+0.0215)^{\Delta t}=14.49\times(1.0215)^3=15.44\text{m}^3/\text{h}$$

$$Q_{St}=Q_S\times(1+0.0215)^{\Delta t}=10.14\times(1.0215)^3=10.8\text{m}^3/\text{h}$$

即在温度为 28℃时，上述 UF 系统的初始透水量和稳定透水量分别为 $15.44\text{m}^3/\text{h}$ 和 $10.8\text{m}^3/\text{h}$。

当温度低于 25℃时，则透水量下降。例如温度为 23℃时，利用上式可求得：

$$Q_{1t}=Q_t\times(1+0.0215)^{\Delta t}=14.49\times(1.0215)^{-2}=13.87\text{m}^3/\text{h}$$

$$Q_{St}=Q_S\times(1+0.0215)^{\Delta t}=10.14\times(1.0215)^{-2}=9.7\text{m}^3/\text{h}$$

通常人们把稳定透水量作为设计产水量，以满足用水量的需要。

四、后处理

后处理工序主要包括对膜分离浓水和反洗水的处理，以及对膜装置的清洗与再生两部分。其中后者所涉及的内容将在下节讲述。

膜分离过程产生的浓水可直接并入废水处理系统前端一起处理，亦可与化学清洗废水、介质过滤器和活性炭过滤器反冲洗废水一并进行收集后处理。推荐浓水处理基本工艺流程见图 9-17。浓水处理排放应符合国家或地方污水排放标准的规定。

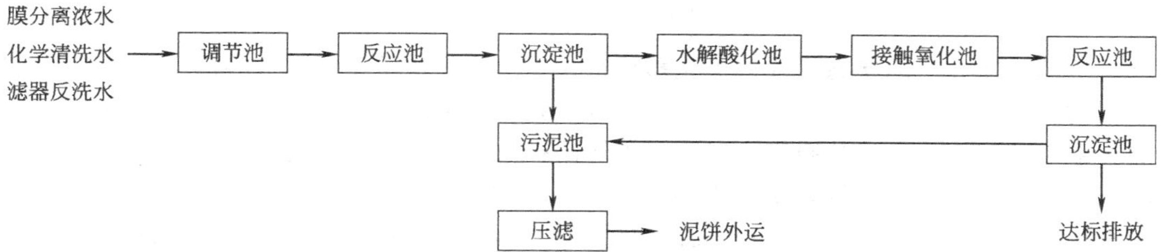

图 9-17　浓水处理基本工艺流程

第五节　膜污染与清洗

膜污染指在过滤过程中，水中的微粒、胶体离子或溶质大分子与膜发生了物理化学作用或机械作用而引起的在膜表面或膜孔内吸附、沉积造成膜孔径变小或者堵塞等作用，使膜产生透过通量与分离特性不可逆变化的现象。如果污染严重，不仅使膜性能降低，而且对膜的使用寿命产生极大的影响。

一、膜污染的成因

引起膜污染的原因大致可分为三类。

① 原水中的亲水性悬浮物和胶体（如蛋白质、糖质、脂肪类等）在水透过膜时，被膜吸附；其危害程度随膜组件的构造而异，管状膜不易污染，而捆成膜束的中空纤维膜组件最易污染。

② 原水中本来处于非饱和状态的溶质，在水透过膜后浓度提高变成过饱和状态，在膜上析出；这类污染物主要是一些无机盐类，如碳酸盐、磷酸盐、硅酸盐、硫酸盐等。

③ 浓差极化使溶质在膜面上析出。在压力驱动膜滤过程中，所有溶质均被透过液传送到膜表面。由于膜的选择透过性，不能完全透过膜的溶质受到膜的截留作用，在膜表面附近累积，导致废水在膜的高压侧膜表面的溶质浓度 C_m，远高于溶质在废水中的浓度 C_b（图 9-18）。在浓度梯度作用下，溶质由膜表面向废水主体反向扩散移动。经过一段时间后，当主体中以对流方式流向膜表面的溶质的量与膜表面以扩散方式返回流体主体的溶质的量相等时，浓度分布达到一个相对稳定的状态，于是在边界层中形成一个垂直于膜方向的由流体主体到膜表面浓度逐渐升高的浓度分布，如图 9-18(a) 所示。这种在膜表面附近浓度高于主体浓度的现象称为浓度极化或浓差极化。位于膜面附近的高浓度区又称作浓差极化层。

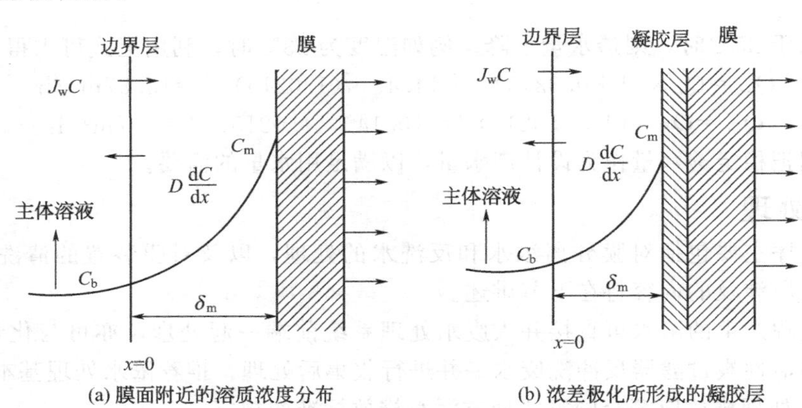

图 9-18　浓差极化现象

溶液的性质和流动状态对浓差极化影响很大。溶液的性质不同，浓差极化导致膜表面形成不同的结垢层。当溶质是水溶性的大分子（如超滤截留的蛋白质、核酸和多糖等）时，由于其扩散系数很小，造成从膜表面向废水主体的扩散通量很小，因此膜表面的溶质浓度显著增高，很快达到凝胶化浓度，从而形成凝胶层，如图 9-18(b) 所示。当溶质是难溶性物质（如反渗透截留的无机盐）时，膜表面的溶质浓度迅速增高并超过其溶解度从而在膜表面上形成结垢层；此外，料液中的悬浮物在膜表面沉积容易形成泥饼层。凝胶层、结垢层和泥饼层没有流动性，相当于固体颗粒的填充层，对膜的透过能力将产生更大阻力，使过滤速率急剧下降，膜通量迅速衰减。所以，一般认为浓差极化是造成膜通量降低的重要原因。

浓差极化造成的膜通量降低是可逆的，通过降低料液浓度或改变膜面附近废水侧的流体状态（如采用错流方式，并提高错流过滤的进水流速），使水流处于紊流状态，提高传质系数，使膜表面的液体与主体溶液更好地混合，可有效减缓膜通量的降低速度。

二、膜污染的清洗

1. 清洗方法

膜污染的清洗方法主要有物理法和化学法。

（1）物理清洗法　这是用淡水冲洗膜面的方法，也可以用预处理后的原水代替淡水，或者用空气与淡水混合液来冲洗。对管式膜组件，可用直径稍大于管径的聚氨酯海绵球冲刷膜面，能有效去除沉积在膜面上的柔软的有机性污垢。

（2）化学清洗法　化学清洗法是采用一定的化学清洗剂，如硝酸、磷酸、柠檬酸、柠檬酸铵，加盐酸、氢氧化钠、酶洗涤剂等在一定压力下一次冲洗或循环冲洗膜面。化学清洗剂的酸度、碱度和冲洗温度不可太高，防止对膜的损害。当清洗剂浓度较高时，冲洗时间短；浓度较低时，相应冲洗时间延长。据报道，1%～2%的柠檬酸溶液在4.2MPa的压力下，冲洗13min能有效去除氢氧化铁垢层。采用1.5%的无臭稀释剂（Thinner）和0.45%的表面活性剂氨基氰-OT-B（85%的二辛基硫代丁二酸钠和15%的苯甲酸钠）组成的水溶液，冲洗0.5～1h，对除去油和氧化铁污垢非常有效。用含酶洗涤剂对去除有机质污染，特别是蛋白质、多糖类、油脂等通常是有效的。

此外，利用渗透作用也可清洗膜面。用渗透压高的高浓度溶液浸泡受污染的膜面，使其另一侧表面与除盐水相接触。由于水向高浓度溶液一侧渗透，使侵入膜内细孔或吸附在膜表面的污染物变成容易去除的状态，所以能改善紧接着采用的物理或化学法清洗的效果。

2. 清洗过程

几种主要膜处理单元清洗过程如下。

（1）微滤、超滤系统污染与清洗

① 系统进水压力超过初始压力0.05MPa时，可采用等压大流量冲洗水冲洗，如无效，应进行化学清洗。

② 化学清洗剂的选择应根据污染物类型、污染程度、组件的构型和膜的物化性质等来确定。常用的化学清洗剂有氢氧化钠、盐酸、1%～2%的柠檬酸溶液、加酶洗涤剂、双氧水水溶液、三聚磷酸钠、次氯酸钠溶液等。

③ 杀菌消毒的常用药剂为：浓度1%～2%的过氧化氢或500～1000mg/L的次氯酸钠水溶液，浸泡30min，循环30min，再冲洗30min。

（2）纳滤、反渗透系统污染与清洗

① 出现下列情形之一时，应进行化学清洗：产水量下降10%；压力降增加15%；透盐率增加5%。

② 化学清洗剂的选择应根据污染物类型、污染程度和膜的物化性质等来确定。常用的化学清洗剂有：氢氧化钠、盐酸、1%～2%的柠檬酸溶液、Na-EDTA、加酶洗涤剂等。

③ 化学清洗液的最佳温度：碱洗液30℃，酸洗液40℃。

④ 复合清洗时，应采用先碱洗再酸洗的方法。常用的碱洗液为0.1%（质量分数）氢氧化钠水溶液；常用的酸洗液为0.2%（质量分数）盐酸水溶液。

⑤ 废清洗液和清洗废水排入膜分离浓水收集池处理，并做适当处理。

思考题与习题

1. 简述膜分离技术的分类。
2. 膜分离常用的材料有哪些？
3. 醋酸纤维膜有什么特点？
4. 常见的膜组件有哪些？
5. 简述各种膜分离技术的原理。
6. 膜处理工艺包括哪些程序？
7. 膜污染的原因有哪些？
8. 根据膜污染的成因，怎样确定合适的清洗方法？
9. 什么是浓差极化？
10. 表征膜的性能特征参数主要有哪些？其含义分别是什么？
11. 膜分离技术在水处理中的主要应用有哪些？

第一节 吹脱、汽提法

吹脱和汽提都属于气-液相转移分离法，即将气体（载气）通入废水中，使之相互充分接触，使废水中的溶解气体和易挥发的溶质穿过气液界面，向气相转移，从而达到脱除污染物的目的。常用空气或水蒸气作载气，习惯上把前者称为吹脱法，后者称为汽提法。

水和废水中有时会含有溶解气体。例如用石灰石中和含硫酸废水时产生大量 CO_2；某些工业废水中含有 H_2S、HCN、NH_3、CS_2 及挥发性有机物等。这些物质可能对系统产生侵蚀，或者本身有害，或对后续处理不利，因此，必须分离除去。产生的废气根据其浓度高低，可直接排放、送锅炉燃烧或回收利用。

将空气通入水中，除了吹脱作用以外，还伴随充氧和化学氧化作用，例如

$$H_2S+\frac{1}{2}O_2 \longrightarrow S+H_2O。$$

一、吹脱法

吹脱法的基本原理是气液相平衡和传质速度理论。在气液两相系统中，溶质气体在气相中的分压与该气体在液相中的浓度成正比。当该组分的气相分压低于其溶液中该组分浓度对应的气相平衡分压时，就会发生溶质组分从液相向气相的传质。传质速度取决于组分平衡分压和气相分压的差值。气液相平衡关系和传质速度随物系、温度和两相接触状况而异。对给定的物系，通过提高水温，使用新鲜空气或负压操作，增大气液接触面积和时间，减少传质阻力，可以达到降低水中溶质浓度、增大传质速度的目的。

吹脱设备一般包括吹脱池（也称曝气池）和吹脱塔。前者占地面积较大，而且易污染大气，对有毒气体常用塔式设备。

1. 吹脱池

依靠池面液体与空气自然接触而脱除溶解气体的吹脱池称自然吹脱池，它适用于溶解气体极易挥发、水温较高、风速较大、有开阔地段和不产生二次污染的场合。此类吹脱池也兼作贮水池，其吹脱效果按下式计算：

$$0.43\lg\frac{c_1}{c_2}=D\left(\frac{\pi}{2h}\right)^2 t-0.207 \qquad (10\text{-}1)$$

式中，t 为废水停留（吹脱）时间，min；c_1、c_2 分别为气体初始浓度和经过 t 后的剩

余浓度，mg/L；h 为水层深度，mm；D 为气体在水中的扩散系数，cm^2/min。

O_2、H_2S、CO_2 和 Cl_2 的扩散系数分别为 $1.1\times10^{-3}cm^2/min$、$8.6\times10^{-4}cm^2/min$、$9.2\times10^{-4}cm^2/min$ 和 $7.6\times10^{-4}cm^2/min$。

由上式可知，欲获得较低的 c_2，除延长贮存时间外，还应当尽量减小水层深度，或增大表面积。

为强化吹脱过程，通常向池内鼓入空气或在池面以上安装喷水管，构成强化吹脱池。其吹脱效果按下式计算：

$$\lg\frac{c_1}{c_2}=0.43\beta t\frac{S}{V} \tag{10-2}$$

式中，S 为气液接触面积，m^2；V 为废水体积，m^3；β 为吹脱系数，其值随温度升高而增大，25℃时，H_2S、SO_2、NH_3、CO_2、O_2 和 H_2 的吹脱系数分别为 0.07、0.055、0.015、0.17、1 和 1。

喷水管安装高度离水面 1.2～1.5m。池子小时，还可建在建筑物顶上，高度达 2～3m。为防止风吹损失，四周应加挡木板或百叶窗。喷水强度可采用 $12m^3/(m^2\cdot h)$。

国内某厂的酸性废水经石灰石滤料中和后，废水中产生大量的游离 CO_2，pH 值为 4.2～4.5，不能满足生物处理的要求，因此，中和滤池的出水经预沉淀后，进行吹脱处理。吹脱池为一矩形水池，见图 10-1，水深 1.5m，曝气强度为 $25\sim30m^3/(m^2\cdot h)$，气水体积比为 5，吹脱时间为 30～40min。空气用塑料穿孔管由池底送入，孔径为 10mm，孔距为 5cm。吹脱后，游离 CO_2 由 700mg/L 降到 120～140mg/L，出水 pH 值达 6～6.5。存在的问题是布气孔易被中和产物 $CaSO_4$ 堵塞，当废水中含有大量表面活性物质时，易产生泡沫，影响操作和环境。可用高压水喷射或加消泡剂除泡。

2. 吹脱塔

为提高吹脱效率，回收有用气体，防止二次污染，常采用填料塔、板式塔等高效气液分离设备。

填料塔的主要特征是在塔内装置一定高度的填料层，废水从塔顶喷下，沿填料表面呈薄膜状向下流动。空气由塔底鼓入，呈连续相由下而上同废水逆流接触。塔内气相和水相组成沿塔高连续变化，系统如图 10-2 所示。

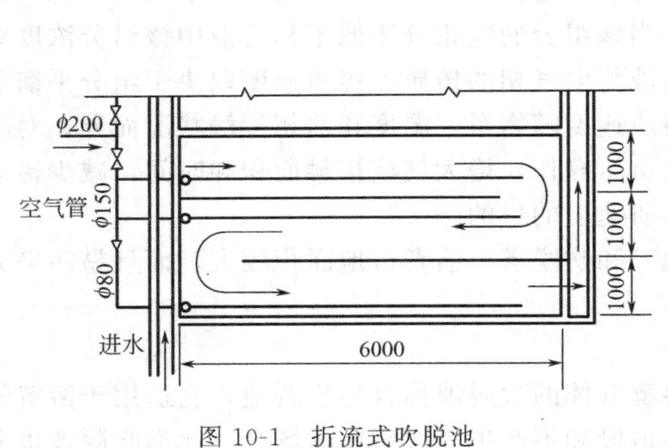

图 10-1 折流式吹脱池

（尺寸单位：mm）

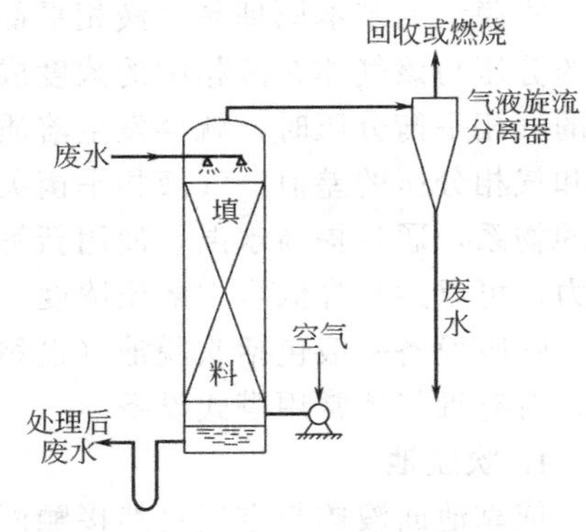

图 10-2 吹脱塔流程示意

板式塔的主要特征是在塔内装置一定数量的塔板，废水水平流过塔板，经降液管流入下一层塔板。空气以鼓泡或喷射方式穿过板上水层，相互接触传质。塔内气相和水相组成沿塔高呈阶梯变化。泡罩塔和浮阀塔的构造示意见图 10-3。

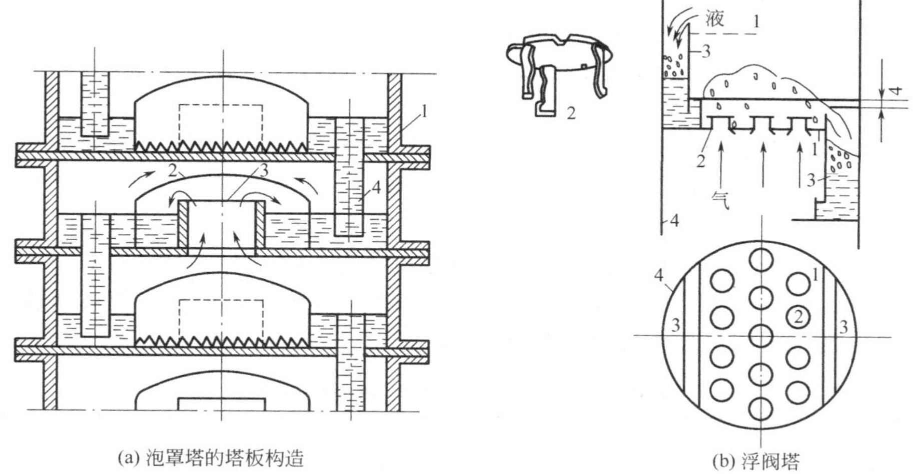

(a) 泡罩塔的塔板构造

1—塔板；2—泡罩；3—蒸汽通道；4—降液管

(b) 浮阀塔

1—塔板；2—浮阀；3—降液管；4—塔体

图 10-3　板式吹脱塔的构造示意

吹脱塔的设计计算同吸收塔相仿，单位时间吹脱的气体量，正比于气液两相的浓度差（或分压差）和两相接触面积，即

$$G=KA\Delta c \tag{10-3}$$

$$G=Q(c_0-c)\times10^{-3}\quad(\text{kg/h})$$

式中，G 为单位时间内由水中吹脱的气体量；Q 为废水流量，m^3/h；c_0、c 分别为原水和出水中的气体浓度，mg/L；Δc 为吹脱过程的平均推动力，可近似取 c_0 和 c 的对数平均值；A 为气液两相的接触面积，m^2，由填料体积和特性参数确定；K 为吹脱系数，与气体性质、温度等因素有关，m/h。

吹脱 CO_2 时，

$$K_{CO_2}=\frac{1.02D_t^{0.67}q^{0.86}}{d_e^{0.14}\nu^{0.53}} \tag{10-4}$$

$$D_t=D_{20}[1+0.02(t-20)]$$

式中，D_t 为水温 t℃时水中 CO_2 的扩散系数，m^2/h；D_{20} 为水温 20℃时的扩散系数，为 $6.4\times10^{-6}m^2/h$；q 为淋水密度，$m^3/(m^2\cdot h)$；d_e 为填料的当量直径，m；ν 为水的运动黏度，m^2/h。

吹脱 H_2S 时，

$$K_{H_2S}=\frac{760}{n(50.7+110/f^{0.324})} \tag{10-5}$$

n 为常压下 H_2S 在水中的溶解度，kg/m^3，可用下式计算：

$$n=6.993-0.1975T+2.507\times10^{-3}T^2 \tag{10-6}$$

式中，T 为水温，℃；f 为吹脱塔的截面积，m^2。

选择鼓风机时，其风量为 $(30\sim40)Q$；进风压力 $p_0=a_1h_0+400(\text{Pa})$。

式中，a_1 为单位填料高度的空气阻力，一般 $a_1=200\sim500$Pa/m 填料；h_0 为填料高度；400 为进风管和填料支承架等的空气阻力经验数值。

从废水中吹脱出来的气体，可以经过吸收或吸附回收利用。例如，用 NaOH 溶液吸收吹脱的 HCN，生成 NaCN；吸收 H_2S，生成 Na_2S，然后将饱和溶液蒸发结晶；用活性炭吸附H_2S，饱和后用亚氨基硫化物的溶液浸洗，饱和溶液经蒸发可回收硫。

在吹脱过程中，影响因素很多，主要有以下几点。

(1) 温度　在一定压力下，气体在水中的溶解度随温度升高而降低，因此，升温对吹脱有利。

(2) 气水比　空气量过小，气液两相接触不够；空气量过大，不仅不经济，还会发生液泛，使废水被气流带走，破坏操作。为使传质效率较高，工程上常采用液泛时的极限气水比的 80%作为设计气水比。

(3) pH 值　在不同 pH 值条件下，气体的存在状态不同。废水中游离 H_2S 和 HCN 的含量与 pH 值的关系如表 10-1 所列。因为只有以游离的气体形式存在才能被吹脱，所以对含 S^{2-} 和 CN^- 的废水应在酸性条件下进行吹脱。

表 10-1　游离 H_2S、HCN 与 pH 值的关系

pH 值	5	6	7	8	9	10
游离 H_2S/%	100	95	64	15	2	0
游离 HCN/%		99.7	99.3	93.3	58.1	12.2

二、汽提法

汽提法用以脱除废水中的挥发性溶解物质，如挥发酚、甲醛、苯胺、硫化氢、氨等。其实质是废水与水蒸气的直接接触，使其中的挥发性物质按一定比例扩散到气相中去，从而达到从废水中分离污染物的目的。

单位体积废水所需的蒸汽量称为汽水比，用 V_0 表示。假定在废水进口处汽液两相传质已达平衡，可得如下关系：

$$\frac{Q(c_0-c)}{V}=k\frac{Qc_0}{Q} \tag{10-7}$$

$$V_0=\frac{V}{Q}=\frac{c_0-c}{kc_0} \tag{10-8}$$

式中，k 为汽液平衡时溶质在蒸汽冷凝液与废水中的浓度之比，也称分配系数。对低浓度（0.01～0.1mol/L）废水，其可视为定值。挥发酚、苯胺、游离 NH_3、甲基苯胺、氨基甲烷的 k 值分别为 2、5.5、13、19 和 11。

实际生产中，汽提都是在不平衡的状态下进行的，同时还有热损头，故蒸汽的实际耗量比理论值大，约有 2～2.5 倍。

常用的汽提设备有填料塔、筛板塔、泡罩塔、浮阀塔等。

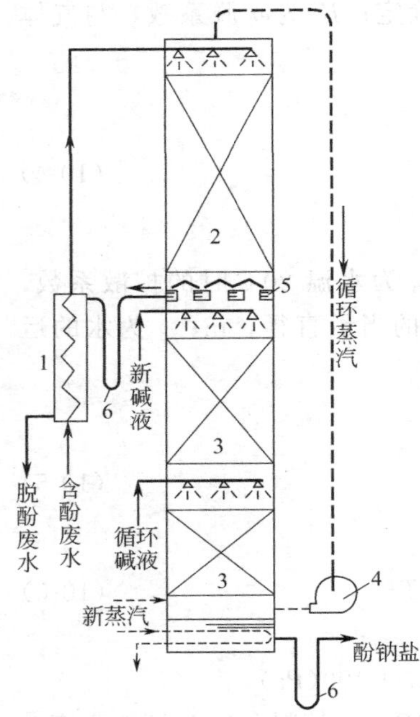

图 10-4　汽提法脱酚装置

1—预热器；2—汽提段；3—再生段；4—鼓风机；5—集水槽；6—水封

1. 含酚废水处理

汽提法最早用于从含酚废水中回收挥发酚，其典型流程如图 10-4 所示。汽提塔分上下两段，上段叫汽提段，通过逆流接触方式用蒸汽脱除废水中的酚；下段叫再生段，同样通过逆流接触，用碱液从蒸汽中吸收酚。其工作过程如下：废水经换热器预热至100℃后，由汽提塔的顶部淋下，在汽提段内与上升的蒸汽逆流接触，在填料层中或塔板上进行传质。净化的废水通过预热器排走。含酚蒸汽用鼓风机送到再生段，相继与循环碱液和新碱液（含 NaOH10%）接触，经化学吸收生成酚钠盐回收其中的酚，净化后的蒸汽进入汽提段循环使用。碱液循环在于提高酚钠盐的浓度，待饱和后排出，用离心法分离酚钠盐晶体，加以回收。

汽提脱酚工艺简单，对处理高浓度（含酚 1g/L 以上）废水，可以达到经济上收支平衡，且不会产生二次污染。但是，经汽提后的废水中一般仍含有较高浓度（约 400mg/L）的残余酚，必须进一步处理。另外，由于再生段内喷淋碱液的腐蚀性很强，必须采取防腐措施。

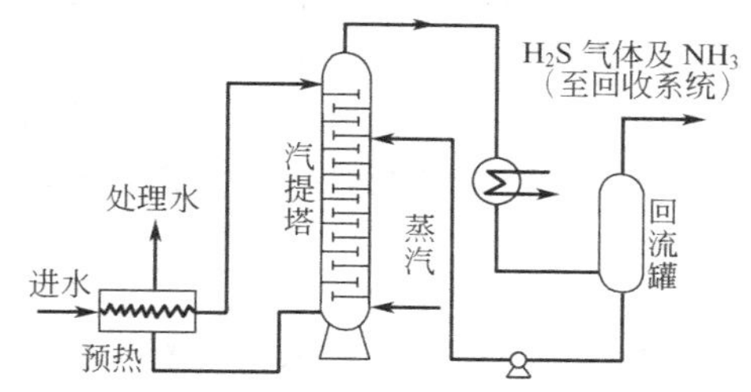

图 10-5 蒸汽单塔汽提法流程

2. 含硫废水处理

石油炼厂的含硫废水（又称酸性水）中含有大量 H_2S（高达 10g/L）、NH_3（高达 5g/L），还含有酚类、氰化物、氯化铵等。一般先用汽提回收处理，然后再用其他方法进行处理。处理流程如图 10-5 所示。

含硫废水经隔油、预热后从顶部进入汽提塔，蒸汽则从底部进入。在蒸汽上升过程中，不断带走 H_2S 和 NH_3。脱硫后的废水，利用其余热预热进水，然后送出进行后续处理。从塔顶排出的含 H_2S 及 NH_3 的蒸汽，经冷凝后回流至汽提塔中，不冷凝的 H_2S 和 NH_3 进入回收系统，制取硫黄或硫化钠，并可副产氨水。

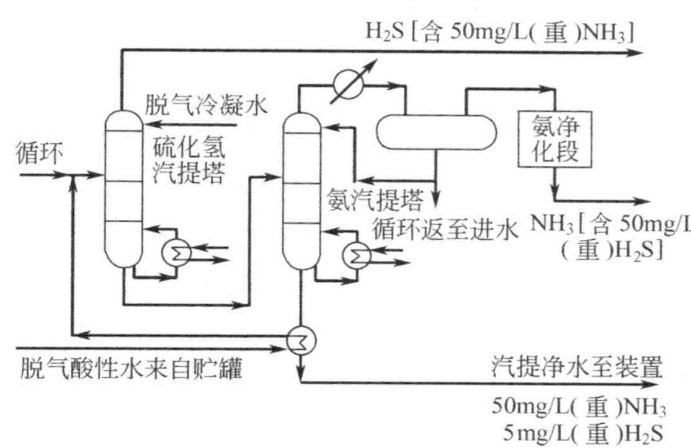

图 10-6 双塔汽提废水处理（WWT 法）流程

国外某公司采用两段汽提法处理含硫废水，工艺流程如图 10-6 所示。酸性废水经脱气（除去溶解的氢、甲烷及其他轻质烃）后进行预热，送入 H_2S 汽提塔，塔内温度约 38℃，压力 0.68MPa（表）。H_2S 从塔顶汽提出来，水和氨从塔底排出。塔顶气相仅含 NH_3 50mg/L，可直接作为生产硫或硫酸的原料。水和氨进入氨汽提塔，塔内温度 94℃，压力 0.34MPa（表）。氨从塔顶蒸出，进入氨精制段，除去少量的 H_2S 和水，在 38℃、1.36MPa 下压缩，冷凝下来的 NH_3 含 $H_2O<1g/L$、含 $H_2S<5mg/L$，可作为液氨出售。氨汽提塔底排出的水可重复利用。

据报道，该公司用此流程处理含硫废水，流量为 45.6m^3/h，每天可回收 H_2S 72.6t、NH_3 36.3t，2 年多即可回收全部投资。

国内也有多家炼油厂采用类似的双塔汽提流程处理含硫废水，将含 H_2S 290～2170mg/L、含 NH_3 365～1300mg/L 的原废水净化至含 H_2S 0.95～12mg/L。运转表明，该系统操作方便，能耗低。

除了用水蒸气汽提以外，也可用烟气汽提处理炼油酸性含硫废水。

第二节 萃 取 法

一、概述

为了回收废水中的溶解物质，向废水中投加一种与水互不相溶，但能良好溶解污染物的溶剂，使其与废水充分混合接触。由于污染物在该溶剂中的溶解度大于在水中的溶解度，因而大部分污染物转移到溶剂相。然后分离废水和溶剂，即可使废水得到净化。若再将溶剂与其中的污染物分离，即可使溶剂再生，而分离的污染物可回收利用。这种分离工艺称为萃取。所用的溶剂称为萃取剂；萃取后的溶剂称为萃取液（相），废水称为萃余液（相）。

萃取过程达到平衡时，污染物在萃取相中的浓度 c_s 与在萃余相中的浓度 c_e 之比称为分配系数 E_x，即

$$E_x=c_s/c_e \tag{10-9}$$

实验表明，分配系数不是常数，随物系、温度和浓度的变化而异。对实际废水处理，分配定律具有如下曲线形式：

$$E_x=c_s/c_e^n \tag{10-10}$$

某些溶剂萃取含酚废水的分配系数 E_x 如表 10-2 所列。

表 10-2 溶剂萃取脱酚的分配系数 E_x（20℃）

溶 剂	苯	重 苯	醋酸丁酯	磷酸三丁酯	N503	803[#] 液体树脂
苯酚废水①	2.29	2.44	50	64.11	122.1	593
甲酚废水②	32.23	34.23	—	744.85	686.58	1942

① 废水含苯酚 23.0g/L。
② 废水含甲酚 1.6g/L。

液-液萃取的传质速度式类似于式（10-3），过程的推动力是实际浓度与平衡浓度之差。由速度式可见，要提高萃取速度和设备生产能力，其途径有以下几条。

（1）增大两相接触界面积　通常使萃取剂以小液滴的形式分散到废水中去，分散相液滴越小，传质表面积越大。但要防止溶剂分散过度而出现乳化现象，给后续分离萃取剂取带来困难。对于界面张力不太大的物系，仅依靠重度差推动液相通过筛板或填料，即可获得适当的分散度；但对于界面张力较大的物系，需通过搅拌或脉冲装置来达到适当分散的目的。

（2）增大传质系数　在萃取设备中，通过分散相的液滴反复地破碎和聚集，或强化液相的湍动程度，使传质系数增大。但是表面活性物质和某些固体杂质的存在，增加了在相界面上的传质阻力，将显著降低传质系数，因而应预先除去。

（3）增大传质推动力　采用逆流操作，整个萃取系统将维持较大的推动力，既能提高萃取相中溶质浓度，又可降低萃余相中的溶质浓度。逆流萃取时的过程推动力是一个变值，其平均推动力可取废水进口处推动力和出口处推动力的对数平均值。

萃取法目前仅适用于为数不多的几种有机废水和个别重金属废水的处理，主要原因如下。

① 含有共沸点或沸点非常接近的混合物的废水，这类废水难以用蒸馏或蒸发方法分离。

② 含热敏性物质的废水在蒸发和蒸馏的高温条件下，易发生化学变化或易燃易爆。

③ 含难挥发性物质（如醋酸、苯甲酸和多元酚）的废水用蒸发法处理需消耗大量热能或需用高真空蒸馏。

④ 个别重金属废水，例如对含铀和钒的洗矿水和含铜的冶炼废水，可采用有机溶剂萃取。

二、萃取剂

萃取的效果和所需的费用主要取决于所用的萃取剂。选择萃取剂时主要考虑以下几点。

① 萃取能力大，即分配系数要大。

② 分离性能好，萃取过程中不乳化、不随水流失，要求萃取剂黏度小，与废水的比重差大，表面张力适中。

③ 化学稳定性好，难燃爆，毒性小，腐蚀性低，闪点高，凝固点低，蒸汽压小，便于室温下贮存和使用。

④ 来源较广，价格便宜。

⑤ 容易再生和回收溶质。将萃取相分离，可同时回收溶剂和溶质，具有重大的经济意义。萃取剂的用量往往很大，有时达到和废水量相等，如不能将其再生回用，有可能完全丧失其处理废水的经济合理性；另一方面，萃取相中的溶质量也很大，如不回收，则造成极大浪费和二次污染。

萃取剂再生的方法有两类。

（1）物理法（蒸馏或蒸发）　当萃取相中各组分沸点相差较大时，最宜采用蒸馏法分离。例如，用乙酸丁酯萃取废水中的单酚时，溶剂沸点为116℃，而单酚沸点为181～202.5℃，相差较大，可用蒸馏法分离。根据分离目的，可采用简单蒸馏或精馏，设备以浮阀塔效果较好。

（2）化学法　投加某种化学药剂使其与溶质形成不溶于溶剂的盐类。例如，用碱液反萃取萃取相中的酚形成酚钠盐结晶析出，从而达到二者分离的目的。化学再生法使用的设备有离心萃取机和板式塔。

下面介绍两种高效脱酚萃取剂。

1. *N*,*N*-二甲基庚基乙酰胺（商品名为N503）

该萃取剂是中国科学院上海有机化学研究所70年代开发的，为淡黄色的油状液体，属取代酰胺类化合物，国内已工业化生产。

其结构式为

```
                CH3
                |                O
CH3—(CH2)5—CH                  ‖
                  >N—C—CH3
CH3—(CH2)5—CH
                |
                CH3
```

主要物理常数：沸程（155±5)℃（133Pa）；相对密度0.85～0.87；黏度（19.5±0.7)×10^{-3} Pa·s；表面张力2.93Pa（25℃）；在水中溶解度小于0.01g/L，易溶于酒精、苯、煤油、石油醚等有机溶剂；凝固点－54℃，闪点168℃，燃点190℃；对小白鼠的半数致死量为8.2g/kg，属无毒级。

N503对热的稳定性较好，经反复蒸馏，较少分解，对酸、碱亦较稳定。

N503对酚的萃取效果如表10-3所列。当采用纯品进行萃取而两相体积相等时，苯酚的分配系数达500，单级萃取脱酚率大于95%。其脱酚原理是酚羟基与N503上的氧能形成一种较为稳定的分子间氢键缔合物。含有该缔合物的萃取相可用NaOH溶液反萃取，苯酚与NaOH反应生成酚钠，进入水相，从而使N503得到再生还原。所得的酚钠溶液与硫酸反应，生成苯酚，回收利用。

表 10-3 N503 对酚的单级萃取效果比较

N503 浓度/%	主溶剂	进水含酚量/(mg/L)	出水含酚量/(mg/L)	脱酚率/%	分配系数
0	煤油	2977	2418	18.8	0.23
5	煤油	2977	326	89.04	8.13
10	煤油	2977	138	95.4	20.6
15	煤油	238	6.5	97.3	35.6
30	煤油	2977	35.3	98.8	83.3
60	煤油	2977	6.9	99.8	430
0	重苯	约 3000	约 1000	约 65	约 2

除了对酚有较高的萃取效率以外，N503 对苯乙酮、苯甲醛、苯甲醇也有显著的萃取效果，还可用于冶金工业萃取铀、锆、铌和钌等金属。

与其他脱酚萃取剂相比，N503 具有效率高，水溶性小，无二次污染，不易乳化，性能稳定，易于再生等优点。

2. 803# 液体树脂

该萃取剂是沈阳化工综合利用研究所于 1980 年开发的产品，以高分子胺类为主要原料配制而成。具有以下特性。

① 外观为浅黄色油状液体，略带氨味，相对密度在 0.8 左右，常温下在水中的溶解度为 10mg/L 以下。沸点 320℃以上，受热不分解，不易挥发，毒性较低，安全可靠。

② 在水溶液中呈碱性，能和酸作用生成胺盐。成盐后对水中酚类等有机物具有选择性萃取能力。

③ 分配系数高（表 10-2）。实验发现，其分配系数值受油水比、萃取温度和进水酚浓度的影响较大。通常油水比有临界值现象，分配系数随温度和进水浓度提高而下降。

④ 反萃条件简单，回收率高。一般用碱液反萃，反萃后树脂中几乎不含萃取物，可多次重复使用，且耐玷污性好。

⑤ 价格比 N503 便宜，生产、配制都比较容易。

但 803# 液体树脂在脱酚过程中耗酸、碱量大，脱酚后的萃余相中，有乳化现象。实验发现，磺化煤具有很好的破乳作用，既能吸附萃余相中的树脂，又能去除残留的酚。采用萃取-吸附联合流程处理，可实现完全脱酚。

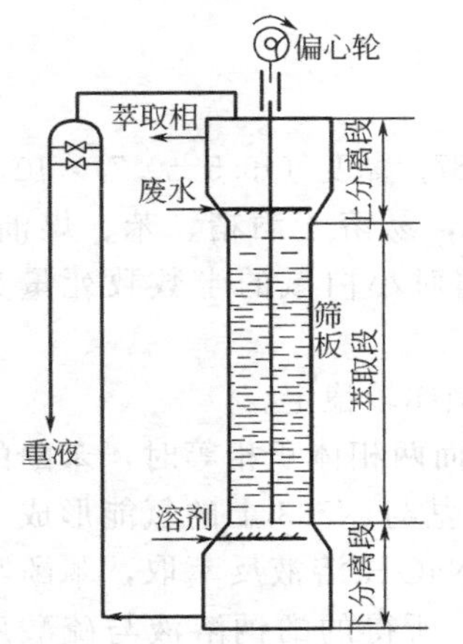

图 10-7 往复筛板萃取塔

三、萃取工艺设备

萃取工艺包括混合、分离和回收 3 个主要工序。根据萃取剂与废水的接触方式不同，萃取操作有间歇式和连续式两种。其中间歇萃取工艺及计算与间歇吸附相同（参见第七章第三节）。

连续逆流萃取设备常用的有填料塔、筛板塔、脉冲塔、转盘塔和离心萃取机。

1. 往复叶片式脉冲筛板塔

往复叶片式脉冲筛板塔分为三段（图 10-7）。废水与萃取剂在塔中逆流接触。在萃取段内有一纵轴，轴上装有若干块钻有圆孔的圆盘型筛板，纵轴由塔顶的偏心轮装置带动，做上下往复运动，既强化了传质又防止了返混。上下两分离段断面较大，轻、重两液相靠密度差在此段平稳分层，轻液（萃取相）由塔顶流出，重液（萃余相）则由塔底经∩形管流出，∩形管上部与塔顶空间相连，以维持塔内一定的液面。

筛板脉动强度是影响萃取效率的主要因素，其值等于脉动幅度和频率乘积的 2 倍。脉动强度太小，两相混合不良；脉动强度太大，易造成乳化和液泛。根据试验，脉动幅度以 4～8mm、频率 125～500 次/min 为宜，这样可获得 3000～5000mm/min 的脉冲强度。筛板间距一般采用 150～600mm，筛孔 5～15mm，开孔率 10%～25%，筛板与塔壁的间距 5～10mm。筛板数、塔径、塔高多根据试验或生产实践资料选定。筛板一般为 15～20 块，由筛板数和板间距可推算萃取段高度。萃取段塔径取决于空塔流速（塔面负荷），当用重苯萃取酚时，空塔流速取 14～18m/h 较好。分离段可按分离时间 20～30min 计算。

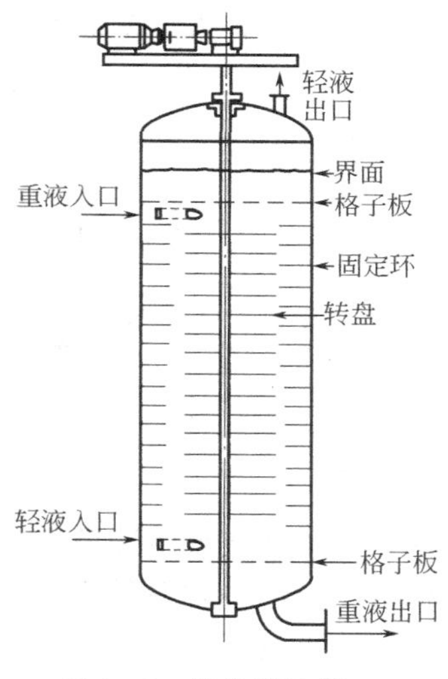

图 10-8　转盘萃取塔

2. 转盘萃取塔

转盘萃取塔的构造示意见图 10-8。在中部萃取段的塔壁上安装有一组等间距的固定环形挡板，构成多个萃取单元。在每一对环形挡板的中间位置，均有一块固定在中心旋转轴上的圆盘。废水和萃取剂分别从塔上、下部切线引入，逆流接触。在圆盘的转动作用下，液体被剪切分散，其液滴的大小同圆盘直径与转速有关。调整转速，可以得到最佳的萃取条件。为了消除旋转液流对上下分离段的扰动，在萃取段两端各设一整流格子板。

转盘塔的主要效率参数为：塔径与盘径之比为 1.3～1.6；塔径与环形板内径之比为 1.3～1.6；塔径与盘间距之比为2～8。

3. 离心萃取机

离心萃取机的外形为圆形卧式转鼓，转鼓内有许多层同心圆筒，每层都有许多孔口相通。轻液由外层的同心圆筒进入，重液由内层的圆筒进入。转鼓高速旋转（1500～5000r/min）产生离心力，使重液由里向外、轻液由外向里流动，进行连续的逆流接触，最后由外层排出萃余相，由内层排出萃取相。萃取剂的再生（反萃）也同样可用离心萃取机完成。

据国外资料介绍，工业用的离心萃取机转鼓直径为 0.9m，宽 1m，生产能力高达 $60m^3/h$。国产的离心萃取剂的转鼓直径为 500mm，最大处理量 $10m^3/h$。据报道，用轻油萃取含酚废水，当油水比为 1.3 时，经萃取机处理可使酚的浓度由 3000mg/L 降至 35mg/L。应用离心萃取机再生萃取相，当碱液与萃取相之比为 1.25 时，可使酚钠液中的酚的含量达 36%。

离心萃取机的结构紧凑，分离效率高，停留时间短，特别适用于密度较小，易产生乳化及变质的物系分离，但缺点是构造复杂，制造困难，电耗大。

萃取设备的计算主要是确定塔径和塔高。塔径取决于操作流速。对于填料塔、脉冲塔、转盘塔等，首先根据经验关系确定液泛速度，再打 40%～70%折扣作为设计操作流速。塔高的计算实质上是一个传质问题，途径有 2 个。a. 根据废水处理要求，从平衡关系和操作条件求出平衡级数；根据塔内流体力学状况和操作条件从传质角度定出总效率；两者相除得到实际级数，再结合板间距就可以得到塔高。筛板萃取塔等分级萃取设备按此计算；b. 对于浓度连续变化的微分萃取设备，从操作条件、传质系数和比表面积确定严格逆流时的传质单元高度；再考虑轴向混合的校正，求得设计用的传质单元高度（或直接测定）；从废水处理要求和操作条件求出传质单元数；两者相乘得到塔高。

四、萃取法应用举例

1. 萃取法处理含酚废水

焦化厂、煤气厂、石油化工厂排出的废水中常含有较高浓度的酚（1000～3000mg/L）。为了回收酚，常用萃取法处理这类废水。

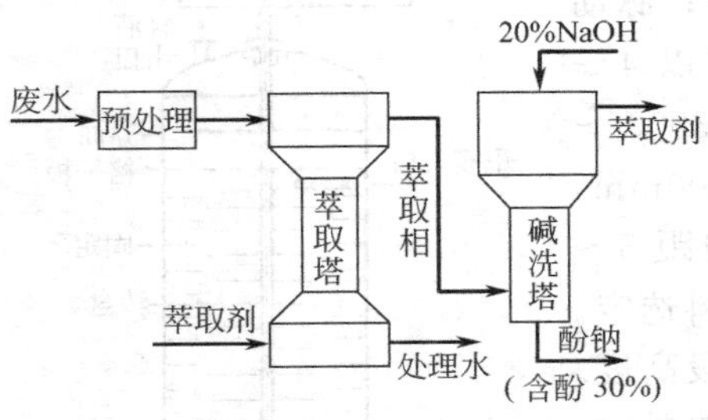

图 10-9　萃取塔脱酚工艺流程

某焦化厂废水萃取脱酚流程如图 10-9 所示。废水先经除油、澄清和降温预处理后进入脉冲筛板塔，由塔底供入二甲苯（萃取剂）。萃取塔高 12.6m，其中上下分离段 ϕ2m×3.55m，萃取段 ϕ1.3×5.5m，总体积 28m^3。筛板共 21 块，板间距 250mm，筛孔 7mm。开孔率 37.4%，脉冲强度 2724mm/min，电机功率 5.5kW。当萃取剂和废水流量之比为 1 时，可将酚浓度由 1400mg/L 降至 100～150mg/L。脱酚率为 90%～96%，出水可作进一步处理。萃取相送入三段串联逆流碱洗塔再生。碱洗塔采用筛板塔，塔高 9m，上分离段 ϕ3m×3m，反萃取段 ϕ2m×6m，共 18 块筛板，总体积 38.97m^3。再生后萃取相含酚量降至 1000～2000mg/L，循环使用，再生塔底回收含酚 30%左右的酚钠。

2. 萃取法处理含重金属废水

某铜矿采选废水含铜 230～1500mg/L，含铁 4500～5400mg/L，含砷 10.3～300mg/L，pH=0.1～3。该废水用 N510 作络合萃取剂，以磺化煤油作稀释剂。煤油中 N510 浓度为 162.5g/L。在涡流搅拌池中进行六级逆流萃取，每级混合时间 7min。总萃取率在 90%以上。含铜萃取相用 1.5mol/L 的 H_2SO_4反萃取，相比为 2.5，混合 10min，分离 20min。当 H_2SO_4浓度超过 130g/L 时，铜的三级反萃取率在 90%以上。反萃所得 $CuSO_4$溶液送去电解沉积，得到高纯电解铜，废电解液回用于反萃工序。脱除铜的萃取剂回用于萃取工序，萃取剂耗损约 6g/m^3废水。萃余相用氨水（NH_3/Fe=0.5）除铁，在 90～95℃下反应 2h，除铁率达 90%。若通气氧化，并加晶种，除铁率会更高。所得黄铵铁矾在 800℃下煅烧 2h，可得品位为 95.8%的铁红（Fe_2O_3）。除铁后的废水酸度较大，可投加石灰、石灰石中和后排放。

第三节　蒸 发 法

一、蒸发原理

蒸发法处理废水的实质是加热废水，使水分子大量气化，得到浓缩的废液以便进一步回收利用；水蒸气冷凝后又可获得纯水。

废水进行蒸发处理时，既有传热过程，又有传质过程。根据蒸发前后的物料和热量衡算原理，可以推算出有关蒸发操作的基本关系式。

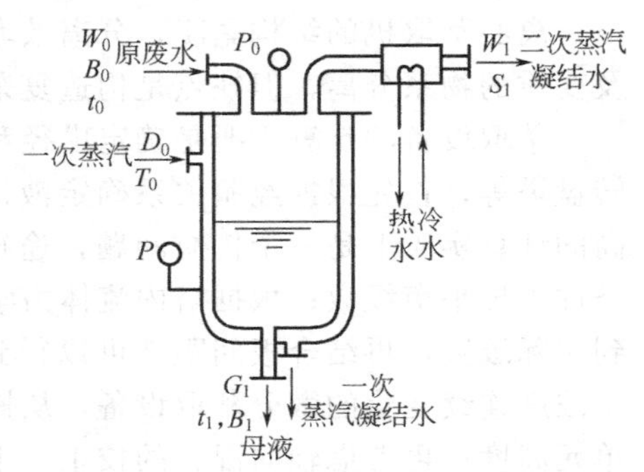

图 10-10　蒸发过程物料衡算图

图 10-10 为蒸发过程衡算图。图中采用蒸汽夹套加热废水，使之沸腾蒸发。加热用的蒸汽通常叫做一次蒸汽，设流量为 D_0 kg/h，温度为 T_0℃，废水流量为 W_0 kg/h，其中溶质浓度为 B_0%，温度为 t_0℃。废水蒸发产生的蒸汽叫做二次蒸汽，经冷凝后变成水，其量为 W_1 kg/h，含溶质 S_1%，浓缩液量

为 $G_1=W_0-W_1$，其中含溶质 $B_1\%$，温度为 t_1℃。根据蒸发前后溶质总量不变的物料衡算原理，得如下关系式：

$$W_0B_0=W_1S_1+G_1B_1=W_1S_1+(W_0-W_1)B_1 \tag{10-11}$$

由此得浓溶液的溶质浓度为

$$B_1=\frac{W_0B_0-W_1S_1}{W_0-W_1} \tag{10-12}$$

对于含非挥发溶质的废水，S_1很小，可忽略，故有

$$B_1=\frac{W_0B_0}{W_0-W_1}=\alpha B_0 \tag{10-13}$$

式中，α 为原废水量与浓缩液量之比，称为浓缩倍数。由上式知，浓缩倍数越大，浓缩液的浓度越高。欲获得浓度为 B_1的浓缩液，需蒸发的水量为

$$W_1=\frac{B_1-B_0}{B_1-S_1}\quad W_0=\frac{B_1-B_0}{B_1}\cdot W_0=W_0\left(1-\frac{1}{\alpha}\right) \tag{10-14}$$

根据热流体放出的热量等于冷流体吸收的热量的热量衡算原理，得

$$D_0r'=W_0c_{\mathrm{P}}(t_{\mathrm{b}}-t_0)+W_1r \tag{10-15}$$

式中，r'为次加热蒸汽的冷凝热，kJ/kg；c_{P}为废水的比热容，kJ/(kg·K)；t_{b}为废水的沸点，K；r 为二次蒸汽凝结水的汽化热，kJ/kg。

废水在进入蒸发器前，如将其加热到沸点，即 $t_{\mathrm{b}}=t_0$，则

$$D_0r'=W_1r\quad 或\quad \frac{D_0}{W_1}=\frac{r}{r'} \tag{10-16}$$

式中，D_0/W_1 为蒸发 1kg 水所需的一次蒸汽量，其值与 r 和 r'有关。当一次蒸汽的压力为 0.31MPa（绝）时，$r'=2165.7$kJ/kg；若二次蒸汽的绝对压力维持 0.05MPa 和 0.103MPa，则其汽化热分别为 2301.5kJ/kg 和 2256.8kJ/kg。由此得两种情况下的 D_0/W_1 值分别为 1.063 和 1.023。

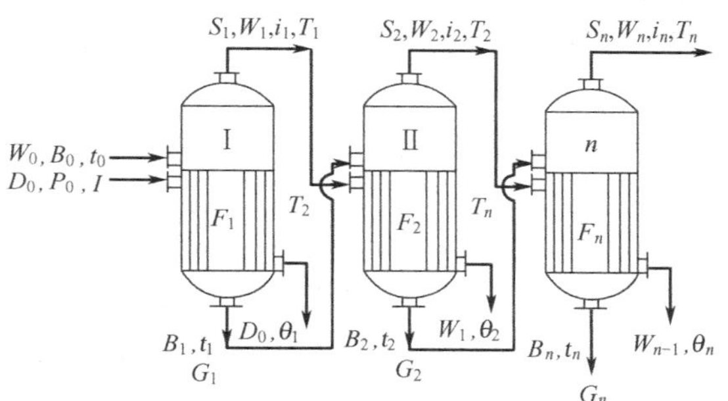

图 10-11　顺流串联式多效蒸发工艺操作示意

为了减少一次蒸汽耗量，降低操作费用，常采用多效蒸发工艺。即将几个蒸发器串联起来，第一级蒸发产生的二次蒸汽作为第二级蒸发器的热源，第二级的二次蒸汽作为第三级的热源，依次类推。通常把每一蒸发器称为一效。

以图 10-11 所示的顺流串联式多效蒸发工艺操作示意为例，进行物料与热量衡算。

在蒸发过程中，如果无额外蒸汽引出，则总蒸发量为各效蒸发量之和；如果溶质在蒸发过程中无积累或损失，则废水中的溶质量应与浓缩液中的溶质量相等，即

$$W=W_1+W_2+\cdots+W_{\mathrm{n}} \tag{10-17}$$

$$\begin{aligned}W_0B_0&=G_1B_1=(W_0-W_1)B_1\\&=G_2B_2=(W_0-W_1-W_2)B_2\\&\cdots\\&=G_nB_n=(W_0-W_1-W_2-\cdots-W_n)B_n\\&=(W_0-W)B_n\end{aligned} \tag{10-18}$$

由此，求得总蒸发水量 W 为

$$W=W_0(1-B_0/B_n) \tag{10-19}$$

而任一效中浓缩液浓度为

$$B_n=\frac{W_0B_0}{W_0-W_1-W_2-\cdots-W_n} \tag{10-20}$$

如果在生产操作中已测得各效的浓度 B_1，B_2，…，B_n，则可由式(10-20）求得各效的蒸发水量。考虑到在顺流法操作中，由于各效溶液的沸点依次下降，从前一效加入次一效的溶液会产生自蒸发，使各效蒸发水量的比例逐次增加。而且各效蒸发不可避免地存在热损失，所以各效的实际蒸发水量必须结合蒸发过程的热量衡算确定。

仍以图 10-11 为例。对第一效作热量衡算，并且忽略因溶液浓度变化而产生的热效应，则有

$$D_0I+W_0c_Pt_0=W_1i_1+(W_0c_P-W_1)t_1+D_0\theta_1+q_1' \tag{10-21}$$

式中，I、i_1分别为加热蒸汽和一效二次蒸汽的焓值，kJ/kg；c_P为废水的比热容，其值随浓度变化，kJ/(kg·K)；θ_1为一次蒸汽的凝结温度，K；t_1为一效浓缩液的沸点，K；q_1'为第一效的热损失，kJ/h。

将式(10-21）移项整理得，

$$D_0(I-\theta_1)=W_1(i_1-t_1)+W_0c_P(t_1-t_0)+q_1' \tag{10-22}$$

对于第二效蒸发器，仿照式(10-22）可写出：

$$W_1(i-\theta_2)=W_2(i-t_2)+(W_0c_P-W_1)(t_2-t_1)+q_2' \tag{10-23}$$

同理，第 n 效蒸发器的热量衡算式为

$$W_{n-1}(i_{n-1}-\theta_n)=W_n(i_n-t_n)+(W_0c_P-W_1-W_2-\cdots-W_{n-1})\cdot(t_n-t_{n-1})+q_n' \tag{10-24}$$

将上式等号两端同除以（i_n-t_n），移项得，

$$W_n=W_{n-1}\frac{i_{n-1}-\theta_n}{i_n-t_n}+(W_0c_P-W_1-W_2-\cdots-W_{n-1})\frac{t_{n-1}-t_n}{i_n-t_n}-\frac{q_n'}{i_n-t_n} \tag{10-25}$$

式中，（$i_{n-1}-\theta_n$）为任一效加热蒸汽所放出的热量；（i_n-t_n）为任一效二次蒸汽的蒸发潜热；（$i_{n-1}-\theta_n$)/(i_n-t_n）为每千克加热蒸汽冷凝时所放出的潜热可以蒸发的水量，称为蒸发系数，可近似地取为 1；（$t_{n-1}-t_n$）为相邻两效溶液的沸点之差，当用顺流法操作时$t_{n-1}>t_n$，每千克溶液从 $n-1$ 效进入 n 效时，放出显热为 $c_P(t_{n-1}-t_n)$。

此项热量所产生的二次蒸汽量为

$$c_P(t_{n-1}-t_n)/(i_n-t_n)=c_P\beta_n \tag{10-26}$$

这种现象称为溶液的自蒸发，式（10-26）中的 β_n 称为自蒸发系数，其值很小，一般为 0.01～0.1。

如将式（10-25）中的热损失项并入等式右端的另两项中，用一热利用系数 η_n 反映，则式（10-25）可写为

$$W_n=[W_{n-1}+(W_0c_P-W_1-W_2-\cdots-W_{n-1})\beta_n]\eta_n \tag{10-27}$$

上式为多效蒸发操作任一效蒸发水量的计算式，它将加热蒸汽量、自蒸发量和热损失对蒸发水量的影响联系起来了。

二、蒸发设备

1. 列管式蒸发器

列管式蒸发器由加热室和蒸发室构成。根据废水循环流动时作用水头的不同，分自然循

环式和强制循环式两种。

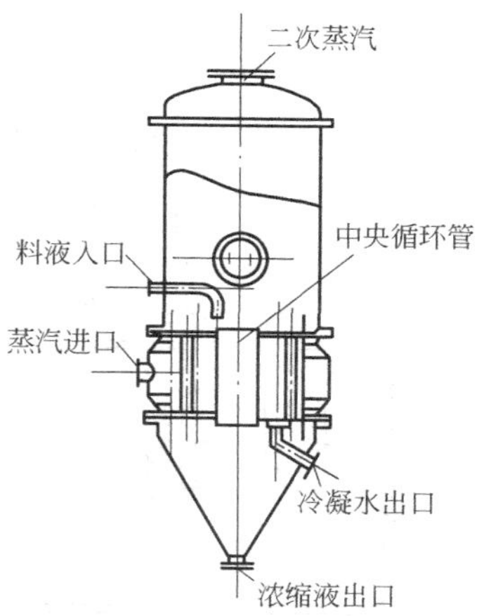

图 10-12 为自然循环竖管式蒸发器。加热室内有一组直立加热管（D_g为 25～75，长 0.6～2m），管内为废水，管外为加热蒸汽。加热室中央有一根很粗的循环管，其截面积为加热管束截面积的 40%～100%。经加热沸腾的水汽混合液上升到蒸发室后便进行水汽分离。蒸汽经捕沫器截留液滴后，从蒸发室的顶部引出。废水则沿中央循环管下降，再流入加热管，不断沸腾蒸发。待达到要求的浓度后，从底部排出。其总传热系数范围为（2.10～10.5）$\times 10^3$ kJ/($m^2 \cdot h \cdot ℃$)。

图 10-12　自然循环竖管式蒸发器

自然循环竖管式蒸发器的优点是构造简单，传热面积较大，清洗修理较简便。缺点是循环速度小，生产率低。适于处理黏度较大及易结垢的废水。

为了加大循环速度，提高传热系数，可将蒸发室的液体抽出再用泵送入加热室，构成强制循环蒸发器。因管内强制流速较大，对水垢有一定冲刷作用，故该蒸发器适于蒸发结垢性废水，但能耗较大。

2. 薄膜式蒸发器

薄膜式蒸发器有长管式、旋流式和旋片式 3 种类型。其特点是废水仅通过加热管一次，不作循环，废水在加热管壁上形成一层很薄的水膜。蒸发速度快，传热效率高。薄膜蒸发器适于热敏性物料蒸发，处理黏度较大、容易产生泡沫的废水的效果也较好。

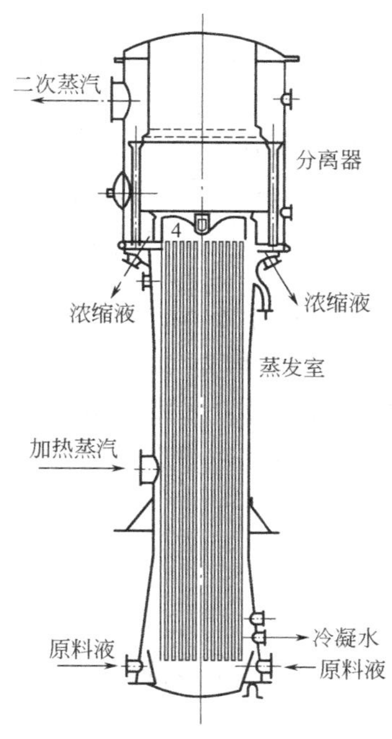

图 10-13　升膜式蒸发器

长管式薄膜蒸发器按水流方向又可分为升膜式（图 10-13）、降膜式和升-降膜式三种。加热室内有一组 5～8m 长的加热管，废水从管端进入，沿管程汽化，然后进入分离室，分离二次蒸汽和浓缩液。

旋流式薄膜蒸发器构造与旋风分离器类似。废水从顶部的四个进口沿切线方向流进，由于速度很高，离心力很大，因而形成均匀的螺旋形薄膜，紧贴器壁流下。在内壁外层蒸汽夹套的加热下，液膜迅速沸腾汽化。蒸发残液由锥底排出，二次蒸汽由顶部的中心管排出。其特点是结构简单、传热效率高、蒸发速度快、适于蒸发结晶，但因传热面较小，设备处理能力不大。

如果用高速旋转叶片带动废水旋转，产生离心力，将废水甩向器壁形成水膜，再经蒸汽夹套加热器壁蒸发废水，则构成旋片式薄膜蒸发器。

3. 浸没燃烧蒸发器

浸没燃烧蒸发器是热气与废水直接接触式蒸发器，热源为高温烟气。图 10-14 为其构造示意。燃料（煤气或油）和空气在混合室混合后，进入燃烧室中点火燃烧。产生的高温烟气（约 1200℃），从浸没于废水中的喷嘴喷出，加热和搅拌废水，二次蒸汽和燃烧尾气由蒸发器顶出口排出，浓缩液由蒸发器底用空气喷射泵抽出。

浸没式燃烧蒸发器具有传热效率高、废水沸点较低、构造简单等优点，适于蒸发强腐蚀

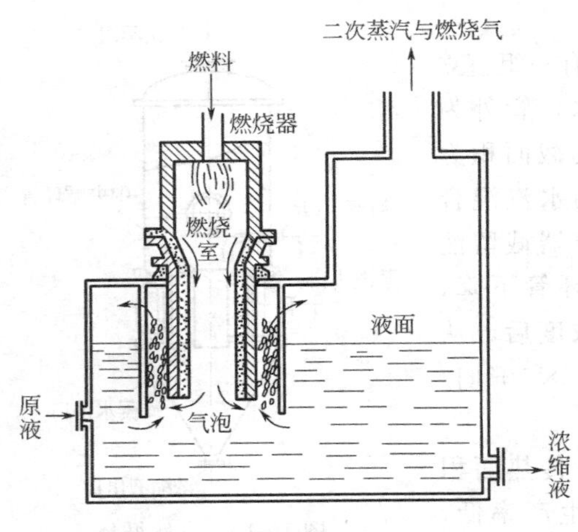

图 10-14 浸没燃烧蒸发器示意

性和易结垢的废液，但不适于热敏性物料和不能被烟气污染的物料蒸发。

三、蒸发法应用举例

1. 浓缩处理放射性废水

废水中绝大多数放射性污染物是不挥发的，可用蒸发法浓缩，然后将浓缩液密闭封固，让其自然衰变。一般经二效蒸发，废水体积可减小为原来的 1/200～1/500。这样大大减少了昂贵的贮罐容积，从而降低处理费用。

2. 浓缩高浓度有机废水

造纸黑液、酒精废液等高浓度有机废水可用蒸发法浓缩。例如，采用酸法制浆的纸浆厂，将亚硫酸盐纤维素废液蒸发浓缩后，用作道路黏结剂、砂模减水剂、鞣剂和生产杀虫剂，也可将浓缩液进一步焚化或干燥。

碱法造纸黑液中含有大量有机物和钠盐，将这种碱液蒸发浓缩，然后在高温炉中焚烧，有机钠盐即氧化分解为 Na_2O，再与 CO_2 反应生成 Na_2CO_3。产物存在于焚烧后的灰烬中，用水浸渍灰烬，并经石灰处理可回收 NaOH。蒸发工艺还可采用喷雾干燥技术，即在喷雾塔顶将废水喷成雾滴，与热气直接接触，蒸发水分。从塔底可回收有用物质。

在酿酒工业中，蒸馏后的残液中含有浓度很高的有机物，这种废水经过蒸发浓缩并用烟道气干化后，固体物质可作饲料或肥料。

3. 浓缩废碱、废酸

纺织、造纸、化工等工业部门都排出大量含碱废水，其中高浓度废碱液经蒸发浓缩后，可回用于生产工序。例如，上海某印染厂采用顺流串联三效蒸发工艺浓缩丝光机废碱液（含碱 40～60g/L）。第一效加压（113mmHg[1]）蒸发，沸点 115℃，第二效减压（负压 500mmHg）蒸发，沸点 80℃，第三效减压（负压 700mmHg）蒸发，沸点 60℃。蒸发器有倾斜外加热器，采用自然循环方式运行。共有加热面积 168m^2，蒸发强度为 89.3kg/(m^2·h)，蒸发总量为 13.1m^3/h，浓缩液中的含碱量为 300g/L，其他杂质很少，直接回用于生产。

酸洗废液可用浸没燃烧法进行浓缩和回收。例如，某钢厂的废酸液中含 H_2SO_4 100～110g/L，$FeSO_4$ 220～250g/L，经浸没燃烧蒸发浓缩后，母液含 H_2SO_4 增至 600g/L，而 $FeSO_4$ 量减至 60g/L。采用煤气作燃料，煤气与空气之比为 1∶(1.2～1.5)。热利用率达 90%～95%。该工艺的优点是蒸发效率高，占地小，投资省。但高温蒸发，设备腐蚀问题较难解决，且尾气对大气有污染。

第四节 结 晶 法

结晶法用以分离废水中具有结晶性能的固体溶质。其实质是通过蒸发浓缩或降温冷却使溶液达到饱和，让多余的溶质结晶析出，加以回收利用。

一、结晶的操作原理

结晶和溶解是两个相反的过程。任何固体物质与它的溶液接触时，如溶液未饱和，固体

[1] 1mmHg=133Pa，下同。

就会溶解，如溶液过饱和，则溶质就会结晶析出。所以，要使溶液中的固体溶质结晶析出，必须设法使溶液呈过饱和状态。

固体与其溶液间的相平衡关系，通常以固体在溶剂中的溶解度表示。物质的溶解度与它的化学性质、溶剂性质与温度有关。一定物质在一定溶剂中的溶解度主要随温度而变化，压力及该物质的颗粒大小对其影响很小。各种物质的溶解度数据都是用实验方法求出的，通常将其绘成与温度相关的曲线，如图 10-15 所示。

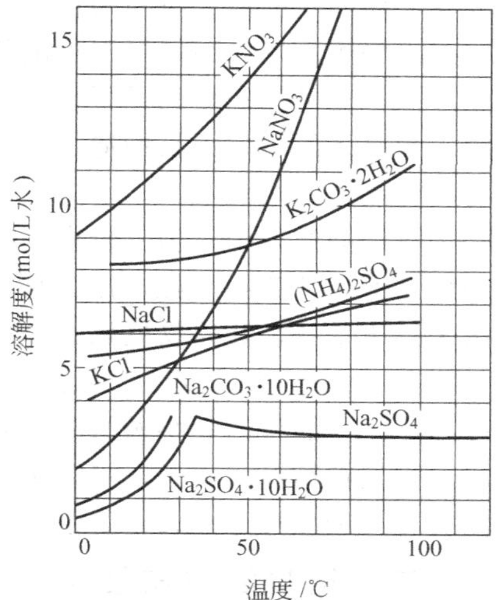

图 10-15　几种物质的溶解度曲线

由图可见，大多数物质的溶解度随温度的升高而显著增大，如 $NaNO_3$、KNO_3 等；有些物质的溶解度曲线有折点，这表明物质的组成有所改变，如 $Na_2SO_4 \cdot 10H_2O$ 转变为 Na_2SO_4；有些物质如 Na_2SO_4 和钙盐等的溶解度随温度升高反而减小；有些物质的溶解度受温度影响很小，如 NaCl。

根据溶解度曲线，通过改变溶液温度或移除一部分溶剂来破坏相平衡，而使溶液呈过饱和状态，析出晶体。通常在结晶过程终了时，母液浓度即相当于在最终温度下该物质的溶解度，若已知溶液的初始浓度和最终温度，即可计算结晶量。

结晶过程包括形成晶核和晶体成长两个连续阶段。过饱和溶液中的溶质首先形成极细微的单元晶体，或称晶核，然后这些晶核再成长为一定形状的晶体。结晶条件不同，析出的晶粒大小不同。对于由同一溶液中析出相等的结晶量，若结晶过程中晶核的形成速率远大于晶体的成长速率，则产品中晶粒小而多。反之，晶粒大而少。晶粒大小将影响产品的纯度和加工。粒度大的晶体易干燥、沉淀、过滤、洗涤，处理后含水量较小，产品得率较高，但粒径较大的晶体往往容易堆垒成集合体（叫晶簇），使在单颗晶体之间包含母液，洗涤困难，影响产品纯度。当晶体颗粒多而粒度小时，洗涤后产品纯度高，但洗涤损失较大，得率较低。所以，在生产上，必须控制晶体的粒度。

当采用降温的方法使溶液进入过饱和状态而结晶时，晶体的大小同温度的下降速率有密切关系。图 10-16(a) 和 (b) 分别表示溶液急速冷却和缓慢冷却的结晶过程。图中曲线 bd 是溶解度曲线，$abcd$ 代表结晶过程的温度-浓度变化。a 点的坐标表示溶液的初始状态。随着温度下降，$t_a \rightarrow t_b$，溶液中没有出现晶体，浓度维持 c_a 不变，当温度降至 t_c，开始出现结晶，浓度下降。温度继续下降，结晶不断发展，至最后状态点 d，结晶过程结束。如果溶液浓度超过溶解度后，溶质立即结晶析出，则溶液的温度-浓度变化应当沿 abd 路线，然而在温度急速下降的情况下，当开始结晶时，溶液的温度已经降得很低，浓度 $(c_a - c_c)$ 超过相

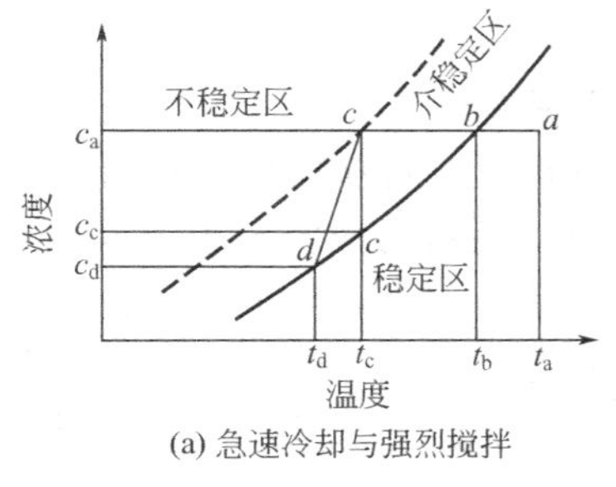

(a) 急速冷却与强烈搅拌

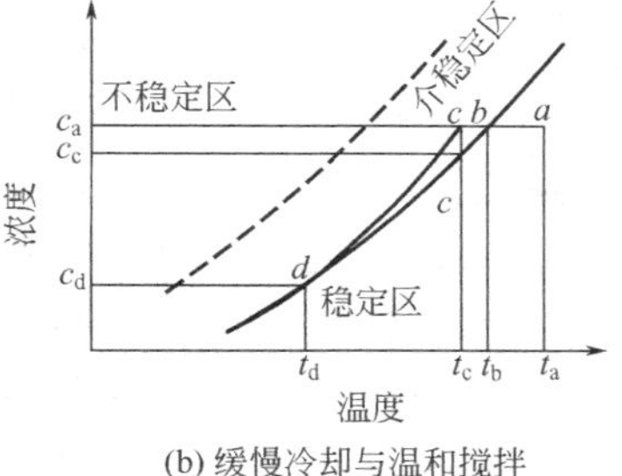

(b) 缓慢冷却与温和搅拌

图 10-16　溶液冷却时的结晶过程

应的溶解度较多。因形成晶核的推动力大，很多晶核同时形成，使晶体粒度较小。在温度缓慢下降时，结晶出现时溶液的过饱和量（c_a-c_c）较小，形成晶核的推动力较小，晶核数目较少，而晶粒的成长时间则较长，晶粒就较大。

当采用蒸发浓缩使溶液过饱和而结晶时，溶剂蒸发速度对结晶过程的影响也与此类似。

搅拌也可控制结晶进程，它既使溶液的浓度和温度均匀一致，又使小晶体悬浮在溶液中，为晶体的均匀成长创造了条件。所以，剧烈搅拌有利于晶核的形成，而较缓慢的搅拌则有利于晶体的均匀成长。

在结晶过程中，为了较容易控制晶体的数目和大小，往往在结晶将要开始之前，于溶液中加入溶质的微细晶粒，作为晶种。这样，晶核可以在较低的过饱和程度下形成。晶种并不限于溶质本身，其他物质倘其晶格与溶质的相似，都可作为晶种。

图 10-16 中介稳定区的范围大小受结晶过程诸多因素影响，如溶液的性质及初始浓度、冷却速度、晶种的大小及数目、搅拌强度等。介稳定区的概念对于结晶操作具有实际的意义。例如在结晶过程中，将溶液控制在介稳定区而且在较低的过饱和程度内，则在较长时间内只有少量晶核形成，主要是原有晶体的成长，于是可得到颗粒较大而整齐的结晶产品。

二、结晶的方法及设备

结晶的方法主要分为两大类：移除一部分溶剂的结晶和不移除溶剂的结晶。在第一类方法中，溶液的过饱和状态可通过溶剂在沸点时的蒸发或在低于沸点时的汽化而获得，它适用于溶解度随温度降低而变化不大的物质结晶，如 NaCl、KBr 等，结晶器有蒸发式、真空蒸发式和汽化式几种。在第二类方法中，溶液的过饱和状态用冷却的方法获得，适用于溶解度随温度的降低而显著降低的物质结晶，如 KNO_3、$K_4Fe(CN)_6 \cdot 3H_2O$ 等，结晶器主要有水冷却式和冰冻盐水冷却式。此外，按操作情况，结晶还有间歇式和连续式、搅拌式和不搅拌式之分。

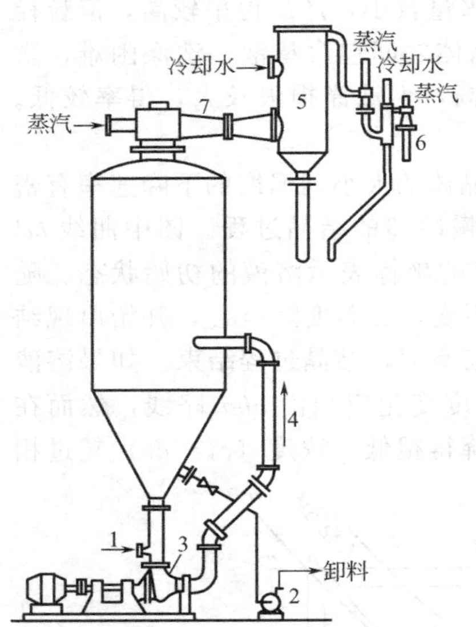

图 10-17　连续式真空结晶器

1—进料口；2，3—泵；4—循环管；5—冷凝器；6—双级式蒸汽喷射泵；7—蒸汽喷射泵

1. 结晶槽

结晶槽是汽化式结晶器中最简单的一种，由一敞槽构成。由于溶剂汽化，槽中溶液得以冷却、浓缩而达到过饱和。在结晶槽中，对结晶过程一般不加任何控制，因结晶时间较长，所得晶体较大，但由于包含母液，以致影响产品纯度。

2. 蒸发结晶器

蒸发结晶器的构造及操作与一般的蒸发器完全一样，各种用于浓缩具有晶体的溶液的蒸发器都可作结晶器，称为蒸发结晶器。有时也这样操作，即先在蒸发器中使溶液浓缩，而后将浓缩液倾注于另一结晶器中，以完成结晶过程。

3. 真空结晶器

真空结晶器可以间歇操作，也可以连续操作。真空的产生和维持一般利用蒸汽喷射泵实现。图 10-17 为一连续式真空结晶器。溶液自进料口连续加入，晶体与一部分母液用泵连续排出。泵 3 迫使溶液沿循环管 4 循环，促进溶液的均匀混合，以维持有利的结晶条件。蒸发后的水蒸气自器顶逸出，至冷凝器中用水冷凝。双级式蒸汽喷射泵的作用在于保持结晶器处于真空状态。真空结晶器中的操作温度通常都很低，若所产生的溶剂蒸汽不能在冷凝器中冷凝，则可装置蒸汽喷射泵7，将溶剂蒸汽压缩，以提高其冷凝温度。

连续式真空结晶器可采用多级操作，将几个结晶器串联，在每一器中保持不同的真空度和温度，其操作原理与多效蒸发相同。

真空结晶器构造简单，制造时使用耐腐蚀材料，可用于含腐蚀物质的废水处理，生产能力大，操作控制较易。缺点是操作费用和能耗较高。

4. 连续式敞口搅拌结晶器

这是一种广泛应用的结晶器，生产能力较大。设备主体是一敞开的长槽，底部呈半圆。槽宽600mm，每一单元的长度为3m，全槽常由2个单元组成。槽外装有水夹套，槽内则装有低速带式搅拌器。热而浓的溶液由结晶器的一端进入，并沿槽流动，夹套中的冷却水与之作逆流流动。由于冷却作用，若控制得当，溶液在进口处附近即开始产生晶核，这些晶核随着溶液流动而成长为晶体，最后由槽的另一端流出。由于搅拌，晶体不易在冷却面上聚结，常悬浮在溶液中，粒度细小，但大小匀称而且完整。

5. 循环式结晶器

如图10-18所示，饱和溶液由进料管进入后，经循环管通过冷却器变为过饱和而达介稳状态。此饱和溶液再沿管进入结晶器的底部，由此往上流动，与众多的悬浮晶粒接触，进行结晶。所得晶体与溶液一同循环，直至其沉淀速度大于循环液的上升速度为止，而后降落器底，自排出口取出。这样，在结晶器中即可按晶体大小将其分类。通过改变溶液的循环速度和在冷却器中取除热量的速度来调节晶体的大小。浮至液面上的极微细晶体则由分离器排出，这样可增大所得产品的晶粒。

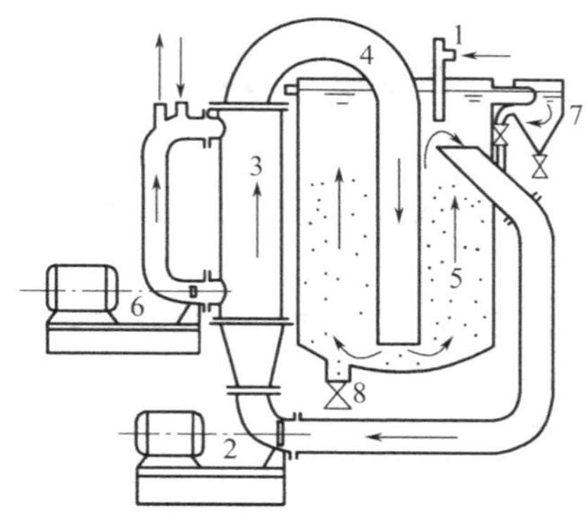

图10-18　循环式结晶器

1—溶液加入管；2—溶液循环泵；3—冷却器；4—循环管；5—槽；6—冷却水循环泵；7—分离器；8—晶体排出口

三、结晶法应用举例——从废酸洗液中回收硫酸亚铁

金属进行各类热加工时，表面会形成一层氧化铁皮。它对金属的强度及后加工（如轧制和电镀等）都有不良影响，必须加以清除。采用的方法是用稀酸将其溶解掉。黑色金属主要用硫酸浸洗。浸洗金属的硫酸，以浓度为20%、温度为45～80℃最好。在浸酸过程中，由于硫酸亚铁不断生成，使硫酸浓度不断降低，待到10%以下时，酸洗效果降低，需要将其更换，此时废酸洗液中含硫酸亚铁约17%。

各种温度下，硫酸亚铁在硫酸溶液中的溶解度如图10-19所示。由图可知，硫酸浓度为10%时，如温度为80℃，则其溶解度约为21.1%，多余溶质析出的晶体为$FeSO_4 \cdot H_2O$；如温度为20℃，则其溶解度为16.2%，析出的晶体为$FeSO_4 \cdot 7H_2O$。

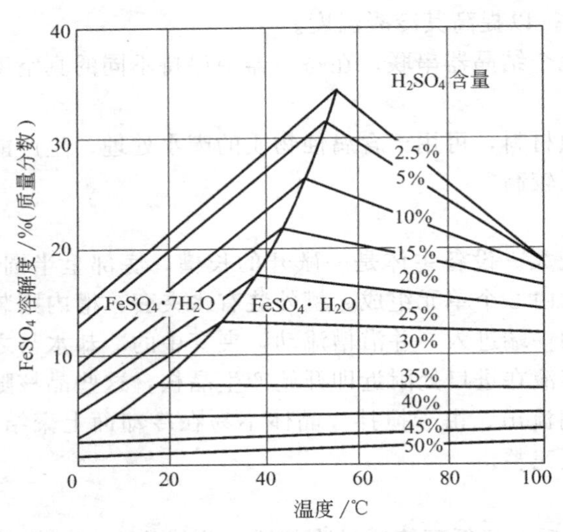

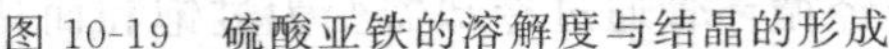

图 10-19　硫酸亚铁的溶解度与结晶的形成

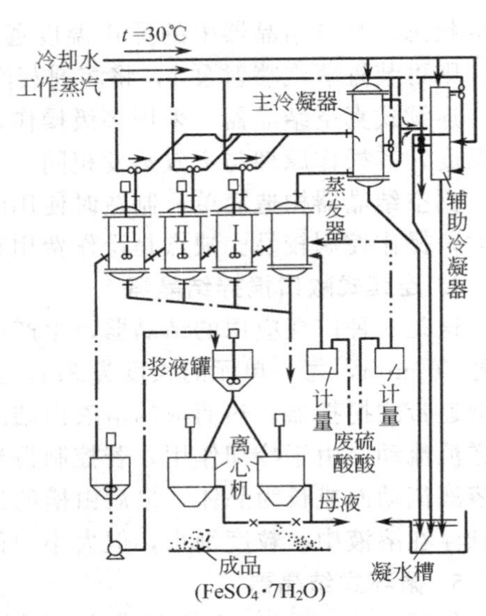

图 10-20　蒸汽喷射真空结晶法流程

图 10-20 为蒸汽喷射真空结晶法流程。废酸液先在蒸发器进行蒸发浓缩。为了提高废酸浓度，以利于水分的蒸发，在蒸发器内还投加了浓硫酸，然后在Ⅰ、Ⅱ、Ⅲ三级结晶器内连续进行真空蒸发和结晶。从结晶器排出的浓浆液在离心机中进行固液分离，晶体（$FeSO_4\cdot7H_2O$）被回收，母液（含 H_2SO_4 25%、$FeSO_4$ 6.6%）回用于酸洗过程。

思考题与习题

1. 什么叫吹脱法？废水中哪些物质适用于采用吹脱法去除？

2. 对某些盐类物质，如 NaS、NaCN，能否使用吹脱法去除？若要用吹脱法去除则需要采取什么措施？

3. 有 16L 含 1g 油的废水，若用 9L CCl_4 进行一次萃取，或用 3×3L CCl_4 进行三次萃取，求萃取率 $E\%$ 各为多少？已知分配系数 $E_x=85$。

4. 在废水处理中，蒸发法主要用于哪些方面？举例说明。

5. 废水的结晶法处理和冷冻法处理各自的目的是什么？在水处理中的应用对象各是什么？

第十一章 循环冷却水处理

第一节 概 述

许多工业生产中都直接或间接使用水作为冷却介质，因为水不但使用方便，价格低，而且热容量大，沸点高，化学稳定性好。在工业总用水量中冷却水占1/2以上。如一个年产30万吨的合成氨厂，每小时冷却水量达23500t，每天耗水56400t，如以每人每年用水30t计，则可供18800人用一年。为了节约水资源，国内外普遍实行冷却水循环使用。图11-1是应用十分广泛的敞开式循环冷却水系统。冷水池2中冷却水由循环泵3送往系统中的换热器4，冷却工艺热介质，冷却水本身温度升高后，再流往冷却塔5，由布水管道喷淋到塔内填料上，空气则由塔底百叶窗空隙进入塔内，并被塔顶风扇抽吸上升，与落下的水滴接触换热，将热水冷却。在循环冷却过程中，有部分水因蒸发、风吹和渗漏而损失，同时有部分杂质和气体进入系统，使循环水量减少、水质发生变化。为了维持系统水量平衡和水质稳定，必须补充一定量的冷却水，并排出一定量的浓缩水（排污），为保证补充水的质量，通常需将抽取的原水经过混凝、澄清、过滤、软化等预处理。有的循环冷却水系统还采用旁滤池6过滤部分冷却水（通常1%～5%）。

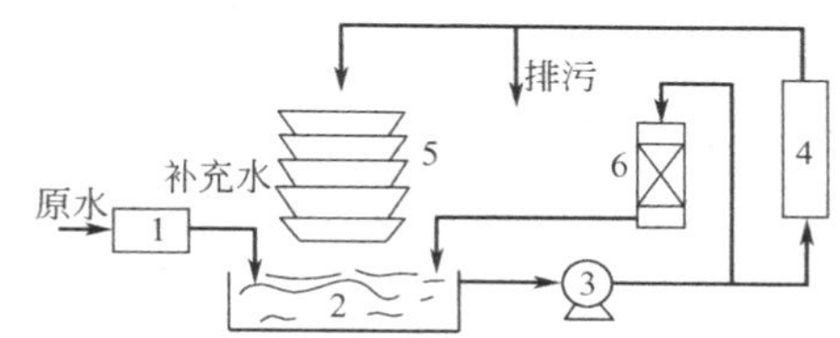

图11-1 敞开式循环冷却水系统
1—预处理；2—冷水池；3—循环水泵；4—冷却工艺介质的换热器；5—冷却塔；6—旁滤池

由于冷却水在敞开式循环系统中长时间反复使用，使水质变化具有以下特点。

1. 溶解固体浓缩

在补充水中，含有多种无机盐，主要是钙、镁、钠、钾、铁和锰的碳酸盐、重碳酸盐、硫酸盐、氯化物等。在开始运行时，循环水质和补充水相同，在运行过程中，因纯水不断蒸发，水中的溶解固体和悬浮物逐渐积累，其程度常用浓缩倍数K来表示。

$$K=c_{循}/c_{补} \tag{11-1}$$

式中，$c_{循}$、$c_{补}$分别为循环水和补充水中溶解离子浓度，mg/L。计算浓缩倍数时，要求选择的离子的浓度只随浓缩过程而增加，不受其他外界条件，如加热、沉淀、投加药剂等的干扰，通常选择Cl^-、SiO_2、K^+等离子或总溶解固体。

设补充水中某离子的浓度为c_b，而循环水中该离子浓度c随补充水量B和排污量W而

变化，则根据物料衡算原理，系统中该离子瞬时变化量应等于进入系统的瞬时量和排出系统的瞬时量之差，即

$$d(Vc)=Bc_b dt-Wc\,dt \tag{11-2}$$

式中，V 为系统中水的总容量。

对上式积分，有

$$\int_{c_0}^{c}\frac{V\mathrm{d}c}{Bc_b-Wc}=\int_{t_0}^{t}\mathrm{d}t$$

$$c=\frac{Bc_b}{W}+\left(c_0-\frac{Bc_b}{W}\right)e^{-\frac{W}{V}(t-t_0)} \tag{11-3}$$

式中，t_0 为补充水进入循环系统的时间节点；c_0 为对应系统中的离子浓度；t 为补充水在循环系统所停留的时间节点。此关系式描述了循环系统中该离子浓度变化的规律。当系统排污量 W 很大，也即系统在低浓缩倍数下运转时，随着运转时间的延长，指数项的值趋于减小，c 由 c_0 逐渐下降，并趋于定值 $\frac{Bc_b}{W}$（即 Kc_b）。当系统排污量很小，也即系统在高浓缩倍数下运转时，系统中的 c 由 c_0 逐渐升高，并趋于另一个定值 $\frac{Bc_b}{W}$。由此可见，控制好补充水量和排污水量，理论上能使系统中溶解固体量稳定在某个定值。实际上，循环冷却水系统多在浓缩倍数 K 为2～5甚至更高的状态下运转，故系统中溶解固体的含量、水的 pH 值、硬度和碱度等都比补充水高得多，使水的结垢和腐蚀性增强。

2. 二氧化碳散失

天然水中含有钙镁的碳酸盐和重碳酸盐，两类盐与二氧化碳存在下述平衡关系：

$$CaCO_3+CO_2+H_2O \rightleftharpoons Ca(HCO_3)_2 \tag{11-4}$$

$$MgCO_3+CO_2+H_2O \rightleftharpoons Mg(HCO_3)_2$$

空气中 CO_2 含量很低，只占 0.03%～0.1%。冷却水在冷却塔中与空气充分接触时，水中的 CO_2 被空气吹脱而逸入空气中。试验表明，无论水中原来所含的 CO_3^{2-} 及 HCO_3^- 量是多少，水滴在空气中降落 1.5～2s 后，水中 CO_2 几乎全部散失，剩余含量只与温度有关。如循环水温达 50℃，则无 CO_2 存在。因此，水中钙镁的重碳酸盐全部转化为碳酸盐。因碳酸盐的溶解度远小于重碳酸盐，使循环水比补充水更易结垢。

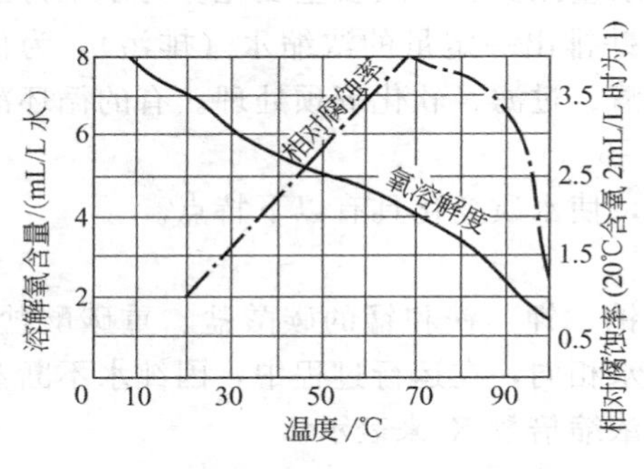

图 11-2　水中氧的溶解度、腐蚀性与温度的关系

3. 溶解氧量升高

循环水与空气充分接触，水中溶解氧接近平衡浓度。当含氧量接近饱和的水流过换热设备后，由于水温升高，氧的溶解度下降，因此在局部溶解氧达到过饱和。冷却水系统金属的腐蚀与溶解氧的含量有密切关系，如图 11-2 所示，图中将 20℃含氧饱和的水的腐蚀率定为 1。由图可见，冷却水的相对腐蚀率随溶解氧含量和温度升高而增大，约至 70℃后，因含氧量已相当低，才逐渐减小。

4. 杂质增多

循环水在冷却塔中吸收和洗涤了空气中的污染物（如 SO_2、NO_x、NH_3 等）以及空气携带的泥灰、尘土、植物的绒毛、甚至昆虫等，结果使水中杂质增多。在不同地区、季节和时间的空气中，杂质的含量不同，进入循环水的污

染物量也不同。另外，当工艺热介质发生泄漏时，泄漏的工艺流体也会污染循环水。

5. 微生物滋生

循环水中含有的盐类和其他杂质较高，溶解氧充足，温度适宜（一般 25～45℃），许多微生物（包括细菌、真菌和藻类）能够在此条件下生长繁殖，结果在冷却水系统中形成大量黏泥沉淀物，附着在管壁、器壁或填料上，影响水气分布，降低传热效率，加速金属设备的腐蚀。微生物也会使冷却塔中的木材腐朽。

冷却水质变化的结果，常使系统发生腐蚀和结垢故障。腐蚀故障不仅缩短设备寿命，而且会引起工艺过程效率降低、产品泄漏和污染等问题，在高温高压过程的冷却水系统，还可能发生安全事故。结垢故障由水垢或黏泥引起，不仅使传热效率降低，影响冷却效果，严重时使设备堵塞而不得不停工检修。污垢还降低输水能力，增加泵的动力消耗，并促使微生物滋生，间接引起腐蚀。

循环冷却水处理的基本任务就是防止或减缓系统的腐蚀和结垢以及微生物的危害，确保冷却水系统高效安全地运行。

第二节　水垢及其控制

冷却水中的水垢一般由 $CaCO_3$、$Ca_3(PO_4)_2$、$CaSO_4$、硅酸钙（镁）等微溶盐组成。这些盐的溶解度很小，如在 0℃时，$CaCO_3$ 的溶解度是 20mg/L，$Ca_3(PO_4)_2$ 的溶解度只有 0.1mg/L，而且它们的溶解度随 pH 值和水温的升高而降低，因此特别容易在温度高的传热部位达到过饱和状态而结晶析出，当水流速度较小或传热面较粗糙时，这些结晶就容易沉积在传热表面上形成水垢。

一、水垢的种类和特点

1. 碳酸钙

在冷却水系统中最常见的水垢是碳酸钙。对于碳酸钙饱和溶液有下列平衡关系

$$CaCO_3 \rightleftharpoons Ca^{2+} + CO_3^{2-} \qquad K_{sp} = [Ca^{2+}][CO_3^{2-}] \tag{11-5}$$

$$HCO_3^- \rightleftharpoons H^+ + CO_3^{2-} \qquad K_2 = \frac{[H^+][CO_3^{2-}]}{[HCO_3^-]} \tag{11-6}$$

式中，K_{sp} 为 $CaCO_3$ 的溶度积；K_2 为碳酸的二级电离常数。

将式（11-6）代入式（11-5），得

$$K_{sp} = \frac{K_2[Ca^{2+}][HCO_3^-]}{[H^+]} \tag{11-7}$$

因为 HCO_3^- 的浓度可看成几乎等于 $M_{碱度}$，所以式（11-7）可表示成如下形式

$$\lg\left(\frac{K_{sp}}{K_2}\right) = \lg[Ca^{2+}] + \lg[M_{碱度}] + pH \tag{11-8}$$

满足上式的 pH 值称为饱和 pH 值，记作 pH_s。式中 $M_{碱度}$ 是以甲基橙为指示剂所测定的水的总碱度。式（11-8）也常写为

$$pH_s = pCa + pM_{碱度} + (pK_2 - pK_{sp}) \tag{11-9}$$

Powell 等根据式（11-9）绘制了计算 pH_s 的曲线图（图 11-3）。

【例 11-1】 已知某水的化学分析结果为 Ca^{2+} 离子浓度（以 $CaCO_3$ 计）100mg/L，$M_{碱度}$（以 $CaCO_3$ 计）200mg/L，总溶解固体 1200mg/L，水温 20℃，计算该水质的 pH_s 值。

解　查图 11-3，在 Ca^{2+} 浓度坐标上找到 40mg/L 点，垂直向上与 pCa 线相交，由交点

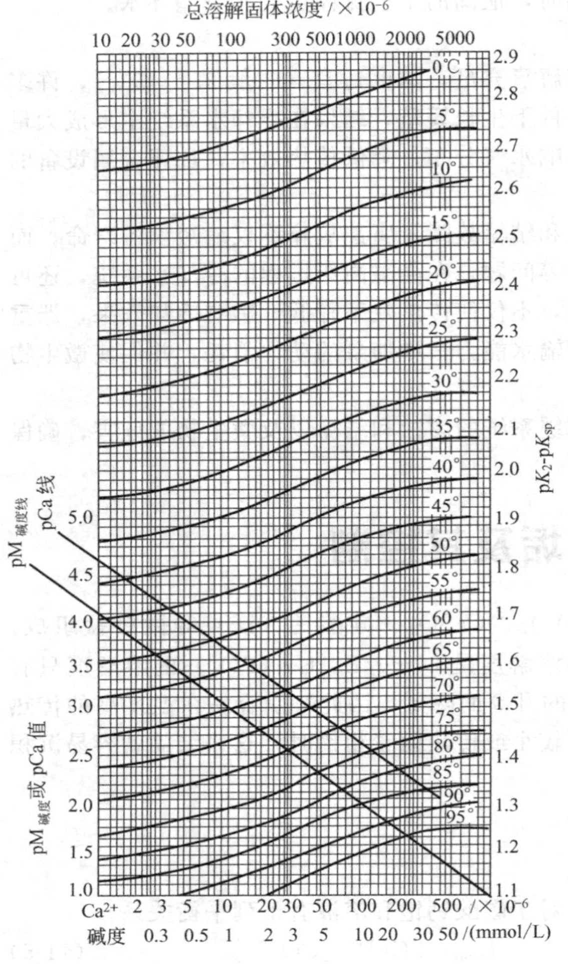

图 11-3　碳酸钙饱和指数计算图

水平向左方得 pCa＝3.0。同法在碱度坐标上找 2mmol/L 点，得对应 $pM_{碱度}=2.54$。在图上方的横坐标上找到总溶解固体浓度 1200mg/L 点，垂直向下与 20℃ 等温线相交，由交点水平向右方得 $(pK_2-pK_{sp})=2.34$。故

$$pH_s=3.0+2.54+2.34=7.88$$

用试验方法测定 pH_s 也简单易行。方法是取一定量水样，加入一些纯净的碳酸钙粉末，振荡 5min，使水和碳酸钙充分接触而获得饱和，然后测定其 pH 值，即为该温度下的 pH_s。

在实用上常把实际冷却水的 pH 值与饱和 pH_s 之差称为饱和指数（SI）或 Langelier 指数，即

$$SI=pH-pH_s \tag{11-10}$$

根据饱和指数来判断冷却水的结垢或腐蚀倾向，即当 SI＞0 时，水中 $CaCO_3$ 过饱和，有结垢倾向，溶液 pH 值越高，$CaCO_3$ 越容易析出；当 SI＜0 时，$CaCO_3$ 未饱和，有过量的 CO_2 存在，将会溶解原有水垢，该系统存在腐蚀倾向；当 SI＝0 时，$CaCO_3$ 刚好达到饱和，此时系统既不结垢，也不腐蚀，水质是稳定的。

用饱和指数判断 $CaCO_3$ 结晶或溶解倾向是一种经典方法。但在实际应用中发现按饱和指数控制是偏于保守的，还会出现与实际情况不符的现象，一般是判断应当结垢，实际上没有结垢，甚至出现腐蚀。究其原因，有以下几个方面。

① 饱和指数没有考虑系统中各处的温度差异。对于低温端是稳定的水，在高温端可能有结垢；相反在高温端是稳定的水，在低温端可能是腐蚀型的。

② 饱和指数只是判断式（11-4）各组分达到平衡时的浓度关系，但不能判断达到或超过饱和浓度时是否一定结垢，因为结晶过程还受晶核形成条件、晶粒分散度、杂质干扰以及动力学的影响。一般晶粒越小，溶解度越大。对于大颗粒晶体已经饱和的溶液，对于细小颗粒的晶体而言可能是未饱和的。

③ 当水中加有阻垢剂时，成垢离子被阻垢剂螯合、分散和发生晶格畸变，SI＞0 也不一定结垢。因为做水质分析时，测定的总 Ca^{2+} 中包括了游离 Ca^{2+} 和螯合的 Ca^{2+}，而只有游离 Ca^{2+} 才能成垢。

针对饱和指数判断法的不足，Ryznar 根据冷却水的实际运行资料提出了稳定指数 I_R，即

$$I_R=2pH_s-pH \tag{11-11}$$

其判断方法是：当 $I_R<6$ 时，形成水垢，I_R 越小，水质越不稳定，结垢倾向越严重；当 $I_R=6\sim7$ 时，水质基本稳定；当 $I_R>7.5$ 时，出现腐蚀，I_R 越大，腐蚀越严重。当采

用聚磷酸盐处理时，$I_R<4$，系统结垢，$I_R=4.5\sim5$，水质基本稳定。

稳定指数是一个经验指数，与饱和指数一样，也有局限性，两种指数协同使用，有助于较正确地判断冷却水的结垢与腐蚀倾向。

2. 磷酸钙

为抑制金属的腐蚀，有时会投加聚磷酸盐作为缓蚀剂。当水温升高时，聚磷酸盐会水解成正磷酸盐，分解率因冷却水的停留时间而异，约10%～40%。结果 PO_4^{3-} 与 Ca^{2+} 可生成溶解度很低的 $Ca_3(PO_4)_2$。

与式（11-8）推导相同，$Ca_3(PO_4)_2$ 饱和溶液存在如下关系：

$$2\lg\left[\frac{K_1K_2K_3}{K_1K_2K_3+[H^+]^3+K_1[H^+]^2+K_1K_2[H^+]}\right]+pK_{sp}$$
$$=3pCa-2\lg([H_3PO_4]+[H_2PO_4^-]+[HPO_4^{2-}]+[PO_4^{3-}]) \quad (11\text{-}12)$$

此式即为计算 $Ca_3(PO_4)_2$ 饱和 pH 值（即 pH_p）的公式。式中 K_{sp} 为 $Ca_3(PO_4)_2$ 的溶度积；K_1、K_2、K_3 分别为磷酸的一级、二级、三级电离常数。等号左边两项之和统称为 pH-温度因数，右边两项则分别称为 Ca 因数和 PO_4 因数。为计算方便，通常将有关数据绘成计算图（见图 11-4）或表。由图的下部可以根据已知水中 Ca^{2+} 和 PO_4^{3-} 的浓度分别查出 Ca 因数及 PO_4 因数；再由 Ca 因数、PO_4 因数之和，由图的上部对应不同的温度查出 pH_p 值来。

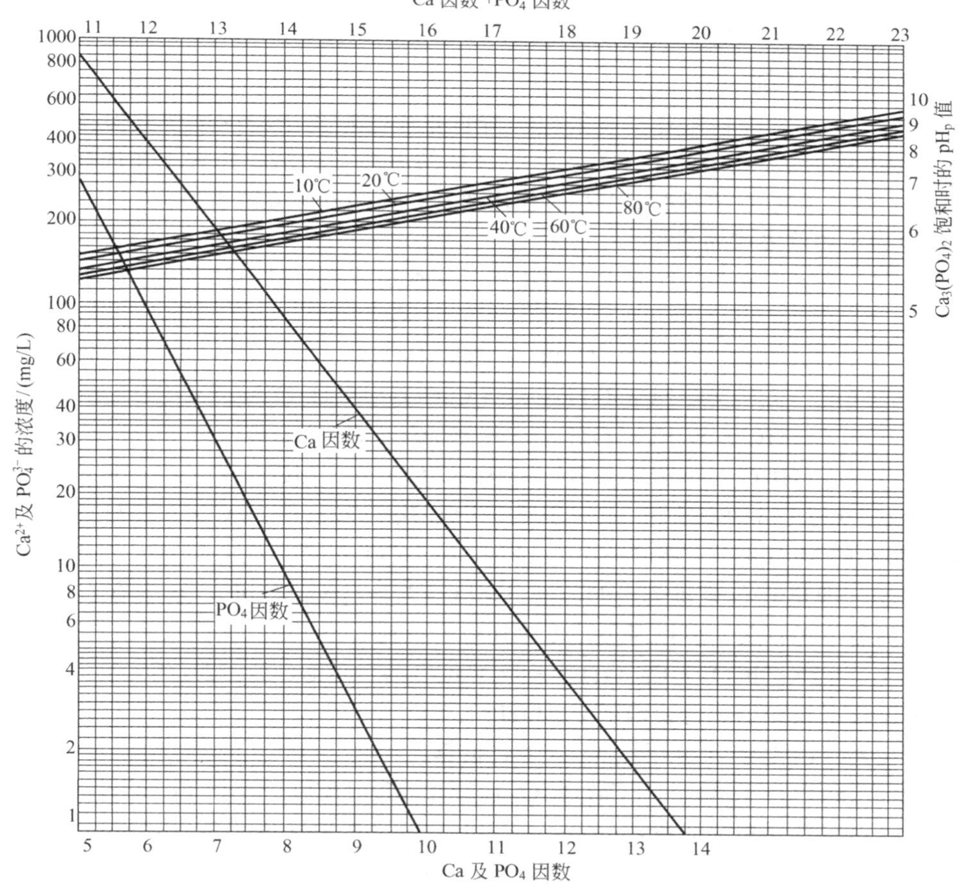

图 11-4　Ca^{2+}、PO_4^{3-} 浓度与 pH_p 的关系

类似 $CaCO_3$ 水垢的判别，人们提出 $Ca_3(PO_4)_2$ 的饱和指数 I_p，即

$$I_p = pH - pH_p \tag{11-13}$$

当 $I_p > 0$ 时，产生 $Ca_3(PO_4)_2$ 水垢；当 $I_p \leqslant 0$ 时，不发生结垢。当水中加有阻垢剂时，允许 $I_p < 1.5$ 而不结垢。

3. 硅酸盐垢

循环冷却水中，SiO_2 含量过高，加上水的硬度较大时，SiO_2 易与水中的 Ca^{2+} 或 Mg^{2+} 生成传热系数很小的硅酸钙或硅酸镁水垢。这类水垢不能用一般的化学清洗法去除，而要用酸碱交替清洗，如硅酸钙（或镁）垢中含有 Al^{3+} 或 Fe^{2+} 等金属离子时，清洗就更为困难。为避免生成硅酸盐垢，通常限制冷却水中 SiO_2 的含量，一般以不超过 150～175mg/L 为宜。当镁的含量大于 40mg/L、与浓度极高的钙共存时，即使 SiO_2 含量低于 150mg/L，仍会生成硅酸镁水垢。因此，有人提出硅酸镁浓度积应大致限制在下述范围：

$$[Mg^{2+}(\text{以 } CaCO_3 \text{ 计})][SiO_2] < 15000 \sim 35000 \tag{11-14}$$

式中浓度以 mg/L 计。

4. 硫酸钙

硫酸钙在 98℃以下是稳定的二水化合物（$CaSO_4 \cdot 2H_2O$），其溶解度比碳酸钙大 40 倍以上。在 37℃以下，溶解度随温度升高而增大；在 37℃以上则相反，溶解度随温度升高而减小。一般冷却水系统不会析出硫酸钙垢，但当水中 SO_4^{2-} 和 Ca^{2+} 含量较高而水温也较高时，仍可能结垢。硫酸钙垢非常硬，难以用化学清洗法去除。

二、水垢的控制

控制冷却水结垢的途径主要有 3 条：a. 降低水中结垢离子的浓度使其保持在允许的范围内；b. 稳定水中结垢离子的平衡关系；c. 破坏结垢离子的结晶长大。在选择控制水垢的具体方案时，应综合考虑循环水量大小、使用要求、药剂来源等因素。

1. 从冷却水中除去成垢离子

对含 Ca^{2+}、Mg^{2+} 较多的补充水，可用离子交换法或石灰软化法预处理。投加石灰的软化反应如下：

$$CaO + H_2O \longrightarrow Ca(OH)_2$$
$$CO_2 + Ca(OH)_2 \longrightarrow CaCO_3\downarrow + H_2O$$
$$Ca(HCO_3)_2 + Ca(OH)_2 \longrightarrow 2CaCO_3\downarrow + 2H_2O$$
$$Mg(HCO_3)_2 + 2Ca(OH)_2 \longrightarrow 2CaCO_3\downarrow + Mg(OH)_2\downarrow + 2H_2O$$

上述镁盐的反应实际上分两步进行，第一步反应生成溶解度较高的 $MgCO_3$，再与 $Ca(OH)_2$ 反应生成溶解度很小的 $Mg(OH)_2$，所以去除 1mol 的 $Mg(HCO_3)_2$ 要消耗 2mol 的 $Ca(OH)_2$。当水的碱度大于硬度（即出现负硬度），$[HCO_3^-] > [Ca^{2+}] + [Mg^{2+}]$ 时，水中存在假想化合物 $NaHCO_3$，仍需消耗石灰，所以对负硬度水还应有反应：

$$2NaHCO_3 + Ca(OH)_2 \longrightarrow CaCO_3\downarrow + Na_2CO_3 + 2H_2O$$

如果原水中还含有铁离子，也要消耗 $Ca(OH)_2$。

石灰总耗量（以 100%CaO 计）可按下式估算：

$$[CaO] = [CO_2] + [Ca(HCO_3)_2] + 2[Mg(HCO_3)_2] + [Fe] + a \tag{11-15}$$

式中，[CaO]为石灰投加量，mmol/L；[Fe]为原水中铁离子浓度，mmol/L；a 为石灰过量值，一般为 0.2～0.4mmol/L；$[CO_2]$、$[Ca(HCO_3)_2]$、$[Mg(HCO_3)_2]$分别为原水中该化合物的浓度，mmol/L。理论上，经石灰软化，水中硬度能降低到 $CaCO_3$ 和 $Mg(OH)_2$ 的溶解度值，但实际上 Ca^{2+} 和 Mg^{2+} 的残留量常高于理论值，这是因为石灰软化时生成的

沉淀物中，总有少量呈胶体状态残留于水中。为了尽量减少碳酸盐硬度的残留量，常采用石灰软化和混凝沉淀同时进行的处理工艺。混凝剂一般采用 $FeSO_4 \cdot 7H_2O$。

2. 加酸或通 CO_2，降低 pH 值，稳定重碳酸盐

对一些水量较大，而水质要求并不十分严格的循环水系统，一般采用加酸法处理。通常加 H_2SO_4，若加 HCl 会带入 Cl^-，增强腐蚀性，而加 HNO_3 则会带入 NO_3^-，促使硝化细菌繁殖。加酸后，pH 值降低，式(11-6) 的反应向左进行，使碳酸盐转化成溶解度较大的硫酸盐：

$$Ca(HCO_3)_2 + H_2SO_4 \longrightarrow CaSO_4 + 2CO_2 + 2H_2O$$

加酸操作时，必须注意安全和腐蚀问题，最好配备自动加酸和调节 pH 值的仪表。一般控制 pH 值在 7.2～7.8 之间。

也可向水中通入 CO_2 或净化后的烟道气，使式(11-4) 的反应向右进行，从而稳定重碳酸盐。该法适用于生产过程中有多余的干净 CO_2 气体或有含 CO_2 的废水可以直接利用的情况，如某些氮肥厂、热电厂等。但因循环水通过冷却塔时，CO_2 易逸出，使 $CaCO_3$ 在冷却塔中结垢，堵塞塔中填料，这种现象称为钙垢转移。根据近年的实践经验，只要在冷却塔中适当补充一些 CO_2，并控制好循环水的 pH 值，可以减少或消除钙垢转移。

3. 投加阻垢剂

结垢是水中微溶盐结晶沉淀的结果。结晶动力学认为，在盐类过饱和溶液中，首先产生晶核，再形成少量微晶粒；然后这些微晶粒相互碰撞，并按一种特有的次序或方式排列起来，使小晶粒不断长大，形成大晶体。如果投加某些药剂（阻垢剂）破坏或控制结晶的某一进程，水垢就难以形成。具有阻垢性能的药剂包括螯合剂、抑制剂和分散剂。螯合剂与阳离子形成螯合物或络合物，将金属离子封闭起来，阻止其与阴离子反应生成水垢。其投药量符合化学计量关系。EDTA 是性能良好的螯合剂，几乎能与所有的金属离子螯合。抑制剂能扩大物质结晶的介稳定区，参见图 10-16，在相当大的过饱和程度上将结垢物质稳定在水中不析出。当水中产生微小晶核时，它们强烈地吸附在晶核上，将晶核和其他离子隔开，从而抑制晶核长大。即使晶粒能长大，但由于晶格排列不正常，发生畸变或扭曲，也难以形成致密而牢固的垢层。聚磷酸盐和磷酸盐是性能优良的钙垢抑制剂。抑制剂的投量是非化学计量的，比螯合剂用量少。分散剂是一类高分子聚合物，如聚丙烯酸盐、聚马来酸、聚丙烯酰胺等，它们吸附在微晶粒上，或者将数个微晶粒连成彼此有相当距离的疏松的微粒团，阻碍微粒互相接触而长大，使其长时间分散在水中。分散剂的阻垢性能与其分子量、官能团有关。对聚丙烯酸来说，其平均分子量在1000～6000范围内较好。

聚磷酸盐是使用广泛的阻垢剂，它的分子中有两个以上的磷原子、氧原子和轻金属原子，在水中离解出有—O—P—O—P—链的阴离子，离子中的磷原子连着很容易给出两个电子的氧原子，与金属离子共同形成配位键，生成较稳定的螯合物。实践证明，投加 2mg/L 六偏磷酸钠，能有效防止 600mg/L $Ca(HCO_3)_2$ 的溶液结垢。但是，聚磷酸盐的水解不利于水质稳定。20 世纪 70 年代以来，有机膦酸盐发展很快，先后开发了羟基亚乙基二膦酸(HEDP)、氨基三亚乙基膦酸（ATMP)、乙二胺四亚乙基膦酸（EDTMP)、多元醇膦酸酯等，它们的阻垢效果比聚磷酸盐好，而且不水解。有人试验过，在钙硬度为 1375mg/L 的水中，投加 5mg/L 的膦酸盐，在 90℃温度下运行 120h，仍有 50%～80%的钙不会沉淀。而在同样条件下，聚磷酸盐几乎无效。实际使用表明，膦酸盐与聚磷酸盐复合使用有增效作用，且降低处理成本。近年来，阻垢剂朝着低磷方向发展，以防止水体富营养化，先后开发了丙烯酰胺甲基丙磺酸（AMPS)、多官能团化合物或聚合物等高效阻垢分散剂，使阻垢效果进一步提高。此外，淀粉、丹宁和木质素等天然有机物质也有相当的阻垢能力，它们来源广，价格低，无污染，但不太稳定，用量大，目前只在少量复配药剂中应用。

几种典型阻垢剂对抑制 $CaCO_3$ 和 $Ca_3(PO_4)_2$ 析出的效果分别如图 11-5 和图 11-6 所示。

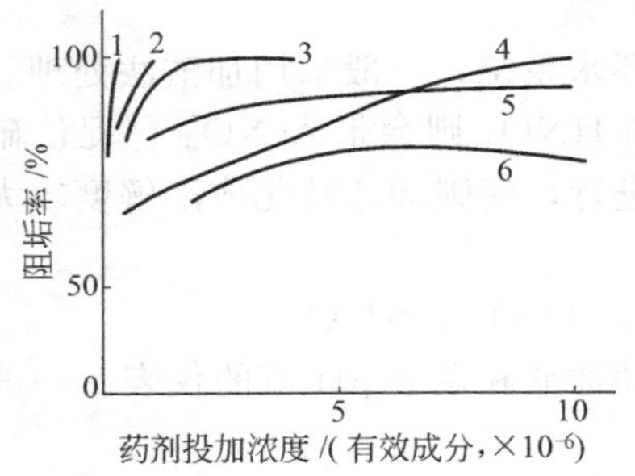

图 11-5　各种阻垢剂对碳酸钙的阻垢效果

1—磷酸 A；2—聚马来酸；3—聚丙烯酸；4—丙烯酸三元共聚物；5—马来酸共聚物；6—木质素磺酸钠

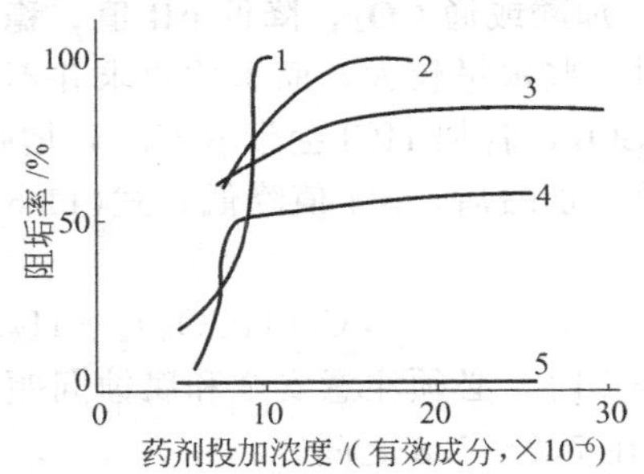

图 11-6　各种阻垢剂对磷酸钙的阻垢效果

1—丙烯酸三元共聚物；2—马来酸聚合物；3—马来酸均聚物；4—丙烯酸均聚物；5—木质素磷酸钠

阻垢剂的使用效果也受水质、水温、流速、壁温和停留时间等操作因素的影响。一般而论，水温在 50℃以下时，阻垢效果好，水温升高，pH_s 降低。水垢的附着速度随流速增大而大幅度减小，流速在 0.6m/s 时，约为流速在 0.2m/s 时的 1/5。当流速超过 0.3m/s 时，阻垢效果趋于稳定。因流速增加的阻垢效果也可理解为导致壁温下降的结果。一般阻垢剂发挥作用的时间在 100 小时左右，温度越高，停留时间越长，有机药剂分解越多。

第三节　腐蚀及其控制

一、腐蚀机理及其影响因素

冷却水对碳钢的腐蚀是一个电化学过程。由于碳钢组织和表面以及与其接触的溶液状态的不均匀性，表面上会形成许多微小面积的低电位区（阳极）和高电位区（阴极），每一对阳极和阴极通过金属本体构成一个腐蚀原电池，分别发生氧化和还原反应，其腐蚀过程可用图 11-7 作简单示意。

在阳极　$Fe \longrightarrow Fe^{2+} + 2e$

在阴极　$\frac{1}{2}O_2 + H_2O + 2e \longrightarrow 2OH^-$

在水中　$Fe^{2+} + 2OH^- \longrightarrow Fe(OH)_2 \downarrow$

$$2Fe(OH)_2 + \frac{1}{2}O_2 + H_2O \longrightarrow 2Fe(OH)_3 \downarrow$$

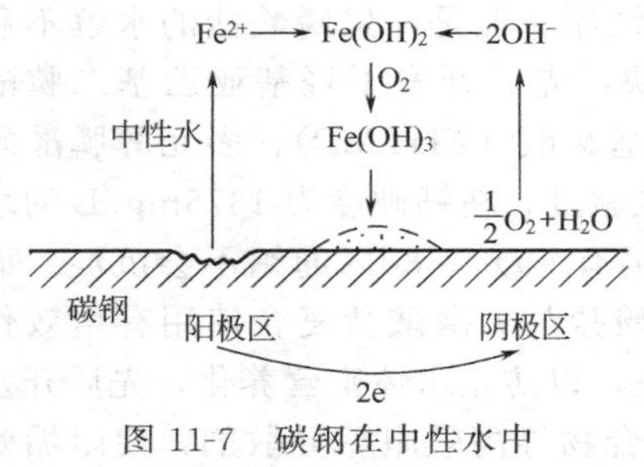

图 11-7　碳钢在中性水中的腐蚀过程示意图

因为金属表面的不均匀性是绝对的，所以电化学腐蚀条件普遍存在，只要金属与含溶解氧的水接触，上述腐蚀反应就会继续进行下去。

按照碳钢被腐蚀破坏的特性不同，电化学腐蚀可分为全面腐蚀和局部腐蚀两类。全面腐蚀在整个金属表面上均匀进行，腐蚀电流极微小，难以观察辨识阴阳极，不能测定阴阳极的电位及电位差，腐蚀产物对金属有一定保护作用。这类腐蚀危害性较小。设计设备时，可预先留出一定的腐蚀裕量，使设备达到所要求的使用寿命。

局部腐蚀是指腐蚀作用仅在金属表面局部范围内进行，其余区域不受腐蚀。这类腐蚀速度快；腐蚀产物分布在局部表面，不具有防护作用；常引起换热设备和管道等早期穿孔，危害性甚大，是金属防腐蚀的主要研究对象。局部腐蚀的表观特征是可宏观识别阴阳极和腐蚀电流的方向，可测出电极电位值。在循环冷却水系统中，最常见的局部腐蚀形态有点蚀、缝隙腐蚀等，可能由下面一些原因引起：a. 金属本身有缺陷，如表面有切痕、擦伤、缝隙或应力集中的地方；b. 金属表面保护膜或涂料局部脱落；c. 水垢局部剥离；d. 金属表面局部附着砂粒、氧化铁皮、沉积物等。上述这些部位电位比较低，成为阳极，引起局部腐蚀。

在循环冷却水系统中，影响金属腐蚀的操作因素主要有几点。

(1) 水质　金属受腐蚀的情况与水质关系密切。钙硬度较高的水质或钙硬度虽不高、但浓缩倍数高时，容易产生致密坚硬的 $CaCO_3$ 水垢，对碳钢起保护作用，所以软水的腐蚀性比硬水严重。水中 Cl^-、SO_4^{2-} 和溶解盐类含量高时，会加速金属腐蚀，所以海水的腐蚀性比淡水严重。具有氧化性的 Cu^{2+}、Fe^{3+}、Hg^{2+}、ClO^- 等离子和 CO_2、H_2S、NH_3、Cl_2 等气体也促使腐蚀进行。

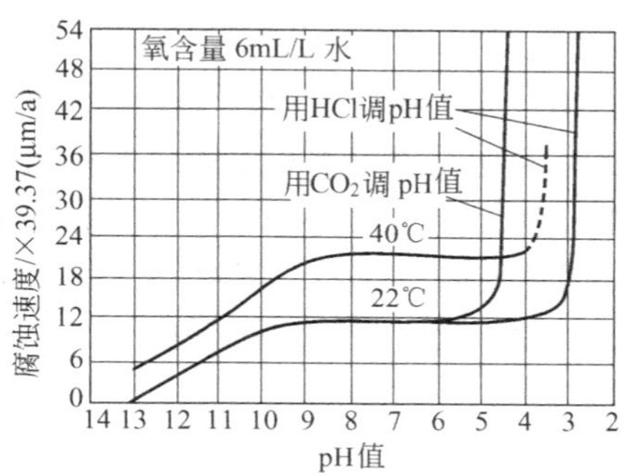

图 11-8　pH 值对碳钢腐蚀的影响

(2) pH 值　pH 值对腐蚀速度的影响如图 11-8 所示。由图可见，当 22℃时，在 pH 值为 6～10（用 CO_2 调）或 4～10（用 HCl 调）的范围内，腐蚀率保持稳定，几乎与 pH 值无关，这是因为在碳钢表面形成了一层 $Fe(OH)_2$ 保护膜，使表面 pH 值保持在 9.5 左右。此时腐蚀速度主要取决于氧通过 $Fe(OH)_2$ 到达碳钢表面的速度。当 pH＜4.3，H^+ 的去极化作用很强，它不断从阴极移去电子，促使阳极溶解，故腐蚀速度呈直线上升。当 pH＞9.5，$Fe(OH)_2$ 溶解度进一步减小，表面钝化，腐蚀率随之下降。

(3) 溶解氧　水中溶解氧在金属表面的去极化作用是金属腐蚀的主要原因。腐蚀速度取决于氧的含量和扩散速度。在常温下，脱氧水中碳钢的腐蚀率为 0，随溶解氧量增加，腐蚀率也随之增加（图 11-9）。当溶解氧高到一定值（临界点）后，金属表面形成氧化膜，阻碍氧的扩散，腐蚀率下降。临界溶解氧值与 pH 值有关。当 pH 值分别为 7、8 和 10 时，对应的临界溶解氧浓度分别为 20mg/L、16mg/L 和 6mg/L。在 pH＜7 的酸性水中，不存在临界点现象。

(4) 水温　水温升高能加快氧的扩散速度，从而加速腐蚀。实验表明，温度每升高15～30℃，碳钢的腐蚀率就增加 1 倍。当水温为 80℃时，腐蚀速率最大，以后随水温升高溶解氧量减少，腐蚀速率急剧下降。

(5) 流速　流速的影响如图 11-10 所示。在流速较低时（＜0.3m/s），增大流速可减薄边界层，溶解氧及盐类容易扩散到金属表面，还可冲去表面上的沉积物，使腐蚀加快。当流速继续增加（0.3～0.9m/s），扩散到表面的氧量足以形成一层氧化膜，起到缓蚀作用。当流速更高时，又会磨损氧化膜，使腐蚀率又急剧上升。我国《工业循环冷却水处理设计规范》规定，在敞开式系统间壁换热设备中，管程的冷却水流速不宜小于 0.9m/s，壳程流速不应小于0.3m/s。

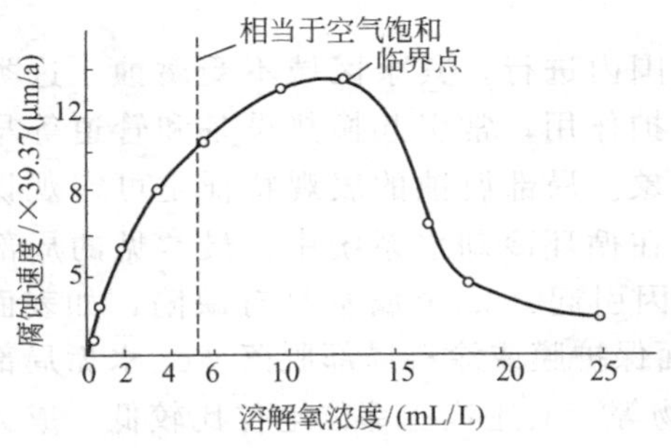

图 11-9　蒸馏水中溶解氧的浓度对碳钢腐蚀的影响

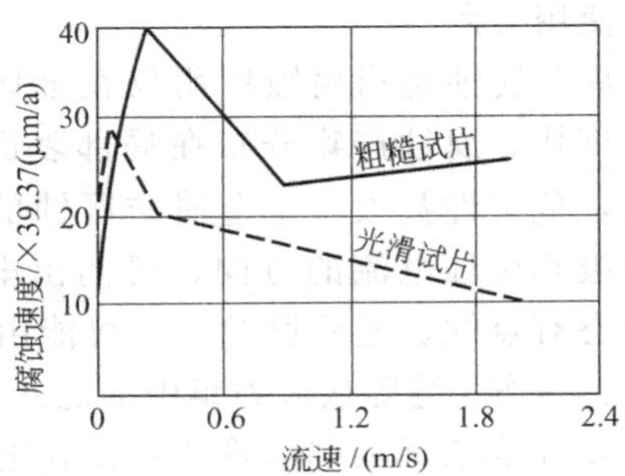

图 11-10　流速对碳钢腐蚀的影响

(6) 微生物　冷却水中滋生的微生物直接参与腐蚀反应。首先，微生物排出铵盐、硝酸盐、有机物、硫化物和碳酸盐等代谢物，改变水质而引起腐蚀。其次，微生物生长繁殖，一般都耗氧而使氧浓度分布不匀；微生物粘泥覆盖下的表面也会缺氧，这样形成氧的腐蚀电池，发生点蚀。第三，某些微生物摄取 H、H^+ 或电子来消除 H_2 的极化作用，如在硫酸盐还原菌生长处，发生以下反应

$$SO_4^{2-}+8H \longrightarrow S^{2-}+4H_2O$$

$$S^{2-}+Fe^{2+} \longrightarrow FeS\downarrow$$

这样就使阳极产生的 Fe^{2+} 和阴极产生的 H 无法积累，使金属的腐蚀继续进行下去。

二、腐蚀的控制

控制腐蚀的基本方法有三种：a. 通过电镀或浸涂的方法在金属表面形成防腐层，使金属和循环水隔绝；b. 电化学保护法，即在冷却水系统中，一般使用电极电位比铁低的镁、锌等牺牲阳极与需要保护的碳钢设备连接，使碳钢设备整个成为阴极而受到保护，或者将需要保护的碳钢设备接到直流电源的负极上，并在正极上再接一个辅助阳极，如石墨、炭精等，设备在外加电流作用下转成阴极而受到保护；c. 向循环水中投加无机或有机缓蚀剂，使金属表面形成一层均匀致密、不易剥落的保护膜，这是目前国内外普遍采用的处理方法。为了提高药剂效果，通常在系统正常运行之前，投加高浓度缓蚀剂，进行预膜处理，待成膜后，再降低药剂浓度，使其用量能维持和修补缓蚀膜就可以了。

1. 缓蚀剂的作用机理

缓蚀剂种类很多，都通过形成保护膜达到缓蚀的目的。按照成膜机理不同，可将药剂分为三类，如表 11-1 所列。

以铬酸盐和亚硝酸盐为代表的氧化膜型药剂属于阳极钝化剂，使碳钢的电位向高电位区移动，因而生成的亚铁离子迅速氧化，在碳钢表面上形成以不溶性 γ-Fe_2O_3 为主体的氧化膜而防蚀。另外，对铬酸盐而言，还原反应生成物 Cr_2O_3 也进入保护膜中。一般来说，氧化膜型缓蚀剂大多表现出优良防腐效果，但在低浓度下使用，容易发生局部腐蚀。此外，铬酸盐毒性强，其排放受到严格限制，而亚硝酸盐在实际使用中也存在问题，且容易被亚硝酸菌氧化，变成没有缓蚀效果的硝酸盐。

典型的沉淀膜型缓蚀剂是聚磷酸盐，它与水中的钙离子和作为缓蚀剂而加入的锌离子结合，在碳钢表面上形成不溶性的薄膜而起缓蚀作用。以磷酸钙为主体的沉淀膜，因为在碱性环境中容易形成，所以在腐蚀反应生成 OH^- 时，在局部阴极区，其保护膜生长速度快，因此主要作为抑制阴极反应的缓蚀剂而起作用。

表 11-1　缓蚀膜类型及特点

缓蚀膜类型		典型缓蚀剂名称	保护膜示意图	保护膜的特点
氧化膜型（钝化膜型）		铬酸盐 亚硝酸盐 钨酸盐 钼酸盐	氧化膜（$ox, \gamma\text{-}Fe_2O_3$） 基础金属	致密 薄膜（3～20nm） 与基础金属的结合紧密 缓蚀性能好
沉淀膜型	水中离子型（与水中钙离子等生成不溶性盐）	聚磷酸盐 磷酸盐 硅酸盐 锌盐	沉淀膜（正磷酸钙+聚磷酸钙） 基础金属	多孔，膜厚 与基础金属结合不太紧密 缓蚀效果不佳
	金属离子型（与缓蚀对象的金属离子生成不溶性盐）	巯基苯并噻唑 苯并三氮唑 甲苯基三氮唑	沉淀膜（ex，铜-苯并三氮唑铬盐） 基础金属	较致密，膜较薄 缓蚀性能较好
吸附膜型		胺类 硫醇类 表面活性剂 木质素	吸附膜（ex，氨烃链基础金属） 吸附膜 烃类 基础金属	对酸液、非水溶液等，在金属表面清洁的状态下，形成较好的吸附层。在淡水中，对碳钢的非清洁表面，难以形成吸附层

沉淀膜与氧化膜相比，因质地多孔而常常导致缓蚀效果差。假如为了提高缓蚀效果，将投药量增至需要量以上，则会因保护膜过厚而积垢。为此，在使用时需进行全面的浓度管理。

单独使用缓蚀剂时，因药剂的缺点而影响水质，故通常把数种药剂配合起来使用。如以铬酸盐为代表的阳极缓蚀剂有点蚀倾向，一般与沉淀膜型缓蚀剂聚磷酸盐和二价金属盐合用。磷酸盐膜孔隙较多，与二价金属离子合用形成的膜更加致密。

吡咯类缓蚀剂（苯并三氮唑等）对铜及其合金有良好缓蚀效果，它与铜离子结合在阳极形成膜。膜形成之后，即使再过量投加缓蚀剂，膜也不会增厚，不会垢化，因此投药量较小。

以胺类为代表的吸附膜型缓蚀剂，大多在同一分子内具有能吸附到金属表面的极性基和疏水基，在清洁金属表面上用极性基吸附，以疏水基阻止水和溶解氧等向金属表面扩散，来抑制腐蚀反应。这种吸附膜是单分子膜，过剩的胺经常存在于液体中，用于修补膜，因此投药量小。但在中性冷却水中，碳钢表面不能保持清洁状态，所以吸附膜型缓蚀剂很少显示出良好的缓蚀效果。

2. 几种缓蚀剂的效果

(1) 铬酸盐　铬酸盐是最早使用的缓蚀剂，对碳钢缓蚀效果良好。图 11-11 表示投药量与腐蚀速度的关系。作为钝化膜型缓蚀剂，其用量不能少。为使碳钢在中性水中完全缓蚀，一般浓度需达 150～500mg/L(CrO_4^{2-})。常用的缓蚀剂有重铬酸钠、铬酸钠等。用铬酸盐缓蚀，如果发生投药量不够等管理差错，则会加剧点蚀，故一般常与聚磷酸盐和二价金属盐配

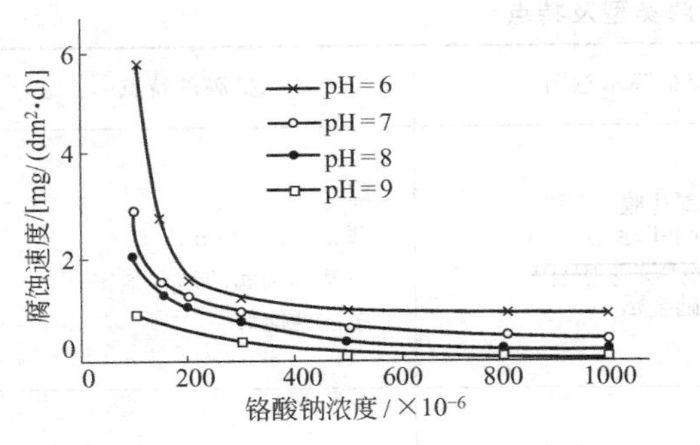

图 11-11 碳钢腐蚀速度与铬酸钠浓度和 pH 值的关系

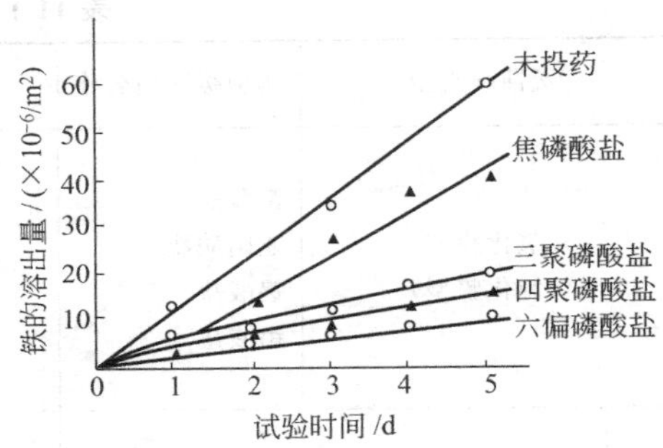

图 11-12 几种聚磷酸盐缓蚀效果的比较

合使用。

(2) 磷酸盐 目前在敞开式系统中，最常用的缓蚀剂是磷酸盐，包括聚磷酸盐和正磷酸盐。有人曾做过实验，在含有 100mg/L NaCl 的水溶液中，加入 P_2O_5 含量都是 100mg/L 的各种聚磷酸盐，观测碳钢试片的腐蚀速度，结果如图 11-12 所示。由图可见六偏磷酸钠的缓蚀效果最好。一般地，缓蚀效果随聚合度而增加，但链越长，越易水解，故以 3～20 个磷原子的链长为宜。水中钙等二价金属离子和溶解氧浓度对聚磷酸盐的缓蚀效果有很大影响，如图 11-13 所示，在蒸馏水和含 Ca^{2+} 60mg/L（以 $CaCl_2$ 计）的水中，腐蚀率随溶解氧量增加而迅速上升，当在蒸馏水中添加 60mg/L 聚磷酸盐时，随着溶解氧量的增加，开始腐蚀率增加，而后即趋于平缓，只有在溶有 60mg/L Ca^{2+} 的水中加入 60mg/L 聚磷酸盐时，才有最好的缓蚀效果。

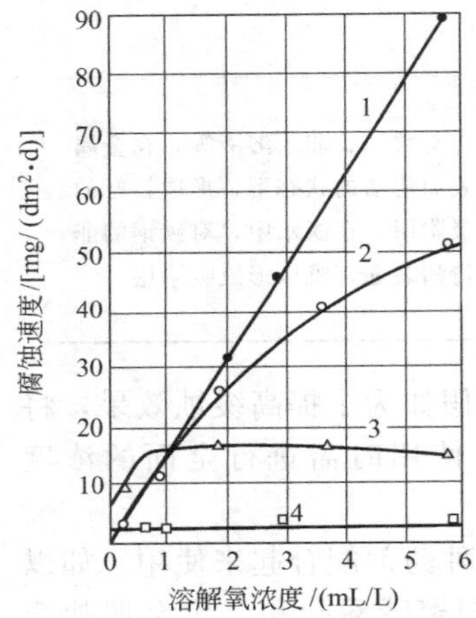

图 11-13 Ca^{2+} 和 O_2 量对聚磷酸盐缓蚀的影响

1—60×10⁻⁶Ca^{2+}；2—蒸馏水；3—60×10⁻⁶聚磷酸盐；4—60×10⁻⁶聚磷酸盐＋60×10⁻⁶Ca^{2+}

膦酸盐也作为缓蚀剂用于冷却水系统，因比聚磷酸盐缓蚀效果好、稳定，所以常用于停留时间长、水中硬度高的高浓缩水处理。

(3) 硅酸盐 作为缓蚀剂用的硅酸盐主要是硅酸钠，即水玻璃。它在水中带负电，与金属表面溶解下来的 Fe^{2+} 结合，形成硅酸凝胶，覆盖在金属表面，故它是沉淀膜型阳极缓蚀剂。硅酸盐价廉、无毒，不会产生排水污染问题，且对任何杀生剂都无副作用，但成膜速度很慢，一般需 2～4 周，成膜所需的硅酸盐浓度应在 70mg/L（以 SiO_2 计）以上。如与 5～10mg/L 聚磷酸盐（PO_4^{3-} 计）或少量锌复合应用，可加快膜的形成。正常运行时，硅酸盐投量一般为30～40mg/L（以 SiO_2 计），pH 值宜控制在 6.5～7.5 之间。若水中 SiO_2 浓度超过 175mg/L，易形成硅酸盐垢；若 pH＞3.6，则硅酸盐缓蚀效果较差。当水中镁硬度超过 250mg/L（以$CaCO_3$计）时，可能与硅酸根离子形成非离子型可溶性$MgSiO_3$，影响金属表面防蚀膜的生长，因此就不宜用硅酸盐作缓蚀剂。

第四节 微生物及其控制

如前所述，微生物在冷却水系统中繁殖形成粘泥，使传热效率下降，加速金属腐蚀，影响输水，粘泥腐败后产生臭味，使水质变差。因粘泥引起的故障往往与腐蚀和水垢故障同时发生，按照故障的表现形式，可分为粘泥附着型和淤泥堆积型两类，前者主要是微生物及其代谢物和泥砂等的混合物附着于固体表面上而发生故障，常发生在管道、池壁、冷却塔填料上；后者是水中悬浮物在流速低的部位沉积，生成软泥状物质而发生故障。常发生在水池底部。在换热器的壳程和配水池中两类故障都可能发生。

根据微生物生长条件的要求，可以采取多种方法控制冷却水系统的微生物生长繁殖，从而防止粘泥危害。

1. 防止冷却水系统渗入营养物和悬浮物

营养物进入系统主要通过补充水、大气和设备泄漏三条途径。磷系和胺系药剂的分解也提供部分营养物。对原水进行混凝沉淀和过滤预处理可去除大部分悬浮物和微生物，对循环水也可采用旁滤池处理。藻类生长需要日光照射进行光合作用，如能遮断阳光就可防止藻类繁殖。

2. 投加杀生剂

在循环冷却水系统中投加杀生剂是目前抑制微生物的通行方法。杀生剂以各种方式杀伤微生物，如重金属可穿透细胞壁进入细胞质中，破坏维持生命的蛋白质基团；氯剂、溴剂和有机氮硫类药剂能与微生物蛋白质中的半胱氨酸反应，使以—SH 基为活性点的酶钝化；有些表面活性剂可减少细胞的穿透性，破坏营养物到达细胞的正常流动和代谢产物的排出；季铵盐类药剂能使细胞分泌的黏质物变性，使其附着力下降，从而剥离固体表面。

使用杀生剂时，首先要选择那些对相当多的微生物均有杀伤作用的广谱杀生剂。也要考虑运行费用以及药剂使用后可能带来的副作用。还要注意到，当细菌受到一种化学物质威胁时会产生一种使其代谢活动加速的自然趋势，有时甚至可加速 50%，因此不足以致死的剂量，实际上还可能刺激细菌的生长，故投药量要适当。当投药量相同时，采用瞬时投加比间歇投加和连续投加效果好。某些杀生剂长期使用，微生物易产生抗药性。操作条件如 pH 值、水温、流速、有机物及氨浓度等都对杀生剂的效果有很大影响。

根据杀生剂的化学性质，一般可分为氧化性和非氧化性两大类。氧化性药剂及使用参见第六章有关内容，本节主要介绍非氧化性杀生剂。

（1）氯代酚类　在苯酚的分子结构中，引入氯原子形成的化合物即为氯代酚，其种类很多，在冷却水中广泛使用的是五氯苯酚和三氯苯酚，其投药量约为 200mg/L，一般采用间歇投加。

氯代酚吸附在细胞壁上，并渗透到细胞质中，与细胞质作用形成胶体溶液，并使蛋白质沉淀，从而杀死微生物。氯代酚对抑制大多数细菌、真菌和藻类是有效的。过量的有机物质对氯代酚的活性没有影响，孢子和某些细菌对它能产生抗性，尽管这些微生物仍能生存，但是生长受到抑制。如果把氯代酚和某些阴离子表面活性剂如十二烷基硫酸钠混合使用，可增加氯代酚的杀菌效果，这是由于降低了细胞壁的缝隙张力，增加了氯代酚渗透到细胞质中的速率的缘故。

氯代酚毒性大，对人的眼、鼻等黏膜和皮肤有刺激，对鱼类和动物也具有较高毒性，因此使用时要注意防护。

（2）季铵盐类　季铵盐是一种阳离子型表面活性剂，它吸附到微生物上，与细胞壁上的负电荷部位形成静电键，产生压力，还能破坏细胞的半透膜组织，引起细胞内代谢物质和辅酶泄漏，而杀灭细菌，它对污泥也有剥离作用。季铵盐类的缺点是会被水中带负电的物质所消耗，剂量需较高，而且易起泡。

目前国内经常使用的溴化二甲基苯甲基十二烷基铵（俗称“新洁尔灭”）是一种广谱杀生剂，对藻类、真菌和异养菌等均有较好的杀生效果，使用浓度一般为 50～100mg/L。

(3) 有机氮硫类　有机氮硫类药剂与蛋白质中的半胱氨酸基结合，使酶丧失功能，微生物死亡。常用的二硫氰基甲烷对细菌、真菌和藻类及原生动物都有较好的杀生效果，特别对硫酸盐还原菌效果最好。当投药量为50mg/L时，在26h内可保持98%～99%的高杀生率。

$CH_2(SCN)_2$中的硫氰酸根可阻碍微生物呼吸系统中电子的转移。在正常呼吸作用下，含铁细胞色素中的Fe^{3+}从初级细胞色素脱氢酶接受电子。硫氰酸根与Fe^{3+}形成$Fe(SCN)_3$盐，使Fe^{3+}丧失活性，从而引起细胞死亡，因此，凡含铁细胞色素的微生物均能被杀死。

思考题与习题

1. 试述阻垢剂的类型与阻垢原理。
2. 试述缓蚀剂的类型与缓蚀原理。
3. 简述如何用饱和指数I_p及稳定指数I_R判定腐蚀是否发生。
4. 饱和指数是根据$CaCO_3$的溶解平衡得出的，为什么可以用来作为判别腐蚀是否发生的指标？
5. 简述水垢产生的原因及防垢的主要措施。

第一节 生物处理微生物基础

废水生物处理是采用相应的人工措施，创造有利于微生物生长、繁殖的良好环境，充分利用微生物的新陈代谢作用，对废水中的污染物质进行转化和稳定，从而使水中（主要是溶解状态和胶体状态）的有机污染物和植物性营养物得以降解和去除的方法。

由于微生物具有来源广、易培养、繁殖快、对环境适应性强、易变异等特性，在生产上能较容易地采集菌种进行培养增殖，并在特定条件下进行驯化，使之适应有毒工业废水的水质条件，从而通过微生物的新陈代谢使有机物无机化、有毒物质无害化。由于微生物的生存条件温和，新陈代谢过程中不用高温高压，因此用生化法促使污染物的转化过程是不需投加催化剂的催化反应，与一般化学法相比优越得多。生物处理费用低廉，运行管理较方便，是废水处理系统中最重要的方法之一，已广泛用作生活污水与工业有机废水的二级处理。

一、微生物的新陈代谢

根据能量的释放和吸取，可将微生物的新陈代谢分为分解代谢与合成代谢。在分解代谢过程中，结构复杂的大分子有机物或高能化合物分解为简单的低分子物质或低能化合物。逐级释放出其固有的自由能，微生物将这些能量转变成三磷酸腺苷（ATP），以结合能的形式贮存起来。在合成代谢中，微生物把从外界环境中摄取的营养物质，通过一系列生化化学反应合成新的细胞物质，生物体合成所需的能量从 ATP 的磷酸盐键能中获得。在微生物的生命活动过程中，这两种代谢过程不是单独进行的，而是相互依赖，共同进行的，分解代谢为合成代谢提供物质基础和能量来源，通过合成代谢又使生物体不断增加，两者的密切配合推动了一切生物的生命活动。

1. 分解代谢

高能化合物分解为低能化合物，物质由繁到简并逐级释放能量的过程叫分解代谢，或称异化作用，一切生物进行生命活动所需要的物质和能量都是由分解代谢提供的，所以说分解代谢是新陈代谢的基础。根据分解代谢过程中的最终受氢体的不同，可分为有氧呼吸、无氧呼吸和发酵。

好氧分解代谢是好氧微生物和兼性微生物参与，在有溶解氧的条件下，将有机物分解为 CO_2 和 H_2O，并释放出能量的代谢过程。在有机物氧化过程中脱出的氢是以氧作为受氢体，通常称为好氧呼吸（好氧氧化），如葡萄糖（$C_6H_{12}O_6$）在有氧情况下完全氧化，如式(12-1)。

$$C_6H_{12}O_6+6O_2 \longrightarrow 6CO_2+6H_2O+2817.3kJ \tag{12-1}$$

厌氧分解代谢是厌氧微生物和兼性微生物在无溶解氧的条件下，将复杂的有机物分解成简单有机物和无机物（如有机酸、醇、CO_2），再被甲烷菌进一步转化为甲烷和CO_2等，并释放出能量的代谢过程。厌氧代谢过程的受氢体可以是有机物或含氧化合物，受氢体为有机物时，通常称为厌氧发酵（厌氧氧化），受氢体为含氧化合物时，如硫酸根、硝酸根、二氧化碳，通常称为缺氧呼吸（缺氧氧化）。如葡萄糖的厌氧代谢，以含氧化合物为受氢体时，1mol 葡萄糖释放的能量为 1755.6kJ；以有机物为受氢体时，1mol 葡萄糖释放的能量为 226kJ。

$$C_6H_{12}O_6+NO_3^- \longrightarrow CO_2+H_2O+N_2\uparrow+1755.6kJ \tag{12-2}$$

$$C_6H_{12}O_6 \longrightarrow CH_4CH_2OH+CO_2+226kJ \tag{12-3}$$

微生物三种分解代谢方式的产能结果是不同的，如表 12-1 所列（以葡萄糖为例）。

表 12-1　葡萄糖三种分解代谢方式的产能结果

分解代谢方式	最终电子受体	产能结果/kJ
好氧呼吸	分子氧	2817.3
缺氧呼吸	化合态氧	1755.6
厌氧发酵	有机物	226

对废水处理来说，好氧分解代谢过程中，有机物的分解比较彻底，最终产物是含能量较低的CO_2和H_2O，故释放能量多、代谢速度快、代谢产物稳定，但由于氧是难溶气体，好氧分解必须保持溶解氧、营养物和微生物三者的平衡，因此，好氧生物处理只适合有机物浓度较低（<1000mg/L）的废水处理。厌氧生物处理由于不需要提供氧源，适合对高浓度有机废水和有机污泥的处理，并能产生沼气，回收甲烷，有经济价值，但厌氧生物处理过程中有机物氧化不彻底，释放的能量少，代谢速度较慢。厌氧与好氧相结合处理废水具有更大的优势与潜力，如生物脱氮除磷和对高浓度、难降解有毒有机物废水的处理等。

2. 合成代谢

微生物从外界获得能量，将低能化合物合成微生物体自身物质的过程叫合成代谢，或称同化作用。在此过程中，微生物体合成所需能量和物质可由分解代谢提供。

微生物新陈代谢体系如图 12-1 所示。

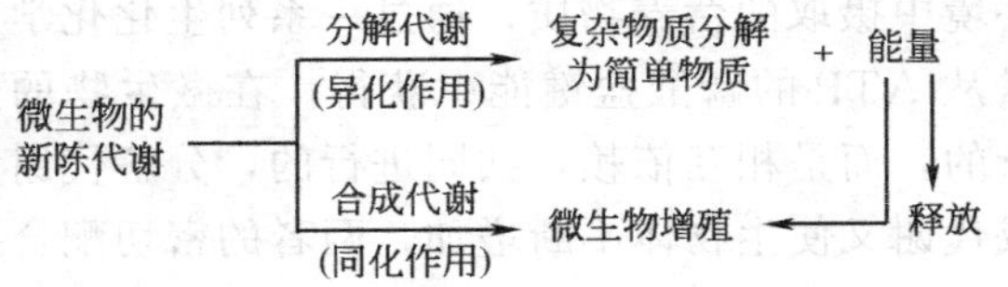

图 12-1　微生物的新陈代谢体系

3. 废水处理微生物类型

废水处理的微生物种类繁多，根据微生物对营养要求、所需能源、受氢体的不同，可将微生物分为不同的特定种类。

① 根据微生物对营养物质要求（所需碳源形式）的不同，可将其分为自养菌和异养菌：a. 自养菌，能利用无机碳源，即CO_2或HCO_3^-作为自身生长所需的唯一碳源的微生物；b. 异养菌，只能利用有机化合物中的碳（如葡萄糖中的碳）而获得自身生长所需碳源的微生物。

② 根据微生物对所需能源的不同，可将其分为光营养型和化能营养型：a. 光营养型，

即利用光作为能源的微生物；b. 化能营养型，即利用氧化-还原反应提供能源的微生物。化能营养型还可以按照被氧化的化合物（即电子给予体）的类型进一步分为化能异养菌和化能自养菌。化能异养菌是利用复杂有机物分子作为电子给予体的微生物，而化能自养菌则是利用简单的无机物分子如二氧化碳、硫化氢、氨作为电子给予体的微生物。

③ 根据微生物代谢过程对氧的要求不同，可将其分为好氧微生物、厌氧微生物和兼性微生物。a. 好氧微生物在代谢过程中需要分子氧参与，如果分子氧不足，降解过程就会因为没有受氢体而不能进行，微生物的正常生长规律就会受到影响，甚至被破坏。b. 厌氧微生物在代谢过程中不需要分子氧参与，当有氧气存在时，它们就无法生长。这是因为在有氧存在的环境中，厌氧微生物在代谢过程中由脱氢酶活化的氢将与氧结合形成 H_2O_2，而其又缺乏分解 H_2O_2 的酶，从而形成 H_2O_2 积累，对微生物细胞产生毒害作用。c. 兼性微生物，在代谢过程中，有或无分子氧参与，反应都能进行。

通常情况下，细菌细胞内含有约 80% 的水，其余 20% 为干物质。这些干物质中，有机物约占 90%，无机物占 10%。有机物中碳元素约占 53.1%、氧 28.3%、氮 12.4%、氢 6.2%，所以细胞的实验式常可以写为 $C_5H_7O_2N$（好氧菌）、$C_5H_9NO_3$（厌氧菌），若考虑有机部分中的微量磷元素，则为 $C_6H_{87}O_{23}N_{12}P$。无机物中磷元素约占 50%、硫 15%、钠 11%、钙 9%、镁 8%、钾 6%、铁 1%。

二、有机物的生物处理

1. 好氧生物处理过程中有机物的转化

好氧生物处理过程是在有分子氧存在的条件下，利用好氧微生物（包括兼性微生物，但主要是好氧微生物）降解有机物，使有机污染物稳定、无害化的处理过程。好氧生物处理法包括活性污泥法和生物膜法两大类。

污水好氧生物处理的过程可用图 12-2 表示。图 12-2 表明，有机物被微生物摄取后，通过代谢活动，约有 1/3 被分解、稳定，并提供其生理活动所需的能量；约有 2/3 被转化、合成为新的原生质（细胞质），即进行微生物自身生长繁殖。后者就是污水生物处理中的活性污泥或生物膜的增长部分，通常称其为剩余活性污泥或生物膜，又称生物污泥。在污水生物处理过程中，生物污泥经固液分离后，需进一步处理和处置。

好氧生物处理反应速度较快，所需的反应时间较短，处理构筑物容积较小，且处理过程中散发的臭气较少。所以，目前对中、低浓度的有机废水，或者说 BOD_5 浓度小于 500mg/L 的有机废水，基本上采用好氧生物处理法。

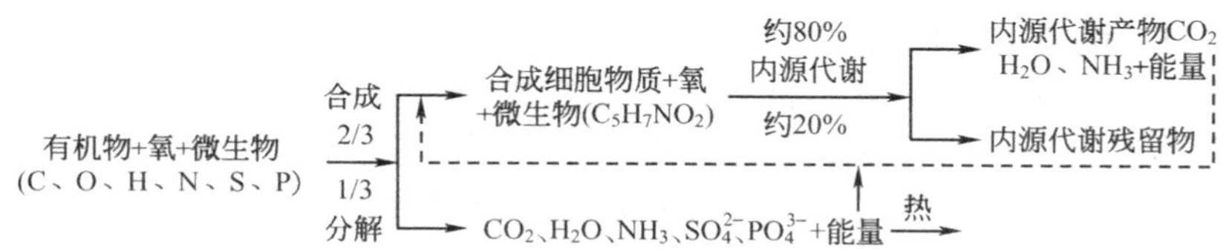

图 12-2　好氧生物处理过程中有机物转化示意

2. 厌氧生物处理过程中有机物的转化

厌氧（或缺氧）生物处理过程是在没有分子氧存在的条件下，兼性细菌与厌氧细菌降解和稳定有机污染物的生物处理过程。在厌氧生物处理过程中，复杂的有机物被降解，转化为简单的化合物，同时释放能量。在这个过程中，有机物的转化分为三部分：一部分转化为甲烷，这是一种可燃气体，可回收利用；还有一部分被分解为二氧化碳、水、氨、硫化氢等无机物，并为细胞合成提供能量；少量有机物被转化、合成为新的细胞物质。由于仅少量有机物用于合成，故相对于好氧生物处理，厌氧生物处理的污泥增长率小得多。

厌氧生物处理过程中有机物的转化如图 12-3 所示。

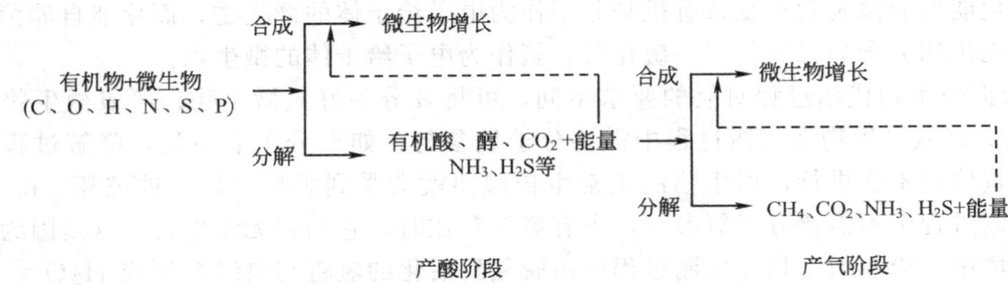

图 12-3　厌氧生物处理过程有机物转化示意

由于废水厌氧生物处理过程不需另加氧源，故运行费用低。此外，它还具有剩余污泥量少、可回收能量（CH_4）等优点。其主要缺点是反应速度较慢，反应时间较长，处理构筑物容积大，出水水质差等。为维持较高的反应速度，需维持较高的温度，就要消耗能源。

对于有机污泥和高浓度有机废水（一般 $BOD_5 \geqslant 2000mg/L$）可采用厌氧生物处理法。

三、微生物生长的营养及影响因素

营养物对微生物的作用是：a. 提供合成细胞物质所需要的物质；b. 作为产能反应的反应物，为细胞增殖的生物合成反应提供能源；c. 充当产能反应所释放电子的受氢体，所以微生物所需要的营养物质必须包括组成细胞的各种元素和产生能量的物质。

在废水生物处理过程中，为了让微生物很好地生长、繁殖，确保达到最佳的处理效果及经济效益，必须提供良好的环境条件，影响微生物生长的因素最重要的是微生物的营养、反应温度、pH 值、溶解氧以及有毒物质。

1. 微生物的营养

从微生物的细胞组成元素来看，碳和氮是构成菌体成分的重要元素，对无机营养元素，磷源是主要的，且相互间需满足一定的比例。许多学者研究了废水处理中微生物对碳、氮、磷三大营养元素的要求，碳源以 BOD_5 值表示，N 以 NH_3-N 计，P 以 PO_4^{3-}-P 计。对好氧生物处理，BOD_5：N：P＝100：5：1；对厌氧生物处理，BOD_5：N：P＝(200～400)：5：1。若比例失调，则需投加相应的营养源。对于含碳量低的工业废水，可投加生活污水或投加米泔水、淀粉浆料等以补充碳源不足；对于含氮量或含磷量低的工业废水、可投加尿素、硫酸铵等补充氮源，投加磷酸钠、磷酸钾等作为磷源。

生活污水中所含的营养比较丰富齐全，无需投加营养源，且可作为其他工业废水处理时的最佳营养源。当对工业废水采用生物法进行治理时，与生活污水合并处理是十分理想的。在进行整个城市的污水治理规划时，工业废水最好的出路（除回用外），亦是经过预处理除去对微生物有毒害作用的物质后，排入城市污水管道，与生活污水一并进入城市污水处理厂进行处理，从工程投资、运行管理以及土地征用等方面来考虑，都是十分有利的。

2. 反应温度

温度对微生物具有广泛的影响，不同的反应温度，就有不同的微生物和不同的生长规律。从微生物总体来说，生长温度范围是 0～80℃。根据各类微生物所适应的温度范围，微生物可分为高温性（嗜热菌）、中温性、常温性和低温性（嗜冷菌）四类，如表 12-2 所列。

表 12-2　各类微生物生长的温度范围

类别	最低温度/℃	最适温度/℃	最高温度/℃
高温性	30	50～60	70～80
中温性	10	30～40	50
常温性	5	10～30	40
低温性	0	5～10	30

在废水生物处理过程中，应注意控制水温。好氧生物处理以中温性微生物为主，一般控制进水水温在 20～35℃，可获得较好的处理效果。在厌氧生物处理中，微生物主要有产酸菌和产甲烷菌，产甲烷菌有中温性和高温性两种类型，中温性产甲烷菌最适温度范围为 25～40℃，高温性为 50～60℃，目前在厌氧生物反应器采用的反应温度，中温为 33～38℃，高温为 52～57℃。

随着反应温度升高，反应速率增快，微生物增长速率也随之增加，处理效果相应提高。但当温度超过其最高生长温度时，会使微生物的蛋白质变性及酶系遭到破坏而失去活性，严重时，蛋白质结构会受到破坏，导致发生凝固而使微生物死亡。低温对微生物生长往往不会致死，只有频繁的反复结冰和解冻才会使细胞受到破坏而死亡。但是低温将使微生物的代谢活力降低，通常在 5℃以下，细菌的代谢作用就大大受阻，处于生长繁殖停止状态。

3. pH 值

微生物的生化反应是在酶的催化作用下进行的，酶的基本成分是蛋白质，是具有离解基团的两性电解质，pH 值对微生物生长繁殖的影响体现在酶的离解过程中，电离形式不同催化性质也就不同；此外，酶的催化作用还取决于基质的电离状况，pH 值对基质电离状况的影响也进而影响到酶的催化作用。一般认为 pH 值是影响酶活性的最重要因素之一。

在生物处理过程中，一般细菌、真菌、藻类和原生动物的 pH 值适应范围为 4～10。大多数细菌在中性和弱碱性（pH=6.5～7.5）范围内生长最好，但也有细菌，如氧化硫化杆菌喜欢在酸性环境中生长，其最适 pH 值为 3，亦可在 pH 值为 1.5 的环境中生存。酵母菌和霉菌要求在酸性或偏酸性的环境中生存，最适 pH 值为 3～6，适应 pH 值在 1.5～10 之间。由此可见，在生物处理中，保持微生物的最适 pH 值范围是十分重要的，否则将对微生物的生长繁殖产生不良影响，甚至会造成微生物死亡，破坏反应器的正常运行。

由于在废水生物处理中通常为微生物的混合群体，所以可以在较宽的 pH 值范围内进行。但要取得较好的处理效果，则需控制在较窄的 pH 值范围内。一般好氧生物处理 pH 值可在 6.5～8.5 之间变化；厌氧生物处理要求较严格，pH 值在 6.7～7.4 之间。因此，当排出废水的 pH 值变化较大时，应设置调节池，必要时需进行中和，使废水经调节后进入生化反应器的 pH 值较稳定并保持在合适的 pH 值范围内。

4. 溶解氧

在好氧生物处理反应器中，如曝气池、生物转盘、生物滤池等需从外部供氧，一般要求反应器废水中保持溶解氧浓度在 2～4mg/L 左右为宜。

厌氧微生物对氧气很敏感，所以厌氧处理设备要严格密封，隔绝空气。

5. 有毒物质

有毒物质对微生物的毒害作用主要表现在使细菌细胞的正常结构遭到破坏，以及使菌体内的酶变质，并失去活性。有毒物质可分为：a. 重金属离子（铅、镉、铬、砷[1]、钠、铁、

[1] 砷为类金属，本书中算作重金属。

锌等)；b. 有机物类（酚、甲醛、甲醇、苯、氯苯等）；c. 无机物类（硫化物、氰化钾、氯化钠等）。

有毒物质对微生物产生毒害作用有一个量的概念，即达到一定浓度时显示出毒害作用，在允许浓度以内微生物则可以承受。对生物处理来讲，废水中存在的毒物浓度的允许范围至今还没有统一的资料，表12-3中列出的数据可供参考。由于某种有毒物质的毒性随pH值、温度以及其他毒物的存在等环境因素不同而有很大差异，或毒性加剧，或毒性减弱。另外，不同种类的微生物对同一种毒物的忍受能力也不同，经过驯化和没有经过驯化的微生物对毒物的允许浓度也相差较大。因此，对某一种废水来说，最好根据所选择的处理工艺路线通过一定的实验来确定毒物的允许浓度，如果废水中所含有毒物质超过允许浓度，必须在生化处理前进行预处理以去除有毒物质。

表 12-3 废水生物处理有毒物质允许浓度

毒物名称	允许浓度/(mg/L)	毒物名称	允许浓度/(mg/L)
亚砷酸盐	5	CN^-	5～20
砷酸盐	20	氰化钠	8～9
铅	1	硫酸根	5000
镉	1～5	硝酸根	5000
三价铬	10	苯	100
六价铬	2～5	酚	100
铜	5～10	氯苯	100
锌	5～20	甲醛	100～150
铁	100	甲醇	200
硫化物(以S计)	10～30	吡啶	400
氯化钠	10000	油脂	30～50

第二节 微生物增长与底物降解动力学

一、微生物的生长规律

废水的生物处理过程实际可看作是一种微生物的连续培养过程，即不断给微生物补充食物，使微生物数量不断增加。在微生物学中，对纯菌种培养的生长规律已有大量研究，而在废水生物处理中，活性污泥或生物膜是一个混合菌的群体，亦有它们的生长规律。

微生物的生长规律可用微生物的生长曲线来反映，此曲线代表了微生物在不同培养环境中的生长情况及微生物的整个生长过程。按微生物生长速度不同，生长曲线可划分为四个生长时期，见图12-4。

1. 适应期（停滞期）

这是微生物培养的最初阶段。在这个时期，微生物刚接入新鲜培养液中，对新的环境有一个适应过程，所以在此时期微生物的数量基本不增加，生长速度接近于零。

在废水生物处理过程中，这一时期一般在微生物的培养驯化时或处理水质突然发生变化后出现，能适应的微生物则能够生存，不能适应的微生物则被淘汰，此时微生物的数量有可能减少。

2. 对数期

微生物的代谢活动经调整，适应了新的培养环境后，在营养物质较丰富的条件下微生物的生长繁殖不受底物的限制，微生物的生长速度达到最大，菌体数量以几何级数的速度增加。菌体数量的对数值与培养时间成直线关系，故有时亦称对数期为等速生长期。增长速度的大小取决于微生物本身的世代时间及利用底物的能力，即取决于微生物自身的生理机能。

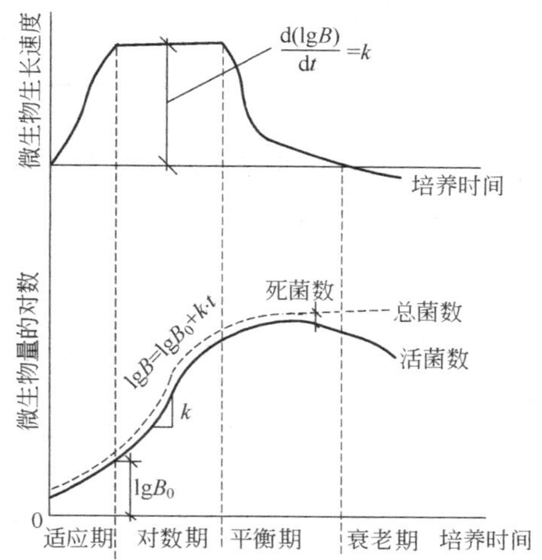

图 12-4　微生物的生长曲线

在这一时期微生物具有繁殖快、活性大、对底物分解速率快的特点。但是，为了维持微生物在对数期生长，必须提供充足的食料，使微生物处于食料过剩的环境中，微生物的生长不受底物的限制。在这种情况下，微生物体内能量高，絮凝性和沉降性能均较差，出水中有机物浓度也很高，也就是说，在废水生物处理过程中，如果控制微生物处于对数增长期，虽然反应速率快，但想取得稳定的出水以及较好的处理效果是比较困难的。

3. 平衡期

在微生物经过对数期大量繁殖后，使培养液中的底物逐渐被消耗，再加上代谢产物的不断积累，从而造成了不利于微生物生长繁殖的食物条件和环境条件，致使微生物的增长速度逐渐减慢，死亡速度逐渐加快，微生物数量趋于稳定。

4. 衰老期（内源代谢期）

在平衡期后，培养液中的底物近乎被耗尽，微生物只能利用菌体内贮存的物质或以死菌体作为养料，进行内源呼吸，维持生命。在此时期，由内源代谢造成的菌体细胞死亡速率超过新细胞的增长速率，使微生物数量急剧减少，生长曲线显著下降，故衰老期也称为内源代谢期。在细菌形态方面，此时是退化型较多，有些细菌在这个时期也往往产生芽孢。

必须指出，上述生长曲线（间歇培养）并不是细菌细胞的基本性质，只是反映了微生物的生长与底物浓度之间的依赖关系，并且曲线的形状还受供氧情况、温度、pH 值、毒物浓度等环境条件的影响。在废水生物处理中，我们通过控制底物量（F）与微生物量（M）的比值 F/M（有机负荷），使微生物处于不同的生长状况，从而控制微生物的活性和处理效果。一般在废水处理中常控制 F/M 在较低范围内，利用平衡期或内源代谢初期微生物的生长，使废水中的有机物稳定化，以取得较好的处理效果。

二、微生物增长与底物降解动力学

1. 微生物增长速度与底物浓度的关系

在细菌的培养中，关于微生物体增长的一些比较重要的先决条件是：a. 碳源；b. 能源；c. 外部电子接受体（如果需要的话）；d. 适宜的物理化学环境。如果微生物增长所需的必要条件都能得到满足，则对于某一时间增量 Δt，微生物浓度的增量 ΔX 与现存的微生物浓度 X 成正比，即

$$\Delta X \propto X\Delta t \tag{12-4}$$

引入比例常数 μ，式(12-4) 可写成等式：

$$\Delta X = \mu X \Delta t \tag{12-5}$$

方程(12-5) 两端同除 Δt，并取极限 $\Delta t \to 0$，得到微分式：

$$\mu X = (\mathrm{d}X/\mathrm{d}t)_{\mathrm{T}} \tag{12-6}$$

式中，等号左边为微生物的增长速度，量纲为(质量)×(容积$^{-1}$)×(时间$^{-1}$)。

从式(12-6) 转化可得

$$\mu = \frac{(\mathrm{d}X/\mathrm{d}t)_{\mathrm{T}}}{X} \tag{12-7}$$

由式(12-7) 可知，μ 表示每单位微生物量的增长速率，称为比增长率（或称比增长速度），时间$^{-1}$。

法国学者 Monod 在研究微生物生长的大量实验数据的基础上，提出在微生物的典型生长曲线的对数期和平衡期，微生物的增长速率不仅是微生物浓度的函数，而且是某些限制性营养物浓度的函数，其描述营养物的剩余浓度与微生物比增长率之间的关系为：

$$\mu = \mu_{\max} \frac{S}{K_{\mathrm{s}} + S} \tag{12-8}$$

式中，μ 为微生物比增长速率，时间$^{-1}$；$\mu_{\max}$ 为微生物最大比增长速率，时间$^{-1}$；S 为溶液中限制微生物生长的底物浓度，质量/容积；K_{s}为饱和常数，即当 $\mu = \mu_{\max}/2$ 时的底物浓度，故又称半速度常数，质量/容积。

式(12-8) 表示的关系如图 12-5 所示。该图说明，比增长速率与底物浓度之间的关系，与酶促反应的米-门关系式形式相同。在使用 Monod 关系式时，S 项必须是限制增长的营养物浓度，在废水生物处理过程中，一般认为碳源和能源是限制增长的营养物，以最终生化需氧量（$\mathrm{BOD_u}$）、化学需氧量（COD）或总有机碳（TOC）计。但必须注意，其他物质如氮、磷也能控制微生物的增长。

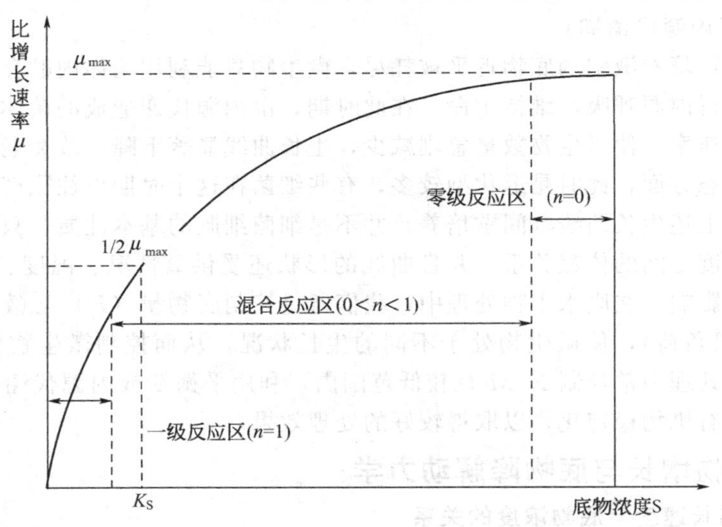

图 12-5 比增长速率与底物浓度的关系

2. 微生物增长速度与底物降解速度的关系

在微生物的代谢过程中，一部分底物被降解为低能化合物，微生物从中获得能量，一部分底物用于合成新的细胞物质，使微生物体不断增长，因此微生物的增长是底物降解的结果。在微生物代谢过程中，不同性质的底物用于合成微生物体的比例不同。但对于某一特定的废水，微生物的增长速度与底物的降解速度呈比例关系：

$$\left(\frac{dX}{dt}\right)_T=Y\left(\frac{dS}{dt}\right)_u \text{ 或 } \mu=Y\nu \tag{12-9}$$

式中，Y 为微生物产率系数，是指单位时间内，微生物合成量与底物降解量的比值；$\left(\frac{dX}{dt}\right)_T$ 为微生物总增长速度；$\left(\frac{dS}{dt}\right)_u$ 为底物去除速度；ν 为底物比去除速率，$\nu=\frac{1}{X}\left(\frac{dS}{dt}\right)_u$。

将式(12-8) 代入式(12-9)，并定义：$\nu_{max}=\frac{\mu_{max}}{Y}$，可得

$$\nu=\nu_{max}\frac{S}{K_s+S} \tag{12-10}$$

式中，ν_{max}为最大比底物去除速率。

一般在废水生物处理中，为了获得较好的处理效果，通常控制微生物处于平衡期或内源代谢初期，因此在新细胞合成的同时，部分微生物也存在内源呼吸而导致微生物体产量的减少。内源呼吸时微生物体的自身氧化速率与现阶段微生物的浓度成正比，即

$$\left(\frac{dX}{dt}\right)_E=k_d X \tag{12-11}$$

式中，k_d为微生物衰减系数，它表示单位时间单位微生物量由于内源呼吸而自身氧化的量，时间$^{-1}$。

因此，微生物体的净增长速率为

$$\left(\frac{dX}{dt}\right)_g=\left(\frac{dX}{dt}\right)_T-\left(\frac{dX}{dt}\right)_E \tag{12-12}$$

将式(12-9) 和式(12-11) 代入式(12-12) 中，可得：

$$\mu'=Y\nu-k_d \tag{12-13}$$

$$\mu'=\frac{1}{X}\left(\frac{dX}{dt}\right)_g$$

式中，μ'为微生物比净增长速度。

式(12-13) 表示微生物在低比增长率的情况下自身氧化对净增长率的影响。在实际工程中，这种影响通常用一个实测产率系数来表示，即

$$\mu'=Y_{obs}\nu \tag{12-14}$$

式中，Y_{obs}为可变观测产率系数（或称实测产率系数）。

式(12-13) 与式(12-14) 均表达了生物反应器内，微生物的净增长与底物降解之间的基本关系。所不同的是，式(12-13) 要求从微生物的理论产量中减去维持生命所自身氧化的量，而式(12-14) 描述的是考虑了总的能量需要量之后的实际观测产量。

式(12-8)、式(12-10) 及式(12-13) 和式(12-14) 是废水生物处理工程中目前常用的基本的反应动力学方程式，式中的K_s、μ_{max}、Y、k_d等动力学系数可通过实验求出。在实践中，根据所研究的特定处理系统，通过建立微生物量和底物量的平衡关系，可以建立不同类型生物处理设备的数学模型，用于生物处理工程的设计和运行管理，具体应用参见以后有关章节。

【例 12-1】 20℃时在完全混合反应器中进行连续微生物培养增长实验，获得实验数据如下：

μ/h^{-1}	$S_e/(mg/L)$	μ/h^{-1}	$S_e/(mg/L)$
0.66	20.0	0.38	5.0
0.50	10.0	0.28	4.0
0.40	6.6		

试确定最大比增长率 μ_{max} 和饱和常数 K_s 的值。

解 将 Monod 方程变形为下式：

$$\frac{1}{\mu}=\frac{K_s}{\mu_{max}}\left(\frac{1}{S}\right)+\frac{1}{\mu_{max}}$$

把实验结果按 $\frac{1}{\mu}$-$\frac{1}{S_e}$ 整理如下表：

$\frac{1}{\mu}/h$	$\frac{1}{S_e}/(mg/L)^{-1}$	$\frac{1}{\mu}/h$	$\frac{1}{S_e}/(mg/L)^{-1}$
1.62	0.05	3.03	0.20
2.00	0.10	3.57	0.25
2.50	0.15		

作 $\frac{1}{\mu}$-$\frac{1}{S_e}$ 关系图如图 12-6 所示。

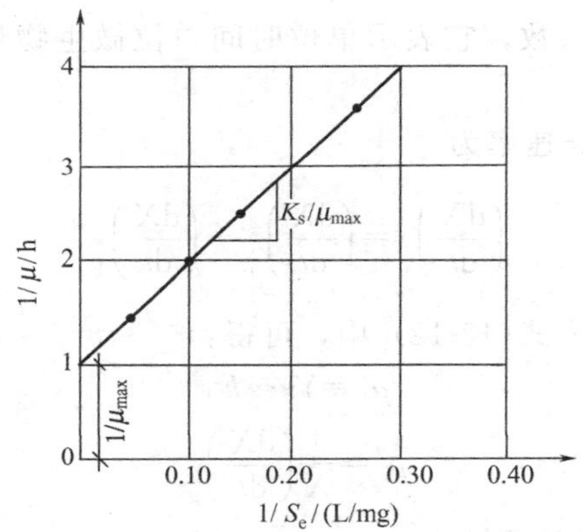

图 12-6 图解法求 K_s 和 μ_m

由图 12-6 可得：

$$\frac{1}{\mu_{max}}=1$$

$$\frac{K_s}{\mu_{max}}=\frac{4-1}{0.3}=10$$

$$K_s=10(mg/L)$$

$$\mu_{max}=1(h^{-1})$$

第三节 废水可生化性

一、废水可生化性概念

废水生物处理是以废水中所含污染物作为营养源，利用微生物的代谢作用使污染物被降解，废水得以净化。显然，如果废水中的污染物不能被微生物降解，生物处理是无效的。如果废水中的污染物可被微生物降解，则在设计状态下废水可获得良好的处理效果。但是当废水中突然进入有毒物质，超过微生物的忍受限度时，将会对微生物产生抑制或毒害作用，使系统的运行遭到严重破坏。因此对废水成分的分析以及判断废水能否采用生物处理是设计废水生物处理工程的前提。

废水可生化性的实质是指废水中所含的污染物通过微生物的生命活动来改变污染物的化学结构，从而改变污染物的化学和物理性能所能达到的程度。研究污染物可生化性的目的在于了解污染物质的分子结构能否在生物作用下分解到环境所允许的结构形态，以及是否有足够快的分解速度，所以对废水进行可生化性研究只研究可否采用生物处理，并不研究分解成什么产物，即使有机污染物被生物污泥吸附而去除也是可以的。因为在停留时间较短的处理设备中，某些物质来不及被分解，允许其随污泥进入消化池逐步分解。事实上，生物处理并不要求将有机物全部分解成 CO_2、H_2O 和硝酸盐等，而只要求将水中污染物去除到环境所允许的程度。

多年来，国内外在各类有机物生物分解性能的研究方面积累了大量的资料，以化工废水中常见的有机物为例，各种物质的可降解性归纳于表 12-4 中，供研究者参考。

表 12-4 各类有机物的可降解性及特例

类别	可生物降解性特征	特例
碳水化合物	易于分解，大部分化合物的 $\frac{BOD_5}{COD}>50\%$	纤维素、木质素、甲基纤维素、α-纤维素生物降解性较差
烃类化合物	对生物氧化有阻抗，环烃比脂烃更甚。实际上大部分烃类化合物不易被分解，小部分如苯、甲苯、乙基苯以及丁苯异戊二烯，经驯化后可被分解，大部分化合物的 $\frac{BOD_5}{COD}\leqslant 25\%$	松节油、苯乙烯较易被分解
醇类化合物	能够被分解，主要取决于驯化程度，大部分化合物的 $\frac{BOD_5}{COD}>40\%$	特丁醇、戊醇、季戊四醇表现高度的阻抗性
酚类化合物	能够被分解。需短时间的驯化，一元酚、二元酚、甲酚及许多酚都能够被分解，大部分化合物的 $\frac{BOD_5}{COD}>40\%$	2,4,5-三氯苯酚、硝基酚具有较高的阻抗性，较难分解
醛类化合物	能够被分解，大多数化合物的 $\frac{BOD_5}{COD}>40\%$	丙烯醛、三聚丙烯醛需长期驯化 苯醛、3-羟基丁醛在高浓度时表现高度阻抗
醚类化合物	对生物降解的阻抗性较大，比酚、醛、醇类物质难于降解。有一些化合物经长期驯化后可以分解	乙醚、乙二醚不能被分解
酮类化合物	可生化性较醇、醛、酚差，但较醚强，有一部分酮类化合物经长期驯化后，能够被分解	
氨基酸	生物降解性能良好，$\frac{BOD_5}{COD}$ 可大于 50%	胱氨酸、酪氨酸需较长时间驯化才能被分解
含氮化合物	苯胺类化合物经长期驯化可被分解，硝基化合物中的一部分经驯化后可降解。胺类大部分能够被降解	N,N-二乙基苯胺、异丙胺、二甲苯胺实际上不能被降解
氰或腈	经驯化后容易被降解	

续表

类 别	可生物降解性特征	特例
乙烯类	生物降解性能良好	巴豆醛在高浓度时可被降解，在低浓度时产生阻抗作用的有机物
表面活性剂类	直链烷基芳基硫化物经长期驯化后能够被降解，"特型"化合物则难于降解，高分子量的聚乙氧酯和酰胺类更为稳定，难于生物降解	
含氧化合物	氧乙基类(醚链)对降解作用有阻抗，其高分子化合物阻抗性更大	
卤素有机物	大部分化合物不能被降解	氯丁二烯、二氯乙酸、二氯苯醋酸钠、二氯环已烷、氯乙醇等可被降解

在分析污染物的可生化性时，还应注意以下几点。

① 一些有机物在低浓度时毒性较小，可以被微生物所降解。但在浓度较高时，则表现出对微生物的强烈毒性，常见的酚、氰、苯等物质即是如此。如酚浓度在1%时是一种良好的杀菌剂，但在500mg/L以下，则可被经过驯化的微生物降解。

② 废水中常含有多种污染物，这些污染物在废水中混合后可能出现复合、聚合等现象，从而增大其抗降解性。有毒物质之间的混合往往会增大毒性作用，因此，对水质成分复杂的废水不能简单地以某种化合物的存在来判断废水生化处理的难易程度。

③ 所接种的微生物的种属是极为重要的影响因素。不同的微生物具有不同的酶诱导特性，在底物的诱导下，一些微生物可能产生相应的诱导酶，而有些微生物则不能，从而对底物的降解能力也就不同。目前废水处理技术已发展到采用特效菌种和变异菌处理有毒废水的阶段，对有毒物质的降解效率有了很大提高。

目前，国内外的生物处理系统大多采用混合菌种，通过废水的驯化进行自然的诱导和筛选，驯化程度对底物降解效率有很大影响。如处理含酚废水，在驯化良好时，酚的接受浓度可由几十毫克/升提高到500～600mg/L。

④ pH值、水温、溶解氧、重金属离子等环境因素对微生物的生长繁殖及污染物的存在形式有影响，因此，这些环境因素也间接地影响废水中有机污染物的可降解程度。

由于废水中污染物的种类繁多，相互间的影响错综复杂，所以一般应通过实验来评价废水的可生化性，判断采用生化处理的可能性和合理性。

二、可生化性的评价方法

1. BOD_5/COD 值法

BOD_5和COD是废水生物处理过程中常用的两个水质指标，用BOD_5/COD值评价废水的可生化性是广泛采用的一种最为简易的方法。在一般情况下，BOD_5/COD值越大，说明废水可生化性越好。综合国内外的研究结果，可参照表12-5中所列数据评价废水的可生化性。

表 12-5　废水可生化性评价参考数据

BOD_5/COD	>0.45	0.3～0.45	0.2～0.3	<0.2
可生化性	好	较 好	较 难	不 宜

在使用此法时。应注意以下几个问题。

① 某些废水中含有的悬浮性有机固体容易在COD的测定中被重铬酸钾氧化，并以

COD 的形式表现出来。但在 BOD 反应瓶中受物理形态限制，BOD 数值较低，致使 BOD_5/COD 值减小。而实际上悬浮有机固体可通过生物絮凝作用去除，继之可经胞外酶水解后进入细胞内被氧化，其 BOD_5/COD 值虽小，可生化性却不差。

② COD 测定值中包含了废水中某些无机还原性物质（如硫化物、亚硫酸铁、亚硝酸盐、亚铁离子等）所消耗的氧量，BOD_5 测定值中也包括硫化物、亚硫酸盐、亚铁离子所消耗的氧量。但由于 COD 与 BOD_5 测定方法不同，这些无机还原性物质在测定时的终态浓度及状态都不尽相同，亦即在两种测定方法中所消耗的氧量不同，从而直接影响 BOD_5 和 COD 的测定值及其比值。

③ 重铬酸钾在酸性条件下的氧化能力很强，在大多数情况下，BOD_5/COD 值可近似代表污水中全部有机物的含量。但有些化合物如吡啶不被重铬酸钾氧化，不能以 COD 的形式表现出需氧量，但却可能在微生物作用下被氧化，以 BOD_5 的形式表现出需氧量，因此对 BOD_5/COD 值产生很大影响。

综上所述，废水的 BOD_5/COD 值不可能直接等于可生物降解的有机物占全部有机物的百分数，所以，用 BOD_5/COD 值来评价废水的生物处理可行性尽管方便，但比较粗糙，欲做出准确的结论，还应辅以生物处理的模型实验。

2. BOD_5/TOD 值法

对于同一废水或同种化合物，COD 值一般总是小于或等于 TOD 值，不同化合物的 COD/TOD 值变化很大，如吡啶为 2%、甲苯为 45%、甲醛为 100%，因此，以 TOD 代表废水中的总有机物含量要比 COD 准确，即用 BOD_5/TOD 值来评价废水的可生化性能得到更好的相关性。

通常，废水的 TOD 由两部分组成，其一是可生物降解的 TOD（以 TOD_B 表示），其二是不可生物降解的 TOD（以 TOD_{NB} 表示），即：

$$TOD = TOD_B + TOD_{NB} \tag{12-15}$$

在微生物的代谢作用下，TOD_B 中的一部分氧化分解为 CO_2 和 H_2O，另一部分合成为新的细胞物质。合成的细胞物质将在内源呼吸过程中被分解，并有一些细胞残骸最终要剩下来。上述有机物的生物降解过程可用图 12-7 表示。

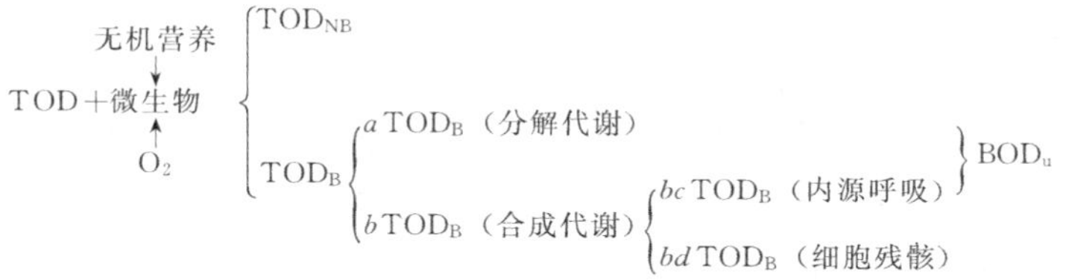

无机营养 → TOD＋微生物 ← O_2 → TOD_{NB}；TOD_B ｛ $a\,TOD_B$（分解代谢）；$b\,TOD_B$（合成代谢）｛ $bc\,TOD_B$（内源呼吸）；$bd\,TOD_B$（细胞残骸）｝ ｝；$a\,TOD_B$ 与 $bc\,TOD_B$ → BOD_u

图 12-7　TOD 的代谢模式

根据图 12-7 模式，可建立如下关系式：

$$BOD_u = a\,TOD_B + bc\,TOD_B \tag{12-16}$$

将式(12-16) 代入式(12-15) 并整理得：

$$TOD = \frac{BOD_u}{a+bc} + TOD_{NB} \tag{12-17}$$

在碳化阶段，BOD 反应接近一级反应动力学，其 BOD_5 与 BOD_u 的关系为 $BOD_5 = BOD_u\ (1-10^{-5k})$，将此式代入式(12-17) 中，整理得：

$$TOD = m\,BOD_5 + TOD_{NB} \tag{12-18}$$

式中

$$m = \frac{1}{(a+bc)(1-10^{-5k})}$$

式(12-18) 揭示了废水中的 BOD_5 与 TOD 的内在联系。整理可得：

$$\frac{BOD_5}{TOD}=\frac{1}{m}\frac{TOD_B}{TOD} \tag{12-19}$$

式(12-19) 可作为评价废水可生化性的基本公式。式中包含两个因素：其一是反映有机物的可生物降解程度（TOD_B/TOD）；其二是反映有机物的生物降解速度$\left(\frac{1}{m}=\frac{BOD_5}{TOD_B}\right)$，二者之积则表示有机物的可生化性。采用 BOD_5/TOD 值评价废水可生化性时，有些研究者推荐采用表 12-6 所列标准。

表 12-6　废水可生化性评价参考数据

BOD_5/TOD 值	＞0.4	0.2～0.4	＜0.2
废水可生化性	易生化	可生化	难生化

有的研究者对几种化学物质用未经驯化的微生物接种，逐日测定 BOD_5 和 TOD，再以 BOD_5/TOD 值与培养时间 t 作图，得图 12-8 所示的四种形式的关系曲线。Ⅰ型（乙醇）所示为生化性良好，宜用生化法处理。Ⅱ型表示乙腈虽然对微生物无毒害作用，但其生物降解性能较差，这样的污染物需经过一段时间的微生物驯化，才能确定是否可用生化法处理。Ⅲ型所示乙醚的生物降解性能更差，而且还有一定抑制作用，这样的污染物需经过更长时间的微生物驯化才能做出判断。Ⅳ型所示吡啶对微生物具有强抑制作用，在不驯化条件下难于生物分解。

在测定 BOD_5 时，是否采用驯化菌种对 BOD_5/TOD 值及评价结论影响很大。例如，吡啶以不同的微生物接种，表现出不同的 BOD_5/TOD 值（图 12-9），从而会得到不同的结论。因此，为使研究工作与以后的生产条件相近，在测定废水或有机化合物的 BOD_5 时，必须接入驯化菌种。

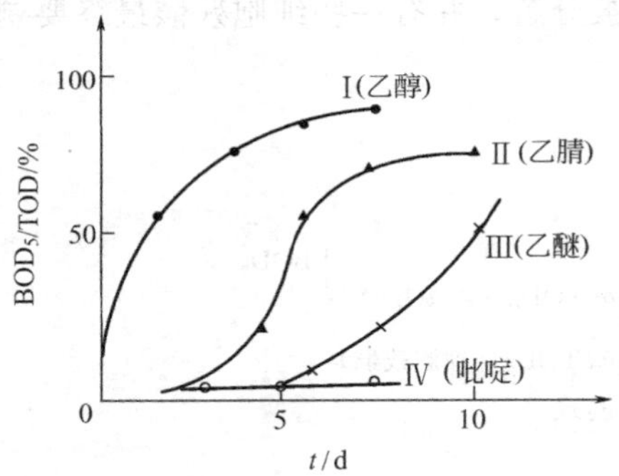

图 12-8　几种物质的 BOD_5/TOD 值

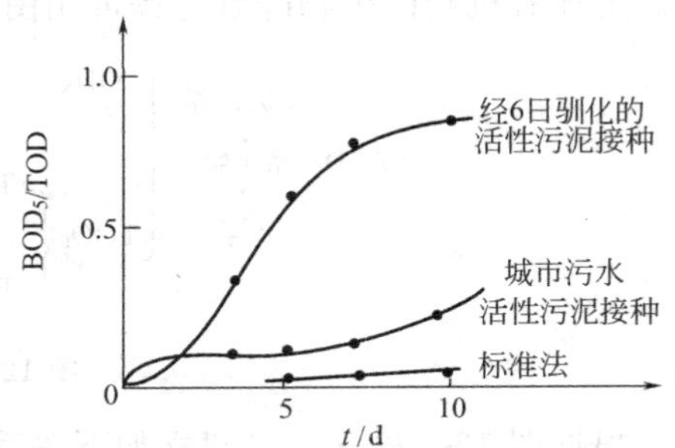

图 12-9　不同接种对吡啶 BOD_5/TOD 值的影响

3. 耗氧速率法

在有氧条件下，微生物在代谢底物时消耗氧。表示耗氧速度或累积耗氧量随时间而变化的曲线，称为耗氧曲线；投加底物的耗氧曲线称为底物耗氧曲线；处于内源呼吸期的污泥耗氧曲线称为内源呼吸曲线。在微生物的生化活性、温度、pH 值等条件确定的情况下，耗氧速度将随可生物降解有机物浓度的提高而提高，因此，可用耗氧速率来评价废水的可生化性。

耗氧曲线的特征与废水中有机污染物的性质有关，图 12-10 为几种典型的耗氧曲线。

a 为内源呼吸曲线，当微生物处于内源呼吸期时，其耗氧量仅与微生物量有关，在较长一段时间内耗氧速度是恒定的，所以内源呼吸曲线为一条直线。若废水中有机污染物的耗氧曲线与内源呼吸曲线重合，说明有机污染物不能被微生物分解，但对微生物也无抑制作用。

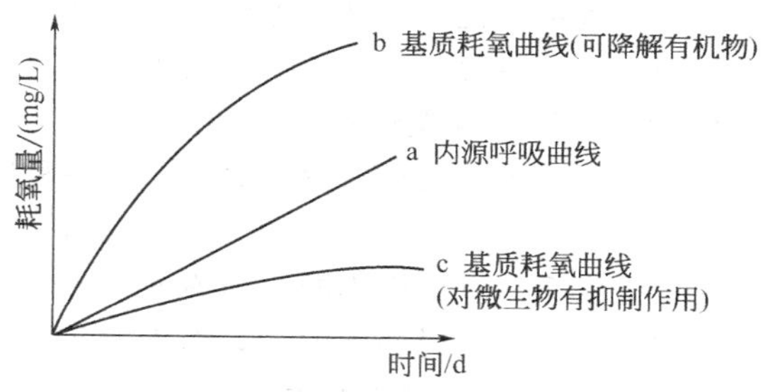

图 12-10　微生物呼吸耗氧曲线

b 为可降解有机污染物的耗氧曲线，此曲线应始终在内源呼吸曲线的上方。起始时，因反应器内可降解的有机物浓度高，微生物代谢速度快，耗氧速度也大，随着有机物浓度的减小，耗氧速度下降，最后微生物群体进入内源代谢期，耗氧曲线与内源呼吸曲线平行。

c 为对微生物有抑制作用的有机污染物的耗氧曲线。该曲线越接近横坐标，离内源呼吸曲线越远，说明废水中对微生物有抑制作用的物质的毒性越强。

在图 12-10 中，与 b 类耗氧曲线相对应的废水是可生物处理的，在某一时间内，b 与 a 之间的间距越大，说明废水中的有机污染物越易于生物降解。曲线 b 上微生物进入内源呼吸时的时间 t_A，可以认为是微生物氧化分解废水中可生物降解有机物所需的时间。在 t_A 时间内，有机物的耗氧量与内源呼吸耗氧量之差，就是氧化分解废水中有机污染物所需的氧量。根据图示结果及 COD 测定值、混合液悬浮固体 MLSS（或混合液挥发性悬浮体 MLVSS）测定值，可以计算出废水中有机物的氧化百分率，计算式如下：

$$E=\frac{(O_1-O_2)\times \text{MLSS}}{\text{COD}}\times 100\% \tag{12-20}$$

式中，E 为有机物氧化分解百分率；O_1 为有机物耗氧量，mg/L；O_2 为内源呼吸耗氧量，mg/L；MLSS 为混合液悬浮固体浓度，mg/L。

显然，t_A 越小，(O_1-O_2) 越大或 E 越大，废水的可生化性就越好。

另一种做法是用相对耗氧速度 R（%）来评价废水的可生化性，计算公式如下：

$$R=V_s/V_0\times 100\% \tag{12-21}$$

式中，V_s 为投加有机物的耗氧速度，$mgO_2/(gMLSS\cdot h)$；V_0 为内源呼吸耗氧速度，$mgO_2/(gMLSS\cdot h)$。

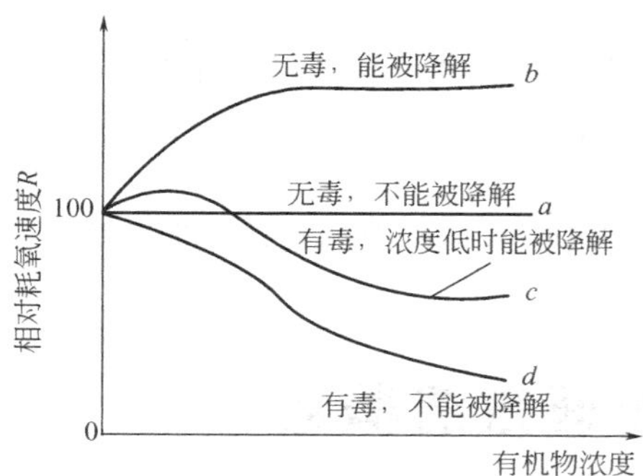

图 12-11　不同有机物的相对耗氧曲线

V_s 与 V_0 一般应采用同一测定时间的平均值。图 12-11 是不同有机物的相对耗氧曲线。

① a 类曲线　相应的有机污染物不能被微生物分解，对微生物的活性亦无抑制作用。

② b 类曲线　相应的有机污染物是可生物降解的物质。

③ c 类曲线　相应的有机污染物在一定浓度范围内可以生物降解，超过这一浓度范围时，则对微生物产生抑制作用。

④ d 类曲线　相应的有机污染物不可生物降解，且对微生物具有毒害抑制作用，一些重金属离子也有与此相同的作用。

由于影响有机污染物耗氧速度的因素很多，所以用耗氧曲线定量评价有机物的可生化性时，需对活性污泥的来源、驯化程度、浓度、有机物浓度、反应温度等条件作出严格的规定。测定耗氧量及耗氧速度的方法较多，如华氏呼吸仪测定法、曝气式呼吸仪测定法、双瓶呼吸计测定法、溶解氧测定仪测定法等。

4. 摇床试验与模型试验

(1) 摇床试验　又称振荡培养法，是一种间歇投配连续运行的生物处理装置。摇床试验是在培养瓶中加入驯化活性污泥、待测物质及无机营养盐溶液，在摇床上振摇，培养瓶中的混合液在摇床振荡过程中不断更新液面，使大气中的氧不断溶解于混合液中，以供微生物代谢有机物，经过一定时间间隔后，对混合液进行过滤或离心分离，然后测定上清液的COD或BOD，以考察待测物质的去除效果。

摇床上可同时放置多个培养瓶，因此摇床试验可一次进行多种条件试验，对于选择最佳操作条件非常有利。

日本在1968年曾规定合成洗涤剂的可生物降解性试验必须采用摇床法。试验使用的污泥应为驯化污泥，合成洗涤剂浓度应为30mg/L，要求经过7日培养后应达85%以上的去除率。

(2) 模型试验　是指采用生物处理的模型装置考察废水的可生化性。模型装置通常可分为间歇流和连续流反应器两种。

间歇流反应器模型试验是在间歇投配驯化活性污泥和待测物质及无机营养盐溶液的条件下连续曝气充氧来完成的。在选定的时间间隔内取样分析COD或BOD等水质指标，从而确定待测物质或废水的去除率及去除速率。常用的间歇流反应器如图12-12所示。

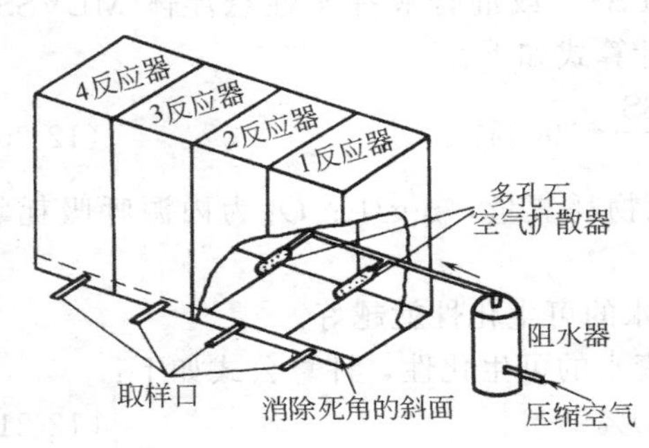

图12-12　间歇流反应器

连续流反应器是指连续进水、出水，连续回流污泥和排除剩余污泥的反应器。用这种反应器研究废水的可生化性时，要求在一定时间内进水水质稳定，通过测定进、出水的COD等指标来确定废水中有机物的去除速率及去除率。连续流反应器的形式多种多样，这种试验是对连续流污水或废水处理厂的模拟，试验时可阶段性地逐渐增加待测物质的浓度，这对于确定待测物质的生物处理极限浓度很有意义。如果对某种废水缺乏应有的处理经验，这种试验完全可以为研究人员合理选择处理工艺参数提供有效的帮助。

采用模型试验确定废水或有机物的可生化性的优点是成熟和可靠，同时可进行生化处理条件的探索，求出废水的合理稀释度、废水处理停留时间及其他设计与运行参数。缺点是耗费的人力物力较大，需时较长。

除上述各种方法外，还有动力学常数法、彼特（P. Pitter）标准测定法、脱氢酶活性法等方法可用于研究废水的可生化性评价。

第四节　废水生物处理方法概述

一、生物处理方法分类

从微生物的代谢形式出发，生物处理方法主要可分为好氧生物处理和厌氧生物处理两大类型。按照微生物的生长方式，可分为悬浮生长型和固着生长型两类。此外，按照系统的运行方式可分为连续式和间歇式，按照主体设备中的水流状态，可分为推流式和完全混合式等类型。现大致归纳如下：

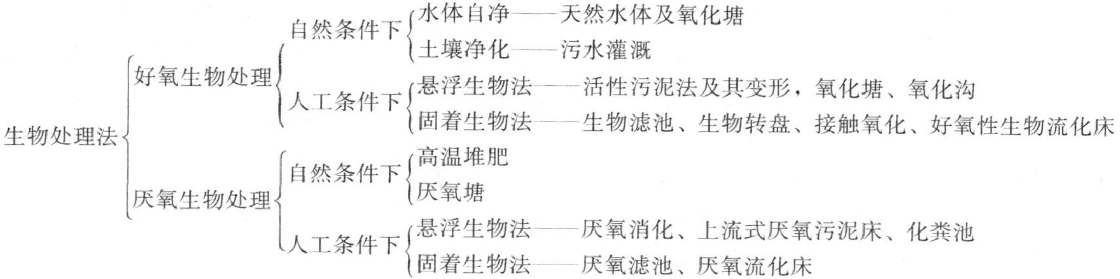

好氧生物处理与厌氧生物处理的区别主要有如下几方面。

① 作用的微生物种群不同　好氧生物处理是由好氧微生物和兼性微生物起作用的；而厌氧生物处理是两大类群的微生物起作用，先是厌氧菌和兼性菌，后是另一类专性厌氧菌，即产甲烷菌。

② 产物不同　好氧生物处理中，有机物被转化为 CO_2、H_2O、NH_3 或 NO_2^-、NO_3^-、PO_4^{3-}、SO_4^{2-} 等，且基本无害，处理后废水无异臭。厌氧生物处理中，有机物被转化为 CH_4、CO_2、NH_3、N_2、H_2S 以及中间产物等，产物复杂，出水有异臭。

③ 反应速率不同　好氧生物处理由于有氧作为受氢体，有机物分解比较彻底，释放的能量多，故有机物转化速率快，处理设备内停留时间短，设备体积小。厌氧生物处理有机物氧化不彻底，释放的能量少，所以有机物转化速率慢，需要时间长，设备体积庞大。

④ 对环境要求条件不同　好氧生物处理要求充分供氧，对环境条件要求不太严格。厌氧生物处理要求绝对厌氧的环境，对 pH 值、温度等环境因素较敏感，要求严格控制。

二、生物处理方法的发展沿革

1. 好氧生物处理法的发展沿革

好氧生物处理法主要有活性污泥法和生物膜法两大类。活性污泥法是水体自净的人工强化方法，是一种依靠在曝气池内呈悬浮、流动状态的微生物群体的凝聚、吸附、氧化分解等作用来去除污水中有机物的方法。生物膜法则是土壤自净（如灌溉田）的人工强化方法，是一种使微生物群体附着于某些载体的表面上，通过与污水接触，生物膜上的微生物摄取污水中的有机物作为营养并加以代谢，从而使污水得到净化的方法。

(1) 活性污泥法的发展沿革　活性污泥法于 1911 年首先在英国被应用。近 30 多年来，随着对其生物反应和净化机理的广泛深入的研究，以及该法在生产应用技术上的不断改进和完善，使其得到了迅速发展，相继出现了多种工艺流程和工艺方法，使得该法的应用范围逐渐扩大，处理效果不断提高，工艺设计和运行管理更加科学化。目前，活性污泥法已成为城市污水、有机工业废水的有效处理方法和污水生物处理的主流方法。

几十年来，人们对普通活性污泥法（或称传统活性污泥法）进行了许多工艺方面的改革和净化功能方面的研究。在污泥负荷率方面，按照污泥负荷率的高低，分成了低负荷率法、常负荷率法和高负荷率法；在进水点位置方面，出现了多点进水和中间进水的阶段曝气法和生物吸附法、A-B 法、污泥再曝气法；在曝气池混合特征方面，改革了传统法的推流式，采用了完全混合法；为了提高溶解氧的浓度、氧的利用率和节省空气量，研究了渐减曝气法、纯氧曝气法和深井曝气法。

近十多年来，为了提高进水有机物浓度的承受能力，提高污水处理的效能，强化和扩大活性污泥法的净化功能，人们又研究开发了两段活性污泥法、粉末炭-活性污泥法、加压曝气法多种形式的氧化沟、SBR 法等处理工艺；开展了生物脱氮、除磷等方面的研究与应用；

同时，在采用化学法与活性污泥法相结合的处理方法，净化含难降解有机物污水等方面也进行了研究与应用。目前，活性污泥法正在朝着快速、高效、低耗等多功能方向发展。

(2) 生物膜法的发展沿革　生物膜法是与活性污泥法并列的一种好氧生物处理技术。第一个生物膜法处理设施（生物滤池）1893年在英国试验成功，1900年后开始付诸污水处理实践，并迅速在欧洲和北美得到广泛应用。早期出现的生物滤池（普通生物滤池）虽然处理污水效果较好，但其负荷低，占地面积大，易堵塞，其应用受到了限制。后来人们对其进行了改进，如将处理后的水回流等，从而提高了水力负荷和BOD负荷，这就是高负荷生物滤池。20世纪50年代，在前西德建造了塔式生物滤池，这种滤池高度大，具有通风良好、净化效能高、占地面积小等优点，其水力负荷和有机物负荷比高负荷生物滤池分别高2～10倍和2～3倍，是一种高效能的生物处理设备。

20世纪70年代初期，一些国家将化工领域中的流化床技术应用于污水生物处理中，出现了生物流化床。生物流化床主要有两相流化床和三相流化床。多年来的研究和运行结果表明，生物流化床具有容积负荷高、抗冲击负荷强、微生物活性高、传质效果好等特点，其缺点是设备的磨损较固定床严重以及运行过程中生物颗粒流失等。

生物活性炭法是20世纪70年代末发展起来的一种新型水处理工艺，已被世界上许多国家采用，尤其在西欧使用更为广泛。该工艺的研究在我国已有几十年的历史，目前已进入实用阶段。应用实践证实，生物活性炭的吸附容量与单纯活性炭吸附容量相比，前者比后者提高2～30倍，说明生物活性炭具有微生物和活性炭的叠加和协同作用。该工艺对城市污水的深度处理安全适用，对难生物降解而可吸附性好的污染物，亦有很好的去除效果。

20世纪70年代中期出现的生物接触氧化法、投料活性污泥法，均是兼有活性污泥法和生物膜法特点的生物处理法，由于它们具有许多优点，因此也受到人们的重视。

2. 厌氧生物处理法的发展沿革

厌氧生物处理法是在无氧的条件下由兼性厌氧菌和专性厌氧菌来降解有机污染物的处理方法。从20世纪70年代起，出现了世界性能源紧张，促使污水处理向节能和产能方向发展。厌氧处理最大的特点是既节能又产能，因此，厌氧生物处理法引起了人们的注意，其理论研究和实际应用都取得了很大的进展。在厌氧消化机理方面，新的甲烷菌不断被发现，多种代谢模式先后被提出，这些都对厌氧生物处理工艺的研究起到了指导作用。厌氧生物处理技术主要朝两个方向发展。

① 最大限度地提高反应器生物持有量，通过生物量比好氧反应器中高几倍甚至几十倍，使处理效率接近或达到好氧处理的效率。在此基础上开发出大量新型厌氧反应器，其共同特征为有机负荷高、处理能力强。

② 利用厌氧细菌的特点，采取相分离技术，开发出两相厌氧反应器或分级厌氧反应器，发挥不同厌氧菌群的各自特点，在各自的反应器中各司其职，充分发挥作用，从而提高转化效率。

一些新的厌氧处理工艺或设备，如上流式厌氧污泥床、厌氧填充床反应器（1969）、升流式厌氧污泥层反应器（1979）、厌氧流化床反应器（1979）、厌氧膨胀床反应器（1981）、复合式厌氧反应器、厌氧折流板反应器、内循环升流式厌氧污泥反应器、厌氧序批式反应器、厌氧生物转盘、上流式厌氧滤池、厌氧接触法及两相厌氧消化工艺等相继出现，使厌氧生物处理法所具有的能耗小并可回收能源、剩余污泥量少、生成的污泥稳定、易处理、对高浓度有机污水处理效率高等优点得到充分体现。厌氧生物处理法经过多年的发展，现已成为污水处理的主要方法之一，不但可用于处理高浓度和中等浓度的有机污水及好氧处理过程中所产生的剩余有机污泥，还可以用于低浓度有机污水的处理。

3. 好氧与厌氧相结合的处理方法

传统的生物处理方法主要着眼于除去有机污染物，而对氮、磷等营养物质的去除率很低。由于水体富营养化问题加剧，20 世纪 60 年代以来，生物脱氮除磷工艺受到重视，先后开发了厌氧-好氧（A_1-O）和缺氧-好氧（A_2-O）组合工艺，在去除有机物的同时，前者可去除废水中的磷，后者可脱除废水中的氮。继而又将上述两工艺优化组合，构成可以同时脱氮除磷并处理有机物的 A_1-A_2-O 组合工艺（或称 A^2/O）。该组合工艺处理效率高，经简单预处理的废水依次经过厌氧、缺氧和好氧三段处理，可达到三级处理出水标准、对难生物降解的有机物也有较高的去除效果。而且，污泥沉淀性能好，电耗和药耗少，运行费用低。我国从 20 世纪 80 年代初开始研究采用上述组合工艺，已在广州、桂林等地建成多个采用 A^2/O 工艺的废水处理厂，运行效果好。

随着研究与应用的深入，废水生物处理方法、设备和流程不断发展与革新，与传统方法相比，在适用的污染物种类、浓度、负荷、规模，以及处理效果、费用和稳定性等方面都大大改善了。酶制剂及纯种微生物的应用，酶和细胞的固定化技术等又会将现有的生化处理水平提高到一个新的高度。

思考题与习题

1. 微生物新陈代谢活动的本质是什么？它包含了哪些内容？
2. 写出 Monod 方程，并简述饱和常数 K_s 的意义。
3. 画出微生物生长曲线，并简述微生物的生长过程。
4. 什么叫好氧生物处理和厌氧生物处理？它们的方法原理、优缺点、适用条件各有什么区别？
5. 什么是污水的可生化性？如何进行判断？能否提高并怎样提高污水的可生化性？
6. 试讨论好氧和厌氧生物处理技术的现状与发展。

第十三章 好氧活性污泥法

第一节 基本原理

一、活性污泥法净化废水机理

活性污泥法是利用悬浮生长的微生物絮体处理有机废水的生物处理方法。这种生物絮体叫作活性污泥，活性污泥是由多种好氧微生物与兼性微生物（某些情况下还可能有少量厌氧微生物）与废水中的有机和无机固体物混合交织在一起形成的絮状体组成，具有降解废水中有机污染物（有些也可利用部分无机物）的能力，显示生物化学活性。如果向一桶粪便污水连续鼓入空气，经过一段时间（几天），由于污水中微生物的生长与繁殖，将逐渐形成带褐色的污泥状絮体，即活性污泥，在显微镜下观察，可看到大量的微生物。

活性污泥法净化废水机理主要包括下述 3 个过程。

1. 活性污泥对有机物的吸附作用

废水与活性污泥微生物充分接触，形成悬浊混合液，废水中的污染物被比表面积巨大且表面含有多糖类黏性物质的微生物吸附和粘连。呈胶态的大分子有机物被吸附后，首先被水解酶作用分解为小分子物质，然后这些小分子与溶解性有机物一道在透膜酶的作用下或在浓差推动下选择性渗入细胞体内。

初期吸附过程进行得十分迅速，在这一过程中，对于含悬浮状态和胶态有机物较多的废水，有机物的去除率是相当高的，往往在 10～40min 内，BOD_5 可下降 80%～90%。此后，下降速度迅速减缓。也有人发现，胶体状的和溶解性的混合有机物被活性污泥吸附后，有再扩散且使 BOD_5 回升的现象，如图 13-1 所示。

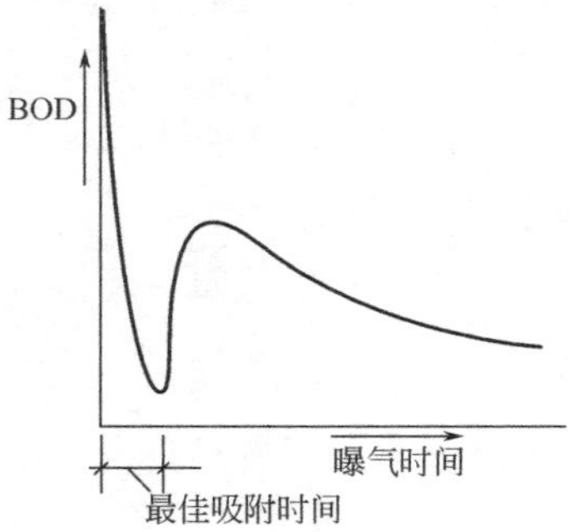

图 13-1 胶体有机物的去除过程

对活性污泥的吸附机理曾做过大量试验研究，较多的研究者认为是物理吸附和生物吸附的综合作用，可用 Freundlich 模型或如下数学式描述吸附等温线。

$$\frac{\mathrm{d}s}{\mathrm{d}X}=K_{\mathrm{s}} \tag{13-1}$$

式中，s 为废水中底物浓度，用 BOD_5 表示；X 为活性污泥混合液的悬浮固体浓度（MLSS）；K_s 为一次反应常数或初期去除常数。

2. 被吸附有机物的氧化分解与同化

微生物的代谢过程如第十二章所述，吸收进入细胞体内的污染物通过微生物的代谢反应而被降解，一部分经过一系列中间状态氧化为最终产物 CO_2 和 H_2O 等，另一部分则转化为新的有机体，使细胞增殖。一般来说，自然界中的有机物都可以被某些微生物所分解，多数合成有机物也可以被经过驯化的微生物分解。不同的微生物对不同的有机物的代谢途径各不相同，对同一种有机物也可能有几条代谢途径。活性污泥法是多底物多菌种的混合培养系统，其中存在错综复杂的代谢方式和途径，它们相互联系，相互影响。因此，代谢过程速度只能宏观地描述。

3. 活性污泥絮体的凝聚与分离

絮凝体是活性污泥的基本结构，它能够防止微型动物对游离细菌的吞噬，并承受曝气等外界不利因素的影响，更有利于与处理水分离。水中能形成絮凝体的微生物很多，动胶菌属（*Zoogloea*）、埃希氏大肠杆菌（*E. coli*）、产碱杆菌属（*Alcaligenes*）、假单胞菌属（*Pseudomonas*）、芽孢杆菌属（*Bacillus*）、黄杆菌属（*Flavobacterium*）等，都具有凝聚性能，可形成大块菌胶团。凝聚的原因主要是：细菌体内积累的聚 β-羟基丁酸释放到液相，促使细菌间相互凝聚，结成绒粒，微生物摄食过程释放的黏性物质促进凝聚。将污泥絮凝体（菌胶团）从反应混合液中分离后得到净化水。

二、活性污泥法的基本流程

活性污泥法处理流程由曝气池、沉淀池、污泥回流及剩余污泥排除系统等基本部分组成，如图 13-2 所示。

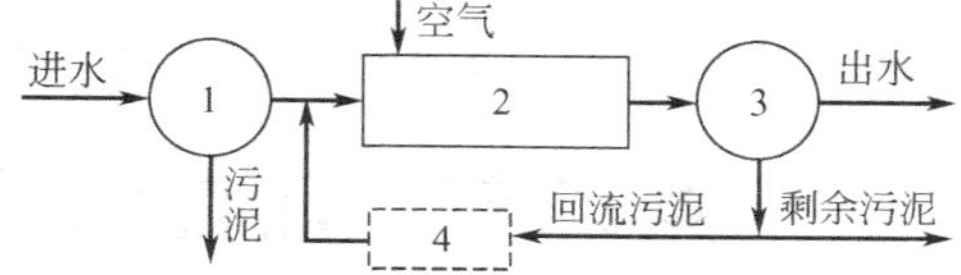

图 13-2　活性污泥法基本流程
1—初次沉淀池；2—曝气池；
3—二次沉淀池；4—再生池

流程中的主体构筑物是曝气池，废水经过适当预处理（如初沉）后，进入曝气池与池内活性污泥混合成混合液，并在池内充分曝气，一方面使活性污泥处于悬浮状态，废水与活性污泥充分接触；另一方面，通过曝气向活性污泥供氧，保持好氧条件，保证微生物的正常生长与繁殖。

沉淀是混合液中固相活性污泥颗粒同废水分离的过程。经过活性污泥反应的混合液［曝气池内由污水、回流活性污泥和空气（溶解氧）互相混合形成液体］，进入二次沉淀池进行固液分离。固液分离的好坏，直接影响出水水质。如果处理水挟带生物体，出水 BOD 和 SS 将增大。所以，活性污泥法的处理效率同其他生物处理方法一样，应包括二次沉淀池的效率，即用曝气池及二沉池的总效率表示。除了重力沉淀外，也可用气浮法或膜分离方法进行固液分离。

为了使曝气池内保持足够数量的活性污泥，二沉池底部排出的污泥一部分回流到曝气池进口作为接种污泥，其余部分活性污泥作为剩余污泥排出系统。通常参与分解废水中有机物的微生物的世代期，都短于微生物在曝气池内的平均停留时间，因此，如果不将浓缩的活性污泥回流到曝气池，则具有净化功能的微生物将会逐渐减少。剩余污泥和在曝气池内增长的活性污泥，应在数量上基本保持平衡，使曝气池内活性污泥数量基本上保持在一个较为恒定的数值。

三、影响活性污泥性能的环境因素

1. 溶解氧

供氧是活性污泥法高效运行的重要条件，供氧多少由混合液溶解氧的浓度控制。一般，好氧生物处理过程溶解氧浓度以不低于2mg/L为宜。

2. 水温

好氧生物处理时，温度宜在15～25℃的范围内；温度再高，气味明显，而低温会降低BOD等去除速率。

3. 营养物料

各种微生物体内的元素和需要的营养元素大体一致。细菌的化学组成实验式为$C_5H_7O_2N$，霉菌为$C_{10}H_{17}O_6N$，原生动物为$C_7H_{14}O_3N$，所以在培养微生物时，可按菌体的主要成分比例供给营养。微生物赖以生活的外界营养为碳（有机物）和氮（氨氮或有机氮），统称为碳源和氮源。此外，还需要微量的钾、镁、铁、维生素等。

一般情况下，废水中的BOD_5最少应不低于100mg/L，但BOD_5浓度也不应太高，否则，氧化分解时会消耗过多的溶解氧，一旦耗氧速度超过溶氧速度，就会出现厌氧状态，使好氧过程破坏。好氧生物处理中BOD_5最大为500～1000mg/L，具体视充氧能力而定。

生活污水及与之性质相近的有机工业废水中含有上述各种营养物质，但许多工业废水往往缺乏氮和磷等无机盐，故在进行生物处理时，必须补充氮、磷。投加方法有二：其一是与营养丰富的生活污水混合处理；其二是投加化学药剂，如硫酸铵、尿素、磷酸氢二钠等。投加比例多采用BOD_5：N：P＝100：5：1，根据不同情况，碳氮比在4～7之间，碳磷比在0.5～2之间。

4. 有毒物质

主要毒物有重金属离子（如锌、铜、镍、铅、铬等）和一些非金属化合物（如酚、醛、氰化物、硫化物等），油类物质数量也应加以限制。

第二节　活性污泥性能指标及工艺参数

一、活性污泥性能指标

活性污泥法处理的关键在于具有足够数量和性能良好的活性污泥，活性污泥的性能决定着净化效果。在吸附阶段要求污泥颗粒松散、表面积大、易于吸附有机物；在氧化分解阶段要求污泥的代谢活性高，可以快速分解有机物；在泥水分离阶段，则希望污泥有较好的凝聚与沉降性能。

1. 活性污泥微生物数量指标

活性污泥是以微生物为主体组成的，因此活性污泥浓度可间接反映混合液中所含微生物的数量。衡量活性污泥微生物数量的指标主要有混合液悬浮固体（MLSS）浓度和挥发性悬浮固体（MLVSS）浓度。

（1）混合液悬浮固体浓度（MLSS）　悬浮固体浓度是指1L混合液中所含悬浮固体（MLSS）的质量，单位为mg/L或g/L。MLSS可用下式表示：

$$\mathrm{MLSS}=M_a+M_e+M_i+M_{ii}$$

式中，M_a为活微生物群体的含量；M_e为微生物自身氧化残留物的含量；M_i为原污水挟入的惰性有机物的含量；M_{ii}为原污水挟入的无机物的含量。

（2）混合液挥发性悬浮固体浓度（MLVSS）　挥发性悬浮固体浓度是指1L混合液中所含挥发性悬浮固体（MLVSS）的质量，单位为mg/L或g/L。MLVSS主要是指活性污泥中有机性固体物质的浓度，可用下式表示，式中符号意义同前：

$$\mathrm{MLVSS}=M_a+M_e+M_i$$

一般在活性污泥曝气池内常保持 MLSS 浓度在 2～6g/L 之间，多为 3～4g/L。在正常的运转状态下，一定的废水和废水处理系统中 MLVSS/MLSS 比值相对稳定，一般城市污水处理系统曝气池混合液 MLVSS/MLSS 在 0.6～0.7 之间。

用悬浮固体浓度（MLSS）表示微生物量是不准确的，因为它包括了活性污泥吸附的无机惰性物质，这部分物质没有生物活性。Mckinney 指出，在生活污水活性污泥法处理中，MLSS 中只有 30％～50％为活的微生物体，采用 MLVSS 来表示，也不能排除非生物有机物及已死亡微生物的惰性部分。MLSS 和 MLVSS 虽不能精确表示活性污泥的生物数量，但由于测定方法比较简便，且能在一定程度上表示活性污泥微生物数量的相对值，因此广泛应用于活性污泥处理系统的设计和运行，目前用得最多的是 MLSS。

2. 活性污泥沉降性能指标

(1) 污泥沉降比（SV）　污泥沉降比（SV）是指一定量的曝气池混合液静置 30min 后，沉淀污泥与原混合液的体积比（用百分数表示），即

$$\text{污泥沉降比(SV)}=\frac{\text{混合液经 30min 静置沉淀后的污泥体积}}{\text{混合液体积}}\times 100\% \tag{13-2}$$

活性污泥混合液经 30min 沉淀后，沉淀污泥可接近最大密度，因此，以 30min 作为测定污泥沉淀性能的依据。沉降比同污泥絮凝性和沉淀性有关。当污泥絮凝性与沉淀性良好时，污泥沉降比的大小可间接表示曝气池混合液的污泥数量的多少，故可以用沉降比作指标来控制污泥回流量及排放量。但是，当污泥絮凝沉淀性差时，污泥不能下沉，上清液混浊，所测得的沉降比将增大。通常，曝气池混合液的沉降比正常范围为 15％～30％。

(2) 污泥容积指数（SVI）　污泥容积指数（SVI）指曝气池混合液经 30min 沉淀后，1g 干污泥所占沉淀污泥容积的毫升数，单位为 mL/g，但一般不标注单位。SVI 的计算式为：

$$\text{SVI}=\frac{\text{SV 的百分数}\times 10}{\text{MLSS(g/L)}} \tag{13-3}$$

例如，曝气池混合液污泥沉降比（SV）为 20％，污泥浓度为 2.5g/L，则污泥容积指数为：

$$\text{SVI}=\frac{20\times 10}{2.5}=80$$

在一定的污泥量下，SVI 反映了活性污泥的凝聚沉淀性。如 SVI 较高，表示 SV 值较大，沉淀性较差；如 SVI 较小，污泥颗粒密实，污泥无机化程度高，沉淀性好。但是，如 SVI 过低，则污泥矿化程度高，活性及吸附性都较差。通常，当 SVI＜100，沉淀性能良好；当 SVI＝100～200 时，沉淀性一般；而当 SVI＞200 时，沉淀性较差，污泥易膨胀。

一般常控制 SVI 在 50～150 之间为宜，但根据废水性质不同，这个指标也有差异。如废水溶解性有机物含量高时，正常的 SVI 值可能较高；相反，废水中含无机性悬浮物较多时，正常的 SVI 值可能较低。

污泥性能指标受到各种因素的影响，除了下一节谈及的设计参数和运行参数的影响外，这里先讨论污泥回流对污泥性能和浓度的影响。

3. MLSS 与回流污泥 SVI 及回流比的关系

假定从二沉池出水所挟带的活性污泥量、剩余污泥排放量及污泥增长量都可以忽略不计，那么在稳定状态下，单位时间进入二沉池的污泥量将等于二沉池的底流排泥量，即：

$$X(1+R)=X_{\mathrm{R}}R \tag{13-4}$$

式中，X_{R} 为回流污泥的悬浮固体浓度，mg/L；R 为污泥回流比（回流污泥量/曝气池进水量）；X 为混合液污泥浓度，mg/L。

在计算 SVI 时，采用的是污泥在 1000mL 量筒中静置沉淀 30min 后的结果，如以此代表二次沉淀池的沉淀污泥，则

$$X_R=\frac{10^6}{SVI}(mg/L) \tag{13-5}$$

但是，在实际的二次沉淀池内污泥沉淀时间、池深、泥层深以及污泥回流等情形都与量筒不同，使沉淀池与量筒静置沉淀试验存在差异，为此引入一个修正系数 f 来修正，即

$$X_R=f\frac{10^6}{SVI} \tag{13-6}$$

根据实际测定结果，当污泥的 SVI 高及在二沉池内的停留时间为 4～5h 时，$f=2$；当污泥的 SVI 低，停留时间仅为 20～30min 时，$f=0.5$；一般情况下，污泥在二沉池内停留 2h，回流的浓缩污泥的 SVI 略小于曝气池混合液的 SVI，两者的比值约为 0.8，此时，f 可取 1.2，即：

$$X_R=1.2\frac{10^6}{SVI} \tag{13-7}$$

将式(13-7) 代入式(13-4)，得

$$X=\frac{1.2R}{1+R}\cdot\frac{10^6}{SVI} \tag{13-8}$$

根据上式，计算污泥回流比 R、回流污泥容积指数（=0.8SVI)、混合液污泥容积指数 SVI 及混合液污泥浓度 X 的关系得图 13-3。利用该图，可根据二沉池的污泥容积指数及所要求的混合液污泥浓度，确定所需的污泥回流比。也可根据污泥回流比及污泥容积指数计算曝气池混合液的污泥浓度。

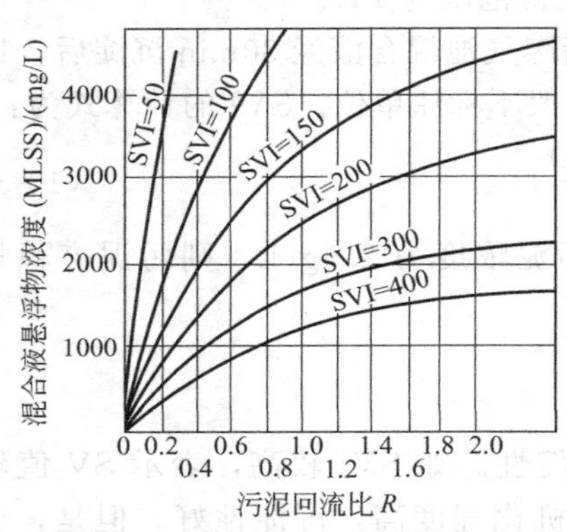

图 13-3 MLSS 与回流污泥 SVI 及回流比的关系

4. 活性污泥生物相观察

利用光学显微镜或电子显微镜，观察活性污泥中的细菌、真菌、原生动物及后生动物等微生物的种类、数量、优势度及其代谢活动等状况，在一定程度上可反映整个系统的运行状况。

活性污泥中出现的生物是普通的微生物，主要是细菌、放线菌、真菌、原生动物和少数其他微型动物。在正常情况下，细菌主要以菌胶团形式存在，游离细菌仅出现在未成熟的活性污泥中，在废水处理条件变化（如毒物浓度升高、pH 值过高或过低等）时，菌胶团解体，也可能出现。所以，游离细菌多是活性污泥处于不正常状态的特征。

除了菌胶团外，成熟的活性污泥中还常常存在丝状菌，其主要代表是球衣细菌（*Sphaeotilus*）、白硫细菌（*Beggiatoa*），它们同菌胶团相互交织在一起。当正常时，其丝状体长度不大，活性污泥的密度略大于水。但如丝状菌过量增殖，外延的丝状体将缠绕在一起并粘连污泥颗粒，使絮凝体松散，密度变小，沉淀性变差，SVI 值上升，造成污泥流失，这种现象称为污泥膨胀。

活性污泥中的原生动物种类很多，常见的有肉足类、鞭毛类和纤毛类等，尤其以固着型纤毛类，如钟虫、盖虫、累枝虫等占优势。在这些固着型纤毛虫中，钟虫的出现频率高、数量大，而且在生物演替中有着较为严密的规律性，因此，一般都以钟虫属作为活性污泥法的

特征指示生物。

经验表明，当环境条件适宜时，微生物代谢活力旺盛，繁殖活跃，可观察到钟虫的纤毛环摆动较快，食物泡数量多、个体大。在环境条件恶劣时，原生动物活力减弱，钟虫口缘纤毛停止摆动，伸缩泡停止收缩，还会脱去尾柄，虫体变成圆柱体，甚至越变越长，终至死亡。钟虫顶端有气泡是水中缺氧的标志。当系统有机物负荷增高，曝气不足时，活性污泥恶化，此时出现的原生动物主要有滴虫、屋滴虫、侧滴虫及波豆虫、肾形虫、豆形虫、草履虫等，当曝气过度时出现的原生动物主要是变形虫。

因此，以原生动物作为废水水质和处理效果好坏的指示生物是可行的，同时，原生动物的观察与鉴别比细菌方便得多，所以了解活性污泥的生物组成及其演替是十分有用的。在利用生物指示时，应全面掌握生物种属的组合及其变化，如数量的增减、优势种属的变化、生物活动和存在状态的变化等。但是，应该指出的是，由于原生动物中大多数种属的生存适应范围很宽，因此，任何原生动物种属的偶然（或少量）出现，也是可能的。从废水处理的角度看，这种偶然的出现，没有实际的指示作用，只能作为相对的种属组成而已。因此，在利用生物种属的变化作为废水处理设备工作状态的监测手段时，应着重注意数量组成和优势种属的类别。另外，由于工业废水水质差异很大，不同的废水处理系统所出现的原生动物优势种属或组合都会有一定差别，所以，生物相的观察和指示作用决不能代替水质的理化分析和其他各项监测工作。而且，生物指示也仅仅是定性的，在运行监测中只起辅助作用。

二、活性污泥法主要工艺参数

本节工艺参数具体包括设计参数和运行参数，以及各参数之间的关系。

1. 有机负荷率

(1) 污泥负荷　有机污染负荷通常用BOD负荷表示，包括BOD-污泥负荷和BOD-容积负荷，是活性污泥工艺系统在设计、运行方面的重要参数。

在活性污泥法中，一般将有机底物与活性污泥的质量比值（F/M），也即单位质量活性污泥（kg MLSS）或单位体积曝气池（m^3）在单位时间（d）内所承受的有机物量（kg BOD），称为污泥负荷，常用 L_s 表示，单位为 kg BOD_5/(kgMLSS·d) 或 kg BOD_5/(kgVSS·d)。

$$L_s=\frac{QS_0}{VX} \tag{13-9}$$

式中，Q、S_0 和 V 分别为废水流量、BOD浓度和曝气池容积；X 为曝气池MLSS浓度，mg/L或kg/m^3。

有时，为了表示有机物的去除情况，也采用去除负荷 L_r，即单位质量活性污泥在单位时间所去除的有机物质量：

$$L_r=\frac{Q(S_0-S_e)}{VX}=\eta L_s \tag{13-10}$$

式中，S_e 和 η 分别为出水的底物浓度和处理效率。

$$\eta=\frac{S_0-S_e}{S_0}\times 100\% \tag{13-11}$$

(2) 容积负荷　容积负荷（volumetric load）L_v，指单位曝气池有效容积在单位时间内所承受的有机污染物（如 BOD_5）量，单位是 kg/(m^3·d)；L_s（污泥负荷）和 L_v 及其相互关系式如下

$$L_{\rm v}=\frac{QS_0}{V} \tag{13-12}$$

$$L_{\rm v}=L_{\rm s}X \tag{13-13}$$

式中，S_0为曝气池进水的BOD浓度，mg/L或kg/m^3；V为曝气区容积，m^3；Q为废水流量，m^3/d。

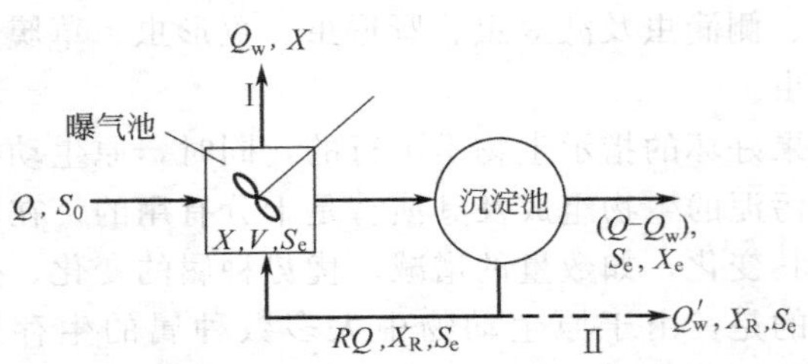

图 13-4　有污泥回流的连续流混合系统

2. 污泥龄

污泥龄即细胞平均停留时间θ_c，表示微生物在曝气池中的平均停留时间，也即曝气池内活性污泥平均更新一遍所需的时间。在间歇试验装置里，θ_c与水力停留时间θ相等，但在实际的连续流活性污泥系统中，由于存在着污泥回流，θ_c比θ大得多，而且θ_c不受θ的局限。

θ_c是微生物比净增长速度μ的倒数。在图13-4所示的系统内，θ_c可以通过排出的微生物量与系统容积的关系求得。在推导过程中假定有机物的降解仅在曝气池中发生，且降解速率稳定化，因此，计算θ_c时，仅考虑曝气池的容积。这个假定是偏于保守的，实际上废水在二沉池及管道内还有一定程度的降解。

由图13-4，按第Ⅰ种排泥方式，则

$$\theta_c=\frac{VX}{Q_{\rm w}X+(Q-Q_{\rm w})X_{\rm e}} \tag{13-14}$$

式中，Q_w为由曝气池排出的污泥流量；X_e为二次沉淀池出水中挟带的活性污泥浓度。

由于出水的X_e很小，故θ_c可认为等于V/Q_w。

按第Ⅱ种排泥方式，则

$$\theta_c=\frac{VX}{Q'_{\rm w}X_{\rm R}+(Q-Q'_{\rm w})X_{\rm e}} \tag{13-15}$$

式中，Q'_w为从回流污泥管排出的污泥流量。当X_e极小时，$\theta_c=VX/(Q'_w \cdot X_R)$。

由上两式可见，通过控制每日从系统中排出的污泥量，即可控制细胞平均停留时间。而且直接从曝气池排除剩余污泥，操作控制容易。

在活性污泥法设计中，既可采用污泥负荷，也可采用泥龄作设计参数。但是在实际运行时，控制污泥负荷比较困难，需要测定有机物量和污泥量。而用泥龄作为运转控制参数只要求调节每日的排污量，过程控制简单得多。

三、污泥絮凝沉淀性能与θ_c的关系

污泥絮凝沉淀性能（SVI和成层沉降速度ZSV）与θ_c的关系如图13-5所示。由图可见，θ_c较短时，微生物量小，营养物质相对丰富，因而细菌具有较高的能量水平，运动性强，絮凝沉淀性差，相当大比例的生物群体处于分散状态，不易沉淀而易随二次沉淀池出水流出。

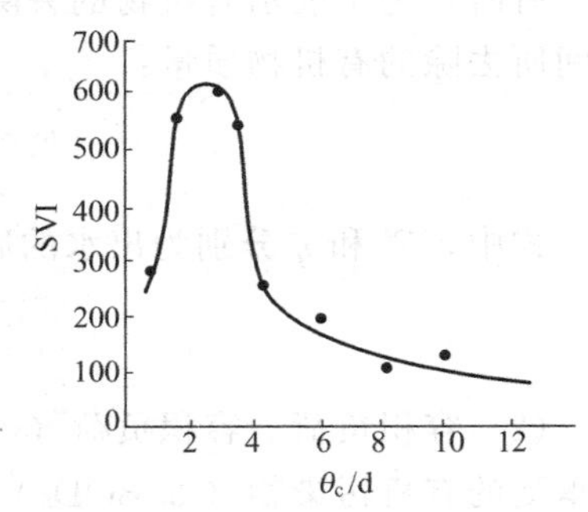

图 13-5　SVI、ZSV、与θ_c的关系

实践表明，活性污泥系统的氧吸收速率随θ_c增大而减小，但θ_c增大至一定程度后，氧吸收速率的减小甚微。考虑到θ_c增大后活性污泥的量也增加了，故采用较大的θ_c值，但曝气池的运行费用将较高。

Goodman等发现，污泥自身氧化系数k_d与θ_c及水的

温度 T(℃) 具有如下关系：

$$k_d = 0.48\theta_c^{-0.415} 1.05^{T-20}$$

综上所述，设计时采用的 θ_c 常为 3～10d。为使溶解性有机物有最大的去除率，可选用较小的 θ_c 值；为使活性污泥具有较好的絮凝沉淀性，宜选用中等大小的 θ_c 值；而为使微生物净增量很小，则应选用较长的 θ_c 值。

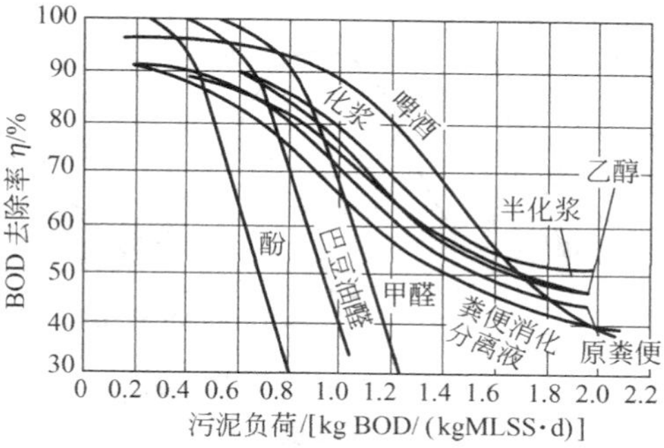

四、污泥负荷与运行参数的关系

污泥负荷与废水处理效率、活性污泥特性、污泥生成量、氧的消耗量有很大关系，废水温度对污泥负荷的选择也有一定影响。

图 13-6　污染负荷与 BOD 去除率的关系（各种有机废水）

1. 污泥负荷与处理效率的关系

实践表明，在一定的污泥负荷范围内，随着污泥负荷的升高，处理效率将下降，处理水的底物浓度将升高。图 13-6 为几种有机工业废水处理过程中污泥负荷与 BOD 去除率间的关系实例。

由图可见，BOD 负荷增大，BOD 去除率下降。一般来说，BOD 负荷在 0.4kgBOD/(kgMLSS・d) 以下时，可得到 90％以上的 BOD 去除率。对不同的底物，L-η 关系有很大差别。粪便污水、浆粕废水、食品工业废水等所含底物为糖类、有机酸、蛋白质等一般性有机物，容易降解，即使污泥负荷升高，BOD 去除率下降的趋势也较缓慢；相反，醛类、酚类的分解需要特种微生物，当污泥负荷超过某一值后，BOD 去除率显著下降。对同一种废水，在不同的污泥负荷范围内，其 BOD 去除率变化速度也不同。污泥负荷与底物去除率的关系也可用数学模型来描述。对图 13-7 所示的完全混合系统，在底物浓度较低时，比底物降解速率为

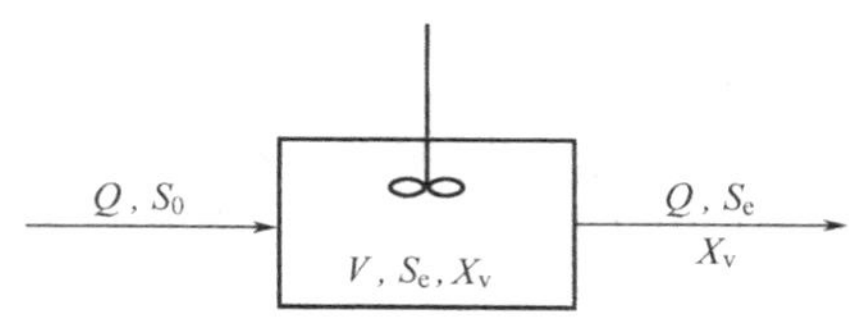

图 13-7　完全混合曝气池示意

$$\frac{-\mathrm{d}s}{X_v \mathrm{d}t} = \frac{Q(S_0 - S_e)}{X_v V} = KS_e \tag{13-16}$$

式中，X_v 为曝气池混合液挥发性悬浮固体（MLVSS）浓度，mg/L；K 为底物（BOD）的降解速度常数，L/(mg・h)。

Eckenfelder 等推荐城市生活污水和性质与其类似的工业废水的 K 值为 0.0007～0.00117L/(mg・h)，我国某城市污水厂的实测 K 值为 0.000835L/(mg・h)。

结合污泥负荷的定义式和式 (13-16)，有

$$L = \frac{QS_0}{X_v V} = \frac{QS_0(S_0 - S_e)}{X_v V(S_0 - S_e)} = \frac{KS_e}{\eta} \tag{13-17}$$

此式说明，污泥负荷与去除率和出水水质具有对应关系，这个关系也可用如下的经验公式表达：

$$L = K_1 S_e^n \tag{13-18}$$

式中，K_1 和 n 为经验常数。

日本桥本奖统计了美国 46 个城市污水厂的运转数据，得到上式中的 $K_1 = 0.01295$，$n = 1.1918$（相关系数 $f = 0.821$）；国内某石油化工厂废水活性污泥法处理系统的 $K_1 = 0.00326$，$n = 1.33$（相关系数 $f = 0.92$）；某煤气厂废水，按酚的去除负荷计 $K_1 = 0.3802$，

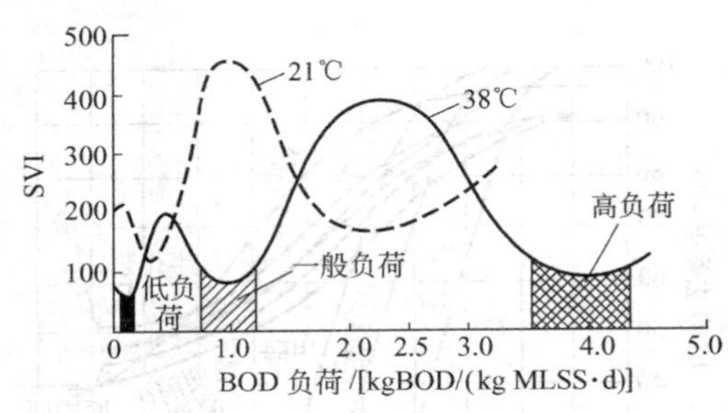

图 13-8　BOD 负荷及水温对污泥 SVI 值的影响

$n=0.4586$，按 COD 的去除负荷计，$K_1=6.624$，$n=0.5521$。

2. 污泥负荷对活性污泥特性的影响

采用不同的污泥负荷，微生物的营养状态不同，活性污泥絮凝沉淀性也就不同。实践表明，在一定的活性污泥法系统中，污泥的 SVI 值随着污泥负荷有复杂的变化。

Lesperance 总结了城市污水处理时 SVI 值随污泥负荷变化的基本规律，如图 13-8 所示。由图可见，SVI-*L* 曲线是具有多峰的波形曲线，有三个低 SVI 的负荷区和两个高 SVI 的负荷区。如果运行时负荷波动，进入高 SVI 负荷区，如 38℃ 曲线在 1.5～3.0kgBOD/(kg MLSS·d) 范围或 21℃ 曲线在 0.6～1.6kgBOD/(kg MLSS·d) 范围，污泥沉淀性较差，将会出现污泥膨胀。

第一个波峰，低负荷污泥沉淀性变差、SVI 值升高的原因，可能是活性污泥中的主要生物体——菌胶团和丝状微生物出现营养竞争，丝状微生物的比表面积比菌胶团大，摄取食物的能力强，从而，菌胶团的生长相对受到抑制，而丝状菌获得发育，甚至成为优势。第二个波峰，高负荷污泥沉淀性也变差，其原因是，如果废水浓度升高，微生物体内营养贮存增多，多糖类、聚 β-羟基丁酸等一类黏性物质大量形成，菌胶团持水性特别好，沉淀性也变差。此外，当系统供氧量不足时，丝状菌和菌胶团同样出现好氧竞争，丝状菌形成优势，也使污泥 SVI 值升高。

两种不同温度的关系曲线虽有相似的变化趋势，但与较低水温（21℃）相比，水温较高(38℃）时污泥 SVI 值的变化波幅小而平缓，并使污泥膨胀向较高负荷的方向移动。对不同水温，分别有高负荷、中负荷和低负荷的适宜选择范围。从 SVI 值的角度看，废水温度提高时，可以选用比低温时高得多的污泥负荷。

此外，SVI 虽正常，可能出现 SV 减少现象。在低负荷出现 SV 值减少，其原因是微生物的营养缺乏，体内贮存物质作为能量被利用，菌胶团解体，上清液变浊，污泥沉淀体积小，所测定的 SV 减少。在高负荷出现 SV 值减少，其原因是活性污泥生长期可能发生变化，大量游离细菌出现，微生物处于分散状态，所测定的 SV 值也减小。

当然，污泥负荷的变动，造成污泥性能的改变，情况还比上述复杂得多。

3. 水温对污泥负荷的影响

两种不同温度下的关系曲线虽有相似的变化趋势，但适宜的污泥负荷却不一样，温度高时，适宜的污泥负荷值左移，即负荷值有所增大。这种移动的意义在于：a. 正常水温高时，可采用较高的污泥负荷值进行设计，有利于缩小处理设备的规模；b. 运行中突然增高或降低温度，可能导致污泥膨胀（如当污泥负荷为 1.0 或 2.0 时）。

温度对微生物的新陈代谢作用有很大影响。在一定的水温范围内，提高水温可以提高 BOD 的去除速度和能力，此外，还可以降低废水的黏性，从而有利于活性污泥絮体的形成和沉淀。水温变化时，污泥负荷的选定也有一定的变化。由图 13-8 可见，水温由 21℃变为 38℃，SVI 曲线的波形变得平缓，污泥膨胀负荷有所升高。如当水温为 21℃时，膨胀负荷在 0.6～1.5kgBOD/(kg MLSS·d) 范围内，而当水温为 38.2℃时，膨胀负荷变为 1.3～3.0kgBOD/(kg MLSS·d)。因此，从 SVI 角度看，水温较高时，可以选用较高的污泥负荷，不致使污泥膨胀。

在运转过程中，为了保证系统正常工作，当水温升高时，微生物代谢旺盛，耗氧速度大，可用降低污泥回流比、降低池内污泥浓度的办法，相对地提高污泥负荷。同时由于污泥浓度降低，也可增大氧在混合液中的转移速率，且减少了污泥的自身代谢耗氧，从而适应了负荷提高的耗氧要求。相反，当水温降低时，微生物代谢速率减慢，耗氧速度降低，可用增大污泥浓度的办法以降低污泥负荷。此时，氧转移速率将因污泥浓度增大而减小，从而供氧和耗氧也能相互适应。

水温对污泥负荷的影响可用 Arrhenius 公式描述，也可用下式表示

$$L_T = L_{20}\Gamma^{T-20} \tag{13-19}$$

式中，L_{20}和L_T分别表示水温为 20℃和 T℃时的污泥负荷；Γ 为温度系数，对含酚废水，$\Gamma=1.045$。

在考虑水温升高有利于增大污泥负荷及提高处理效率时，也应注意温度变化带来的不利影响。一方面，水温过高，微生物受到抑制。一般来说，水温在 35℃以上时，活性污泥中微型动物受到明显抑制，因此，水温宜控制在 20～35℃范围内。另一方面，水温的变化速率对污泥分离效果也有很大影响。由于水温的突变，在二沉池形成密度股流和短流现象，降低沉淀效率。实践表明，温度变化速度在 0.3℃/h，即显示出影响，如达 0.7℃/h 并持续 3～4h，活性污泥结构变得松散，原生动物改变原有形态。在二次沉淀池里，如果进水与池内水温相差 0.5℃，沉淀池的工作将受到干扰；相差 0.7℃时，污泥将会成块流失。

4. 污泥负荷对污泥生成量的影响

活性污泥在混合液中的浓度净增长速度为

$$\frac{dX}{dt} = -Y\frac{ds}{dt} - k_d X \tag{13-20}$$

式中，Y 为微生物增长常数，即每消耗单位底物所形成的微生物量，一般为 0.35～0.8mgMLVSS/mgBOD$_5$；k_d为微生物自身氧化率，d^{-1}，一般为 0.05～0.1d^{-1}。

在工程上常采用平均值计算，即

$$\Delta X = aL_r - bVX \tag{13-21}$$

式中，ΔX 为每天污泥增加量，kg/d；a 为污泥合成系数，即每去除 1kgBOD$_5$形成的活性污泥的千克数；b 为污泥自身氧化系数，d^{-1}。

一般在活性污泥法中，$a=0.30$～0.72，平均为 0.52，$b=0.02$～0.18，平均为 0.07。

5. 污泥负荷对需氧量的影响

理论上，去除 1kgBOD 应消耗 1kgO_2。但是，由于废水中有机物的存在形式及运转条件不同，需氧量有所不同。废水中胶体和悬浮状态的有机物首先被污泥表面吸附、水解、再吸收和氧化，其降解途径和速度与溶解性底物不同。因此，当污泥负荷大时，底物在系统中的停留时间短，一些只被吸附而未经氧化的有机物可能随污泥排出处理系统，使去除单位 BOD 的需氧量减少。相反，在低负荷情况下，有机物能彻底氧化，甚至过量自身氧化，因此需氧量单耗大。从需氧量看，高负荷系统比低负荷系统经济。

过程总需氧量包括有机物去除（用于分解和合成）的需氧量以及有机体自身氧化需氧量之和，在工程上，常表示为

$$O_2 = a'L_rVX + b'VX = a'Q(S_0 - S_e) + b'VX \tag{13-22}$$

式中，O_2为系统每日的需氧量，kg/d；a'为有机物代谢的需氧系数，kg/kgBOD；b'为污泥自身氧化需氧系数，kg/(kgMLSS·d)。

在活性污泥法中，一般 $a'=0.25$～0.76，平均为 0.47′；$b'=0.10$～0.37，平均为 0.17。由式(13-22) 有

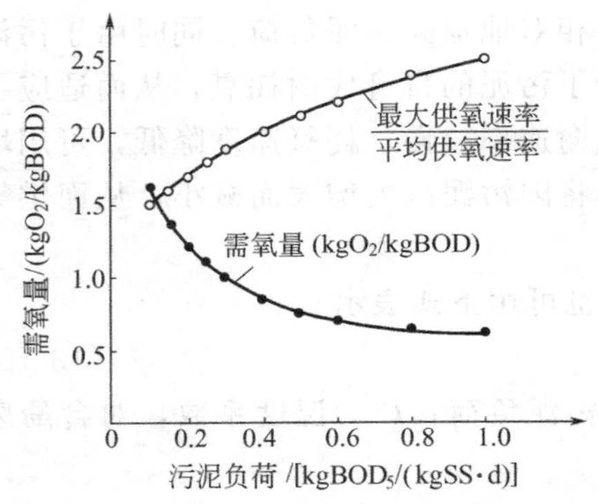

图 13-9 需氧量与污泥负荷的经验关系

$$\frac{O_2}{Q(S_0-S_e)}=a'+\frac{b'}{L_r} \tag{13-23}$$

即去除每单位质量底物的需氧量随污泥负荷升高而减小。但是，系统供氧量无需随负荷按比例变化，因为曝气池和污泥有一定的调节能力。Vosloo 建议采用图 13-9 数据来设计曝气系统。

6. 污泥负荷对营养比要求的影响

采用不同污泥负荷时，微生物处于不同生长阶段。在低负荷时，污泥自身氧化程度较大，在有机体氧化过程中释出氮、磷成分，所以氮、磷的需要量减小，如在延时曝气法中 BOD：N：P＝100：1：0.2 时，即可使微生物正常生长。而在一般负荷下，则要求 BOD：N：P＝100：5：1。

第三节　活性污泥反应动力学

活性污泥对有机物的转化过程，也就是生物代谢过程，包括微生物细胞物质的合成（活性污泥的增长)、有机物的氧化分解（包括底物和部分细胞物质的分解）以及溶解氧的消耗等。因此，底物 BOD 浓度与其去除速率、污泥的增殖与 BOD 去除速率、耗氧速度与 BOD 去除速率之间的关系，是研究净化理论的核心。

一、莫诺特方程

莫诺特方程（Monod equation）是 1942 年莫诺特以纯种的微生物和单一有机底物进行连续培养试验，得到的微生物增殖速度与底物浓度之间的关系，试验结果与米切里斯-门坦的酶促反应方程基本相同。因此莫诺特认为，可以通过经典的米切里斯-门坦方程式表述微生物比增殖速度与底物浓度之间的关系。莫诺特方程以微生物生理学为基础，说明了微生物增长与底物降解之间的关系，其表达式如下：

$$\mu=\frac{\mu_{\max}S}{K_s+S} \tag{13-24}$$

式中，μ 为微生物比增长速率，d^{-1}，即单位微生物的增长速递$\frac{1}{X}\frac{dX}{dt}$；X 为微生物浓度；$\mu_{\max}$ 为在饱和浓度中微生物的最大比增长速率，d^{-1}；K_s为饱和常数，其值为 $\mu=1/2\mu_{\max}$时的基质浓度，mg/L；S 为底物浓度（可溶性底物），mg/L。

微生物的增长是底物降解的结果，彼此之间存在着一定的比例关系。在生化反应系统中，比照微生物的增殖，底物的利用速率可以表示为：

$$q=\frac{q_{\max}S}{K_s+S} \tag{13-25}$$

式中，q 为底物的比降解速率，$gBOD_5/(gVSS \cdot d)$，即单位微生物量利用底物的速率，即$\frac{1}{X}\frac{dS}{dt}$，X 为反应器中微生物浓度；$q_{\max}$ 为最大比底物利用速率，即在饱和浓度下微生物对底物的最大利用速率，$gBOD_5/(gVSS \cdot d)$；K_s为饱和常数，其值为 $q=1/2q_{\max}$时的基质浓度，$mgBOD_5/L$。

生化处理系统中微生物的增长与底物降解速率可以用式(13-24) 和式(13-25) 描述。将上述动力学引入活性污泥系统，并结合系统的物料平衡，就可以建立活性污泥系统的数学模型，以便对活性污泥法系统进行科学设计和运行管理。

莫诺特方程仅适用于无毒性的基质，对于有毒性的基质，当其浓度达到一定数值时，微生物生长将受到抑制。Andrews 于 1968 年提出莫诺特的修正式：

$$\mu=\frac{\mu_{max}}{1+\frac{K_s}{S}+\frac{S}{K_i}} \tag{13-26}$$

式中，K_i为抑制系数。

根据式(13-26) 也可写出与比增长速率 μ 相对应的底物比降解速率 q 与有毒基质浓度的关系，如下：

$$q=\frac{q_{max}}{1+\frac{K_a}{S}+\frac{S}{K_i}} \tag{13-27}$$

二、劳伦斯-麦卡蒂（Lawrence-McCarty）模型

劳伦斯-麦卡蒂（Lawrence-McCarty）以微生物增殖和对底物的利用为基础，于 1970 年建立了活性污泥反应动力学方程式。

在污染物去除生物反应器内，微生物量因去除污染物增殖而增加，同时又因内源代谢而减少，其综合变化可用下式表示：

$$\frac{dX}{dt}=-Y\left(\frac{dS}{dt}\right)_u-k_d X \tag{13-28}$$

式中，Y 为微生物产率（活性污泥产率），mg（生物量)/mg（降解的底物量)；k_d为微生物内源代谢作用的自身氧化率，又称衰减常数，d^{-1}；$\frac{dX}{dt}$为微生物净增殖速率，mg/(L·d)；X 为曝气池中微生物浓度，mg/L；$\left(\frac{dS}{dt}\right)_u$ 为基质利用速率（降解速率），mg/(L·d)，可以按下式进行计算。

$$\left(\frac{dS}{dt}\right)_u=\frac{KSX}{K_s+S} \tag{13-29}$$

式中，S 为底物浓度，mg/L；K_s为饱和常数，其值为 $q=1/2q_{max}$时的基质浓度，因而又称半速度常数。

经整理，式(13-28) 可写成：

$$\frac{1}{\theta_c}=Yq-k_d \tag{13-30}$$

式中，θ_c为污泥龄，即生物固体平均停留时间 t_s；q 为底物的比降解速率，按下式计算：

$$q=\frac{\left(\frac{dS}{dt}\right)_u}{X}$$

三、劳伦斯-麦卡蒂（Lawrence-McCarty）模型的应用

污泥龄 θ_c与污泥负荷 L_r、曝气池内污泥浓度 X、出水底物浓度 S_e及污泥回流比 R 的关系推导如下。

1. 污泥龄 θ_c与污泥负荷 L_r的关系

对曝气和沉淀系统生物量作物料衡算，可推出 θ_c与 L_r的关系：

生物累积量＝进入量－出流量＋净增长量

$$V\frac{\mathrm{d}X}{\mathrm{d}t}=QX_0-[Q_wX+(Q-Q_w)X_e]+V\left(-Y\frac{\mathrm{d}s}{\mathrm{d}t}-k_dX\right) \tag{13-31}$$

在稳态情况下，若假定进水中 $X_0=0$,则上式变为

$$\frac{Q_wX+(Q-Q_w)X_e}{VX}=Y\frac{S_0-S_e}{\theta X}-k_d$$

即

$$\frac{1}{\theta_c}=Y\frac{S_0-S_e}{\theta X}-k_d=YL_r-k_d \tag{13-32}$$

2. 污泥龄 θ_c 与曝气池内污泥浓度 X 的关系

由式(13-32) 可得 θ_c 与 X 的关系（也可对曝气池底物作物料衡算推出）：

$$X=\frac{(S_0-S_e)\ Y\theta_c}{1+k_d\theta_c}\frac{}{\theta} \tag{13-33}$$

3. 污泥龄 θ_c 与出水底物浓度 S_e 的关系

对曝气和沉淀系统的底物作物料衡算，可得 θ_c 与 S_e 的关系：

$$V\frac{\mathrm{d}s}{\mathrm{d}t}=QS_0-[Q_wS_e+(Q-Q_w)S_e]-Vr_{su} \tag{13-34}$$

在稳定情况下，$\frac{\mathrm{d}s}{\mathrm{d}t}=0$，而且 $r_{su}=-\frac{q_{max}XS_e}{K_s+S_e}$

$$Q(S_0-S_e)=V\frac{q_{max}XS_e}{K_s+S_e} \tag{13-35}$$

将式(13-33) 代入上式整理得：

$$S_e=\frac{K_s(1+k_d\theta_c)}{Yq_{max}\theta_c-k_d\theta_c-1} \tag{13-36}$$

此式表明系统出水水质仅仅是细胞平均停留时间的函数，因此可以采用 θ_c 来控制活性污泥系统运行。

4. 污泥龄 θ_c 与污泥回流比 R 的关系

对曝气池内微生物作物料衡算，可得 θ_c 与 R 的关系：

$$V\frac{\mathrm{d}X}{\mathrm{d}t}=RQX_R+QX_0+\left[Y\left(\frac{\mathrm{d}X}{\mathrm{d}t}\right)_u-k_dX\right]V-Q(1+R)X \tag{13-37}$$

在稳定情况下，$\frac{\mathrm{d}s}{\mathrm{d}t}=0$，假定进水中微生物浓度 $X_0=0$，所以：

$$RQX_R+(Yq-k_d)VX=Q(1+R)X \tag{13-38}$$

式中，$q=\frac{\mathrm{d}s}{X\mathrm{d}t}$。

将 $\frac{1}{\theta_c}=Yq-k_d$ 代入式(13-38)，得

$$\frac{1}{\theta_c}=\frac{Q}{V}\left(1+R-R\frac{X_R}{X}\right) \tag{13-39}$$

或

$$R=\left(1-\frac{t}{\theta_c}\right)\left(\frac{X}{X_R-X}\right) \tag{13-40}$$

上式表明污泥龄是回流比 R 的函数，也是活性污泥沉降性能及二沉池沉淀效率的函数。当二沉池运行正常时，可用下式估计回流污泥的最高浓度：

$$(X_R)_{max}=\frac{10^6}{SVI} \tag{13-41}$$

式中，SVI 为污泥体积指数；T 为曝气池水力停留时间，$T=V/Q$。

对于稳定的完全混合曝气池，对活性污泥的微生物物料平衡可简化为：

$$RQX_R=(1+R)QX \tag{13-42}$$

则有

$$X=\frac{R}{1+R}X_R \tag{13-43}$$

或

$$R=\frac{X}{X_R-X} \tag{13-44}$$

计算过程中注意悬浮固体浓度（即 MLSS）与挥发性悬浮固体浓度（MLVSS）的换算。

此外，在有污泥回流的推流式系统中，如图 13-10 所示，数学模拟十分复杂，但可以利用 Lawrence 及 McCarty 的如下两点假说，使问题简单化。

假说①：出水的微生物浓度近似等于进水的微生物浓度，在曝气池内微生物浓度平均值用 $\overline{X}$ 表示。这个假设只在 $\theta_c>5\theta$ 的情况下适用。

假说②：曝气池内底物降解速率可用 Monod 公式描述，即：

$$r_{su}=-\frac{q_{max}S_e\overline{X}}{K_s+S_e} \tag{13-45}$$

将上式代入物料衡算式并在全池停留时间范围内积分和整理可求出

$$\frac{1}{\theta_c}=\frac{Yq_{max}(S_0-S_e)}{(S_0-S_e)+(1+R)K_s\ln(S_i/S_e)}-k_d \tag{13-46}$$

式中，S_i为进入曝气池的水流由于回流稀释后的底物浓度，显然

$$S_i=\frac{S_0+RS_e}{1+R}$$

利用式(13-36) 和式(13-46) 可得细胞平均停留时间 θ_c与出水浓度 S_e及去除率 η 的关系，如图 13-11 所示。该图表明，推流式系统比完全混合系统具有更高的处理效率。

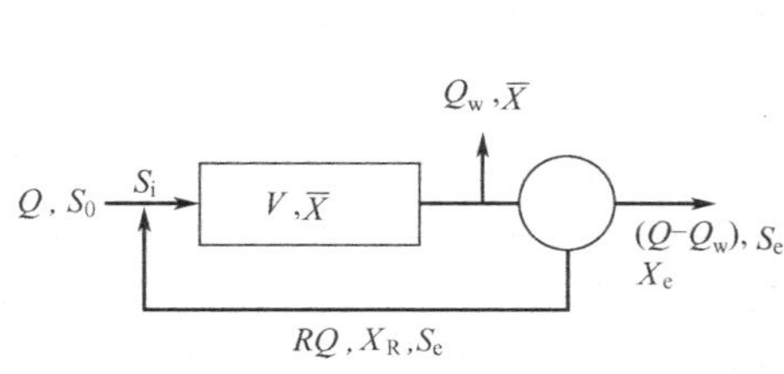

图 13-10　有污泥回流的推流式系统

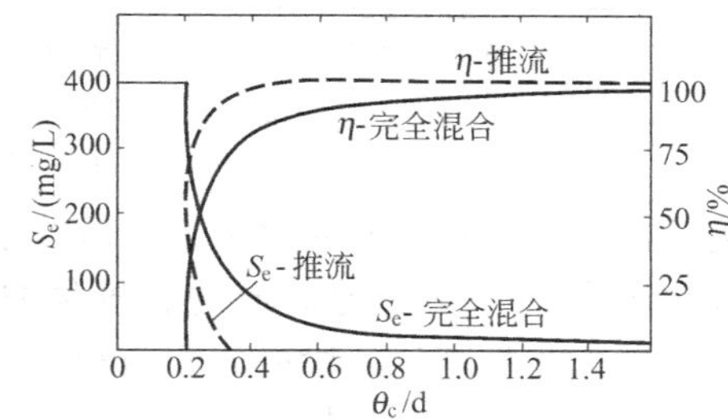

图 13-11　推流和完全混合系统出流水质比较

5. 产率系数与污泥龄的关系

在生物处理系统中，微生物的合成产率 Y 表示微生物摄取、利用、代谢单位质量有机物而使自身增殖的总量，微生物的表观产率 Y_{obs}表示可实测计量的微生物净增殖量，对设计和运行管理具有更重要意义。

由式(13-28) 得：

$$Y_{obs}\left(\frac{dS}{dt}\right)_u = Y\left(\frac{dS}{dt}\right)_u - k_d X \tag{13-47}$$

两边同时除以$\frac{dS}{dt}$得：

$$Y_{obs} = Y - k_d \frac{dt}{dS} X \tag{13-48}$$

把$q = \frac{1}{X}\frac{dS}{dt}$代入上式：

$$Y_{obs} = Y - \frac{k_d}{q} \tag{13-49}$$

由式(13-30)得到：

$$q = \frac{1}{Y}\left(\frac{1}{\theta_c} + k_d\right) \tag{13-50}$$

代入式(13-48)得到：

$$Y_{obs} = \frac{Y}{1 + k_d \theta_c} \tag{13-51}$$

式(13-51)表明了合成产率Y、表观产率Y_{obs}与污泥内源呼吸系数及污泥龄的关系，内源呼吸速率越大、污泥龄越长，则系统的实际污泥产率越低。

第四节　工艺运行方式及特点

一、普通曝气法

这种曝气池是活性污泥法的原始工艺形式，故亦称为传统曝气法。废水与回流污泥从长方形池的一端进入，另一端流出，全池呈推流型。废水在曝气池内停留时间常为4～8h，污泥回流比一般为25%～50%，池内污泥浓度为2～3g/L，剩余污泥量为总污泥量的10%左右。在曝气池内，废水有机物浓度和需氧量沿池长逐步下降，而供氧量沿池长均匀分布，可能出现前段供氧不足，后段供氧过剩的现象，见图13-12。若要维持前段有足够的溶解氧，后段供氧量往往大大超过需氧量，因而增加处理费用。

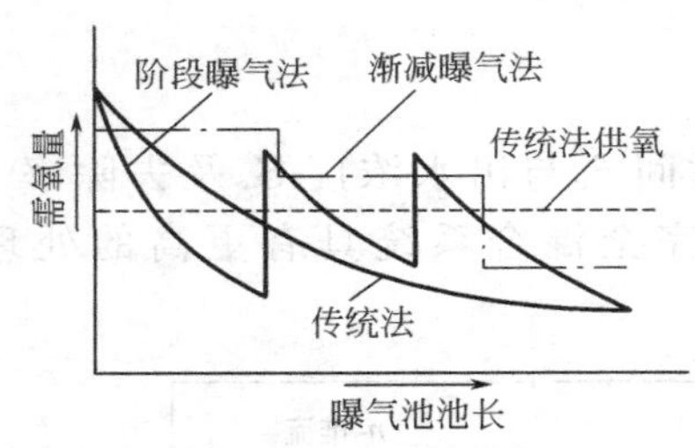

图13-12　曝气池中需氧量示意

这种活性污泥法的优点在于因曝气时间长而处理效率高，一般BOD_5去除率为90%～95%，特别适用于处理要求高而水质比较稳定的废水。但是，它存在着一些较为严重的缺陷：a. 由于有机物沿池长分布不均匀，进口处浓度高，因此，它对水量、水质、浓度等变化的适应性较差，不能处理毒性较大或浓度很高的废水；b. 由于池后段的有机物浓度低，反应速率低，单位池容积的处理能力小，占地大，若人为提高池后段的容积负荷，将导致进口处过负荷或缺氧；c. 为了保证回流污泥的活性，所有污泥（包括剩余污泥）都应在池内充分曝气再生，因而不必要地增大了池容积和动力消耗。

在普通曝气池中，微生物的生长速率沿池长减小。在进口端，有机物浓度高，微生物生长较快，在末端有机物浓度较低，微生物生长缓慢，甚至进入内源代谢期。所以，全池的微生物生长处在生长曲线的某一段范围内。

二、渐减曝气法

这种方式是针对普通曝气法有机物浓度和需氧量沿池长减小的特点而改进的。通过合理布置曝气器，使供气量沿池长逐渐减小，与底物浓度变化相对应，见图 13-13。

图 13-13　渐减曝气法　　图 13-14　阶段曝气法

这种曝气方式总的空气量有所减少，从而可以节省能耗，提高处理效率。

三、阶段曝气法

这种方式是针对普通曝气法进口负荷过大而改进的。废水沿池长分多点进入（一般进口为 3～4 个），以均衡池内有机负荷，克服池前段供氧不足、后段供氧过剩的缺点，单位池容积的处理能力提高。阶段曝气推流式曝气池一般采用 3 条或更多廊道，在第一个进水点后，混合液的 MLSS 浓度可高达 5000～9000mg/L，后面廊道污泥浓度随着污水多点进入而降低。在池体容积相同情况下，与传统推流式相比，阶段曝气活性污泥法系统可以拥有更高的污泥总量，从而污泥龄可以更高。阶段曝气推流式曝气池同普通曝气法相比，当处理相同废水时，所需池容积可减小 30%，BOD_5 去除率一般可达 90%。此外，由于分散进水，废水在池内稀释程度较高，污泥浓度也沿池长降低，从而有利于二次沉淀池的泥水分离。阶段曝气法流程如图 13-14 所示。它特别适用于容积较大的池子。这一工艺也常设计成若干串联运行的完全混合曝气池。

阶段曝气法也可以只向后面的廊道进水，使系统按照吸附再生法运行。在雨季合流高峰流量时，可将进水超越到后面廊道，从而减少进入二沉池的固体负荷，避免曝气池混合液悬浮固体的流失，暴雨高峰流量过后可以很快恢复运行。

阶段曝气法具有如下特点：污水沿池长度分段注入曝气池，有机物负荷及需氧量得到均衡，一定程度地缩小了需氧量与供氧量之间的差距，有助于降低能耗，又能够比较充分地发挥活性污泥微生物的降解功能；污水分散均衡注入，提高曝气池对水质、水量冲击负荷的适应能力。

四、吸附再生法

吸附再生法又称接触稳定法，出现于 20 世纪 40 年代后期美国的污水处理厂扩建改造中，其工艺流程如图 13-15 所示。

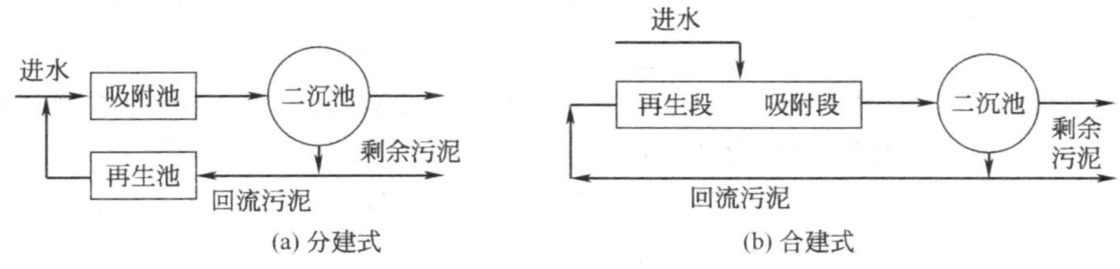

图 13-15　吸附再生活性污泥法系统

这种方式充分利用活性污泥的初期去除能力，在较短的时间里（10～40min），通过吸附去除废水中悬浮的和胶态的有机物，再通过固液分离，废水即获得净化，BOD_5 可去除 85%～90%左右。吸附饱和的活性污泥中，一部分需要回流，引入再生池进一步氧化分解，恢复其活性；另一部分剩余污泥不经氧化分解即排入污泥处理系统。

该流程将吸附与再生分开，分别在两池（吸附池和再生池）或在同一池的两段进行。由于两池中污泥浓度均较高，使需氧量比较均衡，池容积负荷高，因而曝气池的总容积比普通曝气法小（约50%），总空气用量并不增加。而且一旦吸附池受负荷冲击，可迅速用再生池污泥补充或替换，因此它适应负荷冲击的能力强，还可省去初次沉淀池。

吸附再生法的主要优点是污水与活性污泥在吸附池内可以大大节省基建投资，最适于处理含悬浮和胶体物质较多的废水，如制革废水、焦化废水等，工艺灵活。本工艺存在的主要问题是：处理效果低于传统法；不宜处理溶解性有机物含量较高的废水；剩余污泥量较大；同时此工艺不具有硝化功能。

吸附再生系统的设计主要是确定吸附池、再生池的容积以及污泥回流比。

(1) 吸附池容积　通过实验，求得最佳吸附时间（图13-1），然后根据废水流量计算吸附池容积。

(2) 再生池容积　在完全混合稳态条件下，对再生池的生物量进行物料衡算，可得

$$0=RQX_R+YQfS_0+YRQS_e-k_dX_sV_s-RQX_s \tag{13-52}$$

式中，X_s为再生系统微生物浓度；X_c为吸附系统微生物浓度；f为进水中不溶性BOD_5的比例；$YQfS_0$项为在吸附池中被吸附的不溶性BOD_5在再生池中增长的生物量；$YRQS_e$项为再生池中溶解性底物去除时生成的生物量。从式(13-52)得再生池容积为

$$V_s=\frac{RQ(X_R-X_s+YS_e)+YQfS_0}{k_dX_s} \tag{13-53}$$

(3) 污泥回流比R　在完全混合稳态条件下，忽略吸附池中因合成而增加的生物量，则吸附池生物量衡算式为

$$Qx_0+RQX_s=(1+R)QX_c$$

$$\therefore \quad R=\frac{X_c-X_0}{X_s-X_c} \tag{13-54}$$

因进水中挥发性SS浓度X_0一般比X_c小得多，可以忽略不计，故

$$R=\frac{X_c}{X_s-X_c} \tag{13-55}$$

五、吸附-降解工艺

吸附-降解（Adsorption Biodegradation）工艺，简称A-B法，是德国亚琛工业大学的Bohnke教授于20世纪70年代中期开创的，80年代即开始应用于工业实践。其工艺流程如图13-16所示，主要特征是：A、B两段各自拥有独立的污泥回流系统，两段完全分开，各自有独特的微生物群体，A段微生物主要为细菌，其世代期很短，繁殖速度很快，对有机物的去除主要靠污泥絮体的吸附作用，生物降解只占1/3左右。B段微生物主要为菌胶团、原生动物和后生动物。该工艺不设初沉池，使A段成为一个开放性的生物系统。A段以高负荷或超高负荷运行，污泥负荷达2.0～6.0kgBOD_5/(kgMLSS·d)，约为常规法的10～20倍，水力停留时间（HRT）约为30min，污泥龄0.3～0.5d，溶解氧含量为0.2～0.7mg/L，可根据污水组分的不同实行好氧或缺氧运行。B段以低负荷运行，污泥负荷一般为0.15～0.3kgBOD_5/(kgMLSS·d)，水力停留时间（HRT）约为2～3h，污泥龄15～20d，溶解氧含量为1～2mg/L。

A-B法具有反应池容积小、造价低、耐冲击负荷、出水水质稳定可靠的优点，可广泛用于老污水厂改造，扩大处理能力，提高处理效果。此外，在有毒有害废水及工业废水比例较高的城市污水的生物处理中，A-B法有较大的优势。

六、延时曝气法

延时曝气法也称完全氧化法。与普通活性污泥法相比，由于采用的污泥负荷很低，约

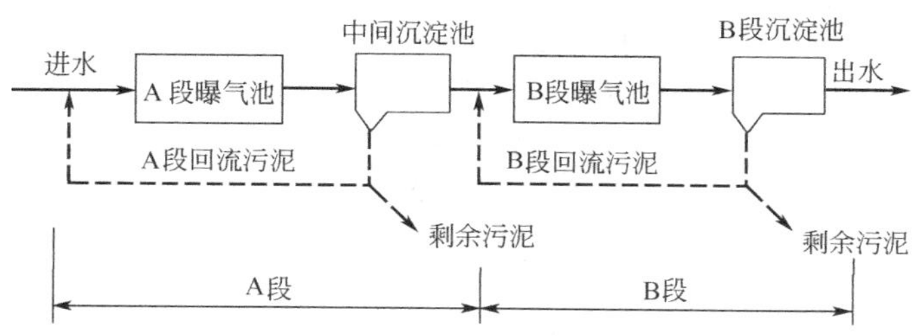

图 13-16　A-B 法工艺流程

0.05～0.2kgBOD$_5$/(kg·d)，曝气时间长，约 24～48h，因而曝气池容积较大，处理单位废水所消耗的空气量较多，仅适用于废水流量较小的场合。

该法大多采用完全混合曝气池，也不设初次沉淀池，流程与图 13-2 相同。曝气池中污泥浓度较高，达到 3～6g/L，但微生物处于内源呼吸阶段，剩余污泥少，污泥有很高的稳定性，泥粒细小、不易沉淀，因此二次沉淀池停留时间长。BOD 去除率 75%～95%。运行时对氮磷的要求低，适应冲击的能力强。

氧化沟是延时曝气法的一种特殊形式，又称连续循环式反应池，最初的实用设备用于处理小城镇污水，一般由沟体、曝气设备、进出水装置、导流和混合设备组成，污水和活性污泥混合液在闭合式曝气渠道中连续循环。它的平面像跑道，沟槽中设置两个曝气转刷（盘），也有用表面曝气机、射流器或提升管式曝气装置的。曝气设备工作时，推动沟液迅速流动，实现供氧和搅拌作用，流程见图 13-17。沟渠断面为梯形，深度取决于所采用的曝气设备，当用转刷时，水深不超过 2.5m，沟中混合液流速为 0.3～0.6m/s。常用的设计参数是：有机负荷为 0.05～0.15kgBOD$_5$/(kgVSS·d)；容积负荷为 0.2～0.4kgBOD$_5$/(m^3·d)；污泥浓度为 2000～6000mg/L；污泥回流比为 50%～150%；曝气时间为 10～30h；泥龄为 10～30d，BOD 和 SS 去除率≥90%，还有较好的脱 N、P 作用。

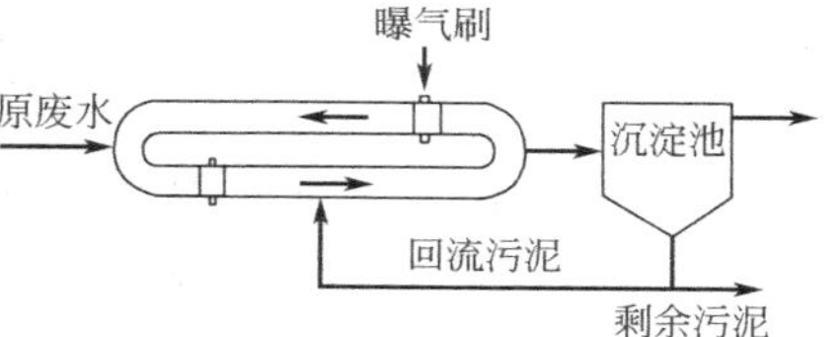

图 13-17　氧化沟示意

氧化沟一般不设初沉池，或不同时设二沉池，因而简化了流程。进水在氧化沟内与大量混合液的混合既具有完全混合式的特征，又具有推流式的某些特征，因而耐受冲击负荷能力和降解能力都强。氧化沟工艺的优点是效果可靠、运行简单、能在不影响出水水质的前提下处理较大冲击/有毒负荷；与延时曝气相比，能耗更少，能去除营养物，出水水质好；污泥稳定，污泥产量少。局限性是需要的空间大；F/M 低，容易引起污泥膨胀；与传统 CMAS 和推流式处理工艺相比，曝气能耗更高。

在延时曝气法设计中，理论上全部底物都用于能量代谢，并且都被氧化，因而不产生剩余污泥。由式(13-20) 得

$$-Y\frac{\mathrm{d}S}{\mathrm{d}t}=k_{\mathrm{d}}X$$

或

$$-\frac{\mathrm{d}S/\mathrm{d}t}{X}=q=\frac{k_{\mathrm{d}}}{Y} \tag{13-56}$$

但实验表明，合成的细胞物质中只有一部分（约 80%）可生物降解，余下的不可生物降解，若令 ϕ 表示细胞中可生物降解部分所占的比例，则式(13-56) 可改写为

$$-\phi Y\frac{\mathrm{d}S}{\mathrm{d}t}=k_{\mathrm{d}}X \tag{13-57}$$

在稳态下对曝气池底物进行物料衡算并与上式联立可得

$$-\frac{dS}{dt}=\frac{Q(S_0-S_e)}{V}=\frac{k_d X}{\phi Y}$$

由此得

$$V=\frac{\phi YQ(S_0-S_e)}{k_d X}$$

或

$$X=\frac{\phi Y(S_0-S_e)}{tk_d} \tag{13-58}$$

上式说明，在延时曝气池中，污泥浓度与泥龄无关，而与曝气时间 t 成反比，因此泥龄不再作为一个设计参数。

计算污泥回流比时，仍对曝气池生物量作物料衡算

$$RQX_R+\Delta X=(1+R)QX \tag{13-59}$$

式中，ΔX 是污泥的增长量，显然它与细胞中不可降解部分的比例相关，即

$$\Delta X=(1-\phi)Y(S_0-S_e)Q-QX_e$$

若忽略出水中带走的污泥量（QX_e），将 ΔX 代入式(13-59）中，则得

$$R=\frac{X-(1-\phi)Y(S_0-S_e)}{X_R-X} \tag{13-60}$$

七、纯氧（或富氧）曝气法

该法用纯氧或富氧空气作氧源曝气，显著提高了氧在水中的溶解度和传递速度，从而可以使高浓度活性污泥处于好氧状态，在污泥有机负荷相同时，曝气池容积负荷可大大提高。

例如将气体的含氧量从21%提高到99.5%（体积比），即氧分压提高0.995/0.21＝4.7倍，则在20℃水中氧的溶解度可达9.2×4.7＝43.2mg/L；若在普通曝气池中DO＝2mg/L，而在纯氧曝气池中DO＝10mg/L，氧传递速率提高 $k_{La}(43.2-10)/k_{La}(9.2-2)\approx$ 4.6倍，相应地，污泥浓度可以大大提高。

随着氧浓度提高，加大了氧在污泥絮体颗粒内的渗透深度，使絮体中好氧微生物所占比例增大，污泥活性保持在较高水平上，因而净化功能良好，不会发生由于缺氧而引起的丝状菌污泥膨胀，泥粒较结实，SVI一般为30～50；硝化菌的生长不会受到溶解氧不足的限制，因此有利于生物脱氮过程。此外，由于氧和污泥的浓度高，系统耐负荷冲击能力和工作稳定性都提高。

表13-1列出了纯氧曝气与常规空气曝气各项参数的比较情况。

表13-1　纯氧曝气法与空气法的比较

参　　数	纯氧曝气	空气曝气	参　　数	纯氧曝气	空气曝气
混合液溶解氧/(mg/L)	6～10	1～2	容积负荷/[kgBOD/(m³·d)]	2.4～3.2	0.5～1.0
曝气时间/h	1～2	3～6	回流污泥浓度/(g/L)	20～40	5～15
MLSS/(g/L)	6～10	1.5～4	污泥回流率/%	20～40	100～150
有机负荷/[kgBOD/(kgVSS·d)]	0.4～0.8	0.2～0.4	剩余污泥量/(kg/kgBOD去除)	0.3～0.45	0.5～0.75

纯氧曝气池有加盖式和敞开式两种，前者又分表面曝气和联合曝气法。敞开式常用超微气泡曝气。由美国碳化物联合公司开发UNOX纯氧曝气系统如图13-18所示。氧气从密闭顶盖引入，池内污水和回流污泥从第一级引入依次流过相对隔开的各级。池面富氧气由离心压缩机经中空轴循环进入水下叶轮，通过叶轮下的喷嘴溶入混合液中，氧利用率可达

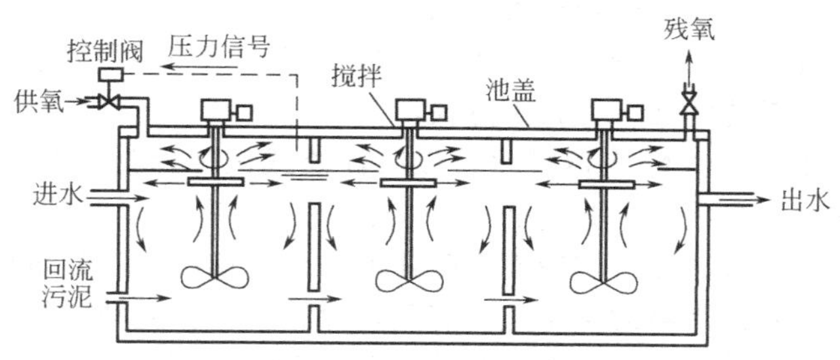

图 13-18　纯氧曝气池构造简图

80%～90%。

纯氧曝气法的缺点主要是装置复杂，运转管理较麻烦，密闭池子结构和施工要求高，如果原水中混入大量易挥发的烃类化合物，则可能引起爆炸；有机物代谢产生的 CO_2 重新溶入系统，使混合液 pH 值下降。

八、序批式活性污泥法（SBR 工艺系统）

1. SBR 工艺特点及阶段描述

序批式活性污泥法（Sequencing Batch Reactor，SBR）也称间歇活性污泥法，它由一个或多个 SBR 池组成，运行时，废水分批进入池中，依次经历 5 个独立阶段，即进水阶段——加入基质；反应阶段——基质降解；沉淀阶段——泥水分离；排水阶段——排出上清液；闲置阶段——等待下一次进水。进水及排水用水位控制，反应及沉淀由时间控制，一个运行周期的时间依负荷及出水要求而异，一般为 4～12h，其中反应占 40%，有效池容积为周期内进水量与所需污泥体积之和。

SBR 法的一个工作周期典型的运行模式如图 13-19 所示。

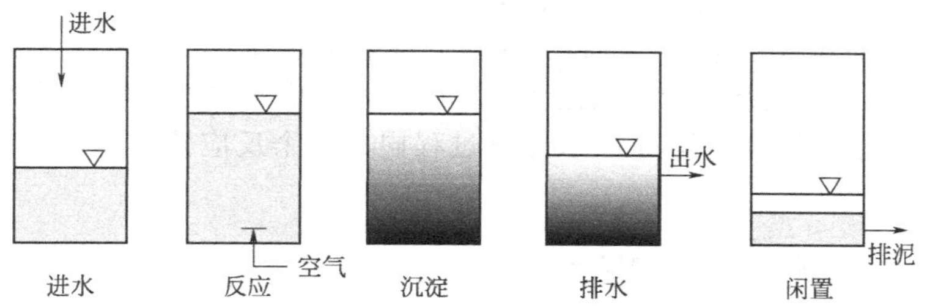

图 13-19　SBR 工作周期示意

序批式活性污泥法中“序批式”包括两层含义：一是运行操作按间歇的方式进行，由于污水大都是连续或半连续排放，处理系统中至少需要两个或多个反应器交替运行，因此，总体上污水按顺序依次进入不同反应器，而各反应器互相协调作为一个有机的整体完成污水净化功能，但对每一个反应器则是间歇进水和间歇排水；二是每个反应器的操作分阶段、按时间顺序进行。

在进水阶段，反应池在短时间内接纳需要处理的污水，此阶段可曝气或不曝气。反应阶段是停止进水后的生化反应过程，根据需要可以在好氧或缺氧条件下进行，也可以在两种或两种以上条件下交替进行。沉淀阶段停止曝气，进行泥水分离。经过一定时间的沉淀，进入排水阶段。排水结束后进入闲置阶段。这一阶段曝气与不曝气均可，此时通常不进水，微生物处于内源呼吸状态。通过内源呼吸作用可使微生物处于“饥饿”状态，为下一运行周期创造良好的初始条件。

在每一运行周期内，各阶段的运行参数都可以根据污水水质和出水指标进行调整，并且可根据实际情况省去其中的某一阶段（如闲置阶段），还可以把反应期与进水期合并，或在进水阶段同时曝气等，系统的运行方式十分灵活。

SBR 用特别设计的浮动式滗水器排水，以防浮渣或沉降污泥排出影响出水水质，SBR 系统的滗水器应具备两个功能：一是防止浮渣排出，上层清液排出口应离水面 10cm 以下；二是排放均匀，滗水器下沉速度应与液面下降速度一致。排出口应分布均匀，以免导致水力扰动使污泥排出。浮动式滗水器的类型主要有气动浮箱和机械驱动两种，前者靠压缩空气调节浮箱的浮力控制排水，后者靠机械驱动排水。滗水器以软管或万向节与 SBR 池壁上固定的排水管相连，靠池内外液面高差产生虹吸而排水。

SBR 法与完全混合活性污泥法相比，具有以下优点。

① 与连续流方法相比，SBR 法流程短、装置结构简单，当水量较小时，只需一个间歇反应器，不需要设专门二沉池和调节池，无需污泥回流系统，运行费用低。

② SBR 系统各反应器相互独立，每个 SBR 池可根据进水水质、水量的不同适当调整运行参数，比其他生物处理系统更易维护，运行方式灵活方便。

③ 由于底物浓度高，浓度梯度大，污泥龄较短，丝状菌不可能成为优势，SVI 值较低，污泥易于沉淀，不易发生污泥膨胀。

④ 耐冲击负荷能力强。在空间上，SBR 中发生的是典型的非稳态过程，具有典型的完全混合特征；在时间上，它又是理想的推流式处理，因此尽管 SBR 进水初期底物浓度非常高，但水质、负荷波动和毒物对 SBR 影响相对较小。

⑤ 交替出现缺氧、好氧状态，有利于生物脱氮除磷。

2. 循环活性污泥系统（CASS 工艺）

近年来，在传统 SBR 工艺的基础上又开发了 CASS 反应器，称循环活性污泥系统，其实质是一种循环式 SBR 活性污泥法。CASS 反应池由生物选择区、兼氧区和主反应区 3 个区域组成，每个区的容积比为 1∶5∶30。污水首先进入选择区，与来自主反应区的混合液（20%～30%）混合，经过厌氧反应后进入主反应区，反应器中的活性污泥不断重复曝气和非曝气的过程，将生物反应过程和泥-水分离过程同在一个反应器（池）中完成，CASS 反应池工艺如图 13-20 所示。

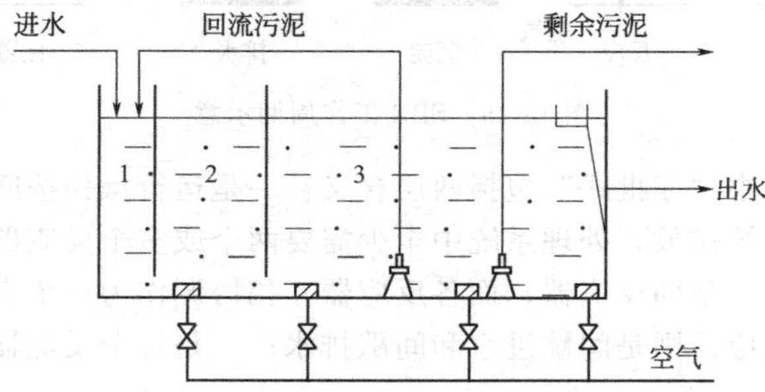

图 13-20　CASS 反应池工艺示意

1—生物选择区；2—兼氧区；3—主反应区

CASS 工艺在保留了 SBR 工艺间歇出水，以及各阶段运行时间或曝气量易灵活控制、实现不同处理目的特征的同时，在工艺入口处设生物选择区，并进行污泥回流，有利于絮凝性细菌的生长并提高了污泥的活性，克服了传统 SBR 不能连续进水的缺点，并可实现处理全过程的自动控制。为避免进水短流影响出水质量，其滗水操作通常在中断充水的条件下进行。

九、MBR 工艺系统

废水处理中的膜生物反应器（MBR）是指将膜分离技术中的微滤膜（膜孔径为 0.1～0.4μm）与废水生物处理工程中的生物反应器相互结合而成的一种新型、高效的废水处理工艺。在膜生物反应器中，可采用好氧或厌氧悬浮生长生物反应器，并将处理后水与活性污泥生物量进行分离。膜系统的出水水质相当于二沉池出水经微滤的出水水质，有利于废水回用。

1. 膜生物反应器构成与分类

MBR 是一种新型高效的污水处理工艺，主要由生物反应器和膜组件两部分组成，由于这两部分操作单元自身的多样性，MBR 也必然有多种形式，其基本分类见表 13-2。

表 13-2　MBR 基本分类

依据	类型
膜组件	管式、板框式、中空纤维式
膜材料	有机膜、无机膜
压力驱动形式	外压式、抽吸式
生物反应器	好氧、厌氧
组合方式	分置式、一体式(浸没式)

一体式生物膜反应器是按照膜组件的形式将其安装在生物反应器底部，曝气器设置在膜组件的正下方；分置式生物膜反应器是指膜组件与生物反应器分开设置，靠加压泵加压出水。两种形式的 MBR 如图 13-21 所示。一体式膜生物反应器具有结构紧凑、体积小、工作压力小、动力消耗小、无水循环、不堵塞膜纤维中心孔的优点；同时也存在膜面流速小、易污染、出水不连续等问题。分置式膜生物反应器具有组装灵活、易于控制、易于大型化、透水率可相对增大等优点；但它也存在着动力消耗大、系统运行费用高的问题，其单位体积处理水的能耗是传统活性污泥法的 10～20 倍。

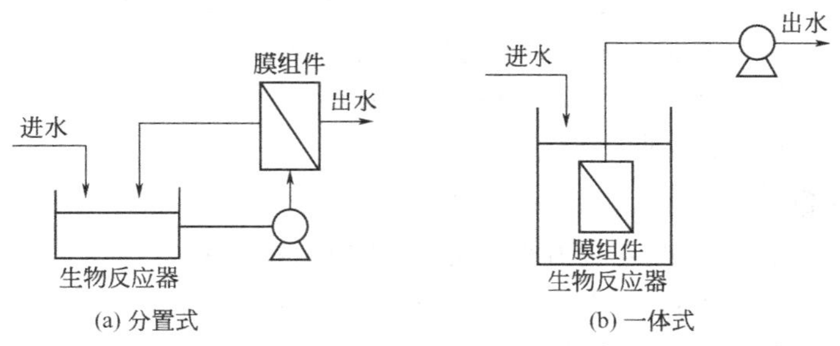

图 13-21　一体式 MBR 示意

复合式 MBR（图 13-22）在形式上也属于一体式 MBR，所不同的是在生物反应器内加装填料，从而形成复合式 MBR，强化了 MBR 的一些功能。

2. 膜生物反应器的特点

MBR 工艺作为一种新兴的高效水处理技术，与常规工艺相比具有以下特点。

（1）污染物去除效率高，不仅能高效地进行固液分离，而且能有效地去除病原微生物，可以截留去除绝大部分的有机污染物和细菌，能提高处理水质，使最终的出水水质达到回用

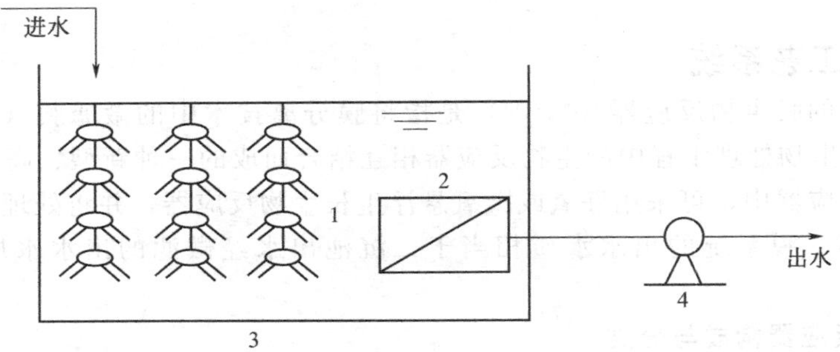

图 13-22　复合式 MBR

1—填料；2—膜组件；3—生物反应器；4—抽吸泵

标准。

(2) 能保持高的混合液污泥浓度，MLSS 为常规处理工艺的 3～10 倍，从而能提高容积负荷，降低污泥负荷，提高出水水质；剩余污泥量很少，甚至无剩余污泥排放，污泥处理和处置费用低。

(3) 高浓度活性污泥的吸附与长时间的接触，使分解缓慢的大分子有机物的停留时间增长，使其分解率提高，污泥产生量少，出水水质稳定。

(4) 由于过滤分离机理，能很好地解决污泥膨胀问题，即使出现污泥膨胀，也不影响出水水质；能抗冲击负荷，对水质水量的变化有较强的适应性，特别是复合式膜生物反应器，当原水的水质、水量突然改变时，出水水质不会发生多大变化。

(5) MBR 工艺的污泥停留时间很长，能繁殖世代时间较长的微生物，对某些难降解有机物的生物降解十分有利，并且创造了有利于硝化细菌的生长环境，因而可以大大提高硝化能力。

第五节　曝气设备与供气量计算

活性污泥法是一种好氧生物处理方法，有机物降解和有机体合成都需要氧参与。没有充足的溶解氧，好氧微生物不能生存，更不能发挥氧化分解作用。同时，作为一个有效的处理工艺，还必须使微生物、有机物和氧充分接触，因此混合、搅拌作用也是不可缺少的。通过曝气设备可实现充氧和混合这两个目的。

一、曝气设备

对曝气设备的要求：a. 供氧能力强；b. 搅拌均匀；c. 构造简单；d. 能耗少；e. 价格低廉；f. 性能稳定，故障少；g. 不产生噪声及其他公害；h. 对某些工业废水耐腐蚀性强。

目前使用的曝气方式有以下 3 种。

① 鼓风曝气：曝气系统由鼓风机（或空压机）加压设备、管道系统和空气扩散器三部分组成。

② 机械曝气：借叶轮、转刷等对液面进行搅动以达到曝气的目的。

③ 鼓风-机械联合曝气：系由上述两者组合。

1. 鼓风曝气

鼓风曝气就是用鼓风机（或空压机）向曝气池充入一定压力的空气（或氧气）。气量要满足生化反应所需的氧量和能保持混合液悬浮固体均匀混合，气压要足以克服管道系统和扩散的摩阻损耗以及扩散器上部的静水压。扩散器是鼓风曝气系统的关键部件，其作用是将空气分散成空气泡，增大气液接触界面，把空气中的氧溶解于水中。曝气效率取决于气泡的大小、水的亏氧量、气液接触时间、气泡的压力等因素。

根据分散气泡的大小，扩散器又可分成以下几类。

（1）小气泡扩散器　典型的是由微孔材料（陶瓷、钛粉、砂粒、塑料）制成的扩散板或扩散管，见图 13-23。气泡直径在 1.5mm 以下。

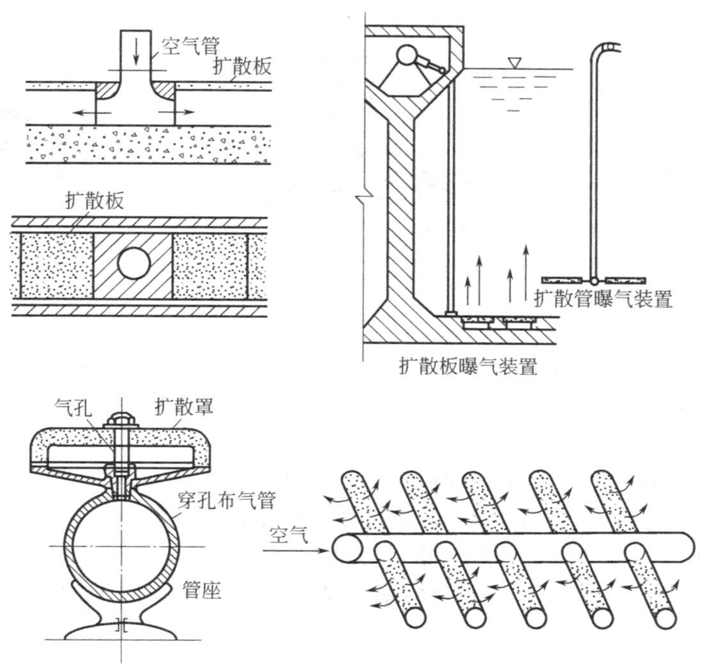

图 13-23　小气泡扩散器及安装

（2）中气泡扩散器　常用穿孔管和莎纶管。穿孔管的孔眼直径为 3～5mm，孔口朝下，与垂直面成 45°夹角，孔距为 10～15mm，孔口流速不小于 10m/s。国外也用莎纶（Saran）、尼龙或涤纶线缠绕多孔管以分散气泡。见图 13-24。

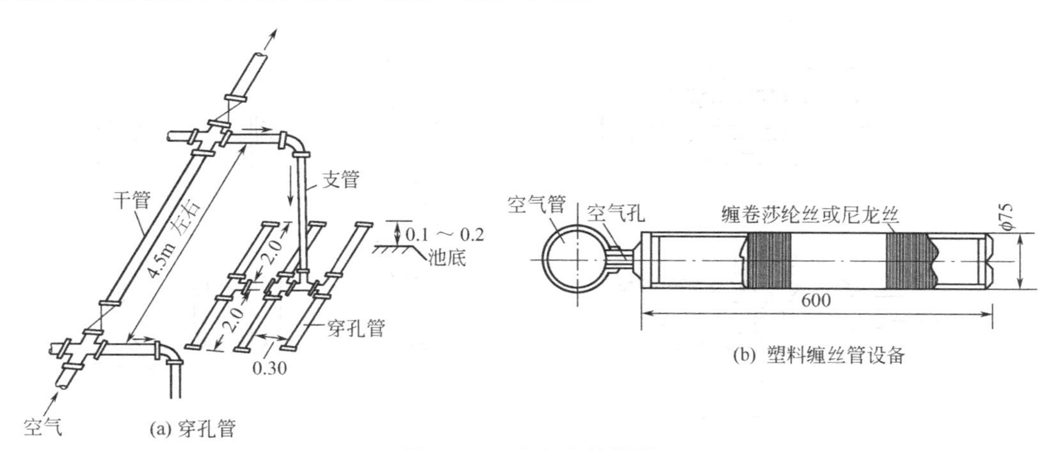

图 13-24　中气泡扩散器

（3）大气泡扩散器　常用竖管，直径约为 15mm，见图 13-25。其他大气泡扩散器很多，如图 13-26 和图 13-27 所示。倒盆式扩散器系水力剪切扩散型，由塑料及橡皮板组成，空气从橡皮板四周喷出，旋转上升。气泡直径在 2mm 左右，阻力大，动力效率为 $2.6kgO_2/(kW \cdot h)$。圆盘型扩散器由聚氯乙烯圆盘片、不锈钢弹性压盖与喷头连接而成。通气时圆盘片向上顶起，空气从盘片与喷头间喷出；当供气中断时，扩散器上的静水压头使盘片关闭。

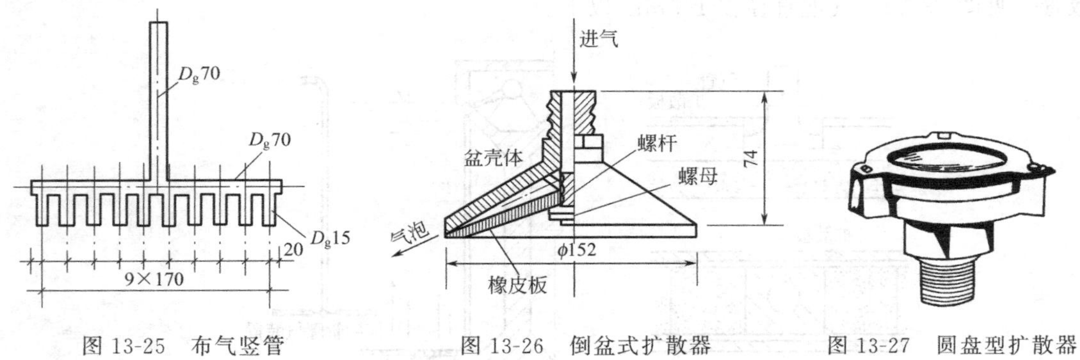

图 13-25　布气竖管　　图 13-26　倒盆式扩散器　　图 13-27　圆盘型扩散器

（4）射流扩散器　用泵打入混合液，在射流器的喉管处形成高速射流，与吸入或压入的空气强烈混合搅拌，将气泡粉碎为 100μm 左右，使氧迅速转移至混合液中。射流扩散器构造如图 13-28。

（5）固定螺旋扩散器　由 ϕ300mm 或 ϕ400mm、高 1500mm 的圆筒组成，内部装着按 180°扭曲的固定螺旋元件 5～6 个，相邻两个元件的螺旋方向相反，一顺时针旋，另一逆时针旋。空气由底部进入曝气筒，形成气水混合液在筒内反复与器壁及螺旋板碰撞、分割、迂回上升。由于空气喷出口径大，故不会堵塞。试验表明，该扩散器的氧传递速率可用下式表达：

$$N_A = 0.404HG_s^{0.67} \tag{13-61}$$

式中，N_A 为清水中氧传递量，$kgO_2/(h \cdot 个)$；H 为水深，m；G_s 为鼓气量，m^3/min。

固定螺旋扩散器构造如图 13-29 所示，可均匀布置在池内。

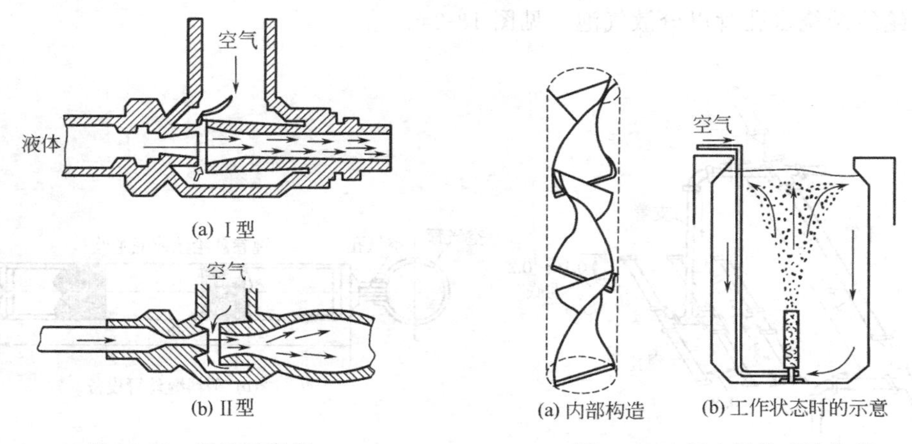

图 13-28　射流扩散器　　图 13-29　固定螺旋型扩散器

2. 机械曝气

机械曝气大多以装在曝气池水面的叶轮快速转动，进行表面充氧。按转轴的方向不同，表面曝气机分为竖式和卧式两类。常用的有平板叶轮、倒伞型叶轮和泵型叶轮，见图 13-30。其中泵型（E）表曝机已有系列产品。

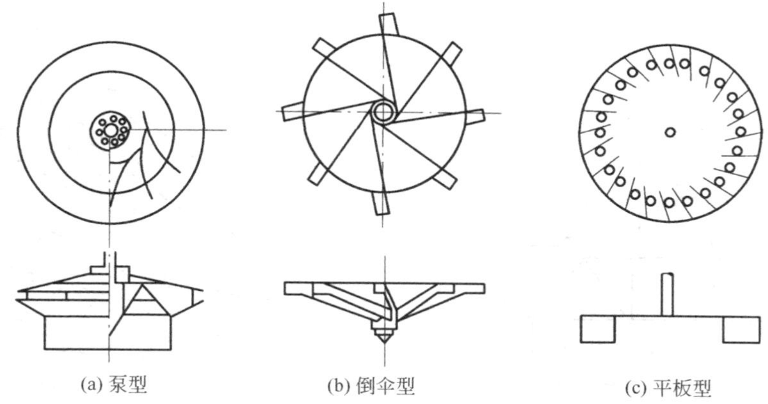

图 13-30　几种叶轮表曝气机

表面曝气叶轮的供氧是通过下述 3 种途径来实现的。

① 由于叶轮的提升和输水作用，使曝气池内液体不断循环流动，更新气液接触面，不断从大气中吸氧。

② 叶轮旋转时，在周边处形成水跃，使液面剧烈搅动，将氧从大气中卷入水中。

③ 叶轮旋转时，叶轮中心及叶片背水侧出现负压，通过小孔可以吸入空气。除了供氧之外，曝气叶轮也具有足够的提升能力，一方面保证液面更新；另一方面也使气体和液体获得充分混合，防止池内活性污泥沉积。

实测表明，泵型叶轮的提升能力和充氧能力比相同直径的平板叶轮大，倒伞型叶轮的动力效率较平板型叶轮高，但充氧能力较差。

曝气叶轮的充氧能力和提升能力同叶轮浸没深度、叶轮的转速等因素有关。在适宜的浸深和转速下，叶轮的充氧能力最大，并可保证池内污泥浓度和溶解氧浓度均匀。一般生产上曝气叶轮转速为 30～100r/min，叶轮周边线速度为 2～5m/s。线速度过大，会打碎活性污泥颗粒，影响沉淀效率，但线速度过小，将影响充氧量。叶轮的浸没深度按上顶平板面在静止水面下的深度计，一般在 40mm 左右（可调）。若浸没深度过小，充氧能力将因提升力减小而减小，底部液体不能供氧，将出现污泥沉积和缺氧，当浸没深度过大，充氧能力也将显著减小，叶轮仅起搅拌机的作用。

泵型叶轮的构造如图 13-31 所示。叶片在罩壳内呈流线形，内罩壳有一引水圈，顶板上有一圈进气孔和导流锥顶相通。叶轮旋转时，由引水圈吸入液体，经叶片甩出，向四周冲击，顶部进气孔吸入空气，使液体雾化程度加剧。

泵型叶轮的充氧量和轴功率可用经验公式求得。在 1.013×10^{5} Pa、20℃清水中泵型（E）叶轮充氧量和轴功率与叶轮转速及直径的关系如图 13-32 所示。

表面曝气机的驱动装置可安装在固定梁架或水面浮筒上，前者多用于大型曝气器，操作维护方便；后者适用于小型曝气器，不受水位变动的影响。

卧式表面曝气机的转轴与水面平行。在垂直于转动轴的方向装有不锈钢丝（转刷）或板条或曝气转盘，用电机带动，转速为 70～120r/min，淹没深为 1/4～1/3 直径。转动时，钢丝或板条把大量液滴抛向空中，并使液面剧烈波动，促进氧的溶解，同时推动混合液在池内回流，促进溶解氧的扩散，见图 13-33。

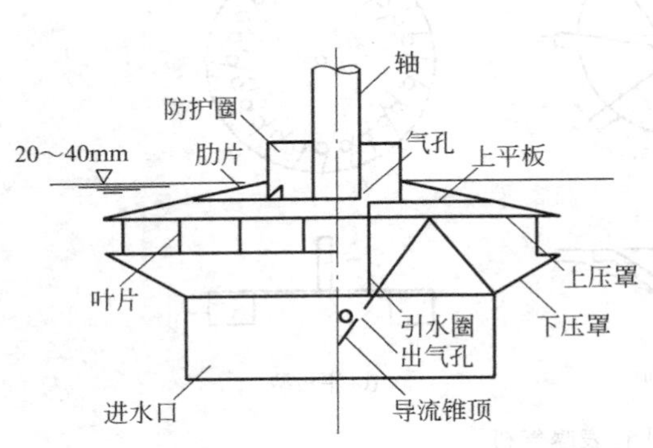

图 13-31 泵型叶轮的构造

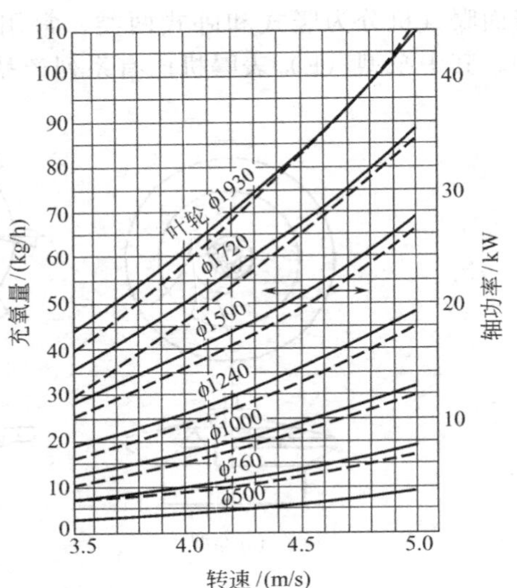

图 13-32 泵型（E）叶轮充氧量、轴功率与转速及叶轮直径的关系

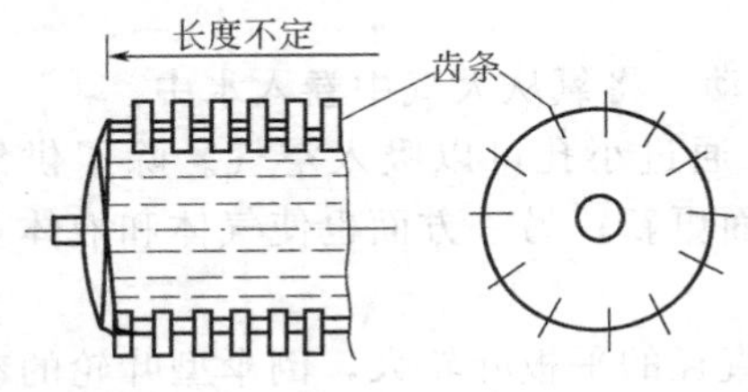

图 13-33 卧式曝气刷

常用曝气设备性能如表 13-3 所列。

表 13-3 中的标准状态指用清水做曝气实验，水温 20℃，大气压力为 1.013×10^5Pa，初始水中溶解氧为 0；现场实验用的是废水，水温为 15℃，海拔为 150m，$\alpha=0.85$，$\beta=0.9$，水中溶解氧保持 2mg/L。

对于较小的曝气池，采用机械曝气装置能减少动力费用，并省去鼓风曝气所需的管道系统和鼓风机等设备，维护管理也较方便。但是这类装置转速高，所需动力随池子的加大而迅速增大，所以池子不宜太大，而且需要较大的表面积以便能从空气中吸氧。此外，曝气池中如有大量泡沫产生，则可能严重降低叶轮的充氧能力。鼓风曝气供气量的伸缩性较大，曝气效果也较好，一般用于较大的曝气池。

表 13-3 各类曝气设备的性能资料

曝气设备	氧吸收率/%	动力效率/[kg O_2/(kW·h)]	
		标准	现场
小气泡扩散器	10～30	1.2～2.0	0.7～1.4
中气泡扩散器	6～15	1.0～1.6	0.6～1.0
大气泡扩散器	4～8	0.6～1.2	0.3～0.9
射流曝气器	10～25	1.5～2.4	0.7～1.4
低速表面曝气机		1.2～2.7	0.7～1.3
高速浮筒曝气机		1.2～2.4	0.7～1.3
转刷式曝气机		1.2～2.4	0.7～1.3

二、氧传递原理及影响因素

1. 气体传递原理

由于污水溶解氧的能力限制，以及混合液内污泥浓度较大，氧在液相中的扩散阻力较大，所供给的氧不能全部被水所吸收。此外，不同曝气设备的充氧能力也不同。为了衡量曝气效率，引入氧吸收率（或利用率）和动力效率两个指标，前者表示向混合液供给1kg氧时，水中所能获得氧的质量，多用于鼓风曝气装置评价；后者表示单位动力在单位时间内所转移的氧量，多用于机械曝气设备评价。

如果向混合液供氧，氧的传递速率可用扩散理论描述，即

$$\frac{\mathrm{d}c}{\mathrm{d}t}=K_{\mathrm{L}}\frac{A}{V}(c_{\mathrm{s}}-c) \tag{13-62}$$

式中，$\frac{\mathrm{d}c}{\mathrm{d}t}$为氧传递速率，mg/(L·h)；$K_{\mathrm{L}}$为氧传递系数，m/h；$A$为气液界面面积，$m^2$；$V$为曝气池有效容积，$m^3$；$c_{\mathrm{s}}$、$c$为液体的饱和溶解氧和实际溶解氧的浓度，mg/L。

在活性污泥系统中，气液界面面积无法测量，为此，引入一个总传递系数$K_{\mathrm{L}}\mathrm{a}$ $\left(=K_{\mathrm{L}}\frac{A}{V}\right)$，故式(13-62)可改写为

$$\frac{\mathrm{d}c}{\mathrm{d}t}=K_{\mathrm{L}}\mathrm{a}(c_{\mathrm{s}}-c) \tag{13-63}$$

$K_{\mathrm{L}}\mathrm{a}$同曝气设备及水的特性有关，可以通过试验求得。曝气机生产厂家的试验通常在脱氧清水中进行，先用$Na_2S_2O_3$脱氧（$CoCl_2$作催化剂），搅拌均匀后（时间t_0），测定脱氧清水中溶解氧量c_0，连续曝气t_1后，溶解氧升高至c_{L}，则在此界限内积分式(13-63)：

$$\int_{c_0}^{c_{\mathrm{L}}}\frac{\mathrm{d}c}{c_{\mathrm{s}}-c}=\int_{t_0}^{t_1}K_{\mathrm{L}}\mathrm{a}\,\mathrm{d}t$$

得

$$K_{\mathrm{L}}\mathrm{a}=\frac{\ln[(c_{\mathrm{s}}-c_0)/(c_{\mathrm{s}}-c_{\mathrm{L}})]}{t_1-t_0} \tag{13-64}$$

这样测得的$K_{\mathrm{L}}\mathrm{a}$即为清水的氧总传递系数。

2. 氧转移的影响因素

氧总传递系数通常受废水水质、水温和气压等影响，在处理实际废水中需要进行修正。

（1）污水性质　由于污水含有大量有机物和无机物，因此，其饱和溶解氧不同于清水的饱和溶解氧。同时，混合液中含有大量活性污泥颗粒，氧扩散阻力比清水大。这样，当曝气设备在污水混合液中曝气时，氧传递速率应修正为：

$$\frac{\mathrm{d}c}{\mathrm{d}t}=\alpha K_{\mathrm{L}}\mathrm{a}(\beta c_{\mathrm{s}}-c) \tag{13-65}$$

$$\alpha=K_{\mathrm{L}}\mathrm{a}(\text{废水})/K_{\mathrm{L}}\mathrm{a}(\text{清水}) \tag{13-66}$$

$$\beta=\frac{c_{\mathrm{sw}}}{c_{\mathrm{s}}} \tag{13-67}$$

式中，α为因混合液含污泥颗粒而降低传递系数的修正值（<1）；β为废水饱和溶解氧的修正值（<1）；c_{sw}为污水的饱和溶解氧的浓度，c_{s}为清水的饱和溶解氧的浓度。

上述α和β修正系数值均可通过对污水和清水的曝气充氧试验测定。一般情况下，对于鼓风曝气的空气扩散设备，α值在0.4～0.8范围内；对于机械曝气设备，α值在0.6～1.0范围内。β值在0.70～0.98之间变化，通常取0.95。

废水中存在表面活性剂时，对$K_{\mathrm{L}}\mathrm{a}$有很大影响，一方面由于表面活性剂在界面上集中，增大了传质阻力，降低K_{L}；另一方面，由于表面张力降低，使形成的空气泡尺寸减小，增大了气泡的比表面积，许多时候由于A/V的增大超过了K_{L}的降低，从而使传质速率增加。但一般来说，$K_{\mathrm{L}}\mathrm{a}$一般随着废水杂质浓度的增大而减小。

(2) 水温　水温对氧的转移影响较大，水温升高，水的黏度降低，K_La 值增大；反之 K_La 值降低。如果试验温度和实际污水温度有所不同，氧传递系数可按下式进行温度修正：

$$K_La_{(T)}=K_La_{(20)}\theta^{T-20} \tag{13-68}$$

式中，$K_La_{(T)}$ 为水温为 T℃时总氧传递系数；$K_La_{(20)}$ 为水温为 20℃时总氧传递系数；θ 为温度特性系数，一般在 1.006～1.047 之间，常取值 1.024。

K_La 除与废水温度有关外，还与水质及曝气池和曝气设备的形式和构造有关。

水温对溶解氧饱和度 c_s 值也有影响，随着温度的增加，K_La 值增大，c_s 值降低，液相中氧的浓度梯度有所减小。因此水温对氧转移有两种不同的影响，但并不是完全抵消，总的来说，水温降低有利于氧的转移。

(3) 氧分压　由于氧的溶解度 c_s 除受水质、水温的影响外，还受气压的影响，气压降低，c_s 值也随之降低，反之则升高。因此，在气压不足 1.013×10^5 Pa 的地区，尚应对饱和溶解氧 c_s 作压力修正，即乘以修正系数 ρ。

$$\rho=\frac{\text{所在地实际气压}(P_0)}{1.013\times10^5} \tag{13-69}$$

在鼓风曝气系统，氧的溶解度与空气扩散装置浸没深度有关，一方面随深度增加，鼓入空气中氧分压增大；另一方面，气泡在上升过程中其氧分压减小。一般取气体释放点处及曝气池水面处的溶解氧饱和值的平均值作为计算依据，即

$$c_{sm}=\frac{1}{2}(c_{sb}+c_{st})=c_s\left(\frac{P_b}{2.026\times10^5}+\frac{O_t}{42}\right) \tag{13-70}$$

$$P_b=p+9.81 0^3h$$

$$O_t=\frac{21(1-E_A)}{79+21(1-E_A)}\times100\% \tag{13-71}$$

式中，c_{sm} 为鼓风曝气池氧的平均饱和值，mg/L；c_s 为运转温度下水中氧的饱和溶解度，mg/L；c_{sb} 为扩散器释放点处的饱和溶解氧，mg/L；c_{st} 为水面处的饱和溶解氧，mg/L；P_b 为空气扩散装置出口处的绝对压力，Pa；p 为大气压力，1.013×10^5 Pa；h 为空气扩散装置的安装深度，m，一般为有效水深－0.3m（距池底 0.3m）；O_t 为空气泡离开水面时所含氧的百分浓度，%；E_A 为空气扩散装置的氧传递效率，小气泡扩散装置一般取 0.06～0.12，微孔曝气器一般取 0.15～0.25。

此外，氧转移速率还与鼓入的空气量、气泡的大小、液体的紊流程度、气泡与液体接触的时间等有关，可以通过设备选择或设计，使氧转移速率得以强化。

各种曝气设备的氧传递系数也可用经验公式来计算。

当采用鼓风曝气时，气泡直径 d_B 可表示为气体流量 G 的函数，$d_B=G^n$，总传质系数为：

$$K_La=\frac{kH^mG^n}{V} \tag{13-72}$$

式中，H 为空气扩散器在水面下的深度，m；G 为鼓入空气流量，m^3/s；V 为曝气池有效容积，m^3；k 为常数；m、n 为特性指数，对大多数扩散器，m 在 0.71～0.78 之间，n 在 1.2～1.38 之间。

当采用鼓风-机械联合曝气时，叶轮将鼓入水中的空气分散，总传质系数为：

$$K_La=k_1v^xG^yD^z \tag{13-73}$$

或

$$K_La=k_2\left(\frac{P}{V}\right)^{0.95}G^{0.67} \tag{13-74}$$

式中，v 为叶轮的圆周线速度，m/s；G 为鼓入空气量，m^3/s；D 为叶轮直径，m^3/s；P 为搅拌功率，kg·m/s；k_1、k_2 为常数；x、y、z 为特性指数，分别为 1.2～2.4、0.4～0.95、0.6～1.8。

三、氧转移速率与供气量的计算

通常对于机械曝气叶轮充氧量 R_0（Q_s）都是在标准状态下，通过脱氧清水的曝气实验测定；对于鼓风曝气，生产厂家空气扩散器的氧利用率（氧吸收率或氧转移率）E_A 也是在标准状态下，通过脱氧清水的曝气试验测得的。因此，供气量计算过程和设备选型如下。

以 N_0 表示单位时间由于曝气向脱氧清水传递的氧量，N 表示单位时间向混合液传递的氧量，并且假定脱氧清水的起始溶解氧为零，即得两种情况下供氧量之比为

$$\frac{N}{N_0}=\frac{\alpha K_La_{(20)}[\beta\rho c_{sm(T)}-c_L]1.024^{T-20}}{K_La_{(20)}[c_{sm(20)}-0]}$$

$$=\alpha\frac{\beta\rho c_{sm(T)}-c}{c_{sm(20)}}1.024^{T-20} \tag{13-75}$$

由于曝气池在稳态下运行，供氧速度将等于活性污泥微生物的耗氧速度 r_r，即

$$r_r=\frac{dc}{dt}=\alpha K_La_{(20)}[\beta\rho c_{sm(T)}-c]1.024^{T-20} \tag{13-76}$$

测定耗氧速度 r_r 时，先将混合液曝气，直到接近饱和溶解氧值，停止曝气，测定一定时间内混合液溶解氧的降低量。β 值的测定方法比较简单，用脱氧清水及经消毒（煮沸）或用 $HgCl_2$、$CuSO_4$ 抑制的混合液曝气至氧饱和状态，分别测定混合液饱和溶解氧和清水饱和溶解氧，计算其比值即得。

如果已知曝气池混合液的耗氧量 $R_r(=Vr_r)$，用某一曝气器供氧，要求该曝气器向清水的供氧量为 $R_0(=Vr_0)$，可类似式(13-75)，有

$$R_0=\frac{R_r c_{sm(20)}}{\alpha\ [\beta\rho c_{sm(T)}-c]\ \times 1.024^{T-20}} \tag{13-77}$$

对于机械曝气，各种叶轮充氧量 Q_s 都是在标准状态下（水温 20℃，1.01×10^5Pa）通过脱氧清水的曝气实验测定。由式(13-77) 可求得供氧量 R_0 来选择曝气机型号。

对于鼓风曝气，生产厂家的各种扩散器氧利用率（氧吸收率或氧转移率）E_A 都是在标准状态下，通过脱氧清水的曝气试验测出，利用式(13-78) 由所需的 R_0 可求得供气量 G，根据供气量 G 和供气压力选择鼓风机。

如果实际供氧量为 W，则废水的氧吸收率为：

$$E_A=\frac{R_0}{W}\times100\% \tag{13-78}$$

供氧量和供气量的关系可用下式表示：

$$W=G\times21\%\times1.331=0.28G \tag{13-79}$$

式中，G 为供气量，m^3/h；21%为氧在空气中所占体积分数；1.331 为 20℃时氧气的密度，kg/m^3。

在没有进行充氧实验的条件下，可以对供气量进行估算：每去除 1kgBOD 理论上需消耗 1kgO_2，即相当于标准状态下的空气 3.5m^3，因鼓风曝气的利用率为 5%～10%，故去除 1kgBOD 需供给空气量为 35～70m^3。实际上，由于曝气池的负荷和运行方式不同，供气量需放大 1.5～2.0 倍。

第六节　曝气池的构造与工艺设计

一、曝气池的构造

曝气池实质上是一个生化反应器，按水力特征可分为推流式、完全混合式和二者结合式三大类。曝气设备的选用和布置必须与池型和水力要求相配合。

1. 推流曝气池

(1) 平面布置　推流曝气池的长宽比一般为5～10，受场地限制时，长池可以折流，废水从一端进，另一端出，进水方式不限，出水多用溢流堰，一般采用鼓风曝气扩散器。

(2) 横断面布置　推流曝气池的池宽和有效水深之比一般为1～2，有效水深最小为3m，最大为9m，超高0.5m。

根据横断面上的水流情况，又可分为平推流和旋转推流。在平推流曝气池底铺满扩散器，池中水流只有沿池长方向的流动。在旋转推流曝气池中，扩散器装于横断面的一侧，由于气泡形成的密度差，池水产生旋流，即除沿池长方向流动外，还有侧向流动。为了保证池内有良好的旋流运动，池两侧墙的墙脚都宜建成外凸45°的斜面。

根据扩散器在竖向上的位置不同，又可分为底层曝气、中层曝气和浅层曝气。采用底层曝气的池深取决于鼓风机所能提供的风压，根据目前的产品规格，有效水深常为3～4.5m。采用浅层曝气时，扩散器装于水面以下0.8～0.9m处，常采用1.2m以下风压的鼓风机，虽风压小，但风量大，故仍能形成足够的密度差，产生旋转推流。池的有效水深一般为3～4m。近年来发展的中层曝气法将扩散器装于池深的中部，与底层曝气相比，在相同的鼓风条件和处理效果下，池深一般可加大到7～8m，最大可达9m，从而节约了曝气池的用地。中层曝气的扩散器也可设于池的中央，形成两个侧流。这种池型可采用较大的宽深比，适于大型曝气池。

2. 完全混合曝气池

完全混合曝气池平面可以是圆形、方形或矩形。曝气设备可采用表面曝气机，置于池的表层中心，废水从池底中部进入。废水一进池，即在表面曝气机的搅拌下立即与全池混合均匀，不像推流那样上下段有明显的区别。完全混合曝气池可以和沉淀池分建或合建。

(1) 分建式　曝气池和沉淀池分别设置，既可使用表曝机，也可用鼓风曝气装置。当采用泵型叶轮且线速在4～5m/s时，曝气池直径与叶轮的直径之比宜为4.5～7.5，水深与叶轮直径比宜为2.5～4.5。当采用倒伞型和平板型叶轮时，曝气池直径与叶轮直径之比宜为3～5。分建式虽不如合建式紧凑，且需专设污泥回流设备，但调节控制方便，曝气池与二次沉淀池互不干扰，回流比明确，应用较多。

(2) 合建式　曝气和沉淀在一个池子的不同部位完成，我国称为曝气沉淀池，国外称为加速曝气池。平面多为圆形，曝气区在池中央，一般采用表面曝气机，二次沉淀区在外环，与曝气区底部有污泥回流缝相通，靠表曝机的提升力使污泥回流。为使回流缝不堵，设缝隙较大，但这样又使回流比过大，一般 $R>1$，有的竟达5。因此，这种曝气池的名义停留时间虽有3～5h，但实际停留时间往往不到1h，故一般出水水质较普通曝气池差，加之控制和调节困难，运行不灵活，国内外渐趋淘汰。

普通曝气沉淀池构造如图13-34所示。它由曝气区、导流区、回流区、沉淀区几部分组成。曝气区相当于分建式系统的曝气池，它是微生物吸附和氧化有机物的场所，曝气区水面处的直径一般为池直径的1/2～1/3，视不同废水而异。混合液经曝气后由导流区流入沉淀区

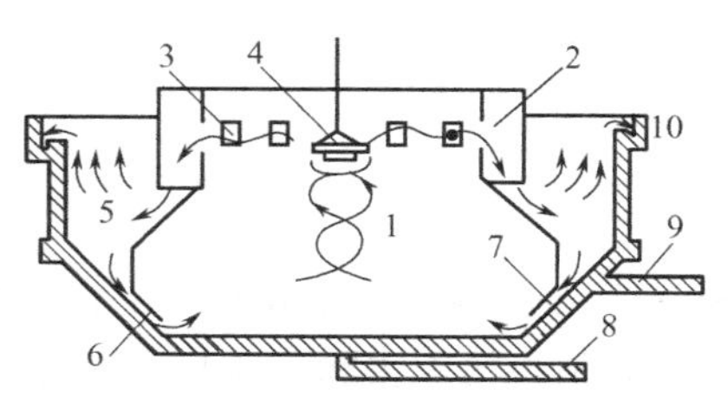

图 13-34　普通曝气沉淀池

1—曝气区；2—导流区；3—回流窗；4—曝气叶轮；5—沉淀区；6—顺流圈；7—回流缝；8,9—进水管；10—出水槽

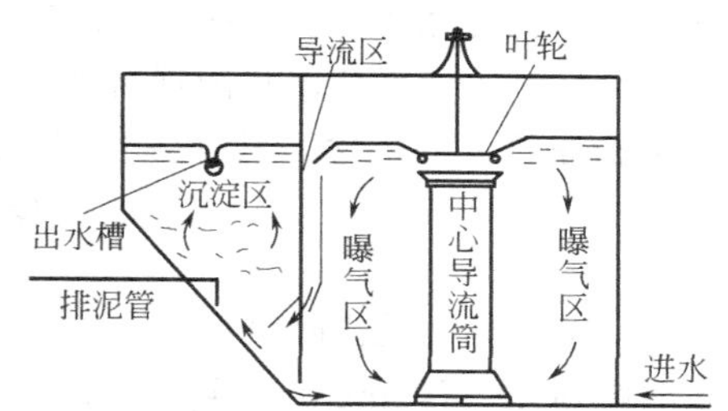

图 13-35　方形曝气沉淀池

进行泥水分离。导流区既可使曝气区出流中挟带的小气泡分离，又可使细小的活性污泥凝聚成较大的颗粒。为了消除曝气机转动形成旋流的影响，导流区应设置径向整流板，将导流区分成若干格间。回流窗的作用是控制活性污泥回流量及控制曝气区水位，回流窗开启度可以调节，窗口数一般为 6～8 个，沿导流区壁的周长均匀分布，窗口总堰长与曝气区周长之比一般为 1/2.5～1/3.5。

为了提高叶轮的提升量和液面的更新速率和混合深度，在曝气机下设导流筒，见图 13-35。

3. 两种池型的结合

在推流曝气池中，也可用多个表曝机充氧和搅拌。在每一个表曝机所影响的范围内，流态为完全混合，而就全池而言，又近似推流。此时相邻的表曝机旋转方向应相反，否则两机间的水流会互相冲突，见图 13-36(a)，也可用横挡板将表曝机隔开，避免相互干扰，见图 13-36(b)。各类曝气池在设计时都应在池深 1/2 处预留排液管，供投产时培养活性污泥排液用。

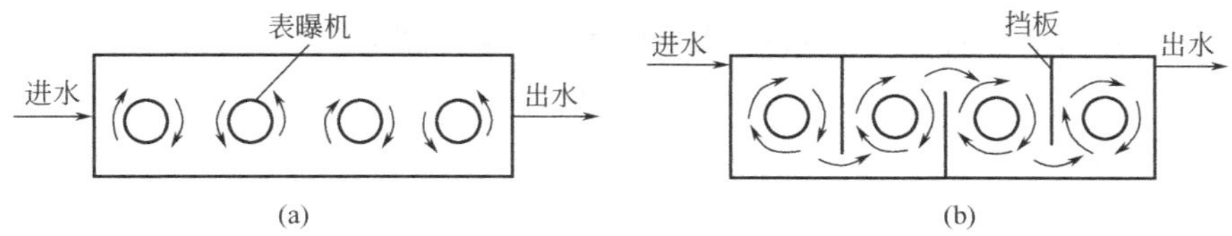

图 13-36　推流曝气池中多台曝气机设置

二、活性污泥法的工艺设计计算

1. 曝气池容积设计计算

曝气池（区）的经验设计计算方法主要有污泥负荷法和污泥龄法。

(1) 有机物污泥负荷法　对于一定进水浓度的污水（S_0），只有合理地选择混合液的污泥浓度（X）和恰当的活性污泥负荷（F/M），才能达到一定的处理效率。有机污泥负荷法是通过试验或参照同类型企业的设备工作状况，选择合适的污泥负荷计算曝气池容积 V，计算式如下：

$$V=\frac{QS_0}{L_sX} \tag{13-80}$$

式中，L_s为活性污泥负荷，kgBOD/(kgMLSS · d) 或 gBOD/(gMLSS · d)；Q 为与曝气时间相当的平均进水流量，m^3/d；S_0为曝气池进水的平均 BOD_5 值，mg/L 或 kg/m^3；X

为曝气池混合液污泥浓度，MLSS 或 MLVSS，mg/L 或 kg/m³；V 为曝气池容积，m³。

式(13-80) 为承担负荷，我国现行的《室外排水设计规范》(GB 50014—2006) (2011 版) 中规定去除负荷的概念，其计算容积公式为：

$$V=\frac{Q(S_0-S_e)}{L_r X} \tag{13-81}$$

式中，L_r 为活性污泥去除负荷，kgBOD/(kgMLSS · d) 或 gBOD/(gMLSS · d)；S_e 为曝气池出水的平均 BOD_5 值，mg/L 或 kg/m³；当 S_e 可忽略时，活性污泥去除负荷与承担负荷相等。

容积负荷是指单位曝气池容积在单位时间所能接纳的 BOD 量或 COD 量，根据容积负荷可计算曝气池容积 V，计算式如下：

$$V=\frac{QS_0}{L_v X} \tag{13-82}$$

$$V=\frac{Q(S_0-S_e)}{L_v X} \tag{13-83}$$

式中，L_v 为容积负荷，kgBOD/(m³ · d)；其余符号意义同前。

污泥负荷法设计应用较方便，但需要一定经验选择 X、L_r、L_v 等参数，对于复杂的工业废水要通过试验来确定 X、L_r、L_v 值。

(2) 污泥龄法　采用污泥龄作设计依据时，曝气池容积 V 计算式如下：

$$V=\frac{QY\theta_c(S_0-S_e)}{X(1+k_d\theta_c)} \tag{13-84}$$

式中，Y 为活性污泥的产率系数，gVSS/gBOD_5，产率系数是指降解单位质量的底物所增加活性污泥的质量；Q 为与曝气时间相当的平均进水流量，m³/d；S_0 为曝气池进水的平均 BOD_5 值，mg/L 或 kg/m³；S_e 为曝气池出水的平均 BOD_5 值，mg/L 或 kg/m³；θ_c 为污泥龄 (SRT)，d；X 为曝气池混合液污泥浓度，MLSS 或 MLVSS，mg/L 或 kg/m³；k_d 为污泥内源代谢系数，d^{-1}，是指单位质量的污泥浓度内源代谢减少的活性污泥的质量；V 为曝气池有效容积，m³。

(3) 按水力停留时间计算　废水在曝气池中的名义停留时间为：

$$t=V/Q \tag{13-85}$$

实际停留时间为：

$$t=\frac{V}{(1+R)Q} \tag{13-86}$$

表 13-4 归纳了各种活性污泥法的典型设计参数值。

表 13-4　活性污泥法的设计参数

运行方式	θ_c /d	L /[kgBOD_5/(kg · d)]	X /(mg/L)	θ /h	R	BOD 去除率 /%
普通推流	5～15	0.2～0.4	1500～3000	4～8	0.25～0.5	85～95
渐减曝气	5～15	0.2～0.4	1500～3000	4～8	0.25～0.5	85～95
阶段曝气	5～15	0.2～0.4	2000～3500	3～5	0.25～0.75	85～95
吸附再生	5～15	0.2～0.6	(1000～3000)① (4000～10000)②	(0.5～1.0)① (3～6)②	0.25～1	80～90
高负荷法	0.2～0.5	1.5～5	600～1000	1.5～3	0.05～0.15	60～75
延时曝气	20～30	0.05～0.15	3000～6000	18～36	0.75～1.5	75～95
纯氧曝气	8～20	0.25～1	6000～10000	1～3	0.25～0.6	85～95

① 吸附池。

② 再生池。

2. 剩余污泥量计算

(1) 按污泥龄计算 根据活性污泥系统污泥龄的概念，每天剩余污泥量（即每天排泥量）的计算公式为：

$$\Delta X=\frac{VX}{\theta_c} \tag{13-87}$$

式中，ΔX 为每天剩余污泥量（即每天排泥量），MLVSS，kg/d；X 为曝气池混合液污泥浓度，MLVSS，kg/m^3；θ_c为污泥龄，d；V 为曝气池有效容积，m^3。

(2) 根据污泥产率系数或表观产率系数计算 产率系数是指降解单位质量的有机物所增长的微生物质量，污泥产率系数 Y 可用下式表示：

$$Y=-\frac{\frac{dX}{dt}}{\frac{dS}{dt}}=-\frac{dX}{dS} \tag{13-88}$$

即用污泥产率系数 Y 计算活性污泥微生物每日在曝气池内的净增殖量为：

$$\Delta X=Y(S_0-S_e)Q-k_dVX \tag{13-89}$$

式中，ΔX 为曝气池内每天净增殖的污泥量（即每天排泥量），MLVSS，kg/d；Y 为活性污泥产率系数，即每代谢 $1kgBOD_5$所合成的污泥量，MLVSS，kg；$Q(S_0-S_e)$ 为曝气池内每天去除有机物的量，kg/d；VX 为曝气池内活性污泥总量，MLVSS，kg。

用上式产率系数 Y 计算的是活性污泥微生物的总增长量，没有扣除微生物内源代谢减少的活性污泥量，故 Y 也称合成产率系数或总产量系数。

产率系数的另一种表达为表观产率系数 Y_{obs}，用 Y_{obs}计算的是活性污泥微生物净增长量，即扣除了内源代谢而消亡的微生物量，表观产率系数 Y_{obs}可在实际运转中观测到，故 Y_{obs}又称观测产率系数或净产率系数。

$$Y_{obs}=-\frac{\frac{dX'}{dt}}{\frac{dS}{dt}}=-\frac{dX'}{dS} \tag{13-90}$$

即用污泥产率系数 Y_{obs}计算活性污泥微生物每日在曝气池内的净增殖量为：

$$\Delta X=Y_{obs}Q(S_0-S_e) \tag{13-91}$$

式中，ΔX 为曝气池内每天净增殖的污泥量（即每天排泥量），MLVSS，kg/d；Y_{obs}为活性污泥净产率系数，即每去除 $1kgBOD_5$所净增长的污泥量，MLVSS，kg；其余各项意义同前。

使用上述剩余污泥量计算得到的是挥发性剩余污泥量（MLVSS），而工业实际中往往分析的是总悬浮固体量，一般来说，MLVSS 约占总悬浮固体的 80%，所以，剩余污泥总量为按式(13-91) 计算值的 1.25 倍。

3. 需氧量设计计算

(1) 根据有机物降解需氧率和内源代谢需氧率计算 在曝气池内，活性污泥对有机污染物的氧化分解和其自身的内源代谢都是耗氧过程，这两部分氧化过程所需要的氧量，一般由下列公式计算：

$$O_2=a'QS_r+b'VX_v \tag{13-92}$$

式中，O_2为混合液需氧量，kgO_2/d；a'为活性污泥微生物氧化分解有机物过程的需氧量，即活性污泥微生物每代谢 $1kgBOD_5$ 所需要的氧量，kgO_2/kg；Q 为处理污水流量，

m^3/d；S_r为经活性污泥代谢活动被降解的有机污染物（BOD_5）量，kg/m^3，$S_r=S_0-S_e$；b'为活性污泥微生物内源代谢的自身氧化过程的需氧量，即每1kg活性污泥每天自身氧化所需要的氧量，$kgO_2/(kg\cdot d)$；V为曝气池容积，m^3；X_v为曝气池内MLVSS浓度，kg/m^3。

上式可改写为下列两种形式：

$$\frac{O_2}{QS_r}=a'+\frac{X_vV}{QS_r}b'=a'+\frac{b'}{L_S} \tag{13-93}$$

$$\frac{O_2}{X_vV}=a'\frac{QS_r}{X_vV}+b'=L_Sa'+b' \tag{13-94}$$

式中，L_S为BOD_5污泥负荷，$kgBOD_5/(kgMLVSS\cdot d)$；$\frac{O_2}{QS_r}$为曝气池中每降解1kgBOD_5的需氧量，$kgO_2/kgBOD_5$；$\frac{O_2}{X_vV}$为曝气池中单位质量活性污泥每天的需氧量，$kgO_2/(kgMLVSS\cdot d)$。

从式(13-93)可看出，当BOD_5污泥负荷高，污泥龄较短时，每降解1kg BOD_5的需氧量就较低；同时，在高负荷下，活性污泥的内源代谢作用弱，污泥自身氧化的需氧量较低；与之相反，当BOD_5污泥负荷较低，污泥龄较长时，微生物对有机物氧化分解的程度较深，每降解1kg BOD_5的需氧量就较高；同时，在低负荷下，活性污泥的内源代谢作用强，污泥自身氧化的需氧量较高。

从式(13-94)可看出，在BOD_5污泥负荷高，污泥龄较短时，曝气池中单位质量活性污泥每天的需氧量就较大，也就是单位容积曝气池每天的需氧量较大。

（2）微生物对有机物氧化分解需氧量和合成需氧量计算　对于含碳有机物的需氧量，可根据微生物对有机物氧化分解需氧量和合成需氧量来计算。a. 有机物氧化分解的耗氧量为$Q(S_0-S_e)$，这里S_0和S_e都以BOD_5计，可折算为有机物完全氧化的需氧量BOD_u。当耗氧常数$K_1=0.1d^{-1}$时，$BOD_5=0.68BOD_u$。b. 微生物内源代谢需氧量，如果假定细胞组成式为$C_5H_7NO_2$，则氧化1kg微生物所需的氧量为1.42kg。

所以，活性污泥系统的需氧量为：

$$O_2=\frac{Q(S_0-S_e)}{0.68}-1.42\Delta X_v \tag{13-95}$$

式中，ΔX_v为剩余污泥量（以MLVSS计算），g/d；1.42为污泥的氧当量系数，完全氧化1kg微生物所需的氧量，1.42kg氧/kg污泥；其余符号意义同前。

实际的供气量还应考虑曝气设备的氧利用率以及混合的强度要求。

此外，可采用有机物去除负荷$Q(S_0-S_e)$对供气量进行估算。当污泥负荷大于$0.3kgBOD_5/(kgMLSS\cdot d)$时，供气量为$60\sim110m^3/kgBOD_5$［去除负荷$Q(S_0-S_e)$］，当污泥负荷小于0.3或更低时，供气量为$150\sim250m^3/kgBOD_5$［去除负荷$Q(S_0-S_e)$］。

4. 二次沉淀池的设计计算

活性污泥系统的设计还应包括二次沉淀池设计和污泥回流设备的选定。确定二沉池面积时应满足出水澄清和污泥浓缩的需要，参见第四章第三节和第十八章第二节。

对于分建式曝气池，活性污泥从二沉池回流到曝气池时需要设置污泥回流设备，包括提升设备和管渠系统。常用的污泥提升设备是污泥泵和空气提升器。污泥泵效率较高，根据回流量和回流管水力阻力计算来选型，设数台以适应废水量的变化和备用。空气提升器结构简单，管理方便，所输入的空气可补充污泥中的溶解氧，尤其适用于采用鼓风曝气的系统。

空气提升器常附设在二沉池的排泥井中或曝气池的进泥口处，其构造如图 13-37 所示。通过穿孔空气管布气，形成气水乳浊液，管内液体密度小于管外而上升。提升管的淹没水深 h_1(m) 可按下式计算

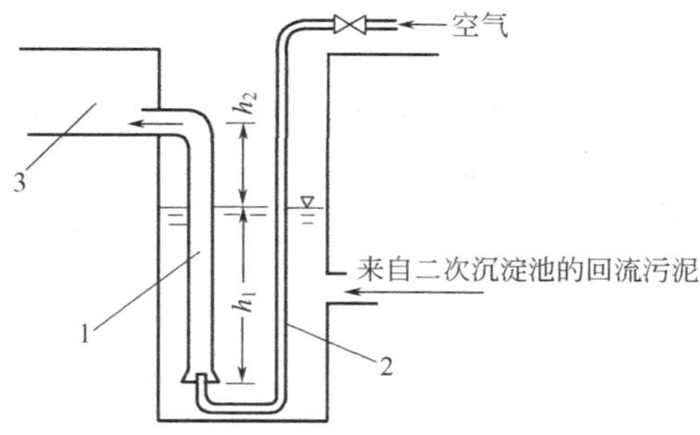

图 13-37　空气提升器示意

1—污泥提升管；2—空气管；3—回流污泥渠道

$$h_1=\frac{h_2}{n-1} \tag{13-96}$$

式中，n 为密度系数$\left(\frac{\text{污泥提升管内液体密度}}{\text{污泥提升管外液体密度}}\right)$，一般为 2～2.5；一般$\frac{h_1}{h_1+h_2}=0.5\sim0.6$，空气用量为最大回流量的 3～5 倍。

提升每立方米污泥所需空气量 $W(m^3)$ 为

$$W=\frac{kh_2}{23e\lg[(h_1+10)/10]} \tag{13-97}$$

式中，k 为安全系数，一般取 1.2～1.3；e 为空气提升器效率，一般 0.35～0.50。

一般空气管最小管径为 25mm，管内流速为 8～10m/s，提升管最小管径 75mm，流速按气水混合液计为 2m/s。空气压力应大于 h_1 至少 0.3m。

【例 13-1】 某废水量为 $21600m^3/d$，经一次沉淀后废水 BOD_5 为 250mg/L，要求出水 BOD_5 在 20mg/L 以下，该地区大气压为 1.013×10^5 Pa，水温 20℃，试设计完全混合活性污泥系统，要求计算曝气池容积、剩余污泥量和需氧量。设计时参考下列条件。

① 曝气池混合液 MLVSS/MLSS=0.8。

② 回流污泥浓度 X_R=10000mgSS/L。

③ 曝气池中污泥浓度 X=3500mgMLVSS/L。

④ 设计的细胞平均停留时间 θ_c=10d。

⑤ 二沉池出水中含有 22mg/L 总悬浮固体（TSS），其中 65%可生物降解固体（VSS）。

⑥ 废水含有足够的氮、磷及生物生长所需的其他微量元素。

⑦ $BOD_5=0.68BOD_u$。

解　(1) 估计出水中溶解性 BOD_5 浓度

出水中 BOD_5 由两部分组成，一是未被生物降解的溶解性 BOD_5；二是未沉淀随出水飘走的悬浮固体 BOD_5。悬浮固体所占 BOD_5 计算：

悬浮固体中可生物降解 $BOD_5=22\times0.65=14.3$mg/L

可生物降解悬浮固体最终 $BOD_5=14.3\times1.42\times0.68=13.8$mg/L

题意知：$13.8+S_e\leqslant20$(mg/L)，则 $S_e\leqslant6.2$mg/L。

(2) 计算曝气池有效容积

① 按污泥负荷计算

取污泥负荷 L_s 为 0.3kgBOD/(kgMLVSS·d)

$$V=\frac{Q(S_0-S_e)}{L_r X}=\frac{21600\times(250-6.2)}{0.3\times3500}=5015\text{m}^3$$

② 按污泥龄计算

选定动力学参数值 $Y=0.5$mgMLVSS/mgBOD$_5$；$k_d=0.06\text{d}^{-1}$

$$V=\frac{QY\theta_c(S_0-S_e)}{X(1+k_d\theta_c)}=\frac{21600\times0.5\times10\times(250-6.2)}{3500\times(1+0.06\times10)}=4702\text{m}^3$$

(3) 计算每天排除的剩余污泥量

① 按表观污泥产率计算：

$$Y_{obs}=\frac{Y}{1+k_d\theta_c}=\frac{0.5}{1+0.06\times10}=0.3125$$

$$\Delta X=Y_{obs}Q(S_0-S_e)=0.3125\times21600\times(250-6.2)\times10^{-3}=1645.7\text{kgVSS/d}$$

计算总排泥量：

$$\frac{1645.7}{0.8}=2057.1(\text{kg/d})$$

② 按污泥龄计算

$$\Delta X=\frac{VX}{\theta_c}=\frac{4702\times3500}{10}\times10^{-3}=1645.7(\text{kgVSS/d})$$

(4) 计算污泥回流比

曝气池中污泥浓度（MLVSS）：3500mg/L，回流污泥浓度 $X_R=10000$mgSS/L

$$10000\times Q_R=3500\times(Q+Q_R)$$

则：

$$3500(1+R)=10000\times0.8R$$

$$R=0.78$$

(5) 计算曝气池的水力停留时间

名义的：

$$t=\frac{V}{Q}=\frac{4702}{21600/24}=5.2\text{h}$$

实际的：

$$t=\frac{V}{(1+R)Q}=\frac{4702}{(1+0.78)\times21600/24}=2.9\text{h}$$

(6) 计算处理效率

$$\eta=\frac{S_0-S_e}{S_0}=\frac{250-20}{250}=92\%$$

若二沉池能去除全部的悬浮固体，则按溶解性 BOD$_5$ 计的处理效率可达

$$\eta=\frac{250-6.2}{250}=97.5\%$$

(7) 计算曝气池的需氧量与供气量

$$O_2=\frac{Q(S_0-S_e)\times10^{-3}}{0.68}-1.42[Y_{obs}Q(S_0-S_e)\times10^{-3}]$$

$$=\frac{21600\times(250-6.2)\times10^{-3}}{0.68}-1.42\times0.3125\times21600\times(250-6.2)\times10^{-3}$$

$$=5407.1\text{kg/d}$$

当采用穿孔管扩散器曝气时，设安装深度为水下 2.5m，氧转移效率为 $E_A=0.06$。20℃时氧饱和浓度为 9.2mg/L。则穿孔管出口处绝对压力为

$$p_b=1.013\times10^5+\frac{2.5}{10.33}\times1.013\times10^5=1.258\times10^5\text{Pa}$$

空气离开曝气池水面时氧的百分浓度为

$$O_1=\frac{21(1-E_A)}{79+21(1-E_A)}\times100\%=\frac{21\times(1-0.06)}{79+21\times(1-0.06)}\times100\%=20\%$$

曝气池平均氧饱和浓度为

$$c_{sm}=c_s\left[\frac{p_b}{2.026\times10^5}+\frac{O_1}{42}\right]=9.2\left(\frac{1.258\times10^5}{2.026\times10^5}+\frac{20}{42}\right)=10.1\text{mg/L}$$

实际供气量为

$$G=\frac{R_0}{0.3E_A}=\frac{8994}{0.3\times0.06}=499666.7\text{m}^3/\text{d}$$

当采用空气提升器回流污泥时，设空气用量为回流污泥量的 3 倍，即 $21600\times0.78\times3=50544\text{m}^3/\text{d}$。则总气量为 $499666.7+50544=550210.7\text{m}^3/\text{d}$。

第七节　运行与管理

一、活性污泥的培养与驯化

活性污泥法处理废水的关键在于有足够数量性能良好的活性污泥，这些活性污泥是通过一定的方法培养和驯化出来的。因此，活性污泥的培养与驯化是活性污泥法试验和生产运行的第一步。通过培养，使微生物数量增加，达到一定的污泥浓度。驯化则是对混合微生物群进行淘汰和诱导，不能适应环境条件和所处理废水特性的微生物被抑制，具有分解废水有机物活性的微生物得到发育，并诱导出能利用废水有机物的酶体系。培养和驯化实质上是不可分割的。在培养过程中投加的营养料和少量废水，也对微生物起一定的驯化作用，而在驯化过程中微生物数量也会增加，所以驯化过程也是一种培养增殖过程。

1. 菌种和培养液

除了采用纯菌种作为活性污泥的菌源外，活性污泥的菌种大多取自粪便污水，城市污水或性质相近的工业废水处理厂二次沉淀池剩余污泥，也有取自废水沟污泥、废水排放口或长期接触废水的土壤浸出液。培养液一般由上述菌液和一定比例的营养物如淘米水、尿素或磷酸盐等组成。

2. 培养与驯化方法

根据培养和驯化的程序，有异步法和同步法两种。异步法是采用先培养，使细菌增殖到足够数量后再用工业废水驯化；同步法是培养和驯化同时进行的方法。根据培养液的进入方式，过程也可分为间歇式和连续式。

以粪便污水作培养液，异步法的培养程序为：将经过粗滤的浓粪便水投入曝气池，用生活污水（或河水、自来水）稀释，控制池内 BOD 在 300～500mg/L，先进行连续曝气，经 1～2d后池内出现模糊不清的絮凝物，此时，为补充营养物和及时排除代谢产物，应停止曝气，静置沉淀 1～1.5h 后，排除上清液（排除量约为全池容积的 50%～70%）。然后再往曝气池投加新鲜粪便水和稀释水，并继续曝气。为了防止池内出现厌氧发酵，停止曝气到重新曝气的时间不应超过 2h。开始培养时宜每天换水一次，以后可增至两次，以便及时补充营养。

如果采用连续培养，则要求有足够的生活污水。在第一次投料曝气后或经数次间歇曝气换水后即开始连续投加生活污水，并不断从二次沉淀池排出清液，污泥再回流至曝气池。污泥回流量应比设计值大，污水进入量应比设计值小。

经过1～2周，混合液SV=10%～20%，活性污泥的絮凝和沉淀性能良好，污泥中含大量菌胶团和固着型纤毛虫，BOD去除率达90%左右，即可进入驯化阶段。开始驯化时，宜向培养液中投加10%～20%的待处理废水，获得较好的处理效果后，再继续增加废水的比例，每次增加的比例以设计水量的10%～20%为宜，直至满负荷为止。污泥经驯化成熟后，系统即可转入试运转。

为了缩短培养和驯化时间，也可采用同步操作。即在第一次投料或头几次投料后开始投加待处理废水，废水的比例逐步增加，一边培养一边驯化。同步法要求操作人员有较丰富的经验，否则难以判断培养驯化过程中异常现象的原因，甚至导致培驯失败。在培养与驯化过程中应保证良好的微生物生存条件，如温度、溶解氧、pH值、营养比等。池内水温应在15～35℃范围内，DO=0.5～3mg/L，pH值以6.5～7.5为宜。如氮和磷等不足时，应投加生活污水或人工营养物。

二、日常管理

活性污泥系统的操作管理，核心在于维持系统中微生物、营养、供氧三者的平衡，即维持曝气池内污泥浓度、进水浓度及流量和供氧量的平衡。当其中任一项出现变动（通常是进水量和水质变化），应相应调整另外二项；当出现异常情况或故障时，应判明原因并采取相应的对策，使系统处于最佳状态。

对不同的废水和处理系统，日常管理的内容不尽相同。一般包括设备（污水泵、回流泵、刮泥机、鼓风机、曝气机、污泥脱水机等）的管理、药剂管理、构筑物（曝气池、沉淀池、调节池、集水池、污泥池等）的管理。

为了保证系统正常运转，需要进行一定的监测分析和测算。快速准确的监测结果对系统运行起着指示与指导作用，是定量考核的重要依据。有条件的地方，应进行自动监测和计算机控制。一般人工控制所需监测的项目有四类。

（1）反映活性污泥性状的项目

△SV，每天分析，控制15%～30%；MLSS或MLVSS、SVI，2次/周

△污泥生物相观察及污泥形态观察，经常

△污泥回流量及回流比

（2）反映活性污泥营养状况及环境条件的项目

氨氮，隔天分析，出水氨氮不应小于1mg/L

磷，每周分析，出水含磷不应小于1mg/L

△溶解氧，1次/2h，控制1～4mg/L

△水温，4次/班，不超过35℃

△pH值，1～2次/班，中性范围

（3）反映活性污泥处理效率的项目

进水及出水的COD、BOD_5、SS，每天或隔天分析

进水及出水中有毒及有害物质浓度，不定期分析

△废水流量，1次/2h

（4）反映运转经济性指标的项目

△空气耗量

△电耗及机电设备运行情况

△药剂耗量

上述带△号的项目可以在操作岗位监测，以便尽早发现问题，及时上报和处理，其他项目由专门化验室按规定程序进行测定，操作及管理人员应做好详细记录、编制日志和报表。

三、异常现象与控制措施

活性污泥法的运行管理比较复杂，影响系统工作效率的因素很多，往往由于设计和运行管理不善出现一系列异常现象，使处理水质变差，污泥流失，系统工作破坏。下面分析几种典型的异常现象。

1. 污泥膨胀

活性污泥膨胀是管理中多发的异常现象。它的主要特征是：污泥结构松散，质量变轻，沉淀压缩性差；SV 值增大，有时达到 90%，SVI 达到 300 以上；大量污泥流失，出水浑浊；二次沉淀池难以固液分离，回流污泥浓度低，无法维持曝气池正常工作。

关于污泥膨胀的成因的解释很多，一般分为丝状菌膨胀和非丝状菌膨胀两类。丝状菌膨胀是活性污泥中丝状菌过量发育的结果。活性污泥是菌胶团细菌与丝状菌的共生系统，目前已鉴别的丝状菌有 30 多种。在丝状菌与菌胶团细菌平衡生长时，不会产生污泥膨胀问题，只有当丝状菌生长超过菌胶团细菌时，大量的丝状菌从污泥絮体中伸出很长的菌丝体，菌丝体互相搭接，构成一个框架结构，阻碍菌胶团的絮凝和沉降，引起膨胀问题。

那么，丝状菌为什么会在曝气池中过度增殖呢？表面积/容积比假说认为，丝状菌的比表面积比絮状菌大得多，因而在取得低浓度底物（BOD、DO、N、P 等）时要有利得多。例如菌胶团要求溶解氧至少为 0.5mg/L，而丝状菌在溶解氧低于 0.1mg/L 的环境中也能较好地生长。所以，在低底物条件下，易发生污泥膨胀。

经验表明，当废水中含有大量溶解性碳水化合物时易发生由浮游球衣细菌引起的丝状菌膨胀；含硫化物高的废水易发生由硫细菌引起的丝状菌膨胀；当水温高于 25℃、pH 值低于 6 时，营养失调、负荷不当以及工艺原因都容易引起丝状菌膨胀。

非丝状菌膨胀主要发生在废水水温较低而污泥负荷太高时，此时细菌吸附了大量有机物，来不及代谢，在胞外积贮大量高黏性的多糖类物质，使表面附着水大大增加，很难沉淀压缩。与丝状菌膨胀不同，发生非丝状菌膨胀时，处理效能仍很高，出水也清澈，污泥镜检看不到丝状菌。

发生污泥膨胀后，应判明原因，及时采取措施，加以处置。通常办法如下。

① 控制曝气量，使曝气池保持溶解氧 1～4mg/L。

② 调整 pH 值。

③ 如营养比失调，可适量投加含 N、P 化合物，使 BOD_5 ∶N∶P=100∶5∶1。

④ 投加一些化学药剂（如铁盐凝聚剂、有机阳离子絮凝剂、硅藻土、黄泥等惰性物质以及杀菌剂等），适量投加杀菌剂，对丝状菌膨胀投氯 10～20mg/L，非丝状菌膨胀投氯 5～10mg/L，连续投加 2 周至 SVI 正常为止。

⑤ 调整污泥负荷，通常用处理后水稀释进水。

⑥ 短期内间歇曝气（闷曝）。

2. 污泥上浮

污泥上浮的原因很多，一些是由于污泥被破碎，沉速减小而不能下沉，随水漂浮而流失；一些是由于污泥颗粒挟带气体或油滴，密度减小而上浮。例如，当曝气沉淀池的导流区过小，气水分离不良，或进水量过大，气泡来不及分离、被带到沉淀区，挟带有气泡的污泥在沉淀区上浮到水面形成飘浮污泥，当回流缝过大时，曝气区的大量小气泡从回流缝窜至沉淀区，表曝机转速过大，打碎污泥絮体等都导致污泥上浮。

如果操作不当，曝气量过小，二次沉淀池可能由于缺氧而发生污泥腐化，即池底污泥厌氧分解，产生大量气体，促使污泥上浮。

当曝气时间长或曝气量大时，在曝气池中将发生高度硝化作用，使混合液中硝酸盐浓度较高。这时，在沉淀池中可能由于反硝化而产生大量 N_2 或 NH_3 而使污泥上浮。

此外，当废水温度较高，在沉淀池中形成温差异重流时，将导致污泥无法下沉而流失。

发生污泥上浮后应暂停进水，打碎或清除浮泥，判明原因，调整操作。如污泥沉降性差，可适当投加混凝剂或惰性物质，改善沉淀性；如进水负荷过大，应减小进水量或加大回流量；如污泥颗粒细小，可降低曝气机转速；如发现反硝化，应减小曝气量，增大污泥回流量或排泥量；如发现污泥腐化，应加大曝气量，清除积泥，并设法改善池内水力条件。

3. 泡沫问题

工业废水中常含有各种表面活性物质，在采用活性污泥法时，曝气池面常出现大量泡沫，泡沫过多时将从池面逸出，影响操作环境，带走大量污泥。当采用机械曝气时，泡沫阻隔空气，妨碍充氧。因此，应采取适当的消泡措施，主要包括表面喷淋水或除沫剂。常用除沫剂为机油、煤油、硅油等，投量为 0.5～105mg/L。通过增加曝气池污泥浓度或适当减小曝气量，也能有效控制泡沫产生。当废水中含表面活性物质较多时，宜预先用泡沫分离法或其他方法去除。

思考题与习题

1. 试述活性污泥法净化废水包括哪些主要过程？影响活性污泥法运行有哪些主要环境因素？各因素之间的内在联系如何？

2. 简述污泥沉降比、污泥浓度和污泥指数 3 个活性污泥性能指标概念及良好的活性污泥其值所应具有的范围。

3. 在日处理废水 1×10^5t 的活性污泥处理系统中，为维持曝气池混合液 MLSS 的浓度为 2.5g/L，当 SVI 为 100～150 时，其每天回流污泥量应为多少？（二沉池影响因素 f 取 1.2）

4. 某厂废水，其初始 BOD_5 浓度 $L_0=1000$mg/L，含氮 20mg/L，含磷 10mg/L，水流量为 1600m^3/d，现向废水中投加 CH_4N_2O 以补充活性污泥法所需要水中营养物氮量的不足，尿素最少添加量为多少？

5. F/M 值的变化对活性污泥的生成量、有机物去除速率、氧的消耗量及污泥性能有何影响（要求绘图说明）？

6. 活性污泥法中吸附再生法、延时曝气法、A-B 法、SBR 法各有什么特点？区别在何处？

7. 某厂采用活性污泥法处理废水，设计流量 $Q=11400$m^3/d，曝气池容积 $V=3400$m^3，原废水 BOD_5 浓度为 298mg/L，经处理 BOD_5 的去除率为 90%。曝气池混合液 MLSS 浓度为 3500mg/L，MLVSS/MLSS 为 75%。沉淀出水 MLSS（简称 SS）浓度为 20mg/L。活性污泥废弃量为 160m^3/d，其中含 MLSS8000mg/L。求曝气池的 F/M 值和污泥龄。

8. 某污水处理厂，设计流量 $Q=10000$m^3/d，原废水 BOD 浓度为 240mg/L，初沉池对 BOD 的去除率为 25%，处理工艺为活性污泥法，曝气池容积 $V=3000$m^3，池中 MLSS 浓度为 3000mg/L，求曝气池的水力停留时间和 F/M 值。

9. 试推导有回流的完全混合式活性污泥系统的出水水质 S_e 与细胞平均停留时间 θ_c 的关系式。为什么 θ_c 必须不短于所需利用的微生物的世代时期?

10. 某城市日排污量 30000m^3，时变化系数为 1.4，原污水 BOD_5 值为 225mg/L，要求处理水 BOD_5 值为 26mg/L，拟采用活性污泥系统处理，已知初沉池 BOD_5 去除率为 25%，进水负荷 L 为 0.30kgBOD_5/(kgMLSS · d)，SVI = 120，回流比 R = 50%，MLVSS/MLSS=0.8，a'=0.5，b'=0.15。求曝气池的容积及平均需氧量、最大需氧量。

11. 如何利用泥龄 θ_c 来控制活性污泥系统的运行?

12. 什么是活性污泥的膨胀？活性污泥膨胀的原因是什么？控制活性污泥膨胀的方法有哪些?

第十四章　好氧生物膜法

生物膜法是和活性污泥法并列的一类生物处理技术，又称固定膜法，主要用于去除废水中溶解性和胶体的有机污染物。比较而言，活性污泥法是依靠曝气池中悬浮流动着的活性污泥来分解有机物，而生物膜法则主要依靠固着于载体表面的微生物膜来分解有机物。

与活性污泥法相比，生物膜法具有以下特点。

① 固着于固体表面的生物膜对废水水质、水量的变化有较强的适应性，操作稳定性好。

② 不会发生污泥膨胀，运转管理较方便。

③ 由于微生物固着于固体表面，即使增殖速度慢的微生物也能生长繁殖。而在活性污泥法中，世代期比停留时间长的微生物被排出曝气池，因此，生物膜中的生物相更为丰富，且沿水流方向膜中生物种群具有一定分布。

④ 因高营养级微生物存在，有机物代谢时较多地转移为能量，合成新细胞，即剩余污泥量较少。

⑤ 多采用自然通风供氧。

⑥ 活性生物量难以人为控制，因而在运行方面灵活性较差。

⑦ 由于载体材料的比表面积小，故设备容积负荷有限，空间效率较低。

生物膜法设备类型很多，按生物膜与废水的接触方式不同，可分为非淹没式生物膜工艺（如生物滤池等）、内部带悬浮或固定载体的活性污泥工艺（如生物接触氧化法等）和淹没式生物膜工艺（如生物流化床等）。目前所采用的生物膜法多数是好氧形式，少数是厌氧形式，如厌氧滤池和厌氧流化床等。本章主要讨论好氧生物膜法。

第一节　基本原理

一、生物膜结构及净水机理

1. 生物膜的形成

生物膜法处理废水就是使废水与生物膜接触，进行固、液相的物质交换，利用膜内微生物将有机物氧化，使废水获得净化，同时，生物膜内微生物不断生长与繁殖。生物膜在载体上的生长过程为：当有机废水或由活性污泥悬浮液培养而成的接种液流过载体时，水中的悬浮物及微生物被吸附于固相载体表面，其中的微生物利用有机底物而生长繁殖，逐渐在载体表面形成一层黏液状的生物膜。

为了保持好氧生物膜的活性，除了提供废水营养物外，还应创造一个良好的好氧条件，亦即向生物膜供氧。在非淹没式生物膜法设备中常采用自然通风或强制自然通风供氧。氧透入生物膜的深度取决于它在膜中的扩散系数、固-液界面处氧的浓度和膜内微生物的氧利用率。对给定的废水流量和浓度，好氧层的厚度是一定的。增大废水浓度将减小好氧层的厚度，而增大废水流量则将增大好氧层的厚度。

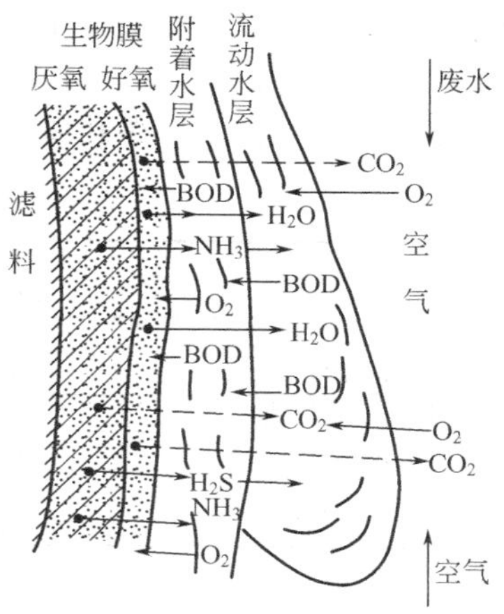

图 14-1　生物膜中的物质传递

2. 生物膜结构及净水机理

生物膜呈蓬松的絮状结构，微孔多，表面积大，具有很强的吸附能力。生物膜中物质传递过程如图 14-1 所示。由于生物膜的吸附作用，在膜的表面存在一个很薄的水层（附着水层）。废水流过生物膜时，有机物经附着水层向膜内扩散，膜内微生物在氧的参加下对有机物进行分解和机体新陈代谢。

代谢产物沿底物扩散相反的方向，从生物膜传递返回水相和空气中。随着废水处理过程的发展，微生物不断生长繁殖，生物膜厚度不断增大，废水底物及氧的传递阻力逐渐加大。在膜表层仍能保持足够的营养以及处于好氧状态，在这里有机污染物经微生物好氧代谢而降解，终产物是 H_2O、CO_2等。而在膜深处将会出现营养物或氧的不足，造成微生物内源代谢或出现厌氧层，在这里进行有机物的厌氧代谢，终产物为有机酸、乙酸、醛和 H_2S。由于生物膜不断增厚，超过一定厚度后，吸附的有机物在传递到生物膜内层的微生物以前已被代谢掉，此处的生物膜因与载体的附着力减小及水力冲刷作用而脱落。老化的生物膜脱落后，载体表面又可重新吸附、生长、增厚生物膜直至重新脱落，从吸附到脱落，完成一个生长周期。在正常运行情况下，整个反应器的生物膜各个部分总是交替脱落的，系统内活性生物膜数量相对稳定，膜厚 2～3mm，净化效果良好。过厚的生物膜并不能增大底物利用速度，却可能造成堵塞，影响正常通风。因此，当废水浓度较大时，生物膜增长过快，水流的冲刷力也应加大，如依靠原废水不能保证其冲刷能力时，可以采用处理出水回流，以稀释进水和加大水力负荷，从而维持良好的生物膜活性和合适的膜厚度。

生物膜中微生物主要有细菌（包括氧气、氧气及兼氧细菌）、真菌、放线菌、原生动物（主要是纤毛虫）和较高等的动物，其中藻类、较高等生物比活性污泥法多见。微生物沿水流方向在种属和数目上具有一定的分布，在塔式生物滤池中，这种分层现象更为明显，在填料上层以异养细菌和营养水平较低的鞭毛虫或肉足虫为主，在填料下层则可能出现世代期长的硝化菌和营养水平较高的固着型纤毛虫。真菌在生物膜中普遍存在，在条件合适时，可能成为优势种。

生物相的组成随有机负荷、水力负荷、废水成分、pH 值、温度、通风情况及其他影响因素的变化而变化。

二、生物膜法的影响因素

影响生物膜法处理效果的因素有很多，在各种影响因素中，主要有：进水底物的组分和浓度、营养物质、有机负荷及水力负荷、溶解氧、生物膜量、pH 值、温度和有毒物质等。在实际工程中，应控制影响生物膜法运行的主要因素，创造适于生物膜生长的环境，使生物膜法处理工艺达到令人满意的效果。

1. 有机负荷及水力负荷

负荷是影响生物膜法处理能力的首要因素，是集中反应生物膜法工作性能的参数。例如，生物滤池的负荷分为有机负荷和水力负荷两种，前者通常以污水中有机物的量

(BOD_5）来计算，单位为 $kgBOD_5/[m^3$（滤床）$\cdot d]$，后者是以污水量来计算的负荷，单位为 m^3(污水)/$[m^2$(滤床)$\cdot d]$，相当于 m/d，故又可称为滤率。生物滤池生物膜法设计负荷值的大小取决于污水性质和所用滤料的品种。表 14-1 是几种生物膜法工艺的负荷比较。

表 14-1 几种生物膜法工艺的负荷

生物膜法类型	有机负荷 /[$kgBOD_5/(m^3\cdot d)$]	水力负荷 /[$m^3/(m^2\cdot d)$]	BOD_5 处理效率/%
普通低负荷生物滤池	0.1～0.3	1～5	85～90
普通高负荷生物滤池	0.5～1.5	9～40	80～90
塔式生物滤池	1.0～2.5	90～150	80～90
生物接触氧化池	2.5～4.0	100～160	85～90
生物转盘	0.02～0.03 [$kgBOD_5/(m^2\cdot d)$]	0.1～0.2	85～90

2. 生物膜量

衡量生物膜的指标主要有生物膜厚度和密度，生物膜密度是指单位体积湿生物膜被烘干后的质量。生物膜的厚度与密度由生物膜所处的环境条件决定，膜的厚度与污水中有机物浓度成正比，有机物浓度越高、扩散的深度越大，生物膜厚度也越大；水流搅拌强度也是一个重要的因素，搅动强度高、水力剪切力大，促进膜的更新作用强。

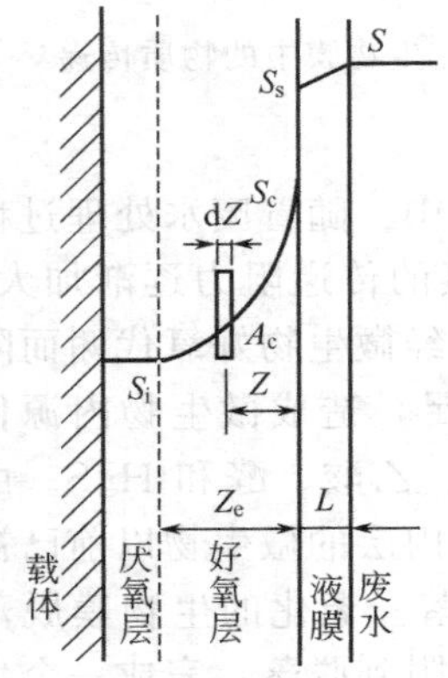

图 14-2 生物膜内物质浓度分布

三、生物膜中底物利用基本方程

根据生物膜系统的物质传递，可以建立生物膜法的底物利用基本方程。

如图 14-2 所示，取膜上一厚度为 dZ，面积为 A_c 的生物膜微元体。膜内底物浓度为 S_c，扩散进入微元体 $A_c dZ$ 的底物通量（进入量与流出量之差）应等于该微元体膜的底物利用量。图中，L 为液膜层厚度，Z 为好气层中任一点至液膜的距离，S_s 为好气层与液膜边界处的底物浓度，S_i 为压气层与好气层边界处的底物浓度。

微元体的底物平衡式可根据 Fick 定律列出：

$$A_c D_s \frac{\partial S_c}{\partial Z} - A_c D_s \frac{\partial}{\partial Z}\left(S_c - \frac{\partial S_c}{\partial Z}dZ\right) = \frac{dS_c}{dt}A_c dZ$$

即

$$D_s \frac{\partial^2 S_c}{\partial Z^2} = \frac{dS_c}{dt} \tag{14-1}$$

采用 Monod 底物利用方程，则上式改写为

$$\frac{\partial^2 S_c}{\partial Z^2} = \frac{v_{max} S_c x_c}{D_s (S_c + K_s)} \tag{14-2}$$

式中，x_c 为膜内生物浓度；D_s 为底物在生物膜内的扩散系数。

式(14-2) 即为供氧足够时生物膜内底物的浓度分布方程。这是一个非线性微分方程，假定 v_{max}、x_c、D_s、K_s 可视为恒值，并忽略边界液膜的扩散阻力，则可求出极限解为

当 $S_c \leqslant K_s$ 时

$$S_c = \frac{S\cosh\left[\left(\frac{v_{max} x_e}{D_s K_s}\right)^{1/2}(Z_e - Z)\right]}{\cosh\left[\left(\frac{K x_e}{D_s K_s}\right)^{1/2} Z_e\right]} \tag{14-3}$$

当 $S_c \gg K_s$ 时

$$S_c = S - \frac{v_{max} x_e}{D_s}\left(Z_e Z - \frac{Z^2}{2}\right) \tag{14-4}$$

式中，S 为膜表面液相底物浓度；Z_e为生物膜好气层厚度。

分别对式(14-3)、式(14-4) 中的 Z 求导，得

$$J = -A_c D_s \left(\frac{\partial S_c}{\partial Z}\right)_{Z=0} = A_c \left(\frac{D_s\ v_{max}}{K_s}\right)^{1/2} S \tag{14-5}$$

和

$$J = A_c\ v_{max} x_c Z_e \tag{14-6}$$

式中，J 为在稳定情况下单位时间内进入生物膜的底物通量，相当于单位时间内面积为A_c的生物膜底物利用量。

由式(14-5) 可见，当底物浓度较低时，进入生物膜的通量与 v_{max}/K_s呈 1/2 次方关系，因此，对废水的性质变化，生物膜法的稳定性比悬浮生长的活性污泥法好。

第二节　生物滤池

生物滤池 (Biological Filter) 是最早出现的人工生物处理构筑物，已有近 100 年的历史，是一种非淹没式的生物膜反应器。生物滤池可根据设备型式不同分为普通生物滤池和塔式生物滤池；也可根据承受废水负荷大小分为低负荷生物滤池（普通生物滤池）和高负荷生物滤池；高负荷生物滤池又可分为不同回流形式的生物滤池。

一、构造

1. 普通生物滤池

普通生物滤池又称为滴滤池 (trickling filter)，一般由钢筋混凝土或砖石砌筑而成，池平面有矩形、圆形或多边形，其中以圆形为多，主要由滤料、池体、布水装置和排水系统四部分组成，如图 14-3 所示。

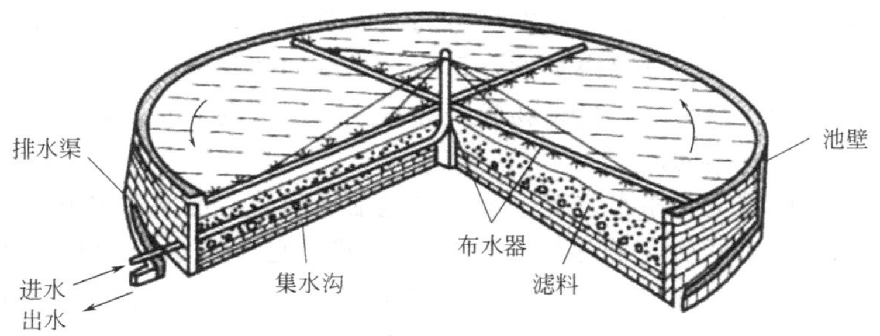

图 14-3　生物滤池的一般构造

(1) 滤料　滤料作为生物膜的载体，对生物滤池的工作影响较大。滤料表面积越大，生物膜数量越多。但是，单位体积滤料所具有的表面积越大，滤料粒径必然越小，空隙也越小，从而增大了通风阻力。相反，为了减小通风阻力，孔隙就要增大，滤料比表面积将要减小。滤料粒径的选择应综合考虑有机负荷和水力负荷等因素，当有机物浓度高时，应采用较大的粒径。滤料应有足够的机械强度，能承受一定的压力；其容重应小，以减少支承结构的荷载；滤料既应能抵抗废水、空气、微生物的侵蚀，又不应含影响微生物生命活动的杂质；滤料应能就地取材，价格便宜，加工容易。

普通生物滤池过去常用实心拳状滤料，如碎石、卵石、炉渣、焦炭等。滤料层一般分工

作层或承托层，工作层厚 1.3～1.8m，粒径为 25～40mm，承托层厚 0.2m，粒径为 70～100mm，总厚度为 1.5～2.0m。滤料在充填之前必须仔细筛分、洗净，各层的滤料及粒径应均匀一致，以保证有良好的孔隙率。但近年来已广泛使用塑料滤料，主要由聚氯乙烯、聚乙烯、聚苯乙烯、聚酰胺等加工成波纹板、蜂窝管、环状及空圆柱等复合式滤料（图14-4）。这些滤料的特点是比表面积大（达 100～340m^2/m^3），孔隙率高，可达 90%以上，从而大大改善膜生长及通风条件，使处理能力大大提高。

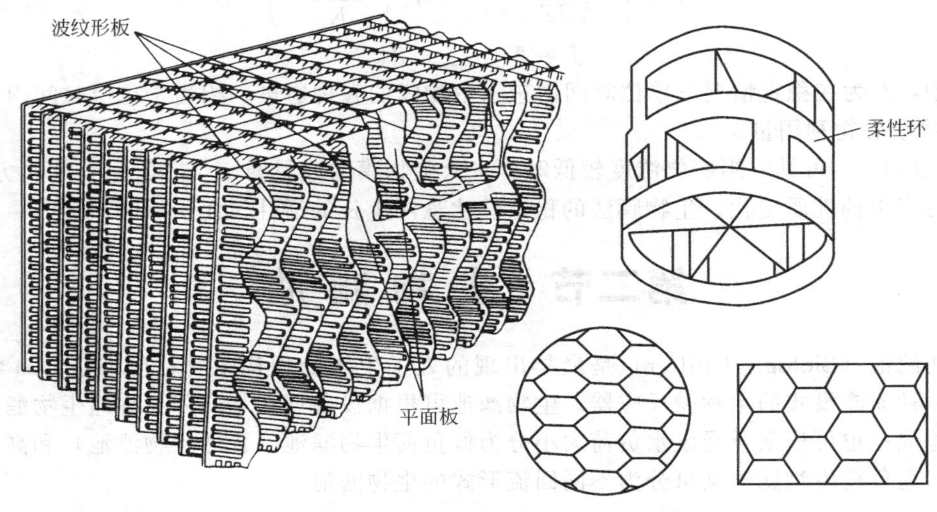

图 14-4　各型塑料滤料

(2) 池体　生物滤池池体在平面上多呈方形、矩形或圆形，池壁只起围挡滤料的作用，一般多用砖石筑造，一些滤池的池壁上带有许多孔洞，用以促进滤层的内部通风。一般池壁顶应高出滤层表面 0.4～0.5m，以免因风吹而影响废水在池表面上的均匀分布。池壁下部通风孔总面积不应小于滤池表面积的 1%。

(3) 布水装置　布水装置的作用是在规定的表面负荷下，将废水均匀地分布在填料床层上。早期使用的布水装置是间歇喷淋式的，每两次喷淋的间隔时间为 20～30min，让生物膜充分通风。后来发展为连续喷淋，使生物膜表面形成一层流动的水膜，这种布水装置布水均匀，能保证生物膜得到连续的冲刷。

普通生物滤池采用固定式布水装置，该装置包括投配池、配水管网和喷嘴 3 个部分，见图 14-5。高负荷滤池和塔式生物滤池常用旋转布水器，它由进水竖管和可转动的布水横管组成，见图 14-6。当废水由孔口喷出时，水流的反作用推动横管向相反方向转动。

(4) 排水系统　排水系统处于滤床底部，其作用是收集、排出处理后的废水以及保证滤床通风，由渗水顶板、集水沟和排水渠组成。排水系统的形状与池体相对应。

滤池底面应有一定的坡度（0.01～0.03），使过滤的出水汇集于排水支沟；排水支沟的坡度可采用 0.005～0.02。最后，废水经排水总渠汇集排出池外，总渠坡度可采用 0.003～0.005。设计排水渠道时，渠内流速应大于不淤流速（0.6m/s）。

集水渠穿过池壁的地方，应设排水和通风孔洞，通风面积应不小于过水断面。集水口可设于池壁的一侧或数侧，但通风口必须均匀分布于池壁的两对边或四周。

2. 高负荷生物滤池

高负荷生物滤池属第二代生物滤池，其结构与普通生物滤池基本相同，主要不同之处是：滤料粒径增大，滤层厚度增高，布水多采用旋转布水器。当采用自然通风时，工作层厚

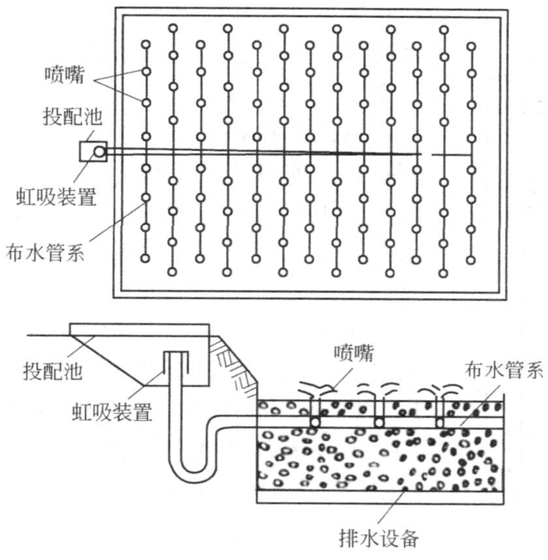

图 14-5　普通生物滤池布水系统

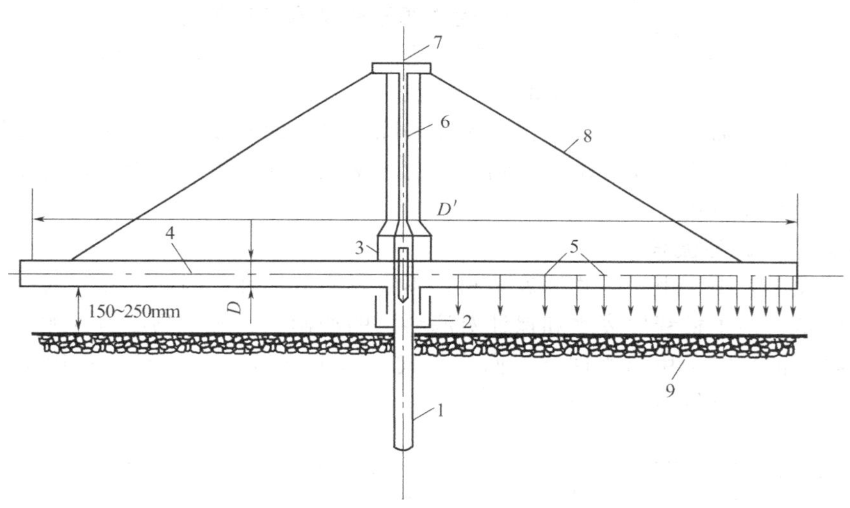

图 14-6　旋转式布水器

1—进水竖管；2—水银封；3—配水短管；4—布水横管；5—布水小孔；6—中央旋转柱；7—上部轴承；8—钢丝绳；9—滤料；D'—旋转水管直径；D—布水横管直径

1.8m，粒径为 40～70mm，承托层厚 0.2m，粒径为 70～100mm。

3. 塔式生物滤池

塔式生物滤池的构造与一般生物滤池相似，主要不同之处在于采用轻质高孔隙率的塑料滤料，如塑料蜂窝、弗洛格（Flocor）填料和隔膜塑料管（Cloisonyle）等，其比表面分别为 $200m^2/m^3$、$85m^2/m^3$ 和 $220m^2/m^3$，孔隙率分别为 95%、98% 及 94%，比拳状滤料优越得多。塔直径一般为 1～3.5m，塔高达 8～24m，高径比一般为 6～8 倍。图 14-7(a) 为塔式生物滤池的构造示意，塔身通常由钢板或钢筋混凝土及砖石筑成，一般分层建造，每层滤料高度不大于 2.5m，以免将滤料压碎，每层都设检修口，以便更换滤料。塔身上应设有供测量温度的测温孔和观测孔，通过观测孔可以观察生物膜的生长情况和取出不同高度处的水样和生物膜样品。塔身除底部开设通风孔或接有通风机外，顶部可以是开敞的或封闭的。为

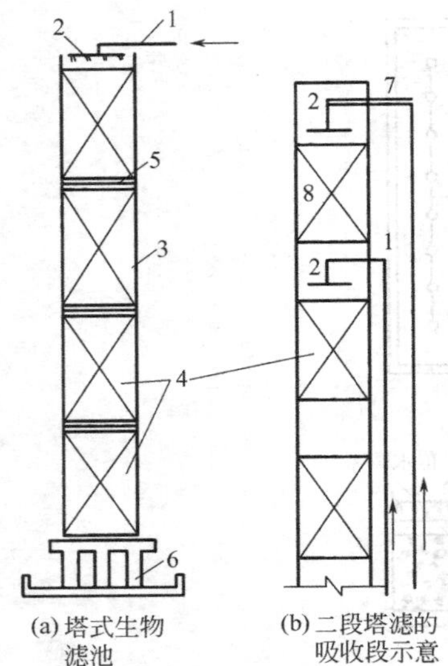

图 14-7 塔式生物滤池

1—进水管；2—布水器；3—塔身；4—滤料；5—填料支承；6—塔身底座；7—吸收段进水管；8—吸收段填料

防止挥发性气体污染大气，可用集气管从塔顶部将尾气收集起来，通过独立吸收塔或设在塔顶的吸收段加以净化，如图 14-7(b) 所示。

塔式生物滤池的布水方式多采用旋转布水器或固定式穿孔管，前者适用于圆形滤池，后者适用于方形滤池。一般大、中型滤塔采用旋转布水器，小型滤塔采用固定式布水器，滤池顶应高出滤层 0.4～0.5mm，以免风吹影响废水的均匀分布。

由于塔体高度大，抽风能力强，即使有机负荷大，采用自然通风仍能满足供氧要求。为了保证正常的自然通风，塔身下部通风口面积应不少于滤池面积的 7.5%～10%，通风口高度应保证有 0.4～0.6m。为了适应气候（包括气温、风速）的变化，保证废水处理效率，往往还加设通风机，必要时进行机械通风。

二、工艺流程

1. 生物滤池的基本工艺流程

生物滤池的基本工艺流程与活性污泥法相似，由初次沉淀、生物滤池、二次沉淀三部分组成。在生物过滤中，为了防止滤层堵塞，需设置初次沉淀池，预先去除废水中的悬浮物。二次沉淀池用以分离脱落的生物膜，以保证出水水质。由于生物膜的含水率比活性污泥小，因此，污泥沉淀速度较大，二次沉淀池容积较小。

2. 回流式生物滤池流程

在生物滤池工艺中，由于生物固着生长，不需要回流接种，因此，在一般生物过滤中无污泥回流。但是，为了稀释原废水和保证对滤料层的冲刷，一般生物滤池（尤其是高负荷滤池及塔式生物滤池）常采用出水回流。回流方式如图 14-8 所示。这种流程用于处理高浓度污水或对出水水质要求较高的场合。

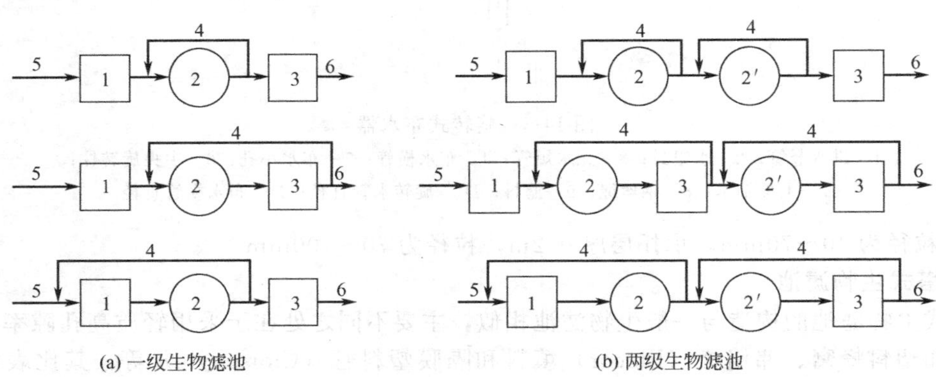

图 14-8 高负荷生物滤池的回流方式

1—初次沉淀池；2—生物滤池；2′—第二级生物滤池；3—二次沉淀池；4—回流；5—进水；6—出水

采用出水回流的高负荷生物滤池，实际进入滤池的底物浓度为

$$S_i=\frac{S_0+RS_e}{1+R} \tag{14-7}$$

$$R=\frac{\text{回流水量}}{\text{进入初次沉淀池的原废水量}}$$

式中，S_i为实际进入滤池的废水浓度；S_0为原废水经初次沉淀后的浓度；S_e为二次沉淀池出水浓度；R 为回流比。

二级生物滤池串联时，出水浓度较低，处理效率可达 90%以上。但是，在二级生物滤池串联流程中，第一级生物滤池接触的废水浓度高，生物膜生长较快，而第二级生物滤池情况刚好相反，因此，往往第一级滤池生物膜过剩时，第二级生物滤池还未充分发挥作用。为了克服这种现象，可将两个生物滤池定期交替工作。

3. 交替式二级生物滤池流程

图 14-9 是交替式二级生物滤池流程。运行时，滤池是串联工作的，污水经初沉池后进入一级生物滤池，出水经相应的中间沉淀池去除残膜后用泵送入二级生物滤池，二级生物滤池的出水经过沉淀后排出污水处理厂。工作一段时间后，一级生物滤池因表层生物膜的累积，即将出现堵塞，改作二级生物滤池，而原来的二级生物滤池则改作一级生物滤池。运行中每个生物滤池交替作为一级和二级滤池使用，这种方法在英国曾广泛采用。交替式二级生物滤池法流程比并联流程负荷可提高 2～3 倍。

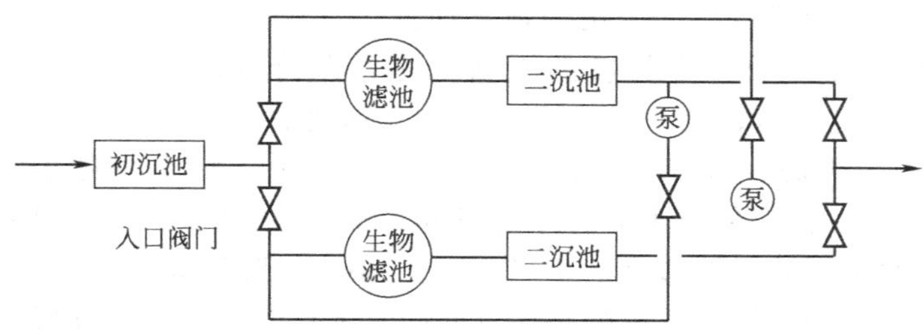

图 14-9　交替式二级生物滤池流程

三、生物滤池的影响因素

1. 负荷

负荷是影响生物滤池性能的主要参数，通常分有机负荷和水力负荷两种。

有机负荷系指每天供给单位体积滤料的有机物量，以 N 表示，单位是 $kgBOD_5/[m^3$(滤料)·d]。由于一定的滤料具有一定的比表面积，滤料体积可以间接表示生物膜面积和生物数量，所以有机负荷实质上表征了 F/M 值。普通生物滤池的有机负荷范围为 0.15～0.3$kgBOD_5/(m^3 \cdot d)$。高负荷生物滤池的有机负荷在 1.2$kgBOD_5/(m^3 \cdot d)$ 左右，是普通生物滤池的 4～8 倍。在此负荷下，BOD_5去除率可达 80%～90%。为了达到处理目的有机负荷不能超过生物膜的分解能力，据日本城市污水试验结果，负荷的极限值为 1.2$kg/(m^3 \cdot d)$，提高有机负荷，出水水质将相应有所下降。塔式生物滤池不同高度处的 F/M 值不同，生物相具有明显分层，上层 F/M 大，生物膜生长快，厚度大，营养水平低；下部膜生长慢，厚度小，营养水平较高。为了充分利用滤料的有效面积，提高滤池承受负荷的能力，可采用多段进水，均匀全塔的负荷。塔式生物滤池是一种高效能的生物处理设备，其容积有机负荷一般为 1.0～3.0$kgBOD_5/(m^3 \cdot d)$，比高负荷生物滤池高 2～3 倍。主要原因在于滤料厚度大，废水与生物膜接触时间长，水流速度大，紊流强烈，能促进气-液-固相间物质传递，滤料孔隙大，通风良好，冲刷力强，生物膜活性好，微生物在不同高度有明显分层现象，对有机物氧化起着不同作用，适应废水沿程水质变化，以及适应废水的冲击负荷。

水力负荷是指单位面积滤池或单位体积滤料每天流过的废水量（包括回流量），前者以

q_F表示，单位是$m^3/(m^2 \cdot d)$；后者以q_v表示，单位是$m^3/(m^3 \cdot d)$。水力负荷表征滤池的接触时间和水流的冲刷能力。q太大，接触时间短，净化效果差；q太小，滤料不能完全利用，冲刷作用小。一般地，普通生物滤池的水力负荷为$1\sim4m^3/(m^2 \cdot d)$，高负荷生物滤池为$10\sim30m^3/(m^2 \cdot d)$，比普通滤池提高了约10倍；塔式生物滤池的水力负荷为$80\sim200m^3/(m^2 \cdot d)$，比高负荷生物滤池高2～20倍。

有机负荷、水力负荷和净化效率是全面衡量生物滤池工作性能的3个重要指标，它们之间的关系是

$$N=\frac{Q}{V}S_0=q_v\frac{S_e}{1-\eta}=\frac{q_F S_e}{H(1-\eta)} \tag{14-8}$$

由式(14-8)可见，a. 当进水浓度S_0和净化效率η一定时，S_e也一定，则q_v与N成正比；b. 当出水浓度S_e和水力负荷q_v一定时，η越高意味着N也越高；c. 当负荷和出水浓度S_e一定时，η随滤池厚度H增加而提高。由于不同厚度处的废水组成不同，膜中微生物种类和数量也不同，因而实际的有机物去除速率是不同的。一般沿水流方向，有机物去除率递减。当滤池厚度超过某一数值后，处理效率的提高不大。通常滤池的厚度为2.0～3.0m。

2. 处理水回流

在高负荷生物滤池的运行中，多用处理水回流，其优点是：a. 增大水力负荷，及时冲刷过厚和老化的生物膜，加速生物膜的更新，使之保持较高的活性，且防止滤池堵塞；b. 稀释进水，降低有机负荷，稳定进水水质，防止浓度冲击；c. 可向生物滤池连续接种，促进生物膜生长；d. 增加进水的溶解氧，减少臭味；e. 加大水流冲刷力，防止滤池孳生蚊蝇。但缺点是：a. 缩短废水在滤池中的停留时间；b. 降低进水浓度将减慢生化反应速度；c. 回流水中难降解的物质会产生积累；d. 冬天使池中水温降低等。

可见，回流对生物滤池性能的影响是多方面的，采用时应作周密分析和试验研究。一般认为在下述3种情况下应考虑出水回流：a. 进水有机物浓度较高（如COD＞400mg/L）；b. 水量很小，无法维持水力负荷在最小经验值以上时；c. 废水中某种污染物在高浓度时可能抑制微生物生长。

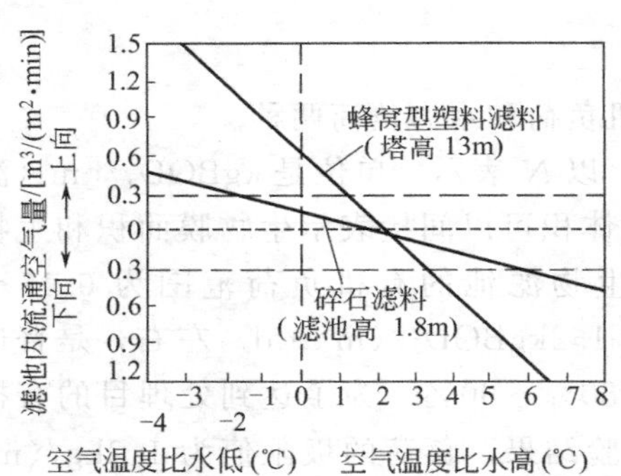

图 14-10 气温和水温的温差与滤池内通风量的关系

3. 供氧

向生物滤池供给充足的氧是保证生物膜正常工作的必要条件，也有利于排除代谢产物。影响滤池自然通风的主要因素是滤池内外的气温差（ΔT）以及滤池的高度。温差越大，滤池内的气流阻力越小（亦即滤料粒径大、孔隙大）、通风量也就越大。

根据Halversion的研究结果（图14-10），ΔT与池内空气流动速度v具有以下经验关系：

$$v=0.075\Delta T-0.15(m/min) \tag{14-9}$$

滤池内的气温和水温一般比较接近，因废水温度比较稳定，故池内气温的变化幅度也不大。但滤池外气温不但在一年内随季节的转换而有很大的变化，而且在一日内也有较大变化。所以，生物滤池的通风量随时都在变化着。当池内温度大于池外温度时，池内气流由下向上流动，反之，气流由上向下流动。

供氧条件与有机负荷密切相关。当进水有机物浓度较低时，自然通风供氧是充足的。但当进水COD＞400mg/L时，则出现供氧不足，生物膜好氧层厚度较小。为此，有人建议限制生物滤池进水COD＜400mg/L。当进水浓度高于此值时，采用回流稀释进水或机械通风

等措施，以保证滤池供氧充足。

四、生物滤池的数学模型

生物滤池的数学模型是建立在微生物增长和底物利用模型基础上的。许多学者从底物利用速度和物料平衡关系出发，导出了一些描述生物滤池的数学模型。

Atkinson 等从底物在生物膜内的扩散过程对膜内底物浓度和底物利用速度的影响出发，提出单位面积生物膜的底物利用速度为

$$r_{su}=-E\frac{Zk_0^*\overline{S}}{K_s+\overline{S}} \tag{14-10}$$

$$E=\frac{有阻力通量}{无阻力通量}$$

式中，E 为有效系数（$0\leqslant E\leqslant 1$），它反映由于生物膜内底物扩散对底物去除速度的影响，E 越大，其影响越小，可以认为与液相的浓度成正比，即：

$$E=f\overline{S}$$

式中，f 为比例系数；$\overline{S}$ 为液相内底物的平均浓度，g/m^3；k_0^* 为底物利用速度常数，膜内生物浓度视为恒值，也并入此常数中，$g/(m^3\cdot d)$；Z 为生物膜厚度，m；r_{su} 为单位面积生物膜的底物利用速度，$g/(m^3\cdot d)$。

式(14-10) 可重新写为

$$r_{su}=-\frac{fZk_0^*\overline{S}^2}{K_s+\overline{S}} \tag{14-11}$$

在生物滤池内取一微元体，如图 14-11 所示。图中，H 为微元体的高度，W 为微元体的宽度，r_s 为微元体中底物利用速率。该微元体的底物平衡为

积累量＝进入量－流出量＋利用量

$$\frac{\partial\overline{S}}{\partial t}dV=QS-Q\left(S-\frac{\partial\overline{S}}{\partial H}dH\right)+dHW\left(-\frac{fZk_0^*\overline{S}^2}{K_s+\overline{S}}\right) \tag{14-12}$$

式中，dV 为微元体积。在稳态下，$\frac{\partial\overline{S}}{\partial t}=0$，式(14-12) 可改写为

$$Q\frac{\partial\overline{S}}{\partial H}=fZk_0^*W\frac{\overline{S}^2}{K_s+\overline{S}} \tag{14-13}$$

如果 K_s 比废水中的 BOD_5 低得多，上式可简化为

$$\frac{d\overline{S}}{dH}=\frac{fZk_0^*W\overline{S}}{Q} \tag{14-14}$$

若在下述范围内积分：$\overline{S}=S_i\rightarrow S_e$，$H=0\rightarrow H$，得

$$\frac{S_e}{S_i}=\exp\left[-(fZk_0^*)\frac{WH}{Q}\right] \tag{14-15}$$

用试验实测 Q、W、H、S_i和 S_e后，可确定式(14-15) 中的系数 fZk_0^*，其图解方法如图 14-12 所示。图 14-10 中结果 fZk_0^* 值约为 1.4×10^{-4}cm/s。

上述模型是考虑到速度受到底物浓度的限制而建立的，如考虑底物的去除速度受到底物在液相内的传递速度所限制，则类似地可推得：

因为
$$\ln\frac{S_e}{S_i}=-Kt$$

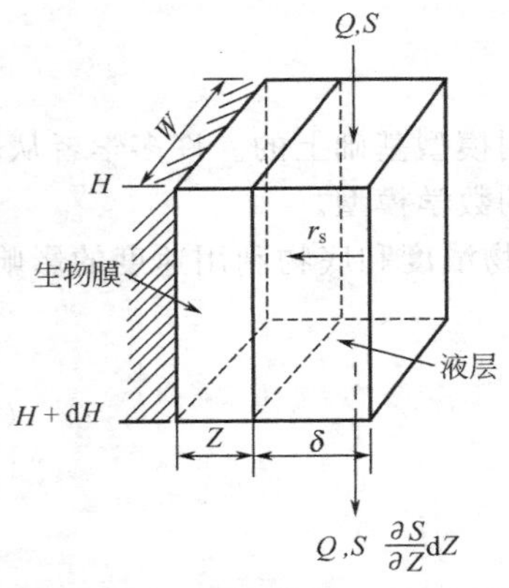

图 14-11 生物滤池微元体的物料平衡

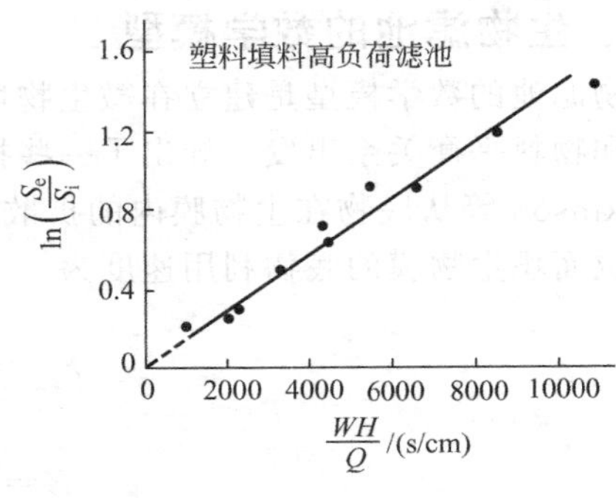

图 14-12 生物过滤模式中 fZk_0^* 的确定

所以

$$\ln\frac{S_e}{S_i}=-\frac{k_L aH}{Q/A} \tag{14-16}$$

式中，a 为单位体积滤料的表面积；A 为滤池表面积；K 为底物利用速率常数；k_L 为底物在液相中的传质系数，它与水力负荷（Q/A）有关。

$$k_L=k_L^{\circ}\left(\frac{Q}{A}\right)^m \tag{14-17}$$

式中，k_L°为底物在液相中的最小传质系数；m 一般在 0.5～0.7 之间。

将式(14-17) 代入式(14-16) 得到因传质过程限速的模型式

$$\frac{S_e}{S_i}=\exp\left[-\frac{k_L^{\circ}aH}{(Q/A)^{1-m}}\right] \tag{14-18}$$

式(14-18) 是物质传递的限速模型的理论式，它与一系列实验式十分相似。

Eckenfelder 经验公式考虑了滤料特性的变化，假设生物滤池可看作是一种推流式反应器，有机物降解如用一级反应来描述，即

$$\frac{dS}{dt}=-KS$$

积分得

$$\frac{S_e}{S_i}=\exp(-Kt) \tag{14-19}$$

式中，t 为反应时间，即废水在反应器内的停留时间。由试验数据归纳得大量经验公式，如：

$$t=\frac{cH}{q_F^n}\ (\text{h}) \tag{14-20}$$

式中，c、n 均为填料特性常数（与填料形状及比表面积有关）。

将式(14-20) 代入式(14-19) 得

$$\frac{S_e}{S_i}=\exp\left(-Kc\frac{H}{q_F^n}\right)$$

$$=\exp\left(-K'\frac{H}{q_F^n}\right) \tag{14-21}$$

K'为考虑了填料特性的底物利用速率常数，对于一般工业废水处理的生物滤池（塑料滤料），炼焦厂废水 $K'=0.021$，纺织厂废水 $K'=0.016$～0.040，医药废水 $K'=0.029$，生活污水 $K'=0.079$，$n=0.5$。

对某一指定的废水和一定的滤料，可以通过试验，整理试验数据求得 K' 及 n。图解法如图 14-13 所示，先将式(14-21) 转化为

$$\ln\frac{S_e}{S_i}=-H\frac{K'}{q_F^n}$$

采用不同的水力负荷试验求出 $\ln\frac{S_e}{S_i}$ 与 H 的关系，如图 14-13(a) 所示，每一个 q_F 可得出 $\frac{K'}{q_F^n}$ 的数值（斜率 I），由

$$\frac{K'}{q_F^n}=I$$

$$\lg I=\lg K'-n\lg q_F$$

在双对数坐标中（$\lg I$-$\lg q_F$）设斜率为 $-n$，如图 14-13(b) 所示，并由式(14-21) 有

$$\ln\frac{S_e}{S_i}=-K'\frac{H}{q_F^n}$$

在 $\ln\frac{S_e}{S_i}$ 与 H/q_F^n 的坐标图中，得斜率 K'，如图 14-13(c) 所示。

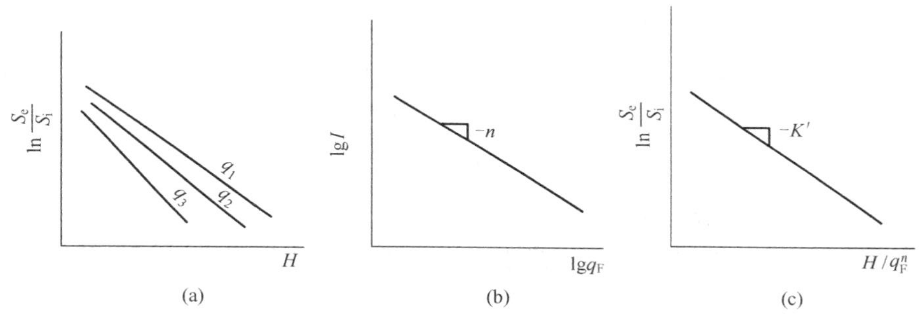

图 14-13　确定 K' 及 n 的图解法

在回流情况下，由式(14-7) 代入式(14-21) 得出水浓度

$$S_e=S_0\frac{\exp(-K'H/q_F^n)}{1+R-R\exp(-K'H/q_F^n)} \tag{14-22}$$

通过确定滤池的参数 K'、n 及已知的废水浓度，可求出不同情况下设计的水力负荷。

无回流时
$$q_F=\left[\frac{-K'H}{\ln(S_e/S_0)}\right]^{1/n} \tag{14-23}$$

有回流时
$$q_F=\left[\frac{-K'H}{\ln\frac{(1+R)(S_e/S_0)}{1+R(S_e/S_0)}}\right]^{1/n} \tag{14-24}$$

五、生物滤池的设计计算

生物滤池系统包括生物滤池和二次沉淀池，有时还包括初次沉淀池和出水回流泵。工艺设计包括：a. 滤池类型和流程选择；b. 滤池个数和滤床尺寸的确定；c. 布水系统计算；d. 二沉池的形式、个数和工艺尺寸的确定。其中二沉池的计算方法与活性污泥法二沉池相同。

1. 滤池类型和流程选择

低负荷滤池现已不常采用，其主要缺点是滤床体积大，占地多，运行中常产生堵塞、灰蝇和异臭。目前，大多采用高负荷生物滤池。当废水含悬浮物较多，采用碎石滤料时，为防止滤池堵塞，通常设置初次沉淀池。塔式生物滤池一般是单级的，可以考虑多层进水。回流式生物滤池有单级的，也有采用二级滤池串联流程的。此时，一级滤池滤料较粗（50～

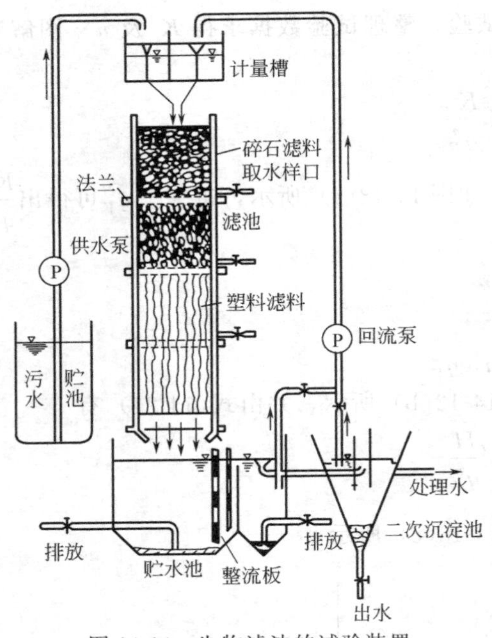

图 14-14　生物滤池的试验装置

60mm)，滤层厚 1.5～2.0m，而二级滤池滤料略小，厚度则以 0.9m 左右为宜。二级滤池的处理效率较高，运行比较灵活，但基建费和运行费都比较高。

2. 生物滤池的设计计算

生物滤池的设计计算常用有机负荷和水力负荷法。设计负荷一般通过试验确定。试验滤池通常采用 Φ200mm 管、水泥管、塑料管或铸铁管，管长 2m 左右，滤料应与设计时拟采用的相一致。典型试验装置如图 14-14 所示，通过较长时间的连续运行试验，可以确定合适的设计负荷。

当没有条件进行试验时，也可以参考国内外已有的生产经验，选定设计参数。但必须注意废水性质、气候条件、滤池深度、滤料性质等不得相差太远。

根据确定的进水有机负荷 N 计算滤池有效容积 V：

$$V=K\frac{S_0}{N}Q \tag{14-25}$$

式中，K 为大于 1 的安全系数。

当采用出水回流时，回流比为 R，进水底物浓度 S_0应改为按式(14-7) 计算的 S_i，设计流量为 Q $(1+R)$。

根据确定的面积水力负荷 q_F可由式(14-23) 或式(14-24) 计算滤层厚度 H。再由 $V=HA$ 关系式确定所需的滤池表面积。当总表面积不大时，可采用 1 或 2 个滤池。目前生物滤池的最大直径为 60m，通常直径在 35m 以下。许多人研究了生物滤池的效率与负荷、滤池容积和面积的关系，提出了若干经验型设计方程，下面仅介绍具有代表性的美国国家研究理事会提出的所谓 NRC 公式。

对于单级或第一级滤池，处理效率为

$$E_1=\frac{100}{1+0.444\sqrt{\dfrac{L}{VF}}} \tag{14-26}$$

式中，E_1为第一级滤池和二沉池的 BOD_5去除率，%；L 为初次沉淀池出水的 BOD_5负荷，kg/d，不包括回流水的 BOD_5，显然，$L/V=N$；F 为回流系数。

F 与 R 关系为

$$F=\frac{1+R}{\left(1+\dfrac{R}{10}\right)^2} \tag{14-27}$$

对于第二级滤池，因进水的可处理性较第一级滤池有所下降，故在第一级滤池的效率方程中引入一个衰减因素 $1/(1-E_1)$ 作校正，即

$$E_2=\frac{100}{1+\dfrac{0.444}{1-E_1}\sqrt{\dfrac{L_2}{V_2F_2}}} \tag{14-28}$$

式中，E_2 为第二级滤池和二沉池的 BOD_5 去除率，%；L_2 为一级滤池后沉淀池出水的 BOD_5 负荷，kg/d；V_2 为二级滤池的有效容积，m^3；F_2 为二级滤池的回流系数。

由式(14-26) 和式(14-28) 移项可得到计算滤池容积的表达式。

上述 NRC 公式是从石质滤料生物滤池处理军用设施废水的运转数据整理出来的，可用于 BOD_5 负荷在 2.94kg/(m^3 · d) 以下的滤池设计。

3. 旋转布水器的计算

布水器的计算主要是确定所需的水头 h_0、转速 n、布水横管的沿程损失 h_1 及布水小孔出流的局部损失 h_2。但是，考虑到流量和流速沿布水横管自池中心向池外逐步减少，将形成一个恢复水头 h_3，故 h_0 应为

$$h_0=h_1+h_2-h_3 \tag{14-29}$$

根据水力学基本公式：

$$h_1=\alpha_1\frac{q^2D'}{K^2} \tag{14-30}$$

$$h_2=\alpha_2\frac{q^2}{m^2d^4} \tag{14-31}$$

$$h_3=\alpha_3\frac{q^2}{D^4} \tag{14-32}$$

式中，q 为每条布水横管中的废水流量，L/s；m 为每条布水横管上布水孔的数目；d 为布水孔的直径，mm；D 为布水横管的直径，mm；D' 为旋转布水器直径，mm，可取生物滤池直径（mm）减去 200mm；K 为流量模数，$K=\frac{\pi}{4}D^2C\sqrt{R}$，L/s；其值可查表14-2；$C$ 为谢才系数；R 为布水横管的水力半径；α_1、α_2、α_3 为试验确定的系数。

表 14-2　流量模数

D/mm	50	63	75	100	125	150	175	200	250
K/（L/s）	6	11.5	19	43	86.5	134	209	300	560

有人试验确定了公式中的系数，得出下列计算式：

$$h_0=q^2\left(\frac{2.94\times10^{-4}D'}{K^2}+\frac{2.56\times10^5}{m^2d^4}-\frac{8.1\times10^4}{D^4}\right)\ \text{(m)} \tag{14-33}$$

生产实践表明，由于悬浮物沉积、堵塞等因素的影响，布水器实际的水头损失要比上述公式计算的结果大，因此设计时采用的布水器水头应为计算值的 1.5～2 倍。一般情况下 h_0 在 0.25～1.0m 范围内。

对于布水器来说，必须尽量做到布水均匀，即每单位面积滤池单位时间内接受的废水量要基本上相等。当各孔口的尺寸相同时，为了布水均匀，孔口在布水横管上的位置可按下式求得

$$l_i=\frac{1}{2}\left(\sqrt{\frac{i}{m}}+\sqrt{\frac{i-1}{m}}\right)R' \tag{14-34}$$

式中，R' 为布水器半径，$R'=D'/2$；m 为每根布水横管上的小孔数；i 为从池中心算起在布水横管上孔口排列顺序数；l_i 为第 i 个孔口中心离池中心的距离，m。

在应用上式布置孔口时，需先确定 m 的值。

因为
$$R'-l_m=R'-\frac{1}{2}\left(1+\sqrt{1-\frac{1}{m}}\right)R'=\frac{1}{2}\left(1-\sqrt{1-\frac{1}{m}}\right)R'=a$$

所以
$$m=\frac{1}{1-\left(1-\frac{2a}{R'}\right)^2}=\frac{1}{\frac{4a}{R'}\left(1-\frac{a}{R'}\right)}\approx\frac{R'}{4a} \tag{14-35}$$

$$\left(\because \frac{a}{R'}\text{一般小于 }0.05\right)$$

式中，a 为第 m 孔的中心与布水横管管端之间的距离，m。a 值并无特定含义，可先定一个数值，(通常取 $a \geqslant 40\text{mm}$)，再确定 m 值。因 m 值必须是整数，故最后采用的 a 值可能同最初选用的数值略有出入，但这对设计无影响，a 值越小，布水小孔数目就越多，这对布水的均匀性是有利的，但小孔太多则加工不便。

当采用上述方法安排孔口时，靠近池中心的几个孔口的间距会相当大。这样，在池中心附近的滤料（特别是表层）受水不可能均匀。这个缺点，可采用不同大小的孔口来补救，即将靠近中心的若干个孔口改用较小的面积而同时增加孔口的数目（孔口数目同孔口面积成反比），以适当缩小它们之间的距离。

布水横管可以采用钢管，也可以采用钢板焊制（这时常为矩形断面）。国外也有采用铝管的。为了减少布水横管中水头变化造成的影响，应使横管采用较低的设计流速（例如 1m/s 左右），而孔口采用较高的设计流速（例如 2m/s 左右或更大些）。布水横管的根数取决于池子和水力负荷的大小，布水量大时可采用 4 根，一般用 2 根。每根横管的断面积按设计流量和流速计算决定。布水横管管底一般距滤料表面 0.15～0.25m。

布水管每分钟的旋转速度可近似地按下式计算：

$$v_n = \frac{3.478 \times 10^7}{md^2 D'} Q' \tag{14-36}$$

式中，Q' 为每根布水器的最大设计流量，L/s。

第三节　生物转盘

一、构造与工作原理

生物转盘的净水机理和生物滤池相同，但其构造却完全不一样。生物转盘由固定在一根轴上的许多间距很小的圆盘或多角形盘片组成。盘片可用聚氯乙烯、聚乙烯、泡沫聚苯乙烯、玻璃钢、铝合金或其他材料制成。盘片可以是平板，也可以是点波波纹板等形式，也有用平板和波纹板组合，因为点波波纹板盘片的比表面积比平板大 1 倍。盘片有接近 1/2 的面积浸没在半圆形、矩形或梯形的氧化槽内。在电机带动下，盘片组在水槽内缓慢转动，废水在槽内流过、水流方向与转轴垂直，槽底设有排泥管或放空管，以控制槽内废水中悬浮物浓度。

盘片作为生物膜的载体，当生物膜处于浸没状态时，废水有机物被生物膜吸附，而当它处于水面以上时，大气中的氧向生物膜传递，生物膜内所吸附的有机物氧化分解，生物膜恢复活性。这样，生物转盘每转动一圈即完成一个吸附、氧化的周期。由于转盘旋转及水滴挟氧气，所以氧化槽也被充氧，起一定的氧化作用。增厚的生物膜在盘面转动时形成的剪切力作用下，从盘面剥落下来，悬浮在氧化槽的液相中，并随废水流入二次沉淀池进行分离。二次沉淀池排出的上清液即为处理后的废水，沉泥作为剩余污泥排入污泥处理系统。其工艺流程见图 14-15。

与生物滤池相同，生物转盘也无污泥回流系统，为了稀释进水，可考虑出水回流。但是，生物膜的冲刷不依靠水力负荷的增大，而是通过控制一定的盘面转速来达到。生物转盘在实际应用上有各种构造型式，最常见的是多级转盘串联，以延长处理时间，提高处理效果。但级数一般不超过四级，级数过多，处理效率提高不大。根据圆盘数量及平面位置，可以采用单轴多级或多轴多级形式。

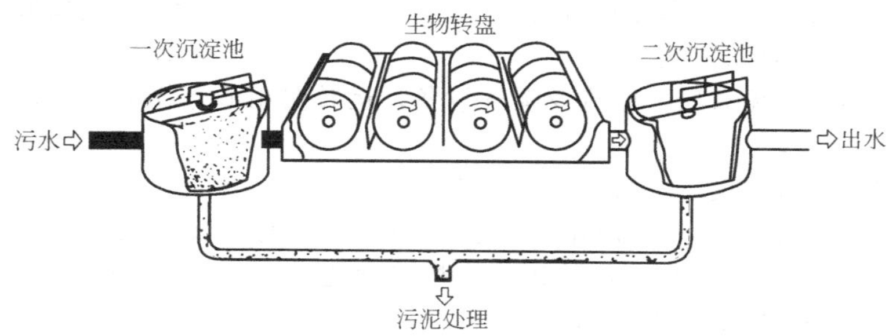

图 14-15　生物转盘工艺流程

生物转盘的盘片直径一般为 1.0～3.0m，最大的达到 4.0m，过大时可能导致转盘边缘的剪切力过大。盘片间距（净距）一般为 20～30mm，原水浓度高时，应取上限，以免生物膜堵塞。盘片厚度一般为 1～5mm，视盘材而定。转盘转速通常为 0.8～3.0r/min，边缘线速度以 10～20m/min 为宜。每单根轴长一般不超过 7m，以减少轴的挠度。

二、生物转盘的特点

生物转盘是一种较新型的生物膜法废水处理设备，国外使用比较普遍，国内主要用于工业废水处理，部分运行资料如表 14-3 所列。

表 14-3　国内部分生物转盘处理工业废水的运行资料

废水类型	进水 BOD /(mg/L)	出水 BOD /(mg/L)	水力负荷 /[m³/(m²·d)]	BOD 负荷 /[g/(m²·d)]	COD 负荷 /[g/(m²·d)]	停留时间 /h	水温 /℃
含酚	酚 50～250 (152)		0.05～0.113 (0.070)		15.5～35.5 (22.8)	1.5～2.7 (2.6)	>15 (10.5)
印染	100～280 (158)	12.8～96 (47)	0.04～0.24 (0.12)	12～23.2 (16.2)	10.3～43.9 (28.1)	0.6～1.3	>10
煤气洗涤	130～765 (365)	15～79	0.019～0.1 (0.055)	7.8～16.6 (12.2)	26.4	1.3～4.0 (2.95)	>20
酚醛	442～700 (600)	100	0.031	7.15～22.8 (15.7)	11.7～24.5 (17.8)	3.0	24
酚氰	422	145	0.1	7.15	11.7	2.0	
苯胺	苯胺 53	苯胺 15	0.03				
苎麻煮炼黑液	367	81	0.066			2.3	21～28
丙烯腈	84	15	0.05～0.1 (0.075)			1.8	
腈纶	300～315	60～19	0.1～0.2 (0.15)			1.9	30
氯丁废水	230	25	0.16	32.6	38.1	2	15～20
制革	250～800	60	0.06～0.15 (0.10)			1～2	22
造纸中段	100～480	113.6	0.05～0.08			3.0	20～30
铁路罐车	28.8	2.1	0.15			1.13	25

注：括号内数值为平均值。

与活性污泥法相比，生物转盘在使用上具有以下优点。

① 操作管理简便，无活性污泥膨胀现象及泡沫现象，无污泥回流系统，生产上易于控制。

② 剩余污泥量小，污泥含水率低，沉淀速度大，易于沉淀分离和脱水干化。根据已有的生产运行资料，转盘污泥形成量通常为 0.4～0.5kg/kgBOD_5（去除），污泥沉淀速度可达

4.6～7.6m/h。开始沉淀，底部即开始压密。所以，一些生物转盘将氧化槽底部作为污泥沉淀与贮存用从而省去二次沉淀池。

③ 设备构造简单，无通风、回流及曝气设备，运转费用低，耗电量低，一般耗电量为0.024kW·h/kgBOD_5。

④ 可采用多层布置，设备灵活性大，可节省占地面积。

⑤ 可处理高浓度废水，承受BOD_5可达1000mg/L，耐冲击力强。根据所需的处理程度，可进行多级串联，扩建方便。国外还将生物转盘建成去BOD-硝化-厌氧脱氮-曝气充氧组合处理系统，以提高废水处理水平。

⑥ 废水在氧化槽内停留时间短，一般为1～1.5h，处理效率高，BOD_5去除率一般可达90%以上。

生物转盘同一般生物滤池相比，也具有一系列优点。

① 无堵塞现象。

② 生物膜与废水接触均匀，盘面面积的利用率高，无沟流现象。

③ 废水与生物膜的接触时间较长，而且易于控制，处理程度比高负荷滤池和塔式滤池高。可以调整转速改善接触条件和充氧能力。

④ 同一般低负荷滤池相比，它占地较小，如采用多层布置，占地面积可同塔式生物滤池相媲美。

⑤ 系统的水头损失小，能耗省。

但是，生物转盘也有它的缺点。

① 盘材较贵，投资大。从造价考虑，生物转盘仅适用于小水量低浓度的废水处理。

② 因为无通风设备，转盘的供氧依靠盘面的生物膜接触大气，这样，废水中挥发性物质将会产生污染。采用从氧化槽的底部进水可以减少挥发物的散失，比从氧化槽表面进水好，但是，挥发物质污染依然存在。因此，生物转盘最好作为第二级生物处理装置。

③ 生物转盘的性能受环境气温及其他因素影响较大，所以，在北方设置生物转盘时，一般置于室内，并采取一定的保温措施。建于室外的生物转盘都应加设雨棚，防止雨水淋洗，使生物膜脱落。

三、生物转盘的设计

生物转盘工艺设计的主要内容是计算转盘的总面积，设计参数主要有停留时间、容积水力负荷和盘面面积有机负荷。

停留时间是指废水在氧化槽有效容积内的停留时间，容积水力负荷是指单位时间单位氧化槽有效容积的过流水量［$m^3/(m^3\cdot d)$］；盘面面积有机负荷是指单位盘面面积单位时间内投入的有机负荷或去除的有机负荷，单位为$g/(m^2\cdot d)$。

生物转盘的负荷与废水性质、浓度、气候条件及构造、运行特点等多种因素有关，设计时可以通过试验或经验值确定。图14-16表示某废水BOD负荷与去除能力的关系，图14-17表示不同进水浓度情况下有机负荷与出水浓度的关系。

由上述设计参数计算转盘面积有两种方法：一是先定负荷，再根据废水浓度与水量计算所需盘面积，并在选定盘片间距、厚度、片数及直径后确定氧化槽容积，核算停留时间；二是先定停留时间，再根据废水流量计算氧化槽容积，选定盘片直径、厚度和间距后计算槽尺寸及盘片数，最后核算有机负荷。其中以第一种方法用得较多。

德国Pöpel在对城市污水进行试验的基础上，提出了计算转盘总面积的经验公式：

$$F=f_1\left(\frac{F}{F_W}\right)f_2(\eta)f_3(t)f_4(T)QS_0 \tag{14-37}$$

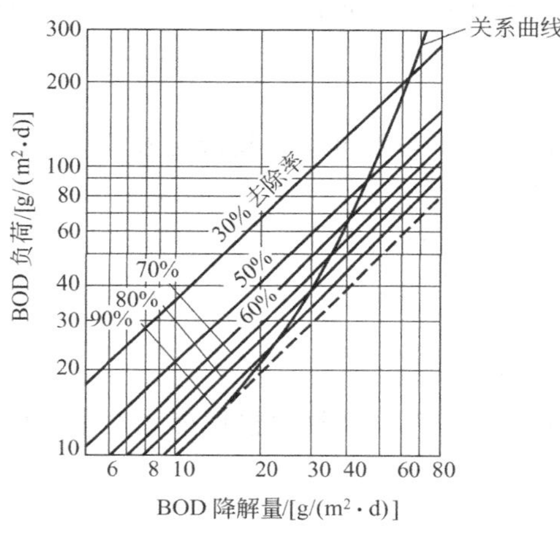

图 14-16　BOD 负荷和 BOD 降解量的关系

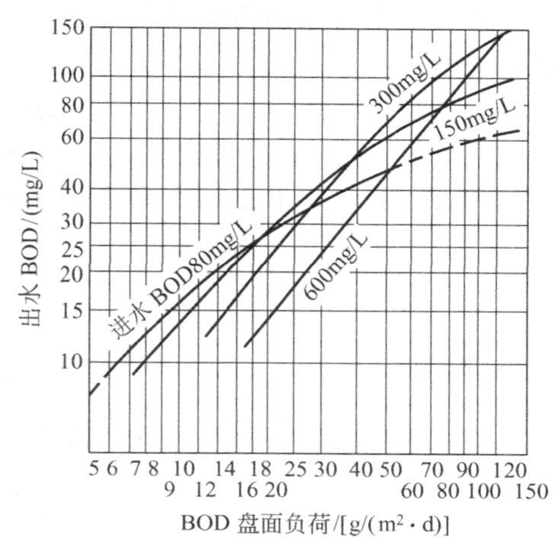

图 14-17　出水 BOD 与 BOD 负荷的关系

式中，F 为转盘的总面积，m^2；F_W 为转盘浸水部分面积，m^2；η 为 BOD_5 去除效率；t 为接触时间，h；T 为处理水温，℃；Q 为废水流量，m^3/d；S_0 为进水 BOD_5 浓度，mg/L。

对城市污水，上式中的各项函数关系如图 14-18 所示。

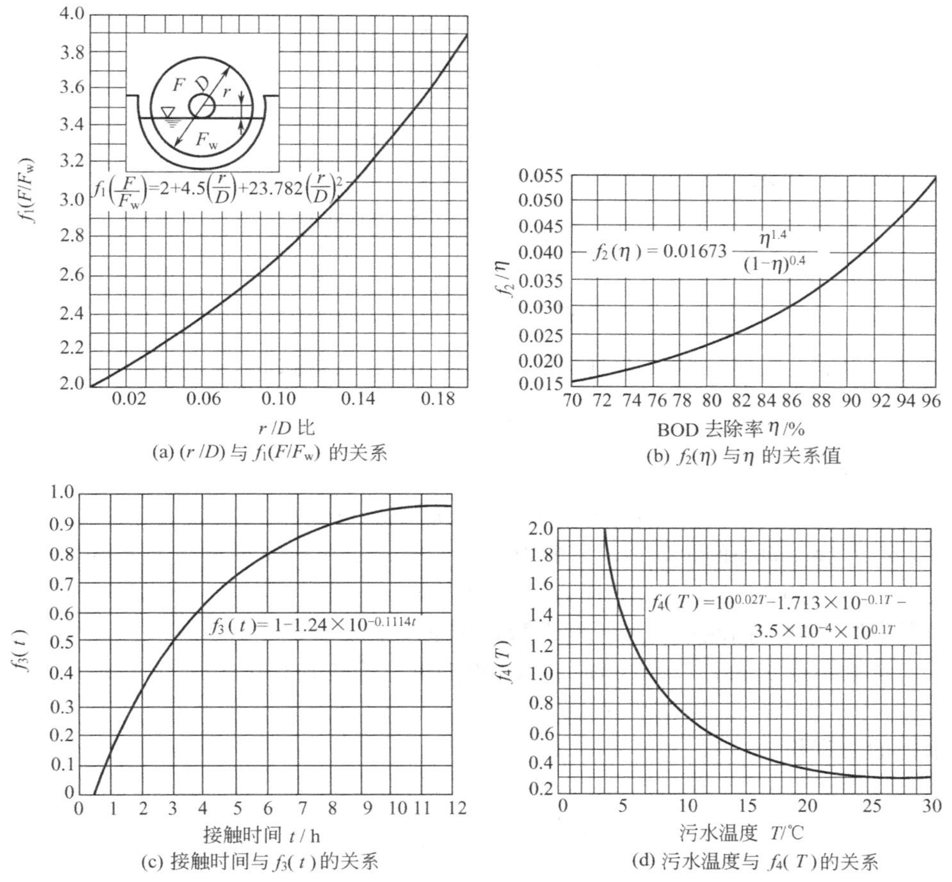

图 14-18　各项函数的设计图

盘片面积也可用动力学计算法确定。为此假定氧化槽是一完全混合反应器。在单位时间内废水底物的去除量为

$$Q(S_0-S_e)=FN \tag{14-38}$$

式中，N 表示单位时间单位转盘面积去除的底物量，即去除负荷。其余符号意义同前。

如用 Michaelis-Menten 方程表示底物的去除速度，则

$$Q(S_0-S_e)=F\frac{v_{max}S_e}{K_s+S_e} \tag{14-39}$$

上式整理可得

$$\frac{Q(S_0-S_e)}{F}=\frac{v_{max}S_e}{K_s+S_e} \tag{14-40}$$

式(14-40) 的左边实际表示单位盘面面积的去除量，即 N。经移项整理得线性化方程式

$$\frac{1}{N}=\frac{1}{v_{max}}+\frac{K_s}{v_{max}}\frac{1}{S_e} \tag{14-41}$$

根据不同的试验废水底物浓度 S_e 及在稳态下的去除负荷 N，作$\frac{1}{N}$-$\frac{1}{S_e}$直线，由斜率和截距可求得 v_{max} 及 K_s，再代回式(14-39) 即可求得转盘的总面积

$$F=\frac{Q(S_0-S_e)(S_e+K_s)}{v_{max}S_e} \tag{14-42}$$

如生产装置采用多级转盘，试验采用多级转盘模型，分别求出每一级的 v_{maxi} 及 K_{si}，其直线方程分别为

第一级
$$\frac{1}{N_1}=\frac{1}{v_{max1}}+\frac{K_{s1}}{v_{max1}}\frac{1}{S_1} \tag{14-43}$$

第二级
$$\frac{1}{N_2}=\frac{1}{v_{max2}}+\frac{K_{s2}}{v_{max2}}\frac{1}{S_2} \tag{14-44}$$

由 v_{maxi} 及 K_{si} 可求所需的各级转盘面积

第一级
$$F_1=Q(S_0-S_1)\left(\frac{S_1+K_{s1}}{v_{max1}S_1}\right) \tag{14-45}$$

第二级
$$F_2=Q(S_1-S_2)\left(\frac{S_2+K_{s2}}{v_{max2}S_2}\right) \tag{14-46}$$

转盘总面积求出后，可选定盘径 D（一般不大于 3m），其盘数 m 为

$$m=\frac{4F}{2\pi D^2}=0.636\frac{F}{D^2} \tag{14-47}$$

氧化槽的有效长度 L

$$L=[m(h+\delta)-h]a' \quad (\mathrm{m}) \tag{14-48}$$

式中，h 为盘片间净间距，m，一般为 0.013～0.025m，如考虑在盘上培养藻类，要求有足够光照，可采用 $h=0.065$m；δ 为盘片厚度，m，通常为 0.001～0.015m，视盘材而定；a'为考虑废水槽内两端的附加长度系数，单轴转盘可取 $a'=1.2$。

每一转盘轴不应过长，以减少轴的弯矩和扭矩。若转轴长度大于 5～7m，应采用多轴型式。

废水槽的总容积

$$V=AL(\mathrm{m}^3) \tag{14-49}$$

$$A=\frac{\pi(D+2a)^2}{8}-(D+2a)r \tag{14-50}$$

式中，A 为废水氧化槽的过水断面，m^2；对半圆形槽，D 为盘片直径，m；a 为转盘

边缘距废水氧化槽壁的净距，一般取 $a=0.013\sim0.03\text{m}$；r 为氧化槽液面与转轴的中心距，当 $\frac{r}{D}=0.06\sim0.1$ 时，$r\geqslant0.015\text{m}$。

氧化槽净容积

$$V_{\text{n}}=A(L-m\delta)(\text{m}^3) \tag{14-51}$$

废水在槽内停留时间应核算在 0.5～2.5h 之间

$$t=\frac{V_{\text{n}}}{q}(\text{h}) \tag{14-52}$$

式中，q 为设计转盘的废水流量，m^3/h。

转盘的轴功率一般可按去除每千克 BOD_5 耗电 0.1～0.3kW 考虑。如果每台电机所带动的转盘片数少于 200，转轴半径小于 5cm，则可用下式估计电机功率

$$N_{电}=\frac{2.41D^4n^2mbC}{10^{13}h} \tag{14-53}$$

式中，$N_{电}$ 为电机功率，kW；n 为盘片转速，r/min；m 为一根轴上的盘片数；b 为该电机带动的轴数；C 为系数，根据生物膜厚度决定，当膜厚分别为 1mm、2mm、3mm 时 C 分别取 2、3、4。

如果用水力驱动转盘，要求有效水头为 0.5～0.7m。

第四节　生物接触氧化法

生物接触氧化法工艺亦称淹没式生物滤池工艺，该工艺在 1971 年首创于日本，我国在 1975 年开发成功，距今已有 40 余年的历史。生物接触氧化即在曝气池中填充块状填料或塑料蜂窝填料，经曝气的废水流经填料层，使填料颗粒表面长满生物膜，废水和生物膜相接触，在生物膜的作用下，废水得到净化。生物接触氧化法工艺是介于活性污泥法工艺和生物膜法工艺之间的一种好氧处理方法，它兼有二者的优点。与传统活性污泥法相比，该工艺耐负荷冲击能力较强，污泥生成量较少，不会发生污泥膨胀现象，且无需回流污泥，动力消耗较少，易于管理。其主要缺点是填料易于堵塞。

一、构造与工作原理

接触氧化池内用鼓风或机械方法充氧，填料大多为蜂窝型硬性填料或纤维型软性填料，构造示意见图 14-19。

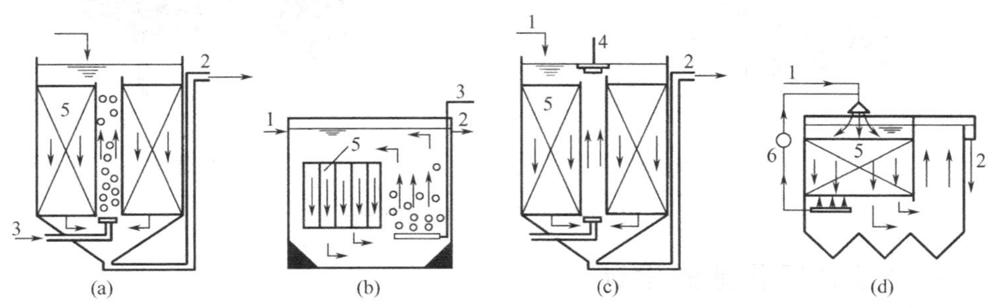

图 14-19　几种形式的接触氧化池

1—进水管；2—出水管；3—进气管；4—叶轮；5—填料；6—泵

生物接触氧化池的形式很多。按水流状态分为分流式（池内循环式）和直流式。分流式

在国外应用较普遍，废水充氧和同生物膜接触是在不同的间格内进行的，废水充氧后在池内进行单向或双向循环（图 14-19）。这种形式能使废水在池内反复充氧，废水同生物膜接触时间长，但是耗气量较大；水穿过填料层的速度较小，冲刷力弱，易于造成填料层堵塞，尤其在处理高浓度废水时，这种情况更值得重视。直流式接触氧化池（又称全面曝气接触氧化池）是直接从填料底部充氧的，填料内的水力冲刷依靠水流速度和气泡在池内碰撞、破碎形成的冲击力，只要水流及空气分布均匀，填料不易堵塞。这种形式的接触氧化池耗氧量小，充氧效率高，同时，在上升气流的作用下，液体出现强烈的搅拌，促进氧的溶解和生物膜的更新，也可以防止填料堵塞。目前国内大多采用直流式。

按供氧方式分，接触氧化法可分为鼓风式、机械曝气式、洒水式和射流曝气式几种。国内以鼓风式和射流曝气式为主。

接触氧化池填料的选择要求比表面积大，空隙率大，水力阻力小，性能稳定。垂直放置的塑料蜂窝管填料曾被广泛采用，这种填料比表面积较大，单位填料上生长的生物膜数量较大。据实测，每平方米填料表面上的活性生物量可达 125g，如折算成悬浮混合液，则浓度为 13g/L，比一般活性污泥法的生物量大得多。但是这种填料各蜂窝管间互不相通，当负荷增大或布水均匀性较差时，则易出现堵塞，此时若加大曝气量，又会导致生物膜稳定性变差，周期性的大量剥离，净化功能不稳定。近年来国内外对填料做了许多研究工作，开发了塑料规整网状填料，见图 14-20(a)。在网状填料中，水流可以四面八方连通，相当于经过多次再分布，从而防止了由于水气分布不均匀而形成的堵塞现象。缺点是填料表面较光滑，挂膜缓慢，稍有冲击，就易于脱落。国内也有采用软性填料，即在纵向安设的纤维绳上绑扎一束束的人造纤维丝，形成巨大的生物膜支承面积，如图 14-20(b) 所示。实践表明，这种填料耐腐蚀、耐生物降解，不堵塞，造价低，体积小，密度低（约 2～3kg/m^3），易于组装，适应性强，处理效果好，现已批量生产以供选用。但这种填料在氧化池停止工作时，会形成纤维束结块，清洗较困难。从接触氧化池脱落下来的生物污泥含有大量气泡，宜采用气浮法分离。

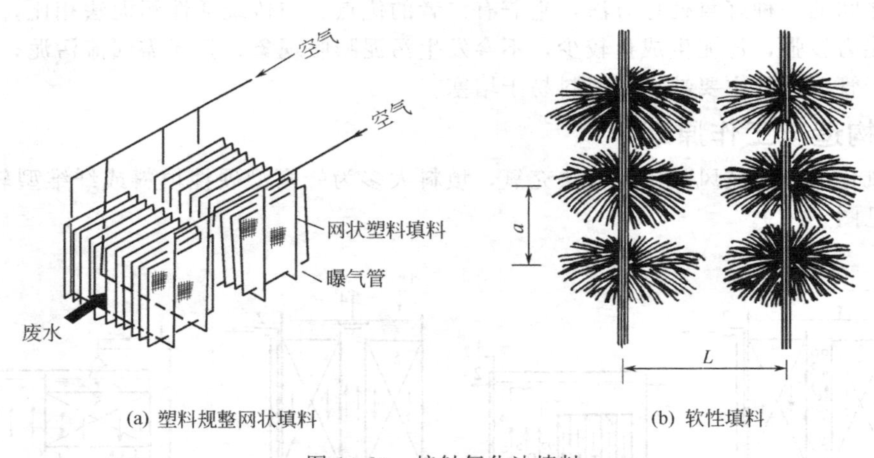

(a) 塑料规整网状填料　(b) 软性填料

图 14-20　接触氧化池填料

二、生物接触氧化池的设计

1. 设计规范

(1) 生物接触氧化池的个数或分格数不少于 2 个，并按同时工作设计；每格池面积应小于 25m^2，以保证布水布气的均匀性。

(2) 填料的体积按日平均污水量和填料容积负荷计算，通常填料的容积负荷由试验确定。

（3）污水在接触氧化池内的停留时间通常不小于2h。

（4）填料层的总高度可取3m，若采用蜂窝状填料，则应分层装填，每层高度为1m。

（5）进水BOD_5浓度不能过高，宜控制在100～300mg/L之间。

（6）溶解氧含量应控制在2.5～3.5mg/L的范围内，气水比控制在（10～20）∶1为宜。

2. 计算公式

（1）生物接触氧化池有效体积V

$$V=\frac{Q(S_0-S_e)}{L_v} \tag{14-54}$$

式中，Q为日平均污水量，m^3/d；S_0为进水BOD_5浓度，mg/L；S_e为出水BOD_5浓度，mg/L；L_v为容积负荷，$gBOD_5/(m^3\cdot d)$。一般接触氧化池填料负荷为3～6$kgBOD_5/(m^3\cdot d)$。

实际上，V就是所需填料的体积。

（2）接触氧化池总面积A

$$A=V/H \tag{14-55}$$

式中，H为填料层高度，m。

（3）接触氧化池格数N

$$N=A/A_1 \tag{14-56}$$

式中，A_1为每格氧化池面积，m^2。

（4）有效停留时间t

$$t=\frac{V}{Q} \tag{14-57}$$

（5）接触氧化池总高H_T

$$H_T=H+h_1+h_2+(n-1)h_3+h_4 \tag{14-58}$$

式中，h_1为超高，m，一般取0.5～0.6m；h_2为填料之上水深，m，一般取0.4～0.5m；n为填料层数；h_3为填料层间隙高，m，一般取0.2～0.3m；h_4为配水区高度。

（6）供气量与空气管道系统计算

$$D=D_0Q \tag{14-59}$$

式中，D_0为$1m^3$污水需空气量，m^3/m^3，根据水质特性、试验资料或参考类似工程运行经验数据确定。

满足生物接触氧化池微生物需氧所需空气量的计算，可参照活性污泥法。由于氧化池内生物浓度高（折算成MLSS达10g/L以上），故耗氧速度比活性污泥快，需要保持较高的溶解氧，一般为2.5～3.5mg/L。为保持池内一定的混合搅拌强度，空气与废水体积比D_0值宜大于10，一般取（15～20）∶1。

第五节　生物流化床

一、构造与原理

生物流化床处理技术是借助流体（液体、气体）使表面生长着微生物的固体颗粒（生物颗粒）呈流化态，同时进行有机污染物降解的生物膜法处理技术。

生物流化床由床体、载体、布水装置、冲氧装置和脱模装置等组成。废水通过流化的颗粒层，流化颗粒表面生长有生物膜，废水在流化床内同分散十分均匀的生物膜相接触而获得净化。

在流化床中，支承生物膜的固相物是流化介质，为了获得足够的生物量和良好的接触条件，流化介质应具有较高的比表面积和较小的颗粒直径，通常流化介质采用砂粒、焦炭粒、无烟煤粒或活性炭粒等。一般颗粒直径为 0.6～1.0mm，所提供的表面积是十分大的。例如，用直径 1mm 的砂粒作载体，其比表面积为 $3300m^2/m^3$，是一般生物滤池的50 倍，比采用塑料滤料的塔式生物滤池高约 20 倍，比平板式生物转盘高 60 倍。因此，在流化床中能维持相当高的微生物浓度，可比一般的活性污泥法高 10～20 倍，达 10～40g/L，因此，废水底物的降解速度很快，停留时间很短，废水负荷相当高。

生物流化床内载有生物膜的流化介质能均匀分布在全床，同上升水流接触条件良好。因此，它兼有活性污泥法均匀接触条件所形成的高效率和生物膜法能承受负荷变动冲击的优点。由于比表面积大，对废水污染物的吸附能力强，尤其是采用活性炭作为流化介质时，吸附作用更为显著。在这样一个强吸附力场作用下，废水中有机物和微生物、酶都将在流化的生物膜表面富集，使表面形成微生物生长的良好场所。

生物流化床综合了介质的流化机理、吸附机理和生物降解机理，过程比较复杂。由于它兼有物理化学法和生物法的优点，又兼具活性污泥法和生物膜法的优点，因此，一些难以分解的有机物或分解速度较慢的有机物能够在介质表面长期停留，对表面吸附着的生物膜进行长时间的驯化和诱导，使之能够顺利降解，同时也能在高浓度有机物的作用下，提高降解的速度。

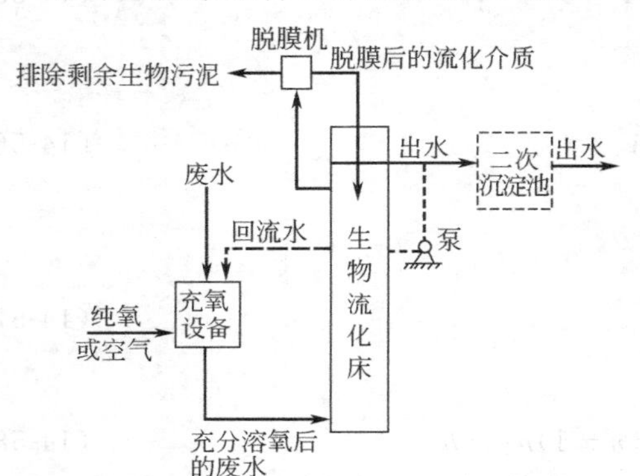

图 14-21　固液两相生物流化床流程

二、工艺类型

1. 两相生物流化床

以氧气（或空气）为氧源的固液两相流化床流程如图 14-21 所示。废水与回流水在充氧设备中与氧混合，使废水中的溶解氧达到 32～40mg/L（氧气源）或 9mg/L（空气源），然后进入流化床进行生物氧化反应，再由床顶排出。随着床的运行，生物粒子直径逐渐增大，定期用脱膜器（见图 14-22 和图 14-23）对载体机械脱膜，脱膜后的载体返回流化床，脱除的生物膜则作为剩余污泥排出。对于一般浓度的废水，当一次充氧不能满足生物处理所需要的溶解氧量，可采用处理水回流循环充氧。

2. 三相生物流化床

以空气为氧源的三相生物流化床的工艺流程如图 14-24 所示。三相生物流化床是气、液、固三相直接在流化床内进行生化反应，不需另设充氧装置和脱膜装置，载体表面的生物膜依靠气体的搅动作用、载体之间的强烈摩擦而自动脱落。但载体易流失，气泡易聚并变大，影响充氧效率。为了控制气泡大小，有采用减压释放空气的方式充氧的，也有采用射流曝气充氧的。

床体用钢板焊制或钢筋混凝土浇制，平面形状一般为圆形或方形，其有效高度按空床流速计算。床底布水装置是关键设备，既要使布水均匀，又要能承托载体。常用多孔板、加砾石多孔板、圆锥底加喷嘴或泡罩布水。

根据流体力学原理，固定床与流化床的临界流速 u_c 就是床压力降与载体重量相平衡时

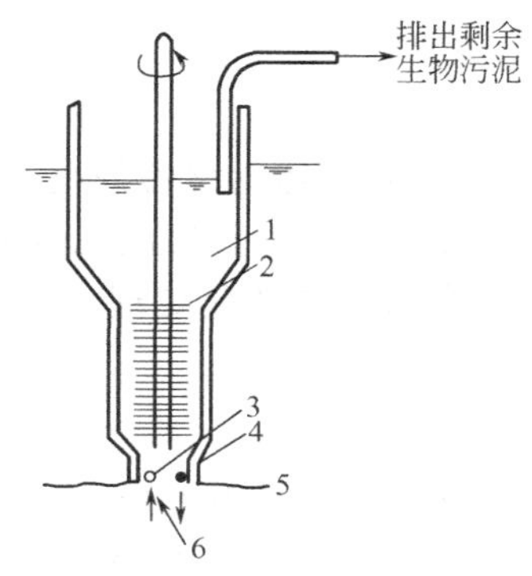

图 14-22　转刷脱膜装置

1—剩余生物污染；2—脱膜刷子；3—带生物膜的颗粒；4—脱膜后颗粒；5—膨胀层表面；6—吸入孔

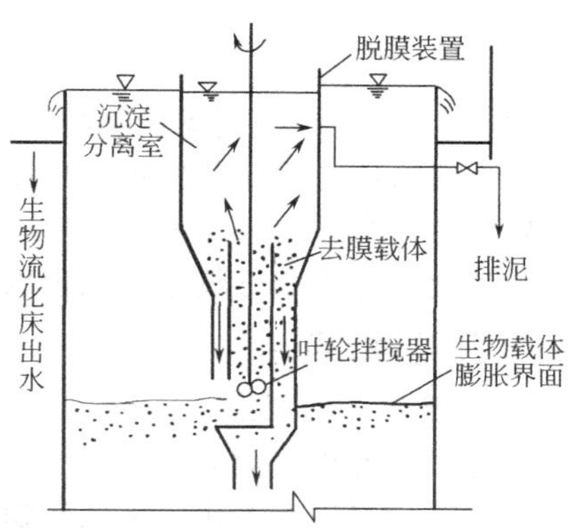

图 14-23　叶轮脱膜装置

的流速，即

$$u_c=\frac{1}{2\lambda}[gd_e^2(\rho_s-\rho)/\mu] \tag{14-60}$$

式中，λ 为流体摩擦系数；d_e 为载体粒径，cm；ρ_s、ρ 为载体与流体的密度，g/m^3；g 为重力加速度，m/s^2；μ 为流体的黏度，g/(cm·s)。

当流速等于载体颗粒的自由沉淀速度时，即达到最大流化速度，其值可按式(4-3）或式(4-4）计算。设计流化速度应在此临界值与最大值之间。因为带生物膜的载体颗粒密度和直径都发生了变化，所以在计算流化速度时应以实际值代入。带生物膜的载体密度可用下式求得：

$$\rho_{sm}=\left(\frac{d_e}{d_{em}}\right)^3\rho_s+\left[1-\left(\frac{d_e}{d_{em}}\right)^3\right]\rho_{mw} \tag{14-61}$$

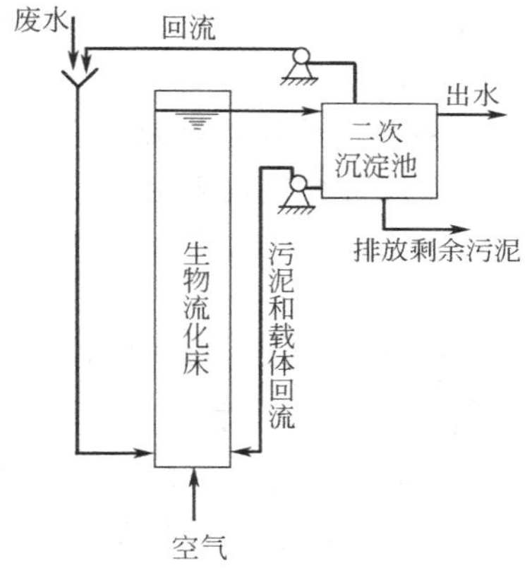

图 14-24　三相生物流化床流程

式中，d_{em}为带生物膜的颗粒直径，cm；ρ_{mw}为生物膜的湿润密度，g/cm^3，一般为 $1.0\sim1.03g/cm^2$。

流化床中载体的膨胀率定义为

$$e=\frac{L_e}{L}=\frac{(1-\varepsilon_e)}{(1-\varepsilon)} \tag{14-62}$$

式中，L、L_e分别为膨胀前后的载体层的高度；ε、ε_e 分别为填充层和膨胀层的孔隙率。

流化时，膨胀层的孔隙率 ε_e 与空塔线速度有关。采用 0.46mm 的天然沸石作为载体，不同上升速度下的膨胀率如图 14-25 所示。

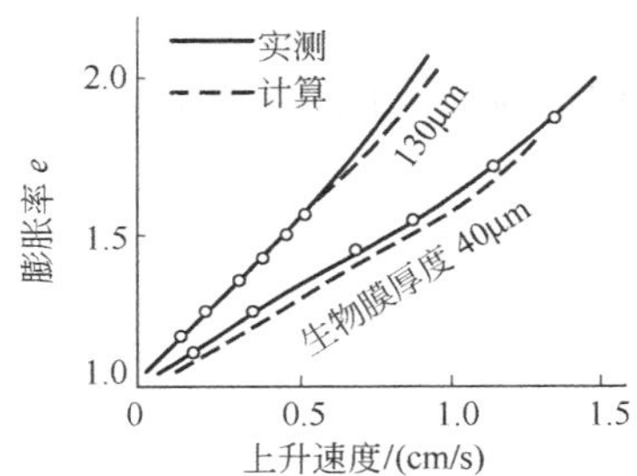

图 14-25　带生物膜的载体膨胀率与上升速度的关系

求得孔隙率 ε_e 后，可用下式计算流化床中的微生物浓度：

$$X=\rho_{md}(1-\varepsilon_e)\left[1-\left(\frac{d_e}{d_{em}}\right)^2\right] \quad (mg/L) \tag{14-63}$$

式中，ρ_{md}为单位湿润体积生物膜的干重，$kgVSS/m^3$。

由于有时可能有少量载体被带出床体，因此在流程中通常有载体（含污泥）。三相流化床设备较简单，操作也较容易，能耗也较两相生物流化床低，因此对三相流化床的研究较多。生物流化床除用于好氧生物处理以外，还可用于生物脱氮和厌氧生物处理。

三、工艺特点

1. 生物流化床的优点

(1) 有机物容积负荷高，抗冲击负荷能力强　由于生物流化床采用小粒径颗粒作为载体，且载体在床内呈流态化，单位体积表面积比其他生物膜法大很多，生物膜量很高，一般可达10～40g/L，加上传质速率快，因此抗冲击负荷能力强，有机物容积负荷高，可达普通活性污泥法的10～20倍。

(2) 微生物活性好，处理效率高　细颗粒载体具有较大的比表面积（2000～3000m^2/m^3流化床体积），生物膜含水率相对较低（94%～95%左右）；而且生物膜颗粒在床内不断相互碰撞和摩擦，其生物膜厚度较薄且较均匀，微生物活性好；同时液相中也存在一定量的生物污泥，因而流化床处理效率高。

(3) 传质效果好　由于生物颗粒在床体内处于剧烈运动状态，气-液-固界面不断更新，因此传质效果好，加快了生化反应速率。

2. 生物流化床的缺点

(1) 设备磨损较固定床严重，载体颗粒在湍流过程会被磨损变小。

(2) 设计时还存在生产放大问题，如防堵塞、曝气方式、进水配水系统的选用和颗粒物流失。

(3) 生物流化床能耗比较大。

四、工艺设计

在好氧生物流化床的设计过程中，相关工艺参数及设计计算过程如下。

(1) 好氧反应区容积V_1

$$V_1=Q(S_0-S_e)/N_v \tag{14-64}$$

式中，V_1为流化床好氧反应区容积，m^3；Q为污水设计流量，m^3/d；S_0为原污水的BOD_5值，mg/L；S_e为处理出水的BOD_5值，mg/L；N_v为容积负荷，$kgCOD/(m^3 \cdot d)$，当待处理污水$BOD_5/COD>0.4$时，可取3～10$kgCOD/(m^3 \cdot d)$，当$0.3<BOD_5/COD<0.4$时，可取1～3$kgCOD/(m^3 \cdot d)$。

当用水力停留时间HRT来确定好氧反应区的容积时，应按式(14-65)计算：

$$V_1=Q \cdot HRT \tag{14-65}$$

式中，V_1为流化床好氧反应区容积，m^3；HRT为水力停留时间，h，对于生活污水可取2～3h，对于工业废水可取3～4h。

求出V_1后应校核负荷。

(2) 缺氧反应区容积V_2（对于脱氮作用流化床）

$$V_2=V_1\frac{D_2^2}{D_1^2-D_2^2} \tag{14-66}$$

式中，V_1为流化床好氧反应区容积，m^3；V_2为流化床缺氧反应区容积，m^3；D_1为流化床直径，m；D_2为缺氧反应区直径，m；流化床直径与缺氧反应区直径之比宜为

(1.87～2.0)：1。

(3) 好氧反应区高径比

$$\frac{H}{D_1}=\frac{H}{2d/N}=\frac{NH}{2d} \tag{14-67}$$

式中，H 为流化床高度，m；D_1 为流化床直径，m；H/D_1 为好氧反应区高径比；N 为流化床分隔数，应为偶数，可取 4、6、8 等；d 为好氧反应区横截面积相等的圆的直径，m，流化床好氧反应区的高径比宜为 3～8。

(4) 载体投加量

$$C_s=\frac{X_v}{1000m_1}\times 100\% \tag{14-68}$$

式中，C_s为投加载体体积占好氧反应区的体积比，该值宜介于 15%～30%之间；X_v为流化床内混合液挥发悬浮固体平均浓度，gMLVSS/L；m_1 为单位体积载体上的生物量，g/mL。

(5) 流化床所需生物浓度

$$X=\frac{N_v}{N_s} \tag{14-69}$$

式中，X 为流化床内生物浓度，kgMLVSS/m^3；N_v为容积负荷，kgCOD/(m^3·d)；N_s为污泥负荷，kgCOD/(kgMLVSS·d)，该值宜介于 0.2～1.0kgCOD/(kgMLVSS·d)之间。

(6) 单位体积载体上的生物量

$$m_1=\frac{\rho\rho_c}{\rho_s}\left[\left(\frac{r+\delta}{r}\right)\right]^3-1 \tag{14-70}$$

式中，m_1 为单位体积载体上的生物量，g/mL；ρ 为生物膜干密度，g/mL；ρ_c为载体的堆积密度，g/mL；ρ_s为载体的真实密度，g/mL；δ 为膜厚，μm；r 为圆形颗粒平均半径。

通常情况下，载体的形状应尽量接近球形，表面应比较粗糙，其级配以 $d_{max}/d_{min}<2$ 为佳；载体上的生物膜厚度宜控制在 100～200μm，以 120～140μm 为佳。

第六节　曝气生物滤池

一、概述

曝气生物滤池（Biological Aerated Filter，BAF），又称颗粒填料生物滤池，是在 20 世纪 70 年代末 80 年代初出现于欧洲的一种生物膜法处理工艺。曝气生物滤池最初用于污水二级处理后的深度处理，由于其良好的处理性能，应用范围不断扩大。与传统的活性污泥法相比，曝气生物滤池中活性微生物的浓度要高得多，反应器体积小，且不需二沉池，占地面积少，还具有模块化结构、便于自动控制和臭气少等优点。

20 世纪 90 年代初曝气生物滤池得到了较大发展，在法国、英国、奥地利和澳大利亚等国已有较成熟的技术和设备产品，部分大型污水厂也采用了曝气生物滤池工艺。目前，我国曝气生物滤池主要用于城市污水处理、某些工业废水处理和污水回用深度处理。

曝气生物滤池的主要优点及缺点如下。

1. 优点

(1) 从投资费用上看，曝气生物滤池不需设二沉池，水力负荷、容积负荷远高于传统污水处理工艺，停留时间短，厂区布置紧凑，可以节省占地面积和建设费用。

(2) 从工艺效果上看，由于生物量大，以及滤料截留和生物膜的生物絮凝作用，抗冲击负荷能力较强，耐低温，不发生污泥膨胀，出水水质高。

(3) 从运行上看，曝气生物滤池易挂膜，启动快。根据运行经验，在水温为10～15℃时，2～3周可完成挂膜过程。

(4) 曝气生物滤池中氧的传输效率高，曝气量小，供氧动力消耗低，处理单位污水电耗低。此外，自动化程度高，运行管理方便。

2. 缺点

(1) 曝气生物滤池对进水SS有较高的预处理要求，而且进水的浓度不能太高，否则容易引起滤料结团、堵塞。

(2) 曝气生物滤池水头损失较大，加上大部分都建于地面以上，进水提升水头较大。

(3) 曝气生物滤池的反冲洗是决定滤池运行的关键因素之一，滤料冲洗不充分，可能出现结团现象，导致工艺运行失效。操作中，反冲洗出水回流入初沉池，对初沉池有较大的冲击负荷。此外，设计或运行管理不当会造成滤料随水流失等问题。

(4) 产泥量略大于活性污泥法，污泥稳定性稍差。

二、构造与工作原理

曝气生物滤池由池体、布水系统、布气系统、承托层、滤层、反冲洗系统等部分组成。池底设承托层，上部为滤料层，如图14-26所示。曝气生物滤池承托层采用的材质应具有良好的机械强度和化学稳定性，一般选用卵石作承托层，其级配自上而下为：卵石直径2～4mm、4～8mm、8～16mm；卵石层高度分别为50mm、100mm、100mm。曝气生物滤池的布水布气系统有滤头布水布气系统、栅型承托板布水布气系统和穿孔管布水布气系统。城市污水处理一般采用滤头布水布气系统。曝气用的空气管、布水布气装置及处理水集水管兼作反冲洗水管，可设置在承托层内。

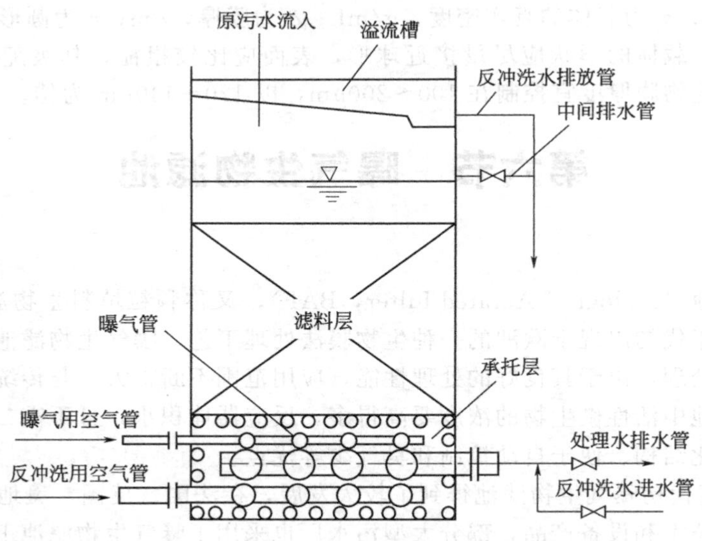

图14-26　曝气生物滤池构造示意

曝气生物滤池分为上向流式和下向流式，下面以下向流式为例介绍其工作原理。

污水从池上部进入滤池，并通过由滤料组成的滤层，在滤料表面形成有微生物栖息的生物膜。在污水通过滤层的同时，空气从滤料处通入，并由滤料的间隙上升，与下向流的污水相向接触，空气中的氧转移到污水中，向生物膜上的微生物提供充足的溶解氧，在微生物的代谢作用下，有机污染物被降解，污水得到净化。

运行时，污水中的悬浮物及由于生物膜脱落形成的生物污泥被滤料所截留。因此，滤层具有二沉池的功能。运行一定时间后，因水头损失的增加，需对滤池进行反冲洗，以释放截留的悬浮物并更新生物膜，一般采用气水联合反冲，反冲洗水通过反冲洗水排放管排出后，回流至初沉池。

滤料是生物膜的载体，同时兼有截留悬浮物质的作用，直接影响曝气生物滤池的效能。滤料费用在曝气生物滤池处理系统建设费用中占有较大的比例。所以，滤料的优劣直接关系到系统的合理与否。开发经济高效的滤料是曝气生物滤池技术发展的重要方面。

对曝气生物滤池滤料有以下要求。

① 质轻，堆积容重小，有足够的机械强度。

② 比表面积大，孔隙率高，属多孔惰性载体。

③ 不含有害于人体健康的有害物质，化学稳定性良好。

④ 水头损失小，形状系数好，吸附能力强。

根据资料和工程运行经验，粒径在 5mm 左右的均质陶粒及塑料球形颗粒能达到较好的处理效果。常用滤料的物理特性见表 14-4。

表 14-4　常用滤料的物理特性

名称	物理特性							
	比表面积 /(m^2/g)	总孔体积 /(cm^3/g)	堆积容重 /(g/L)	磨损率 /%	堆积密度 /(g/cm^3)	堆积孔隙率/%	粒内孔隙率/%	粒径 /mm
黏土陶粒	4.89	0.39	875	≤3	0.7～1.0	>42	>30	3～5
页岩陶粒	3.99	0.103	976	—	—	—	—	—
沸石	0.46	0.0269	830	—	—	—	—	—
膨胀球形黏土	3.98	—	1550	1.5	—	—	—	3.5～6.2

三、曝气生物滤池运行方式

如图 14-27 所示，曝气生物滤池处理工艺由预处理设施、曝气生物滤池及滤池反冲洗系统组成，可不设二沉池。预处理一般包括沉砂池、初沉池或混凝沉淀池、隔油池等设施。污水经预处理后使悬浮固体浓度降低，再进入曝气生物滤池，有利于减少反冲洗次数和保证滤

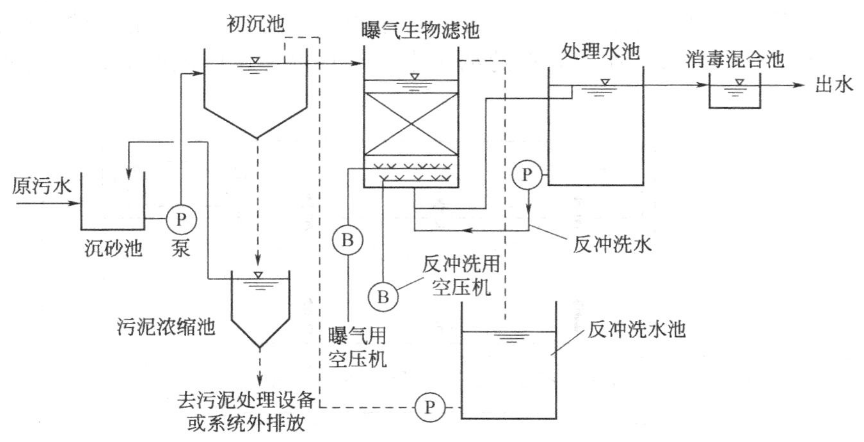

图 14-27　曝气生物滤池污水处理工艺系统

池的正常运行。如进水有机物浓度较高，污水经沉淀后可进入水解调节池进行水质水量的调节，同时也提高了污水的生物可降解性。曝气生物滤池的进水悬浮固体浓度应控制在60mg/L以下，并根据处理程度不同，可分为碳氧化、硝化、后置反硝化或前置反硝化等。碳氧化、硝化和反硝化可在单级曝气生物滤池内完成，也可在多级曝气生物滤池内完成。

根据进水流向的不同，曝气生物滤池的池型主要有下向流式（滤池上部进水，水流与空气逆向运行）和上向流式（池底进水，水流与空气同向运行）。

1. 下向流式

这种曝气生物滤池的缺点是负荷不够高，大量被截留的SS集中在滤池上端几十厘米处，此处水头损失占了整个滤池水头损失的绝大部分；滤池纳污率不高，容易堵塞，运行周期短。图14-28是法国Antibes污水厂下向流曝气生物滤池工艺流程。

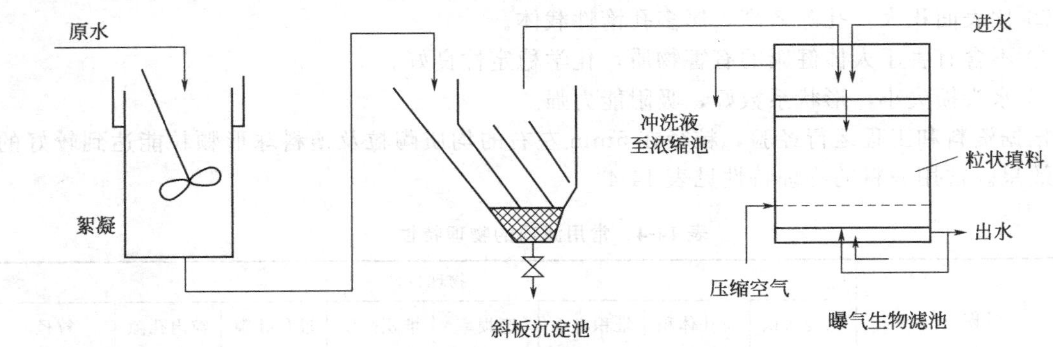

图14-28 Antibes污水厂下向流曝气生物滤池工艺流程

2. 上向流式

(1) BIOFOR 图14-29为典型的上向流式（气水同向流）曝气生物滤池，又称BIOFOR。其底部为气水混合室，其上为长柄滤头、曝气管、承托层、滤料。所用滤料密度大于水，自然堆积，滤层厚度一般为2～4m。BIOFOR运行时，污水从底部进入气水混合室，经长柄滤头配水后通过承托层进入滤料，在此进行有机物、氨氮和SS的去除。反冲洗时，气水同时进入气水混合室，经长柄滤头进入滤料，反冲洗出水回流入初沉池，与原污水合并处理。采用长柄滤头的优点是简化了管路系统，便于控制；缺点是增加了对滤头强度要求，滤头的使用寿命会受影响。上向流的主要优点是：a. 同流向可促使布气布水均匀；若采用下向流，则截留的SS主要集中在滤料的上部，运行时间一长，滤池内会出现负水头现象，进而引起沟流，采用上向流可避免这一缺点；b. 采用上向流，截留在底部的SS可在气泡上升过程中被带入滤池中上部，加大滤料的纳污率，延长反冲洗间隔时间；c. 气水同向流有

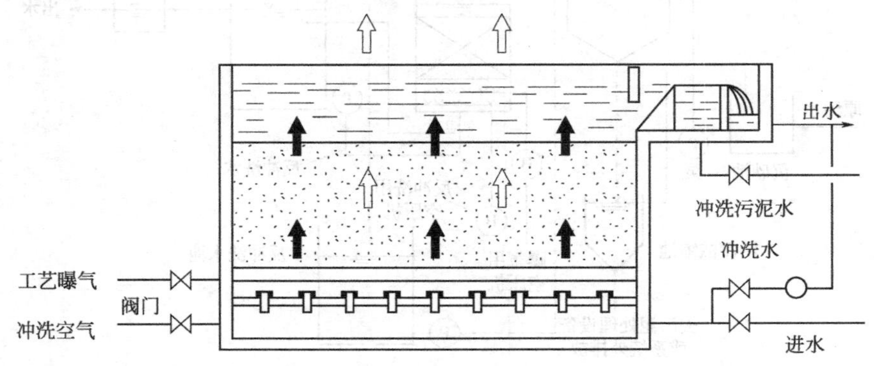

图14-29 BIOFOR滤池结构示意

利于氧的传递与利用。

(2) BIOSTYR 图 14-30 为具有脱氮功能的上向流式生物滤池，又称 BIOSTYR，其主要特点为：a. 采用了新型轻质悬浮滤料——Biostyrene（主要成分是聚苯乙烯，密度小于 $1.0g/cm^3$）；b. 将滤床分为两部分，上部分为曝气的生化反应区，下部为非曝气的过滤区。

如图 14-30 所示，滤池底部设有进水管和排泥管，中上部是滤料层，厚度一般为 2.5～3m，滤料顶部装有挡板或隔网，防止悬浮滤料的流失。在上部挡板上均匀安装有出水滤头。挡板上部空间用作反冲洗水的贮水区，可以省去反冲贮水池，其高度根据反冲洗水水头而定，该区设有回流泵，将滤池出水泵送至配水廊道，继而回流到滤池底部实现反硝化。滤料底部与滤池底部的空间留作反冲洗再生时滤料膨胀之用。

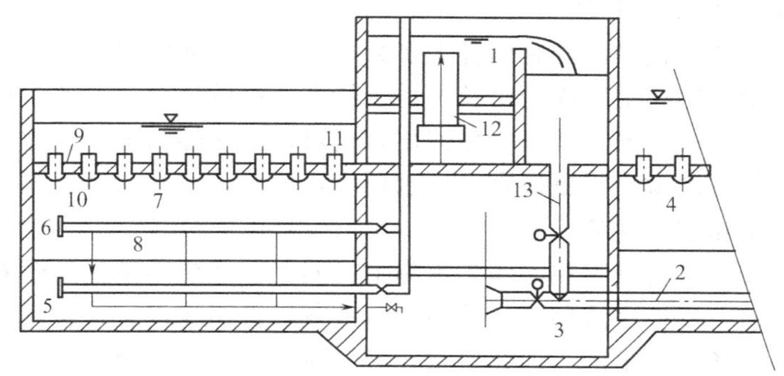

图 14-30 BIOSTY 滤池结构示意

1—配水廊道；2—滤池进水和排泥管；3—反冲洗循环闸门；4—滤料；5—反冲洗用空气管；6—工艺吸气管；7—好氧区；8—缺氧区；9—挡板；10—出水滤头；11—处理后水的储存和排出；12—回流泵；13—进水管

经预处理的污水与经过硝化的滤池出水按照一定回流比混合后，通过滤池进水管进入滤池底部，并向上首先经滤料层的缺氧区，此时反冲洗用空气管处于关闭状态。在缺氧区内，滤料上的微生物利用进水中有机物作为碳源将滤池进水中的硝酸盐氮转化为氮气，实现反硝化脱氮和部分 BOD_5 的降解。流出滤料层的净化污水通过滤池挡板上的出水滤头排出滤池。出水分为三部分；一部分排出系统外；一部分按回流比与原污水混合进入滤池；其余部分用作反冲洗水。反冲洗时可以采用气水交替反冲。滤池顶部设置格网或滤板可以阻止滤料流出。

四、曝气生物滤池的设计参数

曝气生物滤池的工艺设计参数主要有水力负荷、容积负荷、滤料高度、滤料粒径、单池面积，以及反冲洗周期、反冲洗强度、反冲洗时间和反冲洗气水比等。

根据《室外排水设计规范》要求，在无试验资料时，曝气生物滤池处理城镇污水的五日生化需氧量容积负荷宜为 $3\sim6kgBOD_5/(m^3 \cdot d)$，硝化容积负荷（以 NH_3-N 计）宜为 $0.3\sim0.8kgNH_3\text{-}N/(m^3 \cdot d)$，反硝化容积负荷（以 N-N 计）宜为 $0.8\sim4.0kgN\text{-}N/(m^3 \cdot d)$。在碳氧化阶段，曝气生物滤池的污泥产率系数可为 $0.75kgVSS/kgBOD_5$。表14-5为曝气生物滤池的典型负荷。

曝气生物滤池的池体高度一般为 5～7m，由配水区、承托层、滤料层、清水区的高度和超高组成。反冲洗一般采用气水联合反冲洗，由单独气冲洗、气水联合反冲洗、单独水冲洗 3 个过程组成，通过滤板或固定其上的长柄滤头实现。反冲洗空气强度为 $10\sim15L/(m^2 \cdot s)$，反冲洗水强度不宜超过 $8L/(m^2 \cdot s)$。反冲洗周期根据水质参数和滤料层阻力加以控制，一般设 24h 为 1 周期。

表 14-5 曝气生物滤池典型负荷

负荷类别	碳氧化	硝化	反硝化
水力负荷/[$m^3/(m^2 \cdot h)$]	2～10	2～10	—
最大容积负荷/[$kgX/(m^3 \cdot d)$]	3～6 3～6	<1.5(10℃) <2.0(20℃)	<2(10℃) <5(20℃)

注：碳氧化、硝化和反硝化时，X 分别代表五日生化需氧量、氨氮和硝酸盐氮。

第七节 生物膜法的运行管理

一、生物膜的培养与驯化

生物膜的培养常称为挂膜。挂膜菌种大多数采用生活粪便污水或生活粪便水和活性污泥的混合液。由于生物膜中微生物固着生长，适于特殊菌种的生存，所以，挂膜有时也可采用纯培养的特异菌种菌液。特异菌种可单独使用，也可以同活性污泥混合使用，由于所用的特异菌种比一般自然筛选的微生物更适宜于废水环境，因此，在与活性污泥混合使用时，仍可保持特异菌种在生物相中的优势。

挂膜过程必须使微生物吸附在固体支承物上，同时，还应不断供给营养物，使附着的微生物能在载体上繁殖，不被水流冲走。单纯的菌液或活性污泥混合液接种，即使固相支承物上吸附有微生物，但还是不牢固，因此，在挂膜时应同时投加菌液和营养液。

挂膜方法一般有两种，一种是闭路循环法，即将菌液和营养液从设备的一端流入（或从顶部喷淋下来），从另一端流出，将流出液收集在一水槽内，槽内不断曝气，使菌与污泥处于悬浮状态，曝气一段时间后，进入分离池进行沉淀（0.5～1h），去掉上清液，适当添加营养物或菌液，再回流入生物膜反应设备，如此形成一个闭路系统。直到发现载体上长有黏状污泥，即开始连续进入废水。这种挂膜方法需要菌种及污泥数量大，而且由于营养物缺乏，代谢产物积累，因而成膜时间较长，一般需要 20d。另一种挂膜法是连续法，即在菌液和污泥循环 1～2 次后即连续进水，并使进水量逐步增大。这种挂膜法由于营养物供应良好，只要控制挂膜液的流速，保证微生物的吸附。在塔式滤池中挂膜时的水力负荷可采用 4～7$m^3/(m^3 \cdot d)$，约为正常运行的 50%～70%，待挂膜后再逐步提高水力负荷至满负荷。为了能尽量缩短挂膜时间，应保证挂膜营养液及污泥量具有适宜细菌生长的 pH 值、温度、营养比等。

挂膜后应对生物膜进行驯化，使之适应所处理的工业废水的环境。在挂膜过程中，应经常采样进行显微镜检验，观察生物相的变化。挂膜驯化后，系统即可进入试运转，测定生物膜反应设备的最佳工作运行条件，并在最佳条件转入正常运行。

二、日常管理

生物膜法的操作简单，一般只要控制好进水量、浓度、温度及所需投加的营养（N/P）等，处理效果一般比较稳定，微生物生长情况良好。在废水水质变化、形成负荷冲击情况下，出水水质恶化，但很快就能够恢复，这是生物膜法的优点。例如北京某维尼纶厂的塔式生物滤池，进水甲醛浓度超过正常值的 2～3 倍，连续进水 6d，仍有 50%的去除率，而且冲击后 3～4d 内即可恢复正常。又如上海某化纤厂的塔式生物滤池，进水的 NaSCN 浓度从正常的 50mg/L 增到 600mg/L，丙烯腈从 200mg/L 增到 800mg/L，连续进水 2h，生物膜受到冲击，处理效率有所下降，但短期内即能恢复。生物转盘的使用情况也相似，又如上海某化纤厂的生物转盘，当水力负荷超过设计负荷的 1.5～3 倍，连续进水 6h，耗氧量的去除率下降 23.7%，但恢复正常负荷 2h 后，去除率即达正常值。

在生物滤池的运行中还应注意检查布水装置及滤料是否有堵塞现象。布水装置堵塞往往是由于管道锈蚀或者是由于废水中悬浮物质沉积所致。滤料堵塞是由于膜的增长量大于排出量。所以，对废水水质、水量应加以严格控制。膜的厚度一般与水温、水力负荷、有机负荷和通风量等有关，水力负荷应与有机负荷相配合，使老化的生物膜能不断冲刷下来，被水带走。当有机负荷高时，可加大风量，在自然通风情况下，可提高喷淋水量。当发现滤池堵塞时，应采用高压水表面冲洗，或停止进入废水，让其干燥脱落。有时也可以加入少量氯或漂白粉，破坏滤料层部分生物膜。

生物转盘一般不产生堵塞现象，但也可以加大转盘转速来控制膜的厚度。在正常运转过程中，除了应开展有关物理、化学参数的测定外，应对不同层厚、级数的生物膜进行微生物检验，观察分层及分级现象。

生物膜设备检修或停产时，应保持膜的活性。对生物滤池，只需保持自然通风，或打开各层的观察孔，保持池内空气流动；对生物转盘，可以将氧化槽放空，或用人工营养液循环。停产后，膜的水分会大量蒸发，一旦重新开车，可能有大量膜质脱落，因此，开始投入工作时，水量应逐步增加，防止干化生物膜脱落过多。一旦微生物适应后，即可得到恢复。

思考题与习题

1. 试述生物膜法净化有机废水的机理及模式图。

2. 为什么生物膜法比活性污泥法的稳定性能好？生物膜是不是越厚，处理效率越高？为什么？

3. 生物转盘的处理能力比生物滤池高，你认为关键原因在哪里？

4. 影响生物滤池处理效率的因素有哪些？它们是如何影响处理效率的？

5. 高负荷生物滤池、活性污泥法和气浮法都采用回流，三者回流各有什么作用？有何异同？

6. 试对普通生物滤池、高负荷生物滤池及塔式生物滤池进行比较，它们各有哪些优缺点？

7. 试述生物接触氧化法工艺有哪些主要特征。

8. 已知普通生物滤池滤料体积为 $600m^3$，滤池高 2m，处理水量为 $Q=120m^3/h$，入流水 BOD_5 为 200mg/L，去除效率为 85%，求：①水力负荷（q_F）；②体积负荷（q_v）；③有机负荷。

9. 某工业废水水量为 $600m^3/d$，BOD_5 为 430mg/L，经初沉池后进入高负荷生物滤池处理，要求出水 $BOD_5 \leqslant 30mg/L$，试计算高负荷生物滤池尺寸和回流比。

10. 某工业废水水量为 $1000m^3/d$，BOD_5 为 350mg/L，经初沉池后进入塔式生物滤池处理，要求出水 $BOD_5 \leqslant 30mg/L$，试计算塔式生物滤池尺寸。

第十五章　厌氧生化法

废水厌氧生物处理是环境工程与能源工程中的一项重要技术，是有机废水重要的处理方法之一。过去，它多用于城市污水处理厂的污泥、有机废料以及部分高浓度有机废水的处理，在构筑物形式上主要采用普通消化池。由于存在水力停留时间长、有机负荷低等缺点，较长时期限制了它在废水处理中的应用。20 世纪 70 年代以来，世界能源短缺日益突出，能产生能源或少用能源（不需提供氧）的废水厌氧技术受到重视，随着研究与实践不断深入，人们开发了各种新型工艺和设备，大幅度地提高了厌氧反应器内活性污泥的持留量，使处理时间大大缩短，效率提高。目前，厌氧生化法不仅可用于处理有机污泥和高浓度有机废水，也用于处理中、低浓度有机废水，包括城市污水等。

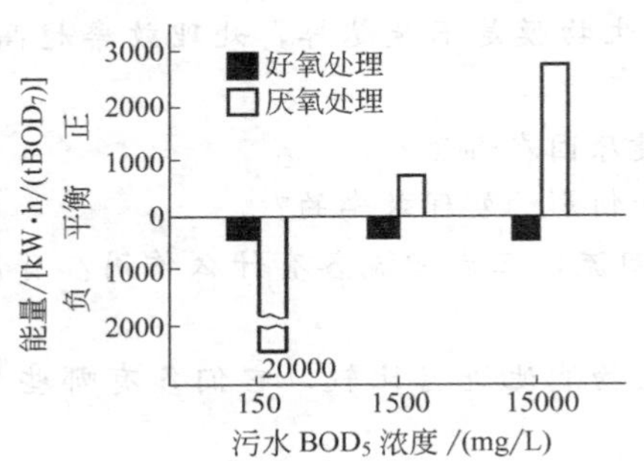

图 15-1　好氧与厌氧处理的能量平衡与原污水 BOD_5 浓度关系

厌氧生化法与好氧生化法相比具有下列优点。

(1) 应用范围广　好氧法因供氧限制一般只适用于中、低浓度有机废水的处理，而厌氧法既适用于高浓度有机废水，又适用于中、低浓度有机废水。有些有机物对好氧生物处理法来说是难降解的，但对厌氧生物处理是可降解的，如固体有机物、着色剂蒽醌和某些偶氮染料等。

(2) 能耗低　好氧法需要消耗大量能量供氧，曝气费用随着有机物浓度的增加而增大，而厌氧法不需要充氧，而且产生的沼气可作为能源。废水有机物达一定浓度后，沼气能量可以抵偿消耗能量。图 15-1 表明，当原水 BOD_5 达到 1500mg/L 时，采用厌氧处理即有能量剩余；有机物浓度越高，剩余能量越多。一般厌氧法的动力消耗约为活性污泥法的 1/10。

(3) 负荷高　通常好氧法的有机容积负荷为 2～4kgBOD/(m^3·d)，而厌氧法为 2～10kgCOD/(m^3·d)，高的可达 50kgCOD/(m^3·d)。

(4) 剩余污泥量少且其浓缩性、脱水性良好　好氧法每去除 1kgCOD 就产生 0.4～0.6kg 生物量，而厌氧法去除 1kgCOD 只产生 0.02～0.1kg 生物量，其剩余污泥量只有好氧法的 5%～20%。同时，消化污泥在卫生学上和化学上都是稳定的，且矿化度高，易脱水。因此，剩余污泥处理和处置简单、运行费用低、甚至可作为肥料、饲料或饵料利用。

(5) 氮、磷营养需要量较少　好氧法一般要求 BOD：N：P 为 100：5：1，而厌氧法的 BOD：N：P 为 (200～400)：5：1，对氮、磷缺乏的工业废水所需投加的营养盐量较少。

(6) 厌氧处理过程有一定的杀菌作用，可以杀死废水和污泥中的寄生虫卵、病毒等。

(7) 厌氧活性污泥可以长期贮存，厌氧反应器可以季节性或间歇性运转。与好氧反应器相比，在停止运行一段时间后．能较迅速启动。

(8) 密闭系统，臭味对环境影响小。

但是，厌氧生物处理法也存在下列缺点。

(1) 厌氧微生物增殖缓慢，因而厌氧设备启动和处理时间比好氧设备长。

(2) 出水往往达不到排放标准，需要进一步处理，故一般在厌氧处理后串联好氧处理。

(3) 厌氧处理系统操作控制因素较为复杂。

(4) 沼气易燃，易爆，安全要求高。

第一节　基本原理

废水厌氧生物处理是指在无分子氧条件下通过厌氧微生物（包括兼氧微生物）的作用，将废水中的各种复杂有机物分解转化成甲烷和二氧化碳等物质的过程，也称为厌氧消化。与好氧过程的根本区别在于不以分子氧作为受氢体，而以化合态氧、碳、硫、氮等为受氢体。

有机物（$C_nH_aO_bN_c$）厌氧消化过程的化学反应通式可表达为：

$$C_nH_aO_bN_c+\left(2n+c-b-\frac{9sd}{20}-\frac{ed}{4}\right)H_2O\longrightarrow\frac{ed}{8}CH_4+\left(n-c-\frac{sd}{5}-\frac{ed}{8}\right)CO_2+\frac{sd}{20}C_5H_7O_2N+\left(c-\frac{sd}{20}\right)NH_4^++\left(c-\frac{sd}{20}\right)HCO_3^- \tag{15-1}$$

式(15-1) 中，括号内的符号和数值为反应的平衡系数，其中：$d=4n+a-2b-3c$。s 值代表转化成细胞的部分有机物，e 值代表转化成沼气的部分有机物。

设

$$s+e=1 \tag{15-2}$$

s 值随有机物成分、厌氧反应器中污泥泥龄 θ_c(d) 和微生物细胞的自身氧化系数 k_d (1/d) 变化而变化：

$$s=a_e\frac{(1+0.2k_d\theta_c)}{(1+k_d\theta_c)} \tag{15-3}$$

式(15-3) 中，0.2 代表细胞不可降解的系数，a_e为转化成微生物细胞的有机物的最大系数值。

几种废物组分厌氧消化的 a_e值（以 COD 计的比值）如表 15-1 所列。

表 15-1　几种废物组分厌氧消化的 a_e 值

废物组分	碳水化合物	蛋白质	脂肪酸	生活污水污泥
化学分子式	$C_6H_5O_5$	$C_{16}H_{24}O_5N_4$	$C_{16}H_{32}O_2$	$C_{10}H_{19}O_3N$
a_e	0.28	0.08	0.06	0.11

厌氧生物处理是一个复杂的微生物化学过程，依靠三大主要类群的细菌，即水解产酸细菌、产氢产乙酸细菌和产甲烷细菌的联合作用完成。因而粗略地将厌氧消化过程划分为 3 个连续的阶段，即水解酸化阶段、产氢产乙酸阶段和产甲烷阶段，如图 15-2 所示。

(1) 第一阶段为水解酸化阶段　复杂的大分子、不溶性有机物先在细胞外酶的作用下水解为小分子、溶解性有机物，然后渗入细胞体内，分解产生挥发性有机酸、醇类、醛类等。这个阶段主要产生较高级脂肪酸。

碳水化合物、脂肪和蛋白质的水解酸化过程分别为：

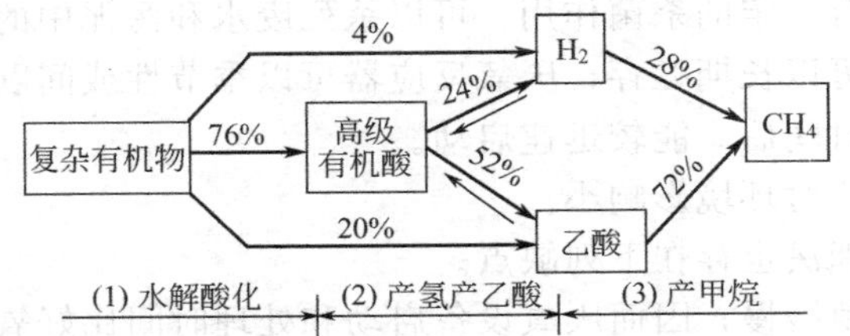

图 15-2 厌氧消化的三个阶段和 COD 转化率

$$\left.\begin{matrix}\text{多糖（如纤维素）}\\ \text{低聚糖}\end{matrix}\right.\xrightarrow[\text{细胞外酶}]{\text{水解}}\text{单糖}\xrightarrow[\text{产酸细菌}]{\text{酸化}}\begin{matrix}\text{脂肪酸醇类}\\ CO_2\text{、}H_2\end{matrix}$$

$$\text{脂肪}\xrightarrow[\text{细胞外酶}]{\text{水解}}\text{长链脂肪酸甘油}\xrightarrow[\text{产酸细菌}]{\text{酸化}}\begin{matrix}\text{短链脂肪酸丙酮酸}\\ CH_4\text{、}CO_2\end{matrix}$$

$$\text{蛋白质}\xrightarrow[\text{细胞外酶}]{\text{水解}}\text{氨基酸}\xrightarrow[\text{产酸细菌}]{\text{酸化}}\begin{matrix}\text{脂肪酸胺}\\ NH_3\text{、}CH_4\text{、}CO_2\text{、}H_2S\end{matrix}$$

蛋白质→朊→胨→多肽→二肽→氨基酸

由于简单碳水化合物的分解产酸作用要比含氮有机物的分解产氨作用迅速，故蛋白质的分解在碳水化合物分解后产生。

含氮有机物分解产生的 NH_3 除了提供合成细胞物质的氮源外，在水中部分电离，形成 NH_4HCO_3，具有缓冲消化液 pH 值的作用，故有时也把继碳水化合物分解后的蛋白质分解产氨过程称为酸性减退期，反应为：

$$NH_3 \xrightleftharpoons{+H_2O} NH_4^+ + OH^- \xrightarrow{+CO_2} NH_4HCO_3$$

$$NH_4HCO_3 + CH_3COOH \longrightarrow CH_3COONH_4 + H_2O + CO_2$$

(2) 第二阶段为产氢产乙酸阶段　在产氢产乙酸细菌的作用下，第一阶段产生的各种有机酸被分解转化成乙酸和 H_2，在降解奇数碳元素有机酸时还形成 CO_2，如：

$$\underset{\text{(戊酸)}}{CH_3CH_2CH_2CH_2COOH} + 2H_2O \longrightarrow \underset{\text{(丙酸)}}{CH_3CH_2COOH} + \underset{\text{(乙酸)}}{CH_3COOH} + 2H_2$$

$$\underset{\text{(丙酸)}}{CH_3CH_2COOH} + 2H_2O \longrightarrow \underset{\text{(乙酸)}}{CH_3COOH} + 3H_2 + CO_2$$

(3) 第三阶段为产甲烷阶段　产甲烷细菌将乙酸、乙酸盐、CO_2 和 H_2 等转化为甲烷。此过程由两组生理上不同的产甲烷菌完成，一组把氢和二氧化碳转化成甲烷，另一组从乙酸或乙酸盐脱羧产生甲烷，前者约占总量的 1/3，后者约占 2/3，反应式为：

$$4H_2 + CO_2 \xrightarrow{\text{产甲烷菌}} CH_4 + 2H_2O \qquad \text{（占 1/3）}$$

$$\left.\begin{matrix} CH_3COOH \xrightarrow{\text{产甲烷菌}} 2CH_4 + 2CO_2 \\ CH_3COONH_4 + H_2O \xrightarrow{\text{产甲烷菌}} CH_4 + NH_4HCO_3 \end{matrix}\right\} \text{（占 2/3）}$$

上述 3 个阶段的反应速度依废水性质而异，在含纤维素、半纤维素、果胶和脂类等污染物为主的废水中，水解易成为速度限制步骤；简单的糖类、淀粉、氨基酸和一般的蛋白质均能被微生物迅速分解，对含这类有机物为主的废水，产甲烷易成为限速阶段。

虽然厌氧消化过程可分为以上三个阶段，但是在厌氧反应器中三个阶段是同时进行的，并保持某种程度的动态平衡，这种动态平衡一旦被 pH 值、温度、有机负荷等外加因素所破坏，则产甲烷阶段首先受到抑制，其结果会导致低级脂肪酸的积存和厌氧进程的异常变化，甚至会导致整个厌氧消化过程停滞。

第二节 影响因素

厌氧法对环境条件的要求比好氧法更严格。一般认为，控制厌氧处理效率的基本因素有两类：一类是基础因素，包括微生物量（污泥浓度）、营养比、混合接触状况、有机负荷等；另一类是环境因素，如温度、pH 值、氧化还原电位、有毒物质等。

由厌氧法的基本原理可知，厌氧过程要通过多种生理上不同的微生物类群联合作用来完成。如果把产甲烷阶段以前的所有微生物统称为不产甲烷菌，则它包括厌氧细菌和兼性细菌，尤以兼性细菌居多。与产甲烷菌相比，不产甲烷菌对 pH 值、温度、厌氧条件等外界环境因素的变化具有较强的适应性，且其增殖速度快。而产甲烷菌是一群非常特殊的、严格厌氧的细菌，它们对生长环境条件的要求比不产甲烷菌更严格，而且其繁殖的世代期更长。因此，产甲烷细菌是决定厌氧消化效率和成败的主要微生物，产甲烷阶段又常是厌氧过程速率的限制步骤。正因为如此，在讨论厌氧过程的影响因素时，多以产甲烷菌的生理、生态特征来说明。

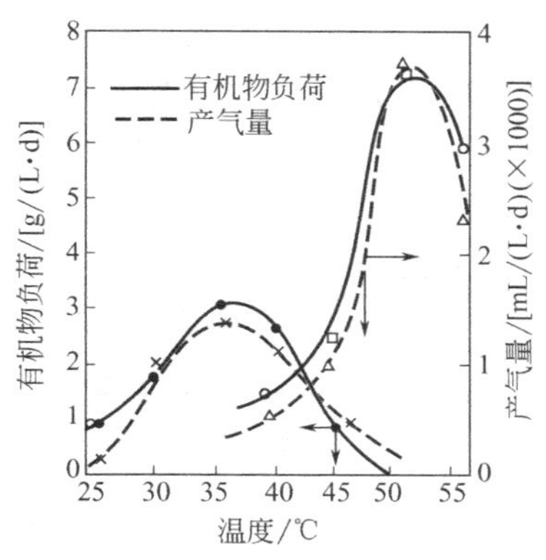

图 15-3 温度对消化的影响

一、温度

温度是影响微生物生存及生物化学反应最重要的因素之一。各类微生物适宜的温度范围是不同的，一般认为，产甲烷菌的温度范围为 5～60℃，在 35℃和 53℃上下可以分别获得较高的消化效率，温度为 40～45℃时，厌氧消化效率较低，如图 15-3 所示。由此可见，各种产甲烷菌的适宜温度区域不一致，而且最适温度范围较小。根据产甲烷菌适宜温度条件的不同，厌氧法可分为常温消化、中温消化和高温消化 3 种类型。

① 常温厌氧消化，指在自然气温或水温下进行废水厌氧处理的工艺，适宜温度为 10～30℃。

② 中温消化，适宜温度为 35～38℃，若低于 32℃或者高于 40℃，厌氧消化的效率即趋向明显地降低。

③ 高温厌氧消化，适宜温度为 50～55℃。

上述适宜温度有时因其他工艺条件的不同而有某种程度上的差异，如反应器内较高的污泥浓度，即较高的微生物酶浓度，则使温度的影响不易显露出来。在一定温度范围内，温度提高，有机物去除率提高，产气量提高。一般认为，高温消化比中温消化沼气产量约高 1 倍。温度的高低不仅影响沼气的产量，而且影响沼气中甲烷的含量和厌氧消化污泥的性质，对不同性质的底物影响程度不同。

温度对反应速度的影响同样是明显的。一般来说，在其他工艺条件相同的情况下，温度每上升 10℃，反应速度就增加 2～4 倍。因此，高温消化期比中温消化期短。温度对反应速度的影响可用 Arrhenius 关系式描述。O'rourke 研究了温度 T 对含高浓度脂类物质混合废水甲烷发酵的影响，提出以下经验公式：

$$(k)_T = 6.67 \times 10^{-0.015(35-T)} \tag{15-4}$$

式中，$(k)_T$ 为温度 T(℃) 时的反应速率常数，d^{-1}，该式适用于 20～35℃的温度范围。

温度的急剧变化和上下波动不利于厌氧消化作用。短时内温度升降5℃，沼气产量明显下降，波动的幅度过大时，甚至停止产气。温度的波动，不仅影响沼气产量，还影响沼气中的甲烷含量，尤其高温消化对温度变化更为敏感。因此在设计消化反应器时常采取一定的控温措施，尽可能使消化反应器在恒温下运行，温度变化幅度不超过2～3℃/h。然而，温度的暂时性突然降低不会使厌氧消化系统遭受根本性的破坏，温度一经恢复到原来水平，处理效率和产气量也随之恢复，只是当温度降低持续的时间较长时，所需恢复时间也相应延长。

二、pH 值

每种微生物可在一定的pH值范围内活动，产酸细菌对酸碱度不及甲烷细菌敏感，其适宜的pH值范围较广，在4.5～10.0之间。产甲烷菌要求环境介质pH在中性附近，适宜的pH值范围为6.6～7.4（最适在7.0～7.2）。pH值对产甲烷菌活性的影响见图15-4。在厌氧法处理废水的应用中，由于产酸和产甲烷大多在同一构筑物内进行，故为了维持平衡，避免过多的酸积累，常保持反应器内的pH值在6.5～7.5（最好在6.8～7.2）的范围内。

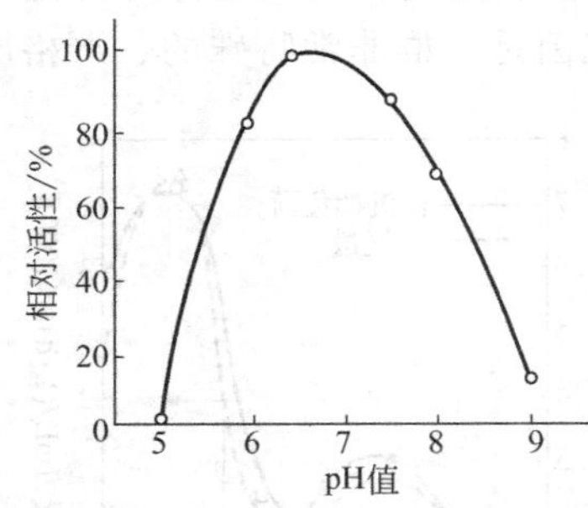

图 15-4　pH 值对产甲烷菌活性的影响

pH值条件失常首先使产氢产乙酸作用和产甲烷作用受抑制，使产酸过程所形成的有机酸不能被正常地代谢降解，从而使整个消化过程的各阶段间的协调平衡丧失。若pH值降到5以下，对产甲烷菌毒性较大，同时产酸作用本身也受抑制，整个厌氧消化过程即停滞。即使pH值恢复到7.0左右，厌氧装置的处理能力仍不易恢复，而在稍高pH值时，只要恢复中性，产甲烷菌能较快地恢复活性。所以厌氧装置适宜在中性或稍偏碱性的状态下运行。

在厌氧消化过程中，pH值的升降变化除了外界因素的影响之外，还取决于有机物代谢过程中某些产物的增减。产酸作用产物有机酸的增加，会使pH值下降；而含氮有机物分解产物氨的增加，会引起pH值升高。

在pH值为6～8范围内，控制消化液pH值的主要化学系统是二氧化碳-重碳酸盐缓冲系统。它们通过下列平衡式而影响消化液的pH值：

$$CO_2 + H_2O \rightleftharpoons H_2CO_3 \rightleftharpoons H^+ + HCO_3^-$$

$$pH = pK_1 + \lg \frac{[HCO_3^-]}{[H_2CO_3]} = pK_1 + \lg \frac{[HCO_3^-]}{K_2[CO_2]} \tag{15-5}$$

式中，K_1为碳酸的一级电离常数；K_2为H_2CO_3与CO_2的平衡常数。

在厌氧反应器中，pH值、碳酸氢盐碱度及CO_2之间的关系见图15-5。

从以上可以看出，在厌氧处理中，pH值除受进水的pH值影响外，主要取决于代谢过程中自然建立的缓冲平衡，取决于挥发酸、碱度、CO_2、氨氮、氢之间的平衡。

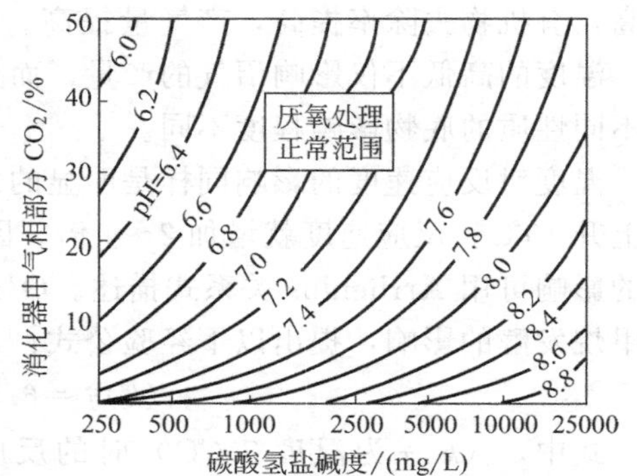

图 15-5　pH 值与碳酸氢盐碱度及 CO_2 之间的关系

由于消化液中存在氢氧化铵、碳酸氢盐等缓冲物质，pH值难以判断消化液中的挥发酸积累程度，一旦挥发酸的积累量足以引起消化液pH值的下降，系统中碱度的缓冲能力已经丧失，系统工作已经相当紊乱。所以在生产运转中把挥发酸浓度及碱度作为管理指标更符合实际情况。

三、氧化还原电位

无氧环境是严格厌氧产甲烷菌繁殖的最基本条件之一。产甲烷菌对氧和氧化剂非常敏感，这是因为它不像好氧菌那样具有过氧化氢酶。对厌氧反应器介质中的氧浓度可根据浓度与电位的关系判断，即由氧化还原电位表达。氧化还原电位与氧浓度的关系可用 Nernst 方程确定。研究表明，产甲烷菌初始繁殖的环境条件是氧化还原电位不能高于－330mV，按 Nernst 方程计算，相当于 2.36×10^{56} L 水中有 1mol 氧，可见产甲烷菌对介质中分子态氧极为敏感。

在厌氧消化全过程中，不产甲烷阶段可在兼氧条件下完成，氧化还原电位为＋0.1～－0.1V；而在产甲烷阶段，氧化还原电位需控制为－0.3～－0.35V（中温消化）与－0.56～－0.6V（高温消化），常温消化与中温相近。产甲烷阶段氧化还原电位的临界值为－0.2V。

氧是影响厌氧反应器中氧化还原电位条件的重要因素，但不是唯一因素。挥发性有机酸的增减、pH 值的升降以及铵离子浓度的高低等因素均影响系统的还原强度。如 pH 值低，氧化还原电位高；pH 值高，氧化还原电位低。

四、有机负荷

在厌氧法中，有机负荷通常指容积有机负荷，简称容积负荷，即消化反应器单位有效容积每天接受的有机物量［$kgCOD/(m^3\cdot d)$］。对悬浮生长工艺，也有用污泥负荷表达的，即 kgCOD/(kg 污泥 · d)；在污泥消化中，有机负荷习惯上以投配率或进料率表达，即每天所投加的湿污泥体积占消化反应器有效容积的百分数。由于各种湿污泥的含水率、挥发组分不尽一致，投配率不能反映实际的有机负荷，为此，又引入反应器单位有效容积每天接受的挥发性固体重量这一参数，即 $kgMLVSS/(m^3\cdot d)$。

有机负荷是影响厌氧消化效率的一个重要因素，直接影响产气量和处理效率。在一定范围内，随着有机负荷的提高，产气率即单位质量物料的产气量趋向下降，而消化反应器的容积产气量则增多，反之亦然。对于具体应用场合，进料的有机物浓度是一定的，有机负荷或投配率的提高意味着停留时间缩短，则有机物分解率将下降，势必使单位质量物料的产气量减少。但因反应器相对的处理量增多了，单位容积的产气量将提高。

如前所述，厌氧处理系统正常运转取决于产酸与产甲烷反应速率的相对平衡。一般产酸速率大于产甲烷速率，若有机负荷过高，则产酸率将大于用酸（产甲烷）率，挥发酸将累积而使 pH 值下降、破坏产甲烷阶段的正常进行，严重时产甲烷作用停顿，系统失败，并难以调整复苏。此外，有机负荷过高，则过高的水力负荷还会使消化系统中污泥的流失速率大于增长速率而降低消化效率。这种影响在常规厌氧消化工艺中更加突出。相反若有机负荷过低，物料产气率或有机物去除率虽可提高，但容积产气率降低，反应器容积将增大，使消化设备的利用效率降低，投资和运行费用提高。

有机负荷值因工艺类型、运行条件以及废水废物的种类及其浓度而异。在通常的情况下，常规厌氧消化工艺中温处理高浓度工业废水的有机负荷为 $2\sim3kgCOD/(m^3\cdot d)$，在高温下为 $4\sim6kgCOD/(m^3\cdot d)$。上流式厌氧污泥床反应器、厌氧滤池、厌氧流化床等新型厌氧工艺的有机负荷在中温下为 $5\sim15kgCOD/(m^3\cdot d)$，也可高达 $30kgCOD/(m^3\cdot d)$。在处理具体废水时，最好通过试验来确定其最适宜的有机负荷。

五、厌氧活性污泥性能

厌氧活性污泥主要由厌氧微生物及其代谢和吸附的有机物、无机物组成。厌氧活性污泥的浓度和性状与消化的效能有密切的关系。性状良好的污泥是厌氧消化效率的基础保证。厌氧活性污泥的性质主要表现为它的作用效能与沉淀性能，前者主要取决于活微生物的比例及其对底物的适应性和活微生物中生长速率低的产甲烷菌的数量是否达到与不产甲烷菌数量相适应的水平。活性污泥的沉淀性能是指污泥混合液在静止状态下的沉降速度，它与污泥的凝聚性有关。与好氧处理一样，厌氧活性污泥的沉淀性能也以 SVI 衡量。G. Lettinga 认为在上流式厌氧污泥床反应器中，当活性污泥的 SVI 为 15～20mL/g 时，污泥具有良好的沉淀性能。

厌氧处理时，废水中的有机物主要靠活性污泥中的微生物分解去除，故在一定的范围内，活性污泥浓度越高，厌氧消化的效率也越高。但至一定程度后，效率的提高不再明显。这主要因为：a. 厌氧污泥的生长率低、增长速度慢，积累时间过长后，污泥中无机成分比例增高，活性降低；b. 污泥浓度过高时易于引起堵塞而影响正常运行。图 15-6 和图 15-7 分别说明污泥浓度与最高处理量和产气量之间的关系。

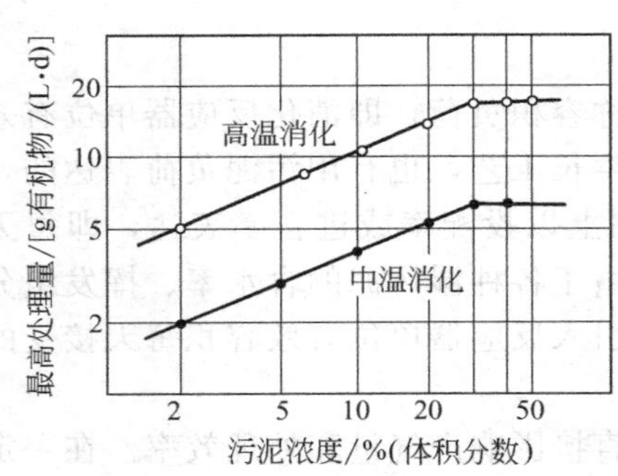

图 15-6　消化池内污泥浓度与最高处理量之间的关系

（乙醇蒸馏废水）

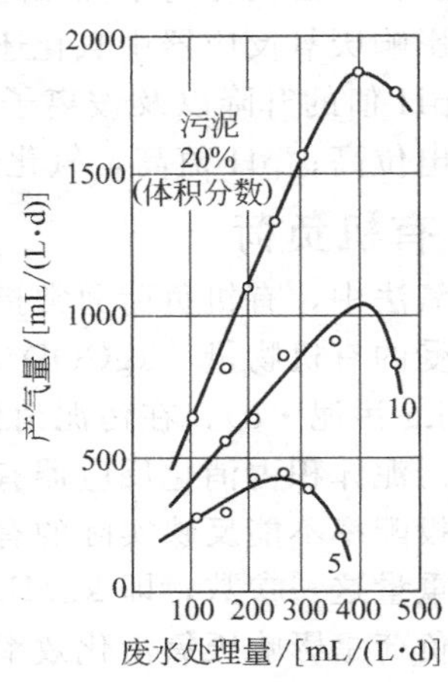

图 15-7　消化池内污泥浓度与产气量的关系

（洗毛废水，中温消化）

六、搅拌和混合

混合搅拌也是提高消化效率的工艺条件之一。没有搅拌的厌氧消化池，池内料液常有分层现象。通过搅拌可消除池内浓度梯度，增加食料与微生物之间的接触，避免产生分层，促进沼气分离。在连续投料的消化池中，还使进料迅速与池中原有料液相混匀，如图 15-8 所示。

采用搅拌措施能显著地提高消化的效率，如图 15-9 所示，故在传统厌氧消化工艺中，也将有搅拌的消化反应器称为高效消化反应器。但是对消化反应器的混合搅拌程度与强度，尚有不同的观点，如对于混合搅拌与产气量的关系，有资料说明，适当搅拌优于频频搅拌，也有资料说明，频频搅拌为好。一般认为，产甲烷菌的生长需要相对较宁静的环境，巴斯韦尔曾指出：消化池的每次搅拌时间不应超过 1h。Крелис 认为消化器内的物质移动速度不宜超过 0.5m/s，因为这是微生物生命活动的临界速度。搅拌的作用还与污水废物的性状有关。当含不溶性物质较多时，因易于生成浮渣，搅拌的功效更加显著；对可溶性废物或易消化悬浮固体的污水，搅拌的功效也相对地小一些。

搅拌的方法有：a. 机械搅拌器搅拌法；b. 消化液循环搅拌法；c. 沼气循环搅拌法等。

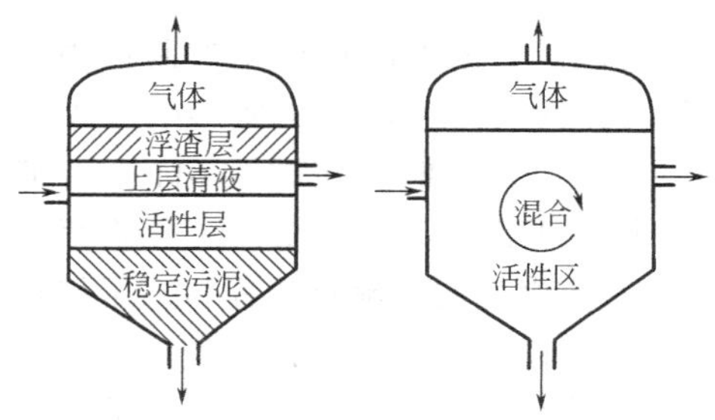

图 15-8 消化池的静止与混合状态

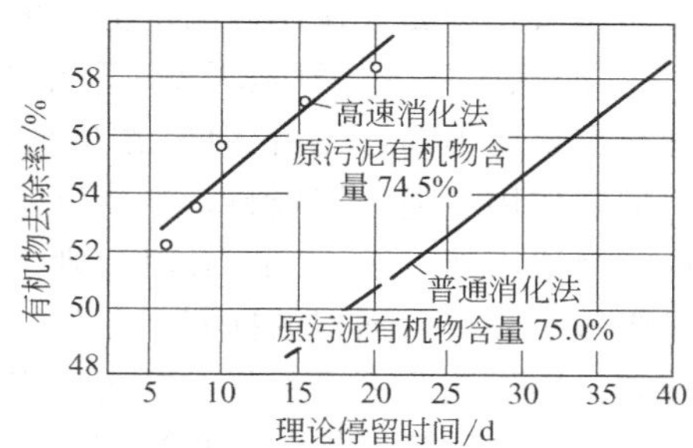

图 15-9 普通消化法与高速消化法与有机物去除率的关系

其中沼气循环搅拌还有利于使沼气中的 CO_2 作为产甲烷的底物被细菌利用，提高甲烷的产量。厌氧滤池和上流式厌氧污泥床等厌氧消化设备，虽没有专设搅拌装置，但上流向料液以连续方式投入，通过液流及其扩散作用，也起到一定程度的搅拌作用。

七、废水的营养比

厌氧微生物的生长繁殖需按一定的比例摄取碳、氮、磷以及其他微量元素。工程上主要控制进料的碳、氮、磷比例，因为其他营养元素不足的情况较少见。不同的微生物在不同环境条件下所需的碳、氮、磷比例不完全一致。一般认为，厌氧法中 COD：N：P 控制为 (200～400)：5：1 为宜，此比值大于好氧法中的 100：5：1，这与厌氧微生物对碳素养分的利用率较好氧微生物低有关。在碳、氮、磷比例中，碳、氮比例对厌氧消化的影响更为重要。研究表明，合适的 C：N 为 (10～18)：1，如图 15-10 和图 15-11 所示。

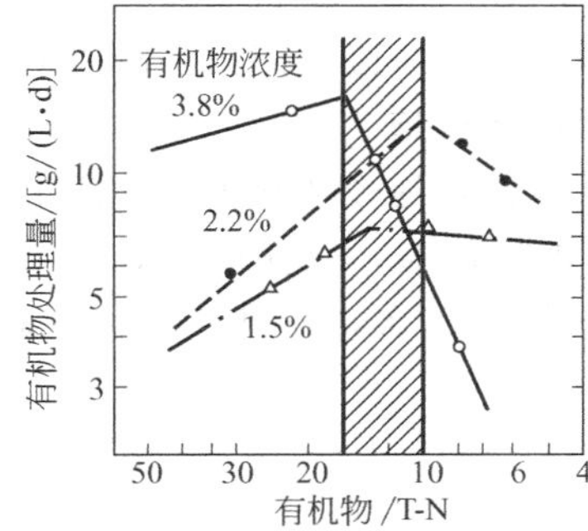

图 15-10 氮浓度与处理量的关系

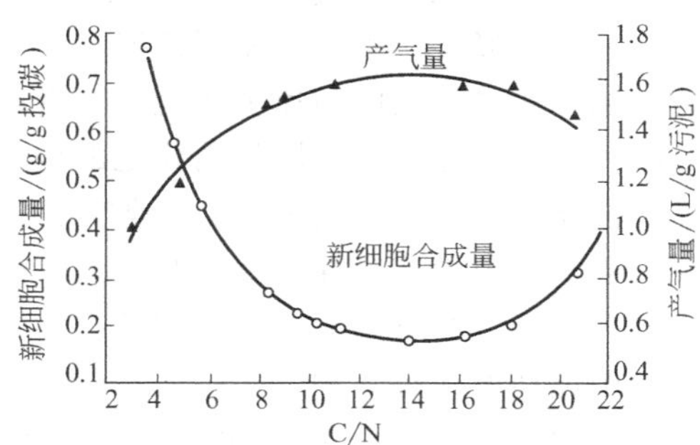

图 15-11 C/N 与新细胞合成量及产气量的关系

在厌氧处理时提供氮源，除满足合成菌体所需之外，还有利于提高反应器的缓冲能力。若氮源不足，即碳、氮比太高，则不仅厌氧菌增殖缓慢，而且消化液的缓冲能力降低，pH 值容易下降。相反，若氮源过剩，即碳、氮比太低，氮不能被充分利用，将导致系统中氨的过分积累，pH 值上升至 8.0 以上，而抑制产甲烷菌的生长繁殖，使消化效率降低。

八、有毒物质

厌氧系统中的有毒物质会不同程度地对生化过程产生抑制作用，这些物质可能是进水中所含成分，或是厌氧菌代谢的副产物，通常包括有毒有机物、重金属离子和一些阴离子等。对有机物来说，带醛基、双键、氯取代基、苯环等结构，往往具有抑制性。五氯苯酚和半纤维素衍生物，主要抑制产乙酸和产甲烷细菌的活动。重金属被认为是使反应器失效的最普通及最主要的因素，它通过与微生物酶中的巯基、氨基、羧基等相结合，而使酶失活，或者通过金属氢氧化物凝聚作用使酶沉淀。据资料，金属离子对产甲烷菌的影响按 Cr＞Cu＞Zn＞Cd＞Ni 的顺序减少。氨是厌氧过程中的营养物和缓冲剂，但高浓度时也产生抑制作用，其机理与重金属不同，是由 NH_4^+ 浓度增高和 pH 值上升两方面所产生的，主要影响产甲烷阶段，抑制作用可逆。据资料，当 NH_3-N 浓度在 1500～3000mg/L 时，在碱性 pH 下有抑制作用，当浓度超过 3000mg/L 时，则不论 pH 值如何，铵离子都有毒。过量的硫化物存在也会对厌氧过程产生强烈的抑制。首先，由硫酸盐等还原为硫化物的反硫化过程与产甲烷过程争夺有机物氧化脱下来的氢。其次，当介质中可溶性硫化物积累后，会对细菌细胞的功能产生直接抑制，使产甲烷菌的种群减少。但当与重金属离子共存时，因形成硫化物沉淀而使毒性减轻。据资料介绍，当硫含量在 100mg/L 时，对产甲烷过程有抑制，超过 200mg/L 抑制作用十分明显。硫的其他形式化合物，如 SO_2、SO_4^{2-} 等对厌氧过程也有抑制。

有毒物质的最高容许浓度与处理系统的运行方式、污泥驯化程度、废水特性、操作控制条件等因素有关。

第三节　厌氧处理工艺及设备

厌氧处理工艺有多种类型，按微生物生长状态分为厌氧活性污泥法和厌氧生物膜法；厌氧活性污泥工艺和设备包括普通厌氧消化池、厌氧接触工艺、上流式厌氧污泥床反应器、厌氧颗粒膨胀床反应器、厌氧内循环反应器、厌氧膜生物反应器等；厌氧生物膜工艺和设备包括厌氧生物滤池、厌氧膨胀床反应器、厌氧流化床、厌氧生物转盘等。

一、普通厌氧消化池

普通厌氧消化池即传统的完全混合反应器（Complete Stirred Tank Reactor，CSTR），属于第一代厌氧反应器。从发展情况看，厌氧消化池经历了两个发展阶段，即第一阶段的传统消化池和第二阶段的高速消化池，二者的区别在于池内有无搅拌设施。

（1）基本构造　普通厌氧消化池的构造常采用密闭的圆柱形池，池径从几米至三四十米不等，柱高与直径之比约为 1/2，池底呈圆锥形，以利排泥。池顶加盖，以保证良好的厌氧条件；通常池中设有搅拌和加热装置，一般情况下每隔 2～4h 搅拌 1 次，在排放消化液时，停止搅拌，经沉淀分离后排出上清液。

常用搅拌方式有 3 种。

① 池内机械搅拌：机械搅拌的方法有泵搅拌、螺旋桨式搅拌和水射器搅拌。

② 沼气搅拌：即利用消化池自身产生的一部分沼气，由压缩机从池顶抽出经加压后，再从池底充入，达到搅拌和混合的目的。沼气搅拌的方法主要有气提式搅拌、竖管式搅拌和气体扩散式搅拌。

③ 循环消化液搅拌：即池内设有射流器，由池外水泵压送的循环消化液经射流器喷射，在喉管处造成真空，吸进一部分池中的消化液，从而形成较强烈的搅拌效果。

螺旋桨搅拌的消化池和循环消化液搅拌式消化池分别见图 15-12 和图 15-13。

常用加热方式有 3 种。

① 废水在消化池外先经热交换器预热到定温再进入消化池。

② 用热蒸汽直接在消化反应器内加热。

③ 在消化池内部安装热交换管。

其中①和③两种方式可利用热水、蒸汽或热烟气等废热源加热。

（2）工作原理　待处理的生污泥或废水从池上部或顶部投入池内，借助于消化池内的厌

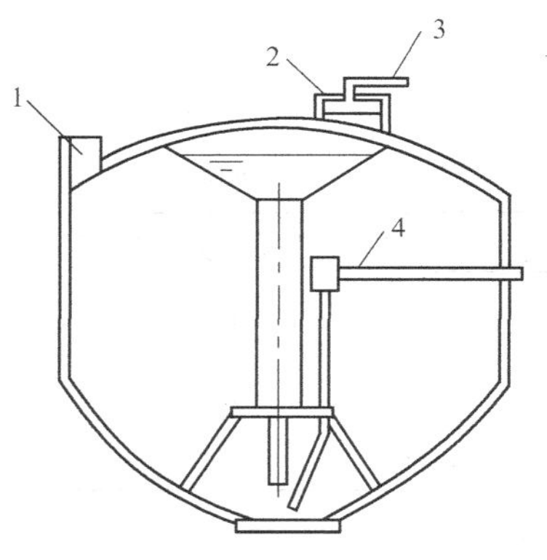

图 15-12　螺旋桨搅拌的消化池

1—检修口；2—集气罩；3—出气管；4—污泥管

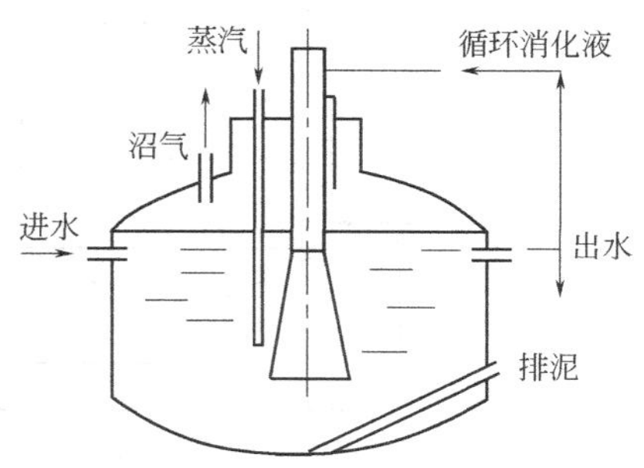

图 15-13　循环消化液搅拌式消化池

氧活性污泥，使生污泥或废水中的有机污染物转化为生物气（沼气），处理后的熟污泥从池底排出，废水经沉淀分离后排出。

（3）设备特点与应用　普通厌氧消化池可直接处理悬浮固体含量较高或颗粒较大的料液，厌氧消化反应与固液分离在同一个池内实现，结构较简单。但其缺点是：缺乏持留或补充厌氧活性污泥的特殊装置，消化反应器中难以保持大量的微生物浓度；对无搅拌的消化反应器，还存在料液的分层现象严重、微生物不能与料液充分接触、温度也不均匀、消化效率低等不足。

经过数十年的开发和完善，普通厌氧消化池已发展为应用最为广泛的一种厌氧生物处理构筑物，它主要用于处理城市污水污泥，此外也可用于处理人畜粪便、发酵残渣，以及某些VSS含量高的有机废水。

（4）设计参数　普通消化池的容积负荷：中温一般为2～3kgCOD/(m^3·d)，高温一般为5～6kgCOD/(m^3·d)，停留时间为10～30d。

二、厌氧接触工艺

厌氧接触工艺是在普通厌氧消化池基础上发展而成的，普通厌氧消化池用于处理高浓度有机废水时，由于污泥停留时间SRT等于水力停留时间HRT，SRT较短，因此不能在反应器中积累足够浓度的污泥，存在着容积负荷率低或水力停留时间长等问题。为了克服普通消化池不能持留或补充厌氧活性污泥的缺点，1955年Schroepter提出了采用污泥回流的方式，即在消化池后设置沉淀池，将沉淀池内的污泥回流至消化池，发展了厌氧接触工艺（Anaerobic Contact Process），属于第一代厌氧反应器。

（1）工艺流程　厌氧接触工艺主要由普通厌氧消化池（接触池）、脱气器、沉淀分离和回流装置组成，见图15-14。

（2）工作原理　废水进入厌氧消化池后，利用池内大量厌氧微生物降解废水中的有机物，池中设有搅拌装置，泥水混合液进入沉淀分离装置进行分离，污泥按照一定比例回流至厌氧消化池，使池内存有大量的厌氧活性污泥，反应器中厌氧污泥的停留时间大于水力停留时间，提高了负荷与处理效率。

为了提高沉淀池中混合液的固液分离效果，目前采用以下几种方法脱气。

① 真空脱气，由消化池排出的混合液经真空脱气器（真空度为5kPa），将污泥絮体上的气泡除去，改善污泥的沉淀性。

② 热交换器急冷法，将从消化池排出的混合液进行急速冷却，如中温消化液从35℃冷

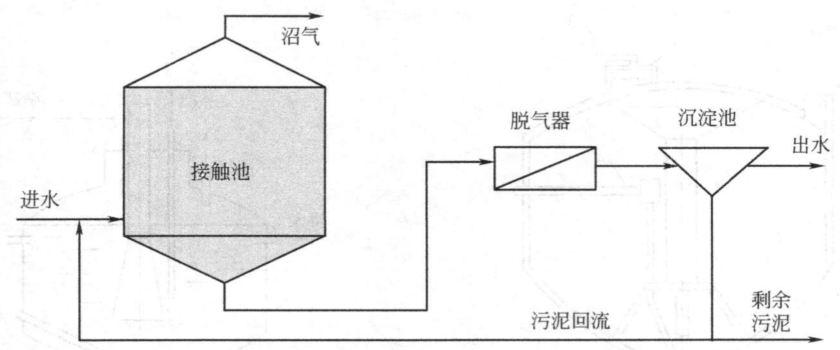

图 15-14 厌氧接触法的工艺流程

却到 15～25℃，可以控制污泥继续产气，使厌氧污泥有效地沉淀。

③ 絮凝沉淀，向混合液中投加絮凝剂，使厌氧污泥凝聚成大颗粒，加速沉降。

④ 用超滤器代替沉淀池，以改善固液分离效果。

(3) 工艺特点与应用 厌氧接触工艺的水力停留时间比普通消化池大大缩短，如常温下，普通消化池为 10～30d，而接触工艺小于 10d；可以直接处理悬浮固体含量较高或颗粒较大的料液，不存在堵塞问题；混合液经沉淀后，出水水质好，但需增加沉淀池、污泥回流和脱气等设备，此外，还存在混合液难于在沉淀池中进行固液分离的缺点。

混合液在沉淀池中难以实现固液分离的原因主要表现在两个方面：其一由于混合液中污泥上附着大量的微小沼气泡，易于引起污泥上浮；其二，由于混合液中的污泥仍具有产甲烷活性，在沉淀过程中仍能继续产气，妨碍污泥颗粒的沉降和压缩。

厌氧接触工艺除在处理高浓度有机废水方面获得较为广泛的应用外，还在污泥等固体废弃物处理方面得到应用。此外，也有人开始应用厌氧接触法处理低浓度城市污水的试验研究。

(4) 设计参数 厌氧接触消化池可采用容积负荷或污泥负荷法进行设计计算。其设计负荷及池内的 MLVSS 可以通过实验确定，也可以利用已有的经验数据，一般容积负荷为 2～6kgCOD/(m^3·d)，污泥负荷一般不超过 0.25kgCOD/(kgVSS·d)，池内 MLVSS 一般为 6～10g/L。污泥的回流比可通过试验确定，一般取 2～3；沉淀池内表面负荷应比一般废水沉淀池表面负荷小，一般不大于 1m^2/h，混合液在沉淀池内停留时间比一般废水沉淀时间要长，可采用 4h。

三、厌氧滤池（AF）

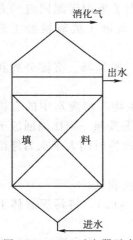

厌氧滤池（Anaerobic Filter，AF）又称厌氧固定膜反应器，1969 年美国 McCarty 和 Young 开发的厌氧滤池作为厌氧生物膜法的代表性工艺之一，实现了常温下对中等浓度有机废水的厌氧处理，成为第一个高速厌氧反应器。AF 用生物固定化技术延长 SRT，把 SRT 和 HRT 分别对待的思想是厌氧反应器发展史上的一个里程碑，属于第二代厌氧反应器。

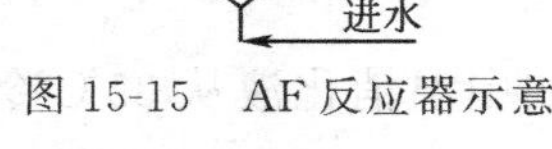

图 15-15 AF 反应器示意

(1) 基本构造 AF 反应器包括池体、滤料、布水设备以及排水、排泥设备等，其工艺如图 15-15 所示。结构和原理类似于好氧生物滤床。厌氧生物滤池一般呈圆柱形，池内装放填料，所采用的填料以硬性填料如砂石、塑料波纹板等为主。厌氧生物滤池按其水流方向可分为升流式和降流式生物滤池。废水从池底进入，从池上部排出，称升流式厌氧滤池；废水从池上部进入，以降流的形式流过填料层，从池底部排出，称降流式厌氧滤池，一般采用升流式。

（2）工作原理　厌氧微生物部分附着生长在填料上，形成厌氧生物膜，部分在填料空隙间处于悬浮状态；废水流过被淹没的填料，污染物被去除并产生沼气，沼气从池顶部排出，池中的生物膜不断地进行新陈代谢，脱落的生物膜随出水流出池外。

（3）设备特点与应用　由于填料为微生物附着生长提供了较大的表面积，滤池中的微生物量较高，生物膜停留时间长，平均停留时间长达 100d 左右，且耐冲击负荷能力强；废水与生物膜两相接触面大，强化了传质过程，因而有机物去除速度快；微生物以固着生长为主，不易流失，不需污泥回流和搅拌设备；停止运行后再启动所需时间比前述厌氧工艺法时间短。但 AF 在运行中常出现堵塞和短流现象，且需要大量的填料和对填料进行定期清洗，增加了处理成本。在负荷较低时能够取得良好的处理效果。

厌氧生物滤池目前已应用于化工、酿酒、饮料和食品加工等工业废水和城市生活污水处理，既适用于处理高浓度有机废水也能处理低浓度废水。

（4）设计参数　在相同的温度下，厌氧滤池的负荷高出厌氧接触工艺 2～3 倍，容积负荷为 2～16kgCOD/(m^3 · d)，水力停留时间可取 12～96h（国外部分大型厌氧生物滤池的设计参考值）；厌氧污泥浓度可达到 10～20gVSS/L；填料层高度：对于拳状填料，高度不超过 1.2m；对于塑料填料，高度以 1～6m 为宜，填料的支撑板采用多孔板或竹子板。

四、上流式厌氧污泥床反应器（UASB）

上流式厌氧污泥床反应器（Upflow Anaerobic Sludge Blanket，UASB）是由荷兰 Wageningen 农业大学的 G. Lettinga 等于 1972～1977 年研制成功的，我国于 1981 年开始 UASB 反应器的研究工作；UASB 是目前应用最为广泛的厌氧反应器。

UASB 与其他大多数厌氧生物处理装置不同之处在于：a. 废水由下向上流过反应器；b. 污泥无需特殊的搅拌设备；c. 反应器顶部有特殊的三相（固、液、气）分离器。该反应器采用固定化技术培养，厌氧颗粒污泥沉淀性能良好，可将消化反应器固体停留时间（SRT）和水力停留时间（HRT）相分离，既保持大量的厌氧活性污泥和足够长的活性污泥龄，又可保持废水和污泥的充分接触，因此，UASB 反应器成为第二代厌氧处理工艺的典型代表。

（1）基本构造　UASB 反应器内没有载体，是一种悬浮生长型的反应器，其构造如图 15-16 所示。由反应区、沉淀区和气室三部分组成。在反应器的底部是浓度较高的颗粒污泥区，称污泥床，在污泥床上部是浓度较低的悬浮污泥层；通常把颗粒污泥层和悬浮污泥层统称为反应区。在反应区上部设有气、液、固三相分离器，沉淀区下部的污泥沿着斜壁返回到反应区内。在一定水力负荷下，绝大部分颗粒污泥能保留在反应区内，使反应区具有足够的污泥量。

UASB 反应器的三相分离器的构造有多种形式，到目前为止，大型生产上采用的三相分离器多为专利。图 15-17 是几种三相分离器示意，图 15-17(c)、图 15-17(d) 分别为德国专利结构，其特点是使混合液上升和污泥回流严格分开，有利于污泥絮凝沉淀和污泥回流；图 15-17(c) 中设有浮泥挡板，使浮渣不能进入沉淀区。

UASB 反应器的进水常采用穿孔管布水和脉冲进水。图 15-18 是德国专利所介绍的进水系统平面分布及配水设备示意。在反应器的底平面上均匀设置许多布水管（管口高度不同），从水泵来的水通过配水设备流进布水管，从管口流出。这种布水对反应器来说是连续进水，而对每个布水点而言则是间隙进水，布水管的瞬间流量与整个反应器流量相等。

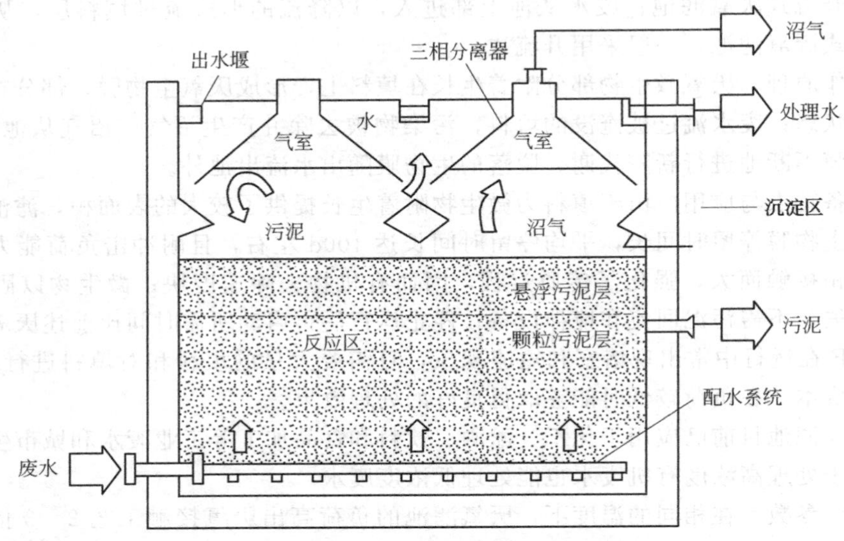

图 15-16　UASB 反应器示意

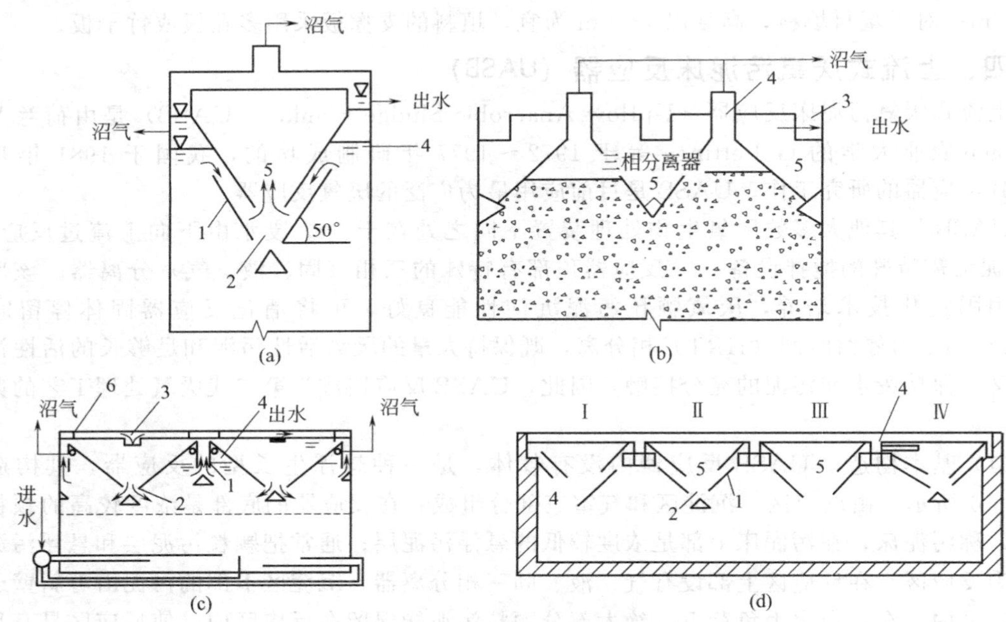

图 15-17　三相分离器示意

1—气、固混合液通道；2—污泥回流；3—集水槽；4—气室；5—沉淀区；6—浮泥挡板

(2) 工作原理　废水从污泥床底部进入（一般采用多点进水，使进水较均匀地分布在污泥床断面上），与污泥床（污泥浓度较高的颗粒污泥层）中的污泥进行混合接触，上流式厌氧污泥床的混合是靠上流的水流和消化过程产生的沼气气泡来完成的。微生物分解废水中的有机物产生沼气，微小沼气泡在上升过程中，不断合并，逐渐形成较大的气泡，由于气泡上升产生较强烈的搅动，在污泥床上部形成悬浮污泥层。气、水、泥的混合液上升至三相分离器内，沼气气泡碰到分离器下部的反射板时，折向气室而被有效地分离排出；污泥和水则经孔道进入三相分离器的沉淀区，在重力作用下泥水分离，上清液从沉淀区上部排出。

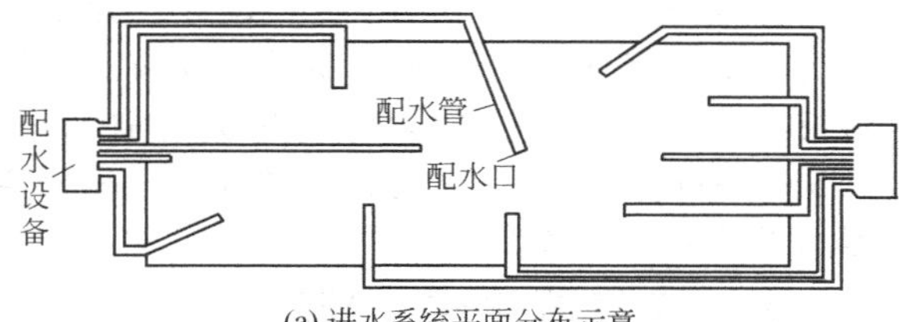

(a) 进水系统平面分布示意

(b) 配水系统示意

(c) 可旋转的配水管配水示意

图 15-18　进水系统示意

UASB 反应器中颗粒污泥层高度约为反应区总高度的 1/3，但其污泥量约占全部污泥量的 2/3 以上。由于颗粒污泥层中的污泥量比悬浮层大，底物浓度高，酶的活性也高，有机物的代谢速度较快，因此，大部分有机物（80%以上）在颗粒污泥层被去除，有机物总去除率可达 90%以上。虽然悬浮层去除的有机物量不大，但是其高度对混合程度、产气量和过程稳定性至关重要，因此应保证适当悬浮层高度。

（3）设备特点与应用　反应器内污泥浓度高，一般平均为 30～40g/L，其中底部污泥床污泥浓度 60～80g/L，污泥悬浮层污泥浓度 5～7g/L；有机负荷高，水力停留时间短；一般无污泥回流设备；无混合搅拌设备，投产运行正常后，利用本身产生的沼气和进水来搅动；污泥床内不填载体，既节省造价又避免堵塞。但反应器内有短流现象，影响处理效率；进水中有机悬浮固体不宜太高，以免对污泥颗粒化不利或减少反应区的有效容积，甚至引起堵塞；运行启动时间长，对水质和负荷突然变化比较敏感。

UASB 反应器主要用于处理含悬浮物（特别是无机悬浮物）少的有机废水。

（4）设计参数　UASB 反应器的工艺设计主要包括反应区的设计、配水系统的设计和分离出流区的设计三方面的内容。

① 反应区设计：UASB 的反应区一般建造成圆筒形，反应区的有效容积通常可根据有机物容积负荷确定：

$$V=\frac{24QC_0}{L_v} \tag{15-6}$$

式中，V 为反应区的有效容积，m^3；C_0 为进水有机物浓度，$kgCOD/m^3$；Q 为设计进水量，m^3/h；L_v 为反应区的有机物容积负荷，$kgCOD/(m^3\cdot d)$。

在中温条件时，COD 容积负荷一般为 $10\sim20kgCOD/(m^3\cdot d)$，水力停留时间一般为2.5～48h，大部分在 12h 以上；对于难降解有机废水，容积负荷可取 $0.5\sim2.0kgCOD/(m^3\cdot d)$，水力停留时间可延长至 5～10d。

反应区的高度和断面积的确定：常用的高度为 3～6m，断面积与水力表面负荷的关系为：

$$A=\frac{Q}{q_f} \tag{15-7}$$

式中，A 为反应区断面积，m^3；q_f为水力表面负荷，$m^3/(m^2\cdot h)$。

水力表面负荷直接影响三相分离器的固、气、液分离效果。该值太大时，悬浮物沉降不好，会造成污泥流失，严重时，还会破坏污泥床层结构的稳定性。为保证良好的沉降分离效果，水力表面负荷一般为 $0.25\sim1.00m^3/(m^2\cdot h)$，通常采用 $0.2\sim0.5m^3/(m^2\cdot h)$，或者更小些。

反应区有效高度 $H=Q/A$，当 H 值太大或太小时，可适当调整 A 以求得合适的 H 值。

② 布水区设计：每个布水嘴的服务面积以不大于 $5m^2$ 为好，一般取 $1\sim2m^2$。

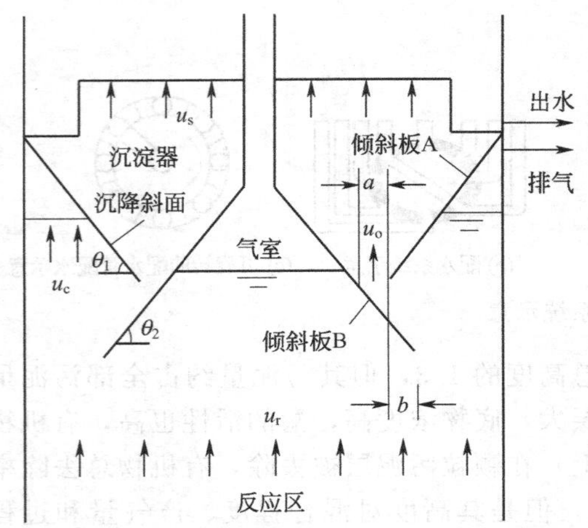

图 15-19 分离出流区

u_s—反应器的出水流速，m/h；u_c—上三角集气罩内混合液上升流速，m/h；u_o—污泥回流缝中混合液的垂直上升流速，m/h；u_r—反应器内混合液的上升流速，m/h；a—污泥回流缝的宽度，m；b—下三角集气罩与上三角集气罩边界之间的宽度，m

③ 分离出流区（图 15-19）设计：为了便于沉降室内沉下的污泥能自动滑到反应区，倾斜板 A 和 B 与水平面的夹角 θ_1 和 θ_2 可取 55°～60°，θ_1 和 θ_2 可相等，也可稍有差异。三相分离器的设计另行参考。

五、厌氧流化床（AFB）

20 世纪 70 年代中期，美国的 Jewell 等把化工流态化技术引进废水生物处理工艺，开发出一种新型高效的厌氧生物反应器——厌氧附着膜膨胀床（Anaerobic Attached Film Expanded Bed，AAFEB）。70 年代末，Bowker 在厌氧附着膜膨胀床的基础上采用较高的膨胀率研制成功了厌氧流化床（Anaerobic Fluidied Bed，简记为 AFB），属于第二代厌氧反应器。

AAFEB 和 AFB 的工作原理完全相同，操作方式也一样，只不过AFB 的膨胀率更高。一般将膨胀率为 10％～20％的填料床称为膨胀床，膨胀床的颗粒保持相互接触；当膨胀率为 20％～70％时，称为流化床，流化床的颗粒作无规则的自由运动。两种反应器中以厌氧流化床实际应用较多，故本章以厌氧流化床为例进行介绍。

(1) 基本构造　厌氧流化床如图 15-20 所示，主要由床体、小颗粒载体、出水循环回流泵组成。床体可采用圆形或矩形结构，床体内充填小粒径载体。常用的填充载体有石英砂、无烟煤、活性炭、聚氯乙烯颗粒、陶粒和沸石等，密度为 1.05～1.2g/cm^3；粒径一般为 0.2～1mm，大多为 3～500μm。

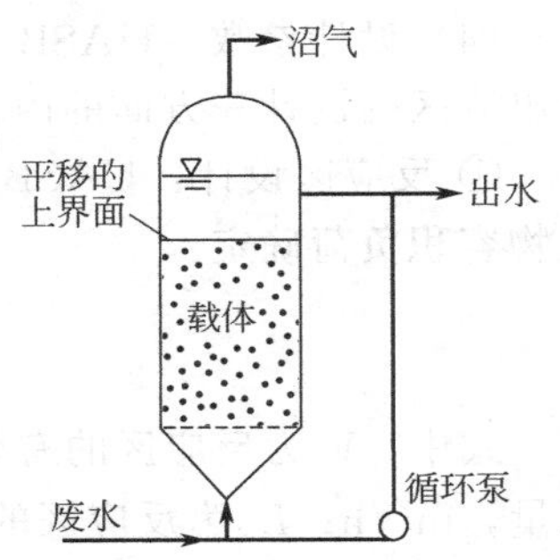

图 15-20 AFB 反应器示意

为了降低动力消耗和防止床层堵塞，可采取如下措施。

① 间歇流化床工艺，即以固定床与流化床间歇交替操作。固定床操作时不需回流；在一定时间间歇后，又启动回流泵，呈流化床运行。

② 为降低回流循环的动力能耗，宜取质轻、粒细的载体，保持低的回流量，甚至不回流就可实现床层流态化。

(2) 工作原理　废水以一定流速从床底部流入，以升流式通过床体，与床中附着于载体上的厌氧微生物膜不断接触反应，达到厌氧生物降解的目的。床层上部保持一个清晰的泥水界面，产生的沼气于床顶部排出。为使填料层流态化，一般需用循环泵将部分出水回流，以提高床内水流的上升速度。流化床操作需要满足的首要条件是：颗粒上升流速即操作速度必须大于其临界流态化速度，而小于最大流态化速度。一般来说，最大流态化速度要比临界流态化速度大 10 倍以上，实际操作中，上升流速只要控制在 1.2～1.5 倍临界流态化速度即可满足生物流化床的运行要求。

(3) 设备特点与应用　厌氧生物流化床的主要特点如下。

① 载体颗粒细，比表面积大，可高达 2000～3000m^2/m^3，使床内具有很高的微生物浓度，因此有机物容积负荷大，一般为 10～40kgCOD/(m^3·d)，水力停留时间短，具有较强的耐冲击负荷能力，运行稳定。

② 载体处于流化状态，无床层堵塞现象，对高、中、低浓度废水均表现出较好的效能。

③ 载体流化时，废水与微生物之间接触面大，同时两者相对运动速度快，强化了传质过程，从而具有较高的有机物净化速度。

④ 床内生物膜停留时间较长，剩余污泥量少。

⑤ 结构紧凑，占地少以及基建投资省等。但载体流化耗能较大，且对系统的管理技术要求较高。

厌氧生物流化床既适用于高浓度的有机废水，又适用于中、低浓度的有机废水处理；处理的工业废水包括含酚废水、鱼类加工废水、炼油污水、乳糖废水、宰场废水、煤气化废水等，处理的城市污水包括家庭废水、粪便废水、市政污水、厨房废水等。

(4) 设计参数　厌氧流化床的容积负荷可取 0.5～40kgCOD/(m^3 · d)，水力停留时间(HRT) 可取 0.5～48h，一般处理难降解有机废水时 HRT 取高值。

六、厌氧颗粒污泥膨胀床 (EGSB)

厌氧颗粒污泥膨胀床反应器 (Expanded Granular Sludge Bed，EGSB) 是荷兰 Wageningen 大学环境系在 20 世纪 80 年代研究的新型厌氧反应器，是将厌氧颗粒污泥直接接种运行的一种高效反应器。EGSB 实际上是改进的 UASB，不同之处是 EGSB 采用更大的高径比，并增加了出水回流，上升流速高达 2.5～10m/h，远大于 UASB (0.5～2.5m/h) 的上升流速。因此 EGSB 反应器中的颗粒污泥床处于部分或全部膨化状态，再加上产气的搅拌作用，使进水与颗粒污泥充分接触，传质效果更好，可处理较低浓度的有机废水。EGSB 反应器是厌氧流化床与 UASB 反应器两种技术的成功结合，属于第三代厌氧反应器。

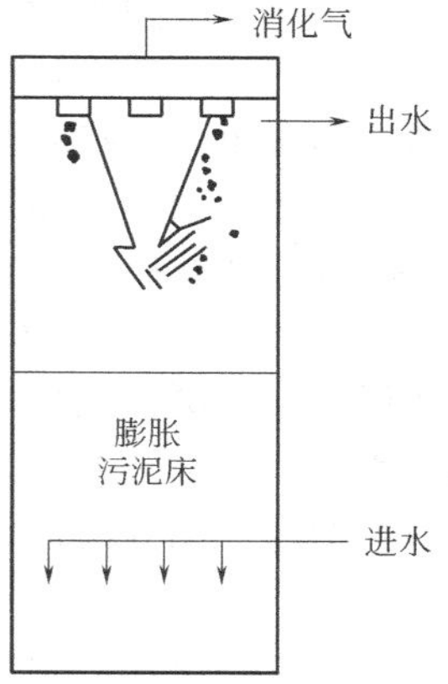

(1) 基本构造　EGSB 反应器的构造与厌氧流化床相似，多为塔形结构设计，主要由布水器、反应器主体、三相分离器、集气室及外部进水和出水循环系统等组成，见图 15-21。不同之处在于 EGSB 一般不需添加载体，而以厌氧颗粒污泥为主，属于厌氧活性污泥处理工艺。

图 15-21　EGSB 反应器示意

(2) 工作原理　废水经过污水泵从底部布水进入反应器，废水中有机物充分与底部污泥接触，高水力负荷和高产气负荷使污泥与有机物充分混合，污泥处于充分的膨胀状态，传质速率高，大大提高了厌氧反应速率和有机负荷。所产生的沼气上升到顶部，经过三相分离器将污泥、污水和沼气分离开来。

(3) 设备特点与应用　EGSB 反应器除具有 UASB 反应器的优点外，还具有：a. 高 COD 去除负荷；b. 液体表面上升流速高，使颗粒污泥床层处于膨胀状态，传质效率高，有利于基质和代谢产物在颗粒污泥内外的扩散、传递，保证了反应器在较高的容积负荷条件下正常运行；c. 反应器具有较高的高径比，占地面积小；d. 出水回流，反应器抗冲击负荷能力强。

EGSB 反应器可应用于处理多种有机废水，以及低温、低浓度和含悬浮固体有机物质较高的废水。同时，有利于处理含毒性和难降解有机物的废水。

(4) 设计参数　上升流速 v_{up} 可取 2.5～10m/h，反应器容积负荷可取 5～35kgCOD/(m^3 · d)，高径比可取 5～10。

七、厌氧生物转盘 (ARBCP)

厌氧生物转盘 (Anaerobic Rotating Biological Contactor Process，ARBCP) 于 1980 年由 Tait 和 Friedman 首先研制出来，属于第二代厌氧反应器。

(1) 基本构造　厌氧生物转盘由盘片、密封的反应槽、转轴及驱动装置等组成，见

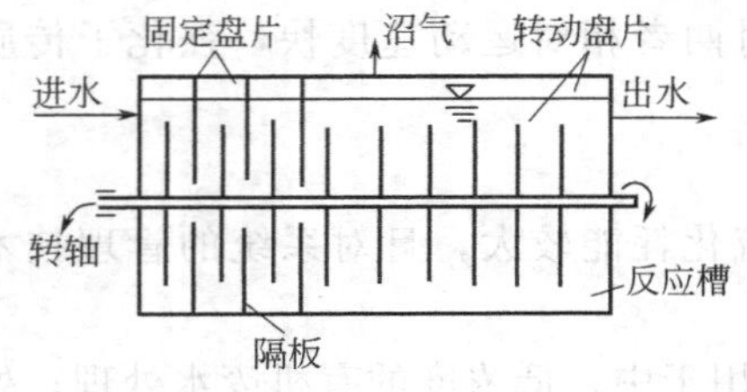

图 15-22 ARBCP 反应器示意

图 15-22。厌氧生物转盘的构造与好氧生物转盘相似，不同之处在于盘片大部分（70%以上）或全部浸没在水中，为保证厌氧条件和收集沼气，整个生物转盘设在一个密闭的容器内。

（2）工作原理 厌氧生物转盘对废水的净化靠盘片表面的生物膜和悬浮在反应槽中的厌氧菌完成，产生的沼气从反应槽顶排出。由于盘片的转动，作用在生物膜上的剪力可将老化的生物膜剥落，在水中呈悬浮状态，随水流出槽外。

（3）设备特点与应用 厌氧生物转盘内微生物浓度高，因此有机物容积负荷高，水力停留时间短；无堵塞问题，可处理较高浓度的有机废水；一般不需回流，所以动力消耗低；耐冲击能力强，运行稳定，运转管理方便。但盘片造价高。

厌氧生物转盘适于处理中等浓度和某些高浓度的有机废水。

（4）设计参数 容积负荷一般为 $20kgTOC/(m^3 \cdot d)$。

八、厌氧内循环反应器（IC）

1985 年荷兰 Paques BV 公司开发了一种被称为内循环（Internal Circulation，IC）的反应器，简称 IC 反应器，属于第三代厌氧反应器。

（1）基本构造 IC 反应器实际上是由底部和上部两个 UASB 反应器串联叠加而成，见图 15-23。反应器高径比一般为 4～8，高度为 16～25m。IC 反应器由混合区、颗粒污泥膨胀床区（第一厌氧区）、精处理区（第二厌氧区）、内循环系统和出水区 5 个部分组成，其中内循环系统是 IC 工艺的核心结构，由两级三相分离器、沼气提升管、气液分离器和泥水下降管等组成。

（2）工作原理 废水先进入反应器底部的混合区，与来自泥水下降管的内循环泥水混合液充分混合，然后依次进入第一厌氧区和第二厌氧区，进行有机物的生化降解。第一厌氧区的 COD 容积负荷很高，大部分进水 COD 在此处被降解，产生大量沼气，由于沼气的提升作用，使得沼气、污泥和水得到充分混合，沿沼气提升管上升至反应器顶部的气液分离器，沼气在该处实现泥水分离并被导出处理系统。泥水混合物沿泥水下降管进入反应器底部的混合区，并与进水充分混合后进入第一厌氧区，形成内循环。根据不同的进水 COD 负荷和反应器的不同构造，内循环流量可达进水流量的 0.5～5 倍。经第一厌氧区处理后的废水除一部分参与内循环外，其余污水通过一级三相分离器后，进入第二厌氧区的颗粒污泥床区进行剩余 COD 降解与产沼气过程。由于大部分 COD 已在第一厌氧区被降解，所以第二厌氧区的 COD 负荷较低，产气量也较小。该处产生的沼气由二级三相分离器收集，通过集气管进入气液分离器并被导出处理系统。经过第二厌氧区处理后的废水经二级三相分离器作用后，上清液经出水区排走，颗粒污泥则返回第二厌氧区污泥床。

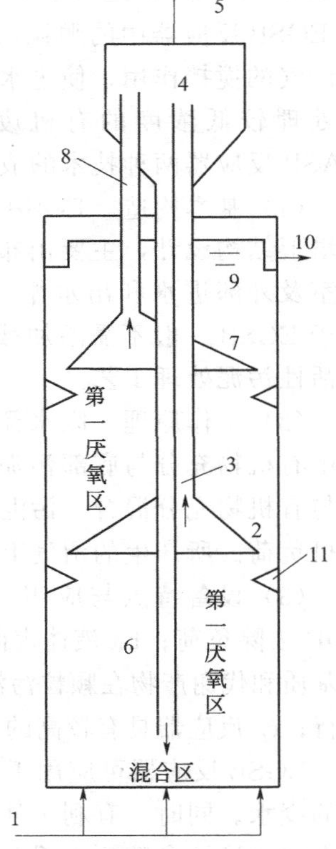

图 15-23 IC 反应器示意
1—进水；2—一级三相分离器；3—沼气提升管；4—气液分离器；5—沼气排出管；6—回流管；7—二级三相分离器；8—集气管；9—沉淀区；10—出水管；11—气封

（3）设备特点与应用　IC 反应器的主要特点如下。

① 容积负荷率高，水力停留时间短。据报道，对低浓度有机废水（1500～2000mg/L），容积负荷可达 20～24kgCOD/(m^3·d)，水力停留时间仅为 2～3h，COD 去除率稳定在 80%。

② 处理相同 COD 总量的废水，IC 反应器体积比 UASB 反应器体积更小，投资和占地更省。

③ 由于 IC 反应器内生物量大，内循环液与进水混合均匀，所以系统抗冲击负荷能力强，运行稳定。此外，由于内循环技术的采用，致使污泥活性高、增殖快，为反应器的快速启动提供了条件。IC 反应器启动周期一般为 1～2 个月，而 UASB 的启动周期达 4～6 个月。

④ 由于采用了内循环技术，IC 工艺可充分利用循环回流的碱度，有利于提高反应器缓冲 pH 值变化的能力，从而节省进水的投碱量，降低运行费用。

⑤ IC 反应器效能高，HRT 短，为了能形成内循环，废水 COD 值宜在 1500mg/L 以上；进水碱度宜高些，这样易保证系统内 pH 值在 7 左右，维持厌氧处理的适宜环境因素。

IC 工艺的应用在欧洲较为普遍，运行经验较国内成熟许多，目前已在啤酒生产、土豆加工、造纸等生产领域的废水处理上有成功应用。

（4）设计参数　IC 反应器的容积负荷可取 10～30kgCOD/(m^3·d)，水力停留时间（HRT）可取 2～24h，高径比一般为 4～8。

九、厌氧序批式反应器（ASBR）

厌氧序批式反应器（Anaerobic Sequencing Batch Reactor，ASBR）是 20 世纪 90 年代由美国爱荷华州立大学 Dague 等研究开发的新型高效厌氧反应器，属于第三代厌氧反应器。

（1）基本构造与工作原理　ASBR 与好氧 SBR 工艺相似，不同之处在于反应器顶部密封，且增加了搅拌装置，见图 15-24。

一个完整的运行操作周期按次序应分为进水、反应、沉降和排水（出水）四个阶段。运行时，废水分批进入反应器，与其中的厌氧颗粒污泥发生生化反应，直到净化后的上清液排出，完成一个运行周期。

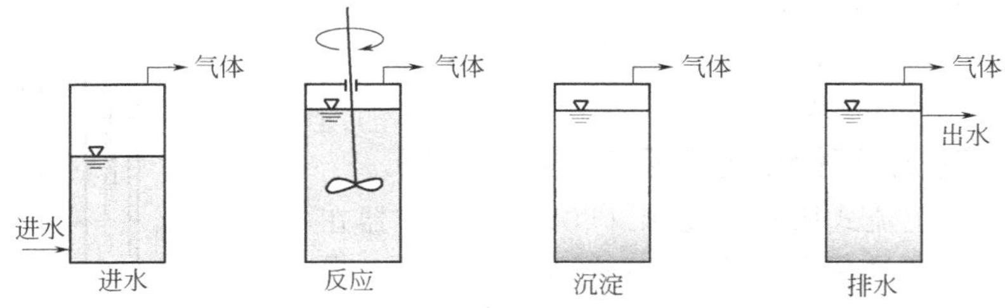

图 15-24　ASBR 反应器示意

（2）工艺特点　ASBR 在运行过程中可根据废水水质、水量的变化，调整一个运行周期中各工序的时间而满足出水水质要求，具有很强的运行操作灵活性和处理效果稳定性；ASBR 中易培养出世代时间长、比甲烷活性高、沉降性好的颗粒污泥；该反应器所需体积比连续流工艺所需体积大，但不需单设沉淀池及布水和回流系统，也不会出现短流现象。

ASBR 能够在 5～65℃范围内有效操作，能够在低温和常温（5～25℃）下处理低浓度（COD 质量浓度＜1000mg/L）废水。

（3）设计参数　根据进水浓度设计有机负荷，在中温条件下处理奶制品废水，有机负荷为 1.2～2.4kgCOD/(m^3·d) 时，COD 去除率可以达到 90%以上，序批时间为 6～24h，沉淀时间一般取 30min。

十、厌氧折流板反应器（ABR）

厌氧折流板反应器（Anaerobic Baffled Reactor，ABR），是美国 McCarty 于 1982 年在总结各种第二代厌氧反应器工艺特点的基础上开发的一种新型厌氧活性污泥法，属于第三代厌氧反应器。

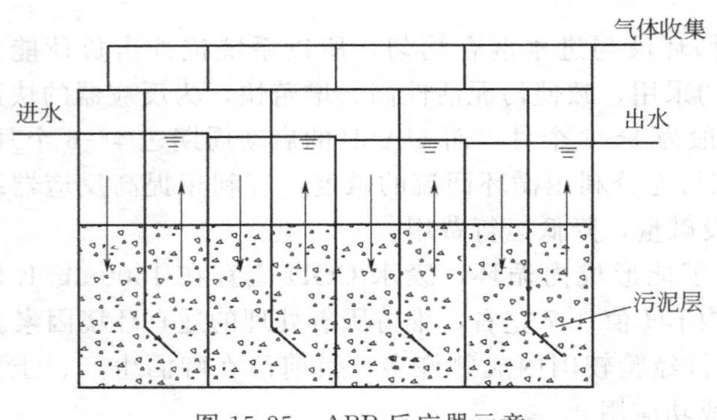

图 15-25 ABR 反应器示意

(1) 基本构造 厌氧折流板反应器是以多个垂直安装的导流板将反应器分成多个串联的反应室，每个反应室都是一个相对独立的上流式厌氧污泥床系统，顶部为气体收集区，不需单独设计三相分离器，也无需混合搅拌和回流装置，如图 15-25 所示。

(2) 工作原理 废水在 ABR 反应器内沿导流板作上下折流流动，逐个通过各个反应室并与反应室内的颗粒或絮状污泥相接触，使废水中的有机物得以降解。每个反应室中的厌氧微生物菌群是随流程逐级递变的，递变的规律与底物降解过程协调一致，从而确保相应的微生物菌群可以分别生长在最适宜的环境条件下，充分发挥各自的活性，以提高系统的处理效果和运行的稳定性。

(3) 设备特点与应用 ABR 反应器的主要特点为：a. 工艺构造简单，不需三相分离器；b. 在没有回流和搅拌的条件下，混合效果良好，死区百分率低，且避免了厌氧滤池和厌氧流化床的堵塞问题和能耗较大的缺点，启动期也比上流式厌氧污泥床短；c. 水力流态局部为完全混合式，整体为推流流动的一种复杂水力流态反应器。

ABR 工艺在国内外尚处于试验和应用研究阶段，目前有关工程设计和运行报道还很少，研究工作主要集中在高浓度淀粉废水、制酒和酒糟废水、人工合成高浓度葡萄糖废液、氯酚废水、高浓度抗生素废水、高浓度硫酸盐废水和城市垃圾渗透液等废水处理方面。

十一、上流式分段污泥床反应器（USSB）

Lier 教授基于上流式厌氧污泥床（UASB）反应器在高负荷下运行时存在过高产气量引起的污泥洗出问题，提出了上流式分段污泥床（Upflow Staged Sludge Bed，USSB）反应器，属于第三代厌氧反应器。

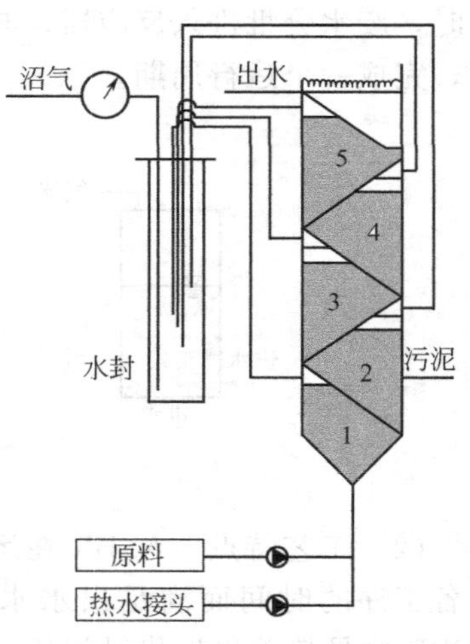

图 15-26 USSB 反应器示意
1～5—反应区间

(1) 基本构造与工作原理 USSB 反应器是在 UASB 反应器的基础上发展而来的，与 UASB 反应器相比，它是在反应器内竖向增加了多层斜板代替 UASB 装置中的三相分离器，使整个反应器被分割成多个反应区间，每个反应区间的产气分别经水封后逸出，相当于由多个 USAB 反应器串联而成，如图 15-26 所示。不同的反应区间存在着不同的厌氧微生物，可以避免中间产物的过度积累，使整个反应器抗有机负荷冲击的能力比传统反应器和 UASB 反应器强；出水 VFA 浓度能保持较低水平，而且还能有效地提高固液分离效果，提升液体上流的速度，增强污泥沉降效果，尤其是在最上层反应区间，由于表面排气负荷相对较低，使得污泥的沉降条件大大改善，所以出水悬浮物浓度很低。

（2）工艺特点与应用 USSB反应器的主要特点为：a. 抗冲击负荷能力强；b. 能有效地提高固液分离效果；c. 可以减少中间产物的浓度，出水中VFA浓度也能保持较低水平；d. 产乙酸菌生长较快，若不定期排泥，则会影响产甲烷菌的活性。

USSB反应器尚处于试验研究阶段，研究工作主要集中在高浓度有机废水、糖蜜废水和生活污水等。

十二、厌氧膜生物系统（AMBS）

厌氧膜生物系统（Anaerobic Membrane Bioreactor System，AMBS）与好氧MBR工艺相似，通过在厌氧反应器中增加过滤膜，实现厌氧活性污泥与废水的分离，这可有效地防止厌氧污泥的流失，同时对改善出水水质和确保反应器内污泥浓度有较好的作用，属于第三代厌氧反应器。

（1）基本构造和工作原理 AMBS常用的厌氧反应器主要有：升流式厌氧污泥床反应器（UASB）、厌氧颗粒膨胀污泥床（EGSB）、厌氧流动床（FB）、厌氧生物滤池（AF）、折流式厌氧反应器（ABR）等，常用的膜组件主要是超滤和微滤膜，在膜组件的配置上与好氧MBR相似，主要有两种形式，即外置式和内置式（目前AMBS中多用外置式）。外置式是将膜组件和厌氧反应器分置，通过水泵进行液体循环以形成膜表面的切向流来改善膜污染状况；内置式是将膜组件置于厌氧反应器之中，因而往往需要将厌氧消化产生的沼气用于对膜表面的冲刷，防止膜表面污泥沉积层的形成。

（2）工艺特点 AMBS技术在保留厌氧生物处理技术投资省、能耗低、可回收利用沼气能源、负荷高、产泥少、耐冲击负荷等诸多优点的基础上，由于引入膜组件，还带来了一系列优点。如膜组件的高效分离截留作用使生物量不会从反应器中流失，可承受更高的有机负荷和容积负荷，并提高反应器效率。同时，膜的截留作用使得浊度、细菌和病毒等物质得到大幅度去除，提高了出水水质。

十三、两相厌氧法和复合厌氧法工艺

1. 两相厌氧法

两相厌氧法（Two Phase Anaerobic Digestion）是20世纪70年代初发展的一种厌氧生物处理工艺，又称为分步厌氧消化或分段厌氧消化。

（1）基本构造 两相厌氧消化工艺就是酸化和甲烷化两个阶段分别在两个独立的串联反应器中进行，使产酸菌和产甲烷菌各自在最佳环境条件下生长，这样不仅有利于充分发挥其各自的活性，而且提高了处理效果，达到了提高容积负荷率、减少反应容积、增加运行稳定性的目的。两相厌氧消化工艺示意如图15-27所示。

（2）工艺特点

① 两相厌氧消化工艺较传统厌氧消化工艺的处理效率高。

② 将两大类微生物群体分开培养有利于产甲烷菌的生长，因而抗冲击负荷能力增强，且运行更稳定。

③ 两相厌氧消化工艺将一个消化反应器分为两个反应器，使得构筑物增加，带来运行管理的复杂化。

（3）与水解（酸化）工艺的比较 在两相厌氧消化工艺中的水解（酸化）段主要是将产酸与产甲烷段分开运行，以便形成各自的最佳生长环境。而在水解（酸化）-好氧处理工艺中的水解（酸化）段主要是将废水中的非溶解态有机物转变为溶解态有机物或将大分子难生

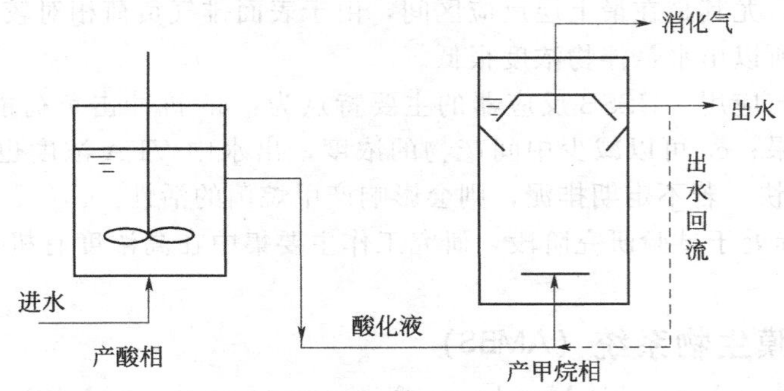

图 15-27　两相厌氧消化工艺

物降解有机物转变为易生物降解有机物，提高废水的可生化性，以利于后续好氧生物处理的进行。因此，在水解（酸化）-好氧处理工艺和两相法厌氧发酵工艺中的水解（酸化）段，由于各自的处理目的不同，运行环境和条件存在着明显的差异，见表 15-2。

表 15-2　两相厌氧消化中的产酸段与水解（酸化）工艺的比较

项目	工艺		
	水解(酸化)-好氧中的水解(酸化)段	两相厌氧消化中的产酸段	厌氧消化
Eh/mV	＜+50	−100～−300	＜−300
pH 值	5.5～6.5	6.0～6.5	6.8～7.2
温度	不控制	控制	控制
优势微生物	兼性菌	兼性菌+厌氧菌	厌氧菌
产气中甲烷含量	极少	少量	大量
最终产物类型	水溶性基质(各种有机酸、醇)、CO_2	乙酸、少量低碳酸、CH_4/CO_2	CH_4/CO_2

2. 复合厌氧反应器（UBF）

复合厌氧反应器由两种厌氧设备组合而成，如上流式厌氧污泥床——厌氧过滤器（简称 UBF），该反应器是由 1984 年加拿大的 Guiot 在 AF 和 UASB 的基础上开发出来的，属于第三代厌氧反应器。

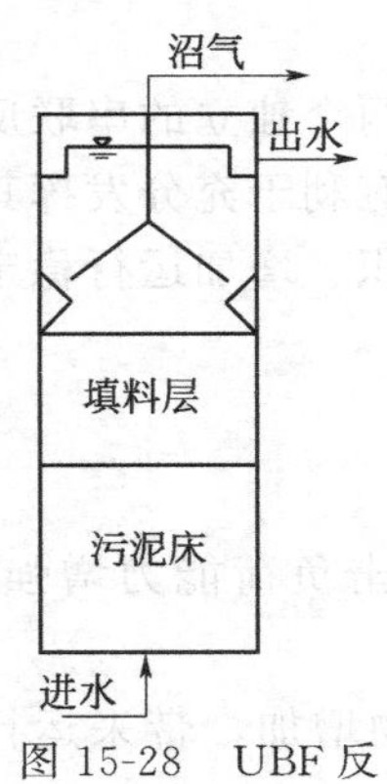

图 15-28　UBF 反应器示意

（1）基本构造和工作原理　UBF 反应器是 UASB 和 AF 反应器的结合，如图 15-28 所示。同 AF 相比，该反应器大大减小了填料层高度，标准 UBF 反应器的高径比为 6，但填料仅填充在反应器上部的 1/3 体积处。与 UASB 反应器相比，由于反应器上部有填料，加强了污泥与气泡的分离，从而降低了污泥的流失，反应器积累生物量的能力大大增强，反应器的有机负荷更高；反应器上部空间所架设的填料既利用原有的无效容积增加了生物量，又防止了生物量的突然洗出，提高了对 COD 的去除率。

（2）设备特点与应用　复合厌氧法的主要特点为：a. 有机负荷高，COD 容积负荷可达 10～60kg/(m³·d)，COD 污泥负荷为 0.5～1.5kg/(kg·d)；b. UBF 反应器极大地延长了 SRT。污泥在反应器中的停留时间一般均在 100d 以上，污泥产量低，污泥产率为 0.04～0.15kgVSS/kgCOD 或 0.07～0.25kgVSS/kgBOD；c. 反应器上部的填料层既增加了生物总量，又可防止生物量的突然洗出，还可加强污泥与气泡的分离，减少污泥流失；d. 启动速度快，处理效率高，运行稳定；e. 对水质的适应性强，因为反应器内污泥浓度高，能够高效率、稳定地处理高浓度难降解有机废水。

UBF 反应器可用来处理多种高浓度有机废水，但该反应器不适合处理含 SS 较多的有机废水，否则填料层容易堵塞。

第四节　厌氧消化过程动力学

Monod 提出的一般动力学通式既适于废水的好氧处理，也适于厌氧处理。根据不同的厌氧消化反应器类型和运行方式，由 Monod 公式出发，可以导出不同的动力学方程。

一、无回流的完全混合反应器

稳态的完全混合反应器的工作条件如图 15-29 所示，传统的厌氧消化系统的运行方式与此相似。图中 Q 为废水流量，V 为反应器容积，S_0、S 和 S_e 分别为进水中、反应器内和出水中的底物浓度，X_0、X 和 X_e 分别为进水中、反应器内和出水中的微生物（污泥）浓度。

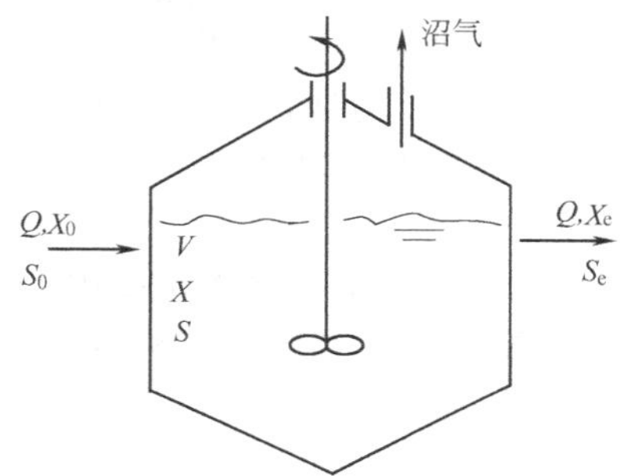

图 15-29　稳态的完全混合反应器的工作条件

对稳态的完全混合反应器，$X_e = X$，$S_e = S$。假设进水中不含活性微生物，即 $X_0 = 0$，则反应器的水力停留时间 θ 为

$$\theta = \frac{V}{Q} \tag{15-8}$$

而微生物固体的停留时间 θ_c（泥龄）为

$$\theta_c = \frac{Vx}{QX_e} = \frac{V}{Q} = \theta \tag{15-9}$$

即泥龄与水力停留时间相等，这时可以用控制废水流量来控制泥龄，加大流量将使 θ_c 减小。

由系统污泥的物料平衡，可导出污泥浓度的计算式

$$X = \frac{Y(S_0 - S_e)}{1 + k_d\theta_c} \tag{15-10}$$

式中，Y、k_d 与在活性污泥法中的意义相同，但数值不同。

另一方面，为了在反应器中保持高的微生物浓度，应使 θ_c 尽量大。由于反应器的容积负荷 $L_v = \frac{QS_0}{V} = \frac{S_0}{\theta_c}$，则 $\theta_c = \frac{S_0}{L_v}$，故在一定的容积负荷下，为了增大 θ_c，就必须提高进水中的有机物浓度 S_0。

在废水厌氧消化实践中，如果采用此类反应器，S_0 要求在 20000mgCOD/L 以上。如以 $S_0 = 20000$mgCOD/L、$L_v = 2.0$kgCOD/(m^3·d) 为例，则

$$\theta_c = \frac{S_0}{L_v} = \frac{20}{2} = 10\text{d}$$

设反应器 COD 去除率为 90%，每去除 1kgCOD 的微生物增长量为 0.1kg，则 $X_e = 0.1 \times 18000 = 1800$mg/L。因 $X = X_e$，所以反应器内的生物污泥浓度也应是 1800mg/L。可见在无回流的稳态完全混合反应条件下，即使将进水中的 COD 浓度提高到 20000mg/L，理论上反应器中可维持的微生物浓度仍是很低的。为了提高污泥浓度，在普通消化池的实际运行中，一般采用间歇操作，在从反应器中排出消化液之前，停止搅拌，使污泥沉淀；或在消化池上部加设分离器，即使连续进出水，也可以达到分离生物污泥的目的，此时出水中 $X_e \ll X$。

全混合反应器的底物去除速率 r_s 为

$$r_s=\frac{Q(S_0-S_e)}{V}=\frac{S_0-S_e}{\theta_c} \tag{15-11}$$

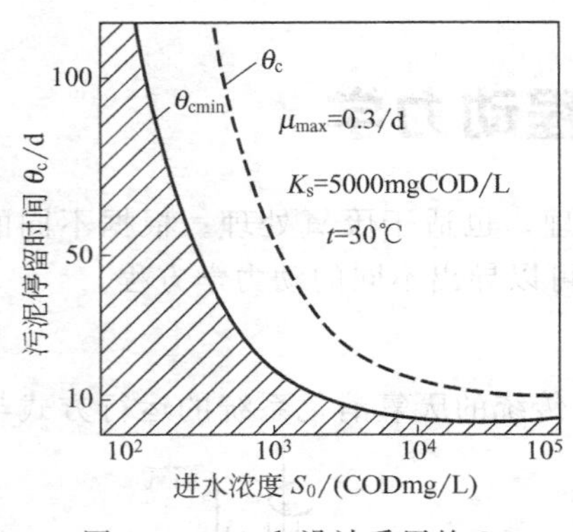

图 15-30　θ_c和设计采用的 θ_c 与进水浓度的关系

由此可见，若 θ_c减小，则 r_s增大，但如果 θ_c接近最小值 θ_{cmin}，则系统失去降解有机物的能力，$S_e\to S_0$，$r_s\to 0$，在 $\theta_c>\theta_{cmin}$ 后，r_s迅速上升至最大值 r_{max}，随后则随 θ_c增大而缓慢下降。θ_c为了取得一定的处理效率，必须大于与比生长率 μ_0 对应的 θ_{cmin} 值，即

$$\theta_c>\theta_{cmin}=\frac{1}{\mu_0}=\frac{K_s+S_0}{\mu_{max}S_0} \tag{15-12}$$

式（15-12）中饱和常数 K_s 和微生物最大比增长速度 μ_{max} 均为试验值或经验数据。因此 θ_{cmin} 只与 S_0 有关。当 $K_s=5000$mg/L，$\mu_{max}=0.3$/d，$t=30$℃ 时，根据式（15-12），可以求出不同进水 COD 情况下的 θ_{cmin} 值，其结果见图 15-30，图中的阴影部分是不稳定区，根据国内外的经验，设计所采用的 θ_c一般比 θ_{cmin} 大 2～10 倍，如图 15-30 中虚线所示的范围。

对 $X>X_e$的系统，有机负荷 L_v可从式（15-13）求得：

$$L_v=\frac{S_0}{\theta}=\frac{S_0(X/X_e)}{\theta_c f}=\frac{\mu_{max}S_0^2 r}{(K_s+S_0)f} \tag{15-13}$$

式中，f 为设计采用的安全系数，$f>1$。X/X_e为污泥停留因素，常记作 r。

从式（15-13）可以看出，当 S_0一定时，L_v除了与动力学参数 μ_{max}、K_s有关之外，还直接与 r 有关。随着 r 值增大，所允许的 L_v增大。当 $\mu_{max}=0.3$/d，$K_s=5000$mg/L，$t=30$℃且 $f=3$ 时，L_v与 S_0、r 的关系如图 15-31 所示。

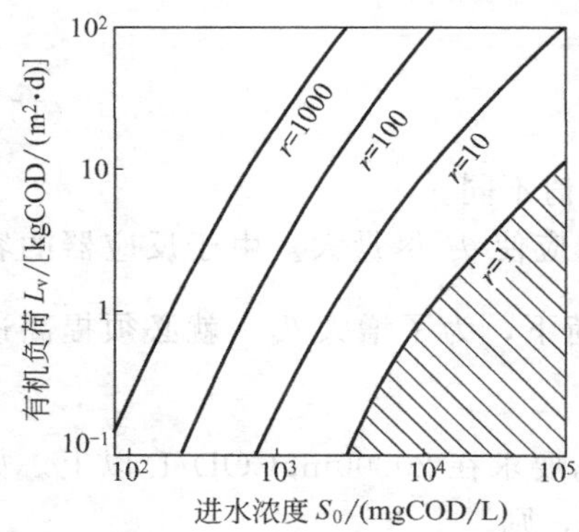

图 15-31　进水有机物浓度 S_0 和污泥停留因素 r 与允许的有机负荷 L_v的关系

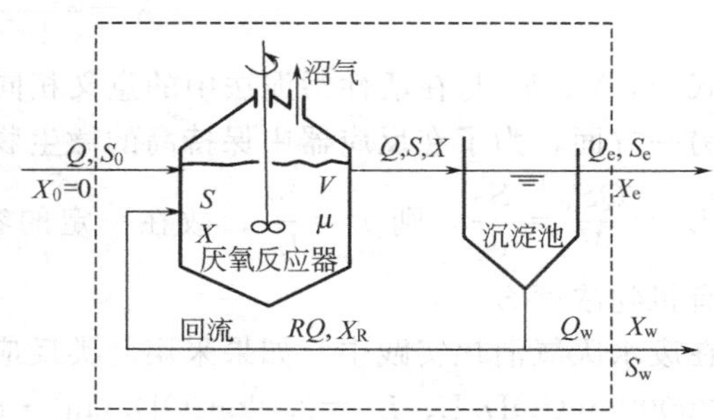

图 15-32　厌氧接触消化工艺

二、有回流的完全混合反应器

厌氧接触法是典型的带有污泥回流的系统，如图 15-32 所示。图中，Q_w 为剩余污泥排放量，m³/d；S_w 为排放的剩余污泥中废水底物浓度，mg/L；X_w 为排放的剩余污泥中微生物（污泥）浓度（MLVSS），mg/L。

如果该系统只从沉淀池上清液中带走污泥，即 $X_w=Q_w=s_w=0$，则可将消化池与沉淀池视为整体，如图 15-32 中虚框所示，上述无回流条件下推导的动力学方程均可适用。如用式（15-12）分析厌氧接触系统，由于加设沉淀池后，X_e减小，X 增大，则 r 也增大，故在相同的 S_0和 θ 条件下，能使系统承担的有机负荷提高，工作稳定性增大。

如果定期从沉淀池底排出部分剩余污泥，则仿照式(13-50) 和式(13-54) 作厌氧系统的物料衡算，可推出

$$\frac{1}{\theta_c}=\frac{Yq_{\max}S_e}{K_s+S_e}-k_d=\frac{Q}{V}\left(1+R-R\frac{X_R}{x}\right) \tag{15-14}$$

$$X=\frac{\theta_c}{\theta}\frac{Y(S_0-S_e)}{(1+k_d\theta_c)} \tag{15-15}$$

$$S_e=\frac{K_s(1+k_d\theta_c)}{\theta_c(Yq_{\max}-k_d)-1} \tag{15-16}$$

$$\frac{1}{\theta_{c\min}}=Y\frac{q_{\max}S_0}{K_s+S_0}-k_d \tag{15-17}$$

式中，θ_c 为污泥龄；K_s 为饱和常数；$q_{\max}$为底物的最大比降解速率。

三、厌氧生物膜反应器

在厌氧生物膜反应器中，有机物的降解经历传质-反应过程，其传递过程可能是该消化过程的限速步骤。

对厌氧生物滤池的研究发现，底物的降解与气体的产生主要发生在滤池的底部。随着底部形成的气泡迅速上升，液体向下补充空间，造成液体的上下运动，在滤池内部产生了一定程度的返混。因此，将厌氧滤池当作完全混合反应器处理更为合理。

现假设厌氧生物膜反应器是一个全混均质系统，附着在载体表面的生物膜系均质增长，即生物膜的密度 ρ_A不变，如图 15-33 所示。图中，X_A 为生物膜的微生物（污泥）浓度，X 为总的微生物（污泥）浓度。

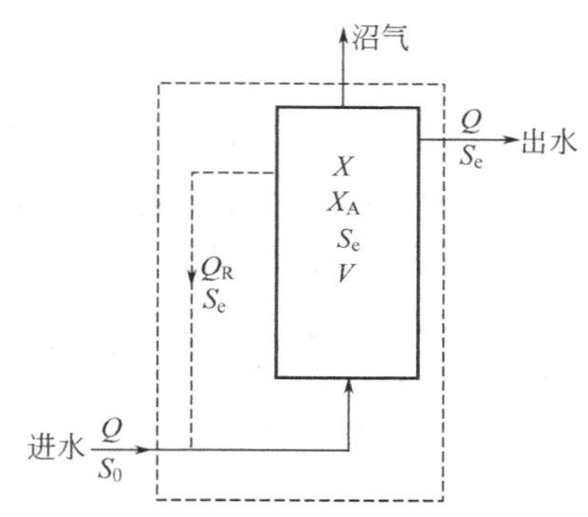

图 15-33 厌氧滤池（厌氧流化床）工艺

对系统内的底物作物料衡算，变化量=进入—出流—降解量

$$-\frac{dS}{dt}V=QS_0-QS_e-\left[\left(\frac{-dF}{dt}\right)_A V+\left(\frac{-dF}{dt}\right)_B V\right] \tag{15-18}$$

式中，$\left(\frac{-dF}{dt}\right)_A$ 为生物膜降解底物的速率；$\left(\frac{-dF}{dt}\right)_B$ 为悬浮生长污泥降解底物的速率；V 为生物膜反应器的反应区容积；其他符号意义同前。

由于在厌氧滤池中，填料的表面积很大，附着的生物量远大于悬浮的生物量，而且悬浮的污泥主要是一些从填料上脱落的老化生物膜，其活性较差。因而悬浮污泥生物降解的底物量与生物膜去除的底物量相比，可以忽略，则式(15-18) 可简化为

$$-\frac{dS}{dt}V=Q(S_0-S_e)-\left(\frac{-dF}{dt}\right)_A V \tag{15-19}$$

如果忽略内源代谢的污泥量，则生物膜增长与底物利用的关系为

$$\left(\frac{dX}{dt}\right)_A=Y_A\left(\frac{-dF}{dt}\right)_A \tag{15-20}$$

对生物膜的Monod方程可写为

$$\mu_A=\frac{(dX/dt)_A}{X_A}=\frac{(\mu_{max})_A S_e}{K_{SA}+S_e} \tag{15-21}$$

由式(15-20)和式(15-21)可得

$$\left(\frac{-dF}{dt}\right)_A=\frac{\mu_A X_A}{Y_A}=\frac{(\mu_{max})_A X_A}{Y_A}\frac{S_e}{K_{SA}+S_e} \tag{15-22}$$

将式(15-22)代入式(15-19)，且在稳态条件下，即$\frac{dS}{dt}=0$，得到

$$Q(S_0-S_e)=\frac{(\mu_{max})_A}{Y_A}X_A V\frac{S_e}{K_{SA}+S_e} \tag{15-23}$$

如果用δ代表生物膜平均活性深度，即生物膜厚度；A_m代表填料比表面积，即单位体积填料表面积；V_m代表填料体积，则生物膜表面积A可表达为：$A=V_m A_m$；总生物膜体积V_A可表达为：$V_A=V_m A_m \delta=A\delta=\frac{X_A V}{\rho_A}$（其中$\rho_A$为生物膜密度）；由此，式（15-23）可表达为：

$$\frac{Q(S_0-S_e)}{A}=\frac{(\mu_{max})_A}{Y_A}\frac{\rho_A A\delta}{A}\frac{S_e}{K_{SA}+S_e} \tag{15-24}$$

式中，K_{SA}为生物膜中基质的饱和常数，其值为$\mu_A=1/2\ (\mu_{max})_A$时的基质浓度，mg/L；μ_A为生物膜中微生物的比增长速率，d^{-1}；$(\mu_{max})_A$为生物膜中微生物的最大比增长速率，d^{-1}；Y_A为生物膜中微生物产率系数，mg生物膜量/mg降解的底物量。式(15-24)左端表示填料生物膜单位表面积的底物降解速率，用N_s（$ML^{-2}T^{-1}$）表示；右端的$\left[\frac{(\mu_{max})_A}{Y_A}\frac{\rho_A A\delta}{A}\right]$表示填料生物膜单位表面积的最大底物降解速率，用$N_{smax}$（$ML^{-2}T^{-1}$）表示。将$N_s$和$N_{smax}$代入式（15-24），便可得厌氧生物滤池底物降解速率的动力学模式：

$$N_s=\frac{N_{smax}S_e}{K_{SA}+S_e} \tag{15-25}$$

显然，上式与Monod公式形式相同。

如果底物中存在着微生物不可降解的物质，其浓度为S_n，则式（15-25）为：

$$N_s=\frac{N_{smax}(S_e-S_n)}{K_{SA}+(S_e-S_n)} \tag{15-26}$$

反应器动力学参数N_{smax}和K_{SA}可通过试验确定，对于某种废水和填料，在一定的环境条件下可求得相应的参数值。

生物膜表面积底物降解速率的模式说明，提高滤池填料的表面积，即增加生物膜的表面积，可以提高设备的处理能力。

厌氧流化床同属厌氧生物膜法。由于回流使载体流态化，流化床便处于完全混合型水流流态。只要把反应器与回流设备视为整体，如图15-33所示，厌氧滤池所推导的生物膜表面面积底物降解速率的动力学模式均可适应。

四、厌氧消化动力学常数的测定

为了将动力学方程应用于工程设计，必须确定方程中的有关常数。这些常数值可以在实验室测定，也可以通过整理废水处理厂实际运行数据得到。

表15-3给出了几种底物厌氧消化动力学常数，可供设计时参考。

表 15-3　厌氧消化动力学常数

底物种类	K /d^{-1}	K_s /(mg/L)	k_d /d^{-1}	Y /($mgVSS/mgBOD_5$)	常数计算基础	θ_{cmin} /d^{-1}	温度 /℃
乙　酸	3.6	2130	0.015	0.040	COD	7.8	20
乙　酸	4.7	869	0.011	0.054	乙酸	4.2	25
乙　酸	8.1	154	0.015	0.044	乙酸	3.1	35
丙　酸	9.6	32	—	—	丙酸	—	35
丁　酸	15.6	5	—	—	丁酸	—	35
合成奶废水	0.38	24.3	0.07	0.37	COD	—	20～25
罐头厂废水	0.32	5.5	0.17	0.76	BOD	—	35

Lawrence 根据试验结果指出，温度对 Y 和 k_d 值影响不大，设计时可看作不随温度变化的常数。对低脂型废水可采用 $Y=0.044$，$k_d=0.019d^{-1}$；对高脂型混合废水，如城市污水污泥，可采用 $Y=0.04$，$k_d=0.015d^{-1}$。

第五节　厌氧反应器的设计

一、厌氧反应器容积的计算

厌氧反应器容积的计算方法很多，普遍采用的方法有有机物容积负荷法、水力停留时间法和动力学计算方法。

1. 按有机物容积负荷和水力停留时间计算

从试验数据或同类型废水有效处理的经验数据中确定一个合适的有机物容积负荷值 L_v 或水力停留时间 θ，用下列计算式计算反应器的有效容积：

$$V=\frac{QS_0}{L_v} \tag{15-27}$$

$$V=Q\theta \tag{15-28}$$

各种类型厌氧反应器的 L_v 值有效范围参见本章第三节。因为不同类型的厌氧反应器或同类型的反应器设备对不同性质的废水，以及在不同工艺条件下的 L_v 或 θ 最佳值相差很大，故在选用设计参数时应特别注意。

2. 根据动力学模式计算

根据第四节推导的动力学公式计算厌氧反应器容积等。如对厌氧接触法，由式(15-13)，有

$$V=\frac{\theta_c YQ(S_0-S_e)}{X(1+k_d\theta_c)} \tag{15-29}$$

求水溶解性 COD 浓度时基于式（15-16）。如果假定所有脂肪酸发酵过程的 Y、k_d 和 q_{max} 值都相等，则式（15-16）可改写为

$$(S_e)_{总}=\frac{K_c(1+k_d\theta_c)}{\theta_c(Yq_{max}-k_d)-1} \tag{15-30}$$

式中，K_c 等于在废水处理中原有或产生的各种脂肪酸的饱和常数之和，即 $K_c=\sum K_s$。

废水在反应器中的停留时间可由下式计算

$$\theta=\frac{S_0-S_e}{q_{max}X(S_e-S_n)}=\frac{1}{Yq_{max}(S_e-S_n)-k_d} \tag{15-31}$$

二、厌氧产气量计算

回收沼气是厌氧法的主要特点之一，对被处理对象产气量的计算和测定有助于评价试验

结果、工艺运转效率及稳定性，在工程设计方案比较时，能量衡算、经济效益的预测等都建立在产气量计算的基础上。

当废水中的有机物组分已经明确时，可根据有机物厌氧消化过程的化学反应通式（15-1）算出各种纯底物的单位重量产气量；当废水中的有机物组分复杂，不便于精确地定性定量时，可按COD值来计算产气量。但是，由于受诸多因素的影响，实际产气量与理论值之间总有出入。当实际应用精度要求不高时，可直接采用理论计算值，在特殊情况下，应综合考虑诸因素的影响。

（一）理论产气量的计算

1. 根据废水有机物化学组成计算产气量

当废水中有机物组分一定时，可以利用所介绍的化学经验方程式（15-1）计算产气量，对不含氮的有机物也可用巴斯维尔（Buswell和Mueller）通式计算：

$$C_nH_aO_b+\left(n-\frac{1}{4}a-\frac{1}{2}b\right)H_2O\longrightarrow\left(\frac{1}{2}n-\frac{1}{8}a+\frac{1}{4}b\right)CO_2+\left(\frac{1}{2}n+\frac{1}{8}a-\frac{1}{4}b\right)CH_4 \tag{15-32}$$

从式（15-32）可以看出，若 $n=\frac{a}{4}+\frac{b}{2}$，水并不参加反应，如乙醇的完全厌氧分解；当 $n>\frac{a}{4}+\frac{b}{2}$时，水是参加反应的，产生的沼气质量将超过所分解有机物质的干重，如1g丙酸产沼气量为1.13g。碳水化合物、蛋白质、脂类三类主要有机物的理论产气量见表15-4。

表15-4　三类主要有机物质的理论产气量①

有机物质种类	产气量/(m^3/kg干物质)	
	甲烷	沼气
碳水化合物	0.37	0.75
蛋白质	0.49	0.98
脂类	1.04	1.44

① 气体体积以在标准条件（0℃、101.33Pa）下计。

2. 根据COD与产气量关系计算产气量

在实际工程中，被处理对象为纯底物的情况很少见。通常废水中的有机物组分复杂，不便于精确地定性定量，而以COD等综合指标表征。为此，了解去除单位质量COD的产气量范围，对于工程设计颇有实用价值。

COD_{Cr}在大多数情况下可以达到理论需氧量（TOD）的95%以上，甚至接近100%。因此可根据去除单位质量TOD的产气量，大体上预计出COD与产气量的关系。

McCarty指出，可以根据甲烷气体的氧当量来计算废水厌氧消化的产气量。

$$CH_4+2O_2\longrightarrow CO_2+2H_2O \tag{15-33}$$

根据式（15-33），在标准状态下，1mol甲烷，相当于2mol（或64g）COD，则还原1gCOD相当于生成22.4/64=0.35L甲烷，以V_1表示。实际消化温度下形成的甲烷气体体积可以根据查理定理算出。

$$V_2=\frac{T_2}{T_1}V_1 \tag{15-34}$$

式中，V_2 为消化温度 T_2 的气体体积，L；V_1 为标准条件 T_1 下的气体体积，L；T_1 为标准条件下的温度，273K；T_2 为消化温度，K。

根据COD去除量与甲烷气的产生量的关系，可用式（15-34）预测一个厌氧消化系统的甲烷日产量 V_{CH_4}（m^3/d）：

$$V_{CH_4}=V_2[Q(S_0-S_e)-1.42Qx]\times 10^{-3} \tag{15-35}$$

式中，$1.42Qx$ 项代表每天从反应器排泥所流出的COD量；S_e（出水中的COD）包括不能降解和尚未降解的有机物。

一般，甲烷在沼气中的含量为55%～73%，CO_2 占25%～35%，NH_4 占1%～2%，H_2S 占0.5%～1.5%。由此可得沼气的日产量 V_g 为：

$$V_g=V_{CH_4}\times\frac{1}{P} \tag{15-36}$$

式中，P 为以小数表示的沼气中甲烷含量，P 值越大，沼气热值越高。

（二）实际产气率分析

在厌氧消化工艺中，把转化1kgCOD所产的沼气或甲烷称为产气率。由于实际产气率受物料的性质、工艺条件以及管理技术水平等多种因素的影响，因此，在不同的场合，实际产气率与理论值会有不同程度的差异。处理装置中的实际产气率（甲烷）的值主要取决于以下诸因素。

1. 物料的性质

对于不同性质的底物，去除1gCOD的产气量不是常量。通常所称的理论产气率，即去除1gCOD产生0.35标准升甲烷或0.7标准升沼气，是根据碳水化合物厌氧分解计算的结果，不能代表各种底物的情况。就厌氧分解等当量COD的不同有机物而言，脂类（类脂物）的产气量最多，而且其中的甲烷含量也高；蛋白质所产生的沼气数量虽少，但甲烷含量高；碳水化合物所产生的沼气量少，且甲烷含量也较低；脂肪酸厌氧消化产气情况表明，随着碳链的增加，去除单位质量有机物的产气量增加，而去除单位质量COD的产气量则下降。

2. 废水COD浓度

废水的COD浓度越低，单位有机物的甲烷产率越低，主要原因是甲烷溶解于水中的量不同，如当进水COD为2000mg/L时，去除1kgCOD所产生的甲烷有21L溶于水。而当进水COD为1000mg/L时，则去除1kgCOD所产的甲烷有42L溶于水。图15-34中给出了一组碳水化合物污水厌氧消化的试验结果。因此，在实际工程中，高浓度有机废水的产气率能接近理论值，而低浓度有机废水的产气率则低于理论值。

3. 沼气中的甲烷含量

沼气中的甲烷含量越高，其在水中的溶解度越大，故甲烷的实际产气率越低。如在20℃下，若不考虑其他溶质的影响，当沼气中甲烷含量为80%时，甲烷的溶解度为18.9mg/L；当甲烷含量为50%时，其溶解度仅为11.8mg/L。

4. 生物相的影响

产气率还与系统中硫酸盐还原菌及反硝化细菌等的活动有关。若系统中上述菌较多，则

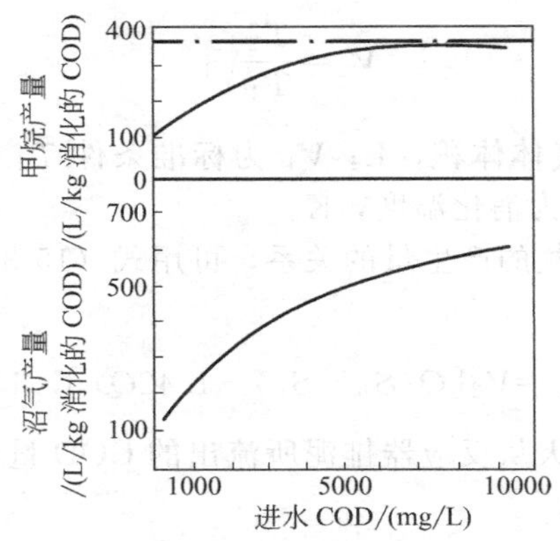

图 15-34　沼气产量、甲烷产量与进水 COD 值的关系

由于这些菌会与产甲烷菌争夺碳源，从而使产气率下降。废水中硫酸盐含量越高，产气率下降越多。

5. 工艺条件影响

对同种废水，在不同的工艺条件下，其去除单位质量 COD 的产气量不同。详细讨论参阅本章第二节。

6. 同化 COD 的影响

对于等当量 COD 的不同有机物，厌氧消化时用于细菌细胞合成的系数有一定差异，故产气率不是常量。同化 COD 越大，则分解用以产生甲烷的比例将越小，从而去除 1kgCOD 的甲烷产量越低。一般情况下，变幅小于 10%。

由此可见，在计算产气量时，需要综合考虑以上各种因素的影响。

第六节　厌氧设备的运行管理

一、厌氧设备的启动

厌氧设备在进入正常运行之前应进行污泥的培养和驯化。

厌氧处理工艺的缺点之一是微生物增殖缓慢，设备启动时间长，若能取得大量的厌氧活性污泥就可缩短投产期。厌氧活性污泥可以取自正在工作的厌氧处理构筑物或江河湖泊沼泽底泥、下水道及污水集积腐臭处等厌氧生境中的污泥，最好选择同类物料厌氧消化污泥；如果采用一般的未经消化的有机污泥自行培养，所需时间更长。

一般来说，接种污泥量为反应器有效容积的 10%～90%，依消化污泥的来源方便情况酌定，原则上接种量比例增大，启动时间缩短；其次是接种污泥中所含微生物种类的比例也应协调，特别要求含丰富的产甲烷细菌，因为它繁殖的世代时间较长。

在启动过程中，控制升温速度为 1℃/h，温度达到要求即保持恒温；注意保持 pH 值在 6.8～7.8 之间；此外，有机负荷常常成为影响启动成功的关键性因素。

启动的初始有机负荷因工艺类型、废水性质、温度等工艺条件以及接种污泥的性质而异。常取较低的初始负荷，继而通过逐步增加负荷完成启动。有的工艺对负荷的要求格外严格，例如厌氧污泥床反应器启动时，初始负荷仅为 0.1～0.2kgCOD/(kgVSS・d)（相应容积负荷则依污泥的浓度而异），至可降解的 COD 去除率达到 80%，或者反应器出水中挥发性有机酸的浓度已较低（低于 1000mg/L）的时候，再以每一步按原负荷的 50%递增的幅度增加负荷。如果出水中挥发性有机酸浓度较高，则不宜再提高负荷，甚至应酌情降低。其他厌氧消化反应器对初始负荷以及随后负荷递增过程的要求，不如厌氧污泥床反应器严格，故启动所需的时间往往较短些。此外，当废水的缓冲性能较佳时（如猪粪液类），可在较高的负荷下完成启动，如 1.2～1.5kgCOD/(kgVSS・d)，这种启动方式时间较短，但对含碳水化合物较多、缺乏缓冲性物质的料液，需添加一些缓冲物质，才能高负荷启动，否则，易使系统酸败，启动难以成功。

正常的成熟污泥呈深灰到黑色，带焦油气，无硫化氢臭，pH 值在 7.0～7.5 之间，污泥易脱水和干化。当进水量达到要求，并取得较高的处理效率，产气量大，含甲烷成分高时，可认为启动基本结束。

二、厌氧反应器运行中的欠平衡现象及其原因

启动后，厌氧消化系统的操作与管理主要是通过对产气量、气体成分、池内碱度、pH 值、有机物去除率等进行检测和监督，调节和控制好各项工艺条件，保持厌氧消化作用的平衡性，使系统符合设计效率指标，稳定运作。

保持厌氧消化作用的平衡性是厌氧消化系统运行管理的关键。厌氧消化过程易于出现酸化，即产酸量与用酸量不协调，这种现象称为欠平衡。厌氧消化作用欠平衡时可以显示出如下症状：a. 消化液挥发性有机酸浓度增高；b. 沼气中甲烷含量降低；c. 消化液 pH 值下降；d. 沼气产量下降；e. 有机物去除率下降。诸症状中最先显示的是挥发性有机酸浓度的增高，故它是最有用的一项监视参数，有助于尽早察觉欠平衡状态的出现。其他症状则因其显示的滞缓性，或者因其并非专一的欠平衡症状，故不如前者那样灵敏有用。

厌氧消化作用欠平衡的原因是多方面的，如：有机负荷过高；进水 pH 值过低或过高；碱度过低，缓冲能力差；有毒物质抑制；反应温度急剧波动；池内有溶解氧及氧化剂存在等。

一经检测到系统处于欠平衡状态时，就必须立即控制并加以纠正，以避免欠平衡状态进一步发展到消化作用停顿的程度。可暂时投加石灰乳以中和积累的酸，但过量石灰乳能起杀菌作用。解决欠平衡的根本办法是查明失去平衡的原因，有针对性地采取纠正措施。

三、运行管理中的安全要求

厌氧设备的运行管理中一个很重要的问题是安全问题。沼气中的甲烷比空气轻、非常易燃，空气中甲烷含量为 5%～15%时，遇明火即发生爆炸。因此消化池、贮气罐、沼气管道及其附属设备等沼气系统，都应绝对密封，无沼气漏出，并且不能使空气有进入沼气系统的可能，周围严禁明火和电气火花。所有电气设备应满足防爆要求。沼气中含有微量有毒的硫化氢，但低浓度的硫化氢就能被人们察觉。硫化氢比空气重，必须预防它在低凹处积聚。沼气中的二氧化碳也比空气重，同样应防止在低凹处积聚，因为它虽然无毒，却能使人窒息。因此，凡需因出料或检修进入消化池之前，务必以新鲜空气彻底置换池内的消化气体，以策安全。

思考题与习题

1. 试述有机物厌氧降解的基本过程及主要影响因素。

2. 比较厌氧法和好氧法的主要优缺点和各自适用的处理对象。

3. 扼要讨论影响正常厌氧生物处理的因素。在实际的污泥培训与日常运行管理中应如何控制这些因素？

4. 为什么要控制消化池的温度变化？试比较中温消化和高温消化的主要特点。

5. 在高浓度有机污水和污泥厌氧消化时硫酸盐含量过高对处理过程有怎样的影响？

6. 试述升流式厌氧污泥床的组成部分、处理污水的特点及颗粒污泥形成的影响因素。

7. 某厂排放可降解污染物废水量为1000m^3/d，废水含BOD_5为900mg/L，若在废水连续处理工艺中，厌氧池处理工艺水力停留时间为8h，求厌氧池的容积（设容积利用率为0.80）。

8. 厌氧处理运行管理中容易出现的技术难题是什么？并简述其原因和解决措施。

第十六章　生物脱氮除磷

氮和磷的排放会导致水体（特别是封闭水体）加速富营养化，其次是氨氮的好氧特性会使水体的溶解氧降低，此外，某些含氮化合物（如 NH_3、NO_3^- 及 NO_2^-）对人和其他生物有毒害作用。因此，国内外对氮磷的排放标准越来越严格。某些化学法或物理化学法可以有效地从废水中去除氮和磷，如加碱曝气吹脱法、折点加氯法、选择性离子交换法均可去除废水中的氨氮；化学沉淀法（铝盐、铁盐、石灰混凝）、离子交换法、吸附法均可去除废水中的磷酸盐。生物脱氮除磷技术是近 20 年发展起来的，一般来说比化学法和物理化学法去除氮磷经济，常用于城市污水或低浓度氮磷废水的深度处理，尤其是能有效地利用常规的二级生物处理工艺流程进行改造而达到生物脱氮除磷的目的。本章主要讲述生物脱氮除磷技术。

第一节　生物脱氮原理及影响因素

一、传统生物脱氮原理

污水中氮主要以有机氮和氨氮形式存在，在生物处理过程中，有机氮很容易通过微生物的分解和水解转化成氨氮，即氨化作用。传统的硝化-反硝化生物脱氮的基本原理就在于通过硝化反应先将氨氮转化为亚硝态氮、硝态氮，再通过反硝化反应将硝态氮、亚硝态氮还原成气态氮从水中逸出，从而达到脱氮的目的。

(1) 氨化反应　在未经处理的生活污水中，含氮化合物存在的主要形式有：a. 有机氮，如蛋白质、氨基酸、尿素、胺类化合物等；b. 氨态氮 NH_3 或 NH_4^+。一般以有机氮为主。

含氮化合物在好氧或厌氧微生物的作用下，均可转化为氨氮，其反应式如下：

好氧条件：

氧化脱氨　$RCHNH_2COOH \xrightarrow{+O_2} RCOCOOH + CO_2 + NH_3$

水解脱氨　$(NH_2)_2CO \xrightarrow{+2H_2O} CO_2 + H_2O + 2NH_3$

厌氧条件：

还原脱氨　$RCHNH_2COOH \xrightarrow{+2[H]} RCH_2COOH + NH_3$

水解脱氨　$RCHNH_2COOH \xrightarrow{+H_2O} RCOHCOOH + NH_3$

脱水脱氨　$CH_2(OH)CH(NH_2)COOH \xrightarrow{-H_2O} CH_3COCOOH + NH_3$

(2) 硝化反应　硝化反应是由自养型好氧微生物完成的，它包括两个步骤：第一步是由亚硝酸菌将氨氮转化为亚硝态氮（NO_2^-）；第二步则由硝酸菌将亚硝态氮进一步氧化为硝态氮（NO_3^-）。这两类菌统称为硝化菌，它们利用无机碳化物如 CO_3^{2-}、HCO_3^- 和 CO_2 作碳源，从 NH_3、NH_4^+ 或 NO_2^- 的氧化反应中获取能量，两步反应均需在有氧的条件下进行。亚硝化和硝化反应式（硝化＋合成）为：

$$NH_4^+ + 1.383O_2 + 1.982HCO_3^- \xrightarrow{\text{亚硝酸菌}} 0.018C_5H_7O_2N + 0.982NO_2^- + 1.036H_2O + 1.892H_2CO_3$$

$$NO_2^- + 0.003NH_4^+ + 0.01H_2CO_3 + 0.005HCO_3^- + 0.485O_2 \xrightarrow{\text{硝酸菌}} 0.003C_5H_7O_2N + 0.008H_2O + NO_3^-$$

硝化总反应式（硝化＋生物合成）为：

$$NH_4^+ + 1.98HCO_3^- + 1.86O_2 \longrightarrow 0.021C_5H_7O_2N + 1.04H_2O + 0.98NO_3^- + 1.88H_2CO_3$$

硝化过程的重要特征如下。

① 硝化菌（硝酸菌和亚硝酸菌）分别从氧化 NH_3 和 NO_2^- 的过程中获得能量，碳源来自 CO_3^{2-}、HCO_3^-、CO_2 等。

② 硝化反应在好氧状态下进行，DO≥2mg/L，1gNH_3-N（以 N 计）完全硝化需 4.57gO_2，其中第一步反应耗氧 3.43g，第二步反应耗氧 1.14g。

③ 产生大量的质子（H^+），需要大量的碱中和，1gNH_3-N（以 N 计）完全硝化需要碱度 7.14g（以 $CaCO_3$ 计）。

④ 细胞产率非常低，特别是在低温的冬季。

(3) 反硝化反应　反硝化反应是由异养型反硝化菌完成的，它的主要作用是将硝态氮或亚硝态氮还原成氮气，反应在无分子氧的条件下进行。反硝化菌大多是兼性的，在溶解氧浓度极低的环境中，它们利用硝酸盐中的氧作电子受体，有机物则作为碳源及电子供体提供能量并得到氧化稳定。当利用的碳源为甲醇时，反硝化反应式（反硝化＋生物合成）为：

$$NO_3^- + 1.08CH_3OH + 0.24H_2CO_3 \longrightarrow 0.06C_5H_7O_2N + 0.47N_2\uparrow + 1.68H_2O + HCO_3^-$$

$$NO_2^- + 0.67CH_3OH + 0.53H_2CO_3 \longrightarrow 0.04C_5H_7O_2N + 0.48N_2\uparrow + 1.23H_2O + HCO_3^-$$

当环境中缺乏有机物时，无机物如氢、Na_2S 等也可作为反硝化反应的电子供体。微生物还可通过消耗自身的原生质进行所谓的内源反硝化，内源反硝化的结果是细胞物质的减少，并会有 NH_3 的生成，因此，处理中不希望此种反应占主导地位，而应提供必要的碳源。

$$C_5H_7O_2N + 4NO_3^- \longrightarrow 5CO_2 + 2N_2 + NH_3 + 4OH^-$$

反硝化过程的重要特征如下。

① 在缺氧或低氧状态进行反硝化（以 NO_3^- 或 NO_2^- 为电子受体），若 DO 较高状态则会进行有机物氧化（以 O_2 为电子受体），而且这种转换频繁进行不影响反硝化菌活性。

② 反硝化过程消耗有机物，1gNO_3^--N（以 N 计）转化为 N_2 需提供有机物（以 BOD_5 计）2.86g。

③ 反硝化过程产生碱度，1gNO_3^--N（以 N 计）转化为 N_2 产生碱度（以 $CaCO_3$ 计）3.57g。

上述硝化、反硝化生物脱氮过程示意如图 16-1 所示。

二、硝化反硝化的影响因素

(1) 温度　硝化反应的适宜温度范围是 30～35℃，温度不但影响硝化菌的比增长速率，而且影响硝化菌的活性。在 5～35℃范围内，硝化反应速率随温度的升高而加快，但超过 30℃时增加幅度减小。当温度低于 5℃时，硝化细菌的生命活动几乎停止。对于同时去除有机物和进行硝化反应的系统，温度低于 15℃即发现硝化速率迅速降低。低温对硝酸菌的抑制作用更为强烈，因此在低温，即 12～14℃时常出现亚硝酸盐的积累。在 30～35℃较高温度下，亚硝酸菌的最小倍增时间要小于硝酸菌，因此，通过控制温度和污泥龄，也可控制反

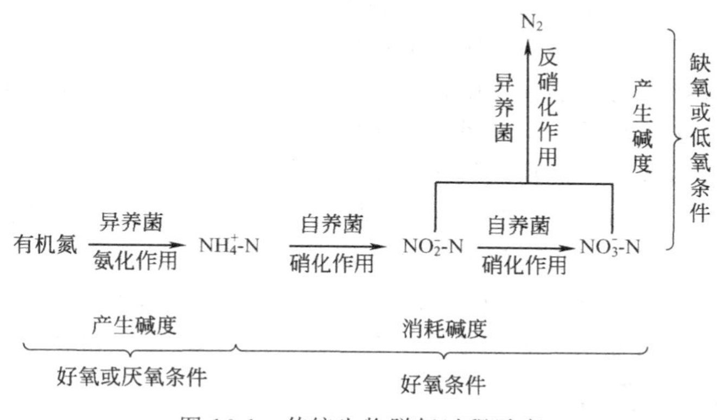

图 16-1　传统生物脱氮过程示意

应器中亚硝酸菌占绝对优势。

反硝化反应的最佳温度范围为 35～45℃，温度对硝化菌的影响比反硝化菌大。

(2) 溶解氧　硝化反应必须在好氧条件下进行，一般应维持混合液的溶解氧浓度为 2～3mg/L，溶解氧浓度为 0.5～0.7mg/L 是硝化菌可以忍受的极限。硝化可在高溶解氧状态下进行，高达 $60g/m^3$ 的溶解氧浓度也不会抑制硝化的进行。为了维持较高的硝化速率，尤其在污泥龄降低时要相应地提高溶解氧浓度。

溶解氧对反硝化反应有很大影响，主要由于氧会与硝酸盐竞争电子供体，同时分子态氧也会抑制硝酸盐还原酶的合成及其活性。研究表明，溶解氧保持在 0.5mg/L 以下才能使反硝化反应正常进行。

(3) pH 值　硝化反应的最佳 pH 值范围为 7.5～8.5，硝化菌对 pH 值变化十分敏感，当 pH 值低于 7 时，硝化速率明显降低，低于 6 和高于 9.6 时，硝化反应将停止进行。

反硝化过程的最佳 pH 值范围为 6.5～7.5，不适宜的 pH 值会影响反硝化菌的生长速率和反硝化酶的活性。当 pH 值低于 6.0 或高于 8.0 时，反硝化反应将受到强烈抑制。

(4) C/N 比　C/N 比值是影响硝化速率和过程的重要因素。硝化菌的产率或比增长速率比分解有机物（BOD）的异养菌低得多，若废水中 BOD_5 值太高，将有助于异养菌迅速增殖，从而使微生物中硝化菌的比例下降。表 16-1 列出了 BOD_5/TKN（总凯氏氮）比值与硝化菌所占比例的关系。一般认为，只有 BOD_5 低于 20mg/L 时，硝化反应才能完成。

表 16-1　BOD_5/TKN 与硝化菌所占比例的关系

BOD_5/TKN	硝化菌所占比例	BOD_5/TKN	硝化菌所占比例	BOD_5/TKN	硝化菌所占比例
0.5	0.35	4	0.064	8	0.033
1	0.21	5	0.054	9	0.029
2	0.12	6	0.043		
3	0.083	7	0.037		

反硝化过程需要充足的碳源，理论上 1gNO_3^--N 还原为 N_2 需要碳源有机物（以 BOD_5 表示）2.86g。一般当废水中 BOD_5/TKN 值大于 4 时，可认为碳源充足，不需另外投加碳源，反之则要投加甲醇或其他易降解有机物作为碳源。

(5) 污泥龄　为使硝化菌能在连续流的反应系统中存活并维持一定数量，微生物在反应器中停留时间（污泥龄 θ_c）应大于硝化菌的最小世代期，一般应取系统的污泥龄为硝化最小世代期的 2 倍以上。较长的污泥龄可增强硝化反应的能力，并可减轻有毒物质的抑制作用。

(6) 抑制物质　对硝化反应有抑制作用的物质有：过高浓度的NH_3-N、重金属、有毒物质以及有机物。一般来说，同样毒物对亚硝酸菌的影响比对硝酸菌的影响大。

反硝化菌对有毒物质的敏感性比硝化菌低很多，与分解有机物（BOD）的好氧菌相同。在应用一般好氧菌的文献数据时，应考虑驯化的影响。

生物脱氮工艺包括含碳有机物的氧化、氨氮的硝化、硝态氮的反硝化等生物过程，即碳化-硝化-反硝化过程。从完成这些过程的反应器来分，脱氮工艺可分为活性污泥脱氮系统和生物膜脱氮系统，其分别采用活性污泥法反应器与生物膜反应器作为好氧/缺氧反应器，实现硝化/反硝化以达到脱氮的目的。依据完成这些过程的时段和空间不同，活性污泥脱氮系统的碳化、硝化、反硝化可在多池中进行，也可在单池（如SBR和氧化沟）中进行。

三、生物脱氮新理念

硝化/反硝化这一传统生物脱氮工艺耗能多，反硝化时还需要有足够的有机碳源还原硝酸盐到氮气。对高浓度氨氮废水上述问题表现更为突出，因此国内外学者一直在寻找高效低耗的生物脱氮工艺，有代表性的研究成果简述如下。

(1) 短程硝化-反硝化　由传统硝化-反硝化原理可知，硝化过程是由两类独立的细菌催化完成的两个不同反应，应该可以分开；而对于反硝化菌，NO_3^- 或 NO_2^- 均可以作为最终受氢体。即将硝化过程控制在亚硝化阶段而终止，随后进行反硝化，在反硝化过程将 NO_2^- 作为最终受氢体，故称为短程（或简捷）硝化-反硝化。其反应式为：

$$NH_4^+ + \frac{3}{2}O_2 \longrightarrow NO_2^- + 2H^+ + H_2O$$

$$2NO_2^- + CH_3OH + CO_2 \longrightarrow N_2 + 2HCO_3^- + H_2O$$

控制硝化反应停止在亚硝化阶段是实现短程硝化-反硝化生物脱氮技术的关键，在一定程度上取决于对两种硝化细菌的控制，其主要影响因素有温度、污泥龄、溶解氧、pH值和游离氨等。研究表明，控制较高温度（25～35℃）、较低溶解氧、较高pH值和极短的污泥龄条件等，可以抑制硝酸菌生长而使反应器中亚硝酸菌占绝对优势，从而把硝化过程控制在亚硝化阶段。短程硝化-反硝化生物脱氮工艺可减少约25%的供氧量，节省反硝化所需碳源40%、减少污泥生成量50%以及减少碱消耗量和缩短反应时间。

(2) 同步硝化-反硝化

① 厌氧氨氧化，有研究表明反硝化过程存在多种新的反应途径，如厌氧氨氧化、好氧反硝化等，为缩短生物脱氮过程提供了新的理论和思路。

厌氧氨氧化（Anaerobic Ammonium Oxidation，ANAMMOX）是荷兰Delft大学1990年提出的一种新型脱氮工艺。其基本原理是在厌氧条件下，以硝酸盐或亚硝酸盐作为电子受体，将氨氮氧化成氮气，或者利用氨作为电子供体，将亚硝酸盐或硝酸盐还原成氮气。参与厌氧氨氧化的细菌是一种自养菌，在厌氧氨氧化过程中无需提供有机碳源。厌氧氨氧化反应式及反应自由能为：

$$NH_4^+ + NO_2^- \longrightarrow N_2\uparrow + 2H_2O \qquad \Delta G = -358\text{kJ/mol } NH_4^+$$

$$5NH_4^+ + 3NO_3^- \longrightarrow 4N_2\uparrow + 9H_2O + 2H^+ \qquad \Delta G = -297\text{kJ/mol } NH_4^+$$

根据热力学理论，上述反应的 $\Delta G<0$，说明反应可自发进行，从理论上讲，可以提供能量供微生物生长。

② 亚硝酸型完全自养脱氮（Completely Autotrophic Nitrogen-removal Over Nitrite）简称CANON工艺。其基本原理是先将氨氮部分氧化成亚硝酸氮，控制 NH_4^+ 与 NO_2^- 的比例为1∶1，然后通过厌氧氨氧化作为反硝化实现脱氮的目的。其反应式表述为：

$$\frac{1}{2}NH_4^+ + \frac{3}{4}O_2 \longrightarrow \frac{1}{2}NO_2^- + H^+ + \frac{1}{2}H_2O$$

$$\frac{1}{2}NH_4^+ + \frac{1}{2}NO_2^- \longrightarrow \frac{1}{2}N_2\uparrow + 2H_2O$$

全过程为自养的好氧亚硝化反应结合自养的厌氧氨氧化反应，无需有机碳源，对氧的消耗比传统硝化/反硝化减少 62.5%，同时减少碱消耗量和污泥生成量。

第二节　生物除磷原理及影响因素

一、生物除磷原理

废水中磷的存在形态取决于废水的类型，最常见的是磷酸盐（$H_2PO_4^-$、HPO_4^{2-}、PO_4^{3-}）、聚磷酸盐和有机磷。常规二级生物处理的出水中，90%左右的磷以磷酸盐的形式存在。

生物除磷主要由一类统称为聚磷菌的微生物完成，其基本原理包括厌氧放磷和好氧吸磷过程，如图 16-2 所示。

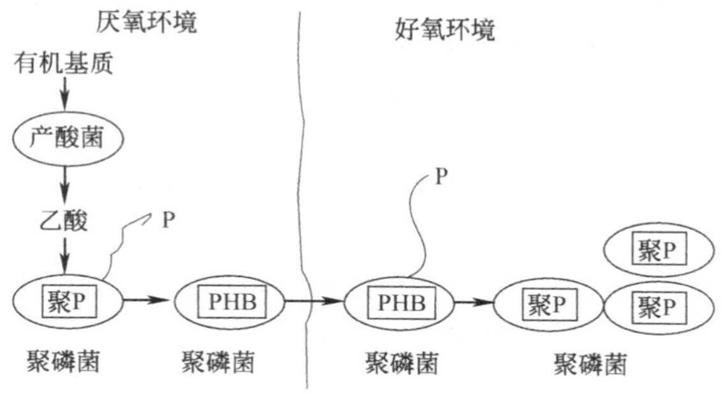

图 16-2　生物除磷过程示意

在厌氧条件下（既没有溶解氧也没有原子态氧），聚磷菌体内的 ATP 进行水解，放出 H_3PO_4 和能量，形成 ADP，同时吸收有机物（主要为来自兼性细菌水解产物或原污水的低分子脂肪酸），并合成聚 β-羟基丁酸盐（PHB）贮于细胞内，此过程即为厌氧放磷过程（废水中磷增加）。

在好氧条件下，聚磷菌进行有氧呼吸，将积贮在细胞内的 PHB 好氧分解，并利用该反应产生的能量，在透膜酶的催化作用下，过量地、超出其生理需要地从水中摄取磷，所摄入的磷一部分用于合成 ATP；另一部分合成聚磷酸盐贮藏在菌体内，形成高磷污泥，此过程即为好氧吸磷过程，这种现象被称为“磷的过量摄取”。

由于好氧吸磷量大于厌氧放磷量，将高磷污泥通过剩余污泥排出系统外，即可达到除磷目的。值得一提的是，在厌氧条件下放磷越多，合成的 PHB 越多，则在好氧条件下合成的聚磷酸盐量也越多，除磷的效果就越好。

二、生物除磷的影响因素

1. 溶解氧和化合态氧

溶解氧分别对摄磷和放磷过程影响不同。在厌氧区中必须控制严格的厌氧条件，既没有分子态氧也没有 NO_3^- 等化合态氧。溶解氧将抑制厌氧菌的发酵产酸作用和消耗乙酸等低分子脂肪酸物质；硝态氮影响聚磷菌的代谢，也会消耗部分乙酸等低分子脂肪酸物质而发生反硝化作用，都影响磷的释放，从而影响在好氧条件下对磷的吸收。在好氧区中要供给足够的溶解氧，以满足聚磷菌对 PHB 的分解和摄磷所需。一般厌氧段的溶解氧应严格控制在 0.2mg/L 以下，而好氧段的溶解氧控制在 2.0mg/L 左右。

2. 污泥龄

由于生物脱磷系统主要是通过排除剩余污泥去除磷的，因此剩余污泥量的多少将决定系统的除磷效果。一般污泥龄较短的系统产生较多的剩余污泥，可以取得较高的除磷效果。短的泥龄还有利于好氧段控制硝化作用的发生而利于厌氧段的充分释磷，因此，在仅以除磷为目的的污水处理系统中，一般宜采用较短的污泥龄。研究表明，当污泥龄为 30 天时，除磷率为 40%；污泥龄为 17 天时，除磷率为 50%；污泥龄降至 5 天时，除磷率可提高到 87%。

3. BOD 负荷和有机物性质

一般认为，较高的 BOD 负荷可取得较好的除磷效果，有人提出 BOD/TP＝20 是正常进行生物除磷的底限。不同有机物为基质对磷的厌氧释放及好氧摄取也有差别，一般低分子易降解的有机物易被聚磷菌吸收，诱导磷释放的能力较强，而高分子难降解的有机物诱导磷释放的能力较弱。

4. 温度

温度对除磷效果的影响不如对生物脱氮过程的影响明显，因为在高温、中温、低温条件下，不同的菌群都具有生物除磷的能力，在 5～30℃ 的范围内，都可以得到很好的除磷效果，但低温运行时厌氧区的停留时间要长一些。

5. pH 值

pH 值在 6～8 的范围内时，磷的厌氧释放比较稳定。pH 值低于 6 时生物除磷的效果会大大下降。

废水生物除磷的工艺流程一般由厌氧池和好氧池组成。A/O（厌氧-好氧生物除磷）工艺和 Phostrip（旁流除磷）工艺是两种基本的生物除磷工艺。

第三节　生物脱氮除磷工艺及特点

一、生物脱氮工艺

1. 传统活性污泥法脱氮工艺

活性污泥法脱氮的传统工艺是由 Barth 开创的三级生物脱氮工艺，其工艺流程如图 16-3 所示。

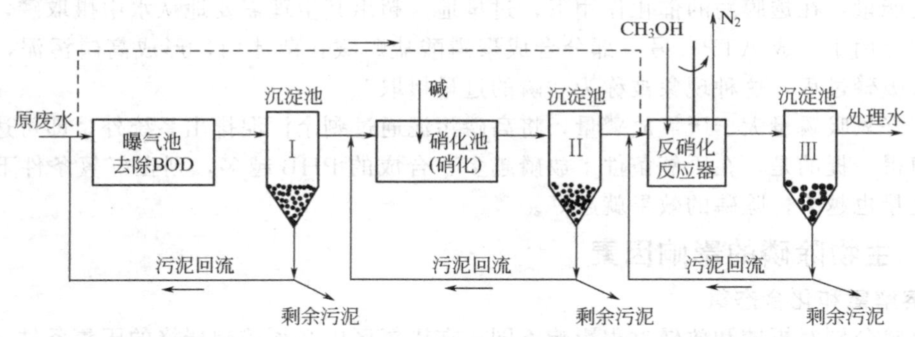

图 16-3　传统活性污泥法脱氮工艺（三级活性污泥法流程）

第一级曝气池为一般的二级生物处理曝气池，其主要功能是去除 BOD（COD），使有机氮转化成氨态氮（NH_3、NH_4^+），即完成氨化反应过程。经沉淀后，污水进入硝化池，此时污水的 BOD 值已降至 15～20mg/L。在第二级硝化曝气池进行反应，使氨氮转化为 NO_2^--N 和 NO_3^--N，因硝化反应要消耗碱度，故需补充碱度，以防 pH 值下降。第三级进行反硝化反应，在缺氧条件下进行反硝化，将 NO_3^--N 还原为氮气。反硝化过程中投加甲醇补充所需碳源，亦可引入原污水作碳源。

20 世纪初，该工艺的有机物氧化、硝化及反硝化是独立分开的，分别在三个反应池中完成，每一部分都有其各自的沉淀池和独立的污泥回流系统。这样可以分别控制其在适宜的条件下运行，处理效率高；但处理设备较多，造价高。另外，反硝化阶段需要外加碳源，如反硝化补充的碳源消耗不彻底，会使出水 BOD 值较高，为此可在反硝化之后再设曝气池降低 BOD。

2. 缺氧-好氧生物脱氮工艺

该工艺于 20 世纪 80 年代初开发，又名 A_N/O 法，其工艺流程如图 16-4 所示。

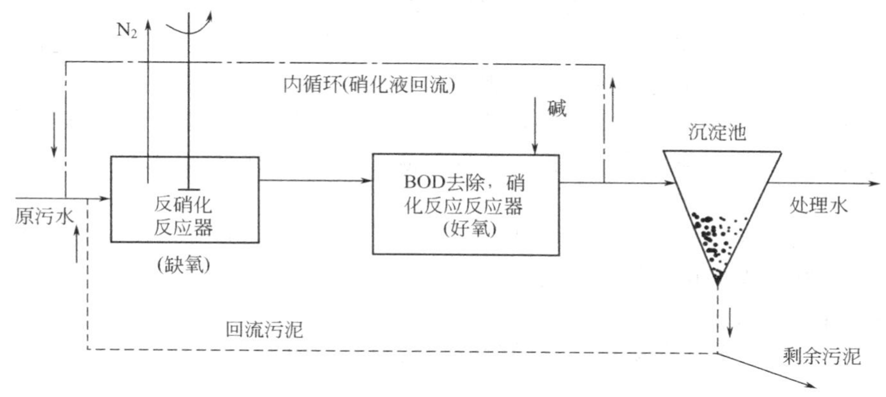

图 16-4　分建式 A_N/O 脱氮系统

该工艺的主要特点是将反硝化反应器设置在系统的前面，故又称之为前置反硝化生物脱氮工艺，它是目前广泛采用的一种脱氮工艺。硝化反应器内的硝化液回流至反硝化反应器，反硝化反应器内的脱氮菌以原水中的有机物为碳源，以回流液中硝酸盐的氧作为电子受体，进行呼吸和生命活动，将硝态氮还原为氮气，不需外加碳源。在反硝化反应中产生的碱度补充硝化反应中所消耗的碱度的 50% 左右。同时，对含氮浓度不高的废水（生活污水）可不另行投碱调节 pH 值。另外，硝化曝气池在后，使反硝化残留的有机物得以进一步去除，提高了出水水质，无需增建后曝气池。

该工艺流程简单，无需外加碳源，基建运行费用较低。不足之处有以下几点：a. 出水来自硝化反应器，处理水中常含有一定浓度的硝酸盐，如沉淀运行不当，会出现反硝化反应，造成污泥上浮；b. 脱氮效率一般在 70% 左右，如欲提高脱氮效率，必须加大内循环比，这样会使运行费用增高；c. 内循环液来自曝气池，含有一定的 DO，使反硝化反应难以保持理想的缺氧状态，影响反硝化速率。

A_N/O 工艺的设计运行参数：SRT 为 7～20d；MLSS 为 3000～4000mg/L；缺氧段 HRT 为 1～3h，好氧段 HRT 为 4～12h。

二、生物除磷工艺

1. 厌氧-好氧除磷工艺

该工艺由 Barnard 于 1974 年首次发现，又称 A_P/O 工艺，由厌氧池和好氧池组成，可同时从污水中去除磷和有机碳，其工艺流程如图 16-5 所示。

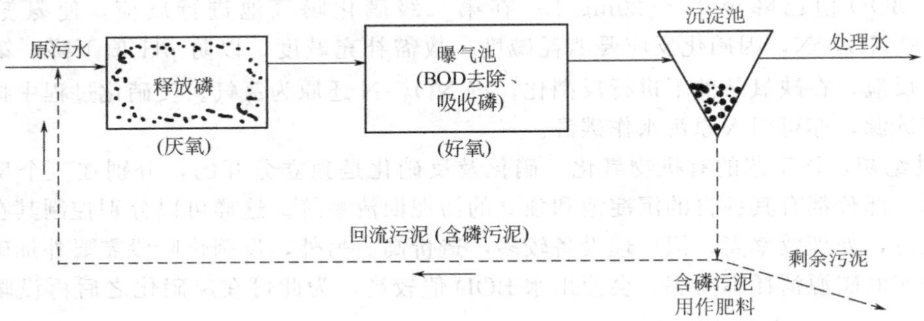

图 16-5　厌氧-好氧除磷工艺流程

污水在好氧段进行 BOD 的去除和磷的吸收，磷通过剩余污泥的形式从系统中除去。出水中磷的浓度主要取决于处理水中磷和 BOD 的比。

好氧段的混合液经沉淀池泥水分离后，一部分含磷污泥回流进入厌氧池进行厌氧放磷；另一部分含磷污泥作为剩余污泥排出用作肥料。

本工艺简单，建设费用及运行费用较低，而且由于无内循环的影响，厌氧反应能够处于良好的厌氧状态，磷的去除率较好。由于在沉淀池内易产生磷的释放现象，因此，停留时间不宜过长，应注意及时排泥和回流。

A_P/O 工艺的设计运行参数：SRT 为 3～7d；MLSS 为 2000～4000mg/L；厌氧段 HRT 为 0.5～1.5h，好氧段 HRT 为 1～3h。

2. Phostrip 除磷工艺

Phostrip 除磷工艺是生物除磷与化学除磷相结合的一种工艺，除磷效率高。其工艺流程如图 16-6 所示。

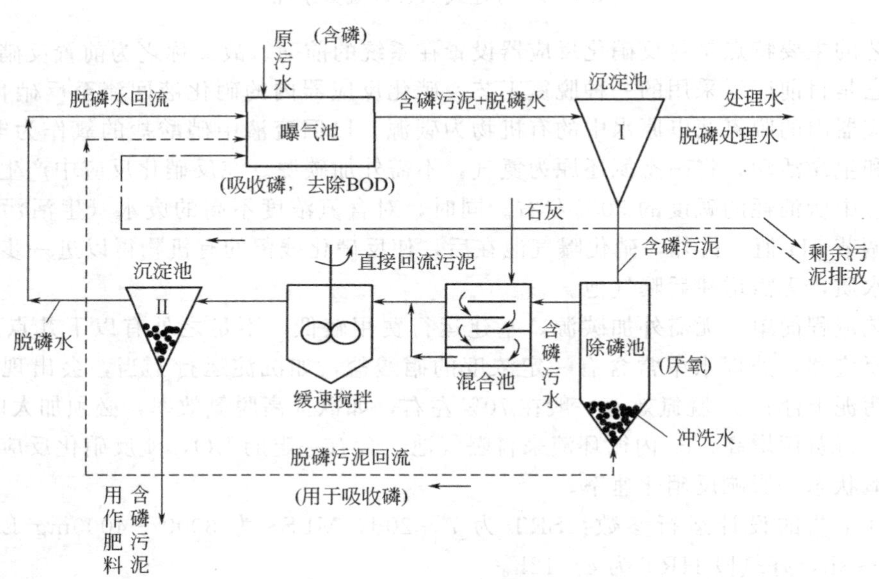

图 16-6　Phostrip 除磷工艺流程

废水首先经曝气池去除 BOD 和吸磷，含磷污泥在除磷池中进行厌氧放磷，释放磷的上清液流出，释放磷后的污泥回流到曝气池。上清液用石灰或其他混凝剂处理沉淀后，回流到初沉池或其他用于固液分离的混凝/澄清池，磷通过沉淀从系统中除去。

该工艺的优点是：a. 易于与现有设施结合及改造，过程灵活性好，除磷性能不受进水有机物浓度限制；b. 加药量比直接采用化学沉淀法小很多，出水磷酸盐浓度可稳定在小于 1mg/L。该工艺的缺点是：a. 需要投加化学药剂；b. 混合液需保持较高 DO 浓度，以防止磷在二沉池中释放；c. 需附加池体用于磷的解吸；d. 如使用石灰可能存在结垢问题。

该工艺除磷效果好，处理水中含磷量一般低于 1mg/L，产生的污泥中含磷率约为 2.1%～7.1%。SVI 值<100，易于沉淀，但工艺流程复杂，投加药剂、建设及运行费用有所提高。Phostrip 除磷工艺的设计运行参数：SRT 为 5～20d；MLSS 为 1000～3000mg/L；厌氧段 HRT 为 8～12h，好氧段 HRT 为 4～10h。

三、生物脱氮除磷组合工艺

为了达到在一个处理系统中同时去除氮和磷的目的，通过对厌氧、缺氧、好氧三种状态和回流方式及位置的组合与优化，形成各种脱氮除磷组合工艺。下面讨论几种主要的生物脱氮除磷组合工艺。

1. Phoredox 工艺

在 Phoredox 工艺（图 16-7）中，厌氧池可以保证磷的释放，从而保证在好氧条件下有更强的吸磷能力，提高除磷效果。由于由两级 A/O[(A_P/A_N/O) 和 (A_N/O)] 工艺串联组合，脱氮效果好，则回流污泥中挟带的硝酸盐很少，对除磷效果影响较小，但该工艺流程较复杂。

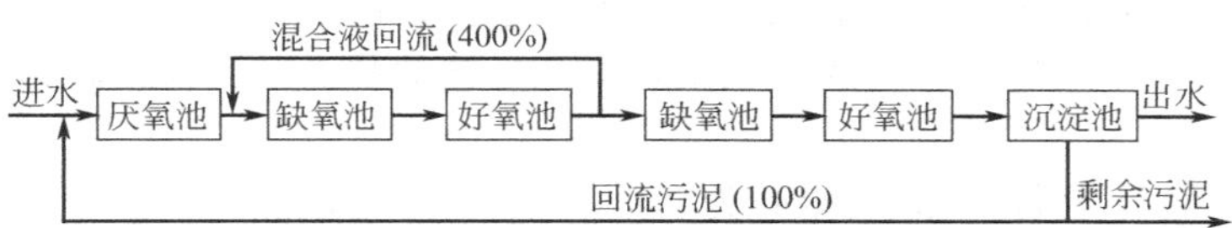

图 16-7　Phoredox 工艺

2. A²/O 工艺

A^2/O (A_P/A_N/O) 工艺（图 16-8）是 Anaerobic/Anoxic/Oxic 的简称，厌氧、缺氧、好氧交替运行，具有同步脱氮除磷的功能。工艺流程简单，它实质上是 Phoredox 工艺的简化和改进。但回流污泥中挟带的溶解氧和 NO_3^--N 影响除磷效果。当混合液回流比较小时，脱氮效果不理想。

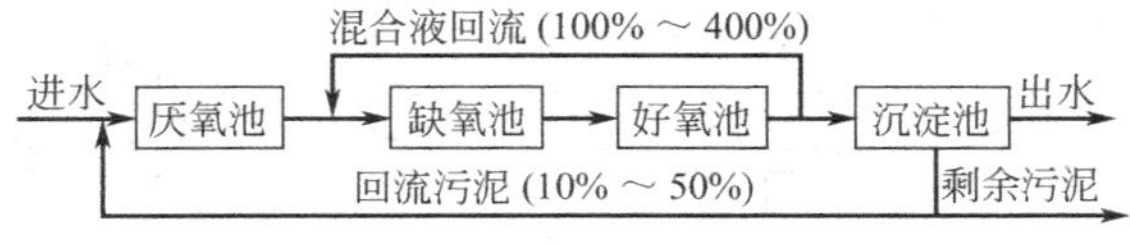

图 16-8　A^2/O 工艺

该工艺的优点是：反硝化过程为硝化提供碱度，反硝化过程同时除去有机物，污泥沉降性能好。该工艺的缺点是：回流污泥含有硝酸盐进入厌氧区，对除磷效果有影响；脱氮受内回流比影响。

A^2/O 工艺的设计运行参数：SRT 为 10～20d，MLSS 为 3000～4000mg/L；厌氧段 HRT 为 1～2h，缺氧段 HRT 为 0.5～3h，好氧段 HRT 为 5～10h。

3. UCT 工艺及改进型 UCT 工艺

UTC 工艺［图 16-9(a)］是对 A^2/O 工艺的一种改进，与 A^2/O 工艺的不同之处在于沉淀池污泥回流到缺氧池而不回流到厌氧池，避免回流污泥中硝酸盐对除磷效果的影响，增加了缺氧池到厌氧池的混合液回流，以弥补厌氧池中污泥的流失，强化除磷效果。

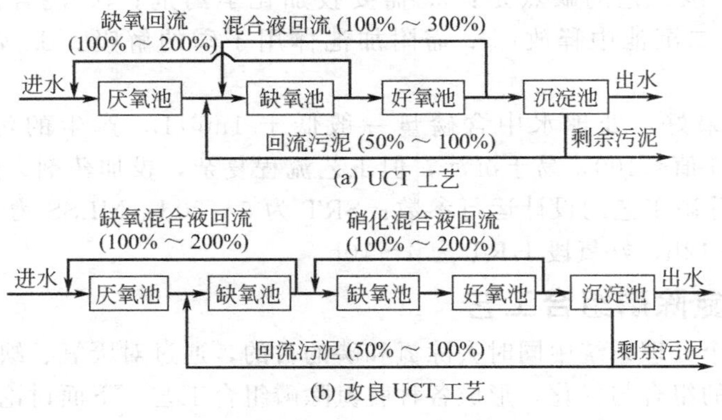

图 16-9　UTC 工艺

在 UTC 工艺基础上，为进一步减少缺氧池回流混合液中硝酸盐对厌氧放磷的影响，再增加一个缺氧池，改良后的 UTC 工艺流程将硝化混合液回流到第二缺氧池，而将第一缺氧池混合液回流到厌氧池，最大限度地消除了混合回流液中硝酸盐对厌氧池放磷的不利影响[图 16-9(b)]。

该工艺的优点是：减少了进入厌氧区的硝酸盐量，提高了除磷效率；尤其对有机物浓度偏低的污水，除磷效率有所改善，脱氮效果好。该工艺的缺点是：操作较为复杂，需增加附加回流系统。

UTC 工艺的设计运行参数：SRT 为 10～25d，MLSS 为 3000～4000mg/L；厌氧段 HRT 为 1～2h，缺氧段 HRT 为 2～4h，好氧段 HRT 为 4～12h。

4. 厌氧-氧化沟

厌氧池和氧化沟结合为一体的工艺（图 16-10），在空间顺序上创造厌氧、缺氧、好氧的过程，以达到在单池中同时生物脱氮除磷的目的。

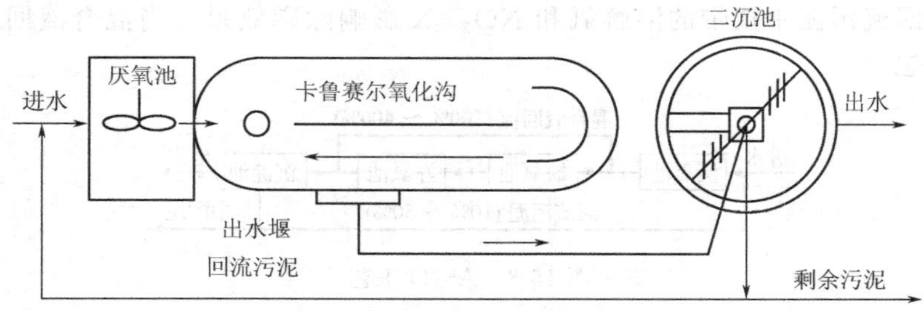

图 16-10　厌氧-氧化沟工艺

氧化沟工艺的设计运行参数：SRT 为 20～30d，MLSS 为 2000～4000mg/L；总 HRT 为 18～30h；回流污泥占进水平均流量的 50％～100％。

5. SBR 工艺

SBR 工艺在时间顺序上创造厌氧、缺氧、好氧的过程，以达到在单池中同时生物脱氮除磷的目的（图 16-11）。进水后进行一定时间的缺氧搅拌，好氧菌首先利用进水中携带的

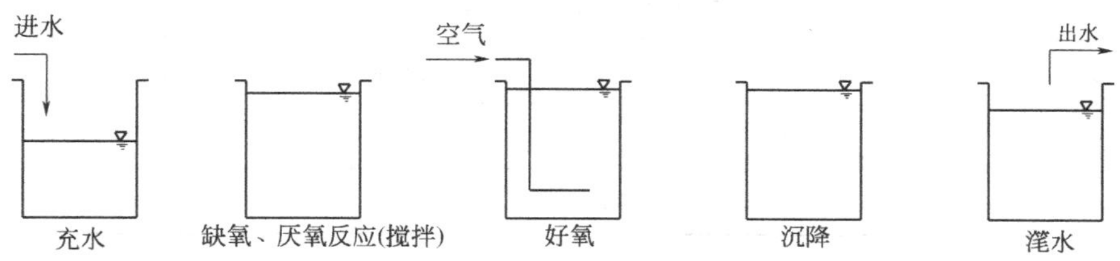

图 16-11　SBR 工艺

有机物和溶解氧进行好氧分解，此时水中的溶解氧将迅速降低甚至达到零，这时反硝化细菌利用原污水碳源进行反硝化脱氮（去除沉降分离后留在池中的硝酸盐）；然后池体进入厌氧状态，聚磷菌释放磷；接着进行曝气（池体进入好氧状态），硝化细菌进行硝化反应，聚磷菌吸收磷，经一定反应时间后，停止曝气，进行静置沉淀，滗出上部清水，而后再进入原污水进行下一个周期循环，如此周而复始。

该工艺的优点是：运行简单，占地省；混合液活性污泥不会因为水力冲洗而流失；静态沉淀过程能降低出水 TSS 浓度；运行灵活；无回流，或回流量小；耐受水力冲击负荷。该工艺的缺点是：设计复杂，出水水质取决于可靠的排水设施，自动化要求高；设备利用率低，出水不连续，适用于小流量废水的处理。

SBR 工艺的设计运行参数：SRT 为 20～40d；MLSS 为 3000～4000mg/L；厌氧段 HRT 为 1.5～3h，缺氧段 HRT 为 1～3h，好氧段 HRT 为 2～4h。

第四节　生物脱氮除磷工艺设计

一、反应池（区）容积计算

生物脱氮除磷系统的设计计算主要包括硝化所需曝气池的容积和反硝化所需缺氧池的容积、除磷所需厌氧池的容积、污泥回流比和混合液回流比，以及需氧量和剩余污泥量等，并确定系统的污泥龄。

1. 好氧池（区）容积

采用泥龄作设计依据时，曝气池容积可根据泥龄计算，如下式所示：

$$V_1=\frac{YQ(S_0-S_e)\theta_c}{X(1+k_d\theta_c)} \tag{16-1}$$

式中，V_1 为曝气池容积（包括去除 BOD_5 及硝化所需的容积），m^3；Y 为产率系数（污泥增长量），kgVSS/kg 去除 BOD_5；Q 为污水流量，m^3/d；S_0 为进水 BOD_5 浓度，mg/L；S_e 为出水 BOD_5 浓度，mg/L；θ_c 为污泥龄，d；k_d 为内源呼吸系数，d^{-1}；X 为混合液挥发性悬浮固体浓度（MLVSS），mg/L。

如果忽略污泥内源呼吸的影响和不考虑出水 BOD_5 的浓度，上式也可简单地表示

$$V_1=\frac{QS_0Y\theta_c}{X} \tag{16-2}$$

式中，V_1、Q、S_0、Y、θ_c、X 意义与前相同。

设计时混合液挥发性悬浮固体浓度 MLVSS 一般采用 2000～4000mg/L。

动力学常数 Y 及 k_d 可根据试验确定或采用参考文献值，表 16-2 为部分废水的 Y 和 k_d 参考数据。

表 16-2 Y 和 k_d 参考数据

动力学常数	生活污水	脱脂牛奶废水	合成废水	造纸和纸浆废水	城市废水
Y/(kgVSS 去除 $kgBOD_5$)	0.5～0.67	0.48	0.65	0.47	0.35～0.45
k_d/d^{-1}	0.048～0.05	0.045	0.18	0.20	0.05～0.10

污泥龄的选择应考虑硝化的需要，保证生长速率较慢的硝化菌不致从系统中被冲出，并留有足够的安全系数，一般在设计中污泥龄取最小污泥龄的 2～3 倍。设计采用的最小污泥龄是硝化菌比增长速率的倒数。由硝化反应动力学可知，限制整个硝化反应过程的步骤是亚硝化反应（氨氮转化为亚硝酸菌）的过程，因此污泥龄应根据亚硝酸菌的世代期来确定。亚硝酸菌的比增长速率受多种因素影响，不同温度、pH 值、氨氮含量、溶解氧条件下亚硝酸菌的比增长速率可用一个统一的公式表示：

$$U_N=[0.47e^{0.098(T-15)}]\left(\frac{N}{N+10^{0.051T-1.158}}\right)\left(\frac{DO}{1.3+DO}\right)[1-0.833(7.2-pH)] \tag{16-3}$$

式中，U_N为亚硝酸菌的比增长速率，d^{-1}；N 为 NH_4^+-N 浓度，mg/L；DO 为硝化反应中溶解氧浓度，mg/L；T 为运行条件下的温度，℃；pH 为运行条件下的 pH 值。

利用式(16-3) 可以计算出运行条件下的亚硝酸菌的比增长速率，进而可计算出最小污泥龄和设计污泥龄。即：

$$\theta_{cmin}=\frac{1}{U_N} \tag{16-4}$$

$$\theta_c^d=S_f\theta_{cmin} \tag{16-5}$$

式中，θ_{cmin}为最小污泥龄，d；θ_c^d为设计污泥龄，d；S_f为安全系数，一般取 2～3；θ_{cmin}为实现硝化所需的最小泥龄，d。

2. 缺氧池（区）容积

反硝化所需缺氧池（区）容积 V_2可以反硝化速率作设计依据，由式（16-6）计算：

$$V_2=\frac{N_T}{q_{D,T}X} \tag{16-6}$$

式中，V_2为缺氧区有效容积，m^3；N_T为硝酸盐氮的量，kg/d；$q_{D,T}$为温度为 T℃时反硝化速率，$kgNO_3^-$-N/(kgMLVSS · d)；X 为混合液悬浮固体浓度（MLVSS)，mg/L。

需还原的硝酸盐氮量 N_T可按下式计算：

$$N_T=N_0-N_w-N_e \tag{16-7}$$

式中，N_0为原废水含氮量，kg/d；N_w为随剩余污泥排放去除的氮量，kg/d；从剩余污泥排放的氮量可设为总含氮量的 10%左右；N_e为随出水排放带走的氮量，kg/d。

影响反硝化速率 $q_{D,T}$的因素很多，必须进行试验确定。温度对反硝化速率的影响可用式（16-8）表示：

$$q_{D,T}=q_{D,20}\theta^{(T-20)} \tag{16-8}$$

式中，$q_{D,20}$为第一缺氧池 20℃时反硝化速率，$kgNO_3^-$-N/(kgMLVSS · d)；θ 为温度系数，1.03～1.15，设计时可取 θ=1.09。

对于 Bardenpho（两级 A/O 工艺串联组合）生物脱氮工艺，由于第一、第二缺氧池的碳源不同，反硝化速率也就不同。第一缺氧池利用进水中的碳源有机物作为反硝化碳源，20℃时反硝化速率 $q_{D,20}$为：

$$q_{D,20}=0.3F/M_1+0.029 \tag{16-9}$$

式中，$q_{D,20}$为第一缺氧池 20℃时反硝化速率，$kgNO_3^-$-N/(kgVSS·d)，文献报道值为 0.05～0.15$kgNO_3^-$-N/(kgVSS·d)；F/M_1为第一缺氧池污泥（VSS）有机负荷，kgBOD/(kgVSS·d)。

第二缺氧池以内源代谢物质为碳源，反硝化速率与活性污泥的泥龄有关，即：

$$q_{D,20}=0.12\theta_c^{-0.706} \tag{16-10}$$

3. 厌氧池（区）容积

厌氧区是生物除磷工艺最重要的组成部分，厌氧区的容积一般按 0.9～2.0h 的水力停留时间确定，如果进水中易生物降解有机物浓度高，水力停留时间可相应地选择低限值，相反易生物降解有机物含量较低的废水，停留时间取上限。

4. 污泥回流比及混合液回流比计算

一般设计采用的污泥回流比为 70%～100%，而混合液回流比取决于所要求的脱氮率，混合液回流比可用下列方法粗略地估算。

假设系统的硝化率和反硝化率均为 100%，且忽略细菌合成代谢所去除的 NH_4^+-N，则脱氮率为：

$$\eta=\frac{RQ}{Q+RQ}=\frac{R}{1+R} \tag{16-11}$$

根据脱氮率确定混合液回流比，由上式得：

$$R=\frac{\eta}{1-\eta} \tag{16-12}$$

式中，η 为系统脱氮率，%；R 为混合液回流比，%；Q 为废水流量，m^3/d。

常用的混合液回流比为 300%～600%，混合液回流比取得太大，虽然脱氮效果好，但势必会增加系统的运行费用。

二、碱度校核

每氧化 1g 氨氮需消耗碱度（以 $CaCO_3$ 计）7.14g，而每还原 1g 硝酸盐氮可产生碱度 3.57g，同时每去除 1gBOD_5可产生碱度 0.1g。因此可根据原水碱度来计算剩余碱度，当剩余碱度≥100mg$CaCO_3$/L 时，即可维持混合液 pH 值≥7.2，满足处理要求。

需补充碱度＝剩余碱度＋硝化耗碱度－进水碱度－反硝化产生碱度－去除 BOD_5 产生碱度。

三、剩余污泥量计算

1. 生物污泥的产生量

$$\Delta X=\frac{YQ_0(S_0-S_e)}{1+k_d\theta_c} \tag{16-13}$$

式中，θ_c为系统总污泥龄，即好氧池泥龄和厌氧池泥龄之和。

2. 剩余污泥排放量

$$P_x=\frac{\Delta X}{\left(\frac{VSS}{SS}\right)}+(X_i-X_e)Q \tag{16-14}$$

式中，X_i 为进水 SS 含量；X_e 为进水 VSS 含量；$\frac{VSS}{SS}$ 为污泥中挥发性固体百分数，%。

四、系统总需氧量计算

单级活性污泥脱氮系统中的供氧可使废水中有机物氧化（碳化需氧量）以及使 NH_3-N

氧化为 NO_3^--N（硝化需氧量）；此外通过排泥可减少污泥的耗氧，同时在反硝化中可回收硝化需氧的 62.5%，即：

系统总需氧量＝碳化需氧量＋硝化需氧量－反硝化产生氧当量

$$O_2=\frac{Q(S_0-S_e)\times10^{-3}}{0.68}-1.42\Delta X+4.6Q(N_0-N_e)-2.86Q\Delta NO_3^- \qquad (16\text{-}15)$$

式中，ΔNO_3^- 为还原的硝酸盐氮（$kgNO_3/m^3$），其余符号意义同前。

五、设计参数

污水同时脱氮除磷系统的理论研究还比较浅，一般设计按水力停留时间进行，辅以其他参数进行校核。常用设计参数如表 16-3 所列。

表 16-3　常用设计参数

项目	(F/M)/[kgBOD/(kgMLVSS·d)]	SRT/d	MLSS/(mg/L)	HRT 厌氧区	HRT 缺氧区 1	HRT 好氧区 1	HRT 缺氧区 2	HRT 好氧区 2	污泥回流比/%	混合液回流比/%
A^2/O	0.15～0.7 (0.15～0.25)	4～27 (5～10)	3000～5000	0.5～1.3	0.5～1.0	3.0～6.0	—	—	40～100	100～300
Phoredox	0.1～0.2	10～40	2000～4000	1～2	2～4	4～12	2～4	0.5～1	50～100	400
UCT	0.1～0.2	10～30	2000～4000	1～2	2～4	4～12	2～4	—	50～100	100～600

注：括号内为推荐数据。

思考题与习题

1. 分别简述废水脱氮和除磷的基本原理。

2. 绘制三套废水生物脱氮的工艺流程，并说明机理。

3. 试述活性污泥法脱氮的原理及过程，并绘制一种脱氮工艺流程。

4. 某污水处理厂始建于 20 世纪 60 年代，主要采用了好氧活性污泥法处理有机废水，其处理系统主要有沉淀池、曝气池、二沉池等设施。在新的环保形势下，该厂需要进行重大技术改造。现已测得其进出口水质主要指标如下表所列。

曝气池进出水质数据

项　目	pH 值	COD/(mg/L)	BOD/(mg/L)	NH_4^+-N/(mg/L)	NO_3^--N/(mg/L)	NO_2^--N/(mg/L)	SO_4^{2-}/(mg/L)
进水	7.82	3820	3760	150	0.0	0.0	0.0
出水	6.85	550	480	30	80	36	0.0

注：该系统运行比较稳定，此表数据是连续检测 10 天的平均值。

今要求解决氨氮过高和硝态氮污染问题，使出水 NH_4^+-N≤10mg/L，NH_3-N≤5mg/L，NH_2-N≤1mg/L，试回答下列问题。

(1) 该有机废水的可生化性如何？

(2) 采取何种措施降低 NH_4^+-N 排放？

(3) 拟采取什么工艺可解决硝态氮的大量排放？假设改进后的系统能较彻底地去除 NO_3^- 和 NO_2^-，达到技改要求，试估算系统排出水的最大 BOD 值，经系统改造后，实际出水 BOD=60mg/L，试分析其原因。

5. 下述 A/O 流程可用于去除废水 BOD 和氨氮，试分析其优缺点。

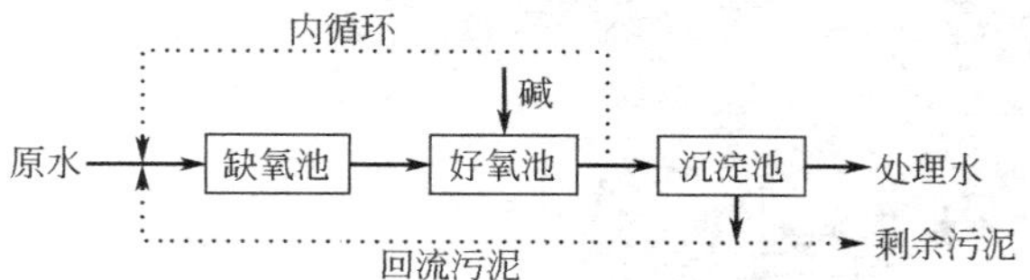

第十七章　人工生态处理

稳定塘、土地处理和人工湿地均属于自然的人工生态处理系统，是一种污水处理与利用相结合的实用技术。

第一节　稳　定　塘

一、概述

稳定塘（Stabilization Pond），是一种天然的或经过一定人工构筑（具有围堤、防渗层等）的生物处理设施。污水在塘内经较长时间的停留、贮存，通过微生物（细菌、真菌、藻类、原生动物等）的代谢活动，以及相伴随的物理的、化学的、物理化学的过程，使污水中的有机污染物、营养元素及其他污染物质进行多级转换、降解和去除，从而实现污水的无害化、资源化与再利用。

稳定塘的研究和应用始于20世纪初，50～60年代以后发展迅速。目前全世界已有几十个国家采用稳定塘处理污水，稳定塘多用于处理中、小城镇的污水，可用作一级处理、二级处理，也可用作深度处理。

按稳定塘中微生物优势群体类型和供氧方式一般可分为好氧塘、兼性塘、厌氧塘和曝气塘，其（好氧塘、兼性塘和厌氧塘）污水生态处理系统的主要指标见表17-1。

表17-1　稳定塘污水生态处理系统的主要指标

类型	深浅/m	污水停留时间/d	适宜处理污水中有机物浓度	含有的主要生物
好氧塘	<1	3～5	低	藻类、好氧菌等
兼性塘	1～2	5～30	较高	细菌、真菌、原生动物、藻类等
厌氧塘	2.5～5.0	20～50	高	厌氧菌等

稳定塘中对污水起净化作用的生物有细菌、藻类、微型动物（原生动物和后生动物）、水生植物以及其他水生动物。稳定塘内对有机污染物的降解起主要作用的是细菌，除细菌外，藻类在稳定塘内也起着十分重要的作用，它能够进行光合作用，是塘水中溶解氧的主要提供者，藻菌共生体系是稳定塘内最基本的生态系统；其他水生动物和水生植物的作用则是

辅助性的，它们的活动从不同途径强化了污水的净化过程。

稳定塘的优点是：a. 在条件合适时（如有可利用的旧河道、沼泽地、峡谷及无农业利用价值的荒地等），建设周期短、基建投资少；b. 运行管理简单，能耗小，费用低；c. 能够实现污水综合利用，如稳定塘出水可用于农业灌溉，在稳定塘内养殖水产动物和植物，组成多级食物网的复合生态系统。缺点是：a. 占地面积大；b. 净化效果在很大程度上受季节、气温、光照等自然因素的影响，在全年范围内不够稳定；c. 设计运行不当时，可能会形成二次污染，如污染地下水，产生臭气等。

二、好氧塘

1. 特征及其工作原理

好氧塘（Aerobic Pond）是一类在有氧状态下净化污水的稳定塘，它完全依靠藻类光合作用和塘表面风力搅动自然复氧供氧。好氧塘水深较浅，阳光射入塘底，全塘皆为好氧状态，见图 17-1。

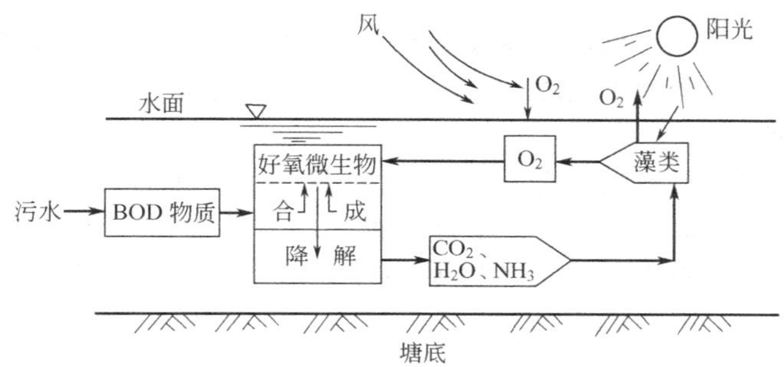

图 17-1 好氧塘工作原理示意

塘内形成藻-菌-原生动物的共生系统，污水的净化主要通过好养微生物的作用。有阳光照射时，塘内的藻类进行光合作用而释放出大量的氧，同时，由于风力的搅动，塘表面进行自然复氧，二者使塘内保持良好的好氧状态。塘内的好氧微生物利用水中的氧，通过代谢活动对有机物进行氧化分解，其代谢产物 CO_2 则可作为藻类光合作用的碳源。

细菌的降解作用为：

$$\text{有机物}+O_2+H^+ \longrightarrow CO_2+H_2O+NH_4^+ +C_5H_7O_2N(\text{细菌}) \tag{17-1}$$

藻类的光合作用为：

$$106CO_2+16NO_3^- +HPO_4^{2-} +122H_2O+18H^+ \longrightarrow C_{106}H_{263}O_{110}N_{16}P(\text{藻类})+138O_2 \tag{17-2}$$

上述生化反应表明，好氧塘内有机污染物的降解过程是溶解性有机污染物转换为无机物和固态有机物，并同化为细菌与藻类细胞的过程。此外，由式（17-2）可以计算出，每合成 1g 藻类，释放出 1.224g 氧气。

藻类光合作用使水的溶解氧和 pH 值呈昼夜变化。白昼，藻类光合作用释放出的氧超过藻类和细菌的需求量，塘水中氧含量很高，可达到饱和状态。晚间光合作用停止，生物呼吸使水中的溶解氧、氧含量下降，在凌晨时最低。阳光开始照射后，光合作用又开始，溶解氧开始上升。在白昼，藻类的光合作用使水中 CO_2 浓度降低，pH 值上升，夜间藻类停止光合作用，细菌降解有机物使 CO_2 积累，pH 值下降。

好氧塘内的生物相在种类与种属方面比较丰富，有菌类、藻类、原生动物和后生动物等。菌类主要存在于水深0.5m的上层，浓度可达$1\times10^8\sim5\times10^9$cell/mL。藻类的种类和数量与塘的负荷有关，可反映塘的运行状况和处理效果。若负荷过高，会引起藻类异常繁殖，产生藻类水华，使塘水浑浊，处理效果变差。

在好氧塘中，有机污染物降解速率高，故出水中溶解性BOD很低，但出水中含有大量的藻类和细菌，故SS较高，需进行进一步处理，处理方法有自然沉淀、混凝沉淀或上浮分离、混凝过滤等。

好氧塘的进水应进行比较彻底的预处理去除可沉悬浮物，以防止形成污泥沉淀层。

2. 好氧塘的分类

根据有机负荷的高低，好氧塘可分为高负荷好氧塘、普通好氧塘和深度处理好氧塘。

(1) 高负荷好氧塘　有机负荷高，水力停留时间短，塘水中藻类浓度很高，这种塘仅适用于气候温暖、阳光充足的地区，这类塘通常设置在处理系统的前部。

(2) 普通好氧塘　有机负荷较低，水力停留时间较长，以处理污水为主要功能，起二级处理作用。

(3) 深度处理好氧塘　有机负荷很低，水力停留时间较普通好氧塘短，这类塘通常设置在处理系统的后部或二级处理工艺之后，作为深度处理设施，出水水质良好。

3. 好氧塘的设计

(1) 基本计算公式　好氧塘工艺设计主要内容是计算塘的尺寸和个数。好氧塘最常用的设计方法是根据表面有机负荷设计塘的面积，然后再相应确定塘结构的其他尺寸，校核停留时间。表17-2列出了稳定塘的基本计算公式。好氧塘的设计计算同样适用于这些公式。

表17-2　稳定塘的基本计算公式

计算项目	计算公式	符号说明
塘总面积	$A=\dfrac{QS_0}{L_A}$	A——稳定塘的有效面积，m^2； Q——进水设计流量，m^3/d； S_0——进水BOD_5浓度，mg/L； L_A——BOD_5面积负荷，$g/(m^2/d)$
单塘有效面积	$A_1=\dfrac{A}{n}$	A_1——单塘有效面积，m^2； n——塘个数
单塘水面长度	$L_1=\sqrt{RA_1}$	L_1——单塘水面长度，m； R——塘水面的长宽比例，如长宽比为3∶1时，$R=3$
单塘水面宽度	$B_1=\dfrac{1}{R}L_1$	B_1——单塘水面宽度，m
单塘有效容积 (有斜坡的矩形塘)	$V_1=[(L_1B_1)+(L_1-2sd_1)\times(B_1-2sd_1)+4(L_1-sd_1)\times(B_1-sd_1)]d_1/6$	V_1——单塘有效面积，m^2； d_1——单塘有效深度，m； s——水平坡度系数，例如坡度为3∶1时，$s=3$
水力停留时间	$HRT=nV_1/Q$	HRT——水力停留时间，d
单塘长度	$L=L_1+2s(d-d_1)$	L——单塘长度，m； d——塘总深度，m
单塘宽度	$B=B_1+2s(d-d_1)$	B——单塘宽度，m

续表

计算项目	计算公式	符号说明
单塘容积	$V_2=[LB+(L\times 2sd)\times(B-2sd)+4(L-sd)\times(B-sd)]d/6$	V_2——单塘容积，m^3
塘总容积	$V=nV_2$	V——塘总容积，m^3

出水有机物的浓度可根据经验公式（17-3）估算：

$$S_e=16.3S_0^{0.7}(\mathrm{HRT})^{-0.44}t^{-0.66} \tag{17-3}$$

式中，S_0为进水 BOD_5浓度，mg/L；S_e为出水 BOD_5浓度，mg/L；HRT 为水力停留时间，d；t 为平均水温，℃。

（2）典型设计参数　由于好氧塘内反应复杂，且受外界条件影响较大，因此对好氧塘建立严密的以理论为基础的计算方法是有一定困难的。表 17-3 是好氧塘的典型设计参数，可供参考。

表 17-3　好氧塘的典型设计参数

设计参数	高负荷好氧塘	普通好氧塘	深度好氧塘
BOD_5 负荷/[kg/(hm^2·d)]	80～160	40～120	<5
水力停留时间/d	4～6	10～40	5～20
有效水深/m	0.3～0.45	0.5～1.5	0.5～1.5
pH 值	6.5～10.5	6.5～10.5	6.5～10.5
温度/℃	5～30	0～30	0～30
BOD 去除率/%	80～95	80～95	60～80
藻类浓度/(mg/L)	100～260	40～100	5～10
出水 SS/(mg/L)	150～300	80～140	10～30

（3）主要尺寸　好氧塘主要尺寸的经验值如下：a. 好氧塘多采用矩形，长宽比为（3∶1)～(4∶1)，一般以塘深 1/2 处的面积作为计算塘面积，塘堤的超高为 0.6～1.0m；b. 塘堤的内坡坡度为（1∶2)～(1∶3)（垂直∶水平），外坡坡度为（1∶2)～(1∶5)（垂直∶水平）；c. 好氧塘的座数一般不少于 3 座，规模很小时不少于 2 座。

三、兼性塘

1. 特征及其工作原理

各种类型的氧化塘中，兼性塘是应用最广泛的一种。兼性塘一般深 1.2～2.5m，通常由三层组成：上层为好氧层，中层为兼性层，底部为厌氧层，如图 17-2 所示。

在塘的上层，阳光能够照射入的部位，其净化机理与好氧塘基本相同；在塘的底部，可沉物质和衰亡的藻类、菌类形成污泥层，由于无溶解氧，而进行厌氧发酵（包括水解酸化和产甲烷两个阶段），液态代谢产物如氨基酸、有机酸等与塘水混合，而气态代谢产物如 CO_2、CH_4等则逸出水面，或在通过好氧层时为细菌所分解，为藻类所利用。厌氧层也有降解 BOD 的功能，据估算，约有 20%的 BOD 是在厌氧层去除的，此外，厌氧层通过厌氧发酵反应可以使沉泥得到一定程度的降解，减少塘底污泥量。好氧层与厌氧层之间，存在一个兼性层，这层里的溶解氧量很低，而且时有时无，一般在白昼有溶解氧存在，而在夜间又处于厌氧状态，在这层里存活的是兼性微生物，这一类微生物既能够利用水中游离的分子氧氧化分解有机污染物，也能在无分子氧的条件下，以 NO_3^- 和 CO_3^{2-} 为电子受体进行无氧代谢。

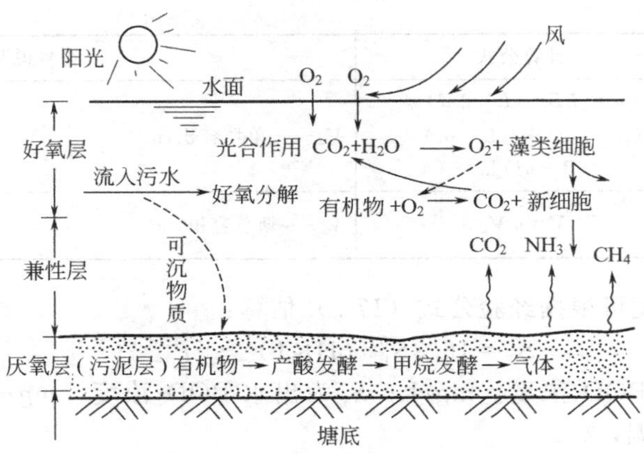

图 17-2 兼性塘工作原理示意

在兼性塘内进行的净化反应比较复杂，生物相也比较丰富。因此兼性塘去除污染物的范围比好氧塘广泛，不仅可去除一般的有机污染物，还可有效地去除氮、磷和某些难降解有机污染物。

2. 兼性塘的设计

兼性塘可作为独立的处理工艺，也可以作为生物处理系统中的一个处理单元，或者作为深度处理塘的预处理工艺。停留时间应根据地区的气象条件、进水水质和对出水水质等方面的要求，结合技术和经济两方面综合考虑确定，一般为 7～180d，BOD_5 表面负荷率取值在2～100kg/(hm^2 · d) 范围内，幅度很大。低值用于北方寒冷地区，高值用于南方炎热地区。

对兼性塘的设计目前多采用经验数据进行计算。表 17-4 是我国处理城市污水兼性塘的主要设计参数。

表 17-4 处理城市污水兼性塘的设计负荷和水力停留时间

冬季月平均气温/℃	BOD_5 表面负荷/[kg/(hm^2 · d)]	水力停留时间/d	冬季月平均气温/℃	BOD_5 表面负荷/[kg/(hm^2 · d)]	水力停留时间/d
>15	70～100	不小于 7	−10～0	20～30	120～40
10～15	50～70	20～7	−20～−10	10～20	150～120
0～10	30～50	40～20	−20 以下	<10	180～150

兼性塘主要尺寸的经验值如下。

① 兼性塘一般采用矩形，长宽比为 (3∶1)～(4∶1)，塘的有效水深为 1.2～2.5m，超高为 0.5～1.0m，贮泥区高度应大于 0.3m。

② 兼性塘堤坝内坡坡度为 (1∶2)～(1∶3)（垂直∶水平)，外坡坡度为 (1∶2)～(1∶5)。

③ 兼性塘一般不少于 3 座，多采用串联，以提高出水水质。其中第一塘的面积约占兼性塘总面积的 30%～60%，单塘面积应小于 4hm^2，以避免布水不均或波浪较大等问题。

四、厌氧塘

1. 特征及基本工作原理

厌氧塘水深较深，有机负荷高，在塘中污染物的生化需氧量大于塘自身的溶氧能力，塘基本上保持厌氧状态，塘中微生物为兼性厌氧菌和厌氧菌，几乎没有藻类，如图 17-3 所示。

厌氧塘对有机物的降解是由两类厌氧菌来完成的，最后转化为 CH_4，即先由兼性厌氧

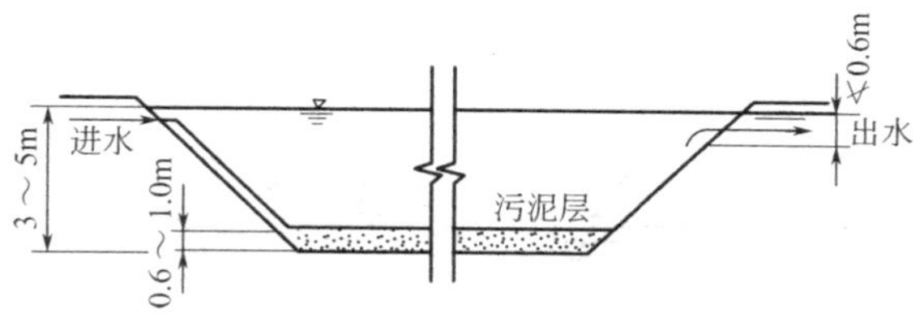

图 17-3　厌氧塘示意

产酸菌将复杂的有机物水解，转化为简单的有机物（如有机酸、醇、醛等），再由绝对厌氧菌（甲烷菌）将有机酸转化为甲烷和二氧化碳等。由于产甲烷菌的世代时间长，增殖速度慢，且对溶解氧和 pH 敏感，因此厌氧塘的设计和运行必须将甲烷发酵阶段的要求作为控制条件，通过控制运行条件和控制有机污染物的投配率以保持产酸菌与产甲烷菌之间的动态平衡。一般控制塘内的有机酸浓度在 3000mg/L 以下，pH 值为 6.5～7.5，进水 BOD_5 ：N：P＝100：2.5：1，硫酸盐浓度小于 500mg/L。

厌氧塘通常用于处理高浓度有机废水，在处理城市污水方面也取得了成功。

2. 厌氧塘的设计

厌氧塘的设计通常是采用经验数据，以有机负荷进行设计的。设计的主要经验数据如下。

（1）有机负荷率　厌氧塘的有机负荷率有 3 种：a. BOD 表面负荷率，$kgBOD_5/(10^4m^2\cdot d)$，我国厌氧塘的最小容许负荷为 $300kg/(10^4m^2\cdot d)$，南方为 $800kg/(10^4m^2\cdot d)$；b. BOD容积负荷率，$kgBOD_5/(m^3\cdot d)$，城市污水一般采用 $0.2\sim0.4kgBOD_5/(m^3\cdot d)$，肉类加工废水为 $0.22\sim0.53kgBOD_5/(m^3\cdot d)$；c. VSS 容积负荷率，$kgVSS/(m^3\cdot d)$，对于 VSS 含量较高的废水，其厌氧塘除以 BOD 容积负荷率为指标设计外，也可采用 VSS 容积负荷率。家禽粪尿废水一般采用 $0.063\sim0.16kgVSS/(m^3\cdot d)$，猪粪废水为 $0.064\sim0.32\ kgVSS/(m^3\cdot d)$，屠宰废水为 $0.593kgVSS/(m^3\cdot d)$。

（2）主要尺寸　厌氧塘主要尺寸的经验值如下：a. 形状一般为矩形，长宽比为（2：1）～（2.5：1），有效深度为 3～5m，停留时间一般为 20～50d，塘底贮泥高度应不小于 0.5m，超高为 0.5～1.0m，堤内坡坡度为（1：1）～（1：3），单塘面积不应大于 $8000m^2$；b. 厌氧塘进水口一般设在高于塘底 0.6～1.0m 处，使进水与塘底污泥相混合；出水口在水面下掩埋深度≥0.6m 或设置可调节的出水孔口（或堰板）；c. 为了使塘的配水和出水较均匀，进、出口个数均应多于 2 个。

五、曝气塘

1. 特征及其工作原理

曝气塘就是经过人工强化的稳定塘。采用人工曝气装置向塘内污水充氧，并使塘水搅动。曝气塘可分为好氧曝气塘和兼性曝气塘两类，主要取决于曝气装置的数量、安装密度和曝气强度。当曝气装置的功率较大，足以使塘中的全部生物污泥处于悬浮状态，并向塘内水提供足够的溶解氧时，即为好氧曝气塘。如果仅有部分固体物质处于悬浮状态，而有一部分沉积塘底并进行厌氧分解，曝气装置提供的溶解氧仅为进水 BOD 生物降解的需氧量，则为兼性曝气塘，如图 17-4 所示。

曝气塘虽属于稳定塘的范畴，但又不同于其他以自然净化过程为主的稳定塘，实际上，曝气塘是介于活性污泥法中的延时曝气法与稳定塘之间的处理工艺。由于经过了人工强化，曝气塘的净化功能、净化效果以及工作效率都明显高于一般类型的稳定塘。污水在塘内的停留时间短，所需容积及占地面积均较小，这是曝气塘的主要优点，但由于采用人工曝气，耗能增加，运行费用也有所提高。

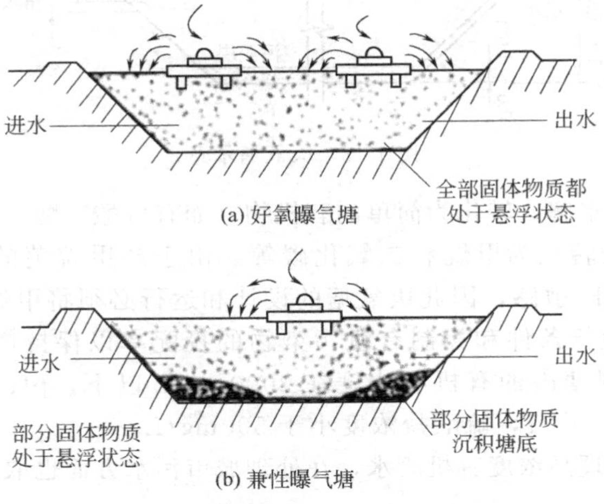

图 17-4 好氧曝气塘和兼性曝气塘

2. 曝气塘的设计

① 曝气塘的 BOD_5 表面负荷为 30～60kg/(10^4m^2 · d)，好氧曝气塘的水力停留时间为 1～10d，兼性曝气塘的水力停留时间为 7～20d；有效水深为 2～6m；一般不小于 3 座，通常按串联方式运行。

② 曝气塘多采用表面曝气机进行曝气（选用数个小型表面曝气机比一个或两个大型表面曝气机的效果好，运行灵活，而且维修时对全塘影响小），表面曝气机应不少于 2 台/座；也可以用鼓风机曝气，北方结冰期间，表面曝气难以运行，所以宜采用鼓风曝气。完全混合曝气塘所需功率约为 0.05～0.15kW/m^3。

③ 曝气塘出水的悬浮固体浓度较高，排放前需进行沉淀，沉淀方法可以用沉淀池或在塘中分割出静水区用于沉淀，还可在曝气塘后设置兼性塘，既用于进一步处理出水，又可将沉于兼性塘的污泥在塘底进行厌氧消化。

六、稳定塘工艺流程

稳定塘处理系统由预处理设施、稳定塘和后处理设施等组成。

1. 稳定塘进水的预处理

为防止稳定塘内污泥淤积，污水进入稳定塘前应先去除水中的悬浮物质，常用设备为格栅、普通沉砂池和沉淀池。若塘前有提升泵站，而泵站的格栅间隙小于 20mm 时，塘前可不另设格栅。原污水中的悬浮固体浓度小于 100mg/L 时，可只设沉砂池，以去除砂质颗粒。原污水中的悬浮固体浓度大于 100mg/L 时，需考虑设置沉淀池。

2. 稳定塘的流程组合

稳定塘的工艺流程组合依当地条件和处理要求不同而不同，图 17-5 为几种典型的流程组合。

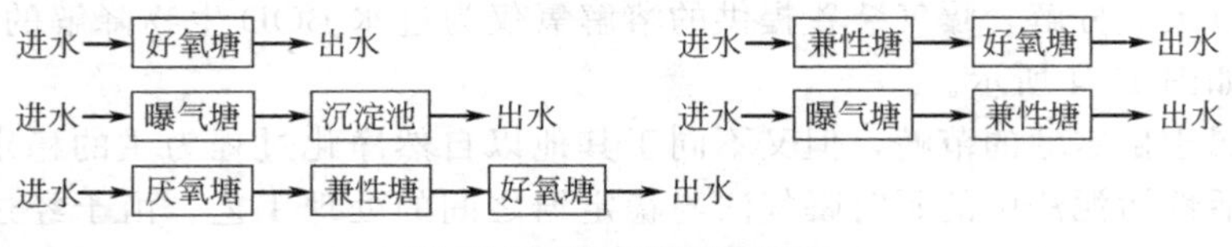

图 17-5 稳定塘工艺流程

第二节　土地处理

一、土地处理概述

土地处理（Land Processing System）就是在人工控制的条件下，利用土壤-微生物-植物组成的生态系统使污水得到净化的处理方法。在污染物得以净化的同时，水中的营养物质和水分也得以循环利用，使污水稳定化、无害化、资源化，这种方法不仅具有农田灌溉的效益，还有污水处理和资源化的综合效益。将土地处理系统纳入城市污水处理系统，其效果一般要优于二级处理。

土地处理历史悠久，20 世纪 80 年代后作为二级处理设施的代用技术得到了迅速发展，美国、澳大利亚、加拿大、墨西哥等国在土地处理方面的研究和运用均取得好的效果。废水土地处理系统以土壤介质的净化功能为核心，特别强调处理过程中修复植物-微生物体系与处理环境或介质（如土壤）的相互关系，注意对环境因子的优化与调控。

污水土地处理系统是在污水农田灌溉的基础上发展起来的，两者既有密切联系，又有显著差别，见表 17-5。

表 17-5　污水土地处理与废水灌溉之区别

污水土地处理	废水灌溉
(1)以控制水污染,净化污水为目的;	(1)以作物对水肥资源的利用为目的;
(2)利用土壤-植物系统净化废水,达到一定水质目标,实质上为生态工程系统;	(2)以灌水定额,灌溉制度及废水农田排放标准来控制灌溉水的水量与水质;
(3)对进水的水量、水质有严格要求,要进行一定的预处理;	(3)无专门的设计运行参数,一般不经过科学的设计;
(4)通过实验研究确定设计运行参数,采取适宜负荷与运行条件;	(4)不能解决废水的终年运行问题(如雨季及冬季),往往不能进行终年废水灌溉;
(5)对系统进行有效管理与维护,保证处理效果;	(5)出水不加收集,不能有控排放与利用;
(6)能终年稳定运行;	(6)无专设的环境监测系统
(7)有收集系统,对出水有控制排放与利用;	
(8)对周围环境设有检测系统	

污水土地处理系统一般由以下几部分组成：a. 污水的预处理设施；b. 污水的调节与贮存设施；c. 污水的输送、布水及控制系统；d. 土地净化田；e. 净化出水的收集与利用系统。其中，土地净化田是土地处理系统的核心环节。

二、土地处理的净化机理

污水土地处理过程是一个十分复杂的综合过程，其中包括物理过滤、物理吸附和沉积、物理化学吸附、化学反应与沉淀，以及微生物代谢作用下的有机物分解等，如表 17-6所列。

表 17-6　污水土地处理的净化机理

净化作用	作　用　机　理
物理过滤	土壤颗粒间的孔隙能截流、滤除污水中的悬浮物。土壤颗粒的大小、颗粒间孔隙的形状、大小、分布及水流通道的性质都影响物理过滤效率

续表

净化作用	作 用 机 理
物理吸附和物理沉积	在非极性分子之间范德华力的作用下，土壤中黏土矿物等能吸附土壤中的中性分子。污水中的部分重金属离子在土壤胶体表面由于阳离子交换作用而被置换、吸附并生成难溶态物被固定于土壤矿物的晶格中
物理化学吸附	金属离子与土壤中的无机胶体和有机胶体由于螯合而形成螯合化合物；有机物与无机物复合化生成复合物；重金属离子与土壤进行阳离子交换而被置换；某些有机物与土壤中重金属生成可吸性螯合物而固定于土壤矿物的晶格中；植物吸收能去除污水中的氮和磷
化学反应与沉积	重金属离子与土壤的某些组分进行化学反应生成难降解性化合物而沉淀。如调节并改变土壤的氧化还原电位能生成难溶性硫化物；改变 pH 值能生成金属氢氧化合物；另外一些化学反应能生成金属磷酸盐和有机重金属等而沉积在土壤中
微生物的代谢和有机物的分解	土壤中存在种类繁多、数量巨大的微生物能对土壤颗粒中悬浮有机固体和溶解性有机物进行生物降解。厌氧状态时厌氧菌能对有机物进行发酵分解，对亚硝酸盐和硝酸盐进行反硝化脱氮

三、土地处理基本工艺

污水土地处理主要的工艺有慢速渗滤系统（SR）、快速渗滤系统（RI）、地表漫流系统（OF）、湿地处理系统（WL）和地下渗滤系统（UG）5 种。由这 5 种基本工艺可组合成若干复合处理系统，如 OF-WL、OF-RI、RI-SR、WL-OF 等复合系统。

1. 慢速渗滤系统

慢速渗滤系统是将污水投配到种有作物的土地表面，污水缓慢地在土地表面流动并向土壤中渗滤，一部分污水及营养成分直接为作物所吸收，一部分则渗入土壤中，通过土壤-微生物-农作物复合系统对污水进行净化，另有部分污水被蒸发和渗滤。慢渗生态处理系统适用于渗水性能良好的土壤（如砂质土壤）和蒸发量小、气候湿润的地区。由于污水投配负荷一般较低，渗滤速度慢，故污水净化效率高，出水水质好。

2. 快速渗滤系统

快速渗滤系统是将污水有控制地投配到具有良好渗滤性能的土地表面，在向下渗滤的过程中，在过滤、沉淀、氧化、还原以及生物氧化、硝化、反硝化等一系列物理、化学及生物作用下，使污水得到净化。其工艺目标主要包括：a. 废水处理与再生水补给地下水；b. 用地下暗管或竖井收集再生水以供回用；c. 通过拦截工程措施，使再生水从地下进入地表；d. 再生水季节性贮存在具有回收系统的处理场之下，在作物生长季节用于灌溉。

快速渗滤系统是一种高效、低耗、经济的污水处理与再生方法。适用于渗透性能良好的土壤，如砂土、砾石性砂土等。污水灌至快速滤田表面后很快下渗进入地下，并最终进入地下水层。污水周期性地布水（投配或灌入）和落干（体灌），使快速渗滤的表层土壤处于厌氧、好氧交替运行的状态，以不同种群微生物的代谢降解废水中的有机物，厌氧-好氧交替运行有利于去除 N、P；该系统的有机负荷与水力负荷比其他土地处理工艺明显高得多，但其净化效率仍很高。为保证该工艺有较大的渗滤速率和硝化率，污水需进行适当预处理（一级处理或二级处理）。

快速渗滤水主要是补给地下水和污水再生回用。用于补给地下水时不设集水系统，若用于污水再生回用，则需设地下集水管或井群以收集再生水。

3. 地表漫流系统

地表漫流是将污水有控制地投配到多年生牧草、坡度缓（最佳坡度为 2%～8%）和土壤渗透性低（勃土或亚勃土）的坡面上，污水以薄层方式沿坡面缓慢流动，在流动过程中得到净化，其净化机理类似于固定膜生物处理法。地表漫流系统是以处理污水为主，同时可收获作物。这种工艺对预处理的要求较低，地表径流收集处理水（尾水收集在坡脚的集水渠后可回用或排放水体），对地下水的污染较轻。

废水要求预处理（如格栅、滤筛）后进入系统，出水水质相当于传统生物处理后的出水，对 BOD、SS、N 的去除率较高。

4. 湿地系统

湿地系统是将污水有控制地投配到使土壤经常处于水饱和状态而且生长有芦苇、香蒲等耐水植物的湿地和沼泽地，污水在沿一定方向流动过程中，在耐水性植物和土壤的共同作用下得到净化。

湿地系统对污水的净化作用机理是多方面的，包括物理沉降作用、植物根系的阻截作用、土壤及植物表面的吸附与吸收作用、微生物的代谢作用等。

湿地系统可分为天然湿地系统和人工湿地系统，可用于直接处理污水或深度处理。污水进入系统前需预处理，方法有化粪池、格栅、筛网、初沉池、酸化（水解）和稳定塘等。

5. 地下渗滤系统

地下渗滤系统是将污水有控制地投配到具有一定构造、距地表面约 0.5m 深、有良好渗透性的土层中，借毛细管浸润和土壤渗透作用，使污水向四处扩散，通过过滤、沉淀、吸附和生物降解作用等过程使污水得到净化。地下渗滤系统是以生态原理为基础，节能、减少污染、充分利用水资源的一种新型的小规模的污水处理工艺。该工艺适用于处理流量较小的无法接入城市排水管网的小水量（如分散的居住小区、旅游点、疗养院等）污水，污水进入处理系统前需经化粪池或酸化（水解）池进行预处理。

地下渗滤系统由于负荷低，停留时间长，水质净化效果非常好，而且稳定；运行管理简单；氮磷去除能力强，处理出水水质好，处理出水可回用。其缺点是：受场地和土壤条件的影响较大；如果负荷控制不当，土壤会堵塞；进、出水设施埋于地下，工程量较大，投资比其他土地处理类型相对要高一些。

四、土地处理的工艺设计参数

污水土地处理系统工艺，主要是根据土壤性质、透水性、地形、作物种类、气候条件和对废水处理程度的要求等来选择。污水土地处理工艺典型设计参数和要点如表 17-7 所列。

表 17-7　污水土地处理工艺的典型设计参数和要点

项　　目	慢速渗滤	快速渗滤	地表漫流	湿　地	地下渗滤
废水投配方式	人工降雨（喷灌）；地面投配（面灌、沟灌、畦灌、淹灌、滴灌等）	通常采用地面投配	人工降雨（喷灌）、地面投配	地面布水人工降雨	地下管道布水
水力负荷/(m/a)	0.5～6	6～125	3～20	3～30	2～27
周负荷率（典型值）/(cm/7d)	1.3～10	10～240	6～40	2～64	5～50
最低预处理要求	一般沉淀或酸化池	一般沉淀或酸化池	沉砂和拦杂物、粉碎	格栅、筛滤、沉淀	化粪池一级处理
要求灌水面积/[$10^4m^2/(1000m^3 \cdot d)$]	6.1～74	0.8～6.1	1.7～11.1	1～27.5	1.3～15
投配废水的去向	蒸发；渗滤	主要经渗滤	地面径流；蒸发；少量渗滤	径流、下渗、蒸散	下渗、蒸散
是否需要种植植物	需要谷物、牧草、林木	可要可不要	需要牧草	需要芦苇等	草皮、花卉等

续表

项　目	慢速渗滤	快速渗滤	地表漫流	湿　地	地下渗滤
适用土壤	具有适当渗水性、灌水后对作物生长良好	具有快速渗水性，如亚砂土、砂质土	具有缓慢渗水性，如黏土、亚黏土等		
地下水位最小深度/m	约 1.5	约 4.5	未有规定	无规定	2.0
对地下水水质的影响	可能有一些影响	一般会有影响	可能有轻微影响	一般会有影响	影响不太大
BOD_5 负荷率 /[kg/(10^4m^2·a)] /[kg/(10^4m^2·d)]	 $2\times10^3\sim2\times10^4$ 50～500	 $3.6\times10^4\sim32.5\times10^4$ 150～1000	 1.5×10^4 40～120	 1.8×10^4 18～140	
场地条件坡度	种作物不超过 20% 不种作物不超过 40%	不受限制	2%～8%		
土壤渗滤速率	中等	高	低		
地下水埋深/m	0.6～3.0	布水期：≥0.9 干化期：1.5～3.0	不受限制		
气候	寒冷季节需蓄水	一般不受限制	寒冷季节需蓄水		
系统特点					
运行管理	种作物时管理严格	简单	比较严格		
系统寿命	长	磷可能限制寿命	长		
对土壤影响	较小	可改良砂荒地	小		
对地下水影响	小	有影响	无		
可能的限制组分或设计参数	土壤的渗透性或地下水硝酸盐	一般为水力负荷	BOD、SS 或 N	BOD、SS 或 N	土壤的渗透性或地下水硝酸盐

第三节　人工湿地

一、人工湿地的组成

人工湿地（Constructed Wetland）是模拟自然湿地的人工生态系统（类似沼泽地），利用生态系统中的物理、化学和生物的三重协同作用，通过过滤、吸附、沉淀、离子交换、植物吸收和微生物分解来实现对污水的高效净化。与自然湿地生态系统相比，人工湿地生态系统无论在地点的选择、负荷量的承载上，还是在可控性、对污水的处理能力上，都大大超过了自然湿地生态系统。

填料、植物、微生物是构成人工湿地生态系统的主要组成部分。

(1) 填料　人工湿地中的填料又称基质，主要包括土壤、砂、砾石、各种炉渣等。填料不仅可为植物和微生物提供生长介质，同时通过沉淀、过滤、吸附和离子交换等作用直接去除污染物。填料粒径大小也会影响处理效果，填料粒径小则有较大的比表面积，处理效果好但容易堵塞，粒径太大会减少填料比表面积和有效反应容积，效果会差一些。表 17-8 是一般垂直流人工湿地填料的推荐粒径。

表 17-8　垂直人工湿地床分层的填料分布

项目	厚度/cm	填料
顶层	8	粗砂
上层	40	直径为 6mm 的圆形砾石
下层	40	直径为 12mm 的圆形砾石
底层	20	直径为 30～60mm 的圆形砾石

（2）植物　植物是人工湿地的重要组成部分，对污染物的转化和降解具有重要的作用。在人工湿地系统中，植物通过直接吸收、利用污水中的可吸收营养物质，吸附和富集重金属及一些有毒有害物质；通过发达的根系输氧至根区，有利于微生物的好氧呼吸，同时其庞大的根系为细菌提供了多样的生活环境；根系生长能增强和维持填料的水力传导率；此外，植物还可以固定填料中的水分，防止污染物扩散；同时具有一定的观赏价值，改善景观环境，部分植物通过收割回用，发挥适当的经济作用。

（3）微生物　微生物是人工湿地实现除污功能的核心。人工湿地系统内生物相极为丰富，主要包括微生物、藻类、原生动物和后生动物。其中微生物主要包括细菌、放线菌和真菌等。人工湿地系统中的微生物主要去除污水中的有机物质和氨氮，某些难降解的有机物质和有毒物质也可通过微生物自身的变异，达到吸收和分解的目的。

二、人工湿地的分类

按照系统布水方式的不同或水在系统中流动方式不同，一般可将人工湿地分为表面流人工湿地（自由表流湿地和构筑表流）、潜流人工湿地（水平潜流人工湿地、垂直潜流人工湿地和复合式潜流湿地）。

（1）表面流人工湿地系统　表面流人工湿地系统也称水面湿地系统（Water Surface Wetland），如图 17-6 所示。向湿地表面布水，维持一定的水层厚度，一般为 10～30cm，这时水力负荷可达 $200m^3/(hm^2 \cdot d)$；污水中的绝大部分有机物的去除由长在植物水下茎秆上的生物膜来完成。表面流湿地类似于沼泽，不需要砂砾等物质作填料，因而造价较低。但占地大，水力负荷小，净化能力有限。湿地中的氧来源于水面扩散与植物根系传输，系统受气候影响大，夏季易滋生蚊蝇。

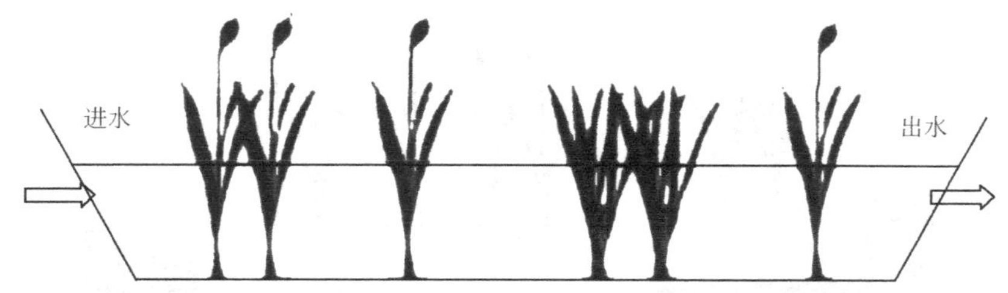

图 17-6　表面流人工湿地系统

（2）水平潜流人工湿地系统　水平潜流人工湿地系统如图 17-7 所示，污水从布水沟（管）进入进水区，以水平方式在基质层（填料层）中流动，然后从另一端出水沟流出。污染物在微生物、基质和植物的共同作用下，通过一系列的物理、化学和生物作用得以去除。与表面流湿地相比，水平潜流湿地水力负荷高，对 BOD、COD、SS、重金属等污染物的去除效果较好，且无恶臭和蚊蝇滋生，是目前采用最广泛的一种湿地形式。但控制相对复杂，N、P 去除效果不如垂直潜流人工湿地。

（3）垂直潜流人工湿地系统　垂直潜流人工湿地系统如图 17-8 所示，采取湿地表面布水，污水经过向下垂直的渗滤，在基质层（填料层）得到净化，净化后的水由湿地底部设置的多孔集水管收集并排出。在垂直潜流人工湿地中污水从湿地表面纵向流向填料床的底部，床体处于不饱和状态，氧可通过大气扩散和植物传输进入人工湿地系统，该系统的硝化能力高于水平潜流湿地，可用于处理氨氮含量较高的污水。其缺点是对有机物的去除能力不如水平潜流人工湿地系统。

(4) 复合式潜流湿地 为了达到更好的处理效果或者对脱氮有较高的要求，也可以采用水平流和垂直流组合的人工湿地，如图 17-9 所示。

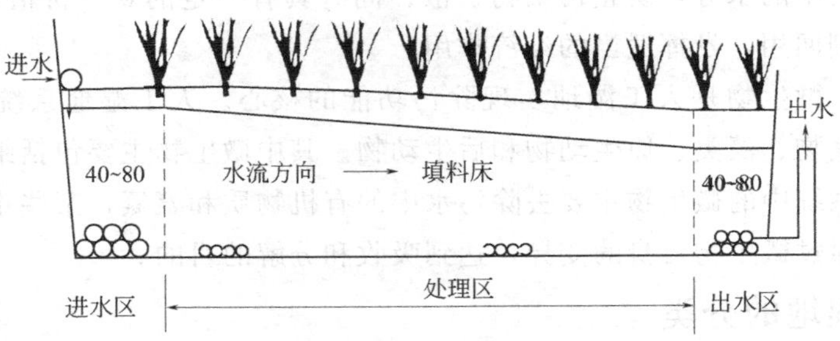

图 17-7 水平潜流人工湿地系统

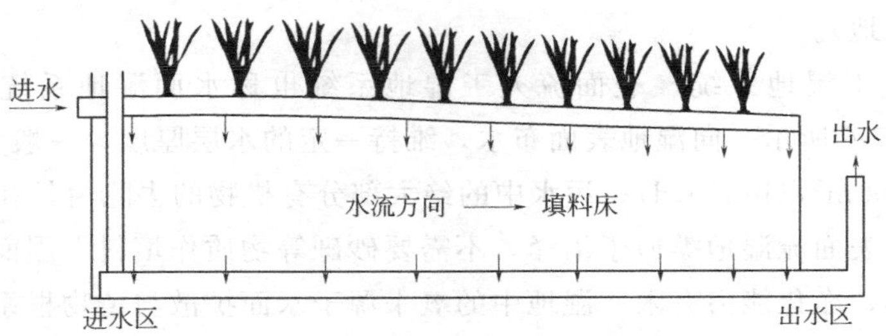

图 17-8 垂直潜流人工湿地系统

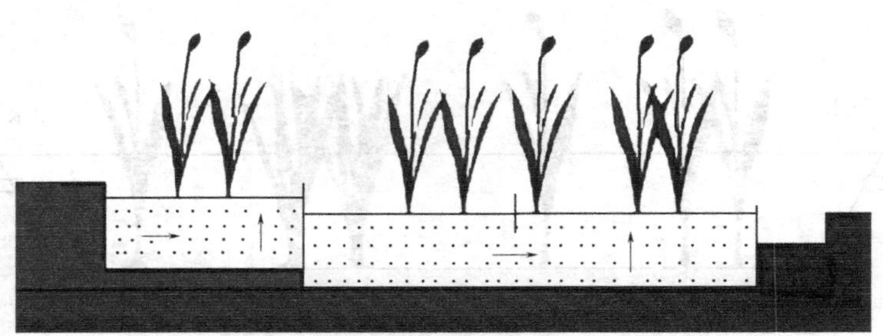

图 17-9 复合式潜流湿地

三、人工湿地的净化机理

人工湿地系统去除水中污染物的机理列于表 17-9 中。

表 17-9 人工湿地系统去除水中污染物的机理

反应机理		对污染物的去除与影响
物理	沉降	可沉降固体在湿地及预处理的酸化(水解)池中沉降去除，可絮凝固体也能通过絮凝沉降去除，从而使 BOD、N、P、重金属、难降解有机物、细菌和病毒等去除
	过滤	通过颗粒间相互引力作用及植物根系的阻截作用使可沉降及可絮凝固体被阻截而去除

续表

反应机理		对污染物的去除与影响
化学	沉淀	磷及重金属通过化学反应形成难溶解化合物或与难溶解化合物一起沉淀去除
	吸附	磷及重金属被吸附在土壤和植物表面而被去除，某些难降解有机物也能通过吸附去除
	分解	通过紫外辐射、氧化还原等反应过程，使难降解有机物分解或变成稳定性较差的化合物
生物	微生物代谢	通过悬浮的、底泥的和寄生于植物上的细菌的代谢作用将凝聚性固体，可溶性固体分解；通过生物硝化，反硝化作用去除氮；微生物也将部分重金属氧化并经阻截或结合而去除
植物	植物代谢	通过植物对有机物的代谢而去除，植物根系分泌物对大肠杆菌和病原体有灭活作用
	植物吸收	相当数量的氮、磷、重金属及难降解有机物能被植物吸收而去除

从表 17-9 可知，人工湿地系统通过物理、化学、生物的综合作用过程将水中可沉降固体、胶体物质、BOD、N、P、重金属、硫化物、难降解有机物、细菌和病毒等去除，显示了强大的多方面净化能力。其对有机物、N、P 和重金属的去除过程如下。

(1) 有机物的去除与转化　湿地对有机物的去除主要是靠微生物的作用。土壤具有巨大的比表面积，在土壤颗粒表面形成一层生物膜，污水流经颗粒表面时，不溶性的有机物通过沉淀、过滤和吸附作用很快被截留，然后被微生物利用；可溶性有机物通过生物膜的吸附和微生物的代谢被去除。一般人工湿地对 BOD_5 的去除率在 85%～90%之间，对 COD 的去除率可达 80%以上。植物向土壤中传输氧气，使得人工湿地中的溶解氧呈区域性变化，连续呈现好氧、缺氧及厌氧区域。因而土壤中存活着好氧菌、厌氧菌和兼性菌，污水中的大部分有机物最终被异养微生物转化为二氧化碳、甲烷和水、无机氮、无机磷等。

(2) 氮的去除与转化　人工湿地对氮的去除作用包括被有机基质吸附、过滤和沉积，生物同化还原成氨及氨的挥发，植物吸收和微生物硝化和反硝化作用。微生物的硝化和反硝化作用在氮的去除过程中起着重要作用。反硝化所产生的氮气通过底泥的扩散或植物导气组织的运输最终散逸到大气中去。

(3) 磷的去除　湿地中对磷的去除作用主要有：植物吸收磷、生物除磷、填料介质截留磷。其中，生物除磷量相对较小，大部分的磷被填料截留。

(4) 重金属的去除　湿地对重金属的去除主要的作用机理是：与土壤、沉积物、颗粒和可溶性有机物的结合；与氢氧化物和微生物产生的硫化物形成不溶性盐类沉淀下来；被藻类、植物和微生物吸收。

四、人工湿地的设计参数

人工湿地的设计参数包括水力停留时间、水力负荷与水量平衡，布水周期和投配时间，有机负荷（氮、磷负荷），所需土地面积，长宽比和底坡，填料种类、渗透性和渗透速率，植物的选择等。人工湿地还需要考虑防渗。

(1) 表面流人工湿地几何尺寸设计，长宽比宜控制在 (3：1)～(5：1)，当区域受限，长宽比大于 10：1 时，需要设计死水曲线；表面流人工湿地的水深宜为 0.3～0.5m；水力坡度宜小于 0.5%。

(2) 水平潜流人工湿地单元的面积宜小于 800m^2，垂直流人工湿地单元的面积宜小于 1500m^2，潜流人工湿地单元的长宽比宜控制在 3：1 以下；规则的潜流人工湿地单元的长度宜为 20～50m。对于不规则潜流人工湿地单元，应考虑均匀布水和集水的问题；潜流人工湿地水深宜为 0.4～1.6m，水力坡度宜为 0.5%～1%。

处理生活污水和类似废水的人工湿地设计参数可以参考表17-10。

表 17-10 人工湿地的主要设计参数

人工湿地类型	BOD负荷/[kg/(hm²·d)]	水力负荷/[m³/(m²·d)]	水力停留时间/d
表面流人工湿地	15～50	<0.14	～8
水平潜流人工湿地	80～120	<0.51	～3
垂直流人工湿地	80～120	<1.0(建议值:北方为0.2～0.5;南方为0.3～0.8)	1～3

思考题与习题

1. 稳定塘有哪几种主要类型？各适用于什么场合？
2. 试述好氧塘、兼性塘和厌氧塘净化污水的基本原理。
3. 好氧塘中溶解氧和pH值昼夜是如何变化的？为什么？
4. 污水土地处理有哪几种主要类型？各适用于什么场合？
5. 试述土地处理法去除污染物的基本原理。
6. 土地处理系统设计的主要工艺参数是什么？选用参数时应考虑哪些问题？
7. 人工湿地能有效处理各种类型的废水的主要原因是什么？
8. 简述人工湿地处理废水的优缺点。
9. 根据废水在人工湿地中流经的方式，人工湿地可分为哪几种类型？

第十八章 污泥的处理与处置

工业废水和生活污水的处理过程中，通常要截留相当数量的悬浮物质，这些物质统称为污泥固体。污泥固体可以是废水中早已存在的，也可以是废水处理过程中形成的。前者如各种自然沉淀池中截留的悬浮物质；后者如生物处理和化学处理过程中，由原来的溶解性物质和胶体物质转化而来的悬浮物质。污泥固体与水的混合体通称为污泥，但有时把含有机物为主的叫污泥，而把含无机物为主的叫泥渣。

污泥处理与处置问题是污水处理过程中产生的新问题。因为首先污泥中含有大量的有害有毒物质，如寄生虫卵、细菌、合成有机物及重金属离子等，它将对周围环境产生不利影响；其次污泥量大，其数量占处理水量的 0.3%～0.5%（体积），如深度处理，污泥量还可能增加至原来的 1.5～2.0 倍。对于一个污水处理厂而言，它的全部基建费用中，用于处理污泥的占 20%～50%，甚至 70%，所以污泥处理与处置是污水处理系统的重要组成部分，必须予以重视，只有对这些污泥进行及时处理和处置，才能：a. 确保污水处理效果，防止二次污染；b. 使容易腐化发臭的有机物得到稳定处理；c. 使有毒有害物质得到妥善处理或利用；d. 使有用物质得到综合利用，变害为利。总之，污泥处理与处置的目的是减量、稳定、无害化及综合利用。

图 18-1 为污泥处理与处置基本流程。通常将通过适当的技术措施，改变污泥性状的过程称为处理，而将为污泥安排出路的过程称为处置。

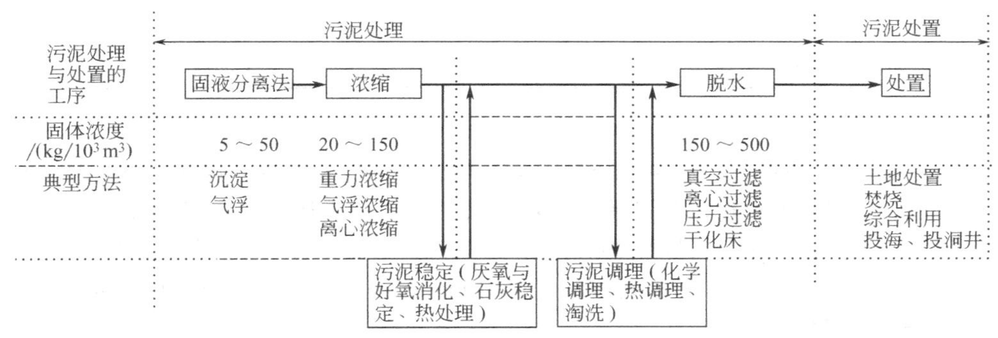

图 18-1　污泥处理与处置基本流程

第一节　污泥的来源与特性

一、污泥的来源

污泥的组成、性质和数量主要取决于废水的来源，同时还和废水处理工艺有密切关系。按废水处理工艺的不同，污泥可分为以下几种。

① 初次沉淀污泥：来自初次沉淀池，其性质随废水的成分而异。

② 腐殖污泥：来自生物膜法二次沉淀池的污泥。

③ 剩余活性污泥：来自活性污泥法二次沉淀池的污泥。

④ 消化污泥：生污泥（初次沉淀污泥、腐殖污泥、剩余活性污泥）经厌氧消化处理后产生的污泥。

⑤ 化学污泥：用混凝、化学沉淀等化学法处理废水所产生的污泥。

二、污泥的特性

1. 污泥含水率

污泥中所含水分的重量与污泥总重量之比称为污泥含水率。污泥含水率一般都很高，密度接近于水。污泥含水率对污泥特性有重要影响，不同污泥，含水率差异很大。污泥的体积、重量与所含固体物浓度之间的关系可用式（18-1）表示。

$$\frac{V_1}{V_2}=\frac{W_1}{W_2}=\frac{100-p_2}{100-p_1}=\frac{c_2}{c_1} \tag{18-1}$$

式中，V_1、W_1、c_1为污泥含水率为p_1%时的污泥体积、重量、固体物浓度；V_2、W_2、c_2为污泥含水率为p_2%时的污泥体积、重量、固体物浓度。

由式（18-1）可知，含水率由99%降到98%，或由98%降到96%，或由97%降到94%，污泥体积均能减少1倍。也即含水率越高，降低污泥的含水率对减容的作用则越大。

式（18-1）适用于含水率大于65%的污泥。因含水率低于65%以后，污泥内出现很多气泡，体积与重量不再符合式（18-1）关系。

不同含水率下的污泥状态如表18-1所列。含水率＞85%，污泥呈流态，含水率为65%～85%，污泥呈塑态，含水率＜60%，污泥呈固态。

表18-1　污泥含水率及其状态

含水率	污泥状态
90%以上	几乎为液体
80%～90%	粥状物
70%～80%	柔软状
60%～70%	几乎为固体
50%	黏土状

2. 污泥干固体

污泥中干固体可依据其中有机物含量，分为稳定性固体和挥发性固体。挥发性固体是指在高温（600℃）下能被氧化，并以气体产物逸出的那部分固体，它通常用来表示污泥中的有机物含量。稳定性固体又叫固定固体，指污泥总固体中无机物的含量，即污泥经高温（600℃）灼烧后剩余的灰分。污泥固体浓度常用mg/L表示，也可用质量百分数表示。

3. 污泥相对密度

污泥相对密度指污泥的重量与同体积水重量的比值。污泥相对密度主要取决于含水率和固体的比例。固体比重越大，含水率越低，则污泥的比重就越大。生活污泥及类似的工业污泥的比重一般略大于1。工业污泥的比重往往很大，污泥相对密度 γ 与其组分之间存在式(18-2)关系：

$$\gamma=\frac{p+(100-p)}{\left[\frac{p}{\gamma}+\frac{100-p}{\gamma_S}\right]\cdot\gamma}=\frac{100\gamma_S}{p\gamma_S+(100-p)} \tag{18-2}$$

式中，γ 为污泥的相对密度；p 为污泥含水率，%；γ_S为污泥中干固体平均密度。

干固体包括有机物（即挥发性固体）和无机物（即灰分）两种成分，其中有机物所占比及其相对密度分别用 p_v，γ_v表示，无机物的相对密度 γ_a用表示，则污泥中干固体平均相对密度 γ_S可用下式计算：

$$\frac{100}{\gamma_S}=\frac{p_v}{\gamma_v}+\frac{100-p_v}{\gamma_a} \tag{18-3}$$

即

$$\gamma_S=\frac{100\gamma_a\gamma_v}{100\gamma_v+p_v(\gamma_a-\gamma_v)} \tag{18-4}$$

有机物相对密度一般等于1，无机物相对密度为2.5～2.65，若以2.5计，则式(18-4)可简化为：

$$\gamma_S=\frac{250}{100+1.5p_v} \tag{18-5}$$

将式(18-5)代入式(18-2)得污泥相对密度的最终计算式：

$$\gamma=\frac{250000}{250p+(100-p)(100+1.5p_v)} \tag{18-6}$$

确定污泥相对密度和污泥中干固体相对密度，对于浓缩池的设计、污泥运输及后续处理都有实用价值。

城市污水厂的污泥量、污泥含水率 p 和相对密度 γ 的经验数据列于表18-2中。

表18-2　城市污水厂的污泥量、污泥含水率和相对密度

污泥种类	污泥量/(L/m³)	含水率/%	密度/(kg/L)
沉砂池沉砂	0.03	60	1.5
初沉池污泥	14～25	95～97.5	1.015～1.02
二沉池污泥			
生物膜法	7～19	96～98	1.02
活性污泥法	10～21	99.2～99.6	1.005～1.008

4. 污泥的脱水性能

污泥的脱水性能常用两个指标来评价。

(1) 污泥的过滤比阻 $r(m^2/kg)$　其物理意义是：在一定压力下过滤时，单位干重的污泥滤饼，在单位过滤面积上的阻力。比阻越大的污泥，越难过滤，其脱水性能也越差。

(2) 污泥毛细吸水时间CST(s)　其值等于污泥与滤纸接触时，在毛细管作用下，水分在滤纸上渗透1cm长度的时间。CST越大，污泥的脱水性能越差。

第二节　污泥调理

消化污泥、剩余活性污泥、腐殖污泥与初沉污泥的混合污泥等在脱水之前应进行调理，以改善污泥的脱水性能。影响污泥浓缩和脱水性能的因素主要是颗粒的大小、表面电荷水合的程度以及颗粒间的相互作用。其中污泥颗粒的大小是影响污泥脱水性能的最重要的因素，因为污泥颗粒越小，颗粒的比表面积将越大（按指数规律增大），这意味着更高的水合程度和对过滤（脱水）的更大阻力及改变污泥脱水性能要更多的化学药剂。

污泥中颗粒大多数是相互排斥而不是相互吸引的，首先是由于水合作用，有一层或几层水附于颗粒表面而阻碍了颗粒相互结合；其次，污泥颗粒一般都带有负电荷，相互之间表现为排斥，造成了稳定的分散状态。

污泥调理就是要克服水合作用和电性排斥作用，增大污泥颗粒的尺寸，使污泥易于过滤或浓缩。其途径有二：第一是脱稳、凝聚，脱稳依靠在污泥中加入合成有机聚合物、无机盐等混凝剂，使颗粒的表面性质改变并凝聚起来，由于要投加化学药剂，从而增加了运行费用；第二是改善污泥颗粒间的结构，减少过滤阻力，使其不堵塞过滤介质（滤布）。无机沉淀物或一定的填充料可以起这方面的作用。

污泥经调理能增大颗粒的尺寸，中和电性，能使吸附水释放出来，这些都有助于污泥浓缩和改善污泥脱水性能。此外，经调理后的污泥，在浓缩时污泥颗粒流失减少，并可以使固体负荷率提高。最常用的调理方法有化学调理和热调理，此外还有冷冻法和辐射法等。为减少调理的化学药品用量，还可采用物理洗涤-淘洗法。

一、化学调理

化学调理实质上是向污泥中投加各种混凝剂，使污泥形成颗粒大、孔隙多和结构强的滤饼。所用调理剂有三氯化铁、三氯化铝、硫酸铝、聚合铝、聚丙烯酰胺、石灰等。无机调理剂价廉易得，但渣量大，受 pH 值的影响大。经无机调理剂处理污泥量增加，污泥中无机成分的比例提高，污泥的燃烧价值降低；而有机调理剂则与之相反。综合利用 2～3 种混凝剂，混合投配或依次投配，能提高效能。如石灰和三氯化铁同时使用，不但能调节 pH 值，而且由于石灰和污水中的重碳酸盐生成的碳酸钙能形成颗粒结构而增加了污泥的孔隙率。

调理效果的影响因素很多，主要有污泥性质、调理剂品种、投加量和投加顺序、污泥与调理剂的混合以及环境条件（水温、pH 值）等。调理剂种类和用量因污泥品种和性质、消化程度、固体浓度不同而异，没有一定的标准。因此在特定的情况下，最好是经过实验来确定。一般调理剂投量与污泥比阻及 CST 之间存在如图 18-2 的关系，由图便可确定最佳调理剂用量和品种。

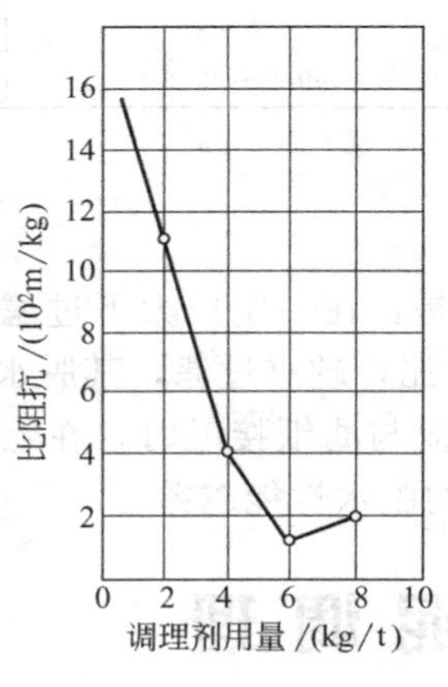

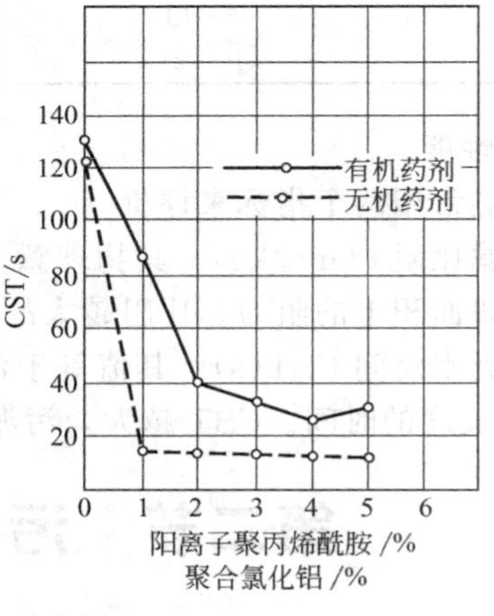

图 18-2 投药量试验

二、热调理

热调理是使污泥在一定压力（1～1.5MPa）下短时间加热（160～200℃）。这种调理方法使固体凝结，破坏凝胶体结构，降低污泥固体和水的亲和力。而且污泥被消毒，臭味几乎被消除，并易于在真空或压力过滤机中过滤。热调理法可用以调节各种混合的有机废水污泥，包括难以处置的剩余活性污泥，最适于处理生物污泥，未曾发现工业废物对污泥热调理有影响。热调理的缺点是能耗较高，操作技术水平要求高，有臭气放出，且调理后的污泥在过滤后所得滤液有机物浓度很高。

热调理与湿式氧化并不相同，在湿式氧化中要加入空气以使污泥在高温下有比较深的氧化程度；热调理则不让污泥中的有机物氧化。

三、淘洗

淘洗是一项单元操作，在操作过程中将固体或固-液混合物与液体完全混合，使某些组分转移到液体中。典型的例子是将消化污泥在化学调理以前进行洗涤，以去除可能消耗大量化学药品的某些可溶性有机和无机组分。淘洗液中的BOD和COD值都很高，需回流到废水处理装置中处理。淘洗能降低碱度，从而降低调理化学药品的投加量，但通常洗涤污泥的费用超过降低调理化学药品所节省的费用，而且由于从污泥中洗出来的细小固体在主要的废水处理装置中可能不能完全被截留，因而，虽然过去采用这种操作比较普遍，但现在不提倡采用这种方法。

第三节　污泥浓缩

浓缩的主要目的是减少污泥体积，这对于减轻后续处理过程如消化、脱水、干化和焚烧等的负担都是非常有利的。若后续处理为厌氧消化，则可使消化池容积大大缩小；若后续处理为好氧消化或化学稳定，则可节约空气量及药剂用量。此外，当进行湿式氧化或焚烧时，为了提高污泥的热值，也需浓缩以增加固体的百分含量。

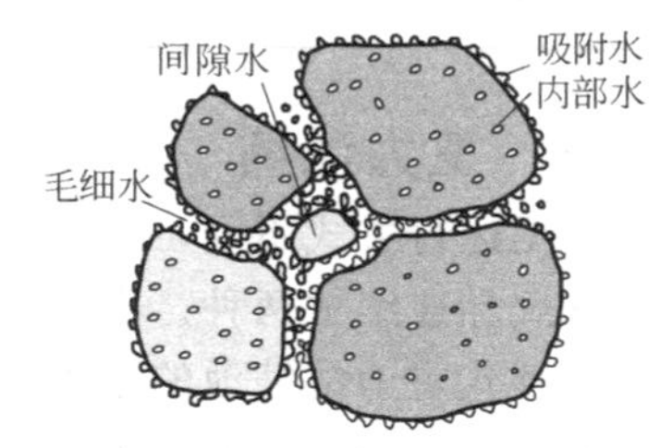

图 18-3　污泥水分示意

污泥中所含水分大致分为颗粒间的间隙水、毛细水、污泥颗粒表面吸附水和颗粒内部水（包括细胞内部水）4类，如图18-3所示。4类水分的含义及份额见表18-3。

表 18-3　4类水分的含义及份额

水分名称	含义	份额
间隙水/空隙水/自由水	存在于污泥颗粒（絮体）空隙间的游离水，并不与污泥直接结合	70%
毛细结合水/毛细水	污泥颗粒间毛细管内包含的水（只有靠外力使毛细孔发生变形）	20%
表面吸附水（吸附水）	吸附在固形粒子表面，能随固形粒子同时移动	10%
内部水/结合水	微生物细胞内的水分	

降低含水率的方法有：浓缩法，用于降低污泥中的间隙水，因间隙水所占比例最大，故浓缩是减容的主要方法；自然干化法和机械脱水法，主要是脱除毛细水；干燥与焚烧法，主要脱除吸附水与内部水。不同脱水方法的效果列于表18-4中。

表 18-4　不同脱水方法及脱水效果

脱水方法	脱水装置	脱水后所含水率/%	脱水后状态
浓缩法	重力浓缩、气浮浓缩、离心浓缩	95～97	近似糊状
自然干化法	自然干化场	70～80	泥饼状
机械脱水	真空过滤法	60～80	泥饼状
	板框压滤法	45～80	泥饼状
	滚压带式压滤机	78～86	泥饼状
	离心机	80～85	泥饼状
干燥法	各种干燥设备	10～40	粉态、粒态
焚烧法	各种焚烧设备	0～10	灰状

污泥浓缩的技术界限大致为：活性污泥含水率可降至97%～98%，初次沉淀污泥可降至85%～90%。污泥浓缩可分为重力浓缩、气浮浓缩和离心浓缩。3种方法各有优缺点（表18-5），需要根据具体要求选择。

表 18-5　3 种浓缩方法的优缺点

方法	优点	缺点
重力浓缩	贮存污泥的能力高，操作要求不高，运行费用低(尤其是耗电少)，系统简单，易于管理	占地大，且会产生臭气，对于某些污泥工作不稳定，经浓缩后的污泥非常稀薄
气浮浓缩	比重力浓缩的泥水分离效果好，所需土地面积少，臭气问题小，污泥含水率低，可使砂砾不混于浓缩污泥中，能去除油脂	运行费用较重力法高，占地比离心法多，污泥贮存能力小，系统复杂，管理麻烦
离心浓缩	占地少，处理能力高，没有或几乎没有臭气问题	要求专用的离心机，耗电大，对操作人员要求高

一、重力浓缩

根据运行方式不同，重力浓缩法可分为间歇式和连续式两种。相应地，重力浓缩池也分为间歇式和连续式两种。重力浓缩法目前应用最广。

连续式重力浓缩池的基本工作状况如图18-4所示。

污泥由中心筒进入，浓缩污泥（底流）由池底排出，澄清水由溢流堰溢出。浓缩池沿高程可大致分为3个区域：顶部为澄清区；中部为进泥区；底部为压缩区。进料区的污泥固体浓度与进泥浓度 c_0 大致相同；压缩区的浓度则越往下越浓，到排泥口达到要求的浓度 c_u；澄清区与进泥区之间有一污泥面（即浑液面），其高度由排泥量 Q_u 调节，可调节压缩污泥的压缩程度。

浓缩池必须同时满足：a. 上清液澄清；b. 排出的污泥固体浓度达到设计要求；c. 固体回收率高。如果浓缩池的负荷过大，处理量虽然增加，但浓缩污泥的固体浓度低，上清液浑浊，固体回收率低，浓缩效果就差；相反，负荷过小，污泥在池中停留时间过长，可能造成污泥厌氧发酵，产生氮气与二氧化碳，使污泥上浮，同样使浓缩效果降低，往往需要加氯以抑制气体的连续产生。上述情况在浓缩池设计中必须考虑。

设计重力浓缩池时，最主要的是确定水平断面积 A_t。计算该面积的理论与方法很多，下面主要介绍两种方法。

1. 沉降曲线简化计算法

该法主要步骤见图18-5。

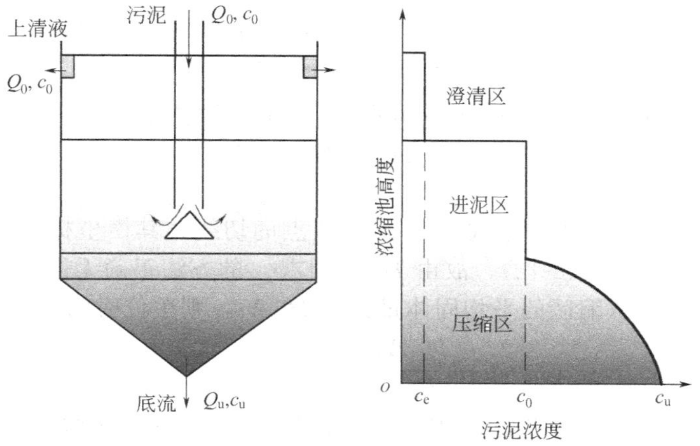

图 18-4　连续式重力浓缩池工作状况

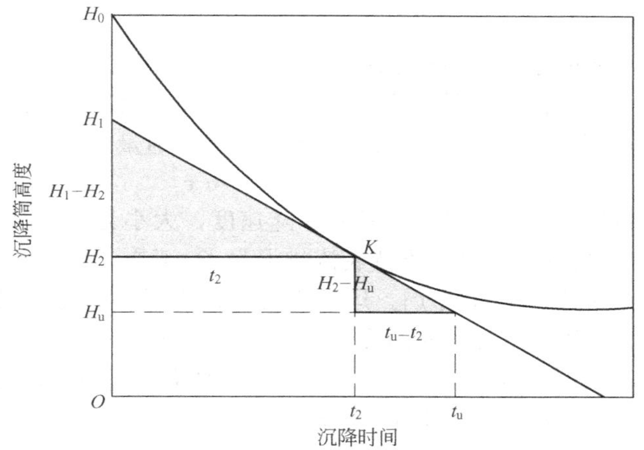

图 18-5　沉降曲线简化计算计算法求解示意

① 通过沉降试验绘制沉降曲线，求出临界面位置 K（t_2，H_2）。

② 由关系式 $H_u=H_0c_0/c_u$求出 H_u，其中 c_u为要求的浓缩池底流排泥浓度，H_u为沉降曲线上对应于 c_u时的浑液面浓度。

③ 由 H_u引水平线，与过 K 点的切线相交，交点的横坐标为 t_u。

④ 由 $A_t=Q_0t_u/H_0$，即可求出浓缩池面积 A_t。

沉降曲线简化计算法的依据如下。

由沉淀筒的物料衡算可得：

$$H_0Ac_0=H_uAc_u \text{ 或 } H_u=H_0c_0/c_u \tag{18-7}$$

浓缩开始（t_2，H_2）和浓缩结束（t_u，H_u）时，排出的清水量 V_W为：

$$V_W=A(H_2-H_u) \tag{18-8}$$

排出的清水量与浓缩时间（t_u-t_2）的比值，即为此段时间内平均产水率 Q'：

$$Q'=\frac{V_W}{t_u-t_2}=\frac{A(H_2-H_u)}{t_u-t_2} \tag{18-9}$$

由临界点 K 引切线，可得浓缩开始（t_2，H_2）时的浑液面下降速度 v_2：

$$v_2=\frac{H_1-H_2}{t_2} \tag{18-10}$$

此时，瞬时产水率 Q'' 为：

$$Q''=Av_2=\frac{A(H_1-H_2)}{t_2} \tag{18-11}$$

当浓缩池处于连续稳态工作时，Q' 和 Q'' 相等，同为溢流率，即：

$$\frac{H_2-H_u}{t_u-t_2}=\frac{H_1-H_2}{t_2} \tag{18-12}$$

如图 18-5 所示，由 H_u 引水平线，交于过 K 点的切线，其横坐标为 t_u，即得两个相似三角形，相似边能满足式（18-12），故由 H_u 绘图求 t_u 的方法正确无误。

在 t_u 时间内，进入浓缩区的平均固体量为 $c_uH_uA_t$，则单位时间平均固体浓缩率为：

$$\frac{c_uH_uA_t}{t_u}\text{或}\frac{c_0H_0A_t}{t_u} \tag{18-13}$$

在连续稳态条件下，进入浓缩池的固体流入率（Q_0c_0）应等于浓缩池的固体浓缩率：

$$Q_0c_0=\frac{c_0H_0A_t}{t_u}\text{ 或 }A_t=\frac{Q_0t_u}{H_0} \tag{18-14}$$

2. 固体通量曲线法

固体通量是指单位时间内通过浓缩池某一断面单位面积的固体质量，单位为 $kg/(m^2 \cdot h)$。在连续重力浓缩池内，通过浓缩池任一浓缩断面 i 的固体通量 G 等于浓缩池底部连续排泥所造成的底流牵动通量 G_u 和污泥自重压密所造成的固体静沉通量 G_i 之和：

$$G=G_u+G_i=uc_i+v_ic_i \tag{18-15}$$

式中，u 为由于底部排泥导致产生的界面下降速度，大小为底部排泥量 Q_u 与浓缩池断面积 A_t 的比值。浓缩池连续工作时，维持底流排泥量 Q_u 不变，故 u 为一常数值，即 G_u 与 c_i 成直线关系［见图 18-6(b) 中直线 1］。运行资料统计表明，活性污泥浓缩池的 u 一般为 0.25～0.51m/h。v_i 为固体浓度为 c_i 时的界面沉速，它可通过在固体浓度为 c_i 的沉降曲线上过起点作切线而求得，见图 18-6（a），$c_i=H_0/t_i$。针对不同 c_i 有不同的 v_i，因此固体静沉通量的 G_i 与 c_i 关系亦可以确定，见图 18-6(b) 中的曲线 2。可以看到曲线有一左界限，因为当固体浓度太低时，不会出现泥水界面，即存在一个形成泥水界面的最低浓度 c_m。c_i 为 i 断面上的固体浓度。

固体通量 G 可由图 18-6(b) 直线 1 和曲线 2 叠加求得（曲线 3）。图中 c_L 为极限固体浓度，c_u 为底部排放污泥的浓度。

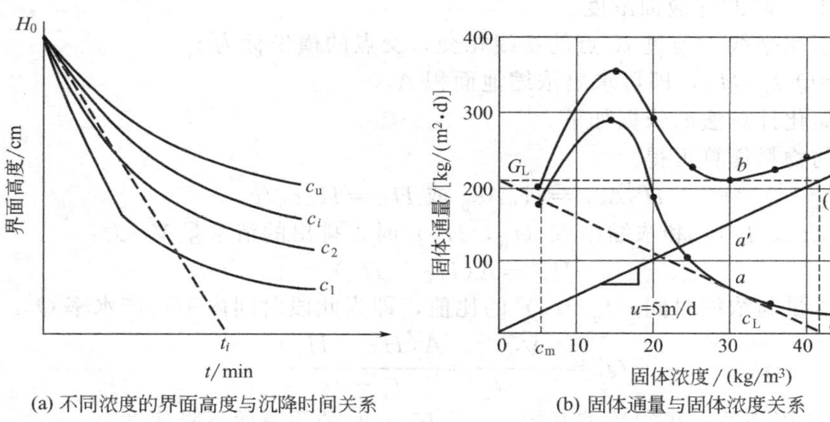

(a) 不同浓度的界面高度与沉降时间关系 (b) 固体通量与固体浓度关系

图 18-6 静态浓缩试验

假定池顶溢流固体浓度为零，当稳态工作时，固体通量和断面积的乘积即为进入浓缩池的固体总量：$A_tG=Q_0c_0$。如进入浓缩池的固体总量Q_0c_0保持不变，G越小，则A_t越大，即采取最小通量G_L，所对应的面积A_t就是该浓缩池的设计面积，这样技术上最为可靠。该最小通量反映在图18-6(b)上，就是曲线3的最低点b。

$$A_t=\frac{Q_0c_0}{G_L} \tag{18-16}$$

重力浓缩池也可按现有的经验数据进行设计计算，但对于工业废水污泥来说，由于浓缩池的负荷随污泥种类不同而有显著差异，因此，最好还是经过试验来确定活泥负荷及断面积的大小。

间歇式重力浓缩池的设计原理同连续式，其结构见图18-7。在浓缩池不同深度上都设置了上清液排除管，这是因为运行时要先排除浓缩池中的上清液，以腾出池容，再投入待浓缩的污泥。间歇式浓缩池浓缩时间一般为8～12h。

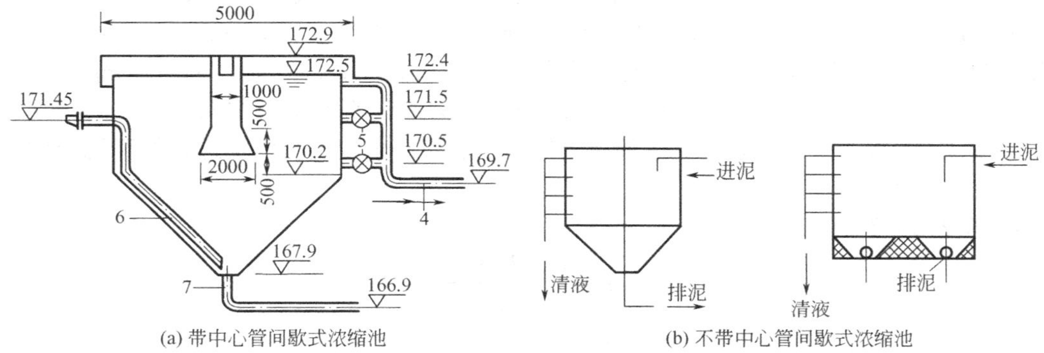

(a) 带中心管间歇式浓缩池　　(b) 不带中心管间歇式浓缩池

图18-7　间歇式重力浓缩池

二、气浮浓缩

重力浓缩法最适于重质污泥（如初次原污泥），但对于比重接近1的轻质污泥，如活性污泥，效果不佳，在此情况下，最好采用气浮浓缩法。气浮浓缩的工艺流程见图18-8。澄清水从池底引出，一部分排走，另一部分用水泵回流。通过水射流器或压气机将空气引入，然后在溶气罐内溶入水中。溶气水经减压阀进入混合池，与流入该池的新污泥混合。减压析出的空气便携带固体上浮，形成浮渣层，用刮板刮出使其得到分离。采用回流充气的优点是节省新水、管理方便；缺点是增加回流系统电耗。

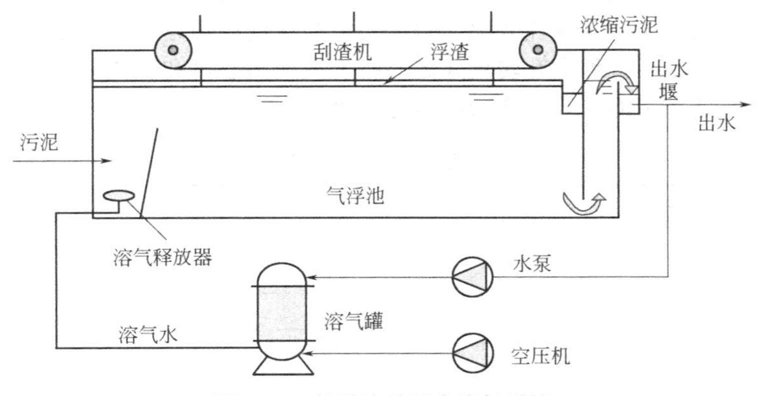

图18-8　气浮池及压力溶气系统

气浮浓缩池的设计计算步骤如下。

1. 主要设计参数的确定

气浮浓缩池的主要设计参数是气固比、水力负荷和气浮停留时间。

气固比是指气浮时有效空气总质量与入流污泥中固体物总质量之比，用 A_a/S 表示。气浮效果随气固比的增加而提高，其值一般采用 0.03～0.1，也可通过气浮浓缩试验确定。

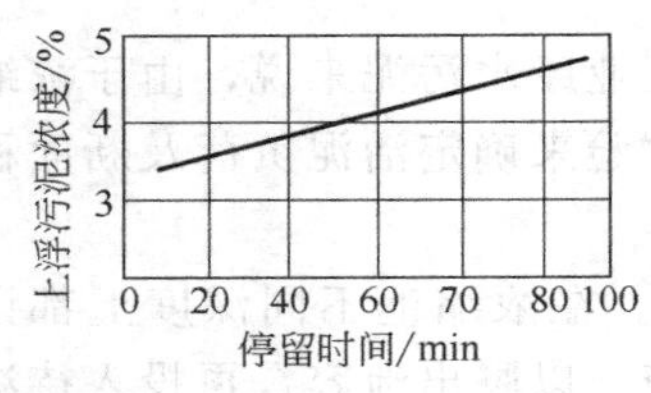

图 18-9　停留时间与上浮污泥浓度的关系

水力负荷 q 的取值范围在 1.0～3.6$m^3/(m^2 \cdot h)$，一般用 1.8。

气浮停留时间 t 与气浮污泥浓度有关，参见图 18-9。

2. 回流比 *R*

回流比可通过下式计算：

$$\frac{A_a}{S}=\frac{S_a R(fP-1)}{c_0} \tag{18-17}$$

式中，A_a为气浮池释放出的气体量，kg/h，等于进、出池溶解气体量之差值；S 为流入的污泥固体量，kg/h；c_0 为污泥浓度，kg/m^3；R 为回流比，一般采用 $R \geqslant 1$；S_a为常压下空气在回流中的饱和浓度，mg/L；20℃时，$S_a=24mg/L$；P 为熔气罐压力（绝对压力），一般采用 2～4kg/m^3；f 为溶气水的空气饱和度，一般气浮系统中，$f=0.5 \sim 0.8$；H-R 型系统（一种在溶气罐中能使游离空气与污水进行循环混合的气浮设备）中，f 可达 0.95。

3. 气浮池面积 *A*

$$A=\frac{Q_0(R+1)}{q} \tag{18-18}$$

式中，Q_0 为入流污泥流量，m^3/h。

4. 池深 *H*

$$H=\frac{t(R+1)Q_0}{A} \tag{18-19}$$

气浮浓缩池还可参考已有的运行资料进行设计。由于污泥性质不同、入流污泥浓度不同，以及是否添加浮选剂等都影响气浮池的固体负荷与水力负荷，所以在设计时，最好与类似的气浮浓缩池的运行资料结合进行试验。

三、离心浓缩

离心浓缩法是基于污泥中的固体颗粒和水的密度不同，在高速旋转的离心机中，由于所受离心力大小不同，从而使二者得到分离。其特点是效率高、时间短、占地少、卫生条件好，适用于处理轻质污泥。这些优势都使得离心浓缩法的应用越来越广泛。

用于污泥浓缩的离心机种类有转盘式离心机、篮式离心机和转鼓离心机等。各种离心浓缩的运行效果（所处理污泥均为剩余活性污泥）见表 18-6。

表 18-6　各种离心浓缩的运行效果

离心机	Q_0/(L/s)	c_0/%	c_u/%	固体回收率/%
转盘式	9.5	0.75～1.0	5.0～5.5	90
转盘式	3.2～5.1	0.7	5.0～7.0	93～87
篮式	2.1～4.4	0.7	9.0～10	90～70
转鼓式	4.75～6.30	0.44～0.78	5～7	90～80
转鼓式	6.9～10.1	0.5～0.7	5～8	65 85(加少许混凝剂)

另外一种常用的离心设备是离心筛网浓缩器（图18-10）。它将污泥从中心分配管输入浓缩器。筛网笼在低速旋转下隔滤污泥。浓缩污泥由底部排出，清液由筛网从出水集水室排出。

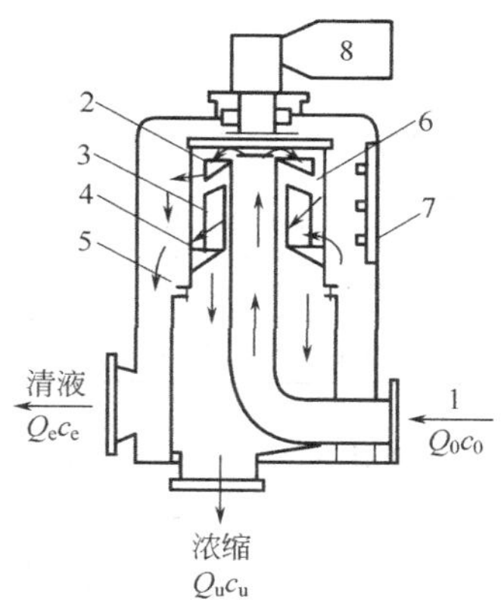

图 18-10 离心筛网浓缩器

1—中心分配管；2—进水布水器；3—排出管；4—旋转筛网笼；5—出水集水室；6—调节流量转向器；7—反冲洗系统；8—电动机

离心筛网浓缩器的性能可用 3 个指标表示：a. 浓缩系数，浓缩污泥浓度与入流污泥浓度的比值；b. 分流率，清液流量与入流污泥流量的比值；c. 固体回收率，浓缩污泥中固体物总量与入流污泥中固体物总量的比值。

离心筛网浓缩器的主要设计参数是固体负荷和面积水力负荷。

离心筛网浓缩器可作活性污泥法混合液的浓缩用，能减少二沉池的负荷和曝气池的体积，浓缩后的污泥回流到曝气池，分离液因固体浓度较高，应流入二沉池做沉淀处理；但离心筛网浓缩器因回收率较低，出水浑浊，一般不能作为单独的浓缩设备。

第四节 污泥稳定

污泥中含有大量有机物和病原菌，如直接排放到自然界中，有机物将会受到微生物的作用而腐化、发臭，对环境造成严重危害，病原体将直接或间接接触人体造成污染。此外，腐化污泥黏性变大，不易脱水，不易为植物吸收，因此，污泥在脱水前通常要进行稳定处理。

污泥稳定就是采取人工处理措施降低其有机物含量或杀死病原微生物的过程。污泥稳定的方法有生物法、化学法和热处理法。

一、生物稳定

污泥生物稳定的目的是降解有机物，使之成为稳定的无机物或不易被微生物作用的有机物，一般认为当污泥中的挥发性固体的量降低 40%左右，即可认为已达到污泥的稳定。污泥的生物稳定可分为厌氧消化和好氧消化两种，厌氧消化是对有机污泥进行稳定处理最常用的方法，好氧消化主要用于小型污水处理厂处理污泥。

污泥厌氧消化的原理和影响因素等与厌氧处理废水相同，其相同内容本章不再赘述。计算消化池容积方法有投配率计算法、负荷计算法及泥龄计算法 3 种。常用投配率计算法。

$$V=\frac{V'}{p}\times 100 \tag{18-20}$$

式中，V 为消化池有效容积，m^3；V'为每天投加的生污泥量，m^3/d；p 为污泥固体投配率，即每天投加的污泥量占消化池有效容积的百分数，%。

亦可按挥发性固体（有机）负荷率计算消化池的有效容积：

$$V=\frac{G_s}{N_s} \tag{18-21}$$

式中，V 为消化池有效容积，m^3；G_s 为每天要处理的污泥干固体量，kgVSS/d；N_s 为单位容积消化池污泥负荷率，kgVSS/(m^3·d)。

还可按污泥固体停留时间（泥龄）计算消化池的有效容积。表 18-7 为城市污水厂污泥厌氧消化设计参数。

表 18-7 城市污水厂污泥厌氧消化设计参数

参 数	传统消化池	高速消化池
污泥固体投配率/%	2～4	6～18
挥发性固体负荷率/[kgVSS/(m^3·d)]	0.6～1.6	2.4～6.4
污泥固体停留时间/d	30～60	10～20

厌氧消化的优点是产生以甲烷为主（一般含甲烷 50%～60%）的消化气体（消化气量为 0.75～1.1m^3/kgVSS），并使污泥固体总量减少（污泥挥发固体的厌氧消化率一般为 40%～60%），同时消化过程尤其是高温消化过程（在 50～60℃条件下）能杀死病菌微生物。厌氧消化的缺点是设备投资大，运行易受环境条件影响，消化污泥夹带气泡不易沉淀，消化反应时间长等。

污泥的好氧稳定类似活性污泥法，好氧稳定机理是微生物内源呼吸稳定污泥中的有机成分。好氧消化池的一些技术参数列于表 18-8，可供设计参考。与厌氧消化比较，运行较稳定，反应速率快，温度为 15℃时，生活污水污泥只需 15～20d 即可减少挥发性固体达 40%～50%，而厌氧消化约需 30～40d。好氧消化的最大缺点是动力消耗大，杀死病菌微生物效果差。为此，利用高纯氧进行氧化、利用高效的曝气装置进行氧化的自热高温（40～70℃）好氧消化可加快反应速度和杀灭全部病原体，目前仍处在研究开发阶段。

表 18-8 普通好氧消化池的设计参数

水力停留时间（T＝20℃） 剩余活性污泥 剩余活性污泥（或生物滤池）＋初沉污泥	 10～15d 15～20d
污泥负荷	1.6～4.8kg（挥发固体）/(m^3·d)
每分解 1kg BOD_5 所需空气量	1.6～1.9kg
用机械混合所需电能	20～40kW/1000m^3（污泥）
空气混合所需氧量	20～40m^3/[1000m^3（污泥）·min]

二、化学稳定和热稳定

污泥的化学稳定是向污泥投加化学药剂，抑制和杀死微生物，投加的化学药剂有石灰和氯。石灰稳定法是一种非常简单的方法，其主要作用是抑制污泥臭气和杀灭病原菌。石灰稳定法中，实际上并没有有机物被直接降解，该法不仅不能使固体物量减少，反而使固体物量增加。石灰稳定法要求使污泥 pH 值保持在 12 以上，接触 2h，为此，应当使污泥处于液体状态，投加石灰使 pH＝12.5 并维持这个水平 0.5h，这样就可使 2h 内 pH 值不低于 12。表 18-9 所列数据为使 pH 值达到 12.5 的石灰投加剂量。

表 18-9 石灰投量参考数据

污泥种类	污泥固体含量	初始 pH 值	石灰 $Ca(OH)_2$ 投量/干固体	投加石灰后 pH 值
初沉污泥	3%～6%	6.7	12%	12.7
剩余活性污泥	1%～1.5%	7.1	30%	12.6
厌氧消化污泥	6%～7%	7.2	19%	12.5

氯化稳定法是在密闭容器中向污泥投加大剂量氯气，接触时间不长，实质上主要是消毒，杀灭微生物以稳定污泥。由于 pH 值低，污泥的过滤性能差，且氯化过程常产生有毒的氯胺，会给后续处理带来一定的困难，因此氯化稳定法应用较少。

污泥热稳定法有热处理和湿式氧化法。热处理既是稳定过程，也是调理过程，即在较高温度（160～200℃）和较大压力（1～2MPa）下处理污泥，促使污泥进行过热反应，从而杀灭微生物，消除臭气以稳定污泥，且污泥易脱水，热处理最适于生物污泥。湿式氧化法与热处理不同，即在高温高压条件下，加入空气作氧化剂对污泥中有机物和还原性无机物进行氧化，并由此改变污泥的结构、成分和提高污泥脱水性能。此外还有一些热处理方法，如堆肥化热处理、热干化等。

第五节　污泥脱水

污泥脱水的主要方法有真空过滤法、压滤法、离心法和自然干化法。其中前面三种采用的是机械脱水，本质上都属于过滤脱水的范畴。其原理基本相同，都是利用过滤介质两面的压力差作为推动力，使水分强制通过过滤介质，固体颗粒被截留在介质上，达到脱水的目的。对于真空过滤法，其压差是通过在过滤介质的一面造成负压而产生；对于压滤法，压差产生于在过滤介质一面加压；对于离心法，压差是以离心力作为推动力。

一般的过滤操作均系定压过滤。根据定压过滤的理论，可得出过滤基本方程式（卡门公式）：

$$\frac{t}{V}=\frac{\mu rC}{2PA^2}V+\frac{\mu R}{PA}=bV+a \tag{18-22}$$

式中，V 为滤过水的体积；t 为过滤时间；P 为压差；A 为有效过滤面积；μ 为过滤水的黏度；R 为单位面积滤布的过滤阻力；r 为比阻，单位过滤面积上单位干重滤饼所具有的阻力；C 为单位体积滤过水所产生的滤饼重。

因此，可通过过滤试验测定不同时间 t 的滤过水体积，将 t/V 与 V 绘成一直线，斜率为 $b=\frac{\mu rC}{2PA^2}$，截距为 $a=\frac{\mu R}{PA}$，由此得

$$r=\frac{2bPA^2}{\mu C} \tag{18-23}$$

由式（18-23）可知，要求得 r，还需知道 C。

由 C 的定义，可知：

$$C=\frac{(Q_0-Q_1)}{Q_1}\times c_g \tag{18-24}$$

式中，Q_0 为污泥量；Q_1 为滤液量；c_g 为滤饼中固体物质浓度。

再结合液体和固体平衡式：$Q_0=Q_1+Q_g$ 和 $Q_0c_0=Q_1c_1+Q_gc_g$

式中，c_0 为原污泥中固体物质浓度；c_1 为滤液中固体物质浓度；Q_g 为滤饼量。

最后可得：

$$C=\frac{c_gc_0}{c_g-c_0} \tag{18-25}$$

将所得的 C 与其他数据代入式（18-23），则 r 可求得。

对于可压缩滤饼，由于滤饼不断被压缩，使比阻不断增加，因此比阻与压力成以下经验关系：

$$r = r'P^s \tag{18-26}$$

式中，r'为当压力为1单位时的比阻；s为滤饼的压缩系数，对不可压缩污泥S为0。

对于不可压缩污泥，比阻与压力无关，增加压力并不会增加比阻，因此增压对提高过滤机的生产能力有较好效果。但像活性污泥等易压缩污泥，增加压力，比阻随着增大，因此增压对提高生产能力效果不大。

一、真空过滤法

真空过滤是目前应用最广泛的一种机械脱水方法，主要应用于经过预处理后初次沉淀污泥、化学污泥及消化污泥的脱水。其特点是连续运行、操作平稳、处理量大、能实现过程操作自动化。但是此方法脱水前必须预处理，附属设备多，工艺复杂，运行费用高，再生与清洗不充分，易堵塞。

1. 真空过滤机的构造与脱水过程

真空过滤机有转筒式、绕绳式、转盘式3种类型，其中应用最广泛的是GP型转鼓真空过滤机（图18-11）。

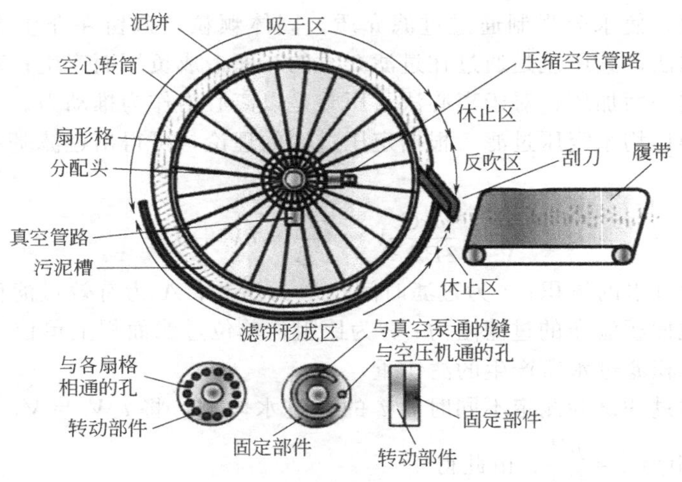

图18-11　转鼓真空过滤机

过滤介质覆盖在空心转鼓表面，转鼓部分浸没在污泥贮槽中，并被径向隔板分割成许多扇形间隔，每个间隔有单独的连接管与分配头相接。分配头由转动部件和固定部件组成。固定部件有缝与真空管路相通，孔与压缩空气管路相通；转动部分有许多孔，通过连通管与各扇形间格相连。

转鼓旋转时，由于真空的作用，将污泥吸附在过滤介质上，液体通过过滤介质沿真空管路流到气水分离罐。吸附在转鼓上的滤饼转出污泥槽的污泥面后，若扇形间隔的连通管在固定部件缝的范围内，则处于滤饼形成区与吸干区，继续吸干水分。当管孔与固定部件的缝相通时，便进入反吹区，与压缩空气相通，滤饼被反吹松动，然后用刮刀剥落经皮带输送器运走。之后进入休止区，实现正压与负压转换时的缓冲作用，这样一个工作周期就完成了。

转鼓真空过滤机脱水的工艺流程见图18-12。

由此可见，转鼓每旋转一周，则经过一次滤饼形成区、吸干区、反吹区及休止区。

2. 转鼓真空过滤机的设计

转鼓真空过滤机的设计首先是确定过滤机的产率，即单位时间、单位转鼓面积所能提供的干固体质量，然后根据产率与污泥量确定过滤机面积。

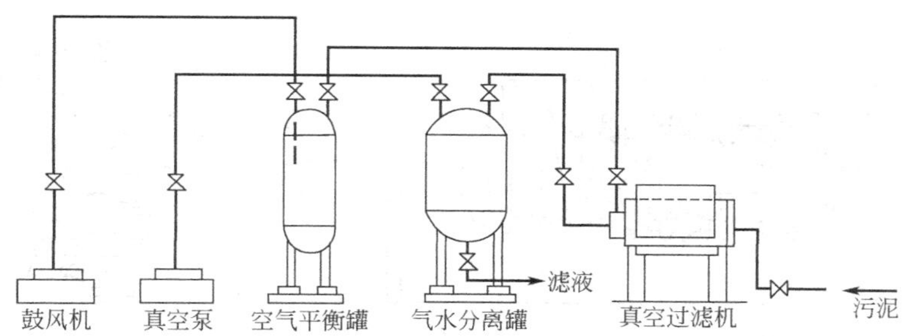

图 18-12　转鼓真空过滤机工艺流程

过滤机产率可以通过下式确定：

$$L=1600.6\frac{100-p_{\mathrm{k}}}{p_0-p_{\mathrm{k}}}\left[\frac{mPp_0(100-p_0)}{\mu Tr}\right]^{1/2} \tag{18-27}$$

式中，L 为过滤产率，m^3/h；p_0为原污泥产率，kg/m^3；p_{k}为滤饼含水率，%；μ 为滤液动力黏度，$kg \cdot s/m^2$；r 为比阻，m/kg；P 为过滤压力或真空度，kg/cm^2；m 为浸液比，一般取 0.3；T 为每天工作小时数，h。

因此，所需真空过滤机的面积 A 为：

$$A=\frac{Q_0 c_0 K}{L} \tag{18-28}$$

式中，Q_0为污泥量，m^3/h；c_0为污泥浓度，kg/m^3；K 为考虑每天过滤小时数的系数，$K=24/T$。

对于黏度大的污泥，GP 转鼓真空过滤机容易造成过滤介质包裹在转鼓上，再生与清洗不充分，易堵塞，影响生产效率，为此，可采用链带式转鼓真空过滤机，用辊轴把过滤介质转出，既便于卸料又便于清洗再生，见图 18-13。

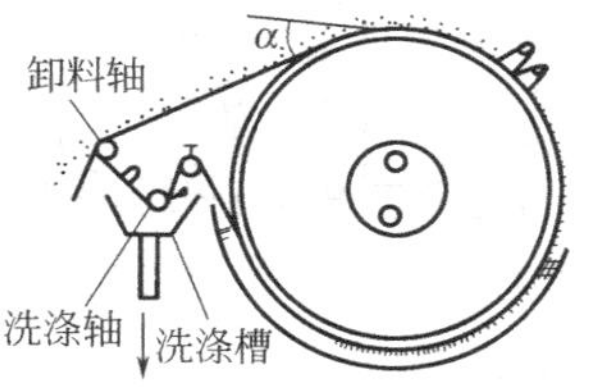

图 18-13　链带式转鼓真空过滤机

二、压滤法

压滤法与真空过滤法基本理论相同，只是压滤法推动力为正压，而真空过滤法为负压。压滤法的压力可达 4～8kg/m²，因此，推动力远大于真空过滤法。常用的压滤机械有板框压滤机和带式压滤机两种。

1. 板框压滤机

板框压滤机的构造简单，推动力大，适用于各种性质的污泥，且形成的滤饼含水率低，但它只能间断运行，操作管理麻烦，滤布易坏。板框压滤机可分为人工和自动板框压滤机两种。自动板框压滤机与人工的相比，滤饼的剥落、滤布的洗涤再生和板框的拉开与压紧完全自动化，大大减小了劳动强度。自动板框压滤机有立式和卧式两种，见图 18-14。压滤面积为 15m²，外形尺寸为 4140mm×1380mm×1715mm（长×宽×高）。

板框压滤机的工作原理见图 18-15。板与框相间排列而成，并用压紧装置压紧，在滤板两侧覆有滤布，即在板与板之间构成压滤室。在板与框的上端相同部位开有小孔，压紧后，各孔连成一条通道。加压后的污泥由该通道进入，并由滤框上的支路孔道进压滤室。污泥的运动方向见图中箭头。在滤板的表面刻有沟槽，下端有供滤液排出的孔道。滤液在压力作用下，通过滤布并沿着沟槽向下流动，最后汇集于排液孔道排出，使污泥脱水。为了防止污泥颗粒堵塞滤布网孔和滤板沟槽，在压滤开始时，压力要小一点，待污泥在滤布上形成薄层滤

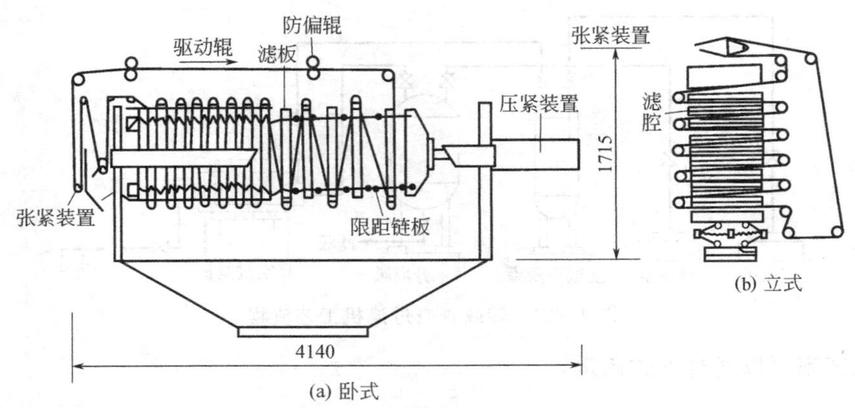

图 18-14 自动板框压滤机

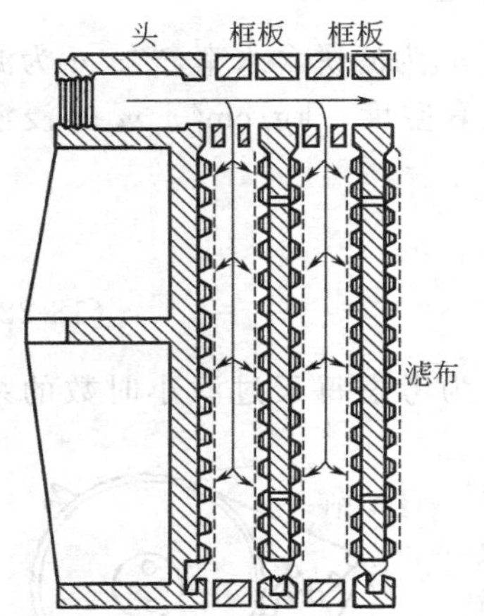

图 18-15 板框压滤机工作原理

饼后，再增大压力。

板框压滤机的设计主要包括压滤机面积的设计。其他设计参数如最佳滤布、调节方法、过滤压力、过滤产率等可通过试验求得。压滤机面积可通过下式计算：

$$A = 1000(1 - p)Q/L \tag{18-29}$$

式中，A 为压滤机面积，m^2；p 为污泥含水率；Q 为污泥量，m^3/h；L 为压滤机的产率，$kg/(m^2 \cdot h)$。

压滤机的产率与污泥性质、滤饼厚度、过滤时间、过滤压力、滤布等条件有关，可通过参考类似压滤运行的数据选用或经试验确定，一般为 $2 \sim 4kg/(m^2 \cdot h)$。

2. 带式压滤机

带式压滤机中，较常见的是滚压带式压滤机。其特点是可以连续生产，机械设备较简单，动力消耗少，无需设置高压泵或空压机。在国外已经被广泛用于污泥的机械脱水。

滚压带式压滤机由滚压轴及滤布带组成，压力施加在滤布带上，污泥在两条压滤带间挤轧，由于滤布的压力或张力得到脱水。其基本流程如下。

污泥先经过浓缩段，依靠重力过滤脱水，浓缩时间一般为 10～30s，目的是使污泥失去流动性能，以免在压轧时被挤出滤布带，之后进入压轧段，依靠滚压轴的压力与滤布的张力除去污泥中的水分，压轧段的停留时间为 1～5min。

滚压的方式取决于污泥的特性，一般有两种：一种是相对压榨式，滚压轴上下相对，压榨的时间几乎是瞬时的，但压力大，见图 18-16(a)；另一种是水平滚压式，滚压轴上下错开，依靠滚压轴施于滤布的张力压榨污泥，因压榨的压力受张力限制，压力较小，故所需压榨时间较长，但在滚压过程中对污泥有种剪切力的作用，可促进污泥的脱水，见图 18-16(b)。

三、离心法

离心法的推动力是离心力，推动的对象是固相，离心力的大小可控制，比重力大得多，因此脱水的效果比重力浓缩好。它的优点是设备占地小，效率高，可连续生产，自动控制，卫生条件好；缺点是对污泥预处理要求高，必须使用高分子聚合电解质作为调理剂，设备易磨损。

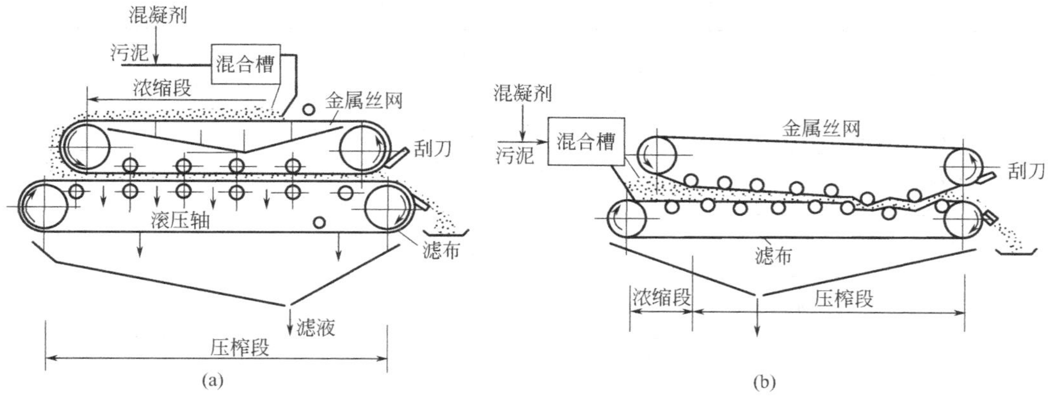

图 18-16　滚压带式压滤机

1. 离心机的分离因素

离心机的分离因素就是离心力与重力的比值，即：

$$a=\frac{F}{G}=\frac{\frac{\omega^2 r}{g}G}{G}=\frac{\omega^2 r}{g}=\frac{n^2 r}{900} \tag{18-30}$$

式中，F 为离心力，N；G 为重力，N；ω 为旋转角速度，l/s；r 为旋转半径，m；g 为重力加速度，m/s^2；n 为转速，r/min。

离心机的分离因素表征了离心力的相对大小和离心机的分离能力。

2. 离心机分类

根据分离因数 a 的不同，离心机可分为低速离心机（a 为 1000～1500)、中速离心机（a 为 1500～3000）和高速离心机（a 在 3000 以上）3 类。在污泥脱水处理中，由于高速离心机转速快、对脱水泥饼有冲击和剪切作用，因此适宜用低速离心机进行污泥离心脱水。

根据离心机的形状，可分为转筒式离心机和盘式离心机等，其中以转筒式离心机在污泥脱水中应用最广泛。它的主要组成部分是转筒和螺旋输泥机（图 18-17)，工作过程如下：

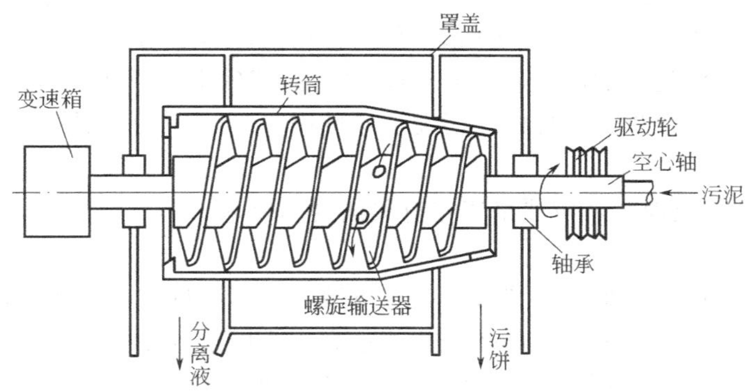

图 18-17　转筒式离心机

污泥通过中空转轴的分配孔连续进入筒内，在转筒的带动下高速旋转，并在离心力作用下泥水分离。螺旋输泥机和转筒同向旋转，但转速有差异，即二者有相对转动，这一相对转动使得泥饼被推出排泥口，而分离液从另一端排出。

转筒式离心机的处理效果见表 18-10，设计时可作参考。

表 18-10　转筒式离心机的运行性能

污泥种类	入流污泥浓度/%	脱水后污泥的含固率/%	高分子电解质用量/(g/kg 干固体)	固体物质回收率/%
初沉池污泥	4～5	25～30	1～1.5	95～97
生物滤池污泥	2～3	9～10 10～12	0 0.75～1.5	90～95 95～97
剩余活性污泥	0.5～1.5	8～10 12～14	0 0.5～1.5	85～90 90～95
70%初沉污泥+30%生物滤池污泥	2～3	9～11 7～9	0 0.75～1.5	95～97 94～97
50%初沉污泥+50%剩余活性污泥	2～3	12～14	0.5～1.5	93～95
60%初沉污泥+40%生物转盘污泥	2～3	20～24 17～20	0 2～3	85～90 ≥98
50%初沉污泥+50%剩余活性污泥	1～2	12～14 10～12 8～10	0 0.75～1.5 2～3	75～80 85～90 93～95
均来自厌氧消化	1～3	8～11 12～14	0 1～3	80～85 90～95

第六节　污泥处置及综合利用

一、污泥的常规处置方法

1. 填埋

污泥可单独处理或与其他废弃固体物（如城市垃圾）一起填埋。填埋场地应符合一定的设计规范。其中需注意的事项如下。

① 填埋场地的渗沥水属高浓度有机污水，污染非常强，必须加以收集进行处理，以防止对地下水和地表水的污染。

② 应注意填埋场地的卫生，防止鼠类和蚊蝇等的孳生，并防止臭味向外扩散。

③ 除焚烧灰的挥发分在15%以下时，可进行不分层填埋，其他情况均需进行分层填埋。生污泥进行填埋时，污泥层的厚度应≤0.5m，其上面铺砂土层厚0.5m，交替进行填埋，并设置通气装置；消化污泥进行填埋时，污泥层厚度应≤3m，其上面铺砂土层厚0.5m，交替进行填埋。

④ 如在海边进行填埋时，应严格遵守有关法规的要求。

2. 焚烧

焚烧是一种常用的污泥最终处置方法，它可破坏全部有机质，杀死一切病原体，并最大限度地减少污泥体积。当污泥自身的燃烧热值很高，或城市卫生要求高，或污泥有毒物质含量高，不能被利用时，可采用焚烧处理。污泥在焚烧前，应先进行脱水处理以减少负荷和能耗。

焚烧在焚烧炉内进行，首先借助辅助燃料引火，使焚烧炉内温度升至燃点以上，然后使污泥自燃，所产生的废气（CO_2、SO_2等）和炉灰，再分别进行处理。焚烧所需热量主要靠污泥含有的有机物燃烧，如污泥的燃烧热值不足以使污泥自燃，则需补充辅助燃料。不同污泥的燃烧热值可参见表 18-11。

表 18-11　各种污泥的燃烧热值表

污泥种类	燃烧热值/(kJ/kg 干污泥)
初次沉淀污泥 新鲜的 经消化的	 15826～18191.6 7201.3
初次沉淀污泥与腐殖污泥混合 新鲜的 经消化的	 14905 6740.7～8122.4
初次沉淀污泥与活性污泥混合 新鲜的 经消化的	 16956.5 7452.2
新鲜活性污泥	14905～15214.8

污泥焚烧的影响因素有焚烧温度、空气量、焚烧时间、污泥组分等。焚烧温度不应低于800℃，否则有机物不能燃烧，如欲消除气味，温度还需达到1000℃。燃烧时必须补充足够的空气，以免燃烧不充分，但也不能过量太多，否则会消耗过多的热量，一般过量50%～100%。焚烧时间也不能太短，否则燃烧不完全。污泥中挥发物含量越高，含水率越低，则越易于维持自燃。当含水与挥发物之比小于3.5时，能维持自燃。

常用的污泥焚烧设备有回转焚烧炉、多段焚烧炉和流化床焚烧炉等。

回转焚烧炉见图18-18。回转焚烧炉转筒直径与长度之比为1∶(10～16)。筒体分干燥段和燃烧段两段，干燥段约占总长度的2/3，燃烧段约占总长度的1/3，燃烧段温度可达700～900℃。

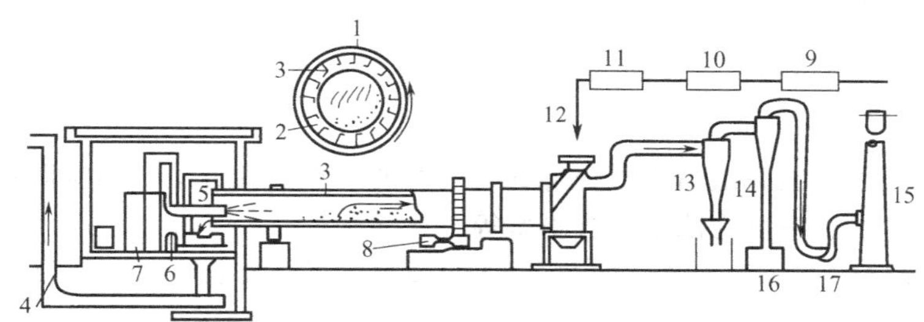

图 18-18　逆流回转焚烧炉

1—炉壳；2—炉膛；3—炒板；4—灰渣输送机；5—燃烧器；6—一次空气鼓风机；7—二次空气鼓风机；8—传动装置；9—沉淀池；10—浓缩池；11—压滤机；12—泥饼；13—一次旋流分离器；14—二次旋流分离器；15—烟囱；16—焚烧灰仓；17—引风机

立式多段焚烧炉见图18-19。立式多段炉是一个内衬耐火材料的钢制圆筒，由多层炉床(一般6～12层)组成。各层都有同轴的旋转齿耙，转速为1r/min。空气由底部轴心鼓入，一方面使轴冷却；另一方面预热空气。脱水后的污泥从炉的顶部进入炉内，依靠齿耙翻动逐层下落。炉内温度是中间高两端低。顶部两层温度为480～680℃，称干燥层，污泥在此干燥至含水率降至40%以下。中部几层主要起焚烧作用，称焚烧层，温度达到760～980℃，污泥在此与上升的高温气体和侧壁加入的辅助燃料(如需要的话)一并燃烧。下部几层主要起冷却并预热空气的作用，称冷却层，温度为260～350℃，焚灰在此冷却后由排灰口排出。热空气到炉顶后，一部分回流到炉底，一部分经除尘净化后排空。

流化床炉也叫沸腾炉(图18-20)。炉下部堆放一层厚约0.9m的砂层。热空气由下部鼓入，在815℃使砂层呈流化状态。污泥投加到砂层中后，水分迅速蒸发，进而进行燃烧。废气由炉顶引入空气预热器使空气预热，之后经除尘净化后排放。流化床炉还设有投砂口、点火器、辅助燃料燃烧等设备。除砂流化床之外，还可用污泥固体做流化床。

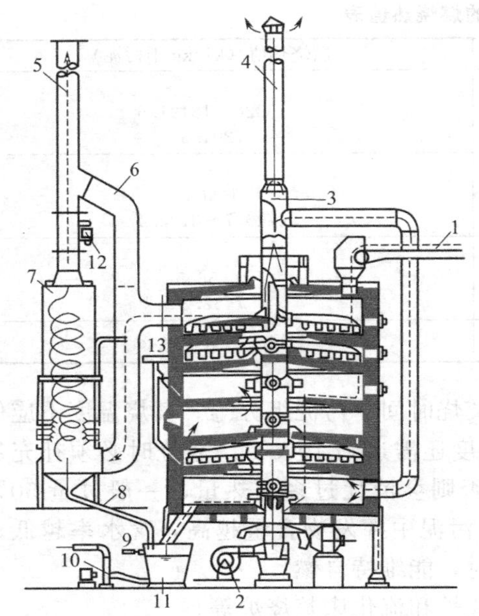

图 18-19 立式多段焚烧炉

1—泥饼；2—冷却空气鼓风机；3—浮动风门；4—废冷却气；5—清洁气体；6—无水时旁通风道；7—旋风喷射洗涤器；8—灰浆；9—分离水；10—砂浆；11—灰桶；12—感应鼓风架；13—轻油

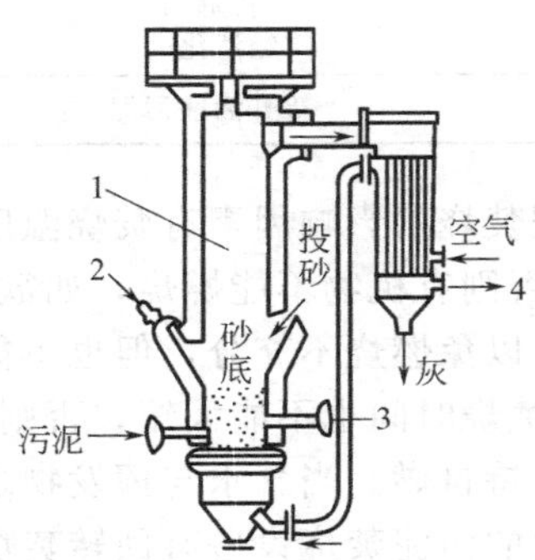

图 18-20 流化床炉

1—炉腔；2—辅助燃烧器；3—点火器；4—废气出口

3. 湿式氧化

湿式氧化是湿污泥在高温高压下分解其有机物的一种处理方法。影响湿式氧化的因素有温度、压力、空气量、挥发物浓度、含水率等。

研究表明，污泥湿式氧化需要的氧量与 COD 值很接近，故所需空气量 O_2（mg/L）为：

$$O_2 = a\,COD/0.232 \tag{18-31}$$

式中，0.232 为空气中氧的重量比；a 为空气过剩系数，采用 1.02。

湿式氧化法的特点是能氧化不能生物降解的有机物；氧化程度可以调节；降低了比阻，可直接过滤脱水；热量可回收；污泥水中的氨氮可作为生物处理的氮源。它的缺点是设备要求耐高温高压、建造费用高、易腐蚀。

4. 弃置

弃置主要是投海、投井。

投海时要充分考虑海水的稀释净化能力及其对海洋生态环境的影响。沿海地区，可考虑把污泥投海，投海污泥最好是经过消化处理的污泥，而且投海地点必须远离海岸。投海的方法可用管道运输或船运，前者比较经济。污泥投海，在国外有成功的经验，也有造成严重污染的教训，因此必须非常谨慎。按英国经验，污泥（包括生污泥、消化污泥）投海区应离海岸 10km 以外，深 25m，潮流水量为污泥的 500～1000 倍，这样由于海水的自净与稀释作用，可使海区不受污染。

投井是将污泥注入废弃的油井和矿井，此时要注意对地下水的影响。

二、污泥的综合利用

污泥的综合利用视其性质而定。大致有以下几类利用方式。

1. 在农业上应用

污泥中含有植物所需要的营养成分和有机物，因此污泥应用在农业上是最佳的最终处置办法。污泥的肥效主要取决于污泥的组成和性质。以生活污水的污泥为例，含氮量为2%～6%，含磷量为1%～4%，含钾量为0.2%～0.4%。从肥料的三要素来分析污泥的肥效，主要是利用其氮肥，其次是磷肥，钾肥的利用价值较小。污泥的氮、磷含量都比一般的农家肥高，而且污泥中含有的硼、锰、锌等微量元素，对农业增产有重要作用。因此可以说污泥是一种优质的有机肥料。但污泥中含有病菌、寄生虫、病原体及重金属离子，如直接用作肥料，会对植物有危害作用并进入食物链影响其他生物，而且不利于土壤吸收养分。因此在把污泥用作农田肥料前，应首先进行稳定化处理，使病菌、寄生虫和病原体等死亡或减少，稳定有机物和减少臭气。此外，其中重金属离子的含量也必须符合我国农业部制订的《农用污泥中污染物控制标准》(GB 4284-84) 的要求。

较常用的处理方法是堆肥。堆肥是利用嗜热微生物，使污泥中的有机物和水分好氧分解，达到腐化稳定有机物、杀死病原体、破坏污泥中恶臭成分和脱水的目的。堆肥的缺点是在天气不好时，过程缓慢，且会产生臭气。

2. 建筑材料利用

污泥可制成砖与纤维板材两种建筑材料，此外还可用于铺路。

污泥制砖可采用干化污泥直接制砖，也可采用污泥焚烧灰制砖。制成的污泥砖强度与红砖基本相同。

制砖黏土对污泥的化学成分有一定要求。当用干化污泥直接制砖时，由于干化污泥组成与制砖黏土有一定差异，应对污泥的成分作适当调整，使其成分与制砖黏土的化学成分相当。而焚烧灰的化学成分与制砖黏土的化学成分是比较接近的，因此利用污泥焚烧灰制砖，只需加入适量的黏土与硅砂即可。

污泥制纤维板材，主要是利用蛋白质的变性作用，即活性污泥中所含粗蛋白（有机物）与球蛋白（酶），在碱性条件下加热、干燥、加压后会发生一系列的物理、化学性质的改变，从而制成活性污泥树脂（又称蛋白胶），再与经过漂白、脱脂处理的废纤维（可利用棉、毛纺厂的下脚料）一起压制成板材，即生化纤维板。生化纤维板性能见表18-12，表中还列出了国家三级硬质纤维板的标准以作比较。

表18-12　生化纤维板与三级硬质纤维板比较

板名	容重/(kg/m^3)	抗折强度/(kg/cm^2)	吸水率/%
三级硬质纤维板	≥800	≥200	≤35
生化纤维板	1250	180～220	30

3. 污泥气利用

污泥发酵产生的污泥气既可用作燃料，又可作为化工原料，因此是污泥综合利用中十分重要的方面。它的成分随污泥的性质而异，一般含CH_4 50%～60%。

消化池所产生污泥气能完全燃烧，保存、运输方便，无二次污染，因此是一种理想的燃料。污泥气发热量一般为5000～6000kcal/m^3（1cal≈4.18J，下同），当它用作锅炉燃料时，约1m^3气体就相当于1kg煤。也可利用污泥气发电，1m^3污泥气约可发电1.25kW·h。

污泥气在化学工业中也有着广阔的利用前途。污泥气的主要成分是甲烷和二氧化碳。将污泥气净化，除去二氧化碳即可得到甲烷，以甲烷为原料可制成多种化学品。

思考题与习题

1. 污泥处理和处置各有哪些方法？各有什么作用？

2. 污泥浓缩和脱水有哪些方法？请指出其各自的优缺点。它们各适用于什么场合？

3. 为什么机械脱水前污泥常需进行预处理？怎样进行预处理？

4. 已知初沉池的污水设计流量 $Q=1200\mathrm{m}^3/\mathrm{h}$，悬浮固体颗粒浓度 SS=200mg/L，设沉淀效率为 55%，根据沉淀性能曲线查得 $u_0=2.0\mathrm{m/h}$，若采用竖流式沉淀池，设污泥含水率为 98%，求池数及沉淀区的有效尺寸（面积），确定污泥量（污泥容重为 $1\mathrm{t/m}^3$）为多少？

5. 污泥处理中为什么要做调理？污泥调理在污泥处理流程中应处在哪个位置？其中化学调理方法有哪些？

6. 将活性污泥含水率从 99.5% 降到 97.5%，求污泥体积的变化，若污泥中 VSS 占 66%，求脱水后的干、湿污泥的平均密度（设无机物 r_a 为 2.5，有机物 r_v 为 0.8）。若进一步将污泥的含水率降低到 75%，则此时污泥的物理性状是怎样的？

7. 在某布氏漏斗装置中进行污泥的真空过滤试验，试验条件如下：污泥温度=25℃，过滤真空度=635mmHg（1mmHg≈133Pa），过滤面积=$44.2\mathrm{cm}^2$，单位体积滤液的固体质量=48mg/mL，在不同间隔时间得到的滤液体积如下表。

t/s	60	120	180	240	300	360	420	480
V/L	1.3	2.4	3.4	4.3	5.2	6.0	6.7	7.5

试计算污泥比阻值，你认为所试验的污泥过滤性能如何？

第十九章　废水处理厂设计

第一节　设计程序

作为废水处理工程的基本设施，在进行废水处理厂的工程设计时，应遵循一定的设计程序。

废水处理厂的设计一般可分为3个阶段：a. 设计前期工作；b. 扩初设计；c. 施工图设计。如工程规模大，技术复杂，应在初步设计之后增加技术设计阶段。

一、设计前期工作

设计前期工作非常重要，它要求设计人员收集设计所需的所有原始数据、资料，必要时，需进行试验研究，并通过对这些数据、资料的分析、归纳，得出切合实际的结论。其工作内容主要包括预可行性研究和可行性研究两项。

我国规定投资在3000万元以上的工程项目，应进行预可行性研究，提交可行性研究报告并经过专家评审后，作为建设单位向上级送审的《项目建议书》的技术附件。经审批同意后，才能进行下一步的可行性研究。

可行性研究是对本建设项目进行全面的技术经济论证，为项目的建设提供科学依据，保证建设项目在技术上先进、可行；在经济上合理、有利；并具有良好的社会效益与环境效益。可行性研究报告是国家控制投资决策、批准设计任务书的重要依据，它主要包括以下内容。

① 项目概况：废水的水量、水质、产生工艺、处理要求等。

② 工程方案：处理工艺流程选择与多方案比较，选址与用地，人员编制等。

③ 投资、资金来源及工程经济效益分析。

④ 工程量估算及工程进度安排。

⑤ 存在问题及建议。

⑥ 附图及附件。

二、扩初设计

扩初设计是在可行性研究报告或初步设计得到审批后进行的具体方案设计过程，包括以下几个部分。

1. 设计说明书

编制扩初设计说明书是设计工作的重要环节，其内容视设计对象而定，一般包括如下内容：a. 设计任务书（或设计委托书）批准的文件；与本项目有关的协议与批件；b. 该地区（或企业）的总体规划、分期建设规划、地形、地貌、地质、水文、气象、道路等自然条件资料；c. 废水资料、水量、水质，包括平均值、高峰值、现状值、预测值等；d. 说明选定方案的工艺流程、处理效果、投资费用、占地面积、动力及原材料消耗、操作管理等情况，论证方案的合理性、先进性、优越性和安全性；e. 对系统作物料衡算、热量衡算、动力及原材料消耗计算，主要设备及构筑物工艺尺寸计算，主要工艺管渠的水力计算，高程布置计算等，阐述主要设备及构筑物的设计技术数据、技术要求和设计说明；f. 厂（站）位置的选择及工艺布置的说明，从规划、工艺布置、施工、操作、安全等方面论述；g. 设计中采用的新技术及技术措施说明；h. 说明对建筑、电气、照明、自动化仪表、安全施工等方面的要求和配合；i. 提出运转和使用方面的注意事项、操作要点及规程；j. 劳动定员及辅助建筑物。

2. 工程量

经计算列出工程所需要的混凝土量、挖土方量、回填土方量等。

3. 材料与设备量

列出工程所需要的设备及钢材、水泥、木材的规格和数量。

4. 工程概算书

根据当地建材、设备的供应情况及价格，工程概算编制定额，及有关租地、征地、拆迁补偿、青苗补偿等的规定和办法编制本项目的工程概算书。

5. 扩初图纸

扩初图纸主要包括处理厂总平面布置图、工艺流程图、高程布置图、管道沟渠布置图、主要设备及构筑物平、立、剖面图等。

三、施工图设计

施工图是在扩初设计被批准后，以扩初图纸和说明书为依据所绘制的建筑施工和设备加工的正式详图，包括各构筑物、管渠、设备在平面及高程上的准确位置及尺寸、各部分的细部详图、工程材料、施工要求等。施工图应能满足施工、安装、加工及工程预算编制的要求。

施工图设计提交的设计文件包括：设计说明书、图纸、材料和设备一览表及工程预算表。设计全部完成后，设计方应向施工单位进行施工交底，即介绍设计意图和提出施工具体要求。施工过程中若需修改应由设计人员负责。施工完毕后，设计方参与验收和调试。

第二节 流程选择

一、流程选择影响因素

处理工艺流程选择，一般需考虑以下因素。

1. 废水处理程度

这是废水处理工艺流程选择的主要依据，而废水处理程度又主要取决于废水的水质特征、处理后水的去向。废水的水质特征表现为废水中所含污染物的种类、形态及浓度，它直接影响废水处理程度及工艺流程。各种受纳水体对处理后水的排放要求各不相同，由各种水质标准规定，它也决定了废水处理厂对废水的处理程度。

2. 建设及运行费用

考虑建设与运行费用时，应以处理水达到水质标准为前提条件。在此前提下，工程建设及运行费用低的工艺流程应得到重视；此外，减少占地面积也是降低建设费用的重要措施。

3. 工程施工难易程度

工程施工的难易程度也是选择工艺流程的影响因素之一。如地下水位高、地质条件差的地方，就不适宜选用深度大、施工难度高的处理构筑物。

4. 当地的自然和社会条件

当地的地形、气候等自然条件也对废水处理流程的选择具有一定影响。如当地气候寒冷，则应在采取适当的技术措施后，使废水处理设施在低温季节也能够正常运行，并保证取得达标水质的工艺。

当地的社会条件如原材料、水资源与电力供应等也是流程选择应当考虑的因素。

5. 废水的水质水量

(1) 水质　城市污水可以参照当地生活水平、生活习惯、卫生设备、气候条件及工业废水特点等都类似的地区的实际水质确定。当工业废水比例较大或接纳化工、染料、印染、农药、冶金等特殊行业的工业废水时，由于工业废水的水质变化较大，需要通过调研的方法确定工业废水的水质。

工业废水水质调研的一般方法有：a. 在重点污染源排污口和总排放口采样检测的实测法；b. 分析现有生产企业原料消耗、用水排水、污染源及排污口水质监测数据的资料分析法；c. 利用产品、工艺及原料类似的企业污染源及污水资料进行整理对比的类比调查法。利用生产工艺反应方程式结合生产情况可采用资料分析法和实测法；对新建企业可采用类比调查法及同类生产企业实测法；新建企业无类似企业参考时，主要以物料衡算法为主开展水质预测。

(2) 水量　除水质外，废水的水量也是影响因素之一。对于水量、水质变化大的废水，应选用耐冲击负荷能力强的工艺，或考虑设立调节池等缓冲设备，以尽量减少不利影响。总之，废水处理流程的选择应综合考虑各项影响因素，进行多种方案的技术经济比较才能得出结论。

城市生活污水的水质较规律，处理要求也较统一，主要是降低污水的生化需氧量和悬浮固体，以及氮磷营养物，已形成了较完整的典型处理流程。而工业废水则种类繁多，不可能提出规范的处理流程，因此，只能进行个别分析，最好通过试验确定工艺流程。

在确定工厂废水处理流程之前，首先要作如下调查：a. 所含污染物种类及浓度；b. 循环给水及压缩废水量的可能性；c. 回收利用废水中有毒物质的方式方法；d. 废水排入城市下水道的可能性。

工业废水与城市污水共同处理是经济有效地解决工业废水与城市污水污染问题的一种途径。其方针应为：首先由各工厂分别处理各自特殊水质废水，然后送往城市污水处理厂与城市污水共同处理。在排入下水道以前，应处理达到一定的排放标准，使废水水质尽量与城市污水水质基本一致，这样既不会损坏下水道又不会影响微生物的活动。

共同处理首先能节省建设费用和运行费用。因废水处理厂规模越大，其单位处理能力的基建费用和运行费用就越低。其次，工业废水的水量、水质波动得到了城市污水的缓和，有害物质的影响也由于城市污水的稀释得到减弱，因此，只要管理得当，共同处理大多都能得到较好的处理效果。

二、工艺流程的确定

污水处理厂的工艺流程系指在保证处理出水达到所要求的处理程度的前提下，应采用的处理构筑物的有机组合，需确定各处理单元构筑物的型式。

污水处理工艺流程的选定，主要依据以下各项因素。

(1) 污水的处理程度　污水处理程度主要取决于接纳水体的功能与容量，这是污水处理工艺流程选定的主要依据。

① 根据当地环境保护部门对该受纳水体规定的水质标准进行确定。

② 根据该城市污水处理厂所需达到的处理程度确定。

③ 考虑利用接纳水体自净功能的可能性，并需取得当地环境保护部门的同意。

(2) 工程造价与运行费用　工程造价与运行费用也是工艺流程选定的重要因素。以原污水的水质、水量为已知条件，以处理水应达到的水质指标为制约条件，以处理系统最低的总造价和运行费用为目标函数，建立三者之间的相互关系。

(3) 当地的各项条件　当地的地形、气候等自然条件，原材料与电力供应等情况。

第三节　废水处理厂平面及高程布置

一、平面布置

废水处理厂的建筑组成包括生产性处理构筑物、辅助建筑物和连接各构筑物的管渠，对其进行平面规划布置时，应考虑的原则有如下几条。

① 布置应尽量紧凑，以减少处理厂占地面积和连接管线的长度，也要满足生产和物流的需要。

② 生产性处理构筑物作为处理厂的主体建筑物，在作平面布置时，必须考虑各构筑物的功能要求和水力要求，结合地形和地质条件，少用提升泵并力求挖填土方平衡，合理布局，以减少投资并使运行方便。

③ 对于辅助建筑物，应根据安全、方便等原则布置。如泵房、鼓风机房应尽量靠近处理构筑物，变电所应尽量靠近最大用电设施，以节省动力与管道；办公室、分析化验室等均应与处理构筑物保持一定距离，并处于它们的上风向，以保证良好的工作条件；贮气罐、贮油罐等易燃易爆建筑物的布置应符合防爆、防火规程；废水处理厂内的道路应方便运输物料等。

④ 废水管渠的布置应尽量短，避免曲折和交叉。此外，还必须设置事故排水渠和超越管，以便发生事故或进行检修时，废水能超越该处理构筑物。

⑤ 厂区内给水管、空气管、蒸汽管以及输配电线路的布置，应避免相互干扰，既要便于施工和维护管理，又要占地紧凑；当很难敷设在地上时，也可敷设在地下或架空敷设。

⑥ 根据厂区地形、地质和水文条件合理布局，并满足安全、消防、环保和卫生要求。要考虑扩建的可能性，留有适当的扩建余地，并考虑施工方便。

应当指出，在工艺设计计算时，就应考虑到平面布置，相应地，平面布置时，如发现不妥，也可根据情况重新调整工艺设计。

总之，废水处理厂的平面设计，除应满足工艺设计的要求外，还必须符合施工、运行上的要求。对于大、中型处理厂，还应多方案比较，以便找出最佳方案。

为更好地理解平面布置原则，图 19-1 为某市污水处理厂总平面布置图。

二、高程布置

高程布置的目的是为了合理处理各构筑物在高程上的相互关系。具体地说，就是通过水头损失的计算，确定各处理构筑物的标高，以及连接构筑物间的管渠尺寸和标高，从而使废水能够按处理流程在处理构筑物间顺利流动。

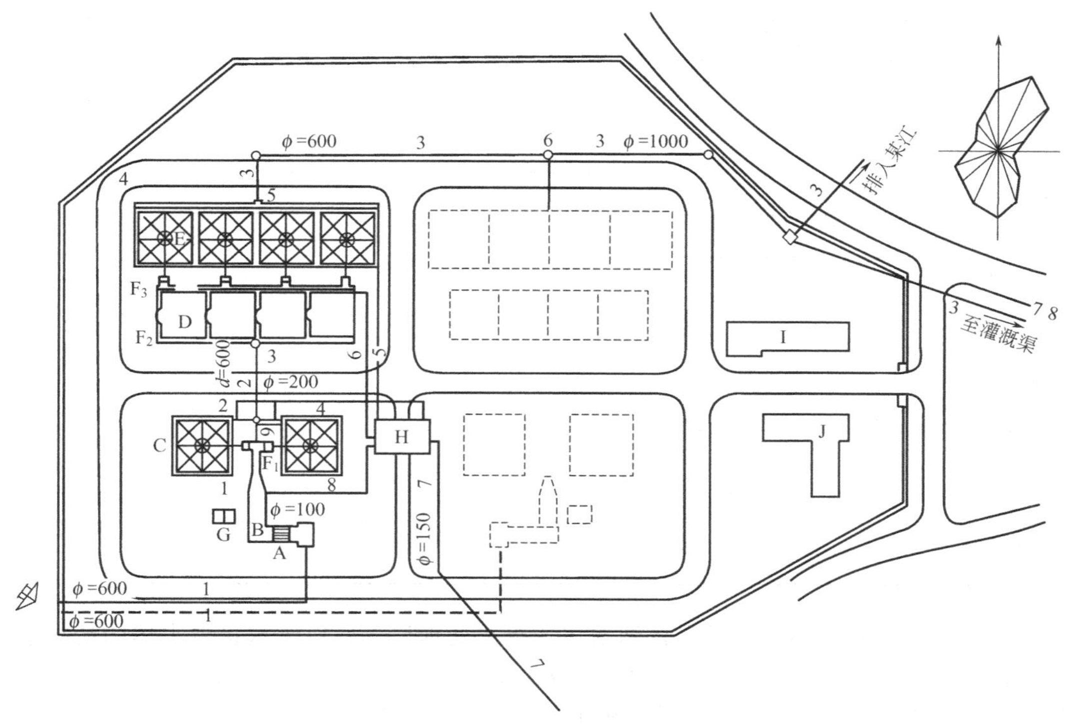

图 19-1 某市污水处理厂总平面布置图

A—格栅；B—曝气沉砂池；C—初次沉淀池；D—曝气池；E—二次沉淀池；F_1、F_2、F_3—计量泵；G—除渣池；H—污泥泵房；I—机修车间；J—办公及化验室等；1—进水压力总管；2—初次沉淀池出水管；3—出厂管；4—初次沉淀池排泥管；5—二次沉淀池排泥管；6—回流污泥管；7—剩余污泥压力管；8—空气管；9—超越管

高程布置主要的三条原则：a. 尽量利用地形特点使构筑物接近地面高程布置，以减少施工量，节约基建费用；b. 使废水和污泥尽量利用重力自流，以节约运行动力费用；c. 如进水沟道和出水沟道之间的水位差大于整个处理厂需要的总水头，则厂内就不需设置废水提升泵站；反之，就必须设置泵站。

为达到重力自流的目的，必须精确计算废水流动过程的水头损失。水头损失包括：a. 流经处理构筑物的水头损失，它包括进出水管渠的水头损失，在作初步设计时，可参照表 19-1 所列数据；b. 流经管渠的水头损失，包括沿程和局部水头损失；c. 流经量水设备的水头损失，按所选类型计算。

高程布置时应考虑的因素如下。

① 初步确定各构筑物的相对高差，只要选定某一构筑物的绝对高程，其他构筑物的绝对高程亦确定。

② 计算水头损失时，一般应以近期最大流量（或泵的最大出水量）作为构筑物和管渠的设计流量；计算涉及远期流量的管渠和设备时，应以远期最大流量为设计流量，并酌加扩建时的备用水头损失。

③ 进行水力计算时，要选择一条距离最长、水头损失最大的流程，按远期最大流量计算。同时还应留有余地，以保证系统出故障或处于不良工况下，仍能正常运行。

④ 当废水及污泥不能同时保证重力自流时，因污泥量少，可考虑用泵提升污泥。

表 19-1 废水流经处理构筑物的水头损失

构筑物名称	水头损失/cm
格栅	10～25
沉砂池	10～25
平流沉淀池	20～40
竖流沉淀池	40～50
辐流沉淀池	50～60
双层沉淀池	10～25
生物滤池	
装有旋转布水器	270～280
装有固定喷洒布水器	450～475
通气滤池(工作高度为 4m)	650～675
曝气池	
废水潜流入池	25～50
废水跌水入池	50～150
混合或接触池	10～30
污泥干化场	200～350

⑤ 高程布置应保证出水能排入接纳水体。废水处理厂一般以废水接纳水体的最高水位作为起点，逆废水处理流程向上倒推计算，以使处理后废水在洪水季节也能自流排出，加设泵站，则可使泵站所需扬程较小。如自流排入接纳水体，则以接纳水体的 10～50 年一遇的洪水水位（现污水处理厂的规模大小选择上限或下限）作为起点，逆废水处理流程向前推算。

⑥ 高程布置时还应注意污水流程与污泥流程的配合。尽量减少需要提升的污泥量，在决定污泥干化场、污泥浓缩池（湿污泥池）、消化池等构筑物的高程时，应注意污泥水能自动排入入流干管或其他构筑物的可能。

⑦ 结合实际情况考虑高程布置。如地下水位高时，则应适当提高构筑物的设置高度，以减少水下施工的工程量，降低工程造价。

泵站设在流程的中间，高程布置的水力计算分两段进行：泵站上游为一段，从进水干沟终点顺流算起；泵站下游为另一段，从河道逆流算起。

计算时，流量采用泵站的最大设计流量。

【例 19-1】 某镇污水处理厂高程计算，处理工艺流程为：

进水管→窨井→配水井→初次沉淀池→泵站→生物滤池→汇水井 1→汇水井 2→二次沉淀池→出流槽→河道

已知泵站前的地面高程为 8.00m，泵站后为 10.00m；河道最高水位 8.50m，常水位 5.50m，进水干沟终点窨井最高水位 8.05m。

以下为其水力计算过程，图 19-2 为计算结果的高程布置图。

① 泵站上游段的计算，确定初次沉淀池最高水位和泵站进水池最高水位（这一水位同决定进水池低水位有关）。

进水干沟终点窨井（点 1）最高水位　　高程 8.05m

沟道沿程水头损失　　$0.003\times50=0.15$（m）

沟道局部水头损失　　$1.5\times\dfrac{1.02^2}{2\times9.81}=0.08$（m）

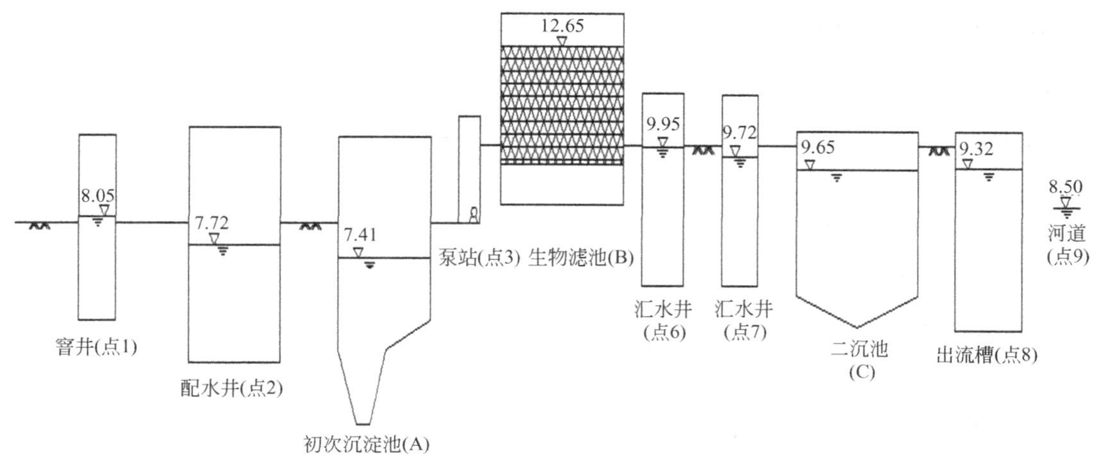

图 19-2　某镇污水处理厂高程布置草图（单位：m）

格栅水头损失　　0.10m

合计　　0.15＋0.08＋0.10＝0.33（m）

配水井（点 2）最高水位　　高程 8.05－0.33＝7.72（m）

堰口水头（b＝2m）　　$\frac{(0.140)^{2/3}}{1.85\times 2}=0.11$（m）

自由跌落　　0.10m

水槽沿程水头损失　　0.003×10＝0.03（m）

水槽局部水头损失　　$2\times\frac{0.84^2}{2\times 9.81}=0.07$（m）

合计　　0.11＋0.10＋0.03＋0.07＝0.31（m）

初次沉淀池（A）最高水位　　7.72－0.31＝7.41（m）

堰口水头（b＝2.5m）　　$\left(\frac{1.140}{1.85\times 10}\right)^{2/3}=0.04$（m）

自由跌落　　0.10m

出水槽水头损失　　0.003×10＝0.03（m）

沟管沿程水头损失　　0.009×25＝0.22（m）

沟管局部水头损失　　$2\times\frac{1.47^2}{2\times 9.81}=0.22$（m）

合计　　0.04＋0.10＋0.03＋0.22＋0.22＝0.61（m）

泵站进水池（点 3）的最高水位　　7.41－0.61＝6.80（m）

② 泵站下游段的计算，确定二次沉淀池最高水位和生物滤池床层表面高程（倒算）。

河道（点 9）最高水位　　高程：8.50m

出水干沟局部损失　　0.007×80＝0.56（m）

出水干沟局部水头损失　　$2\times\frac{1.55^2}{2\times 9.81}=0.26$（m）

合计　　0.56＋0.26＝0.82（m）

出流槽（点 8）最高水位　　8.50＋0.82＝9.32（m）

出水槽沿程水头损失　　0.003×35＝0.10（m）

出水槽局部水头损失	$2\times\frac{1.08^2}{2\times 9.81}=0.12$（m）
自由跌落	0.1m
堰口水头（b=4.9m）	$\left(\frac{0.087}{1.85\times 36}\right)^{2/3}=0.01$（m）
合计	0.10＋0.12＋0.1＋0.01＝0.33（m）
二沉池（C）最高水位	9.32＋0.33＝9.65（m）
进水管沿程水头损失	0.0018×10＝0.02（m）
进水管局部水头损失	$2\times\frac{0.71^2}{2\times 9.81}=0.05$（m）
合计	0.02＋0.05＝0.07（m）
汇水井（点 7）最高水位	9.65＋0.07＝9.72（m）
沟道沿程水头损失	0.003×15＝0.05（m）
沟道局部水头损失	$3\times\frac{1.08^2}{2\times 9.81}=0.18$（m）
合计	0.05＋0.18＝0.23（m）
汇水井（点 6）最高水位	9.72＋0.23＝9.95（m）
生物滤池（B）排水系统中央干沟沟底高程	9.90m
中央干沟高度	0.50m
排水系统（假底）高度	0.25m
滤床高度	2.00m
合计	0.50＋0.25＋2.00＝2.75m
生物滤池（B）滤床表面高程	9.90＋2.75＝12.65（m）

第四节　设计说明书主要内容

一、工程概况

（1）工程概述　总厂的基本情况、生产规模、地理位置等。

（2）拟建工程废水水质、水量情况。

（3）设计处理指标要求。

二、工艺设计原则、依据及范围

（1）设计依据和设计范围

（2）设计水质指标要求　如废水排放情况，处理后所达到的标准和要求等说明，以及其他需要说明的问题。

三、处理方案的确定及工艺流程说明

根据原始资料、查阅文献和实际调查所掌握的情况，进行技术经济、处理效果等比较或通过试验结果确定处理方案。简要叙述拟设计所选定的工艺流程的依据和特点。画出一个简单流程图并对该流程进行说明。分析各处理单元的处理效果。

四、主要构筑物设计及设备选型

设计数据、参数的选定、池型、尺寸（包括有效尺寸、有效容积、超高）、池数等。列出土建构筑物一览表和设备一览表。

五、总图布置说明（包括平面布置和高程布置说明）

说明污水处理平面和高程的布置情况、合理性、经济性、占地等情况。

六、劳动定员，原材料、动力消耗定额及消耗量

分岗位、值班、轮班等分配人员。药剂、动力等消耗计算，每吨水消耗量及总消耗量。

七、设计配合和要求

说明对建筑（化验室间数、值班室、泵房等）、电气、照明、自动化仪表、施工、操作安全等方面的要求和配合问题。

八、工程概算及成本分析

按工程概、预算方法计算总投资和每吨水投资，计算运行费用：元/吨水、元/年，占地面积。

第五节　城市污水处理厂设计实例

一、工程概况

广东省境内某县拟建设城市污水处理厂，以解决该城市生活污水的污染问题，改善城区的环境质量，促进城区经济和社会协调发展。该县地处北回归线以南，属南亚热带季风气候，全年平均气温 21.5℃，最低气温 6℃，最高气温 36℃；年平均降雨量 1610mm。

进出水水质和处理规模如下。

1. 进出水水质

根据该县城市污水处理厂项目特许经营权招标文件规定，污水处理厂进水水质见表 19-2；出水同时执行《城镇污水处理厂污染物排放标准》（GB 18918—2002）一级 B 标准和广东省地方标准《水污染物排放限值》（DB 44/26—2001）第二时段的一级标准，设计出水水质及相应污染物的去除率也都列入表 19-2。

表 19-2　进出水水质及主要污染物去除率（大肠杆菌群数以外项目）　单位：mg/L

项目	BOD_5	COD_{Cr}	SS	NH_3-N	TN	磷酸盐(以 P 计)	大肠杆菌群数/(个/L)
进水	130	250	150	22	30	4.0	—
出水	20	40	20	8	20	0.5	10000
去除率/%	84.6	84.0	86.7	63.6	33.3	87.5	—

2. 处理规模

招标文件明确污水处理规模为：一期工程 10000m^3/d，远期规划规模 20000m^3/d。

二、设计依据

(1) 广东省境内某县城市污水处理厂项目特许经营权招标文件。

(2) 其他与本项目相关的资料，如城区规划文件、气候气象、地质水温资料等。

(3) 设计采用的标准和规范。

①《广东省水污染物排放限值》（DB 44/26—2001）

②《城镇污水处理厂污染物排放标准》（GB 18918—2002）

③《污水排入城镇下水道水质标准》（CJ 343—2010）

④《室外排水设计规范》（GB 50014—2006）

⑤《城市污水处理工程项目建设标准》(修订)(2001年北京)(ZBBZH/CW)
⑥《建筑给水排水设计规范》(GB 50015—2003)
⑦《建筑设计防火规范》(GB 50016—2006)
⑧《供配电系统设计规范》(GB 50052—2009)
⑨《工业企业设计卫生标准》(GBZ 1—2010)
⑩《工业企业厂界环境噪声排放标准》(GB 12348—2008)
⑪ 其他相关标准与规范

三、工艺流程设计

城市污水中的主要污染物有悬浮物SS、有机污染物BOD_5 (COD)、无机营养盐N和P三类。考虑到该城市污水中BOD_5/COD比值可达0.5以上，可生化性较好，可采取好氧生物处理，并采取生物脱氮除磷去除N和P，因此，本项目决定采用A^2/O工艺进行设计，污水处理厂工艺流程见图19-3。

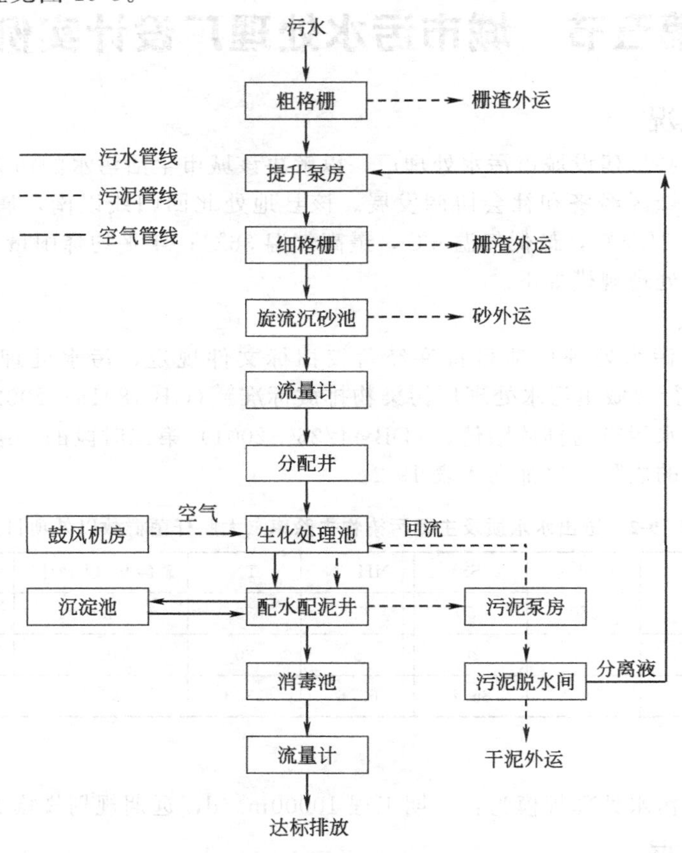

图19-3 污水处理厂工艺流程

四、各主要处理单元的设计及设备选型

1. 粗格栅及提升泵房

粗格栅与提升泵房合建，土建按远期规模一次建成，设备按一期规模配置。

(1) 粗格栅

① 作用 拦截污水中较大悬浮物，确保水泵正常运行。设计规模按远期20000m³/d，同时考虑1/2的雨水载流倍数。

② 设计参数　最大过栅流量 $Q=20000\times1.5/24=1250m^3/h$，最大过栅流速 $v_{max}=0.6m/s$，栅条间隙 $b=20mm$，栅前水深 $h=0.7m$。

③ 主要工程内容

1）主要构筑物　粗格栅间平面尺寸 8.0m×4.6m，地下深度 5.5m。

2）主要设备器材　一期设钢丝绳机械格栅 1 台，栅宽 0.8m，栅条间隙 20mm，配用电机功率 0.75kW。远期再增加 1 台与近期同规格的钢丝绳机械格栅。在机械格栅旁设置人工格栅 1 台，栅宽 1.0m，栅条间隙 20mm，以应急。每台格栅前后各设有手动闸门 1 台作检修和切换用，共 6 台，近期为 4 台。选用带式输送机 1 台，输送能力 $1.5m^3/h$，电机功率 0.75kW。粗格栅拦截的栅渣量最大为 $1.0m^3/d$（其中一期为 $0.5m^3/d$），含水率 80%，栅渣由带式输送机收集滤去水后，由市政垃圾车外运。

（2）提升泵房

① 作用　将污水提升进入处理构筑物。设计规模按远期 $20000m^3/d$，同时考虑 1/2 的雨水载流倍数。

② 设计参数

1）远期　取污水总变化系数 $K_z=1.48$，远期最大污水提升流量为 $1233m^3/h$，远期平均污水提升流量为 $833m^3/h$，远期最大合流提升流量为 $Q=1250m^3/h$。

2）近期　取污水总变化系数 $K_z=1.60$，一期最大污水提升流量为 $667m^3/h$，一期平均污水提升流量为 $417m^3/h$，一期最大合流提升流量为 $Q=875m^3/h$。

3）设计扬程　$H=10m$。

③ 主要工程内容

1）主要构筑物　泵房平面尺寸为 8.0m×6.0m，地下深度 7.2m，地上高 4.7m。

2）主要设备器材　一期选用潜水排污泵 3 台，2 用 1 备，规格为：$Q=333m^3/h$，$H=10m$，$N=15kW$。远期增加 2 台较小规格的潜污泵，规格为：$Q=284m^3/h$，$H=10m$，$N=11kW$。泵房内设置电动葫芦 1 台，型号为 MD1-18D，以方便潜污泵的安装和维修。

2. 细格栅及沉砂池

细格栅、旋流沉砂池合建，土建按远期规模一次建成，设备按近期规模配置。

（1）细格栅

① 作用　截除污水中较小漂浮物。设计规模按远期 $20000m^3/d$，同时考虑 1/2 的雨水载流倍数。

② 设计参数　最大过栅流量 $Q=20000\times1.5/24=1250m^3/h$，最大过栅流速 $v_{max}=0.6m/s$，栅条间隙 $b=6mm$，栅前水深 $h=0.75m$。

③ 主要工程内容

1）主要构筑物　细格栅区平面尺寸为 8.0m×8.0m，池深 1.8m。

2）主要设备器材　一期采用回转式机械格栅一道，每道宽 1.0m，耙污速度 6m/min，配用电机功率 0.75kW。远期再增加 1 台与一期同规格的回转式机械格栅。在回转式机械格栅旁设置人工格栅 1 台，栅宽 1.2m，栅条间隙 6mm，以应急。每道细格栅前后设有手动闸门作检修和切换用，共 6 台，近期为 4 台。带式输送机输送能力为 $1.5m^3/h$，电机功率为 0.75kW。格栅拦截的栅渣量约为 $0.56m^3/d$（其中一期为 $0.28m^3/d$），含水率 80%。栅渣由输送机输送收集滴水后外运。

（2）旋流沉砂池

① 作用　去除污水中粒径≥0.2mm 的砂粒，使无机砂粒与有机物分离开来，便于后续生化处理。

② 设计参数　设计水量：远期为 $Q_{max}=1250m^3/h$；一期为 $Q_{max}=667m^3/h$，水力表面负荷为 $200m^3/(m^2 \cdot h)$，水力停留时间为31s。

③ 主要工程内容

1）主要构筑物　旋流沉砂池2座，每座直径2.5m，平面尺寸为13.3m×2.5m×3.6m。

2）主要设备器材　设备按一期配制。设置1台可调速的桨叶分离机，最大处理量为 $667m^3/h$，功率为1.1kW；吸砂泵2台，1用1备，吸砂泵功率为0.75kW；排砂量约为 $0.6m^3/d$（其中一期为 $0.3m^3/d$），含水率为60%；选螺旋式砂水分离器，数量为1台，型号为LSSF-260，处理量为25L/s，功率为0.37kW；型号为LSSF-260；设 $DN700$ 闸门及手动启闭机1套。

3. 生化处理池

（1）作用　利用厌氧区、缺氧区和好氧区的不同功能，进行生物脱氮除磷，同时去除污水中的 BOD_5 和COD。

（2）设计参数

设计流量　$Q=10000m^3/d$，分设2座，单池设计流量为 $5000m^3/d$。

污泥负荷　$0.11kgBOD_5/(kgMLSS \cdot d)$。

污泥浓度　$MLSS=3.5kg/m^3$，$MLVSS=2.2kg/m^3$。

污泥龄　30d。

总水力停留时间　HRT=8.1h。

设计水温　最高25℃，最低15℃。

厌氧区停留时间　1.0h，单座有效容积 $208m^3$。

缺氧区停留时间　2.0h，单座有效容积 $416m^3$。

好氧区停留时间　5.1h，单座有效容积 $1064m^3$。

好氧区有效水深　5.0m。

需气总量（一期）　$1680.0m^3/h$，气水比：4.0∶1。

（3）主要工程内容

① 主要构筑物　一期生物处理池2座，单座平面净尺寸为31.5m×14.0m，池子总高度为5.0m。

② 主要设备器材　每座厌氧池内设2台水下低速潜水推流器，每台功率0.55kW。每座缺氧池内设2台水下低速潜水推流器，每台功率为1.1kW。好氧池曝气器采用微孔曝气器，直径为260mm，最大出气量为 $2.6m^3/(个 \cdot h)$。一期共需曝气器646个，单池配323个。

好氧池至缺氧池的混合液内回流比取200%，在每座好氧池与缺氧池之间墙壁上安装2台淹没式回流泵，单台流量为 $210m^3/h$，扬程为 $H=0.6m$，功率为0.75kW。另在仓库备用1台上述规格的回流泵。污泥回流管来自污泥泵房，分别在厌氧池与缺氧池池壁上开孔，通过调节回流泵的开启台数来调节回流量，便于 A^2/O 工艺的灵活运行。

4. 沉淀池

（1）作用　进行混合液固液分离，确保污水厂出水SS和 BOD_5 达到所需的排放标准，是生化处理不可缺少的组成部分。

（2）设计参数　设计流量 $Q=10000 \times 1.60/24=667m^3/h$，表面负荷 $1.0m^3/(m^2 \cdot h)$，沉淀时间2.5h。

（3）主要工程内容

① 主要构筑物　一期共设2座辐流式沉淀池，单池直径为21.0m，池边水深为3.5m，超高0.3m。

② 主要设备器材　每座沉淀池设 1 台周边传动刮泥机，功率为 0.37kW。

5. 紫外消毒池

(1) 作用　对处理水进行消毒、杀菌，设计规模为 $10000m^3/d$。

(2) 设计参数　采用渠道式紫外消毒池，最大处理量为 $667m^3/h$。

(3) 主要工程内容

① 主要构筑物　渠道式紫外消毒池 1 座，尺寸为 8.0m×2.0m×3.0m。

② 主要设备器材　配置 260W 紫外线灯管 20 支及附属器材（系统控制中心，镇流器柜），机械清洗系统 1 套，功率为 0.55kW。0.25t 电动葫芦 1 台，功率为 1.0kW。

6. 污泥泵房

(1) 作用　回流活性污泥至生物处理池；提升剩余污泥至浓缩脱水车间前的贮泥池。近期设一座污泥泵房，规模为 $10000m^3/d$。

(2) 设计参数　最大污泥回流比为 100%，设计水量 $Q_{max}=10000m^3/d=417m^3/h$，剩余污泥总量（一期）为 1.1t/d，污泥含水率为 99.2%，污泥体积流量 $140m^3/d$。

(3) 主要工程内容

① 主要构筑物　建污泥泵房 1 座，平面尺寸为 7.0m×3.0m×5.3m。

② 主要设备器材　单座污泥泵房内设回流污泥泵 3 台（2 用 1 备），$Q=208m^3/h$，$H=7.0m$，$N=5.5kW$；剩余污泥泵 2 台（1 用 1 备），$Q=15m^3/h$，$H=10.0m$，$N=0.75kW$。

7. 浮渣泵房

(1) 作用　提升二沉池上的浮渣至污泥脱水间前的贮泥池。一期设 1 座浮渣泵房，设计规模为 $10000m^3/d$。

(2) 主要工程内容

① 主要构筑物　建浮渣泵房 1 座，每座尺寸为 2.5m×1.2m×3.0m。

② 主要设备器材　浮渣泵房内设浮渣泵 2 台，1 用 1 备。水泵参数：$Q=10m^3/h$，$H=10.0m$，$N=0.75kW$。为减少臭气的影响，浮渣泵起吊孔平时用活动盖板封闭。

8. 鼓风机房

(1) 作用　为生物池好氧区充氧以及贮泥池搅拌提供气源，设计按远期规模为 $20000m^3/d$。土建按远期规模一次建成，设备按近期规模配置。

(2) 设计参数　远期设计总供气量为 $3360m^3/h$，一期设计总供气量为 $1680.0m^3/h$，供气压力为 0.05MPa。

(3) 主要工程内容

① 主要构筑物　鼓风机房平面尺寸为 20.0m×6.0m×6.0m，建筑面积为 $161.6m^2$。

② 主要设备器材　选用 3 台进口高性能鼓风机，2 用 1 备，每台风量为 $14m^3/min$，风压为 0.05MPa，配套电机功率为 18.5kW。远期再增加 2 台同规格的风机，4 用 1 备。配 3t 电动葫芦 1 台，功率为 3.4kW。

9. 贮泥池

(1) 作用　为污泥浓缩脱水机调蓄部分剩余污泥，设计规模为 $10000m^3/d$。

(2) 设计参数　剩余污泥量为 $140m^3/d$，停留时间为 1.0h。

(3) 主要工程内容

① 主要构筑物　一期设贮泥池 1 座，平面尺寸为 2.0m×2.0m×3.3m。

② 主要设备器材　池上加盖，池内设置潜水搅拌机 1 台，功率为 0.37kW。

10. 污泥脱水间

(1) 作用　将污水处理过程中产生的污泥进行浓缩、脱水，降低含水率，便于污泥运输和最终处置。设计按远期规模为20000m^3/d。土建按远期规模一次建成，设备按近期规模配置。

(2) 设计参数

① 远期　剩余污泥量（最大）为2156kg/d，需浓缩污泥量为280m^3/d，含水率为99.2%，浓缩后污泥量为44m^3/d，含水率为95%，脱水后污泥量为11t/d，含水率为80%。

② 一期　剩余污泥量（最大）为1078kg/d，需浓缩污泥量为140m^3/d，含水率为99.2%，浓缩后污泥量为22m^3/d，含水率为95%，脱水后污泥量为5.5t/d，含水率为80%，絮凝剂投加量为4‰。

(3) 主要工程内容

① 主要构筑物　污泥脱水间尺寸为20.0m×7.5m×8.5m，建筑面积为160m^2。

② 安装设备　一期安装带宽为1m的带式浓缩脱水一体化机1台，浓缩段处理能力为12m^3/h，脱水段处理能力为90kg/h，运行时间每天12h，配用电机功率为3.0kW。远期时增加1台同规格的带式浓缩脱水一体化机。

③ 配套辅助设备　进泥泵2台，1用1备，单台流量为12m^3/h，扬程为8m，电机功率为1.1kW，远期时增加1台同规格的污泥进料泵；PAM制配装置1套，投药能力为100L/h (PAM)，功率为0.75kW，远期时增加1套同规格的PAM制配装置；药剂计量泵2台，1用1备，单台流量为100L/h，H=6m，电机功率为0.25kW，远期时增加1台同规格的药剂计量泵。螺旋输送器2台，1台输送量为1.5m^3/h，长度为4m，电机功率为1.1kW；1台输送量为1.5m^3/h，长度为8m，电机功率为1.1kW，可用于远期。清洗水泵2台，1用1备，单台流量Q=6.0m^3/h，H=60m，电机功率为2.2kW，远期时增加1台同规格的清洗水泵。电动葫芦1台，起重量为3t，跨度为8m，功率为3.4kW。轴流风机2台，单台电机功率为0.75kW。移动式空压机1台，Q=0.036m^3/min，P=0.8MPa，电机功率为0.75kW，可用于远期。

11. 除磷加药间

(1) 作用　除磷药剂配制及投加。

(2) 设计参数　设计水量Q=10000/24×1.6=667m^3/h

(3) 主要工程内容

① 主要构筑物　除磷加药间尺寸为7.5m×4.0m×3.5m，建筑面积为30m^2，可用于远期；PAC药液池1座分2格，每格尺寸为2.0m×1.2m×1.4m。

② 主要设备　计量泵2台，1用1备，Q=0～110L/h，H=0.5MPa，电机功率为0.37kW。

12. 配水井

(1) 作用　为生化处理池分配污水。设计规模为10000m^3/d。

(2) 设计参数　设计水量Q=10000/24×1.6=667m^3/h

(3) 主要工程内容

① 主要构筑物　分配井1座，尺寸为ϕ3.0m×4.9m。

② 主要设备器材　池内设DN300闸门及手动启闭机2套。

13. 配水配泥井

(1) 作用　将生化处理池出水均匀分配入各座沉淀池，并汇集沉淀池的上清液至紫外消毒池，汇集沉淀池排出的污泥至污泥泵房。设计规模为10000m^3/d。

(2) 主要工程内容

① 主要构筑物　建配水配泥井 1 座，尺寸为 ϕ6.0m×6.2m。

② 主要设备器材　池内设 DN300 闸门及手动启闭机 3 套。

14. 辅助建筑物设计

污水厂内辅助建筑物按二期或远期规模设计。考虑到本工程的实际情况，各主要附属建筑物建筑面积如下。

(1) 综合楼　按远期 20000m^3/d 规模设计。二层，建筑面积约为 410m^2，内设生产管理、行政管理、中心控制室、化验室、值班室等。

(2) 变配电间　按远期 20000m^3/d 规模设计。建筑面积为 120m^2。

(3) 仓库及检修车间　按远期 20000m^3/d 规模设计。建筑面积为 48m^2。

(4) 食堂宿舍楼　按远期 20000m^3/d 规模设计。两层，建筑面积约为 320m^2。

(5) 门卫　按远期 20000m^3/d 规模设计。建筑面积为 20m^2。

上述主要构（建）筑物及设备列入表 19-3 和表 19-4。

表 19-3　主要构（建）筑物一览表

序号	构筑物名称	规格/m	数量	单位	备注
1	粗格栅	8.0×4.6×5.7	1	座	钢筋混凝土(远期),与提升泵房合建
2	提升泵房	8.0×6.0×7.4	1	座	钢筋混凝土(远期),与粗格栅合建
3	细格栅	8.0×8.0×1.8	1	座	钢筋混凝土(远期),与沉砂池合建
4	沉砂池	13.3×2.5×3.6	1	座	钢筋混凝土(远期),与细格栅合建
5	分配井	ϕ3.0×4.9	1	座	钢筋混凝土(一期)
6	生化处理池	31.5×14.0×5.0	2	座	钢筋混凝土(一期)
7	配水配泥井	ϕ6.0×6.2	1	座	钢筋混凝土(一期)
8	沉淀池	ϕ21.0×5.4	2	座	钢筋混凝土(一期)
9	紫外消毒池	8.0×2.0×3.0	1	座	钢筋混凝土(一期)
10	污泥泵房	7.0×3.0×5.3	1	座	钢筋混凝土(一期)
11	浮渣泵房	2.5×1.2×3.0	1	座	钢筋混凝土(一期)
12	贮泥池	2.0×2.0×3.3	1	座	钢筋混凝土(一期)
13	污泥脱水间	20.0×7.5×8.5	1	座	框架(远期)
14	鼓风机房	20.0×6.0×6.0	1	座	框架(远期)
15	除磷加药间	7.5×4.0×3.5	1	座	框架(一期),可用于远期
16	综合楼	410m^2	1	座	二层框架(远期)
17	变配电间	15.0×8.0×4.5	1	座	框架(远期)
18	仓库及检修车间	8.0×6.0×4.5	1	座	框架(远期)
19	食堂宿舍楼	320m^2	1	座	两层框架(远期)
20	门卫	5.0×4.0×3.5	1	座	砖混(远期)

表 19-4　主要设备一览表

序号	设　备	型号及规格	材质	功率/kW	单位	数量
一	粗格栅及提升泵房					
1	钢丝绳机械格栅	有效宽 0.8m,间隙 20mm,a=75°,渠深 5.6m	不锈钢	0.75	台	1
2	人工格栅	有效宽 1.0m,间隙 20mm,a=75°,渠深 5.6m	不锈钢		台	1

续表

序号	设　备	型号及规格	材质	功率/kW	单位	数量
3	潜水泵	$Q=333m^3/h$,$H=12.0m$		15.0	台	3
4	闸门及启闭机	$B\times H=1.0\times1.0$	铸铁		台	4
5	电动葫芦	$T=1t$,$H=18m$		2.2	台	1
6	带式输送器	DS400×7.0		0.75	台	1
二	细格栅及沉砂池					
1	回转式机械格栅	有效宽1.0m,间隙6mm,$a=75°$,渠深1.6m	不锈钢	0.75	台	1
2	人工格栅	有效宽1.2m,间隙10mm,$a=75°$,渠深1.6m	不锈钢		台	1
3	吸砂泵	$Q=24m^3/h$,$H=3m$		0.75	台	1
4	带式输送器	DS400×7.0m		0.75	台	1
5	桨叶分离机	处理量:$667m^3/h$	不锈钢	1.1	台	1
6	螺旋式砂水分离器	LSSF-260	不锈钢	0.37	台	1
7	闸门及启闭机	$DN700$	铸铁		台	1
8	闸门及启闭机	$B\times H=1.2m\times1.2m$	铸铁		台	4
三	生化处理池					
1	低速潜水推流器	32r/min	不锈钢	0.55	台	4
2	低速潜水推流器	32r/min	不锈钢	1.1	台	4
3	淹没式回流泵	$Q=210m^3/h$,$H=0.6m$		0.75	台	5
4	微孔曝气器	$\phi260$	ABS		套	646
四	沉淀池					
1	周边传动刮泥机	$\phi21m$	不锈钢	0.37	台	2
五	紫外消毒池					
1	紫外灯管	260W		5.2	支	20
2	系统控制中心	与紫外灯管配套			套	1
3	镇流器柜	与紫外灯管配套			套	1
4	机械清洗系统	与紫外灯管配套		0.55	套	1
5	电动葫芦	CD0.25-6D		1.0	台	1
6	闸门及启闭机	$B\times H=1.0m\times1.0m$	铸铁		台	1
六	污泥泵房					
1	回流污泥泵	$Q=208m^3/h$,$H=7.0m$		5.5	台	3
2	剩余污泥泵	$Q=15m^3/h$,$H=10m$		0.75	台	2
七	浮渣泵房					
1	浮渣泵	$Q=10m^3/h$,$H=10m$		0.75	台	2
八	鼓风机房					
1	鼓风机	$Q=14m^3/min$,0.05MPa		18.5	台	3
2	电动葫芦	$T=3t$,$H=6m$		3.4	台	1
九	贮泥池					

续表

序号	设　备	型号及规格	材质	功率/kW	单位	数量
1	搅拌机	32r/min	不锈钢	0.37	台	1
十	浓缩脱水车间					
1	带式浓缩脱水一体化机	$B=1$m,处理能力:30m^3/h		3.0	台	1
2	进泥泵	$Q=12m^3/h$,$H=8m$		1.1	台	2
3	PAM 制备装置	100L/h(PAM)		0.75	套	1
4	药剂计量泵	$Q=400L/h$,$H=6m$		0.25	台	2
5	螺旋输送器	$Q=1.5m^3/min$,$L=4.0m$	不锈钢	1.1	台	1
6	螺旋输送器	$Q=1.5m^3/min$,$L=8.0m$	不锈钢	1.1	台	1
7	清洗水泵	$Q=6.0m^3/h$,$H=60m$		2.2	台	2
8	电动葫芦	$T=3t$,$H=8m$		3.4	台	1
9	移动式空压机	$Q=0.036m^3/min$,$P=0.8MPa$		0.75	台	1
10	轴流风机	$Q=2000m^3/h$		0.75	台	2
十一	除磷加药间					
1	计量泵	$Q=0\sim110L/h$,$P=0.5MPa$		0.37	台	2
十二	分配井					
1	闸门及启闭机	$DN300$	铸铁镶铜		套	2
十三	配水配泥井					
1	闸门及启闭机	$DN300$	铸铁镶铜		套	3

五、投资估算

1. 投资估算说明

(1) 工、料、机单价及设备概算价格

① 人工工资　各专业执行相关《计价办法》及《清单项设置规则》，按二类地区动态工资标准。

② 材料单价及价差　按某市 2007 年第一季度指导价并结合部分市价计算。

③ 设备概算价格　设备参照有关厂家报价或类似工程实际价格计算。

④ 进口设备备件费按进口设备总价的 6%计算，国产设备备件费按国产设备总价的 3%计算。

(2) 第二部分费用

① 建设单位管理费　按第一部分费用的 1.0%计算。

② 勘测费　按第一部分土建工程费用的 0.5%计算。

③ 工程建设监理费　按国家物价局、建设部［1992］价费字 479 号《关于发布工程建设监理费有关规定的通知》规定计算，按第一部分费用的 1.4%计算。

④ 质量监督费　按第一部分费用的 2‰计算。规划报建费按土建工程费用的 5%计取。

⑤ 生产职工培训费　按 15 定员人数的 60%计算，为 9 人；按 4 个月培训期计算，培训费按 920 元/(人·月) 计算。所需办公和生活家具购置费，按 15 定员人数，每人按 2400 元计算。

⑥ 设计费　按照现行工程勘察设计收费标准下浮 20%计算。设计前期工作费用按有关

规定及文件估列。

⑦ 施工图预算编制费　按设计费的10%计算。

⑧ 设计审查及复审费　按设计费的5%计算。

⑨ 工程保险费　按工程第一部分费用总和的0.1%计算。

⑩ 联合试运转费　按设备费的1%计列。

⑪ 调试费　按现有设计费的60%估列。调试费包括调试方案的编制，技术指导，菌种的购置、添加，水质检测、环保验收等费用，不包括调试期间的水、电、水处理药剂、人工等费用和土建工程、设备及安装工程的整改费用。

(3) 其他费用及说明

① 基本预备费　按第一部分工程费用与第二部分工程其他费用之和的6%计算。

② 建设期贷款利息　银行贷款约为投资总额的55.96%，为800万元，为中长期贷款，贷款年利率为7.20%。

③ 流动资金　流动资金按分项估算法，其中30%由企业自筹，70%拟向银行贷款，为24.85万元，为短期贷款，贷款年利率为6.57%。

2. 投资估算表

投资估算见表19-5。

表19-5　投资估算表　　单位：万元

序号	工程及费用名称	建筑工程	设备费用	安装工程	其他费用	合计	备注
	第一部分工程费用	600.93	436.27	124.57		1161.77	
1	粗格栅及提升泵房	65.36	51.53	7.73		124.62	
2	细格栅及沉砂池	17.09	36.57	5.49		59.15	
3	分配井	6.36	1.74	0.26		8.36	
4	生化处理池	141.36	46.10	6.92		194.38	
5	沉淀池	95.63	30.42	4.56		130.61	
6	消毒池	1.26	30.05	4.51		35.82	
7	配水配泥井	10.07	1.34	0.20		11.61	
8	浮渣泵房	1.68	1.80	0.27		3.75	
9	污泥泵房	8.94	18.27	2.74		29.95	
10	贮泥池	0.76	0.52	0.08		1.36	
11	污泥脱水间	15.00	37.50	5.62		58.12	
12	鼓风机房	12.00	18.26	2.74		33.00	
13	除磷加药间	4.32	0.71	0.11		5.14	
14	变配电房	12.00				12.00	
15	仓库及检修车间	3.84				3.84	
16	综合楼	45.10				45.10	
17	食堂宿舍楼	32.00				32.00	
18	门卫	1.60				1.60	

续表

序号	工程及费用名称	建筑工程	设备费用	安装工程	其他费用	合计	备注
19	进水泵房(上部房屋)	5.60				5.60	
20	道路	32.46				32.46	
21	绿化	3.00				3.00	
22	围墙	10.50				10.50	
23	基础处理	15.00				15.00	
24	三通一平	60.00				60.00	
25	室外管道平面工程		27.68	41.52		69.20	
26	电气工程		51.62	15.49		67.11	
27	自动化系统		32.78	26.33		59.11	
28	机修设备		1.50			1.50	
29	交通工具		25.00			25.00	
30	水处理主要化验设备		15.00			15.00	
31	备品备件费		7.88			7.88	
第二部分其他费用					149.68	149.68	
1	建设单位管理费				11.62		
2	勘测费				3.00		
3	设计费				42.00		
4	施工图预算编制费				4.20		
5	编制环境影响报告表				0.50		
6	设计审查及复审费				2.10		
7	办公及生活用具购置费				3.60		
8	生产人员培训费				3.30		
9	工程保险费				1.16		
10	建设监理费				16.26		
11	联合试运转费				4.36		
12	工程调试费				25.20		
13	质量监督费				2.32		
14	规划报建费				30.05		
第一、二部分工程费用合计						1311.45	
第三部分预备费用						78.69	
1	基本预备费				78.69	78.69	
	固定资产投资					1390.14	

续表

序号	工程及费用名称	建筑工程	设备费用	安装工程	其他费用	合计	备注
	第四部分专项投资				39.45	39.45	
1	建设期利息				28.80	28.80	
2	30%铺底流动资金				10.65	10.65	
	总计					1429.59	

六、运行费用

本工程运行总成本费用由动力消耗费、药剂费、污泥处置费、工资及福利费、大修费、固定资产折旧费、无形资产及其他资产摊销费、日常维护费、管理费用、长期借款利息支出、流动资金贷款利息等组成。工程投产后正常年份处理水量 $3.65\times10^6m^3$。运行所需费用如下。

(1) 动力消耗费

① 电费　年总用电量 $7.817\times10^5kW\cdot h$，电费以 0.75 元/(kW·h) 计，年电费 58.63 万元。

② 水费　年耗水量 1.04×10^4t，每吨以 1.30 元计，年水费 1.35 万元。

(2) 药剂材料费

① 聚丙烯酰胺费用　聚丙烯酰胺年用量为 1.64t，单价为 1.8 万元/t，年费用 2.95 万元。

② 碱式氯化铝费用　除磷用碱式氯化铝年用量为 3.65t，单价为 1400 元/t，年费用 0.51 万元。

③ 紫外灯管更换费用　灯管单价以 1600 元计算，使用寿命以 15000h 计，年费用 3.2 万元。

(3) 污泥及其他固体废物处置费　污泥及其他固体废物产量见表 19-6。固体废物按运至 10km 以外填埋场填埋考虑，来回 20km，载重 5t 的运输车百公里耗油 18L，按 4.50 元/L 油价计，路桥费及接纳处置费不计，年费用为 0.77 万元。

表 19-6　污泥及其他固体废物产量表

序号	固体废物名称	产生量/(t/d)	产生量/(t/a)
1	栅渣量	0.78	284.70
2	沉砂量	0.30	109.50
3	脱水后干污泥量	5.5	1980.00
4	员工生活垃圾及其他	0.02	7.30
合计		6.6	2381.5

(4) 工资及福利费　工程定员 15 人，平均工资及福利费 12000 元/(年·人)，年费用 18 万元。

(5) 大修费　按固定资产原值的 0.5%计，年费用 7.06 万元。

(6) 固定资产折旧费　项目特许经营权期限为 20 年（不含建设期 1 年），固定资产折旧采用平均年限法。残值率 5%，年折旧率为 4.75%。固定资产原值为 1412.04 万元。年折旧费为 67.07 万元。

(7) 无形资产及其他资产摊销费　无形资产及其他资产共计 6.90 万元。按 5 年摊销，年摊销费 1.38 万元。

(8) 日常检修维护费　备件与维修按固定资产原值的 0.8%计，年费用 11.30 万元。

(9) 管理费用及其他　管理费用按要素成本 8%计算。流动资金贷款利息为 1.63 万元/年。根据招标文件要求，免交营业额，所得税税率为 33%。

(10) 长期借款利息支出　生产经营期的借款利息计入成本。

(11) 流动资金贷款利息　流动资金贷款利息为 1.63 万元/年。

总成本费用为上述各项费用的总和。平均年单位处理总成本为 0.55 元/m^3，平均年单位经营成本为 0.32 元/m^3。年处理水 $3.65\times10^6 m^3$，计算期内污水处理收费总计为 5475 万元。

七、平面布置及高程设计

1. 平面布置

厂区总用地面积约 30 亩 ($20000m^2$)，远期总规模为 $20000m^3/d$。因为规模较小，用地面积有限。考虑工程分期及工程衔接，为减少不必要的浪费，本设计方案中粗格栅间、提升泵房、细格栅间、沉砂池、鼓风机房、污泥脱水间、综合楼、食堂宿舍楼、门卫、变配电间、仓库及检修车间等均按远期 $20000m^3/d$ 规模进行设计，其余污水处理构建筑物如分配井、生化处理池、配水配泥井、沉淀池以及消毒池等均按近期 $10000m^3/d$ 进行设计。同时考虑远期需增设的构筑物的用地和布置情况。近期 ($10000m^3/d$) 占地面积约 $18346.3m^2$，远期预留用地面积约 $1653.7m^2$。

厂区平面布置除遵循合理分区、考虑近远期结合、便于施工及满足消防要求等原则外，具体应根据城市主导风向、进水方向、排放水体位置、工艺流程特点及厂址地形、地质条件等因素进行布置，既要考虑流程合理、管理方便、经济实用，还要考虑建筑物造型、厂区绿化与周围协调等因素。

设计平面功能分区如下：a. 综合办公区及生活区；b. 预处理区及污泥处理区；c. 生化处理区及消毒区；d. 辅助生产区。各区之间采用道路和绿化隔开。详见附图一。

2. 高程设计

(1) 设计原则

① 污水经提升泵房提升后能自流流经各处理构筑物，并尽量减少提升扬程，节省能源。

② 尽量减少厂区挖、填方量。

③ 厂区不受淹，考虑防洪排涝要求。

④ 厂区与周围道路、地面能顺畅地衔接。

(2) 厂区地面设计标高　为使污水提升扬程减少，节省能源，并考虑到厂区与周围道路、地面能顺畅地衔接，以及土方平衡和构（建）筑物的美观，厂区地面设计标高取值很重要。本设计采用厂区地面设计标高为相对标高，定为±0.000m。

(3) 消毒池出水水位　消毒池出水水位标高采用相对标高，定为−0.400m。

(4) 各构筑物水位标高　各处理构筑物水位标高根据消毒池水位标高及水头损失依次推算，并留有一定的富裕量。经计算，从泵房出水口至消毒池，厂内构筑物总水头损失为 3.1m。各构筑物设计水面标高详见附图二。

八、附图

附图一　某城市污水处理厂平面布置图。

附图二　某城市污水处理厂工艺流程图。

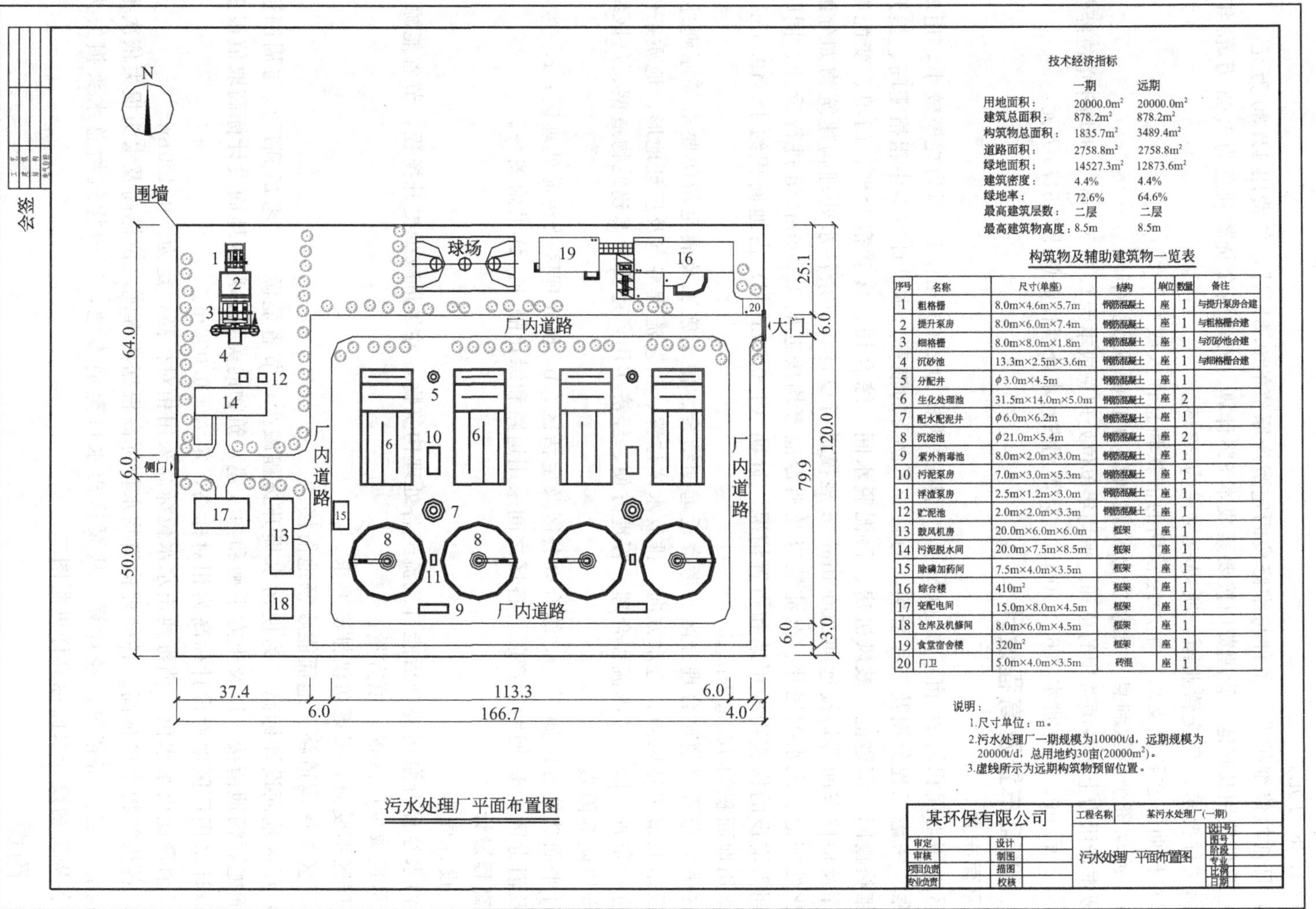

技术经济指标

	一期	远期
用地面积：	20000.0m²	20000.0m²
建筑总面积：	878.2m²	878.2m²
构筑物总面积：	1835.7m²	3489.4m²
道路面积：	2758.8m²	2758.8m²
绿地面积：	14527.3m²	12873.6m²
建筑密度：	4.4%	4.4%
绿地率：	72.6%	64.6%
最高建筑层数：	二层	二层
最高建筑物高度：	8.5m	8.5m

构筑物及辅助建筑物一览表

序号	名称	尺寸(单座)	结构	单位	数量	备注
1	粗格栅	8.0m×4.6m×5.7m	钢筋混凝土	座	1	与提升泵房合建
2	提升泵房	8.0m×6.0m×7.4m	钢筋混凝土	座	1	与粗格栅合建
3	细格栅	8.0m×8.0m×1.8m	钢筋混凝土	座	1	与沉砂池合建
4	沉砂池	13.3m×2.5m×3.6m	钢筋混凝土	座	1	与细格栅合建
5	分配井	ϕ3.0m×4.5m	钢筋混凝土	座	1	
6	生化处理池	31.5m×14.0m×5.0m	钢筋混凝土	座	2	
7	配水配泥井	ϕ6.0m×6.2m	钢筋混凝土	座	1	
8	沉淀池	ϕ21.0m×5.4m	钢筋混凝土	座	2	
9	紫外消毒池	8.0m×2.0m×3.0m	钢筋混凝土	座	1	
10	污泥泵房	7.0m×3.0m×5.3m	钢筋混凝土	座	1	
11	浮渣泵房	2.5m×1.2m×3.0m	钢筋混凝土	座	1	
12	贮泥池	2.0m×2.0m×3.3m	钢筋混凝土	座	1	
13	鼓风机房	20.0m×6.0m×6.0m	框架	座	1	
14	污泥脱水间	20.0m×7.5m×8.5m	框架	座	1	
15	除磷加药间	7.5m×4.0m×3.5m	框架	座	1	
16	综合楼	410m²	框架	座	1	
17	变配电间	15.0m×8.0m×4.5m	框架	座	1	
18	仓库及机修间	8.0m×6.0m×4.5m	框架	座	1	
19	食堂宿舍楼	320m²	框架	座	1	
20	门卫	5.0m×4.0m×3.5m	砖混	座	1	

说明：

1.尺寸单位：m。

2.污水处理厂一期规模为10000t/d，远期规模为20000t/d，总用地约30亩(20000m²)。

3.虚线所示为远期构筑物预留位置。

附图一　某城市污水处理厂平面布置图

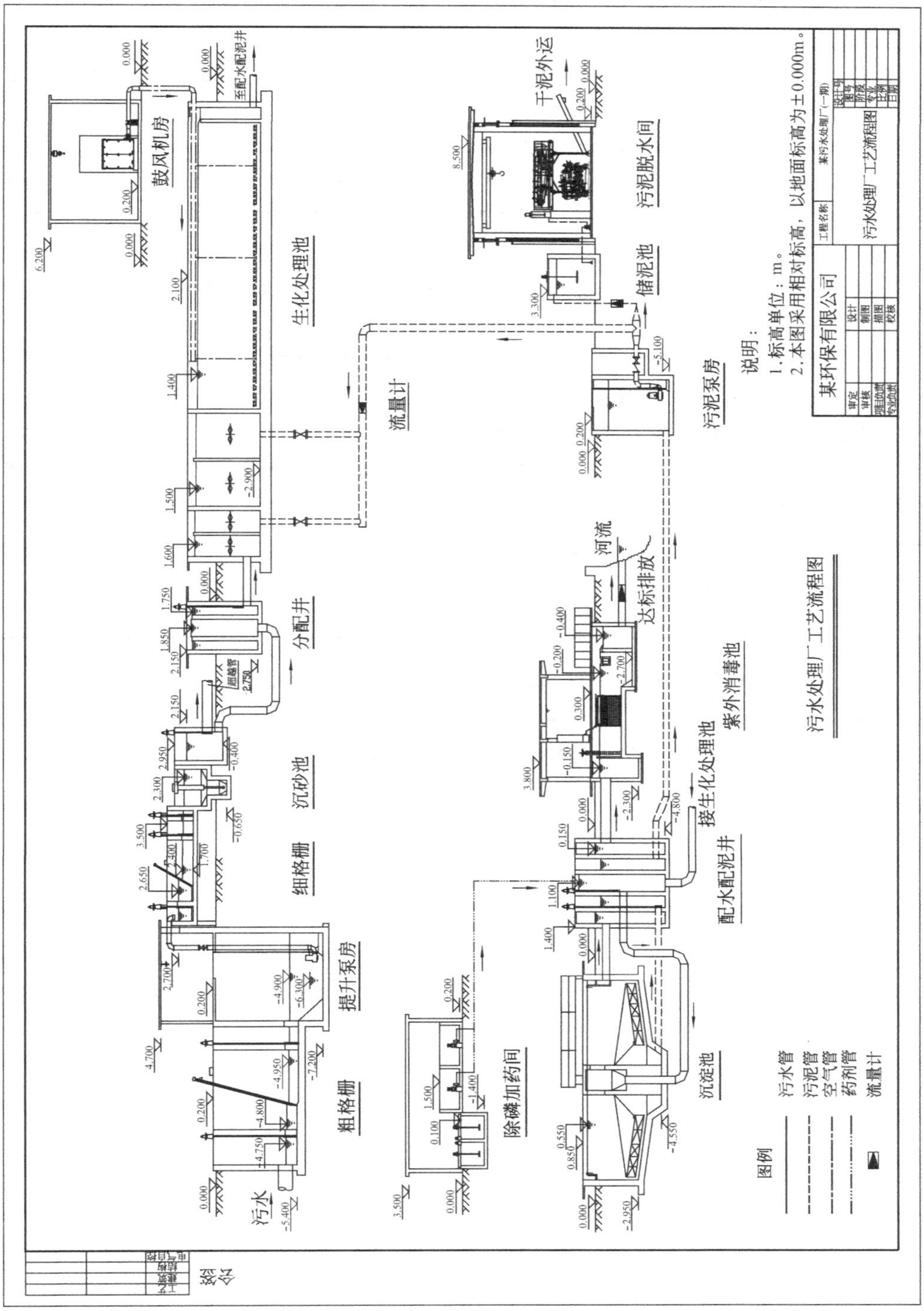

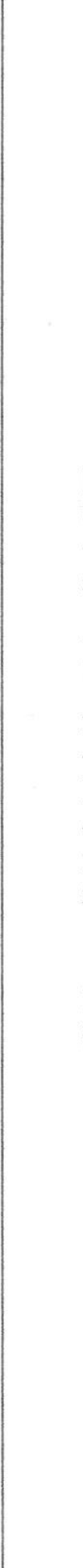

附图二　某城市污水处理厂工艺流程图

思考题与习题

1. 为何要进行工程的分阶段设计？试分述各阶段设计的任务与提交的文件，并对各设计阶段进行比较。

2. 什么是处理厂的平面布置和高程布置？进行处理厂的平面和高程布置时主要应考虑哪些因素？平面和高程布置有哪些相互关系？

3. 废水处理厂工艺流程的选择应考虑哪些主要因素？

4. 某生活小区，规划常住人口5万人，现要配套设计一座污水处理厂，请作工艺概念设计（包括处理厂规模、处理工艺流程方框图及流程简要说明、主要构筑物的大致容积，综合污水排放标准的主要指标）。

5. 某印染厂废水量为2000t/d（含活性染料、硫化染料、阳离子染料及助剂等），原水水质为pH值：10～11，色度：300～400倍，SS：200～250mg/L，S^{2-}含量：8～10mg/L，COD_{Cr}：500～600mg/L，BOD_5：120～150mg/L，要求经处理后达到污水综合排放一级标准。请提出一种处理工艺流程并作简要说明和论述（要求：写出排放标准；工艺流程示意图；处理工艺说明；主要设施或设备的工艺参数及处理效率）。

6. 某污水处理厂拟采用A^2/O工艺处理城市生活污水（部分由管网收集，部分由明渠收集）。原水水质指标如下：

项目	水量 /(m^3/d)	COD_{Cr} /(mg/L)	BOD_5 /(mg/L)	SS /(mg/L)	T-N /(mg/L)	NH_3-N /(mg/L)	T-P /(mg/L)
指标	1×10^5	180	120	200	40	30	5

要求处理后水质指标达到GB 8978—1996污水综合排放一级标准。请列出规定的排放标准各项指标；画出流程示意图，简述该系统除磷、脱氮及去除BOD_5的基本原理及主要技术参数、工艺特点。该污水厂是否存在处理潜力可以挖掘，如有，请提出方案。

主要参考文献

[1] 高廷耀，顾国维. 水污染控制工程（下册）. 北京：高等教育出版社，2015.
[2] 张自杰. 排水工程（下册）. 北京：中国建筑工业出版社，2014.
[3] 万松，李永峰，殷天名. 废水厌氧生物处理工程. 哈尔滨：哈尔滨工业大学出版社，2013.
[4] 李圭白等. 水质工程学. 第2版. 北京：中国建筑工业出版社，2012.
[5] 蒋克彬等. 水处理工程常用设备与工艺. 北京：中国石化出版社，2010.
[6] 温青. 张林. 矫彩山. 环境工程学. 哈尔滨：哈尔滨工程大学出版社，2008.
[7] 童华. 环境工程设计. 北京：化学工业出版社，2008.
[8] 李东伟，尹光志. 废水厌氧生物处理技术原理及应用. 重庆：重庆大学出版社，2006.
[9] 赵庆良，任南琪. 水污染控制工程. 北京：化学工业出版社，2005.
[10] 罗固源. 水污染物化控制原理与技术. 北京：化学工业出版社，2003.
[11] 唐受印，戴友芝等. 工业循环冷却水处理. 北京：化学工业出版社，2003.
[12] 唐受印，戴友芝等. 废水处理水热氧化技术. 北京：化学工业出版社，2002.
[13] 邵刚. 膜法水处理技术及工程实例. 北京：化学工业出版社，2002.
[14] 北京市市政设计院. 给水排水设计手册第5册. 第2版. 北京：中国建筑工业出版社，2002.
[15] 汪大翚，雷乐成. 水处理新技术及工程设计. 北京：化学工业出版社，2001.
[16] 唐受印，戴友芝等. 食品工业废水处理. 北京：化学工业出版社，2001.
[17] 时钧，袁权，高从增. 膜技术手册. 北京：化学工业出版社，2001.
[18] 陈坚等. 环境生物技术应用与发展. 北京：中国轻工业出版社，2001.
[19] 唐受印，戴友芝等. 水处理工程师手册. 北京：化学工业出版社，2000.
[20] 北京水环境技术与设备研究中心等. 三废处理工程技术手册（废水卷）. 第1版. 北京：化学工业出版社，2000.
[21] 顾夏声. 废水生物处理数学模式. 第2版. 北京：清华大学出版社，1997.
[22] 唐受印. 湿式氧化高浓度有害有机废水研究. 杭州：浙江大学，1995.
[23] 叶婴齐. 工业用水处理技术. 上海：上海科学普及出版社，1995.
[24] 张希衡. 水污染控制工程. 北京：冶金工业出版社，1993.
[25] 张秋望等. 化工环境污染及防治技术. 杭州：浙江大学出版社，1990.
[26] 兰淑澄. 活性炭水处理技术. 北京：中国环境科学出版社，1989.
[27] 韩庆生等. 污水净化电化学技术. 武汉：武汉大学出版社，1988.
[28] 王乃忠等. 水处理理论基础. 四川：西南交通大学出版社，1988.
[29] [日] 井出哲夫等. 水处理工程理论与应用. 张自杰等译. 北京：中国建筑工业出版社，1988.
[30] 顾夏声等. 水处理工程. 北京：清华大学出版社，1985.
[31] 张希衡. 废水治理工程. 北京：冶金工业出版社，1984.
[32] [日] 北川睦夫. 活性炭处理水的技术和管理. 丁瑞芝等译. 北京：新时代出版社，1987.
[33] [日] 炭素材料学会. 活性炭基础与应用. 高尚愚等译. 北京：中国林业出版社，1984.
[34] 邵林. 水处理用离子交换树脂. 北京：水利电力出版社，1989.
[35] [日] 栗田工业水处理药剂手册编委会. 水处理药剂手册. 章振夫译. 北京：中国石化出版社，1991.
[36] 龙荷云. 循环冷却水处理. 南京：江苏科学技术出版社，1984.
[37] 李仲先. 循环冷却水的水质稳定与处理. 北京：冶金工业出版社，1987.
[38] 北京市环境保护科学研究所. 水污染防治手册. 上海：上海科学技术出版社，1989.
[39] 魏先勋. 环境工程设计手册. 长沙：湖南科学技术出版社，1992.
[40] 钱易等. 现代废水处理新技术. 北京：中国科学技术出版社，1993.
[41] 张自杰等. 活性污泥生物学与反应动力学. 北京：中国环境科学出版社，1989.
[42] 申立贤. 高浓度有机废水厌氧处理技术. 北京：中国环境科学出版社，1991.
[43] 冯孝善等. 厌氧消化技术. 杭州：浙江科学技术出版社，1989.
[44] 郑元景等. 污水厌氧生物处理. 北京：中国建筑工业出版社，1988.
[45] [美] 斯特罗纳奇 S M 等. 工业废水处理的厌氧消化过程. 李敬等译. 北京：中国环境科学出版社，1989.
[46] 化学工程手册编辑委员会. 化学工程手册第9篇. 北京：化学工业出版社，1985.
[47] 刘国信等. 膜法分离技术及其应用. 北京：中国环境科学出版社，1991.
[48] 羊寿生. 曝气的理论与实践. 北京：中国建筑工业出版社，1982.

［49］［美］梅特卡夫和埃迪公司. 废水处理、处置与回用. 北京：中国建筑工业出版社，1989.
［50］［加］拉马尔奥 S. 废水处理概论. 严忠琪等译. 北京：中国建筑工业出版社，1981.
［51］［美］小沃尔特 J 韦伯. 水质控制物理化学方法. 上海市政工程设计院译. 北京：中国建筑工业出版社，1980.
［52］［美］凯纳兹 T M. 水的物理化学处理. 李维音译. 北京：清华大学出版社，1982.
［53］严熙世. 水和废水技术研究. 北京：中国建筑工业出版社，1982.
［54］王世聪等. 生物转盘. 北京：中国建筑工业出版社. 1983.
［55］金儒霖等. 污泥处置. 北京：中国建筑工业出版社，1982.